2024 핵심

건축설비관계법규 해설

이영재 저

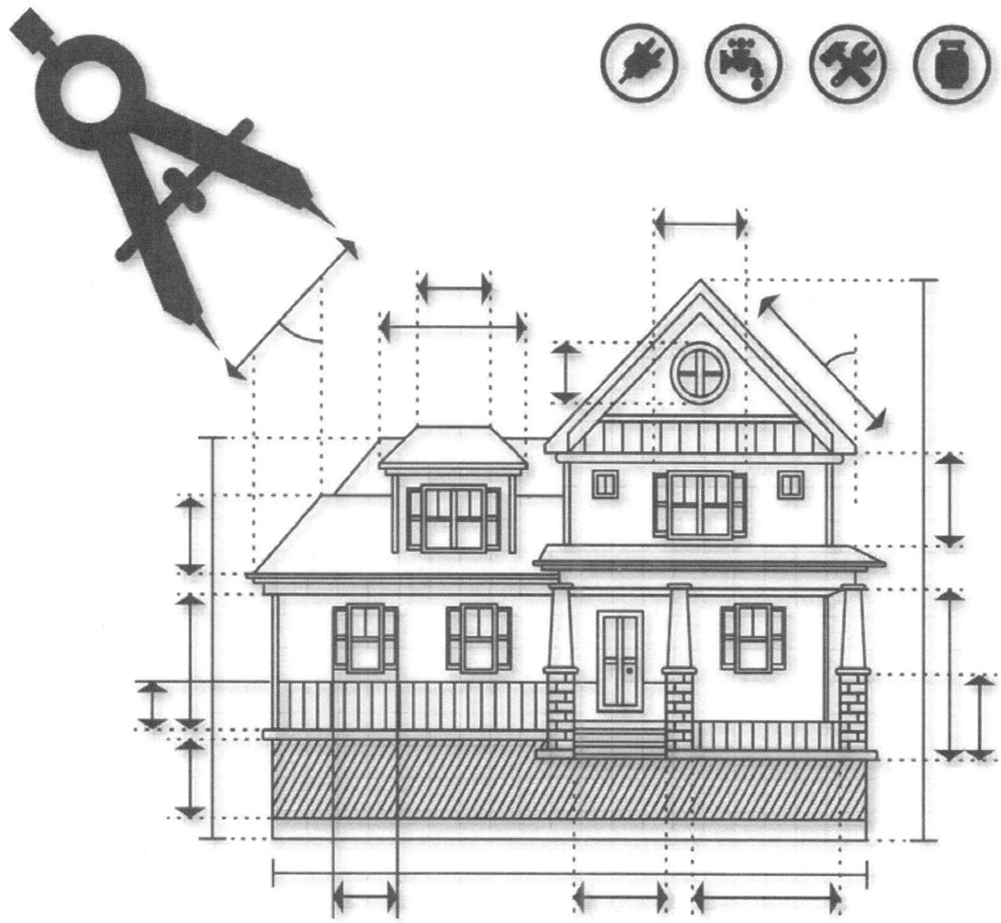

문운당

머리말

건축설비는 우리 인간이 건축물 속에서 거주하는 동안 보다 쾌적하고 안락하게 그리고 위생적으로 생활하기 위한 제반설비를 말하는데, 여기에는 건축설비관계법규가 적용되고 있어서 건축설비기사 필기시험 5과목 중 1과목으로 채택하고 있다.

이 책은 건축설비관계법규 시험의 고득점 합격을 위한 해설서로서 그 범위 및 내용은 다음과 같다.

□ 건축법(시행령, 시행규칙)
□ 건축물의 피난·방화구조 등의 기준에 관한 규칙(防規로 표기)
□ 건축물의 설비기준 등에 관한 규칙(設規로 표기)
□ 건축물의 에너지절약 설계기준
□ 건축물의 냉방설비에 대한 설치 및 설계기준
□ 녹색건축 인증에 관한 규칙, 녹색건축 인증기준
□ 건축물 에너지 효율등급 인증 및 제로에너지건축물 인증에 관한 규칙
□ 소방시설 설치 및 관리에 관한 법률(시행령, 시행규칙)

이 책의 특징은 다음과 같다.

첫째, 건축설비관계법규 내용의 핵심적인 내용을 수록하였으며, 법을 처음 접하는 대학생을 위하여 법의 체계·제정·형식 등 법의 기초적인 것도 소개하였다.

둘째, 건축설비관계법규를 법은 ▣, 시행령은 □, 시행규칙, 기준은 ⬚ 등으로 구성하여 중요한 내용은 밑줄을 긋거나 진하게 표기하였고, 복잡하고 난해한 법규는 그림과 도표를 수록·해설하여 이해하기 쉽게 하였으며, 각 장마다 한국산업인력공단의 건축설비기사 출제기준에 맞춘 예상문제와 해설을 실었다.

셋째, 이 책에 실린 내용은 2024년 2월까지 개정된 최신 법령에 의한 것이다.

부족한 점이나 뜻하지 않은 오류(誤謬)가 있다면 그 점에 대해선 앞으로 독자 여러분의 많은 조언을 바라며, 법 개정 시 신속하게 수정·보완할 것을 약속드린다.

2024. 2.
저자

차 례

제 3 편 소방시설 설치 및 관리에 관한 법률 해설

제 4 편 최근 5년 동안 출제된 문제

■ 부 록 : 법의 개요

제 1 편 건축법규 해설

▸ 건축법 : 法
(개정 2024.1.16 법률 제20037호)

▸ 건축법 시행령 : 令
(개정 2024.2.13. 대통령령 제34223호)

▸ 건축법 시행규칙 : 規
(개정 2023.11.1. 국토교통부령 제1268호)

▸ 건축물의 피난 · 방화구조 등의 기준에 관한 규칙 : 防規
(개정 2023.8.31. 국토교통부령 제1247호)

▸ 건축물의 설비기준 등에 관한 규칙 : 設規
(개정 2020.4.9. 국토교통부령 제2020-715호)

제1장

총 칙

1. 건축법·영·규칙의 목적

法 제1조【목적】이 법은 건축물의 <u>대지·구조·설비 기준 및 용도</u> 등을 정하여 건축물의 안전·기능·환경 및 미관을 향상시킴으로써 공공복리의 증진에 이바지하는 것을 목적으로 한다.

防規 제1조【목적】이 규칙은 「건축법」 제49조, 제50조, 제50조의2, 제51조부터 제53조까지 및 제64조에 따른 건축물의 피난·방화 등에 관한 기술적 기준을 정함을 목적으로 한다.

해설 약어(略語) 설명

法 : 건축법
令 : 건축법 시행령
規 : 건축법 시행규칙
防規 : 건축물의 피난·방화구조 등의 기준에 관한 규칙
設規 : 건축물의 설비기준 등에 관한 규칙

해설 조선시가지계획령(1934년) 중 건축통제에 관한 부분은 '건축법'으로, 시가지에 관한 부분은 '도시계획법'으로 각각 제정·공포되었으며(1962년), 이후 '도시계획법'은 '국토이용관리법'과 합병하여 '국토의 계획 및 이용에 관한 법률'로 제정·공포되었다(2002년).

2. 용어정의 – 대지

法 제2조【정의】① 이 법에서 사용하는 용어의 뜻은 다음과 같다.

1. "대지(垈地)"란 「측량·수로조사 및 지적에 관한 법률」에 따라 각 필지(筆地)로 나눈 토지를 말한다. 다만, 대통령령으로 정하는 토지는 둘 이상의 필지를 하나의 대지로 하거나 하나 이상의 필지의 일부를 하나의 대지로 할 수 있다.

令 제3조【대지의 범위】① 법 제2조제1항제1호 단서에 따라 둘 이상의 필지를 하나의 대지로 할 수 있는 토지는 다음 각 호와 같다. 〈개정 2016.5.17.〉

1. 하나의 건축물을 두 필지 이상에 걸쳐 건축하는 경우 : 그 건축물이 건축되는 각 필지의 토지를 합한 토지
2. 「측량·수로조사 및 지적에 관한 법률」 제80조제3항에 따라 합병이 불가능한 경우 중 다음 각 목의 어느 하나에 해당하는 경우 : 그 합병이 불가능한 필지의 토지를 합한 토지. 다만, 토지의 소유자가 서로 다르거나 소유권 외의 권리관계가 서로 다른 경우는 제외한다.
   가. 각 필지의 지번부여지역(地番附與地域)이 서로 다른 경우
   나. 각 필지의 도면의 축척이 다른 경우
   다. 서로 인접하고 있는 필지로서 각 필지의 지반(地盤)이 연속되지 아니한 경우
3. 「국토의 계획 및 이용에 관한 법률」 제2조제7호에 따른 도시·군계획시설(이하 "도시 · 군계획시설"이라 한다)에 해당하는 건축물을 건축하는 경우 : 그 도시·군계획시설이 설치되는 일단(一團)의 토지 〈개정 2021.1.8.〉
4. 「주택법」 제16조에 따른 사업계획승인을 받아 주택과 그 부대시설 및 복리시설을 건축하는 경우 : 같은 법 제2조제6호에 따른 주택단지
5. 도로의 지표 아래에 건축하는 건축물의 경우 : 특별시장·광역시장·특별자치시장·특별자치도지사·시장·군수 또는 구청장(자치구의 구청장을 말한다. 이하 같다)이 그 건축물이 건축되는 토지로 정하는 토지 〈개정 2014.10.14.〉
6. 법 제22조에 따른 사용승인을 신청할 때 둘 이상의 필지를 하나의 필지로 합칠 것을 조건으로 건축허가를 하는 경우 : 그 필지가 합쳐지는 토지. 다만, 토지의 소유자가 서로 다른 경우는 제외한다. 〈개정 2013.11.20.〉

② 법 제2조제1항제1호 단서에 따라 하나 이상의 필지의 일부를 하나의 대지로 할 수 있는 토지는 다음 각 호와 같다.

1. 하나 이상의 필지의 일부에 대하여 도시·군계획시설이 결정·고시된 경우 : 그 결정·고시된 부분의 토지
2. 하나 이상의 필지의 일부에 대하여 「농지법」 제34조에 따른 농지전용허가를 받은 경우 : 그 허가받은 부분의 토지
3. 하나 이상의 필지의 일부에 대하여 「산지관리법」 제14조에 따른 산지전용허가를 받은 경우 : 그 허가받은 부분의 토지

해설 필지란 하나의 지번(地番)이 붙는 등록 단위를 말한다.

2. 용어정의 – 건축물, 건축물의 용도

法 제2조【정의】① – 계속

2. "건축물"이란 토지에 정착(定着)하는 공작물 중 지붕과 기둥 또는 벽이 있는 것과 이에 딸린 시설물, 지하나 고가(高架)의 공작물에 설치하는 사무소·공연장·점포·차고·창고, 그 밖에 대통령령으로 정하는 것을 말한다.

3. "건축물의 용도"란 건축물의 종류를 유사한 구조, 이용 목적 및 형태별로 묶어 분류한 것을 말한다.

② 건축물의 용도는 다음과 같이 구분하되, 각 용도에 속하는 건축물의 세부 용도는 대통령령으로 정한다.

1. 단독주택
2. 공동주택
3. 제1종 근린생활시설
4. 제2종 근린생활시설
5. 문화 및 집회시설
6. 종교시설
7. 판매시설
8. 운수시설
9. 의료시설
10. 교육연구시설
11. 노유자(老幼者 : 노인 및 어린이)시설
12. 수련시설
13. 운동시설
14. 업무시설
15. 숙박시설
16. 위락(慰樂)시설
17. 공장
18. 창고시설
19. 위험물 저장 및 처리 시설
20. 자동차 관련 시설
21. 동물 및 식물 관련 시설
22. 자원순환 관련 시설 〈개정 2013.7.16.〉
23. 교정(矯正) 시설 〈개정 2022.11.15.〉
24. 국방 · 군사시설 〈신설 2022.11.15.〉
25. 방송통신시설
26. 발전시설

27. 묘지 관련 시설
28. 관광 휴게시설
29. 그 밖에 대통령령으로 정하는 시설

해설 공작물이란 지상이나 지중 또는 해중에 인공을 가하여 제작한 물건을 말한다.

슈 **제3조의 5【용도별 건축물의 종류】**법 제2조제2항 각 호의 용도에 속하는 건축물의 종류는 별표 1과 같다. 〈개정 2014.11.28.〉

[별표 1] 〈개정 2023.2.14.〉

용도별 건축물의 종류 (제3조의 5 관련)

1. 단독주택[단독주택의 형태를 갖춘 가정어린이집·공동생활가정·지역아동센터 · 공동육아나눔터(「아이돌봄 지원법」 제19조에 따른 공동육아나눔터를 말한다. 이하 같다) · 작은 도서관(「도서관법」 제2조 제4호 가목에 따른 작은도서관을 말하며, 해당 주택의 1층에 설치한 경우만 해당한다. 이하 같다) 및 노인복지시설(노인복지주택은 제외한다)을 포함한다] 〈개정 2020.10.8.〉
   가. 단독주택
   나. **다중주택** : 다음의 요건을 모두 갖춘 주택을 말한다.
      1) 학생 또는 직장인 등 여러 사람이 장기간 거주할 수 있는 구조로 되어 있는 것
      2) 독립된 주거의 형태를 갖추지 아니한 것(각 실별로 욕실은 설치할 수 있으나, 취사시설은 설치하지 아니한 것을 말한다. 이하 같다)
      3) 1개 동의 주택으로 쓰이는 바닥면적(부설 주차장 면적은 제외한다. 이하 같다)의 합계가 660제곱미터 이하이고 주택으로 쓰는 층수(지하층은 제외한다)가 3개 층 이하일 것. 다만, 1층의 전부 또는 일부를 필로티 구조로 하여 주차장으로 사용하고 나머지 부분을 주택(주거 목적으로 한정한다) 외의 용도로 쓰는 경우에는 해당 층을 주택의 층수에서 제외한다.
      4) 적정한 주거환경을 조성하기 위하여 건축조례로 정하는 실별 최소 면적, 창문의 설치 및 크기 등의 기준에 적합할 것
   다. **다가구주택** : 다음의 요건을 모두 갖춘 주택으로서 공동주택에 해당하지 아니하는 것을 말한다.
      1) 주택으로 쓰는 층수(지하층은 제외한다)가 3개 층 이하일 것. 다만, 1층의 바닥면적 2분의 1 이상을 필로티 구조로 하여 주차장으로 사용하고 나머지 부분을 주택 외의 용도로 쓰는 경우에는 해당 층을 주택의 층수에서 제외한다.

2) 1개 동의 주택으로 쓰이는 바닥면적(부설 주차장 면적은 제외한다. 이하 같다)의 합계가 660제곱미터 이하일 것

3) 19세대(대지 내 동별 세대수를 합한 세대를 말한다) 이하가 거주할 수 있을 것 〈개정 2016.7.19.〉

라. 공관(公館)

2. 공동주택[공동주택의 형태를 갖춘 가정어린이집·공동생활가정·지역아동센터 · 공동육아나눔터(「아이돌봄 지원법」 제19조에 따른 공동육아나눔터를 말한다. 이하 같다) · 작은 도서관(「도서관법」 제2조 제4호 가목에 따른 작은도서관을 말하며, 해당 주택의 1층에 설치한 경우만 해당한다. 이하 같다)·노인복지시설(노인복지주택은 제외한다) 및 「주택법 시행령」 제3조제1항에 따른 소형 주택을 포함한다]. 다만, 가목이나 나목에서 층수를 산정할 때 1층 전부를 필로티 구조로 하여 주차장으로 사용하는 경우에는 필로티 부분을 층수에서 제외하고, 다목에서 층수를 산정할 때 1층의 바닥면적 2분의 1 이상을 필로티 구조로 하여 주차장으로 사용하고 나머지 부분을 주택 외의 용도로 쓰는 경우에는 해당 층을 주택의 층수에서 제외하며, 가목부터 라목까지의 규정에서 층수를 산정할 때 지하층을 주택의 층수에서 제외한다. 〈주택법 개정 2022.2.11.〉

가. **아파트** : 주택으로 쓰는 층수가 5개 층 이상인 주택

나. **연립주택** : 주택으로 쓰는 1개 동의 바닥면적(2개 이상의 동을 지하주차장으로 연결하는 경우에는 각각의 동으로 본다) 합계가 660제곱미터를 초과하고, 층수가 4개 층 이하인 주택

다. **다세대주택** : 주택으로 쓰는 1개 동의 바닥면적 합계가 660제곱미터 이하이고, 층수가 4개 층 이하인 주택(2개 이상의 동을 지하주차장으로 연결하는 경우에는 각각의 동으로 본다)

라. 기숙사 : 다음의 어느 하나에 해당하는 건축물로서 공간의 구성과 규모 등에 관하여 국토교통부장관이 정하여 고시하는 기준에 적합한 것. 다만, 구분 소유된 개별 실(室)은 제외한다.

1) 일반 기숙사 : 학교 또는 공장 등의 학생 또는 종업원 등을 위하여 사용하는 것으로서 해당 기숙사의 공동 취사 시설 이용 세대 수가 전체 세대 수(건축물의 일부를 기숙사로 사용하는 경우에는 기숙사로 사용하는 세대 수로 한다. 이하 같다)의 50퍼센트 이상인 것(「교육기본법」 제27조 제2항에 따른 학생복지주택을 포함한다)

2) 임대형 기숙사 : 「공공주택 특별법」 제4조에 따른 공공주택사업자 또는 「민간임대주택에 관한 특별법」 제2조 제7호에 따른 임대사업자가 임대사업에 사용하는 것으로서 임대 목적으로 제공하는 실이 20실 이상이고 해당 기숙사의 공동 취사 시설 이용 세대 수가 전에 세대 수의 50퍼센트 이상인 것 〈본목 개정 2023.2.14.〉

3. **제1종 근린생활시설**

가. 식품·잡화·의류·완구·서적·건축자재·의약품·의료기기 등 일용품을 판매하는 소매점으로

서 같은 건축물(하나의 대지에 두 동 이상의 건축물이 있는 경우에는 이를 같은 건축물로 본다. 이하 같다)에 해당 용도로 쓰는 바닥면적의 합계가 1천 제곱미터 미만인 것

나. 휴게음식점, 제과점 등 음료·차(茶)·음식·빵·떡·과자 등을 조리하거나 제조하여 판매하는 시설(제4호 너목 또는 제17호에 해당하는 것은 제외한다)로서 같은 건축물에 해당 용도로 쓰는 바닥면적의 합계가 300제곱미터 미만인 것

다. 이용원, 미용원, 목욕장, 세탁소 등 사람의 위생관리나 의류 등을 세탁·수선하는 시설(세탁소의 경우 공장에 부설되는 것과 「대기환경보전법」, 「수질 및 수생태계 보전에 관한 법률」 또는 「소음·진동관리법」에 따른 배출시설의 설치허가 또는 신고의 대상인 것은 제외한다)

라. 의원·치과의원·한의원·침술원·접골원(接骨院), 조산원, 안마원, 산후조리원 등 주민의 진료·치료 등을 위한 시설

마. 탁구장, 체육도장으로서 같은 건축물에 해당 용도로 쓰는 바닥면적의 합계가 500제곱미터 미만인 것

바. 지역자치센터, 파출소, 지구대, 소방서, 우체국, 방송국, 보건소, 공공도서관, 건강보험공단, 사무소 등 공공업무시설로서 같은 건축물에 해당 용도로 쓰는 바닥면적의 합계가 1천 제곱미터 미만인 것

사. 마을회관, 마을공동작업소, 마을공동구판장, 공중화장실, 대피소, 지역아동센터(단독주택과 공동주택에 해당하는 것은 제외한다) 등 주민이 공동으로 이용하는 시설

아. 변전소, 도시가스시설, 정수장, 양수장 등 주민의 생활에 필요한 에너지공급이나 급수·배수와 관련된 시설

자. 금융업소, 사무소, 부동산중개사무소, 결혼상담소 등 소개업소, 출판사 등 일반업무시설로서 같은 건축물에 해당 용도로 쓰는 바닥면적의 합계가 30제곱미터 미만인 것 〈본목 개정 2016.7.19.〉

차. 전기자동차 충전소(해당 용도로 쓰는 바닥면적의 합계가 1천제곱미터 미만인 것으로 한정한다) 〈본목 신설 2021.5.4.〉

카. 동물병원, 동물미용실 및 「동물보호법」 제73조 제1항 제1호에 따른 동물위탁관리업을 위한 시설로서 같은 건축물에 해당 용도로 쓰는 바닥면적의 합계가 300제곱미처 미만인 것 〈본목 신설 2023.09.12.〉

4. 제2종 근린생활시설

가. 공연장(극장, 영화관, 연예장, 음악당, 서커스장, 비디오물 감상실, 비디오물 소극장, 그 밖에 이와 비슷한 것을 말한다. 이하 같다)으로서 같은 건축물에 해당 용도로 쓰는 바닥면적의 합계가 500제곱미터 미만인 것

나. 종교집회장[교회, 성당, 사찰, 기도원, 수도원, 수녀원, 제실(祭室), 사당, 그 밖에 이와 비슷한 것을 말한다. 이하 같다]으로서 같은 건축물에 해당 용도로 쓰는 바닥면적의 합계가 500제곱미터 미만인 것

다. 자동차영업소로서 같은 건축물에 해당 용도로 쓰는 바닥면적의 합계가 1천제곱미터 미만인 것

라. 서점(제1종 근린생활시설에 해당하지 않는 것)
마. 총포판매소
바. 사진관, 표구점
사. 청소년게임제공업소, 복합유통게임제공업소 인터넷 컴퓨터 게임시설 제공업소, 가상현실 체험 제공업소, 그 밖에 이와 비슷한 게임 및 체험 관련 시설로서 같은 건축물에 해당 용도로 쓰는 바닥면적의 합계가 500제곱미터 미만인 것 〈개정 2021.5.4.〉
아. 휴게음식점, 제과점 등 음료·차(茶)·음식·빵·떡·과자 등을 조리하거나 제조하여 판매하는 시설(너목 또는 제17호에 해당하는 것은 제외한다)로서 같은 건축물에 해당 용도로 쓰는 바닥면적의 합계가 300제곱미터 이상인 것
자. 일반음식점
차. 장의사, 동물병원, 동물미용실, 「동물보호법」 제32조 제1항 제6호에 따른 동물위탁관리업을 위한 시설, 그 밖에 이와 유사한 것 〈개정2020.10.8.〉
카. 학원(자동차학원 및 무도학원은 제외한다), 교습소(자동차 교습 및 무도 교습을 위한 시설은 제외한다), 직업훈련소(운전·정비 관련 직업훈련소는 제외한다)로서 같은 건축물에 해당 용도로 쓰는 바닥면적의 합계가 500제곱미터 미만인 것
타. 독서실, 기원
파. 테니스장, 체력단련장, 에어로빅장, 볼링장, 당구장, 실내낚시터, 골프연습장, 놀이형 시설(「관광진흥법」에 따른 기타 유원시설의 시설을 말한다. 이하 같다), 등 주민의 체육활동을 위한 시설(제3호 마목의 시설은 제외한다)로서 같은 건축물에 해당 용도로 쓰는 바닥면적의 합계가 500제곱미터 미만인 것
하. 금융업소, 사무소, 부동산중개사무소, 결혼상담소 등 소개업소, 출판사 등 일반업무시설로서 같은 건축물에 해당 용도로 쓰는 바닥면적의 합계가 500제곱미터 미만인 것(제1종 근린생활시설에 해당하는 것은 제외한다) 〈본목개정 2016.7.19.〉
거. 다중생활시설(「다중이용업소의 안전관리에 관한 특별법」에 따른 다중이용업 중 고시원업의 시설로서 독립된 주거의 형태를 갖추지 않은 것을 말한다. 이하 같다)로서 같은 건축물에 해당 용도로 쓰는 바닥면적의 합계가 500제곱미터 미만인 것
너. 제조업소, 수리점 등 물품의 제조·가공·수리 등을 위한 시설로서 같은 건축물에 해당 용도로 쓰는 바닥면적의 합계가 500제곱미터 미만이고, 다음 요건 중 어느 하나에 해당하는 것
  1) 「대기환경보전법」, 「수질 및 수생태계 보전에 관한 법률」 또는 「소음·진동관리법」에 따른 배출시설의 설치 허가 또는 신고의 대상 시설이나 귀금속·장신구 및 관련 제품 제조시설로서 발생되는 폐수를 전량 위탁처리하는 것
  2) 「물환경보전법」 제33조제1항 본문에 따라 폐수배출시설의 설치 허가를 받거나 신고해야 하는 시설로서 발생되는 폐수를 전량 위탁처리하는 것 〈개정 2021.5.4.〉
더. 단란주점으로서 같은 건축물에 해당 용도로 쓰는 바닥면적의 합계가 150제곱미터 미만인 것
러. 안마시술소, 노래연습장

머. 「물류시설의 개발 및 운영에 관한 법률」 제2조 제5호의2에 따른 주문배송시설로서 같은 건축물에 해당 용도로 쓰는 바닥면적의 합계가 500제곱미터 미만인 것(같은 법 제21조의2 제1항에 따라 물류창고업 등록을 해야 하는 시설을 말한다) 〈본목 신설 2024.2.13.〉

5. <u>문화 및 집회시설</u>

가. 공연장으로서 제2종 근린생활시설에 해당하지 아니하는 것

나. 집회장[예식장, 공회당, 회의장, 마권(馬券) 장외 발매소, 마권 전화투표소, 그 밖에 이와 비슷한 것을 말한다]으로서 제2종 근린생활시설에 해당하지 아니하는 것

다. 관람장(경마장, 경륜장, 경정장, 자동차 경기장, 그 밖에 이와 비슷한 것과 체육관 및 운동장으로서 관람석의 바닥면적의 합계가 1천 제곱미터 이상인 것을 말한다)

라. 전시장(박물관, 미술관, 과학관, 문화관, 체험관, 기념관, 산업전시장, 박람회장, 그 밖에 이와 비슷한 것을 말한다)

마. 동·식물원(동물원, 식물원, 수족관, 그 밖에 이와 비슷한 것을 말한다)

6. 종교시설

가. 종교집회장으로서 제2종 근린생활시설에 해당하지 아니하는 것

나. 종교집회장(제2종 근린생활시설에 해당하지 아니하는 것을 말한다)에 설치하는 봉안당(奉安堂)

7. 판매시설

가. 도매시장(「농수산물유통 및 가격안정에 관한 법률」에 따른 농수산물도매시장, 농수산물공판장, 그 밖에 이와 비슷한 것을 말하며, 그 안에 있는 근린생활시설을 포함한다)

나. 소매시장(「유통산업발전법」 제2조제3호에 따른 대규모 점포, 그 밖에 이와 비슷한 것을 말하며, 그 안에 있는 근린생활시설을 포함한다)

다. 상점(그 안에 있는 근린생활시설을 포함한다)으로서 다음의 요건 중 어느 하나에 해당하는 것

1) 제3호가목에 해당하는 용도(서점은 제외한다)로서 제1종 근린생활시설에 해당하지 아니하는 것

2) 「게임산업진흥에 관한 법률」 제2조제6호의2가목에 따른 청소년게임제공업의 시설, 같은 호 나목에 따른 일반게임제공업의 시설, 같은 조 제7호에 따른 인터넷컴퓨터게임시설제공업의 시설 및 같은 조 제8호에 따른 복합유통게임제공업의 시설로서 제2종 근린생활시설에 해당하지 아니하는 것

8. 운수시설

가. 여객자동차터미널

나. 철도시설

다. 공항시설

라. 항만시설

마. 삭제 〈2009.7.16.〉

9. 의료시설

가. 병원(종합병원, 병원, 치과병원, 한방병원, 정신병원 및 요양병원을 말한다)

나. 격리병원(전염병원, 마약진료소, 그 밖에 이와 비슷한 것을 말한다)

10. 교육연구시설(제2종 근린생활시설에 해당하는 것은 제외한다)

가. 학교(유치원, 초등학교, 중학교, 고등학교, 전문대학, 대학, 대학교, 그 밖에 이에 준하는 각종 학교를 말한다)

나. 교육원(연수원, 그 밖에 이와 비슷한 것을 포함한다)

다. 직업훈련소(운전 및 정비 관련 직업훈련소는 제외한다)

라. 학원(자동차학원 및 무도학원은 제외한다), 교습소(자동차교습, 무도교습 및 정보통신기술을 활용하여 원격으로 교습하는 것은 제외한다) 〈개정2020.10.8.〉

마. 연구소(연구소에 준하는 시험소와 계측계량소를 포함한다)

바. 도서관

11. 노유자 시설

가. 아동 관련 시설(어린이집, 아동복지시설, 그 밖에 이와 비슷한 것으로서 단독주택, 공동주택 및 제1종 근린생활시설에 해당하지 아니하는 것을 말한다)

나. 노인복지시설(단독주택과 공동주택에 해당하지 아니하는 것을 말한다)

다. 그 밖에 다른 용도로 분류되지 아니한 사회복지시설 및 근로복지시설

12. 수련시설

가. 생활권 수련시설(「청소년활동진흥법」에 따른 청소년수련관, 청소년문화의집, 청소년특화시설, 그 밖에 이와 비슷한 것을 말한다)

나. 자연권 수련시설(「청소년활동진흥법」에 따른 청소년수련원, 청소년야영장, 그 밖에 이와 비슷한 것을 말한다)

다. 「청소년활동진흥법」에 따른 유스호스텔

13. 운동시설

가. 탁구장, 체육도장, 테니스장, 체력단련장, 에어로빅장, 볼링장, 당구장, 실내낚시터, 골프연습장, 놀이형 시설, 그 밖에 이와 비슷한 것으로서 제1종 근린생활시설 및 제2종 근린생활시설에 해당하지 아니하는 것

나. 체육관으로서 관람석이 없거나 관람석의 바닥면적이 1천제곱미터 미만인 것

다. 운동장(육상장, 구기장, 볼링장, 수영장, 스케이트장, 롤러스케이트장, 승마장, 사격장, 궁도장, 골프장 등과 이에 딸린 건축물을 말한다)으로서 관람석이 없거나 관람석의 바닥면적이 1천 제곱미터 미만인 것

14. 업무시설

가. 공공업무시설 : 국가 또는 지방자치단체의 청사와 외국공관의 건축물로서 제1종 근린생활시설에 해당하지 아니하는 것

나. 일반업무시설 : 다음 요건을 갖춘 업무시설을 말한다.

1) 금융업소, 사무소, 결혼상담소 등 소개업소, 출판사, 신문사, 그 밖에 이와 비슷한 것으로서 제1종 근린생활시설 및 제2종 근린생활시설에 해당하지 않는 것〈본목개정 2016.7.19.〉

2) 오피스텔(업무를 주로 하며, 분양하거나 임대하는 구획 중 일부 구획에서 숙식을 할 수 있도록 한 건축물로서 국토교통부장관이 고시하는 기준에 적합한 것을 말한다)

15. 숙박시설

가. 일반숙박시설 및 생활숙박시설(「공중위생관리법」 제3조 제1항 전단에 따라 숙박업 신고를 해야 하는 시설로서 국토교통부장관이 정하여 고시하는 요건을 갖춘 시설을 말한다) 〈개정 2021.11.2.〉

나. 관광숙박시설(관광호텔, 수상관광호텔, 한국전통호텔, 가족호텔, 호스텔, 소형호텔, 의료관광호텔 및 휴양 콘도미니엄)

다. 다중생활시설(제2종 근린생활시설에 해당하지 아니하는 것을 말한다)

라. 그 밖에 가목부터 다목까지의 시설과 비슷한 것

16. 위락시설

가. 단란주점으로서 제2종 근린생활시설에 해당하지 아니하는 것

나. 유흥주점이나 그 밖에 이와 비슷한 것

다. 「관광진흥법」에 따른 유원시설업의 시설, 그 밖에 이와 비슷한 시설(제2종 근린생활시설과 운동시설에 해당하는 것은 제외한다)

라. 삭제 〈2010.2.18.〉

마. 무도장, 무도학원

바. 카지노영업소

17. 공장

물품의 제조·가공[염색·도장(塗裝)·표백·재봉·건조·인쇄 등을 포함한다] 또는 수리에 계속적으로 이용되는 건축물로서 제1종 근린생활시설, 제2종 근린생활시설, 위험물저장 및 처리시설, 자동차 관련 시설, 분뇨 및 쓰레기처리시설 등으로 따로 분류되지 아니한 것

18. 창고시설(위험물 저장 및 처리 시설 또는 그 부속용도에 해당하는 것은 제외한다)

가. 창고(물품저장시설로서 「물류정책기본법」에 따른 일반창고와 냉장 및 냉동 창고를 포함한다)

나. 하역장

다. 「물류시설의 개발 및 운영에 관한 법률」에 따른 물류터미널

라. 집배송 시설

19. 위험물 저장 및 처리 시설

「위험물안전관리법」, 「석유 및 석유대체연료 사업법」, 「도시가스사업법」, 「고압가스 안전관리법」, 「액화석유가스의 안전관리 및 사업법」, 「총포·도검·화약류 등 단속법」, 「유해화학물질 관리법」 등에 따라 설치 또는 영업의 허가를 받아야 하는 건축물로서 다음 각 목의 어느 하나에 해당하는 것. 다만, 자가난방, 자가발전, 그 밖에 이와 비슷한 목적으로 쓰는 저장시설은 제외한다.

가. 주유소(기계식 세차설비를 포함한다) 및 석유 판매소
나. 액화석유가스 충전소·판매소·저장소(기계식 세차설비를 포함한다)
다. 위험물 제조소·저장소·취급소
라. 액화가스 취급소·판매소
마. 유독물 보관·저장·판매시설
바. 고압가스 충전소·판매소·저장소
사. 도료류 판매소
아. 도시가스 제조시설
자. 화약류 저장소
차. 그 밖에 가목부터 자목까지의 시설과 비슷한 것

20. 자동차 관련 시설(건설기계 관련 시설을 포함한다)

가. 주차장
나. 세차장
다. 폐차장
라. 검사장
마. 매매장
바. 정비공장
사. 운전학원 및 정비학원(운전 및 정비 관련 직업훈련시설을 포함한다)
아. 「여객자동차 운수사업법」, 「화물자동차 운수사업법」 및 「건설기계관리법」에 따른 차고 및 주기장(駐機場)
자. 전기자동차 충전소로서 제1종 근린생활시설에 해당하지 않는 것 〈본목 신설 2021.5.4.〉

21. 동물 및 식물 관련 시설

가. 축사(양잠·양봉·양어시설 및 부화장 등을 포함한다)
나. 가축시설[가축용 운동시설, 인공수정센터, 관리사(管理舍), 가축용 창고, 가축시장, 동물검역소, 실험동물 사육시설, 그 밖에 이와 비슷한 것을 말한다]
다. 도축장
라. 도계장
마. 작물 재배사

바. 종묘배양시설
사. 화초 및 분재 등의 온실
아. 식물과 관련된 마목부터 사목까지의 시설과 비슷한 것(동·식물원은 제외한다)

22. 자원순환관련시설
가. 하수 등 처리시설
나. 고물상
다. 폐기물재활용시설
라. 폐기물 처분시설
마. 폐기물 감량화 시설

23. 교정시설(제1종 근린생활시설에 해당하는 것은 제외한다) 〈개정 2023.5.15.〉
가. 교정시설(보호감호소, 구치소 및 교도소를 말한다)
나. 갱생보호시설, 그 밖에 범죄자의 갱생·보육·교육·보건 등의 용도로 쓰는 시설
다. 소년원 및 소년분류심사원
라. 〈삭제 2023.5.15.〉

23의2. 국방 · 군사시설(제1종 근린생활시설에 해당하는 것은 제외한다)
「국방 · 군사시설 사업에 관한 법률」에 따른 국방 · 군사시설 〈본호 신설 2023.5.15.〉

24. 방송통신시설(제1종 근린생활시설에 해당하는 것은 제외한다)
가. 방송국(방송프로그램 제작시설 및 송신·수신·중계시설을 포함한다)
나. 전신전화국
다. 촬영소
라. 통신용 시설
마. 그 밖에 가목부터 라목까지의 시설과 비슷한 것

25. 발전시설
발전소(집단에너지 공급시설을 포함한다)로 사용되는 건축물로서 제1종 근린생활시설에 해당하지 아니하는 것

26. 묘지 관련 시설
가. 화장시설
나. 봉안당(종교시설에 해당하는 것은 제외한다)
다. 묘지와 자연장지에 부수되는 건축물
라. 동물화장시설, 동물건조장(乾燥葬)시설 및 동물 전용의 납골시설 〈신설 2017.2.3〉

27. 관광 휴게시설
가. 야외음악당
나. 야외극장
다. 어린이회관

라. 관망탑
마. 휴게소
바. 공원·유원지 또는 관광지에 부수되는 시설

28. 장례식장
가. 장례식장[의료시설의 부수시설(「의료법」 제36조제1호에 따른 의료기관의 종류에 따른 시설을 말한다)에 해당하는 것은 제외한다]
나. 동물 전용의 장례식장 〈본호 개정 2017.2.3.〉

[비고]
1. 제3호 및 제4호에서 "해당 용도로 쓰는 바닥면적"이란 부설 주차장 면적을 제외한 실(實) 사용 면적에 공용부분 면적(복도, 계단, 화장실 등의 면적을 말한다)을 비례 배분한 면적을 합한 면적을 말한다.
2. 비고 제1호에 따라 "해당 용도로 쓰는 바닥면적"을 산정할 때 「집합건물의 소유 및 관리에 관한 법률」에 따라 건축물의 내부를 여러 개의 부분으로 구분하여 독립한 건축물로 사용하는 경우에는 그 구분된 면적 단위로 바닥면적을 산정한다. 다만, 다음 각 목에 해당하는 경우에는 각 목에서 정한 기준에 따른다.
가. 제4호 더목에 해당하는 건축물의 경우에는 내부가 여러 개의 부분으로 구분되어 있더라도 해당 용도로 쓰는 바닥면적을 모두 합산하여 산정한다.〈본목 개정 2016.7.19〉
나. 동일인이 둘 이상의 구분된 건축물을 같은 세부 용도로 사용하는 경우에는 연접되어 있지 않더라도 이를 모두 합산하여 산정한다.
다. 구분 소유자가 다른 경우에도 구분된 건축물을 같은 세부 용도로 연계하여 함께 사용하는 경우(통로, 창고 등을 공동으로 활용하는 경우 또는 명칭의 일부를 동일하게 사용하여 홍보하거나 관리하는 경우 등을 말한다)에는 연접되어 있지 않더라도 연계하여 함께 사용하는 바닥면적을 모두 합산하여 산정한다.
3. 「청소년 보호법」 제2조 제5호 가목 8) 및 9)에 따라 여성가족부장관이 고시하는 청소년 출입·고용금지업의 영업을 위한 시설은 제1종 근린생활시설 및 제2종 근린생활시설에서 제외한다.
4. 국토교통부장관은 별표 1 각 호의 용도별 건축물의 종류에 관한 구체적인 범위를 정하여 고시할 수 있다.

[참고] 2호 라목 기숙사의 개정(23년 2월 14일)
부엌·거실 등을 공동으로 이용하는 기숙사 형태의 주거수요가 증가함에 따라 이를 뒷받침하기 위하여 건축물의 용도 중 기숙사에 공공주택사업자 등이 임대하는 임대형기숙사를 추가한 것이다. 한편, 쾌적하고 안전한 주거환경을 확보하기 위하여 기숙사의 공간 구성과 규모 등에 관한 기준의 근거를 마련하고, 기숙사가 투기의 방편으로 이용되는 것을 방지하기 위하여 앞으로는 구분 소유된 개별 실(室)은 기숙사에서 제외하도록 한 것이다.

2. 용어정의 – 건축설비, 지하층, 거실, 주요구조부

法 제2조【정의】① – 계속

4. "**건축설비**"란 건축물에 설치하는 전기·전화 설비, 초고속 정보통신 설비, 지능형 홈네트워크 설비, 가스·급수·배수(配水)·배수(排水)·환기·난방·냉방·소화(消火)·배연(排煙) 및 오물처리의 설비, 굴뚝, 승강기, 피뢰침, 국기 게양대, 공동시청 안테나, 유선방송 수신시설, 우편함, 저수조(貯水槽), 방범시설 그 밖에 국토교통부령으로 정하는 설비를 말한다.〈개정 2016.1.19.〉

5. "**지하층**"이란 건축물의 바닥이 지표면 아래에 있는 층으로서 바닥에서 지표면까지 평균높이가 해당 층 높이의 2분의 1 이상인 것을 말한다.

6. "**거실**"이란 건축물 안에서 거주, 집무, 작업, 집회, 오락, 그 밖에 이와 유사한 목적을 위하여 사용되는 방을 말한다.

7. "**주요구조부**"란 내력벽(耐力壁), 기둥, 바닥, 보, 지붕틀 및 주계단(主階段)을 말한다. 다만, 사이 기둥, 최하층 바닥, 작은 보, 차양, 옥외 계단, 그 밖에 이와 유사한 것으로 건축물의 구조상 중요하지 아니한 부분은 제외한다.

해설 지하층

$h \geq \frac{H}{2}$

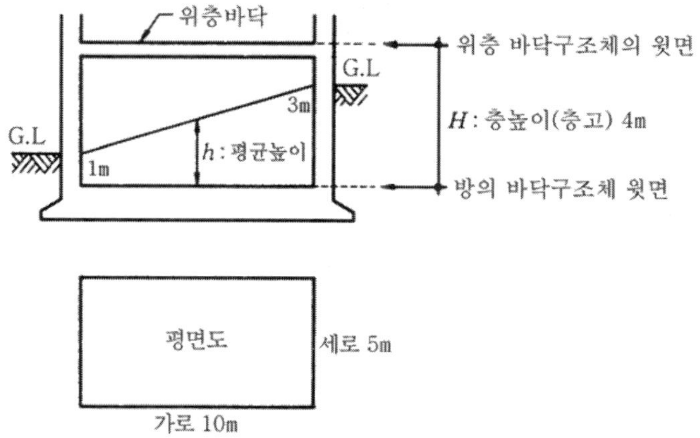

해설 주요 구조부

주요 구조부	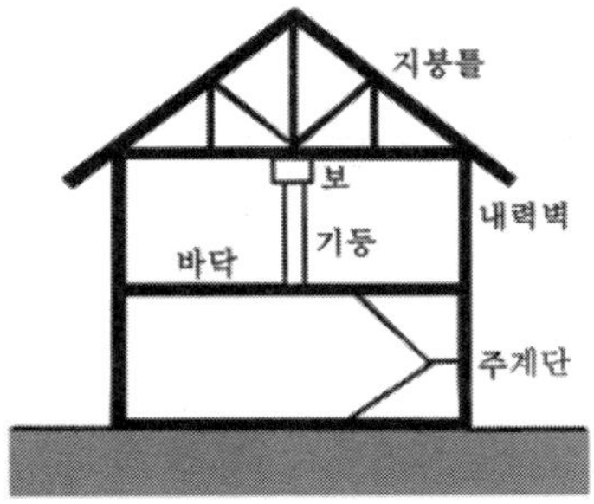	주요 구조부가 아닌 것
내력벽(bearing wall)		비내력벽(curtain wall)
기둥		사이기둥
바닥(slab)		최하층바닥
보(girder)		작은보(beam)
지붕틀(truss)		차양
주계단		옥외계단

[주의] 주요구조부란 건축물의 구조상 주요 골격 부분을 말한다. 또한, 건축물의 공간을 구성하는 주요 부분 또는 방·내화를 고려한 주요 부분이라고 생각할 수도 있다.(따라서 최하층 바닥은 주요구조부가 아니며, 이러한 맥락에서 기초도 주요구조부가 아니라고 할 수 있다.)

2. 용어정의 – 건축, 대수선

法 제2조【정의】① – 계속

8. "**건축**"이란 건축물을 신축·증축·개축·재축(再築)하거나 건축물을 이전하는 것을 말한다.

8의2. "결합건축"이란 제56조에 따른 용적률을 개별 대지마다 적용하지 아니하고, 2개 이상의 대지를 대상으로 통합 적용하여 건축물을 건축하는 것을 말한다. 〈본호 신설 2020.4.7.〉

9. "**대수선**"이란 건축물의 기둥, 보, 내력벽, 주계단 등의 구조나 외부 형태를 수선·변경하거나 증설하는 것으로서 대통령령으로 정하는 것을 말한다.

令 제2조【정의】이 영에서 사용하는 용어의 뜻은 다음과 같다. 〈개정 2013.3.23.〉

1. "**신축**"이란 건축물이 없는 대지(기존 건축물이 철거되거나 멸실된 대지를 포함한다)에 새로 건축물을 축조(築造)하는 것 〈부속건축물만 있는 대지에 새로 주된 건축물을 축조하는 것을 포함하되, 개축(改築) 또는 재축(再築)하는 것은 제외한다〉을 말한다.
2. "**증축**"이란 기존 건축물이 있는 대지에서 건축물의 건축면적, 연면적, 층수 또는 높이를 늘리는 것을 말한다.
3. "**개축**"이란 기존 건축물의 전부 또는 일부 〈내력벽·기둥·보·지붕틀(제16호에 따른 한옥의 경우에는 지붕틀의 범위에서 서까래는 제외한다) 중 셋 이상이 포함되는 경우를 말한다〉를 철거하고 그 대지에 종전과 같은 규모의 범위에서 건축물을 다시 축조하는 것을 말한다.
4. "**재축**"이란 건축물이 천재지변이나 그 밖의 재해(災害)로 멸실된 경우 그 대지에 다

음 각 목의 요건을 모두 갖추어 다시 축조하는 것을 말한다.

가. 연면적 합계는 종전 규모 이하로 할 것

나. 동(棟)수, 층수 및 높이는 다음의 어느 하나에 해당할 것

1) 동수, 층수 및 높이가 모두 종전 규모 이하일 것

2) 동수, 층수 또는 높이의 어느 하나가 종전 규모를 초과하는 경우에는 해당 동수, 층수 및 높이가 「건축법」(이하 "법"이라 한다), 이 영 또는 건축조례(이하 "법령등"이라 한다)에 모두 적합할 것〈본호 개정 2016.5.17.〉

5. "**이전**"이란 건축물의 주요구조부를 해체하지 아니하고 같은 대지의 다른 위치로 옮기는 것을 말한다.

해설 건축의 구분

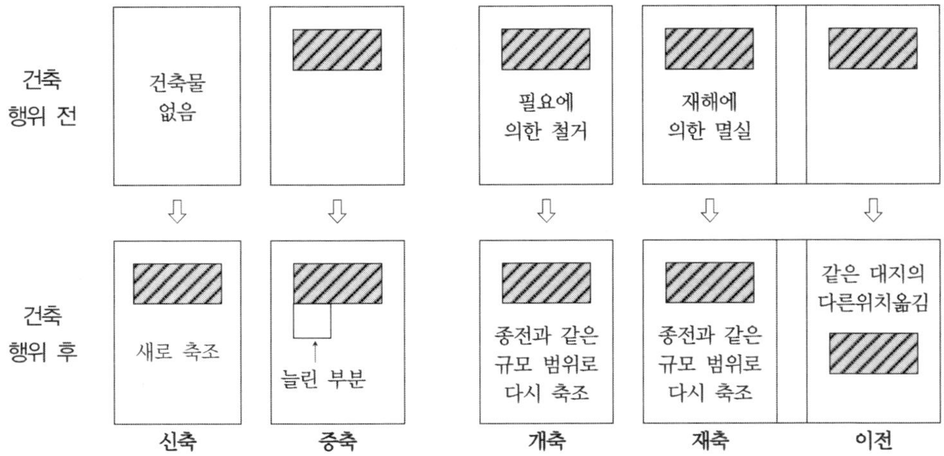

令 **제3조의2【대수선의 범위】**법 제2조제1항제9호에서 "대통령령으로 정하는 것"이란 다음 각 호의 어느 하나에 해당하는 것으로서 증축·개축 또는 재축에 해당하지 아니하는 것을 말한다.

1. 내력벽을 증설 또는 해체하거나 그 벽면적을 **30제곱미터 이상** 수선 또는 변경하는 것
2. 기둥을 증설 또는 해체하거나 **세 개 이상** 수선 또는 변경하는 것
3. 보를 증설 또는 해체하거나 **세 개 이상** 수선 또는 변경하는 것
4. 지붕틀(한옥의 경우에는 지붕틀의 범위에서 서까래는 제외한다)을 증설 또는 해체하거나 **세 개 이상** 수선 또는 변경하는 것
5. 방화벽 또는 방화구획을 위한 바닥 또는 벽을 증설 또는 해체하거나 수선 또는 변경하는 것
6. 주계단·피난계단 또는 특별피난계단을 증설 또는 해체하거나 수선 또는 변경하는 것
7. 삭제 〈2019.10.22.〉
8. 다가구주택의 가구 간 경계벽 또는 다세대주택의 세대 간 경계벽을 증설 또는 해체하거나 수선 또는 변경하는 것
9. 건축물의 외벽에 사용하는 마감재료(법 제52조 제2항에 따른 마감재료를 말한다)를 증설 또는 해체하거나 벽면적을 **30제곱미터 이상** 수선 또는 변경하는 것 〈본호 신설 2014.11.28.〉

2. 용어정의 – 리모델링, 도로

法 제2조【정의】① – 계속

10. "리모델링"이란 건축물의 노후화를 억제하거나 기능 향상 등을 위하여 대수선하거나 건축물의 일부를 증축 또는 개축하는 행위를 말한다. 〈개정 2017.12.26.〉

11. "**도로**"란 보행과 자동차 통행이 가능한 너비 4미터 이상의 도로(지형적으로 자동차 통행이 불가능한 경우와 막다른 도로의 경우에는 대통령령으로 정하는 구조와 너비의 도로)로서 다음 각 목의 어느 하나에 해당하는 도로나 그 예정도로를 말한다.

가. 「국토의 계획 및 이용에 관한 법률」, 「도로법」, 「사도법」, 그 밖의 관계 법령에 따라 신설 또는 변경에 관한 고시가 된 도로

나. 건축허가 또는 신고 시에 특별시장·광역시장·특별자치시장·도지사·특별자치도지사(이하 "시·도지사"라 한다) 또는 시장·군수·구청장(자치구의 구청장을 말한다. 이하 같다)이 위치를 지정하여 공고한 도로 〈개정 2014.1.14.〉

令 제3조의3【지형적 조건 등에 따른 도로의 구조 및 너비】법 제2조제1항제11호 각 목 외의 부분에서 "대통령령으로 정하는 구조와 너비의 도로"란 다음 각 호의 어느 하나에 해당하는 도로를 말한다.

1. 특별자치시장·특별자치도지사 또는 시장·군수·구청장이 지형적 조건으로 인하여 차량 통행을 위한 도로의 설치가 곤란하다고 인정하여 그 위치를 지정·공고하는 구간의 너비 **3미터 이상**(길이가 10미터 미만인 막다른 도로인 경우에는 너비 2미터 이상)인 도로 〈개정 2014.10.14.〉

2. 제1호에 해당하지 아니하는 **막다른 도로**로서 그 도로의 너비가 그 길이에 따라 각각 다음 표에 정하는 기준 이상인 도로

막다른 도로의 길이	도로의 너비
10미터 미만	**2미터**
10미터 이상 35미터 미만	**3미터**
35미터 이상	**6미터**(도시지역이 아닌 읍·면지역은 4미터)

해설 막다른 도로의 길이와 너비

막다른 도로의 길이에 대한 도로의 너비 이상을 규정하는 건축법의 취지는 피난 및 소화(소방)활동에 그 주목적이 있다고 할 수 있다.

2. 용어정의 - 건축주, 고층건축물 등

法 제2조【정의】① - 계속

12. "건축주"란 건축물의 건축·대수선·용도변경, 건축설비의 설치 또는 공작물의 축조(이하 "건축물의 건축 등"이라 한다)에 관한 공사를 발주하거나 현장 관리인을 두어 스스로 그 공사를 하는 자를 말한다.

12의 2. "제조업자"란 건축물의 건축·대수선·용도변경, 건축설비의 설치 또는 공작물의 축조 등에 필요한 건축자재를 제조하는 사람을 말한다.〈신설 2016.2.3.〉

12의 3. "유통업자"란 건축물의 건축·대수선·용도변경, 건축설비의 설치 또는 공작물의 축조에 필요한 건축자재를 판매하거나 공사현장에 납품하는 사람을 말한다.
〈신설 2016.2.3.〉

13. "설계자"란 자기의 책임(보조자의 도움을 받는 경우를 포함한다)으로 설계도서를 작성하고 그 설계도서에서 의도하는 바를 해설하며, 지도하고 자문에 응하는 자를 말한다.

14. "설계도서"란 건축물의 건축 등에 관한 공사용 도면, 구조 계산서, 시방서(示方書), 그 밖에 국토교통부령으로 정하는 공사에 필요한 서류를 말한다.

15. "공사감리자"란 자기의 책임(보조자의 도움을 받는 경우를 포함한다)으로 이 법으로 정하는 바에 따라 건축물, 건축설비 또는 공작물이 설계도서의 내용대로 시공되는지를 확인하고, 품질관리·공사관리·안전관리 등에 대하여 지도·감독하는 자를 말한다.

16. "공사시공자"란 「건설산업기본법」 제2조제4호에 따른 건설공사를 하는 자를 말한다.

16의2. "건축물의 유지·관리"란 건축물의 소유자나 관리자가 사용 승인된 건축물의 대지·구조·설비 및 용도 등을 지속적으로 유지하기 위하여 건축물이 멸실될 때까지 관리하는 행위를 말한다.

17. "관계전문기술자"란 건축물의 구조·설비 등 건축물과 관련된 전문기술자격을 보유하고 설계와 공사감리에 참여하여 설계자 및 공사감리자와 협력하는 자를 말한다.

18. "특별건축구역"이란 조화롭고 창의적인 건축물의 건축을 통하여 도시경관의 창출, 건설기술 수준향상 및 건축 관련 제도개선을 도모하기 위하여 이 법 또는 관계 법령에 따라 일부 규정을 적용하지 아니하거나 완화 또는 통합하여 적용할 수 있도록 특별히 지정하는 구역을 말한다.

19. "**고층건축물**"이란 **충수가 30층 이상이거나 높이가 120미터 이상**인 건축물을 말한다.

20. "실내건축"이란 건축물의 실내를 안전하고 쾌적하며 효율적으로 사용하기 위하여 내부 공간을 칸막이로 구획하거나 벽지, 천장재, 바닥재, 유리 등 대통령령으로 정하는 재료 또는 장식물을 설치하는 것을 말한다.〈신설 2014.5.28.〉

21. "부속구조물"이란 건축물의 안전·기능·환경 등을 향상시키기 위하여 건축물에 추가

적으로 설치하는 환기시설물 등 대통령령으로 정하는 구조물을 말한다.
〈신설 2016.2.3.〉

슈 제3조의 4【실내건축의 재료 등】 법 제2조 제1항 제20호에서 "벽지, 천장재, 바닥재, 유리 등 대통령령으로 정하는 재료 또는 장식물"이란 다음 각 호의 재료를 말한다.

1. 벽, 천장, 바닥 및 반자틀의 재료
2. 실내에 설치하는 난간, 창호 및 출입문의 재료
3. 실내에 설치하는 전기·가스·급수(給水), 배수(排水)·환기시설의 재료
4. 실내에 설치하는 충돌·끼임 등 사용자의 안전사고 방지를 위한 시설의 재료

〈본조 신설 2014.11.28.〉

規 제1조의2【설계도서의 범위】 법 제2조제14호에서 "그 밖에 국토교통부령으로 정하는 공사에 필요한 서류"란 다음 각 호의 서류를 말한다.

1. 건축설비계산 관계서류
2. 토질 및 지질 관계서류
3. 기타 공사에 필요한 서류

2. 용어정의 – 내수재료, 내화구조, 방화구조

슈 제2조【정의】

6. "내수재료(耐水材料)"란 인조석·콘크리트 등 내수성을 가진 재료로서 국토교통부령으로 정하는 재료를 말한다.
7. "**내화구조**(耐火構造)"란 화재에 견딜 수 있는 성능을 가진 구조로서 국토교통부령으로 정하는 기준에 적합한 구조를 말한다.
8. "**방화구조**(防火構造)"란 화염의 확산을 막을 수 있는 성능을 가진 구조로서 국토교통부령으로 정하는 기준에 적합한 구조를 말한다.

防規 제2조【내수재료】「건축법 시행령」(이하 "영"이라 한다) 제2조제6호에서 "국토교통부령으로 정하는 재료"란 벽돌·자연석·인조석·콘크리트·아스팔트·도자기질재료·유리 및 그 밖에 이와 비슷한 내수성 건축재료를 말한다.〈개정 2019.8.6.〉

防規 제3조【내화구조】영 제2조제7호에서 "국토교통부령으로 정하는 기준에 적합한 구조"란 다음 각 호의 어느 하나에 해당하는 것을 말한다.〈개정 2013.3.23.〉

1. **벽**의 경우에는 다음 각목의 어느 하나에 해당하는 것〈개정 2019.8.6.〉
   가. 철근콘크리트조 또는 철골철근콘크리트조로서 두께가 10센티미터 이상인 것
   나. 골구를 철골조로 하고 그 양면을 두께 4센티미터 이상의 철망모르타르(그 바름바탕을 불연재료로 한 것으로 한정한다. 이하 이 조에서 같다) 또는 두께 5센티미터 이상의 콘크리트블록·벽돌 또는 석재로 덮은 것
   다. 철재로 보강된 콘크리트블록조·벽돌조 또는 석조로서 철재에 덮은 콘크리트블록 등의 두께가 5센티미터 이상인 것
   라. 벽돌조로서 두께가 19센티미터 이상인 것
   마. 고온·고압의 증기로 양생된 경량기포 콘크리트패널 또는 경량기포 콘크리트블록조로서 두께가 10센티미터 이상인 것
2. 외벽중 **비내력벽**인 경우에는 제1호에도 불구하고 다음 각목의 어느 하나에 해당하는 것〈개정 2019.8.6.〉
   가. 철근콘크리트조 또는 철골철근콘크리트조로서 두께가 7센티미터 이상인 것
   나. 골구를 철골조로 하고 그 양면을 두께 3센티미터 이상의 철망모르타르 또는 두께 4센티미터 이상의 콘크리트블록·벽돌 또는 석재로 덮은 것
   다. 철재로 보강된 콘크리트블록조·벽돌조 또는 석조로서 철재에 덮은 콘크리트블록 등의 두께가 4센티미터 이상인 것
   라. 무근콘크리트조·콘크리트블록조·벽돌조 또는 석조로서 그 두께가 7센티미터 이상인 것
3. **기둥**의 경우에는 그 작은 지름이 25센티미터 이상인 것으로서 다음 각목의 어느 하나에 해당하는 것. 다만, 고강도 콘크리트(설계기준강도가 50MPa 이상인 콘크리트를 말한다. 이하 이 조에서 같다)를 사용하는 경우에는 국토교통부장관이 정하여 고시하는 고강도 콘크리트 내화성능 관리기준에 적합해야 한다.〈개정 2019.8.6.〉
   가. 철근콘크리트조 또는 철골철근콘크리트조
   나. 철골을 두께 6센티미터(경량골재를 사용하는 경우에는 5센티미터)이상의 철망모르타르 또는 두께 7센티미터 이상의 콘크리트블록·벽돌 또는 석재로 덮은 것
   다. 철골을 두께 5센티미터 이상의 콘크리트로 덮은 것
4. **바닥**의 경우에는 다음 각목의 어느 하나에 해당하는 것〈개정 2019.8.6.〉
   가. 철근콘크리트조 또는 철골철근콘크리트조로서 두께가 10센티미터 이상인 것

나. 철재로 보강된 콘크리트블록조·벽돌조 또는 석조로서 철재에 덮은 콘크리트블록 등의 두께가 5센티미터 이상인 것

다. 철재의 양면을 두께 5센티미터 이상의 철망모르타르 또는 콘크리트로 덮은 것

5. 보(지붕틀을 포함한다)의 경우에는 다음 각목의 어느 하나에 해당하는 것. 다만, 고강도 콘크리트를 사용하는 경우에는 국토교통부장관이 정하여 고시하는 고강도 콘크리트내화성능 관리기준에 적합해야 한다.〈개정 2019.8.6.〉

가. 철근콘크리트조 또는 철골철근콘크리트조

나. 철골을 두께 6센티미터(경량골재를 사용하는 경우에는 5센티미터)이상의 철망모르타르 또는 두께 5센티미터 이상의 콘크리트로 덮은 것

다. 철골조의 지붕틀(바닥으로부터 그 아랫부분까지의 높이가 4미터 이상인 것에 한한다)로서 바로 아래에 반자가 없거나 불연재료로 된 반자가 있는 것

6. 지붕의 경우에는 다음 각목의 어느 하나에 해당하는 것〈개정 2019.8.6.〉

가. 철근콘크리트조 또는 철골철근콘크리트조

나. 철재로 보강된 콘크리트블록조·벽돌조 또는 석조

다. 철재로 보강된 유리블록 또는 망입유리로 된 것

7. 계단의 경우에는 다음 각목의 어느 하나에 해당하는 것〈개정 2019.8.6.〉

가. 철근콘크리트조 또는 철골철근콘크리트조

나. 무근콘크리트조·콘크리트블록조·벽돌조 또는 석조

다. 철재로 보강된 콘크리트블록조·벽돌조 또는 석조

라. 철골조

8. 「과학기술분야 정부출연연구기관 등의 설립·운영 및 육성에 관한 법률」 제8조에 따라 설립된 한국건설기술연구원의 장(이하 "한국건설기술연구원장"이라 한다)이 국토교통부장관이 정하여 고시하는 방법에 따라 품질을 시험한 결과 별표 1에 따른 성능기준에 적합할 것 〈개정 2021.12.23.〉

9. 다음 각 목의 어느 하나에 해당하는 것으로서 한국건설기술연구원장이 국토교통부장관으로부터 승인받은 기준에 적합한 것으로 인정하는 것

가. 한국건설기술연구원장이 인정한 내화구조 표준으로 된 것

나. 한국건설기술연구원장이 인정한 성능설계에 따라 내화구조의 성능을 검증할 수 있는 구조로 된 것

10. 한국건설기술연구원장이 제27조제1항에 따라 정한 인정기준에 따라 인정하는 것

■ **건축물의 피난·방화구조 등의 기준에 관한 규칙 〈별표1〉** 〈개정 2019.10.24.〉 〈시행일 : 2020.8.15.〉 지붕 관련 부분

<u>내화구조의 성능기준</u>(제3조제8호 관련)

1. 일반기준

(단위 : 시간)

<table>
<tr><th colspan="4" rowspan="3">구성부재
용도</th><th colspan="6">벽</th><th rowspan="4">보
·
기둥</th><th rowspan="4">바닥</th><th rowspan="4">지붕
·
지붕틀</th></tr>
<tr><th colspan="3">외벽</th><th colspan="3">내벽</th></tr>
<tr><th rowspan="2">내력벽</th><th colspan="2">비내력벽</th><th rowspan="2">내력벽</th><th colspan="2">비내력벽</th></tr>
<tr><th colspan="2">용도구분</th><th colspan="2">용도규모
층수/최고높이(m)</th><th>연소 우려가 있는 부분</th><th>연소 우려가 없는 부분</th><th>간막이벽</th><th>승강기·계단실의 수직벽</th></tr>
<tr><td rowspan="3">일반시설</td><td rowspan="3">제1종 근린생활시설, 제2종 근린생활시설, 문화 및 집회시설, 종교시설, 판매시설, 문수시설, 교육연구시설, 노유자시설, 수련시설, 운동시설, 업무시설, 위락시설, 자동차 관련시설(정비공장 제외), 동물 및 식물 관련 시설, 교정 및 군사 시설, 방송통신시설, 발전시설, 묘지 관련 시설, 관광 휴게 시설, 장례시설</td><td rowspan="2">12/50</td><td>초과</td><td>3</td><td>1</td><td>0.5</td><td>3</td><td>2</td><td>2</td><td>3</td><td>2</td><td>1</td></tr>
<tr><td>이하</td><td>2</td><td>1</td><td>0.5</td><td>2</td><td>1.5</td><td>1.5</td><td>2</td><td>2</td><td>0.5</td></tr>
<tr><td colspan="2">4/20 이하</td><td>1</td><td>1</td><td>0.5</td><td>1</td><td>1</td><td>1</td><td>1</td><td>1</td><td>0.5</td></tr>
<tr><td rowspan="3">주거시설</td><td rowspan="3">단독주택, 공동주택, 숙박시설, 의료시설</td><td rowspan="2">12/50</td><td>초과</td><td>2</td><td>1</td><td>0.5</td><td>2</td><td>2</td><td>2</td><td>3</td><td>2</td><td>1</td></tr>
<tr><td>이하</td><td>2</td><td>1</td><td>0.5</td><td>2</td><td>1</td><td>1</td><td>2</td><td>2</td><td>0.5</td></tr>
<tr><td colspan="2">4/20 이하</td><td>1</td><td>1</td><td>0.5</td><td>1</td><td>1</td><td>1</td><td>1</td><td>1</td><td>0.5</td></tr>
<tr><td rowspan="3">산업시설</td><td rowspan="3">공장, 창고시설, 위험물 저장 및 처리 시설, 자동차 관련 시설 중 정비공장, 자연순환 관련 시설</td><td rowspan="2">12/50</td><td>초과</td><td>2</td><td>1.5</td><td>0.5</td><td>2</td><td>1.5</td><td>1.5</td><td>3</td><td>2</td><td>1</td></tr>
<tr><td>이하</td><td>2</td><td>1</td><td>0.5</td><td>2</td><td>1</td><td>1</td><td>2</td><td>2</td><td>0.5</td></tr>
<tr><td colspan="2">4/20 이하</td><td>1</td><td>1</td><td>0.5</td><td>1</td><td>1</td><td>1</td><td>1</td><td>1</td><td>0.5</td></tr>
</table>

2. 적용기준

가. 용도

1) 건축물이 하나 이상의 용도로 사용될 경우 위 표의 용도구분에 따른 기준 중 가장 높은 내화시간의 용도를 적용한다.

2) 건축물의 부분별 높이 또는 층수가 다를 경우 최고 높이 최고 층수를 기준으로 제1호에 따른 구성 부재별 내화시간을 건축물 전체에 동일하게 적용한다.

3) 용도규모에서 건축물의 층수와 높이의 산정은「건축법 시행령」제119조에 따른다. 다만, 승강기탑, 계단탑, 망루, 장식탑, 옥탑 그 밖에 이와 유사한 부분은 건축물의 높이와 층수의 산정에서 제외한다.

나. 구성 부재

1) 외벽 중 비내력벽으로서 연소우려가 있는 부분은 제22조제2항에 따른 부분을 말한다.

2) 외벽 중 비내력벽으로서 연소우려가 없는 부분은 제22조제2항에 따른 부분을 제외한 부분을 말한다.

3) 내벽 중 비내력벽인 간막이벽은 건축법령에 따라 내화구조로 해야 하는 벽을 말한다.

다. 그 밖의 기준

1) 화재의 위험이 적은 제철·제강공장 등으로서 품질확보를 위해 불가피한 경우에는 지방건축위원회의 심의를 받아 주요구조부의 내화시간을 완화하여 적용할 수 있다.

2) 외벽의 내화성능 시험은 건축물 내부면을 가열하는 것으로 한다.

防規 제4조【방화구조】영 제2조제8호에서 "국토교통부령으로 정하는 기준에 적합한 구조"란 다음 각 호의 어느 하나에 해당하는 것을 말한다.〈개정 2019.8.6.〉

1. 철망모르타르로서 그 바름 두께가 **2센티미터 이상**인 것
2. 석고판 위에 시멘트모르타르 또는 회반죽을 바른 것으로서 그 두께의 합계가 **2.5센티미터 이상**인 것〈개정 2019.8.6.〉
3. 시멘트모르타르 위에 타일을 붙인 것으로서 그 두께의 합계가 **2.5센티미터 이상**인 것〈개정 2019.8.6.〉
4. 삭제〈2010.4.7.〉
5. 삭제〈2010.4.7.〉
6. 심벽에 흙으로 맞벽치기한 것
7. 「산업표준화법」에 따른 한국산업표준(이하 "한국산업표준"이라 한다)에 따라 시험한 결과 방화 2급 이상에 해당하는 것 〈개정 2022.2.10.〉

해설 심벽(心壁)이란 물이 밖으로 새지 못하도록 진흙 같은 재료로 만들어 그 심(心)에 넣는 벽체를 말하는 것으로, 한식구조에 많이 사용된다. 즉 기둥 복판에 벽을 쳐서 기둥이 벽의 바깥

쪽으로 내보이게 된 것을 말한다.

2. 용어정의 – 난연재료, 불연재료, 준불연재료

슈 제2조【정의】

9. "**난연재료**(難燃材料)"란 불에 잘 타지 아니하는 성능을 가진 재료로서 국토교통부령으로 정하는 기준에 적합한 재료를 말한다.

10. "**불연재료**(不燃材料)"란 불에 타지 아니하는 성질을 가진 재료로서 국토교통부령으로 정하는 기준에 적합한 재료를 말한다.

11. "**준불연재료**"란 불연재료에 준하는 성질을 가진 재료로서 국토교통부령으로 정하는 기준에 적합한 재료를 말한다.

防規 제5조【난연재료】영 제2조 제9호에서 "국토교통부령으로 정하는 기준에 적합한 재료"라 함은 한국산업표준에 따라 시험한 결과 가스 유해성, 열방출량 등이 국토교통부장관이 정하여 고시하는 난연재료의 성능기준을 충족하는 것을 말한다.〈개정 2022.2.10.〉

防規 제6조【불연재료】영 제2조 제10호에서 "국토교통부령으로 정하는 기준에 적합한 재료"란 다음 각 호의 어느 하나에 해당하는 것을 말한다.〈개정 2019.8.6.〉

1. 콘크리트·석재·벽돌·기와·철강·알루미늄·유리·시멘트모르타르 및 회. 이 경우 시멘트모르타르 또는 회 등 미장재료를 사용하는 경우에는 「건설기술관리법」 제34조제1항 제2호의 규정에 의하여 제정된 건축공사표준시방서에서 정한 두께 이상인 것에 한한다.
2. 한국산업표준에 따라 시험한 결과 질량감소율 등이 국토교통부장관이 정하여 고시하는 불연재료의 성능기준을 충족하는 것 〈개정 2022.2.10.〉
3. 그 밖에 제1호와 유사한 불연성의 재료로서 국토교통부장관이 인정하는 재료. 다만, 제1호의 재료와 불연성재료가 아닌 재료가 복합으로 구성된 경우를 제외한다.

防規 제7조【준불연재료】영 제2조 제11호에서 "국토교통부령으로 정하는 기준에 적합한 재료"란 한국산업표준에 따라 시험한 결과 가스 유해성, 열방출량 등이 국토교통부장관이 정하여 고시하는 준불연재료의 성능기준을 충족하는 것을 말한다.〈개정 2022.2.10.〉

防規 제7조의2【건축사보 배치 대상 마감재료 설치공사】영 제19조 제7항 전단에서 "국토교통부령으로 정하는 경우"란 제24조 제3항에 따라 불연재료 · 준불연재료 또는 난연재료가 아닌 단열재를 사용하는 경우로서 해당 단열재가 외기(外氣)에 노출되는 경우를 말한다. 〈신설 2021.9.3.〉

2. 용어정의 – 초고층 건축물, 다중이용 건축물, 특수 구조 건축물

슈 제2조【정의】

12. "부속건축물"이란 같은 대지에서 주된 건축물과 분리된 부속용도의 건축물로서 주된 건축물을 이용 또는 관리하는 데에 필요한 건축물을 말한다.

13. "부속용도"란 건축물의 주된 용도의 기능에 필수적인 용도로서 다음 각 목의 어느 하나에 해당하는 용도를 말한다.

가. 건축물의 설비, 대피, 위생, 그 밖에 이와 비슷한 시설의 용도

나. 사무, 작업, 집회, 물품저장, 주차, 그 밖에 이와 비슷한 시설의 용도

다. 구내식당·직장어린이집·구내운동시설 등 종업원 후생복리시설, 구내소각시설, 그 밖에 이와 비슷한 시설의 용도

라. 관계 법령에서 주된 용도의 부수시설로 설치할 수 있게 규정하고 있는 시설, 그 밖에 국토교통부장관이 이와 유사하다고 인정하여 고시하는 시설의 용도 〈개정 2014.11.11.〉

14. "발코니"란 건축물의 내부와 외부를 연결하는 완충공간으로서 전망이나 휴식 등의 목적으로 건축물 외벽에 접하여 부가적(附加的)으로 설치되는 공간을 말한다. 이 경우 주택에 설치되는 발코니로서 국토교통부장관이 정하는 기준에 적합한 발코니는 필요에 따라 거실·침실·창고 등의 용도로 사용할 수 있다.

15. "**초고층 건축물**"이란 **층수가 50층 이상이거나 높이가 200미터 이상**인 건축물을 말한다.

15의2. "**준초고층 건축물**"이란 고층건축물 중 초고층 건축물이 아닌 것을 말한다.

16. "한옥"이란 「한옥 등 건축자산의 진흥에 관한 법률」 제 2조 제 2호에 따른 한옥을 말한다.〈개정 2016.1.19.〉

17. "**다중이용 건축물**"이란 다음 각 목의 어느 하나에 해당하는 건축물을 말한다. 〈개정 2018.9.4.〉

가. 다음의 어느 하나에 해당하는 용도로 쓰는 바닥면적의 합계가 **5천제곱미터 이상**인 건축물

1) 문화 및 집회시설(동물원·식물원은 제외한다)〈개정 2015.9.22〉
2) 종교시설
3) 판매시설
4) 운수시설 중 여객용 시설
5) 의료시설 중 종합병원
6) 숙박시설 중 관광숙박시설

나. **16층 이상**인 건축물〈본호 신설 2014.11.11.〉

17의 2. "준다중이용 건축물"이란 다중이용 건축물 외의 건축물로서 다음 각 목의

어느 하나에 해당하는 용도로 쓰는 바닥면적의 합계가 1천제곱미터 이상인 건축물을 말한다.
가. 문화 및 집회시설(동물원 및 식물원은 제외한다)
나. 종교시설
다. 판매시설
라. 운수시설 중 여객용 시설
마. 의료시설 중 종합병원
바. 교육연구시설
사. 노유자시설
아. 운동시설
자. 숙박시설 중 관광숙박시설
차. 위락시설
카. 관광숙박시설
타. 장례시설〈개정 2017.2.3.〉
18. "**특수구조 건축물**"이란 다음 각 목의 어느 하나에 해당하는 건축물을 말한다.
가. 한쪽 끝은 고정되고 다른 끝은 지지(支持)되지 아니한 구조로 된 보·차양 등이 외벽(외벽이 없는 경우에는 외곽 기둥을 말한다)의 중심선으로부터 3미터 이상 돌출된 건축물 〈개정 2018.9.4.〉
나. 기둥과 기둥 사이의 거리(기둥의 중심선 사이의 거리를 말하며, 기둥이 없는 경우에는 내력벽과 내력벽의 중심선 사이의 거리를 말한다. 이하 같다)가 20미터 이상인 건축물
다. 특수한 설계·시공·공법 등이 필요한 건축물로서 국토교통부장관이 정하여 고시하는 구조로 된 건축물〈본호 신설 2014.11.28.〉
19. 법 제2조 제1항 제21호에서 "환기시설물 등 대통령령으로 정하는 구조물"이란 급기(給氣) 및 배기(排氣)를 위한 건축 구조물의 개구부(開口部)인 환기구를 말한다. 〈개정 2016.7.19.〉

해설 고층건축물과 초고층 건축물

<table>
<tr><th colspan="2">구 분</th><th>층 수</th><th>높 이</th></tr>
<tr><td rowspan="3">건축물</td><td>고층건축물</td><td colspan="2">30층 이상이거나 120m 이상</td></tr>
<tr><td>준초고층건축물</td><td colspan="2">30층 이상 50층 미만이거나
120m 이상 200m 미만</td></tr>
<tr><td>초고층건축물</td><td colspan="2">50층 이상이거나 200m 이상</td></tr>
</table>

해설 건축법시행령 제119조【면적 등의 산정 방법】

대지면적, 건축면적, 바닥면적, 연면적, 건축물의 높이, 처마높이, 반자높이, 층고, 층수, 지하층의 지표면 산정 방법 등에 대하여는 건축법시행령 제 119조 제 1항을 참고 바람.

3. 적용제외

法 제3조【적용 제외】① 다음 각 호의 어느 하나에 해당하는 건축물에는 이 법을 적용하지 아니한다.

1. 「문화재보호법」에 따른 지정문화재나 가지정(假指定) 문화재
2. 철도나 궤도의 선로 부지(敷地)에 있는 다음 각 목의 시설
   가. 운전보안시설
   나. 철도 선로의 위나 아래를 가로지르는 보행시설
   다. 플랫폼
   라. 해당 철도 또는 궤도사업용 급수(給水)·급탄(給炭) 및 급유(給油) 시설
3. 고속도로 통행료 징수시설
4. 컨테이너를 이용한 간이창고(「산업집적활성화 및 공장설립에 관한 법률」 제2조제1호에 따른 공장의 용도로만 사용되는 건축물의 대지에 설치하는 것으로서 이동이 쉬운 것만 해당된다)
5. 「하천법」에 따른 하천구역 내의 수문조작실〈신설 2016.1.19.〉

② 「국토의 계획 및 이용에 관한 법률」에 따른 도시지역 및 같은 법 제51조제3항에 따른 지구단위계획구역(이하 "지구단위계획구역"이라 한다) 외의 지역으로서 동이나 읍(동이나 읍에 속하는 섬의 경우에는 인구가 500명 이상인 경우만 해당된다)이 아닌 지역은 제44조부터 제47조까지, 제51조 및 제57조를 적용하지 아니한다. 〈개정 2014.1.14.〉

③ 「국토의 계획 및 이용에 관한 법률」 제47조제7항에 따른 건축물이나 공작물을 도시·군계획시설로 결정된 도로의 예정지에 건축하는 경우에는 제45조부터 제47조까지의 규정을 적용하지 아니한다.

4. 건축위원회 – 건축위원회 및 건축심의 등

法 제4조【건축위원회】① 국토교통부장관, 시·도지사 및 시장·군수·구청장은 다음 각 호의 사항을 조사·심의·조정 또는 재정(이하 이 조에서 "심의 등"이라 한다)하기 위하여

각각 건축위원회를 두어야 한다.
1. 이 법과 조례의 제정·개정 및 시행에 관한 중요 사항〈개정 2014.5.28.〉
2. 건축물의 건축등과 관련된 분쟁의 조정 또는 재정에 관한 사항. 다만, 시·도지사 및 시장·군수·구청장이 두는 건축위원회는 제외한다.〈개정 2014.5.28.〉
3. 건축물의 건축 등과 관련된 민원에 관한 사항. 다만, 국토교통부장관이 두는 건축위원회는 제외한다.〈신설 2014.5.28.〉
4. 건축물의 건축 또는 대수선에 관한 사항〈개정 2014.5.28.〉
5. 다른 법령에서 건축위원회의 심의를 받도록 규정한 사항
② 국토교통부장관, 시·도지사 및 시장·군수·구청장은 건축위원회의 심의 등을 효율적으로 수행하기 위하여 필요하면 자신이 설치하는 건축위원회에 다음 각 호의 전문위원회를 두어 운영할 수 있다.〈개정 2014.5.28.〉
1. 건축분쟁전문위원회(국토교통부에 설치하는 건축위원회에 한정한다)
〈신설 2014.5.28.〉
2. 건축민원전문위원회(시·도 및 시·군·구에 설치하는 건축위원회에 한정한다)
〈신설 2014.5.28.〉
3. 건축계획·건축구조·건축설비 등 분야별 전문위원회〈신설 2014.5.28.〉
③ 제2항에 따른 전문위원회는 건축위원회가 정하는 사항에 대하여 심의 등을 한다.
〈개정 2014.5.28〉
④ 제3항에 따라 전문위원회의 심의 등을 거친 사항은 건축위원회의 심의 등을 거친 것으로 본다.〈개정 2014.5.28.〉
⑤ 제1항에 따른 각 건축위원회의 조직·운영, 그 밖에 필요한 사항은 대통령령으로 정하는 바에 따라 국토교통부령이나 해당 지방자치단체의 조례(자치구의 경우에는 특별시나 광역시의 조례를 말한다. 이하 같다)로 정한다.

法 제4조의2【건축위원회의 건축 심의 등】① 대통령령으로 정하는 건축물을 건축하거나 대수선하려는 자는 제11조에 따른 건축허가를 신청하거나 대수선 허가를 신청하기 전에 국토교통부령으로 정하는 바에 따라 시·도지사 또는 시장·군수·구청장에게 제4조에 따른 건축위원회(이하 "건축위원회"라 한다)의 심의를 신청하여야 한다.
② 제1항에 따라 심의 신청을 받은 시·도지사 또는 시장·군수·구청장은 대통령령으로 정하는 바에 따라 건축위원회에 심의 안건을 상정하고, 심의 결과를 국토교통부령으로 정하는 바에 따라 심의를 신청한 자에게 통보하여야 한다.
③ 제2항에 따른 건축위원회의 심의 결과에 이의가 있는 자는 심의 결과를 통보받은 날부터 1개월 이내에 시·도지사 또는 시장·군수·구청장에게 건축위원회의 재심의를 신청할 수 있다.
④ 제3항에 따른 재심의 신청을 받은 시·도지사 또는 시장·군수·구청장은 그 신청을

받은 날부터 15일 이내에 대통령령으로 정하는 바에 따라 건축위원회에 재심의 안건을 상정하고, 재심의 결과를 국토교통부령으로 정하는 바에 따라 재심의를 신청한 자에게 통보하여야 한다.
〈본조 신설 2014.5.28.〉

4. 건축위원회 – 중앙건축위원회의 설치 등

슈 제5조【중앙건축위원회의 설치 등】① 법 제4조제1항에 따라 국토교통부에 두는 건축위원회(이하 "중앙건축위원회"라 한다)는 다음 각 호의 사항을 조사·심의·조정 또는 재정(이하 "심의 등"이라 한다)한다.

1. 법 제23조제4항에 따른 표준설계도서의 인정에 관한 사항
2. 건축물의 건축·대수선·용도변경, 건축설비의 설치 또는 공작물의 축조(이하 "건축물의 건축 등"이라 한다)와 관련된 분쟁의 조정 또는 재정에 관한 사항
3. 법과 이 영의 제정·개정 및 시행에 관한 중요 사항〈개정 2014.11.28.〉
4. 다른 법령에서 중앙건축위원회의 심의를 받도록 한 경우 해당 법령에서 규정한 심의사항
5. 그 밖에 국토교통부장관이 중앙건축위원회의 심의가 필요하다고 인정하여 회의에 부치는 사항

② 제1항에 따라 심의 등을 받은 건축물이 다음 각 호의 어느 하나에 해당하는 경우에는 해당 건축물의 건축 등에 관한 중앙건축위원회의 심의 등을 생략할 수 있다.

1. 건축물의 규모를 변경하는 것으로서 다음 각 목의 요건을 모두 갖춘 경우
   가. 건축위원회의 심의 등의 결과에 위반되지 아니할 것
   나. 심의 등을 받은 건축물의 건축면적, 연면적, 층수 또는 높이 중 어느 하나도 10분의 1을 넘지 아니하는 범위에서 변경할 것
2. 중앙건축위원회의 심의 등의 결과를 반영하기 위하여 건축물의 건축 등에 관한 사항을 변경하는 경우

③ 중앙건축위원회는 위원장 및 부위원장 각 1명을 포함하여 70명 이내의 위원으로 구성한다.

④ 중앙건축위원회의 위원은 관계 공무원과 건축에 관한 학식 또는 경험이 풍부한 사람 중에서 국토교통부장관이 임명하거나 위촉한다.

⑤ 중앙건축위원회의 위원장과 부위원장은 제4항에 따라 임명 또는 위촉된 위원 중에서 국토교통부장관이 임명하거나 위촉한다.

⑥ 공무원이 아닌 위원의 임기는 2년으로 하며, 한 차례만 연임할 수 있다.

〈전문개정 2012.12.12.〉

4. 건축위원회 – 지방건축위원회

令 제5조의5【지방건축위원회】① 법 제4조제1항에 따라 특별시·광역시·특별자치시·도·특별자치도(이하 "시·도"라 한다) 및 시·군·구(자치구를 말한다. 이하 같다)에 두는 건축위원회(이하 "지방건축위원회"라 한다)는 다음 각 호의 사항에 대한 심의 등을 한다.

1. 법 제46조제2항에 따른 건축선(建築線)의 지정에 관한 사항
2. 법 또는 이 영에 따른 조례(해당 지방자치단체의 장이 발의하는 조례만 해당한다)의 제정·개정 및 시행에 관한 중요 사항〈개정 2014.11.28.〉
3. 삭제〈2014.11.11.〉
4. 다중이용건축물 및 특수구조 건축물의 구조안전에 관한 사항〈신설 2014.11.28.〉
5. 삭제〈2016.1.19.〉
6. 삭제〈2020.4.21.〉
7. 다른 법령에서 지방건축위원회의 심의를 받도록 한 경우 해당 법령에서 규정한 심의사항
8. 특별시장·광역시장·특별자치시장·도지사 또는 특별자치도지사(이하 "시·도지사"라 한다) 및 시장·군수·구청장이 도시 및 건축 환경의 체계적인 관리를 위하여 필요하다고 인정하여 지정 · 공고한 지역에서 건축조례로 정하는 건축물의 건축 등에 관한 것으로서 시 · 도지사 및 시장 · 군수 · 구청장이 지방건축위원회의 심의가 필요하다고 인정한 사항. 이 경우 심의 사항은 시 · 도지사 및 시장 · 군수 · 구청장이 건축계획, 구조 및 설비 등에 대해 심의 기준을 정하여 공고한 사항으로 한정한다. 〈개정 2020.4.21.〉

② 제1항에 따라 심의 등을 받은 건축물이 제5조제2항 각 호의 어느 하나에 해당하는 경우에는 해당 건축물의 건축 등에 관한 지방건축위원회의 심의 등을 생략할 수 있다.

③ 제1항에 따른 지방건축위원회는 위원장 및 부위원장 각 1명을 포함하여 25명 이상 150명 이하의 위원으로 성별을 고려하여 구성한다.〈개정 2016.1.19.〉

④ 지방건축위원회의 위원은 다음 각 호의 어느 하나에 해당하는 사람 중에서 시·도지사 및 시장·군수·구청장이 임명하거나 위촉한다.

1. 도시계획 및 건축 관계 공무원
2. 도시계획 및 건축 등에서 학식과 경험이 풍부한 사람

⑤ 지방건축위원회의 위원장과 부위원장은 제4항에 따라 임명 또는 위촉된 위원 중에서 시·도지사 및 시장·군수·구청장이 임명하거나 위촉한다.

⑥ 지방건축위원회 위원의 임명·위촉·제척·기피·회피·해촉·임기 등에 관한 사항, 회의 및 소위원회의 구성·운영 및 심의 등에 관한 사항, 위원의 수당 및 여비 등에 관한 사항은 조례로 정하되, 다음 각 호의 기준에 따라야 한다.

1. 위원의 임명·위촉 기준 및 제척·기피·회피·해촉·임기
   가. 공무원을 위원으로 임명하는 경우에는 그 수를 전체 위원 수의 4분의 1 이하로 할 것
   나. 공무원이 아닌 위원은 건축 관련 학회 및 협회 등 관련 단체나 기관의 추천 또는 공모절차를 거쳐 위촉할 것
   다. 다른 법령에 따라 지방건축위원회의 심의를 하는 경우에는 해당 분야의 관계 전문가가 그 심의에 위원으로 참석하는 심의위원 수의 4분의 1 이상이 되게 할 것. 이 경우 필요하면 해당 심의에만 위원으로 참석하는 관계 전문가를 임명하거나 위촉할 수 있다.
   라. 위원의 제척·기피·회피·해촉에 관하여는 제5조의2 및 제5조의3을 준용할 것
   마. 공무원이 아닌 위원의 임기는 3년 이내로 하며, 필요한 경우에는 한 차례만 연임할 수 있게 할 것
2. 심의 등에 관한 기준
   가. 「국토의 계획 및 이용에 관한 법률」 제30조제3항 단서에 따라 건축위원회와 도시계획위원회가 공동으로 심의한 사항에 대해서는 심의를 생략할 것
   나. 제1항제4호에 관한 사항은 법 제21조에 따른 착공신고 전에 심의할 것. 다만, 법 제13조의2에 따라 안전영향평가 결과가 확정된 경우는 제외한다. 〈신설 2020.4.21.〉
   다. 지방건축위원회의 위원장은 회의 개최 10일 전까지 회의 안건과 심의에 참여할 위원을 확정하고, 회의 개최 7일 전까지 회의에 부치는 안건을 각 위원에게 알릴 것. 다만, 대외적으로 기밀 유지가 필요한 사항이나 그 밖에 부득이한 사유가 있는 경우에는 그러하지 아니하다.
   라. 지방건축위원회의 위원장은 다목에 따라 심의에 참여할 위원을 확정하면 심의 등을 신청한 자에게 위원 명단을 알릴 것
   마. 삭제〈2014.11.28.〉
   바. 지방건축위원회의 회의는 구성위원(위원장과 위원장이 다목에 따라 회의 참여를 확정한 위원을 말한다) 과반수의 출석으로 개의(開議)하고, 출석위원 과반수 찬성으로 심의 등을 의결하며, 심의 등을 신청한 자에게 심의 등의 결과를 알릴 것
   사. 지방건축위원회의 위원장은 업무 수행을 위하여 필요하다고 인정하는 경우에는 관계 전문가를 지방건축위원회의 회의에 출석하게 하여 발언하게 하거나 관계 기관·단체에 자료를 요구할 것
   아. 건축주·설계자 및 심의 등을 신청한 자가 희망하는 경우에는 회의에 참여하여

해당 안건 등에 대하여 설명할 수 있도록 할 것

자. 제1항제4호, 제7호 및 제8호에 따른 사항을 심의하는 경우 심의 등을 신청한 자에게 지방건축위원회에 간략설계도서(배치도·평면도·입면도·주단면도 및 교통부장관이 정하여 고시하는 도서로 한정하며, 전자문서로 된 도서를 포함한다)를 제출하도록 할 것 〈개정 2020.4.21.〉

차 건축구조 분야 등 전문분야에 대해서는 분야별 해당 전문위원회에서 심의하도록 할 것(제5조의 6 제1항에 따라 분야별 전문위원회를 구성한 경우만 해당한다) 〈신설 2014.11.28.〉

카. 지방건축위원회 심의 절차 및 방법 등에 관하여 국토교통부장관이 정하여 고시하는 기준에 따를 것〈신설 2014.11.11.〉

4. 건축위원회 – 전문위원회의 구성 등

슈 **제5조의6【전문위원회의 구성 등】**① 국토교통부장관, 시·도지사 또는 시장·군수·구청장은 법 제4조제2항에 따라 다음 각 호의 분야별로 전문위원회를 구성·운영할 수 있다.

1. 건축계획 분야
2. 건축구조 분야
3. 건축설비 분야
4. 건축방재 분야
5. 에너지관리 등 건축환경 분야
6. 건축물 경관(景觀) 분야(공간환경 분야를 포함한다)
7. 조경 분야
8. 도시계획 및 단지계획 분야
9. 교통 및 정보기술 분야
10. 사회 및 경제 분야
11. 그 밖의 분야

② 제1항에 따른 전문위원회의 구성·운영에 관한 사항, 수당 및 여비 지급에 관한 사항은 국토교통부령 또는 건축조례로 정한다.

〈본조 신설 2012.12.12.〉

5. 적용의 완화 – 적용의 완화

法 **제5조【적용의 완화】**① 건축주, 설계자, 공사시공자 또는 공사감리자(이하 "건축관계자"라 한다)는 업무를 수행할 때 이 법을 적용하는 것이 매우 불합리하다고 인정되는 대지나 건축물로서 대통령령으로 정하는 것에 대하여는 이 법의 기준을 완화하여 적용할 것을 허가권자에게 요청할 수 있다.〈개정 2014.5.28.〉

② 제1항에 따른 요청을 받은 허가권자는 건축위원회의 심의를 거쳐 완화 여부와 적용 범위를 결정하고 그 결과를 신청인에게 알려야 한다.〈개정 2014.5.28.〉

③ 제1항과 제2항에 따른 요청 및 결정의 절차와 그 밖에 필요한 사항은 해당 지방자치단체의 조례로 정한다.

■ 용어정의(대지)

1. 건축법상에서도 2개 이상의 필지를 하나의 대지로 할 수 없는 것은?
   가. 각 필지의 지번부여지역이 서로 다른 경우
   나. 토지의 소유자가 다르고 소유권 외의 권리 관계는 같은 경우
   다. 각 필지의 도면의 축척이 다른 경우
   라. 인접 필지로서 지반이 연속되지 않은 경우

   해설 토지의 소유자가 서로 다르거나 소유권 외의 권리관계가 서로 다른 경우는 둘 이상의 필지를 하나의 대지로 할 수 없다.

■ 용어정의(건축물)

2. 건축물의 정의를 내릴 때 이에 포함되지 않는 것은?
   가. 토지에 정착하는 공작물 중 지붕과 기둥이 있는 것
   나. 토지에 정착하는 공작물 중 지붕과 벽이 있는 것
   다. 지하 또는 고가의 공작물에 설치하는 사무소·공연장·점포·차고·창고
   라. 공지에 설치된 담장

   해설 건축물에 딸린 시설물만 건축물에 포함된다.

3. 다음 중 건축법상의 건축물에 해당되지 않는 것은?
   가. 건물에 부수된 대문 나. 지하도
   다. 캔틸레버 주유소 라. 육교에 설치된 점포

■ 용어정의(건축설비)

4. 건축법상 건축설비 즉, 건축물에 설치하는 설비에 해당하지 않는 것은?
   가. 창고 나. 국기게양대
   다. 공동시청안테나 라. 우편물수취함

5. 다음 중 가장 적합한 것은?
   가. 건축설비에는 우편물수취함도 포함된다.
   나. 건축물에 설치하는 굴뚝은 건축설비로 볼 수 없다.

해답 1-나, 2-라, 3-나, 4-가, 5-가

다. 건축물에 설치하는 유선방송수신시설은 건축법상 건축설비가 아니다.
라. 건축물에 설치하는 승강기는 건축설비이고 전화는 건축설비가 아니다.

6. 다음 중 건축설비가 아닌 것은?

가. 굴뚝　　나. 피뢰침
다. 셔터　　라. 엘리베이터

▣ 용어정의(거실)

7. 건축법상 거실에 속하는 것은?

가. 부엌　　나. 현관
다. 복도　　라. 화장실

8. 건축법상 거실에 속하지 않는 것은?

가. 사무실　　나. 침실
다. 계단실　　라. 회의실

▣ 용어정의(지하층)

9. 지하층은 건축물의 바닥이 지표면 이하에 있는 층으로서 그 바닥면적으로부터 지표면까지의 평균높이가 해당 층높이의 얼마 이상인가?

가. 1/2 이상　　나. 2/3 이상
다. 3/4 이상　　라. 4/5 이상

▣ 용어정의(주요구조부)

10. 다음 중 건축물의 주요 구조부에 해당되지 않는 것은?

가. 기둥　　나. 바닥
다. 주계단　　라. 작은 보

해설 주요구조부 : 내력벽·기둥·바닥·보·지붕틀 및 주계단

11. 주요구조부로만 짝지어진 것은?

가. 최하층 바닥－기둥　　나. 바닥－지붕틀
다. 옥외계단－내력벽　　라. 보－차양

12. 다음 중 주요구조부에 속하지 않는 것은?

가. 기초　　나. 기둥
다. 보　　라. 지붕틀

해답 6-다, 7-가, 8-다, 9-가, 10-라, 11-나, 12-가

13. 주요 구조부에 속하는 것은?

가. 기초　　　　　　　　　　나. 바닥
다. 칸막이벽　　　　　　　　라. 옥외 계단

▣ 용어정의(건축)

14. 건축법상 건축에 해당하지 않는 것은?

가. 개축　　　　　　　　　　나. 재축
다. 대수선　　　　　　　　　라. 이전

15. 다음 중 가장 부적합한 것은?

가. 증축이란 기존건축물이 있는 대지에서 건축물의 건축면적·연면적 또는 높이를 늘리는 것을 말한다.
나. 개축이란 기존건축물의 전부 또는 일부를 철거하고 그 대지 안에 종전과 다른 규모의 범위에서 건축물을 다시 축조하는 것을 말한다.
다. 재축이란 건축물이 천재지변 기타 재해로 멸실된 경우에 그 대지에 종전과 같은 규모의 범위 에서 다시 축조하는 것을 말한다.
라. 이전이란 건축물의 주요 구조부를 해체하지 아니하고 같은 대지의 다른 위치로 옮기는 것을 말한다.

16. 건축물의 주요 구조부를 해체하지 않고 동일한 대지 안에 위치를 옮기는 행위는?

가. 증축　　　　　　　　　　나. 이전
다. 개축　　　　　　　　　　라. 신축

17. 다음 그림과 같이 동일한 대지 내의 건축물 A를 전부 철거하고 B 위치에 종전과 동일한 규모의 건축물을 다시 축조하는 것을 무엇이라 하는가?

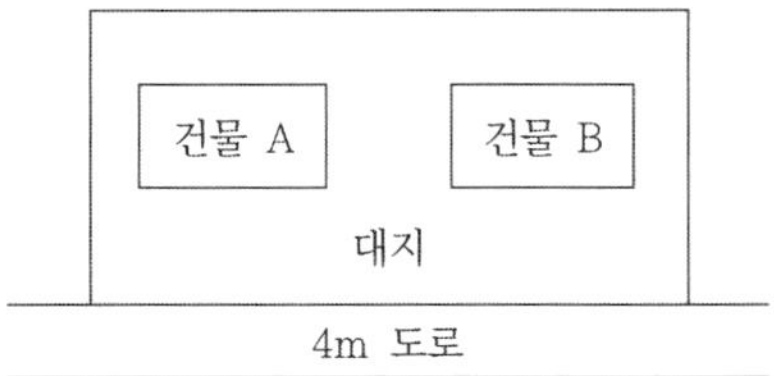

가. 신축　　　　　　　　　　나. 증축
다. 개축　　　　　　　　　　라. 이전

해설 기존 건축물의 전부를 철거하고 그 대지에 종전과 같은 규모의 범위에서 건축물을 다시 축조하는 것이므로 개축에 해당된다. 만일 종전보다 건축규모를 증가하여 축조하면 신축에 해당된다.

18. 다음 중 신축에 해당되지 않는 것은?

가. 건축물이 없는 대지에 새로이 건축물을 축조하는 것
나. 기존 건축물이 있는 대지 안에서 건축물의 높이를 증가시키는 것
다. 화재로 기존 건축물이 멸실하고 그 대지 안에 종전의 기존 건축물보다 더 크게 다시 축조하

해답 13-나, 14-다, 15-나, 16-나, 17-다, 18-나

는 것

라. 기존 건축물을 철거하여 멸실하고 그 대지 안에 종전의 기존 건축물보다 더 크게 다시 축조하는 것

19. 다음 중 건축행위에 대한 설명이 잘못된 것은?

가. "이전"이라 함은 건축물을 그 주요 구조부를 해체하지 아니하고 다른 대지로 옮기는 것을 말한다.

나. "재축"이라 함은 건축물이 천재지변 기타 재해에 의하여 멸실된 경우에 그 대지 안에 종전과 동일한 규모의 범위 안에서 다시 축조하는 것을 말한다.

다. "증축"이라 함은 기존건축물이 있는 대지 안에서 건축물의 건축면적·연면적·층수 또는 높이를 증가시키는 것을 말한다.

라. "신축"이라 함은 건축물이 없는 대지에 새로이 건축물을 축조하는 것을 말한다.

해설 가. "이전"이라 함은 건축물을 그 주요 구조부를 해체하지 아니하고 같은 대지안의 다른 위치로 옮기는 것을 말한다.

20. 다음 용어 정의에서 틀린 것은?

가. 기존 건축물을 완전 철거하고 동일 대지에 동일 규모로 다시 축조하면 신축에 해당된다.

나. 높이를 증가시키는 것도 증축에 해당된다.

다. 내력벽과 기둥, 보를 철거하고 동일 규모로 다시 축조하면 개축이 된다.

라. 동일한 대지 내에서만 위치를 변경할 때 이전이라고 한다.

해설 '가'는 개축에 해당된다.

21. 다음 건축행위에 있어서 정의에 맞지 않는 것은?

가. 부속 건축물만 있는 대지에 주건물을 축조하면 신축이 된다.

나. 기존 건축물에 높이만 증가시키는 것도 증축이 된다.

다. 주계단을 철거하고 다시 축조하면 대수선이 된다.

라. 천재지변으로 기둥과 보를 각각 3개씩 해체·수선하면 재축이 된다.

해설 '라'는 대수선에 해당한다.

22. 다음 중 건축행위의 범위에 속하지 않는 것은?

가. 건축물의 높이를 1m 높인 경우

나. 천재지변으로 건축물이 멸실되어 다시 짓는 행위

다. 동일한 대지 안에서 주요구조부를 해체하지 아니하고 다른 위치로 옮기는 행위

라. 특별피난계단을 해체하여 수선하는 행위

해답 19-가, 20-가, 21-라, 22-라

▣ 용어정의(대수선)

23. 대수선에 해당하지 않는 것은?

가. 내력벽의 벽면적을 30제곱미터 이상 해체하여 수선 또는 변경하는 것
나. 기둥·보·지붕틀을 각각 2개 이상 해체하여 수선 또는 변경하는 것
다. 방화벽 또는 방화구획을 위한 바닥 또는 벽을 해체하여 수선 또는 변경하는 것
라. 주계단·피난계단 또는 특별피난계단을 해체하여 수선 또는 변경하는 것

24. 대수선에 해당하는 것은?

가. 철근콘크리트조 벽면적을 20제곱미터 이상 해체하여 수선 또는 변경하는 것
나. 철근콘크리트조 기둥을 2개 이상 해체하여 수선 또는 변경하는 것
다. 주계단·피난계단 또는 특별피난계단을 해체하여 수선 또는 변경하는 것
라. 미관지구가 아닌 곳에서 건축물의 외부형태(담장을 포함한다)를 변경하는 것

▣ 건축물의 용도분류

25. 건축물의 용도분류 중 가장 부적합한 것은?

가. 다세대주택 – 공동주택
나. 양수장 – 제2종근린생활시설
다. 무도장 및 무도학원 – 위락시설
라. 야외음악당 – 관광휴게시설

26. 건축물의 용도분류 중 가장 부적합한 것은?

가. 정수장 – 제1종근린생활시설
나. 예식장 – 문화 및 집회시설
다. 기숙사 – 숙박시설
라. 유스호스텔 – 생활권수련시설

27. 다음 중 자동차관련시설이 아닌 것은?

가. 여객자동차터미널
나. 세차장
다. 정비공장
라. 운전학원

28. 건축물의 용도분류에서 서로 잘못 연결된 것은?

가. 노래 연습장 : 제2종근린생활시설
나. 안마시술소 : 위락시설
다. 기숙사 : 공동주택
라. 여인숙 : 숙박시설

29. 다음 건축물의 용도분류 중 숙박시설에 해당되지 않는 것은?

가. 휴양 콘도미니엄
나. 가족호텔
다. 국민호텔
라. 유스호스텔

해답 23–나, 24–다, 25–나, 26–다, 27–가, 28–나, 29–라

30. 건축물의 용도분류 중 위락시설로 볼 수 없는 것은?

가. 무도장　　나. 주점 영업
다. 단란주점　　라. 서커스장

해설 서커스장은 공연장에 속하여 문화 및 집회시설에 해당된다.

31. 다음의 건축물의 용도분류 중 잘못 연결된 것은?

가. 기도원 – 종교시설　　나. 무도장 및 무도학원 – 위락시설
다. 다세대 주택 – 공동주택　　라. 도서관 – 문화 및 집회시설

해설 도서관은 교육연구시설에 해당한다.

32. 다음 중 건축물과 해당 건축물이 속하는 용도가 올바르게 연결된 것은?

가. 식물원 – 동물 및 식물관련시설　　나. 동물병원 – 의료시설
다. 유스호스텔 – 수련시설　　라. 장례식장 – 묘지관련시설

해설 동, 식물원 – 문화집회시설, 동물병원 – 제2종 근린생활시설, 장례식장 – 장례식장

▣ 용어정의(도로)

33. 건축법상 보행 및 자동차 통행이 가능한 도로의 최소폭은? (단, 막다른 도로는 제외)

가. 2m　　나. 4m
다. 6m　　라. 8m

34. 막다른 도로의 길이가 12m일 때 도로의 소요 폭은?

가. 2.0m　　나. 3.0m
다. 4.0m　　라. 6.0m

35. 막다른 도로의 길이가 36m 이상일 때 도로의 폭은?

가. 2m 이상　　나. 4m 이상
다. 6m 이상　　라. 8m 이상

▣ 용어정의(내화구조)

36. 건축법상 내화구조의 정의로 맞는 것은?

가. 화염의 확산을 막을 수 있는 성능을 가진 구조
나. 화재에 견딜 수 있는 성능을 가진 구조
다. 불에 타지 아니하는 성질을 가진 재료로 지어진 구조
라. 불에 잘 타지 아니하는 성능을 가진 재료로 지어진 구조

해답 30–라, 31–라, 32–다, 33–나, 34–나, 35–다, 36–나

해설 내화구조－화재에 견딜 수 있는 성능을 가진 구조
방화구조－화염의 확산을 막을 수 있는 성능을 가진 구조

37. 내화구조의 정의로 가장 거리가 먼 것은?

가. 철근콘크리트조 벽의 경우 두께가 10cm 이상인 것
나. 철근콘크리트조 외벽(비내력벽)의 경우 두께가 7cm 이상인 것
다. 철근콘크리트조 기둥의 경우 그 작은 지름이 20cm 이상인 것
라. 철근콘크리트조 바닥의 경우 두께가 10cm 이상인 것

38. 내화구조의 정의로 가장 부적당한 것은?

가. 벽돌조의 벽의 경우 두께가 15cm 이상인 것
나. 바닥의 경우 철재의 양면을 두께 5cm 이상의 철망모르타르 또는 콘크리트로 덮은 것
다. 철근콘크리트조 보의 경우 크기에 관계없이 내화구조이다.
라. 지붕의 경우 철재로 보강된 유리블록은 내화구조이다.

39. 철골조의 내화구조기준 중 틀린 것은?

가. 기둥을 6cm 이상의 석재로 덮은 것
나. 벽의 양면을 4cm 이상의 철망모르타르로 덮은 것
다. 보를 6cm 이상의 철망모르타르로 덮은 것
라. 보를 5cm 이상의 콘크리트로 덮은 것

40. 다음 중 내화구조로 볼 수 없는 것은?

가. 철근콘크리트조 지붕
나. 지름 20cm인 철골철근콘크리트조 기둥
다. 벽돌조 계단
라. 철골조 계단

41. 기둥의 경우(작은 지름 25cm 이상) 철골을 내화구조 기준에 만족하기 위해서는 최소 몇 센티미터 이상을 콘크리트로 덮어야 하는가?

가. 3cm　　나. 5cm
다. 7cm　　라. 10cm

해답 37－다, 38－가, 39－가, 40－나, 41－나

42. 다음 중 내화구조로 볼 수 없는 것은?

가. 철근콘크리트조로 된 보
나. 무근콘크리트조로 된 계단
다. 철재로 보강된 유리블록으로 된 지붕
라. 철골로 된 기둥

해설 철골조로 된 기둥-철망모르타르, 콘크리트 등으로 피복하여야 한다.

▣ 용어정의(방화구조)

43. 건축법령상 방화구조의 정의로 옳은 것은?

가. 화염의 확산을 막을 수 있는 성능을 가진 구조로서 국토교통부령이 정하는 기준에 적합한 구조
나. 화재에 견딜 수 있는 성능을 가진 구조로서 국토교통부령이 정하는 기준에 적합한 구조
다. 불에 잘 타지 않는 성능을 가진 구조로서 국토교통부령이 정하는 기준에 적합한 구조
라. 불에 타지 않는 성능을 가진 구조로서 국토교통부령이 정하는 기준에 적합한 구조

해설 나-내화구조, 다-난연재료, 라-불연재료

44. 다음 중에서 방화구조로 적합하지 않은 것은?

가. 철망모르타르로서 그 바름 두께가 2.5cm 이상인 것
나. 석면시멘트판 위에 시멘트모르타르를 바른 것으로서 그 두께의 합계가 2.5cm 이상인 것
다. 시멘트모르타르 위에 타일 붙인 것으로서 그 두께의 합계가 2.5cm 이상인 것
라. 심벽에 흙으로 맞벽치기 한 것

45. 방화구조에 관한 다음 정의 중 가장 적당한 것은?

가. 철망모르타르로서 그 바름 두께가 2cm 이상인 것
나. 석면시멘트판 위에 시멘트모르타르 또는 회반죽을 바른 것으로서 그 두께의 합계가 2cm 이상인 것
다. 시멘트모르타르 위에 타일을 붙인 것으로서 그 두께의 합계가 2cm 이상인 것
라. 석고판 위에 시멘트모르타르를 바른 것으로서 그 두께의 합계가 2cm 이상인 것

▣ 용어정의(불연, 준불연, 난연재료)

46. 건축법상 불연재료의 정의로 맞는 것은?

가. 화염의 확산을 막을 수 있는 재료
나. 내수성을 가진 재료
다. 불에 타지 아니하는 성질을 가진 재료
라. 불에 잘 타지 아니하는 성능을 가진 재료

해답 42-라, 43-가, 44-가, 45-가, 46-다

▣ 용어정의(설계도서)

47. 건축법상 용어 정의 중 가장 부적합한 것은?

가. 건축주란 건축물의 건축·대수선, 건축설비의 설치 또는 공작물의 축조에 관한 공사를 발주하거나 현장관리인을 두어 스스로 그 공사를 행하는 자를 말한다.

나. 설계자란 자기 책임으로 설계도서를 작성하고 그 설계도서에 의도한 바를 해설하며 지도·자문하는 자를 말한다.

다. 공사감리자란 자기 책임하에 건축법이 정하는 바에 의하여 건축물·건축설비 또는 공작물이 설계도서의 내용대로 시공되는지를 확인하고, 품질관리·공사관리 및 안전관리 등에 대하여 지도·감독하는 자를 말한다.

라. 설계도서란 건축물의 건축 등에 관한 공사용의 도면을 말한다. 따라서 구조계산이나 시방서는 설계도서가 아니다.

해설 설계도서란 건축물의 건축 등에 관한 공사용 도면, 구조 계산서, 시방서(示方書), 그 밖에 국토교통부령으로 정하는 공사에 필요한 서류를 말한다.

48. 다음 내용 중 부적당한 것은?

가. 도면과 구조계산서 모두 설계도서이다.

나. 시방서는 설계도서이다.

다. 건축설비계산 관계서류는 설계도서이다.

라. 토질 및 지질관계서류는 설계도서가 아니다.

▣ 용어정의(고층건축물 등)

49. 건축법의 용어정의에서 초고층 건축물의 기준은?

가. 20층 이상이거나 높이 70m 이상 나. 30층 이상이거나 높이 100m 이상
다. 40층 이상이거나 높이 150m 이상 라. 50층 이상이거나 높이 200m 이상

50. 건축법의 용어정의에서 고층 건축물의 기준은?

가. 20층 이상이거나 높이 80m 이상 나. 30층 이상이거나 높이 120m 이상
다. 40층 이상이거나 높이 160m 이상 라. 50층 이상이거나 높이 200m 이상

51. 건축법의 용어정의에서 준초고층 건축물의 층수와 높이로 맞는 것은?

가. 층수 30층 이상 40층 미만, 높이 120m 이상 160m 미만

나. 층수 30층 이상 50층 미만, 높이 120m 이상 200m 미만

다. 층수 40층 이상 50층 미만, 높이 160m 이상 200m 미만

라. 층수 40층 이상 60층 미만, 높이 160m 이상 240m 미만

해답 47-라, 48-라, 49-라, 50-나, 51-나

▣ 건축법의 적용제외[11)]

52. 건축법의 적용사항에 관한 설명 중 틀린 것은?

가. 건축법에서 별도로 정하는 구역에서는 건축법을 적용하지 아니한다.
나. 건축법은 건축물과 대지 및 건축물에 부수되는 시설도 적용한다.
다. 건축법은 대지 내의 조경에 관하여 적용하지 아니한다.
라. 건축법은 문화재보호법에 의한 지정·가지정문화재에 대하여는 적용하지 아니한다.

53. 다음 중 건축법의 적용을 받는 건축물에 속하는 것은?

가. 문화재보호법에 따른 지정문화재
나. 문화재보호법에 따른 가지정문화재
다. 고속도로 통행료 징수시설
라. 묘지에 부수되는 건축물

▣ 건축위원회

54. 건축위원회에 관한 다음 사항 중 가장 부적당한 것은?

가. 중앙건축위원회는 위원장 및 부위원장을 포함한 70명 이내의 위원으로 구성한다.
나. 중앙건축위원회는 국토교통부에 두고, 특별시·광역시·도·시·군 및 구에 지방건축위원회를 둔다.
다. 건축조례의 제정·개정에 관한 사항은 지방건축위원회에서 심의한다.
라. 건축물의 열손실방지에 관한 사항은 지방건축위원회에서 심의한다.

55. 다음 중 중앙건축위원회의 설명으로 옳지 않은 것은?

가. 공무원이 아닌 위원의 임기는 2년이며 연임할 수 없다.
나. 회의는 재적위원 과반수의 출석으로 개의하고, 출석위원 과반수의 찬성으로 의결한다.
다. 표준 설계도서의 인정에 관한 사항도 심의한다.
라. 위원장 및 부위원장을 포함한 70명 이내의 위원으로 구성한다.

해설 공무원이 아닌 위원의 임기는 2년이며 연임할 수 있다.

56. 지방건축위원회의 심의사항이 아닌 것은?

가. 미관지구안의 건축물의 건축에 관한 사항
나. 건축선의 지정에 관한 사항
다. 건축조례(해당 지방자치단체의 장이 발의)의 제정 및 개정에 관한 사항
라. 대통령령 및 규칙의 제정

해답 52-다, 53-라, 54-라, 55-가, 56-라

제2장

건축물의 건축

1. 건축허가 – 특별시장, 광역시장의 허가대상

法 제11조【건축허가】① 건축물을 건축하거나 대수선하려는 자는 특별자치시장·특별자치도지사 또는 시장·군수·구청장의 허가를 받아야 한다. 다만, 21층 이상의 건축물 등 대통령령으로 정하는 용도 및 규모의 건축물을 특별시나 광역시에 건축하려면 특별시장이나 광역시장의 허가를 받아야 한다. 〈개정 2014.1.14.〉

令 제8조【건축허가】① 법 제11조제1항 단서에 따라 특별시장 또는 광역시장의 허가를 받아야 하는 건축물의 건축은 **층수가 21층 이상**이거나 **연면적의 합계가 10만 제곱미터 이상**인 건축물의 건축(연면적의 10분의 3 이상을 증축하여 층수가 21층 이상으로 되거나 연면적의 합계가 10만 제곱미터 이상으로 되는 경우를 포함한다)을 말한다. 다만, 다음 각 호의 어느 하나에 해당하는 건축물의 건축은 제외한다.
〈개정 2012.12.12.〉

1. 공장
2. 창고
3. 지방건축위원회의 심의를 거친 건축물(특별시 또는 광역시의 건축조례로 정하는 바에 따라 해당 지방건축위원회의 심의사항으로 할 수 있는 건축물에 한정하며, 초고층 건축물은 제외한다. 〈신설 2014.11.28.〉

② 삭제 〈2006.5.8.〉

2. 건축허가 – 시장·군수의 건축허가 시 도지사의 승인대상 건축물

法 제11조【건축허가】 – 계속

② 시장·군수는 제1항에 따라 다음 각 호의 어느 하나에 해당하는 건축물의 건축을 허가하려면 미리 건축계획서와 국토교통부령으로 정하는 건축물의 용도, 규모 및 형태가 표시된 기본설계도서를 첨부하여 도지사의 승인을 받아야 한다.〈개정 2013.3.23〉

1. 제1항 단서에 해당하는 건축물. 다만, 도시환경, 광역교통 등을 고려하여 해당 도의 조례로 정하는 건축물은 제외한다.〈단서 신설 2014.5.28〉
2. 자연환경이나 수질을 보호하기 위하여 도지사가 지정·공고한 구역에 건축하는 3층 이상 또는 연면적의 합계가 1천제곱미터 이상인 건축물로서 위락시설과 숙박시설 등 대통령령으로 정하는 용도에 해당하는 건축물
3. 주거환경이나 교육환경 등 주변 환경을 보호하기 위하여 필요하다고 인정하여 도지사가 지정·공고한 구역에 건축하는 위락시설 및 숙박시설에 해당하는 건축물

令 제8조【건축허가】– 계속

③ 법 제11조제2항제2호에서 "위락시설과 숙박시설 등 대통령령으로 정하는 용도에 해당하는 건축물"이란 다음 각 호의 건축물을 말한다.

1. 공동주택
2. 제2종 근린생활시설(일반음식점만 해당한다)
3. 업무시설(일반업무시설만 해당한다)
4. 숙박시설
5. 위락시설

④ 삭제 〈2006.5.8.〉

⑤ 삭제 〈2006.5.8.〉

⑥ 법 제11조제2항에 따른 승인신청에 필요한 신청서류 및 절차 등에 관하여 필요한 사항은 국토교통부령으로 정한다. 〈개정 2013.3.23.〉

規 제7조【건축허가의 사전승인】① 법 제11조제2항에 따라 건축허가사전 승인대상 건축물의 건축허가에 관한 승인을 받으려는 시장·군수는 다음 각 호의 구분에 따른 도서를 도지사에게 제출(전자문서로 제출하는 것을 포함한다)하여야 한다.

1. 법 제11조제2항제1호의 경우 : 별표 3의 도서
2. 법 제11조제2항제2호 및 제3호의 경우 : 별표 3의 2의 도서

② 제1항의 규정에 의하여 사전승인의 신청을 받은 도지사는 승인요청을 받은 날부터 50일 이내에 승인여부를 시장·군수에게 통보(전자문서에 의한 통보를 포함한다)하여야 한다. 다만, 건축물의 규모가 큰 경우 등 불가피한 경우에는 30일의 범위 내에서 그 기간을 연장할 수 있다.

해설 ▸ 대형건축물의 건축허가 사전승인신청시 제출도서의 종류

[별표 3] 대형건축물의 건축허가 사전승인신청시 제출도서의 종류 (제7조제1항제1호 관련)

1. 건축계획서

분야	도서의 종류	표시하여야 할 사항
건축	설계설명서	○ 공사개요 위치, 대지면적, 공사기간, 공사금액 등 ○ 사전조사사항 지반고·기후·동결심도·수용인원·상하수와 주변지역을 포함한 지질 및 지형, 인구, 교통, 지역, 지구, 토지이용현황, 시설물현황 등 ○ 건축계획 배치·평면·입면계획·동선계획·개략조정계획·주차계획 및 교통처리계획 등 ○ 시공방법 ○ 개략공정계획 ○ 주요설비계획 ○ 주요자재사용계획 ○ 기타 필요한 사항
	구조계획서	○ 설계근거기준 ○ 구조재료의 성질 및 특성 ○ 하중조건분석 적용 ○ 구조의 형식선정계획 ○ 각부 구조계획 ○ 건축구조성능(단열·내화·차음·진동장애 등) ○ 구조안전검토
	지질조사서	○ 토지개황 ○ 각종 토질시험내용 ○ 지내력 산출근거 ○ 지하수위면 ○ 기초에 대한 의견
	시방서	○ 시방내용(국토교통부장관이 작성한 표준시방서에 없는 공법인 경우에 한한다)

2. 기본설계도서

분야	도서의 종류	표시하여야 할 사항
건축	투시도 또는 투시도 사진	색채사용
	평면도(주요층, 기준층)	1. 각실의 용도 및 면적 2. 기둥·벽·창문 등의 위치 3. 방화구획 및 방화문의 위치 4. 복도·직통계단·피난계단 또는 특별피난계단의 위치 및 치수 5. 비상용승강기·승용승강기의 위치 및 치수 6. 가설건축물의 규모
	2면 이상의 입면도	1. 축척 2. 외벽의 마감재료
	2면 이상의 단면도	1. 축척 2. 건축물의 높이, 각층의 높이 및 반자높이
	내외마감표	벽 및 반자의 마감재의 종류
	주차장평면도	1. 축척 및 방위 2. 주차장면적 3. 도로, 통로 및 출입구의 위치
설비	건축설비도	1. 비상용승강기·승용승강기·에스컬레이터·난방설비·환기설비 기타 건축설비의 설비계획 2. 비상조명장치·통신설비 기타 전기설비설치계획
	소방설비도	옥내소화전설비·스프링클러설비·각종소화설비·옥외소화전설비·동력소방펌프설비·자동화재탐지설비·전기화재경보기·화재속보설비와 유도등 기타 유도표시·소화용수의 위치 및 수량·배연설비·연결살수설비·비상콘센트설비의 설치계획
	상·하수도 계통도	상·하수도의 연결관계, 수조의 위치, 급·배수 등

1

▸ 수질환경 등의 보호관련 건축허가 사전승인 신청 시 제출도서의 종류

〈별표 3의2〉 수질환경 등의 보호관련 건축허가 사전승인 신청 시 제출도서의 종류
(제7조제1항제2호 관련)

1. 건축계획서

분야	도서의 종류	표시하여야 할 사항
건축	설계설명서	○ 공사개요 위치·대지면적·공사기간·착공예정일 ○ 사전조사사항 지역·지구, 지반높이, 상·하수도, 토지이용현황, 주변현황 ○ 건축계획 배치·평면·입면·주차계획 ○ 개략공정계획 ○ 주요설비계획

2. 기본설계도서

분야	도서의 종류	표시하여야 할 사항
건축	투시도 또는 투시도 사진	색채사용
	평면도(주요층, 기준층)	1. 각실의 용도 및 면적 2. 기둥·벽·창문 등의 위치
	2면 이상의 입면도	1. 축척 2. 외벽의 마감재료
	2면 이상의 단면도	1. 축척 2. 건축물의 높이, 각층의 높이 및 반자높이
	내외 마감표	벽 및 반자의 마감재의 종류
	주차장평면도	1. 주차장면적 2. 도로·통로 및 출입구의 위치
설비	건축설비도	1. 난방설비·환기설비 그 밖의 건축설비의 설비계획 2. 비상조명장치·통신설비 설치계획
	상·하수도 계통도	상·하수도의 연결관계, 저수조의 위치, 급·배수 등

2. 건축허가 – 건축허가 등의 신청

法 제11조【건축허가】 – 계속

③ 제1항에 따라 허가를 받으려는 자는 허가신청서에 국토교통부령으로 정하는 설계도서와 제 5항 각 호에 따른 허가 등을 받거나 신고를 하기 위하여 관계 법령에서 제출하도록 의무화하고 있는 신청서 및 구비서류를 첨부하여 허가권자에게 제출하여야 한다. 다만, 국토교통부장관이 관계 행정기관의 장과 협의하여 국토교통부령으로 정하는 신청서 및 구비서류는 제 21조에 따른 착공신고 전까지 제출할 수 있다.〈개정 2015.5.18.〉

④ 허가권자는 제 1항에 따른 건축허가를 하고자 하는 때에 건축기본법 제 25조에 따른 한국건축규정의 준수 여부를 확인하여야 한다. 다만, 다음 각 호의 어느 하나에 해당하는 경우에는 이 법이나 다른 법률에도 불구하고 건축위원회의 심의를 거쳐 건축허가를 하지 아니할 수 있다. 〈개정 2015.5.18.〉

1. 위락시설이나 숙박시설에 해당하는 건축물의 건축을 허가하는 경우 해당 대지에 건축하려는 건축물의 용도·규모 또는 형태가 주거환경이나 교육환경 등 주변 환경을 고려할 때 부적합하다고 인정되는 경우 〈신설 2012.1.17.〉
2. 「국토의 계획 및 이용에 관한 법률」 제37조제1항제5호에 따른 방재지구(이하 "방재지구"라 한다) 및 「자연재해대책법」 제12조제1항에 따른 자연재해위험개선지구 등 상습적으로 침수되거나 침수가 우려되는 대통령령으로 정하는 지역에 건축하려는 건축물에 대하여 일부 공간에 거실을 설치하는 것이 부적합하다고 인정되는 경우 〈개정 2023.12.26.〉

⑤ 제1항에 따른 건축허가를 받으면 다음 각 호의 허가 등을 받거나 신고를 한 것으로 보며, 공장건축물의 경우에는 「산업집적활성화 및 공장설립에 관한 법률」 제13조의2와 제14조에 따라 관련 법률의 인·허가 등이나 허가 등을 받은 것으로 본다.

1. 제20조제3항에 따른 공사용 가설건축물의 축조신고 〈개정 2014.1.14.〉
2. 제83조에 따른 공작물의 축조신고
3. 「국토의 계획 및 이용에 관한 법률」 제56조에 따른 개발행위허가
4. 「국토의 계획 및 이용에 관한 법률」 제86조제5항에 따른 시행자의 지정과 같은 법 제88조제2항에 따른 실시계획의 인가
5. 「산지관리법」 제14조와 제15조에 따른 산지전용허가와 산지전용신고, 같은 법 제15조의2에 따른 산지일시사용허가·신고. 다만, 보전산지인 경우에는 도시지역만 해당된다. 〈개정 2010.5.31.〉
6. 「사도법」 제4조에 따른 사도(私道)개설허가
7. 「농지법」 제34조, 제35조 및 제43조에 따른 농지전용허가·신고 및 협의
8. 「도로법」 제36조에 따른 도로관리청이 아닌 자에 대한 도로공사 시행의 허가, 같은 법 제52조제1항에 따른 도로와 다른 시설의 연결 허가〈개정 2014.1.14.〉

9. 「도로법」 제61조에 따른 도로의 점용 허가 〈개정 2014.1.14.〉
10. 「하천법」 제33조에 따른 하천점용 등의 허가
11. 「하수도법」 제27조에 따른 배수설비(配水設備)의 설치신고
12. 「하수도법」 제34조제2항에 따른 개인하수처리시설의 설치신고
13. 「수도법」 제38조에 따라 수도사업자가 지방자치단체인 경우 그 지방자치단체가 정한 조례에 따른 상수도 공급신청
14. 「전기사업법」 제62조에 따른 자가용전기설비 공사계획의 인가 또는 신고
15. 「수질 및 수생태계 보전에 관한 법률」 제33조에 따른 수질오염물질 배출시설 설치의 허가나 신고
16. 「대기환경보전법」 제23조에 따른 대기오염물질 배출시설설치의 허가나 신고
17. 「소음·진동관리법」 제8조에 따른 소음·진동 배출시설 설치의 허가나 신고
18. 「가축분뇨의 관리 및 이용에 관한 법률」 제11조에 따른 배출시설 설치허가나 신고
19. 「자연공원법」 제23조에 따른 행위허가
20. 「도시공원 및 녹지 등에 관한 법률」 제24조에 따른 도시공원의 점용허가
21. 「토양환경보전법」 제12조에 따른 특정 토양오염관리대상시설의 신고

⑥ 허가권자는 제5항 각 호의 어느 하나에 해당하는 사항이 다른 행정기관의 권한에 속하면 그 행정기관의 장과 미리 협의하여야 하며, 협의 요청을 받은 관계 행정기관의 장은 요청을 받은 날부터 15일 이내에 의견을 제출하여야 한다. 이 경우 관계 행정기관의 장은 제8항에 따른 처리기준이 아닌 사유를 이유로 협의를 거부할 수 없다.

⑦ 허가권자는 제1항에 따른 허가를 받은 자가 다음 각 호의 어느 하나에 해당하면 허가를 취소하여야 한다. 다만, 제1호에 해당하는 경우로서 정당한 사유가 있다고 인정되면 1년의 범위에서 공사의 착수기간을 연장할 수 있다.
1. 허가를 받은 날부터 1년(「산업집적활성화 및 공장설립에 관한 법률」 제13조에 따라 공장의 신설·증설 또는 업종변경의 승인을 받은 공장은 3년. 다만, 농지전용허가 또는 신고가 의제된 공장의 경우에는 2년) 이내에 공사에 착수하지 아니한 경우 〈개정 2014.1.14.〉
2. 제1호의 기간 이내에 공사에 착수하였으나 공사의 완료가 불가능하다고 인정되는 경우 〈개정 2014.1.14.〉

⑧ 제5항 각 호의 어느 하나에 해당하는 사항과 제12조제1항의 관계 법령을 관장하는 중앙행정기관의 장은 그 처리기준을 국토교통부장관에게 통보하여야 한다. 처리기준을 변경한 경우에도 또한 같다.〈개정 2013.3.23.〉

⑨ 국토교통부장관은 제8항에 따라 처리기준을 통보받은 때에는 이를 통합하여 고시하여야 한다. 〈개정 2013.3.23.〉

⑩ 제4조제1항에 따른 건축위원회의 심의를 받은 자가 심의 결과를 통지 받은 날부터 2년 이내에 건축허가를 신청하지 아니하면 건축위원회 심의의 효력이 상실된다.〈신설

2013.3.23.〉

⑪ 제 1항에 따라 건축허가를 받으려는 자는 해당 대지의 소유권을 확보하여야 한다. 다만, 다음 각 호의 어느 하나에 해당하는 경우에는 그러하지 아니하다.

1. 건축주가 대지의 소유권을 확보하지 못하였으나 그 대지를 사용할 수 있는 권원을 확보한 경우. 다만, 분양을 목적으로 하는 공동주택을 제외한다.

2. 건축주가 건축물의 노후화 또는 구조안전 문제 등 대통령령으로 정하는 사유로 건축물을 신축·개축·재축 및 리모델링을 하기 위하여 건축물 및 해당 대지의 공유자 수의 100분의 80 이상의 동의를 얻고 동의한 공유자의 지분 합계가 전체 지분의 100분의 80 이상인 경우

3. 건축주가 제1항에 따른 건축허가를 받아 주택과 주택 외의 시설을 동일 건축물로 건축하기 위하여 「주택법」 제21조를 준용한 대지 소유 등의 권리 관계를 증명한 경우. 다만, 「주택법」 제15조제1항 각 호 외의 부분 본문에 따른 대통령령으로 정하는 호수 이상으로 건설ㆍ공급하는 경우에 한정한다.

4. 건축하려는 대지에 포함된 국유지 또는 공유지에 대하여 허가권자가 해당 토지의 관리청이 해당 토지를 건축주에게 매각하거나 양여할 것을 확인한 경우

5. 건축주가 집합건물의 공용부분을 변경하기 위하여 「집합건물의 소유 및 관리에 관한 법률」 제15조제1항에 따른 결의가 있었음을 증명한 경우

6. 건축주가 집합건물을 재건축하기 위하여 「집합건물의 소유 및 관리에 관한 법률」 제47조에 따른 결의가 있었음을 증명한 경우 〈본호 신설 2021.8.10.〉

法 제13조의 2【건축물 안전영향평가】 ① 허가권자는 초고층 건축물 등 대통령령으로 정하는 주요 건축물에 대하여 제11조에 따른 건축허가를 하기 전에 건축물의 구조, 지반 및 풍환경(風環境) 등이 건축물의 구조안전과 인접 대지의 안전에 미치는 영향 등을 평가하는 건축물 안전영향평가(이하 "안전영향평가"라 한다)를 안전영향평가기관에 의뢰하여 실시하여야 한다. 〈본항 개정 2021.3.16.〉

1

令 **제10조의 3【건축물 안전영향평가】** ① 법 제13조의2 제1항에서 "초고층 건축물 등 대통령령으로 정하는 주요 건축물"이란 다음 각 호의 어느 하나에 해당하는 건축물을 말한다.

1. 초고층 건축물
2. 다음 각 목의 요건을 모두 충족하는 건축물
   가. 연면적(하나의 대지에 둘 이상의 건축물을 건축하는 경우에는 각각의 건축물의 연면적을 말한다)**이 10만 제곱미터 이상**일 것
   나. **16층 이상**일 것 〈본호 개정 2017.10.24.〉

② 제1항 각 호의 건축물을 건축하려는 자는 법 제11조에 따른 건축허가를 신청하기 전에 다음 각 호의 자료를 첨부하여 허가권자에게 법 제13조의2제1항에 따른 건축물 안전영향평가(이하 "안전영향평가"라 한다)를 의뢰하여야 한다.

1. 건축계획서 및 기본설계도서 등 국토교통부령으로 정하는 도서
2. 인접 대지에 설치된 상수도·하수도 등 국토교통부장관이 정하여 고시하는 지하시설물의 현황도
3. 그 밖에 국토교통부장관이 정하여 고시하는 자료 〈본조 신설 2017.2.3.〉

해설 ▸ 건축허가신청에 필요한 기본설계도서

[**별표 2**]〈개정 2014.4.25〉

건축허가신청에 필요한 설계도서 (제6조제1항 관련)

도서의 종류	도서의 축척	표시하여야 할 사항
건축계획서	임의	1. 개요(위치·대지면적 등) 2. 지역·지구 및 도시계획사항 3. 건축물의 규모(건축면적·연면적·높이·층수 등) 4. 건축물의 용도별 면적 5. 주차장규모 6. 에너지절약계획서(해당건축물에 한한다) 7. 노인 및 장애인 등을 위한 편의시설 설치계획서(관계법령에 의하여 설치의무가 있는 경우에 한한다)
배치도	임의	1. 축척 및 방위 2. 대지에 접한 도로의 길이 및 너비 3. 대지의 종·횡단면도 4. 건축선 및 대지경계선으로부터 건축물까지의 거리

도서의 종류	도서의 축척	표시하여야 할 사항
		5. 주차동선 및 옥외주차계획 6. 공개공지 및 조경계획
평면도	임의	1. 1층 및 기준층 평면도 2. 기둥·벽·창문 등의 위치 3. 방화구획 및 방화문의 위치 4. 복도 및 계단의 위치 5. 승강기의 위치
입면도	임의	1. 2면 이상의 입면계획 2. 외부마감재료 3. 간판 및 건물번호판의 설치계획(크기·위치)
단면도	임의	1. 종·횡단면도 2. 건축물의 높이, 각층의 높이 및 반자높이
구조도 (구조안전 확인 또는 내진설계 대상 건축물)	임의	1. 구조내력상 주요한 부분의 평면 및 단면 2. 주요부분의 상세도면 3. 구조안전확인서
구조계산서 (구조안전 확인 또는 내진설계 대상 건축물)	임의	1. 구조내력상 주요한 부분의 응력 및 단면 산정 과정 2. 내진설계의 내용(지진에 대한 안전 여부 확인 대상 건축물)
시방서	임의	1. 시방내용(국토교통부장관이 작성한 표준시방서에 없는 공법인 경우에 한한다) 2. 흙막이공법 및 도면
실내마감도	임의	벽 및 반자의 마감의 종류
소방설비도	임의	「화재예방, 소방시설설치유지 및 안전관리에 관한 법률」에 따라 소방관서의 장의 동의를 얻어야 하는 건축물의 해당 소방 관련 설비
건축설비도	임의	냉·난방설비, 위생설비, 환경설비, 전기설비, 통신설비, 승강설비 등 건축설비
토지굴착 및 옹벽도	임의	1. 지하매설구조물 현황 2. 흙막이 구조(지하 2층 이상의 지하층을 설치하는 경우에 한한다) 3. 단면상세 4. 옹벽구조

3. 건축신고 – 신고시 허가를 받은 것으로 보는 경우

法 제14조【건축신고】① 제11조에 해당하는 허가 대상 건축물이라 하더라도 다음 각 호의 어느 하나에 해당하는 경우에는 미리 특별자치시장·특별자치도지사 또는 시장·군수·구청장에게 국토교통부령으로 정하는 바에 따라 **신고를 하면 건축허가를 받은 것으로 본다.**〈개정 2013.3.23., 2014.1.14.〉

1. 바닥면적의 합계가 85제곱미터 이내의 증축·개축 또는 재축. 다만, 3층 이상 건축물인 경우에는 증축·개축 또는 재축하려는 부분의 바닥면적의 합계가 건축물 연면적의 10분의 1 이내인 경우로 한정한다.〈단서 신설 2014.5.28.〉
2. 「국토의 계획 및 이용에 관한 법률」에 따른 관리지역, 농림지역 또는 자연환경보전지역에서 연면적이 200제곱미터 미만이고 3층 미만인 건축물의 건축. 다만, 다음 각 목의 어느 하나에 해당하는 구역에서의 건축은 제외한다. 〈개정 2014.1.14.〉
   가. 지구단위계획구역
   나. 방재지구 등 재해취약지역으로서 대통령령으로 정하는 구역
3. 연면적이 200제곱미터 미만이고 3층 미만인 건축물의 대수선
4. 주요구조부의 해체가 없는 등 대통령령으로 정하는 대수선
5. 그 밖에 소규모 건축물로서 대통령령으로 정하는 건축물의 건축

② 제1항에 따른 건축신고에 관하여는 제11조제5항 및 제6항을 준용한다.
〈개정 2014.5.28.〉

③ 특별자치시장 · 특별자치도지사 또는 시장·군수·구청장은 제1항에 따른 신고를 받은 날부터 5일 이내에 신고수리 여부 또는 민원 처리 관련 법령에 따른 처리기간의 연장 여부를 신고인에게 통지하여야 한다. 다만, 이 법 또는 다른 법령에 따라 심의, 동의, 협의, 확인 등이 필요한 경우에는 20일 이내에 통지하여야 한다.
〈신설 2018.4.18.〉

④ 특별자치시장 · 특별자치도지사 또는 시장·군수·구청장은 제1항에 따른 신고가 제3항 단서에 해당하는 경우에는 신고를 받은 날부터 5일 이내에 신고인에게 그 내용을 통지하여야 한다. 〈신설 2018.4.18.〉

⑤ 제1항에 따라 신고를 한 자가 신고일부터 1년 이내에 공사에 착수하지 아니하면 그 신고의 효력은 없어진다. 다만, 건축주의 요청에 따라 허가권자가 정당한 사유가 있다고 인정하면 1년의 범위에서 착수기한을 연장할 수 있다.

슈 **제11조【건축신고】**① 법 제 14조 제1항 제 2호 나목에서 "방재지구 등 재해취약지역으로서 대통령령으로 정하는 구역"이란 다음 각 호의 어느 하나에 해당하는 지구 또는 지역을 말한다.

1. 「국토의 계획 및 이용에 관한 법률」 제37조에 따라 지정된 방재지구(防災地區)
2. 「급경사지 재해예방에 관한 법률」 제6조에 따라 지정된 붕괴위험지역

〈신설 2014. 10.1.〉

② 법 제14조제1항제4호에서 "주요구조부의 해체가 없는 등 대통령령으로 정하는 대수선"이란 다음 각 호의 어느 하나에 해당하는 대수선을 말한다.

1. 내력벽의 면적을 30제곱미터 이상 수선하는 것
2. 기둥을 세 개 이상 수선하는 것
3. 보를 세 개 이상 수선하는 것
4. 지붕틀을 세 개 이상 수선하는 것
5. 방화벽 또는 방화구획을 위한 바닥 또는 벽을 수선하는 것
6. 주계단·피난계단 또는 특별피난계단을 수선하는 것

③ 법 제14조제1항제5호에서 "대통령령으로 정하는 건축물"이란 다음 각 호의 어느 하나에 해당하는 건축물을 말한다. 〈개정 2012.4.10.〉

1. 연면적의 합계가 100제곱미터 이하인 건축물
2. 건축물의 높이를 3미터 이하의 범위에서 증축하는 건축물
3. 법 제23조제4항에 따른 표준설계도서(이하 "표준설계도서"라 한다)에 따라 건축하는 건축물로서 그 용도 및 규모가 주위환경이나 미관에 지장이 없다고 인정하여 건축조례로 정하는 건축물
4. 「국토의 계획 및 이용에 관한 법률」 제36조제1항제1호다목에 따른 공업지역, 같은 법 제51조제3항에 따른 지구단위계획구역(같은 법 시행령 제48조제10호에 따른 산업·유통형만 해당한다) 및 「산업입지 및 개발에 관한 법률」에 따른 산업단지에서 건축하는 2층 이하인 건축물로서 연면적 합계 500제곱미터 이하인 공장(별표 1 제4호 너목에 따른 제조업소 등 물품의 제조·가공을 위한 시설을 포함한다) 〈개정 2014.11.11.〉
5. 농업이나 수산업을 경영하기 위하여 읍·면지역(특별자치시장·특별자치도지사·시장·군수가 지역계획 또는 도시·군계획에 지장이 있다고 지정·공고한 구역은 제외한다)에서 건축하는 연면적 200제곱미터 이하의 창고 및 연면적 400제곱미터 이하의 축사·작물재배사(作物栽培舍) 〈개정 2014.10.14.〉

④ 법 제14조에 따른 건축신고에 관하여는 제9조 제1항을 준용한다.

해설 건축신고

건축허가대상건축물이라 하더라도 미리 특별자치도지사·시장·군수·구청장에게 신고함으로써 건축허가를 받은 것으로 본다.

4. 허가·신고사항의 변경 – 사용승인신청 시 허가권자에게 일괄 신고

法 제16조【허가와 신고사항의 변경】① 건축주가 제11조나 제14조에 따라 허가를 받았거나 신고한 사항을 변경하려면 변경하기 전에 대통령령으로 정하는 바에 따라 허가권자의 허가를 받거나 특별자치시장·특별자치도지사 또는 시장·군수·구청장에게 신고하여야 한다. 다만, 대통령령으로 정하는 경미한 사항의 변경은 그러하지 아니하다. 〈개정 2014.1.14.〉

② 제1항 본문에 따른 허가나 신고사항 중 대통령령으로 정하는 사항의 변경은 제22조에 따른 사용승인을 신청할 때 허가권자에게 일괄하여 신고할 수 있다.

③ 제1항에 따른 허가 사항의 변경허가에 관하여는 제11조제5항 및 제6항을 준용한다. 〈개정 2017.4.18.〉

④ 제1항에 따른 신고 사항의 변경신고에 관하여는 제11조 제5항 · 제6항 및 제14조 제3항 · 제4항을 준용한다. 〈신설 2017.4.18.〉

令 제12조【허가·신고사항의 변경 등】① 법 제16조제1항에 따라 허가를 받았거나 신고한 사항을 변경하려면 다음 각 호의 구분에 따라 허가권자의 허가를 받거나 특별자치시장·특별자치도지사 또는 시장·군수·구청장에게 신고하여야 한다.

1. 바닥면적의 합계가 85제곱미터를 초과하는 부분에 대한 신축·증축·개축에 해당하는 변경인 경우에는 허가를 받고, 그 밖의 경우에는 신고할 것 〈개정 2018.9.4.〉
2. 법 제14조제1항제2호 또는 제5호에 따라 신고로써 허가를 갈음하는 건축물에 대하여는 변경 후 건축물의 연면적을 각각 신고로써 허가를 갈음할 수 있는 규모에서 변경하는 경우에는 제1호에도 불구하고 신고할 것
3. 건축주·설계자·공사시공자 또는 공사감리자(이하 "건축관계자"라 한다)를 변경하는 경우에는 신고할 것 〈본호 개정 2017.1.20.〉

② 법 제16조제1항 단서에서 "대통령령으로 정하는 경미한 사항의 변경"이란 신축·증축·개축·재축·이전·대수선 또는 용도변경에 해당하지 아니하는 변경을 말한다. 〈개정 2012.12.12.〉

③ 법 제16조제2항에서 "대통령령으로 정하는 사항"이란 다음 각 호의 어느 하나에 해당하는 사항을 말한다.

1. 건축물의 동수나 층수를 변경하지 아니하면서 변경되는 부분의 바닥면적의 합계가 50제곱미터 이하인 경우로서 다음 각 목의 요건을 모두 갖춘 경우
   가. 변경되는 부분의 높이가 1미터 이하이거나 전체 높이의 10분의 1 이하일 것
   나. 허가를 받거나 신고를 하고 건축 중인 부분의 위치 변경범위가 1미터 이내일 것
   다. 법 제 14조 제 1항에 따라 신고를 하면 법 제 11조에 따른 건축허가를 받은 것으로 보는 규모에서 건축허가를 받아야 하는 규모로의 변경이 아닐 것〈개정 2016.1.19.〉

2. 건축물의 동수나 층수를 변경하지 아니하면서 변경되는 부분이 연면적 합계의 10분의 1 이하인 경우(연면적이 5천 제곱미터 이상인 건축물은 각 층의 바닥면적이 50 제곱미터 이하의 범위에서 변경되는 경우만 해당한다). 다만, 제4호 본문 및 제5호 본문에 따른 범위의 변경인 경우만 해당한다.
3. 대수선에 해당하는 경우
4. 건축물의 층수를 변경하지 아니하면서 변경되는 부분의 높이가 1미터 이하이거나 전체 높이의 10분의 1 이하인 경우. 다만, 변경되는 부분이 제1호 본문, 제2호 본문 및 제5호 본문에 따른 범위의 변경인 경우만 해당한다.
5. 허가를 받거나 신고를 하고 건축 중인 부분의 위치가 1미터 이내에서 변경되는 경우. 다만, 변경되는 부분이 제1호 본문, 제2호 본문 및 제4호 본문에 따른 범위의 변경인 경우만 해당한다.

5. 건축허가의 수수료

法 **제17조【건축허가 등의 수수료】**① 제11조, 제14조, 제16조, 제19조, 제20조 및 제83조에 따라 허가를 신청하거나 신고를 하는 자는 허가권자나 신고수리자에게 수수료를 납부하여야 한다.
② 제1항에 따른 수수료는 국토교통부령으로 정하는 범위에서 해당 지방자치단체의 조례로 정한다.

[별표 4] 건축허가 등 수수료의 범위(제10조 관련)

연면적 합계	금 액(원)	
200㎡ 미만	단독주택	2,700 ~ 4,000
	기 타	6,700 ~ 9,400
200㎡ 이상 1,000㎡ 미만	단독주택	4,000 ~ 6,000
	기 타	14,000 ~ 20,000
1,000㎡ 이상 5,000㎡ 미만		34,000 ~ 54,000
5,000㎡ 이상 10,000㎡ 미만		68,000 ~ 100,000
10,000㎡ 이상 30,000㎡ 미만		135,000 ~ 200,000
30,000㎡ 이상 100,000㎡ 미만		270,000 ~ 410,000
100,000㎡ 이상 300,000㎡ 미만		540,000 ~ 810,000
300,000㎡ 이상		1,080,000 ~ 1,620,000

※ 설계변경의 경우에는 변경하는 부분의 면적에 따라 적용한다.

6. 용도변경 – 사용승인을 받은 건축물의 용도변경

法 제19조【용도변경】① 건축물의 용도변경은 변경하려는 용도의 건축기준에 맞게 하여야 한다.

② 제22조에 따라 사용승인을 받은 건축물의 용도를 변경하려는 자는 다음 각 호의 구분에 따라 국토교통부령으로 정하는 바에 따라 특별자치시장·특별자치도지사 또는 시장·군수·구청장의 허가를 받거나 신고를 하여야 한다. 〈개정 2014.1.14.〉

1. 허가 대상 : 제4항 각 호의 어느 하나에 해당하는 시설 군(施設群)에 속하는 건축물의 용도를 상위군(제4항 각 호의 번호가 용도변경하려는 건축물이 속하는 시설군보다 작은 시설군을 말한다)에 해당하는 용도로 변경하는 경우
2. 신고 대상 : 제4항 각 호의 어느 하나에 해당하는 시설 군에 속하는 건축물의 용도를 하위군(제4항 각 호의 번호가 용도변경하려는 건축물이 속하는 시설군보다 큰 시설군을 말한다)에 해당하는 용도로 변경하는 경우

③ 제4항에 따른 시설 군 중 같은 시설군 안에서 용도를 변경하려는 자는 국토교통부령으로 정하는 바에 따라 특별자치시장·특별자치도지사 또는 시장·군수·구청장에게 건축물대장 기재내용의 변경을 신청하여야 한다. 다만, 대통령령으로 정하는 변경의 경우에는 그러하지 아니하다. 〈개정 2014.1.14.〉

④ 시설군은 다음 각 호와 같고 각 시설 군에 속하는 건축물의 세부 용도는 대통령령으로 정한다.

1. 자동차 관련 시설군
2. 산업 등의 시설군
3. 전기통신시설군
4. 문화 및 집회시설군
5. 영업시설군
6. 교육 및 복지시설군
7. 근린생활시설군
8. 주거업무시설군
9. 그 밖의 시설군

⑤ 제2항에 따른 허가나 신고 대상인 경우로서 용도변경하려는 부분의 바닥면적의 합계가 100제곱미터 이상인 경우의 사용승인에 관하여는 제22조를 준용한다. 다만, 용도변경하려는 부분의 바닥면적의 합계가 500제곱미터 미만으로서 대수선에 해당하는 공사를 수반하지 아니하는 경우에는 그러하지 아니하다.〈단서신설 2016.1.19.〉

⑥ 제2항에 따른 허가 대상인 경우로서 용도변경하려는 부분의 바닥면적의 합계가 500제곱미터 이상인 용도변경(대통령령으로 정하는 경우는 제외한다)의 설계에 관하여는 제23조를 준용한다.

슈 **제14조【용도변경】**① 삭제 〈2006.5.8.〉

② 삭제 〈2006.5.8.〉

③ 국토교통부장관은 법 제19조제1항에 따른 용도변경을 할 때 적용되는 건축기준을 고시할 수 있다. 이 경우 다른 행정기관의 권한에 속하는 건축기준에 대하여는 미리 관계 행정기관의 장과 협의하여야 한다.

④ 법 제19조제3항 단서에서 "대통령령으로 정하는 변경"이란 다음 각 호의 어느 하나에 해당하는 건축물 상호 간의 용도변경을 말한다. 다만, 별표1 제3호 다목(목욕장만 해당한다)·라목, 같은 표 제4호 가목·사목·카목·파목(골프연습장, 놀이형시설만 해당한다)·더목·러목·머목, 같은 표 제7호다목2), 같은 표 제15호가목(생활숙박시설만 해당한다) 및 같은 표 제16호 가목·나목에 해당하는 용도로 변경하는 경우는 제외한다.〈단서 개정 2021.11.2., 2024.2.13.〉

1. 별표 1의 같은 호에 속하는 건축물 상호 간의 용도변경.〈개정 2014.3.24.〉
2. 「국토의 계획 및 이용에 관한 법률」이나 그 밖의 관계 법령에서 정하는 용도제한에 적합한 범위에서 제1종 근린생활시설과 제2종 근린생활시설 상호 간의 용도변경. 〈개정 2014.3.24.〉

⑤ 법 제19조제4항 각 호의 시설군에 속하는 건축물의 용도는 다음 각 호와 같다. 〈개정 2011.6.29.〉

1. 자동차 관련 시설군
   자동차 관련 시설
2. 산업 등 시설군
   가. 운수시설
   나. 창고시설
   다. 공장
   라. 위험물저장 및 처리시설
   마. 자연순환 관련 시설 〈개정 2014.3.24.〉
   바. 묘지 관련 시설
   사. 장례시설 〈개정 2017.2.3.〉
3. 전기통신시설군
   가. 방송통신시설
   나. 발전시설
4. 문화집회시설군
   가. 문화 및 집회시설
   나. 종교시설
   다. 위락시설
   라. 관광휴게시설

5. 영업시설군
  가. 판매시설
  나. 운동시설
  다. 숙박시설
  라. 제2종 근린생활시설 중 다중생활시설 〈개정 2014.3.24.〉
6. 교육 및 복지시설군
  가. 의료시설
  나. 교육연구시설
  다. 노유자시설(老幼者施設)
  라. 수련시설
  마. 야영장 시설 〈본목 신설 2016.2.11.〉
7. 근린생활시설군
  가. 제1종 근린생활시설
  나. 제2종 근린생활시설(다중생활시설은 제외한다) 〈개정 2014.3.24.〉
8. 주거업무시설군
  가. 단독주택
  나. 공동주택
  다. 업무시설
  라. 교정시설 〈개정 2023.5.15.〉
  마. 국방 · 군사시설 〈신설 2023.5.15.〉
9. 그 밖의 시설군
  가. 동물 및 식물 관련 시설
  나. 삭제 〈2010.12.13.〉

⑥ 기존의 건축물 또는 대지가 법령의 제정·개정이나 제6조의2제1항 각 호의 사유로 법령 등에 부적합하게 된 경우에는 건축조례로 정하는 바에 따라 용도변경을 할 수 있다.

⑦ 법 제19조제6항에서 "대통령령으로 정하는 경우"란 1층인 축사를 공장으로 용도변경하는 경우로서 증축·개축 또는 대수선이 수반되지 아니하고 구조 안전이나 피난 등에 지장이 없는 경우를 말한다.

해설 슈 제14조【용도변경】④의 단서 신설

건축물의 체계적인 관리를 위해 건축물의 용도를 불특정 다수인이 이용하는 시설로서 화재 등 재난발생 시 피해 우려가 높은 용도로 변경하는 경우에는, 같은 시설 군 안에서 같은 용도르 변경하는 등의 경우에도 건축물대장 기재내용의 변경을 신청하도록 한 것이다.

7. 가설건축물 – 존치기간, 설치기준 및 절차에 따라 신고 후 착공

法 제20조【가설건축물】① 도시·군계획시설 및 도시·군계획시설예정지에서 가설건축물을 건축하려는 자는 특별자치시장·특별자치도지사 또는 시장·군수·구청장의 허가를 받아야 한다. 〈개정 2014.1.14.〉

② 특별자치시장·특별자치도지사 또는 시장·군수·구청장은 해당 가설건축물의 건축이 다음 각 호의 어느 하나에 해당하는 경우가 아니면 제1항에 따른 허가를 하여야 한다. 〈개정 2014.1.14.〉

1. 「국토의 계획 및 이용에 관한 법률」 제64조에 위배되는 경우
2. 4층 이상인 경우
3. 구조, 존치기간, 설치목적 및 다른 시설 설치 필요성 등에 관하여 대통령령으로 정하는 기준의 범위에서 조례로 정하는 바에 따르지 아니한 경우
4. 그 밖에 이 법 또는 다른 법령에 따른 제한규정을 위반하는 경우

③ 제1항에도 불구하고 재해복구, 흥행, 전람회, 공사용 가설건축물 등 대통령령으로 정하는 용도의 가설건축물을 축조하려는 자는 대통령령으로 정하는 존치 기간, 설치 기준 및 절차에 따라 특별자치시장·특별자치도지사 또는 시장·군수·구청장에게 신고한 후 착공하여야 한다. 〈개정 2014.1.14.〉

④ 제3항에 따른 신고에 관하여는 제14조 제3항 및 제4항을 준용한다. 〈신설 2017.4.18.〉

⑤ 제1항과 제3항에 따른 가설건축물을 건축하거나 축조할 때에는 대통령령으로 정하는 바에 따라 제25조, 제38조부터 제42조까지, 제44조부터 제50조까지, 제50조의2, 제51조부터 제64조까지, 제67조, 제68조와 「녹색건축물 조성 지원법」 제15조 및 「국토의 계획 및 이용에 관한 법률」 제76조 중 일부 규정을 적용하지 아니한다.

⑥ 특별자치시장·특별자치도지사 또는 시장·군수·구청장은 제1항부터 제3항까지의 규정에 따라 가설건축물의 건축을 허가하거나 축조신고를 받은 경우 국토교통부령으로 정하는 바에 따라 가설건축물대장에 이를 기재하여 관리하여야 한다.

⑦ 제2항 또는 제3항에 따라 가설건축물의 건축허가 신청 또는 축조신고를 받은 때에는 다른 법령에 따른 제한 규정에 대하여 확인이 필요한 경우 관계 행정기관의 장과 미리

협의하여야 하고, 협의 요청을 받은 관계 행정기관의 장은 요청을 받은 날부터 15일 이내에 의견을 제출하여야 한다. 이 경우 관계 행정기관의 장이 협의 요청을 받은 날부터 15일 이내에 의견을 제출하지 아니하면 협의가 이루어진 것으로 본다.

슈 **제15조【가설건축물】**① 법 제20조 제2항 제3호에서 "대통령령으로 정하는 기준"이란 다음 각 호의 기준을 말한다. <개정 2014.10.14.>

1. 철근콘크리트조 또는 철골철근콘크리트조가 아닐 것
2. 존치기간은 3년 이내일 것. 다만, 도시·군계획사업이 시행될 때까지 그 기간을 연장할 수 있다.
3. 전기·수도·가스 등 새로운 간선 공급설비의 설치를 필요로 하지 아니할 것
4. 공동주택·판매시설·운수시설 등으로서 분양을 목적으로 건축하는 건축물이 아닐 것

② 제1항에 따른 가설건축물에 대하여는 법 제38조를 적용하지 아니한다.

③ 제1항에 따른 가설건축물 중 시장의 공지 또는 도로에 설치하는 차양시설에 대하여는 법 제46조 및 법 제55조를 적용하지 아니한다.

④ 제1항에 따른 가설건축물을 도시·군계획 예정 도로에 건축하는 경우에는 법 제45조부터 제47조를 적용하지 아니한다. <개정 2012.4.10.>

⑤ 법 제20조 제3항에서 "재해복구, 흥행, 전람회, 공사용 가설건축물 등 대통령령으로 정하는 용도의 가설건축물"이란 다음 각 호의 어느 하나에 해당하는 것을 말한다. <개정 2014.10.14.>

1. 재해가 발생한 구역 또는 그 인접구역으로서 특별시장·특별자치도지사 또는 시장·군수·구청장이 지정하는 구역에서 일시사용을 위하여 건축하는 것
<개정 2014.10.14.>
2. 특별시장·특별자치도지사 또는 시장·군수·구청장이 도시미관이나 교통소통에 지장이 없다고 인정하는 가설흥행장, 가설전람회장, 농·수·축산물 직거래용 가설점포, 그 밖에 이와 비슷한 것 <개정 2014.10.14.>
3. 공사에 필요한 규모의 공사용 가설건축물 및 공작물
4. 전시를 위한 견본주택이나 그 밖에 이와 비슷한 것
5. 특별시장·특별자치도지사 또는 시장·군수·구청장이 도로변 등의 미관정비를 위하여 지정·공고하는 구역에서 축조하는 가설점포(물건 등의 판매를 목적으로 하는 것을 말한다)로서 안전·방화 및 위생에 지장이 없는 것 <개정 2014.10.14.>
6. 조립식 구조로 된 경비용으로 쓰는 가설건축물로서 연면적이 10제곱미터 이하인 것
7. 조립식 경량구조로 된 외벽이 없는 임시 자동차 차고
8. 컨테이너 또는 이와 비슷한 것으로 된 가설건축물로서 임시사무실·임시창고 또는 임시숙소로 사용되는 것(건축물의 옥상에 축조하는 것은 제외한다. 다만, 2009년

7월 1일부터 2015년 6월 30일까지 공장의 옥상에 축조하는 것은 포함한다)〈개정 2013.5.31.〉

9. 도시지역 중 주거지역·상업지역 또는 공업지역에 설치하는 농업·어업용 비닐하우스로서 연면적이 100제곱미터 이상인 것

10. 연면적이 100제곱미터 이상인 간이축사용, 가축분뇨처리용, 가축운동용, 가축의 비가림용 비닐하우스 또는 천막(벽 또는 지붕이 합성수지 재질로 된 것과 지붕 면적의 2분의 1 이하가 합성강판으로 된 것을 포함한다)구조 건축물 〈개정 2015.4.24.〉

11. 농업·어업용 고정식 온실 및 간이작업장, 가축양육실 〈개정 2014.11.11.〉

12. 물품저장용, 간이포장용, 간이수선작업용 등으로 쓰기 위하여 공장 또는 창고시설에 설치하거나 인접 대지에 설치하는 천막(벽 또는 지붕이 합성수지 재질로 된 것을 포함한다), 그 밖에 이와 비슷한 것 〈개정 2014.11.11.〉

13. 유원지, 종합휴양업 사업지역 등에서 한시적인 관광·문화행사 등을 목적으로 천막 또는 경량구조로 설치하는 것

14. 야외전시시설 및 촬영시설 〈개정 2016.1.19.〉

15. 야외흡연실 용도로 쓰는 가설건축물로서 연면적이 50제곱미터 이하인 것
〈신설 2016.1.19.〉

16. 그 밖에 제1호부터 제14호까지의 규정에 해당하는 것과 비슷한 것으로서 건축조례로 정하는 건축물 〈개정 2010.2.18.〉

⑥ 법 제20조제5항에 따라 가설건축물을 축조하는 경우에는 다음 각 호의 구분에 따라 관련 규정을 적용하지 않는다. 〈개정 2019.10.22.〉

1. 제 5항 각 호(제 4호는 제외한다)의 가설건축물을 축조하는 경우에는 법 제25조, 제 38조부터 제 42조까지, 제 44조부터 제 47조까지, 제 48조, 제 48조의 2, 제 49조, 제 50조, 제 50조의 2, 제 51조, 제 52조, 제 52조의 2, 제 52조의 4, 제 53조, 제 53조의 2, 제 54조부터 제 58조까지, 제 60조부터 제 62조까지, 제 64조, 제 67조 및 제 68조와 「국토의 계획 및 이용에 관한 법률」 제76조를 적용하지 않는다. 다만, 법 제48조, 제49조 및 제61조는 다음 각 목에 따른 경우에만 적용하지 않는다.
〈개정 2019.10.22.〉

가. 법 제 48조 및 제 49조를 적용하지 않는 경우 : 다음의 어느 하나에 해당하는 경우

1) 1층 또는 2층인 가설건축물(제5항 제2호 및 제14호의 경우에는 1층인 가설건축물만 해당한다)을 건축하는 경우

2) 3층 이상인 가설건축물(제5항 제2호 및 제14호의 경우에는 2층 이상인 가설건축물을 말한다)을 건축하는 경우로서 지방건축위원회의 심의 결과 구조 및 피난에 관한 안전성이 인정된 경우. 다만, 구조 및 피난에 관한 안전성을 인정할

수 있는 서류로서 국토교통부령으로 정하는 서류를 특별자치시장ㆍ특별자치도지사 또는 시장ㆍ군수ㆍ구청장에게 제출하는 경우에는 지방건축위원회의 심의를 생략할 수 있다. 〈본목 개정 2020.10.8.〉〈단서 신설 2023.09.12.〉

나. 법 제61조를 적용하지 아니하는 경우 : 정북 방향으로 접하고 있는 대지의 소유자와 합의한 경우

2. 제 5항 제 4호의 가설건축물을 축조하는 경우에는 법 제 25조, 제 38조, 제 39조, 제 42조, 제 45조, 제 50조의 2, 제 53조, 제 54조부터 제 57조까지, 제 60조, 제 61조 및 제 68조와 「국토의 계획 및 이용에 관한 법률」 제76조만을 적용하지 아니한다. 〈본항 개정 2015.9.22.〉

⑦ 법 제20조제3항에 따라 신고해야 하는 가설건축물의 존치기간은 3년 이내로 하며, 존치기간의 연장이 필요한 경우에는 횟수별 3년의 범위에서 제5항 각 호의 가설건축물별로 건축조례로 정하는 횟수만큼 존치기간을 연장할 수 있다. 다만, 제5항 제3호의 공사용 가설건축물 및 공작물의 경우에는 해당 공사의 완료일까지의 기간으로 한다. 〈개정 2021.11.2.〉

⑧ 법 제20조 제1항 또는 제3항에 따라 가설건축물의 건축허가를 받거나 축조신고를 하려는 자는 국토교통부령으로 정하는 가설건축물 건축허가신청서 또는 가설건축물 축조신고서에 관계 서류를 첨부하여 특별자치시장·특별자치도지사 또는 시장·군수·구청장에게 제출하여야 한다. 다만, 건축물의 건축허가를 신청할 때 건축물의 건축에 관한 사항과 함께 공사용 가설건축물의 건축에 관한 사항을 제출한 경우에는 가설건축물 축조신고서의 제출을 생략한다. 〈개정 2018.9.4.〉

⑨ 제 8항 본문에 따라 가설건축물 건축허가신청서 또는 가설건축물 축조신고서를 제출받은 특별자치시장·특별자치도지사 또는 시장·군수·구청장은 그 내용을 확인한 후 신청인 또는 신고인에게 국토교통부령으로 정하는 바에 따라 가설건축물 건축허가서 또는 가설건축물 축조신고필증을 주어야야 한다. 〈개정 2018.9.4.〉

슈 **제15조의2【가설건축물의 존치기간 연장】**① 특별자치시장·특별자치도지사 또는 시장·군수·구청장은 법 제20조에 따른 가설건축물의 존치기간 만료일 30일 전까지 해당 가설건축물의 건축주에게 다음 각 호의 사항을 알려야 한다. 〈개정 2014.10.14.〉

1. 존치기간 만료일
2. 존치기간 연장 가능 여부
3. 제15조의3에 따라 존치기간이 연장될 수 있다는 사실(공장에 설치한 가설건축물에 한정한다)

② 존치기간을 연장하려는 가설건축물의 건축주는 다음 각 호의 구분에 따라 특별자치시장·특별자치도지사 또는 시장·군수·구청장에게 허가를 신청하거나 신고하여야 한다. 〈개정 2014.10.14.〉

1. 허가 대상 가설건축물 : 존치기간 만료일 14일 전까지 허가 신청
2. 신고 대상 가설건축물 : 존치기간 만료일 7일 전까지 신고
③ 제2항에 따른 존치기간 연장허가신청 또는 존치기간 연장신고에 관하여는 제 15조 제 8항 본문 및 같은 조 제 9항을 준용한다. 이 경우 "건축허가"는 "존치기간 연장허가"로, "축조신고"는 "존치기간 연장신고"로 본다.〈본항 신설 2018.9.4.〉

슈 **제15조의3【공장에 설치한 가설건축물의 존치기간 연장】**제15조의2제2항에도 불구하고 다음 각 호의 요건을 모두 충족하는 가설건축물로서 건축주가 같은 항의 구분에 따른 기간까지 특별자치시장·특별자치도지사 또는 시장·군수·구청장에게 그 존치기간의 연장을 원하지 않는다는 사실을 통지하지 않는 경우에는 기존 가설건축물과 동일한 기간(제1호다목의 경우에는 「국토의 계획 및 이용에 관한 법률」 제2조 제10호의 도시 · 군계획시설사업이 시행되기 전까지의 기간으로 한정한다)으로 존치기간을 연장한 것으로 본다. 〈개정 2021.1.8.〉
1. 다음 각 목의 어느 하나에 해당하는 가설건축물일 것
가. 공장에 설치한 가설건축물일 것
나. 제15조제5항제11호에 따른 가설건축물(「국토의 계획 및 이용에 관한 법률」 제36조제1항제3호에 따른 농림지역에 설치한 것만 해당한다)
다. 도시 · 군계획시설 예정지에 설치한 가설건축물 〈본목 신설 2021.1.8.〉
2. 존치기간 연장이 가능한 가설건축물일 것

해설 法 제25조【건축물의 공사감리】 法 제38조【건축물 대장】 法 제39조【등기촉탁】 法 제40조【대지의 안전 등】 法 제41조【토지굴착부분에 대한 조치 등】 法 제42조【대지의 조경】 法 제43조【공개 공지 등의 확보】, 法 제44조【대지와 도로의 관계】 法 제45조【도로의 지정·폐지 또는 변경】 法 제46조【건축선의 지정】 法 제47조【건축선에 따른 건축제한】 法 제48조【구조내력 등】 法 제49조【건축물의 피난시설 및 용도제한 등】 法 제50조【건축물의 내화구조와 방화벽】 法 제50조의 2【고층건축물의 피난 및 안전관리】 法 제51조【방화지구 안의 건축물】 法 제52조【건축물의 마감재료】 法 제53조【지하층】 法 제54조【건축물의 대지가 지역·지구 또는 구역에 걸치는 경우의 조치】 法 제55조【건축물의 건폐율】 法 제56조【건축물의 용적률】 法 제57조【대지의 분할제한】 法 제58조【대지안의 공지】 法 제59조【맞벽건축과 연결복도】 法 제60조【건축물의 높이제한】 法 제61조【일조 등의 확보를 위한 건축물의 높이제한】 法 제62조【건축설비 기준 등】 法 제63조【온돌 및 난방설비 등의 시공】 法 제64조【승강기】 法 제67조【관계전문기술자】 法 제68조【기술적 기준】 녹색건축물 조성지원법 제 15조【건축물에 대한 효율적 에너지 관리와 녹색건축물 건축의 활성화】 국토의 계획 및 이용에 관한 법률 제 76조【용도지역 및 용도지구에서의 건축물의 건축제한 등】

해설 가설건축물의 허가기준

구조 : 철근콘크리트조·철골철근콘크리트조가 아닐 것
존치기간 : 3년 이내일 것
층수 : 3층 이하일 것
전기, 수도, 가스 등 새로운 간선공급설비의 설치를 필요로 하지 않을 것
공동주택, 판매시설, 운수시설 등으로서 분양을 목적으로 건축하는 건축물이 아닐 것

8. 착공신고

法 제21조【착공신고 등】① 제11조·제14조 또는 제20조제1항에 따라 허가를 받거나 신고를 한 건축물의 공사를 착수하려는 건축주는 국토교통부령으로 정하는 바에 따라 허가권자에게 공사계획을 신고하여야 한다. 다만, 제36조에 따라 건축물의 철거를 신고할 때 착공 예정일을 기재한 경우에는 그러하지 아니하다.

② 제1항에 따라 공사계획을 신고하거나 변경신고를 하는 경우 해당 공사감리자(제25조제1항에 따른 공사감리자를 지정한 경우만 해당된다)와 공사시공자가 신고서에 함께 서명하여야 한다.

③ 허가권자는 제1항 본문에 따른 신고를 받은 날부터 3일 이내에 신고수리 여부 또는 민원 처리 관련 법령에 따른 처리기간의 연장 여부를 신고인에게 통지하여야 한다. 〈신설 2017.4.18.〉

④ 허가권자가 제3항에서 정한 기간 내에 신고수리 여부 또는 민원 처리 관련 법령에 따른 처리기간의 연장 여부를 신고인에게 통지하지 아니하면 그 기간이 끝난 날의 다음 날에 신고를 수리한 것으로 본다. 〈신설 2017.4.18.〉

⑤ 건축주는 「건설산업기본법」 제41조를 위반하여 건축물의 공사를 하거나 하게 할 수 없다.

⑥ 제11조에 따라 허가를 받은 건축물의 건축주는 제1항에 따른 신고를 할 때에는 제15조제2항에 따른 각 계약서의 사본을 첨부하여야 한다.

해설 건설산업기본법 제41조【건설공사 시공자의 제한】

9. 건축물의 사용승인

法 제22조【건축물의 사용승인】① 건축주가 제11조·제14조 또는 제20조제1항에 따라 허가를 받았거나 신고를 한 건축물의 건축공사를 완료〈하나의 대지에 둘 이상의 건축물을 건축하는 경우 동(棟)별 공사를 완료한 경우를 포함한다〉한 후 그 건축물을 사용하려면 제25조제6항에 따라 공사감리자가 작성한 감리완료보고서(같은 조 제1항에 따른 공사감리자를 지정한 경우만 해당된다)와 국토교통부령으로 정하는 공사완료도서를 첨부하여 허가권자에게 사용승인을 신청하여야 한다. 〈개정 2016.2.3.〉

② 허가권자는 제1항에 따른 사용승인신청을 받은 경우 국토교통부령으로 정하는 기간에 다음 각 호의 사항에 대한 검사를 실시하고, 검사에 합격된 건축물에 대하여는 사용승인서를 내주어야 한다. 다만, 해당 지방자치단체의 조례로 정하는 건축물은 사용

승인을 위한 검사를 실시하지 아니하고 사용승인서를 내줄 수 있다.
〈개정 2013.3.23.〉

1. 사용승인을 신청한 건축물이 이 법에 따라 허가 또는 신고한 설계도서대로 시공되었는지의 여부

2. 감리완료보고서, 공사완료도서 등의 서류 및 도서가 적합하게 작성되었는지의 여부

③ 건축주는 제2항에 따라 사용승인을 받은 후가 아니면 건축물을 사용하거나 사용하게 할 수 없다. 다만, 다음 각 호의 어느 하나에 해당하는 경우에는 그러하지 아니하다.

1. 허가권자가 제2항에 따른 기간 내에 사용승인서를 교부하지 아니한 경우

2. 사용승인서를 교부받기 전에 공사가 완료된 부분이 건폐율, 용적률, 설비, 피난·방화 등 국토교통부령으로 정하는 기준에 적합한 경우로서 기간을 정하여 대통령령으로 정하는 바에 따라 임시로 사용의 승인을 한 경우

④ 건축주가 제2항에 따른 사용승인을 받은 경우에는 다음 각 호에 따른 사용승인·준공검사 또는 등록신청 등을 받거나 한 것으로 보며, 공장건축물의 경우에는 「산업집적활성화 및 공장설립에 관한 법률」 제14조의2에 따라 관련 법률의 검사 등을 받은 것으로 본다.〈개정 2014.1.14.〉

1. 「하수도법」 제27조에 따른 배수설비(排水設備)의 준공검사 및 같은 법 제37조에 따른 개인하수처리시설의 준공검사

2. 「측량·수로조사 및 지적에 관한 법률」 제64조에 따른 지적공부(地籍公簿)의 변동사항 등록신청

3. 「승강기시설 안전관리법」 제13조에 따른 승강기 완성검사

4. 「에너지이용 합리화법」 제39조에 따른 보일러 설치검사

5. 「전기사업법」 제63조에 따른 전기설비의 사용전 검사

6. 「정보통신공사업법」 제36조에 따른 정보통신공사의 사용전 검사

6의2. 「기계설비법」 제15조에 따른 기계설비의 사용 전 검사 〈신설 2024.1.16.〉

7. 「도로법」 제62조제2항에 따른 도로점용 공사의 준공확인

8. 「국토의 계획 및 이용에 관한 법률」 제62조에 따른 개발 행위의 준공검사

9. 「국토의 계획 및 이용에 관한 법률」 제98조에 따른 도시·군계획시설사업의 준공검사

10. 「수질 및 수생태계 보전에 관한 법률」 제37조에 따른 수질오염물질 배출시설의 가동개시의 신고

11. 「대기환경보전법」 제30조에 따른 대기오염물질 배출시설의 가동개시의 신고

12. 삭제 〈2009.6.9.〉

해설
- 공부(公簿)란 법령의 규정에 따라 관공서에서 작성·비치하는 장부를 말함.
- 현행법상의 사용승인(1995.1.5 개정)은 과거에 준공검사로 주로 사용되었으며, 사용검사(1991.5.31 개정)로도 사용하였다.

10. 건축물의 설계 – 건축사의 설계, 건축사가 아니어도 가능한 설계

法 **제23조【건축물의 설계】**① 제11조제1항에 따라 건축허가를 받아야 하거나 제14조제1항에 따라 건축신고를 하여야 하는 건축물 또는 「주택법」 제42조제2항 또는 제3항에 따른 리모델링을 하는 건축물의 건축 등을 위한 설계는 건축사가 아니면 할 수 없다. 다만, 다음 각 호의 어느 하나에 해당하는 경우에는 그러하지 아니하다. 〈개정 2014.5.28.〉

1. 바닥면적의 합계가 85제곱미터 미만인 증축·개축 또는 재축
2. 연면적이 200제곱미터 미만이고 층수가 3층 미만인 건축물의 대수선
3. 그 밖에 건축물의 특수성과 용도 등을 고려하여 대통령령으로 정하는 건축물의 건축 등

② 설계자는 건축물이 이 법과 이 법에 따른 명령이나 처분, 그 밖의 관계 법령에 맞고 안전·기능 및 미관에 지장이 없도록 설계하여야 하며, 국토교통부장관이 정하여 고시하는 설계도서 작성기준에 따라 설계도서를 작성하여야 한다. 다만, 해당 건축물의 공법(工法) 등이 특수한 경우로서 국토교통부령으로 정하는 바에 따라 건축위원회의 심의를 거친 때에는 그러하지 아니하다.

③ 제2항에 따라 설계도서를 작성한 설계자는 설계가 이 법과 이 법에 따른 명령이나 처분, 그 밖의 관계 법령에 맞게 작성되었는지를 확인한 후 설계도서에 서명날인하여야 한다.

④ 국토교통부장관이 국토교통부령으로 정하는 바에 따라 작성하거나 인정하는 표준설계도서나 특수한 공법을 적용한 설계도서에 따라 건축물을 건축하는 경우에는 제1항을 적용하지 아니한다.

令 **제18조【설계도서의 작성】**법 제23조제1항제3호에서 "대통령령으로 정하는 건축물"이란 다음 각 호의 어느 하나에 해당하는 건축물을 말한다. 〈개정 2012.4.10.〉

1. 읍·면지역(시장 또는 군수가 지역계획 또는 도시·군계획에 지장이 있다고 인정하여 지정·공고한 구역은 제외한다)에서 건축하는 건축물 중 연면적이 200제곱미터 이하인 창고 및 농막(「농지법」에 따른 농막을 말한다)과 연면적 400제곱미터 이하인 축사 및 작물 재배사
2. 제15조제5항 각 호의 어느 하나에 해당하는 가설건축물로서 건축조례로 정하는 가설건축물

11. 건축물의 시공

法 제24조【건축시공】① 공사시공자는 제15조제2항에 따른 계약대로 성실하게 공사를 수행하여야 하며, 이 법과 이 법에 따른 명령이나 처분, 그 밖의 관계 법령에 맞게 건축물을 건축하여 건축주에게 인도하여야 한다.

② 공사시공자는 건축물(건축허가나 용도변경허가 대상인 것만 해당된다)의 공사현장에 설계도서를 갖추어 두어야 한다.

③ 공사시공자는 설계도서가 이 법과 이 법에 따른 명령이나 처분, 그 밖의 관계 법령에 맞지 아니하거나 공사의 여건상 불합리하다고 인정되면 건축주와 공사감리자의 동의를 받아 서면으로 설계자에게 설계를 변경하도록 요청할 수 있다. 이 경우 설계자는 정당한 사유가 없으면 요청에 따라야 한다.

④ 공사시공자는 공사를 하는 데에 필요하다고 인정하거나 제25조제5항에 따라 공사감리자로부터 상세시공도면을 작성하도록 요청을 받으면 상세시공도면을 작성하여 공사감리자의 확인을 받아야 하며, 이에 따라 공사를 하여야 한다.〈개정 2016.2.3.〉

⑤ 공사시공자는 건축허가나 용도변경허가가 필요한 건축물의 건축공사를 착수한 경우에는 해당 건축공사의 현장에 국토교통부령으로 정하는 바에 따라 건축허가 표지판을 설치하여야 한다.

⑥ 「건설산업기본법」 제 41조 제 1항 각 호에 해당하지 아니하는 건축물의 건축주는 공사 현장의 공정 및 안전을 관리하기 위하여 같은 법 제2조 제15호에 따른 건설기술인 1명을 현장관리인으로 지정하여야 한다. 이 경우 현장관리인은 국토교통부령으로 정하는 바에 따라 공정 및 안전관리업무를 수행하여야 하며, 건축주의 승낙을 받지 아니하고는 정당한 사유 없이 그 공사 현장을 이탈하여서는 아니된다.
〈개정 2018.8.14.〉

⑦ 공동주택, 종합병원, 관광숙박시설 등 대통령령으로 정하는 용도 및 규모의 건축물의 공사시공자는 건축주, 공사감리자 및 허가권자가 설계도서에 따라 적정하게 공사되었는지를 확인할 수 있도록 공사의 공정이 대통령령으로 정하는 진도에 다다른 때마다 사진 및 동영상을 촬영하고 보관하여야 한다. 이 경우 촬영 및 보관 등 그 밖에 필요한 사항은 국토교통부령으로 정한다.〈본항 신설 2016.2.3.〉

法 제24조의 2【건축자재의 제조 및 유통관리】① 제조업자 및 유통업자는 건축물의 안전과 기능 등에 지장을 주지 아니하도록 건축자재를 제조·보관 및 유통하여야 한다.

② 국토교통부장관, 시·도지사 및 시장·군수·구청장은 건축물의 구조 및 재료의 기준 등이 공사현장에서 준수되고 있는지를 확인하기 위하여 제조업자 및 유통업자에게 필요한 자료의 제출을 요구하거나 건축공사장, 제조업자의 제조현장 및 유통업자의 유통

장소 등을 점검할 수 있으며 필요한 경우에는 시료를 채취하여 성능 확인을 위한 시험을 할 수 있다.

③ 국토교통부장관, 시·도지사 및 시장·군수·구청장은 제2항의 점검을 통하여 위법 사실을 확인한 경우 대통령령으로 정하는 바에 따라 공사 중단, 사용 중단 등의 조치를 하거나 관계 기관에 대하여 관계 법률에 따른 영업정지 등의 요청을 할 수 있다.

④ 국토교통부장관, 시·도지사, 시장·군수·구청장은 제2항의 점검업무를 대통령령으로 정하는 전문기관으로 하여금 대행하게 할 수 있다.

⑤ 제2항에 따른 점검에 관한 절차 등에 관하여 필요한 사항은 국토교통부령으로 정한다. 〈본조 신설 2016.2.3.〉

슈 제18조의2【사진 및 동영상 촬영 대상 건축물 등】 ① 법 제24조제7항 전단에서 "공동주택, 종합병원, 관광숙박시설 등 대통령령으로 정하는 용도 및 규모의 건축물"이란 다음 각 호의 어느 하나에 해당하는 건축물을 말한다. 〈개정 2018.12.4.〉

1. 다중이용 건축물
2. 특수구조 건축물
3. 건축물의 하층부가 필로티나 그 밖에 이와 비슷한 구조(벽면적의 2분의 1 이상이 그 층의 바닥면에서 위층 바닥 아래면까지 공간으로 된 것만 해당한다)로서 상층부와 다른 구조형식으로 설계된 건축물(이하 "필로티형식 건축물"이라 한다) 중 3층 이상인 건축물

② 법 제24조 제7항 전단에서 "대통령령으로 정하는 진도에 다다른 때"란 다음 각 호의 구분에 따른 단계에 다다른 경우를 말한다. 〈개정 2018.12.4., 2019.8.6.〉

1. 다중이용 건축물 : 제19조 제3항 제1호부터 제3호까지의 구분에 따른 단계
2. 특수구조 건축물 : 다음 각 목의 어느 하나에 해당하는 단계
   가. 매 층마다 상부 슬래브배근을 완료한 경우
   나. 매 층마다 주요구조부의 조립을 완료한 경우
3. 3층 이상의 필로티형식 건축물 : 다음 각 목의 어느 하나에 해당하는 단계
   가. 기초공사 시 철근배치를 완료한 경우
   나. 건축물 상층부의 하중이 상층부와 다른 구조형식의 하층부로 전달되는 다음의 어느 하나에 해당하는 부재(部材)의 철근배치를 완료한 경우
      1) 기둥 또는 벽체 중 하나
      2) 보 또는 슬래브 중 하나

슈 제18조의 4【위법 사실의 점검업무 대행 전문기관】① 법 제24조의2 제4항에서 "대통령령으로 정하는 전문기관"이란 다음 각 호의 기관을 말한다.

1. 「과학기술분야 정부출연기관 등의 설립·운영 및 육성에 관한 법률」 제8조에 따라 설립된 한국건설기술연구원
2. 「시설물의 안전관리에 관한 특별법」 제25조에 따른 한국시설안전공단(이하 "한국시설안전공단"이라 한다)
3. 「한국토지주택공사법」에 따른 한국토지주택공사
4. 그 밖에 점검업무를 수행할 수 있다고 인정하여 국토교통부장관이 지정하여 고시하는 기관
② 법 제24조의2 제4항에 따라 위법 사실의 점검업무를 대행하는 기관의 직원은 그 권한을 나타내는 증표를 지니고 관계인에게 내보여야 한다.〈본조 신설 2016.7.19.〉

規 제18조【건축허가표지판】법 제24조제5항에 따라 공사시공자는 건축물의 규모·용도·설계자·시공자 및 감리자 등을 표시한 건축허가표지판을 주민이 보기 쉽도록 해당 건축공사 현장의 주요 출입구에 설치하여야 한다.

해설 건축관계인들의 업무관계도

⑬ 성실시공, 적합한 건축물을 건축주에게 인도
⑭ 설계도면의 검토, 건축주와 공사감리자의 동의를 얻어 건축설계자에게 설계변경요청
⑮ 공사감리자의 요청에 의한 상세시공도면의 작성
⑯ 공사감리자의 시정지시와 공사중지요청에 응할 의무
⑰ 건축허가 표지판의 공사 현장에의 설치
⑱ 건설공사기간동안 설계도서의 현장비치

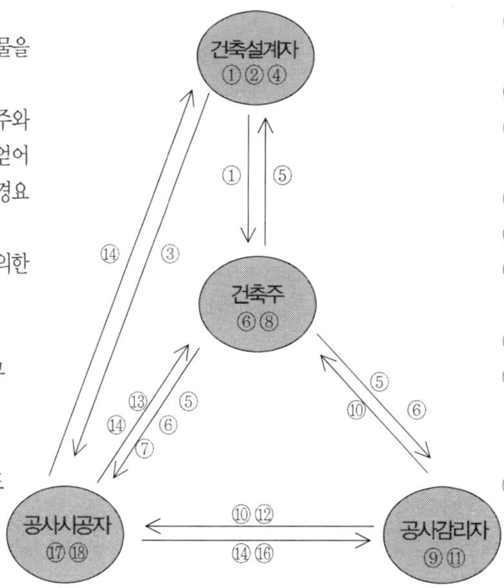

① 설계도서 작성기준에 의거 안전·기능 및 미관에 지장 없는 설계
② 설계도서에의 서명날인
③ 공사시공자의 요청에 의한 설계변경
④ 설계도서의 자문에 응할 의무
⑤ 건축주와 건축관계인과의 계약
⑥ 공사시공자와 공사감리자의 서명을 받아 착공신고
⑦ 일반건설업자나 현장관리인의 지정
⑧ 시장·군수·구청장에게 공사감리자가 작성한 감리중간보고서와 감리완료보고서의 제출
⑨ 감리중간보고서와 감리완료보고서 작성

⑩ 공사시정지시와 공사중지요청
⑪ 계속위법공사시 시장·군수·구청장에게 보고
⑫ 공사시공자에게 상세시공도면 작성요청

12. 건축물의 공사감리 – 공사감리자의 지정 등

法 제25조【건축물의 공사감리】① 건축주는 대통령령으로 정하는 용도·규모 및 구조의 건축물을 건축하는 경우 건축사나 대통령령으로 정하는 자를 공사감리자(공사시공자 본인 및 「독점규제 및 공정거래에 관한 법률」 제2조에 따른 계열회사는 제외한다)로 지정하여 공사감리를 하게 하여야 한다. 〈개정 2016.2.3.〉

② 제 1항에도 불구하고 「건설산업기본법」 제41조 제1항 각 호에 해당하지 아니하는 소규모 건축물로서 건축주가 직접 시공하는 건축물 및 주택으로 사용하는 건축물 중 대통령령으로 정하는 건축물의 경우에는 대통령령으로 정하는 바에 따라 허가권자가 해당 건축물의 설계에 참여하지 아니한 자 중에서 공사감리자를 지정하여야 한다. 다만, 다음 각 호의 어느 하나에 해당하는 건축물의 건축주가 국토교통부령으로 정하는 바에 따라 허가권자에게 신청하는 경우에는 해당 건축물을 설계한 자를 공사 감리자로 지정할 수 있다. 〈개정 2018.8.14.〉

1. 「건설기술 진흥법」 제14조에 따른 신기술 중 대통령령으로 정하는 신기술을 보유한 자가 그 신기술을 적용하여 설계한 건축물 〈개정 2020.4.7.〉
2. 「건축서비스산업 진흥법」 제13조 제4항에 따른 역량 있는 건축사로서 대통령령으로 정하는 건축사가 설계한 건축물 〈개정 2020.4.7.〉
3. 설계공모를 통하여 설계한 건축물

③ 공사감리자는 공사감리를 할 때 이 법과 이 법에 따른 명령이나 처분, 그 밖의 관계 법령에 위반된 사항을 발견하거나 공사시공자가 설계도서대로 공사를 하지 아니하면 이를 건축주에게 알린 후 공사시공자에게 시정하거나 재시공하도록 요청하여야 하며, 공사시공자가 시정이나 재시공 요청에 따르지 아니하면 서면으로 그 건축공사를 중지하도록 요청할 수 있다. 이 경우 공사중지를 요청받은 공사시공자는 정당한 사유가 없으면 즉시 공사를 중지하여야 한다.

④ 공사감리자는 제3항에 따라 공사시공자가 시정이나 재시공 요청을 받은 후 이에 따르지 아니하거나 공사중지 요청을 받고도 공사를 계속하면 국토교통부령으로 정하는 바에 따라 이를 허가권자에게 보고하여야 한다.

令 **제19조【공사감리】** ① 법 제25조제1항에 따라 공사감리자를 지정하여 공사감리를 하게 하는 경우에는 다음 각 호의 구분에 따른 자를 공사감리자로 지정하여야 한다. 〈개정 2010.12.13.〉

1. 다음 각 목의 어느 하나에 해당하는 경우 : 건축사
   가. 법 제11조에 따라 건축허가를 받아야 하는 건축물(법 제14조에 따른 건축신고 대상 건축물은 제외한다)을 건축하는 경우
   나. 제6조제1항제6호에 따른 건축물을 리모델링하는 경우
2. 다중이용 건축물을 건축하는 경우 : 「건설기술관리법」에 따른 건축감리전문회사·종합감리전문회사(공사시공자 본인이거나 「독점규제 및 공정거래에 관한 법률」 제2조에 따른 계열회사인 건축감리전문회사·종합감리전문회사는 제외한다) 또는 건축사(「건설기술관리법 시행령」 제105조에 따라 감리원을 배치하는 경우만 해당한다)

② 제1항에 따라 다중이용 건축물의 공사감리자를 지정하는 경우 감리원의 배치기준 및 감리대가는 「건설기술관리법」에서 정하는 바에 따른다.

規 **제19조【감리보고서 등】** ① 법 제25조제3항에 따라 공사감리자는 건축공사기간 중 발견한 위법사항에 관하여 시정·재시공 또는 공사중지의 요청을 하였음에도 불구하고 공사시공자가 이에 따르지 아니하는 경우에는 시정 등을 요청할 때에 명시한 기간이 만료되는 날부터 7일 이내에 별지 제20호서식의 위법건축공사보고서를 허가권자에게 제출(전자문서로 제출하는 것을 포함한다)하여야 한다.

해설 감리전문회사의 종류 및 업무범위(건설기술관리법 시행령 제107조)

종 류	업 무 범 위
종합감리전문회사	종합공사 및 전문공사에 대한 책임감리
토목감리전문회사	종합공사중 주된 공종이 토목공사인 건설공사 및 해당 전문공사에 대한 책임감리
건축감리전문회사	종합공사중 주된 공종이 건축공사인 건설공사 및 해당 전문공사에 대한 책임감리
설비감리전문회사	종합공사중 주된 공종이 산업·환경설비공사인 건설공사 및 해당 전문공사에 대한 책임감리

13. 건축물의 공사감리 – 감리중간보고서, 상세시공도면, 감리업무수행

法 제25조【건축물의 공사감리】- 계속

⑤ 대통령령으로 정하는 용도 또는 규모의 공사의 공사감리자는 필요하다고 인정하면 공사시공자에게 상세시공도면을 작성하도록 요청할 수 있다.

⑥ 공사감리자는 국토교통부령으로 정하는 바에 따라 감리일지를 기록·유지하여야 하고, 공사의 공정(工程)이 대통령령으로 정하는 진도에 다다른 경우에는 **감리중간보고서**를, 공사를 완료한 경우에는 감리완료보고서를 국토교통부령으로 정하는 바에 따라 각각 작성하여 건축주에게 제출하여야 한다. 이 경우 건축주는 감리중간보고서를 제출받은 때, 감리완로보고서는 제22조에 따른 건축물의 사용승인을 신청할 때 허가권자에게 제출하여야 한다. 〈개정 2020.4.7.〉

⑦ 건축주나 공사시공자는 제3항과 제4항에 따라 위반사항에 대한 시정이나 재시공을 요청하거나 위반사항을 허가권자에게 보고한 공사감리자에게 이를 이유로 공사감리자의 지정을 취소하거나 보수의 지급을 거부하거나 지연시키는 등 불이익을 주어서는 아니 된다.

⑧ 제 1항에 따른 공사감리의 방법 및 범위 등은 건축물의 용도·규모 등에 따라 대통령령으로 정하되, 이에 따른 세부기준이 필요한 경우에는 국토해양부장관이 정하거나 건축사협회로 하여금 국토해양부장관의 승인을 받아 정하도록 할 수 있다.

⑨ 국토해양부장관은 제 8항에 따라 세부기준을 정하거나 승인을 한 경우 이를 고시하여야 한다.

⑩ 「주택법」 제6조에 따른 사업계획 승인 대상과 「건설기술관리법」 제27조에 따른 책임감리대상 건축물의 공사감리는 제 1항부터 제 9항까지 및 제 11항부터 제 14항까지의 규정에도 불구하고 각각 해당 법령으로 정하는 바에 따른다.〈개정 2018.8.14.〉

⑪ 제1항에 따라 건축주가 공사감리자를 지정하거나 제2항에 따라 허가권자가 공사감리자를 지정하는 건축물의 건축주는 제 21조에 따른 착공신고를 하는 때에 감리비용이 명시된 감리 계약서를 허가권자에게 제출하여야 하고, 제 22조에 따른 사용승인을 신청하는 때에는 감리용역 계약내용에 따라 감리비용을 지급하여야 한다. 이 경우 허가권자는 감리 계약서에 따라 감리비용이 지급되었는지를 확인한 후 사용승인을 하여야 한다. 〈개정 2021.7.27.〉

⑫ 제 2항에 따라 허가권자가 공사감리자를 지정하는 건축물의 건축주는 설계자의 설계의도가 구현되도록 해당 건축물의 설계자를 건축과정에 참여시켜야 한다. 이 경우 「건축서비스산업 진흥법」 제22조를 준용한다.〈본항 신설 2018.8.14.〉

⑬ 제 12항에 따라 설계자를 건축과정에 참여시켜야 하는 건축주는 제 21조에 따른 착공신고를 하는 때에 해당 계약서 등 대통령령으로 정하는 서류를 허가권자에게 제출

하여야 한다.〈본항 신설 2018.8.14.〉

⑭ 허가권자는 제2항에 따라 허가권자가 공사감리자를 지정하는 경우의 감리비용에 관한 기준을 해당 지방자치단체의 조례로 정할 수 있다. 〈개정 2020.12.22.〉

法 제25조의 2【건축관계자 등에 대한 업무제한】① 허가권자는 설계자, 공사시공자, 공사감리자 및 관계전문기술자(이하 "건축관계자 등"이라 한다)가 대통령령으로 정하는 주요 건축물에 대하여 제21조에 따른 착공신고 시부터 「건설산업기본법」 제28조에 따른 하자담보책임 기간에 제40조, 제41조, 제48조, 제50조 및 제51조를 위반하거나 중대한 과실로 건축물의 기초 및 주요구조부에 중대한 손괴를 일으켜 사람을 사망하게 한 경우에는 1년 이내의 기간을 정하여 이 법에 의한 업무를 수행할 수 없도록 업무정지를 명할 수 있다.

② 허가권자는 건축관계자등이 제40조, 제41조, 제48조, 제49조, 제50조, 제50조의 2, 제51조, 제52조 및 제52조의4를 위반하여 건축물의 기초 및 주요구조부에 중대한 손괴를 일으켜 대통령령으로 정하는 규모 이상의 재산상의 피해가 발생한 경우(제1항에 해당하는 위반행위는 제외한다)에는 다음 각 호에서 정하는 기간 이내의 범위에서 다중이용건축물 등 대통령령으로 정하는 주요 건축물에 대하여 이 법에 의한 업무를 수행할 수 없도록 업무정지를 명할 수 있다. 〈개정 2019.4.23.〉

1. 최초로 위반행위가 발생한 경우 : 업무정지일부터 6개월
2. 2년 이내에 동일한 현장에서 위반행위가 다시 발생한 경우 : 다시 업무정지를 받는 날부터 1년〈본조 신설 2017.2.3.〉

令 제19조【공사감리】- 계속

③ 법 제25조제6항에서 "공사의 공정이 대통령령으로 정하는 진도에 다다른 경우"란 공사(하나의 대지에 둘 이상의 건축물을 건축하는 경우에는 각각의 건축물에 대한 공사를 말한다)의 공정이 다음 각 호의 구분에 따른 단계에 다다른 경우를 말한다. 〈개정 2019.8.6.〉

1. 해당 건축물의 구조가 철근콘크리트조·철골철근콘크리트조·조적조 또는 보강콘크리트블럭조인 경우 : 다음 각 목의 어느 하나에 해당하는 단계 〈개정 2019.8.6.〉
   가. 기초공사 시 철근배치를 완료한 경우
   나. 지붕슬래브배근을 완료한 경우
   다. 지상 5개 층마다 상부 슬래브배근을 완료한 경우. 〈본목 개정 2016.5.17.〉
2. 해당 건축물의 구조가 철골조인 경우 : 다음 각 목의 어느 하나에 해당하는 단계 〈개정 2019.8.6.〉
   가. 기초공사 시 철근배치를 완료한 경우

나. 지붕철골 조립을 완료한 경우

다. 지상 3개 층마다 또는 높이 20미터마다 주요구조부의 조립을 완료한 경우

3. 해당 건축물의 구조가 제1호 또는 제2호 외의 구조인 경우 : 기초공사에서 거푸집 또는 주춧돌의 설치를 완료한 단계

4. 제1호부터 제3호까지에 해당하는 건축물이 3층 이상의 필로티형식 건축물인 경우 : 다음 각 목의 어느 하나에 해당하는 단계

가. 해당건축물의 구조에 따라 제1호부터 제3호까지의 어느 하나에 해당하는 경우

나. 제18조의 2 제2항 제3호 나목에 해당하는 경우〈본호 신설 2019.8.6.〉

④ 법 제25조 제5항에서 "대통령령으로 정하는 용도 또는 규모의 공사"란 연면적의 합계가 5천 제곱미터 이상인 건축공사를 말한다.〈개정 2017.2.3.〉

⑤ 공사감리자는 수시로 또는 필요할 때 공사현장에서 감리업무를 수행해야 하며, 다음 각 호의 건축공사를 감리하는 경우에는 「건축사법」 제2조제2호에 따른 건축사보(「기술사법」 제6조에 따른 기술사사무소 또는 「건축사법」 제23조제8항 각 호의 건설기술용역업자 등에 소속되어 있는 사람으로서 「국가기술자격법」에 따른 해당 분야 기술계 자격을 취득한 사람과 「건설기술관리법 시행령」 제104조에 따른 토목·전기 또는 기계 분야의 감리원 자격이 있는 사람을 포함한다. 이하 같다) 중 건축 분야의 건축사보 한 명 이상을 전체 공사기간 동안, 토목·전기 또는 기계 분야의 건축사보 한 명 이상을 각 분야별 해당 공사기간 동안 각각 공사현장에서 감리업무를 수행하게 해야 한다. 이 경우 건축사보는 해당 분야의 건축공사의 설계·시공·시험·검사·공사감독 또는 감리업무 등에 2년 이상 종사한 경력이 있는 사람이어야 한다. 〈개정 2020.4.21.〉

1. 바닥면적의 합계가 5천 제곱미터 이상인 건축공사. 다만, 축사 또는 작물 재배사의 건축공사는 제외한다.
2. 연속된 5개 층(지하층을 포함한다) 이상으로서 바닥면적의 합계가 3천 제곱미터 이상인 건축공사
3. 아파트 건축공사
4. 준다중이용 건축물 건축공사 〈개정 2015.9.22.〉

⑥ 공사감리자는 제5항 각 호에 해당하지 않는 건축공사로서 깊이 10미터 이상의 토지 굴착공사 또는 높이 5미터 이상의 옹벽 등의 공사(「산업집적활성화 및 공장설립에 관한 법률」 제2조제14호에 따른 산업단지에서 바닥면적 합계가 2천제곱미터 이하인 공장을 건축하는 경우는 제외한다)를 감리하는 경우에는 건축사보 중 건축 또는 토목 분야의 건축사보 한 명 이상을 해당 공사기간 동안 공사현장에서 감리업무를 수행하게 해야 한다. 이 경우 건축사보는 건축 공사의 시공 · 공사감독 또는 감리업무 등에 2년 이상 종사한 경력이 있는 사람이어야 한다. 〈개정 2023.09.12.〉

⑦ 공사감리자는 제61조제1항제4호에 해당하는 건축물의 마감재료 설치공사를 감리하는 경우로서 국토교통부령으로 정하는 경우에는 건축 또는 안전관리 분야의 건축사보 한 명 이상이 마감재료 설치공사기간 동안 그 공사현장에서 감리업무를 수행하게 해야 한다. 이 경우 건축사보는 건축공사의 설계·시공·시험·검사·공사감독 또는 감리업무 등에 2년 이상 종사한 경력이 있는 사람이어야 한다. 〈신설 2021. 8. 10.〉

⑧ 공사감리자는 제5항부터 제7항까지의 규정에 따라 건축사보로 하여금 감리업무를 수행하게 하는 경우 다른 공사현장이나 공정의 감리업무를 수행하고 있지 않는 건축사보가 감리업무를 수행하게 해야 한다. 〈신설 2021. 8. 10.〉

⑨ 공사감리자가 수행하여야 하는 감리업무는 다음과 같다.

1. 공사시공자가 설계도서에 따라 적합하게 시공하는지 여부의 확인
2. 공사시공자가 사용하는 건축자재가 관계 법령에 따른 기준에 적합한 건축자재인지 여부의 확인
3. 그 밖에 공사감리에 관한 사항으로서 국토교통부령으로 정하는 사항

⑩ 제5항부터 제7항까지의 규정에 따라 공사현장에 건축사보를 두는 공사감리자는 다음 각 호의 구분에 따른 기간에 국토교통부령으로 정하는 바에 따라 건축사보의 배치현황을 허가권자에게 제출해야 한다. 〈개정 2021.8.10.〉

1. 최초로 건축사보를 배치하는 경우에는 착공 예정일(제6항 또는 제7항에 따라 배치하는 경우에는 배치일을 말한다)부터 7일 〈개정 2021.8.10.〉
2. 건축사보의 배치가 변경된 경우에는 변경된 날부터 7일
3. 건축사보가 철수한 경우에는 철수한 날부터 7일 〈본호 신설 2014.11.28.〉

⑪ 허가권자는 제10항에 따라 공사감리자로부터 건축사보의 배치현황을 받으면 지체 없이 건축사보가 이중으로 배치되어 있는지 여부 등 국토교통부령으로 정하는 내용을 확인한 후 「전자정부법」 제37조에 따른 행정정보 공동이용센터를 통해 그 배치현황을 「건축사법」에 따른 건축사협회 중에서 국토교통부장관이 지정하는 건축사협회에 보내야 한다. 〈개정 2023.09.12.〉

⑫ 제11항에 따라 건축사보의 배치현황을 받은 건축사협회는 이를 관리해야 하며, 건축사보가 이중으로 배치된 사실 등을 확인한 경우에는 지체 없이 그 사실 등을 관계 시·도지사, 허가권자 및 그 밖에 국토교통부령으로 정하는 자에게 알려야 한다. 〈개정 2023.09.12.〉

⑬ 제12항에서 규정한 사항 외에 건축사보의 배치현황 관리 등에 필요한 사항은 국토교통부령으로 정한다. 〈신설 2023.09.12.〉

슈 제19조의 2**【허가권자가 공사감리자를 지정하는 건축물 등】** ① 법 제25조제2항 각 호 외의 부분 본문에서 "대통령령으로 정하는 건축물"이란 다음 각 호의 건축물을 말한다.

1. 「건설산업기본법」 제41조제1항 각 호에 해당하지 아니하는 건축물 중 다음 각 목

의 어느 하나에 해당하지 아니하는 건축물

가. 별표 1 제1호 가목의 단독주택

나. 농업 · 임업 축산업 또는 어업용으로 설치하는 창고 · 저장고 · 작업장 · 퇴비사 · 축사 · 양어장 및 그 밖에 이와 유사한 용도의 건축물

다. 해당 건축물의 건설공사가 「건설산업기본법 시행령」 제8조 제1항 각 호의 어느 하나에 해당하는 경미한 건설공사인 경우 〈본호 개정 2017.10.24.〉

2. 주택으로 사용하는 다음 각 목의 어느 하나에 해당하는 건축물(각 목에 해당하는 건축물과 그 외의 건축물이 하나의 건축물로 복합된 경우를 포함한다) 〈개정 2019.2.12.〉

가. 아파트

나. 연립주택

다. 다세대주택

라. 다중주택 〈신설 2019.2.12.〉

마. 다가구주택 〈신설 2019.2.12.〉

3. 삭제 〈2019.2.12.〉

② 시 · 도지사는 법 제25조제2항 각 호 외의 부분 본문에 따라 공사감리자를 지정하기 위하여 다음 각 호의 구분에 따른 자를 대상으로 모집공고를 거쳐 공사감리자의 명부를 작성하고 관리해야 한다. 이 경우 시 · 도지사는 미리 관할 시장 · 군수 · 구청장과 협의해야 한다.

1. 다중이용 건축물의 경우 : 「건축사법」제23조 제1항에 따라 건축사사무소의 개설신고를 한 건축사 및 「건설기술 진흥법」에 따른 건설기술용역사업자

2. 그 밖의 경우 : 건축사법」제23조 제1항에 따라 건축사사무소의 개설신고를 한 건축사 〈개정 2020.4.21.〉

슈 **제19조의 3【업무제한 대상 건축물 등】**① 법 제25조의2제1항에서 "대통령령으로 정하는 주요 건축물"이란 다음 각 호의 건축물을 말한다.

1. 다중이용 건축물

2. 준다중이용 건축물

② 법 제25조의2제2항 각 호 외의 부분에서 "대통령령으로 정하는 규모 이상의 재산상의 피해"란 도급 또는 하도급받은 금액의 100분의 10 이상으로서 그 금액이 1억원 이상인 재산상의 피해를 말한다.

③ 법 제25조의2제2항 각 호 외의 부분에서 "다중이용건축물 등 대통령령으로 정하는 주요 건축물"이란 다음 각 호의 건축물을 말한다.

1. 다중이용 건축물

2. 준다중이용 건축물 〈본조 신설 2017.2.3.〉

規 제19조의2【공사감리업무 등】① 공사감리자는 영 제19조제9항제3호에 따라 다음 각 호의 업무를 수행한다. 〈개정 2021.12.31.〉

1. 건축물 및 대지가 이 법 및 관계법령에 적합하도록 공사시공자 및 건축주를 지도 〈개정 2020.10.28.〉
2. 시공계획 및 공사관리의 적정여부의 확인

2의2. 건축공사의 하도급과 관련된 다음 각 목의 확인

가. 수급인(하수급인을 포함한다. 이하 이 호에서 같다)이 「건설산업기본법」 제16조에 따른 시공자격을 갖춘 건설사업자에게 건축공사를 하도급했는지에 대한 확인

나. 수급인이 「건설산업기본법」 제40조 제1항에 따라 공사현장에 건설기술인을 배치했는지에 대한 확인 〈본호 신설 2021.12.31.〉

3. 공사현장에서의 안전관리의 지도
4. 공정표의 검토
5. 상세시공도면의 검토·확인
6. 구조물의 위치와 규격의 적정여부의 검토·확인
7. 품질시험의 실시여부 및 시험성과의 검토·확인
8. 설계변경의 적정여부의 검토·확인
9. 기타 공사감리계약으로 정하는 사항

② 공사감리자는 영 제19조제10항에 따라 건축사보 배치현황을 제출(제22조의2에 따른 전자정보시스템을 통해 제출하는 것을 말한다)하는 경우에는 별지 제22호의2서식에 다음 각 호의 서류를 첨부(건축사보가 철수하는 경우는 제외한다)해야 한다. 이 경우 공사감리자는 공사현장에 배치되는 건축사보(배치기간을 변경하거나 철수하는 경우의 건축사보는 제외한다)로부터 배치기간 및 다른 공사현장이나 공정에 이중으로 배치되었는지 여부를 확인받은 후 해당 건축사보의 서명·날인을 받아야 한다. 〈개정 2023. 11. 1.〉

1. 예정공정표(건축주의 확인을 받은 것을 말한다) 및 분야별 건축사보 배치계획
2. 건축사보의 경력, 자격 및 소속을 증명하는 서류 〈개정 2020.10.28.〉

해설 건축사보 (건축사법 제2조제2호)

"건축사보"라 함은 건축사사무소에 소속되어 건축물의 설계와 공사감리 등의 업무를 보조하는 사람 중 국가기술자격법에 따라 건설, 전기·전자, 기계, 화학, 재료, 정보통신, 환경·에너지, 안전관리, 문화·예술·디자인·방송분야의 기사 또는 산업기사 자격을 취득한 사람을 말한다.

해설 감리 중간보고서 작성 및 제출 (건축법시행령 제19조 제3항)

	건축물의 구조	공사의 공정의 단계	제 출
1	철근콘크리트조, 철골철근콘크리트조, 조적조, 보강콘크리트블록조	기초 공사시 철근배치를 완료한 경우	공사감리자 → 건축주 → 허가권자 (건축물의 사용승인 신청시)
		지붕 슬래브 배근을 완료한 경우	
		지상 5개층마다 상부 슬래브 배근을 완료한 경우	
2	철골조	기초 공사시 철근배치를 완료한 경우	
		지붕철골조립을 완료한 경우	
		지상 3개층마다 또는 높이 20m마다 주요구조부의 조립을 완료한 경우	
3	1호~2호 외의 구조	기초 공사에서 거푸집 또는 주춧돌의 설치를 완료한 단계	
4	1호~ 3호 건축물 : 3층 이상의 필로티형식 건축물	해당 건축물의 구조에 따라 제1호~제3호의 어느 하나에 해당하는 경우	
		건축법시행령 제18조의2 제2항 제3호 나목에 해당하는 경우	

4호의 신설(2019.8.6.) : 필로티 형식 건축물의 감리중간보고서 제출대상 확대

해설 공사감리업무

감리대상 건축공사	감리업무 수행
1. 바닥면적의 합계가 5,000㎡ 이상인 건축공사 2. 연속된 5개층 이상으로서 바닥면적의 합계가 3,000㎡ 이상인 건축공사 3. 아파트의 건축공사 4. 준다중이용 건축물 건축공사	• 건축사보 중 건축분야의 건축사보 1명 이상 → 전체 공사 기간 동안 각 공사현장 • 건축사보 중 토목, 전기 또는 기계분야의 건축사보 1명 이상 → 각 분야별 해당공사기간 동안 각 공사현장

14. 허용오차

法 **제26조【허용 오차】**대지의 측량(「측량·수로조사 및 지적에 관한 법률」에 따른 지적측량은 제외한다)이나 건축물의 건축 과정에서 부득이하게 발생하는 오차는 이 법을 적용할 때 국토교통부령으로 정하는 범위에서 허용한다.

規 제20조【허용오차】법 제26조에 따른 허용오차의 범위는 별표 5와 같다.

[별표 5]〈개정 2010.8.5〉 **건축허용오차** (제20조 관련)

1. 대지관련 건축기준의 허용오차

항　목	허용되는 오차의 범위
건폐율	0.5% 이내(건축면적 5㎡를 초과할 수 없다)
용적률	1% 이내(연면적 30㎡를 초과할 수 없다)
인접대지 경계선과의 거리	3% 이내
건축선의 후퇴거리	3% 이내
인접건축물과의 거리	3% 이내

2. 건축물관련 건축기준의 허용오차

항　목	허용되는 오차의 범위
건축물높이	2% 이내(1m를 초과할 수 없다)
반자높이	2% 이내
평면길이	2% 이내(건축물 전체길이는 1m를 초과할 수 없고 벽으로 구획된 각 실의 경우에는 10cm를 초과할 수 없다)
출구너비	2% 이내
벽체두께	3% 이내
바닥판두께	3% 이내

15. 현장조사·검사 및 확인업무의 대행

法 제27조【현장조사·검사 및 확인업무의 대행】① 허가권자는 이 법에 따른 현장조사·검사 및 확인업무를 대통령령으로 정하는 바에 따라 「건축사법」 제23조에 따른 건축사사무소개설신고를 한 자에게 대행하게 할 수 있다.〈개정 2014.5.28.〉

② 제1항에 따라 업무를 대행하는 자는 현장조사·검사 또는 확인결과를 국토교통부령으로 정하는 바에 따라 허가권자에게 서면으로 보고하여야 한다.

③ 허가권자는 제1항에 따른 자에게 업무를 대행하게 한 경우 국토교통부령으로 정하는 범위에서 해당 지방자치단체의 조례로 정하는 수수료를 지급하여야 한다.

令 제20조【현장조사·검사 및 확인업무의 대행】① 허가권자는 법 제27조제1항에 따라 건축조례로 정하는 건축물의 건축허가, 건축신고, 사용승인 및 임시사용승인과 관련되는 현장조사·검사 및 확인업무를 건축사로 하여금 대행하게 할 수 있다. 이 경우 허가권자는 건축물의 사용승인 및 임시사용승인과 관련된 현장조사·검사 및 확인업무를 대행할 건축사를 다음 각 호의 기준에 따라 선정하여야 한다. 〈개정 2014.11.28.〉

1. 해당 건축물의 설계자 또는 공사감리자가 아닐 것

2. 건축주의 추천을 받지 아니하고 직접 선정할 것

16. 공사현장의 위해방지

法 제28조【공사현장의 위해 방지 등】① 건축물의 공사시공자는 대통령령으로 정하는 바에 따라 공사현장의 위해를 방지하기 위하여 필요한 조치를 하여야 한다.

② 허가권자는 건축물의 공사와 관련하여 건축관계자간 분쟁상담 등의 필요한 조치를 하여야 한다.

17. 공용건축물에 대한 특례

法 제29조【공용건축물에 대한 특례】① 국가나 지방자치단체는 제11조, 제14조, 제19조, 제20조 및 제83조에 따른 건축물을 건축·대수선·용도변경하거나 가설건축물을 건축하거나 공작물을 축조하려는 경우에는 대통령령으로 정하는 바에 따라 미리 건축물의 소재지를 관할하는 허가권자와 협의하여야 한다.〈개정 2011.5.30.〉

② 국가나 지방자치단체가 제1항에 따라 건축물의 소재지를 관할하는 허가권자와 협의한 경우에는 제11조, 제14조, 제19조, 제20조 및 제83조에 따른 허가를 받았거나 신고한 것으로 본다.〈개정 2011.5.30.〉

③ 제1항에 따라 협의한 건축물에는 제22조제1항부터 제3항까지의 규정을 적용하지 아니한다. 다만, 건축물의 공사가 끝난 경우에는 지체 없이 허가권자에게 통보하여야 한다.

④ 국가나 지방자치단체가 소유한 대지의 지상 또는 지하 여유공간에 구분지상권을 설정하여 주민편의시설 등 대통령령으로 정하는 시설을 설치하고자 하는 경우 허가권자는 구분지상권자를 건축주로 보고 구분지상권이 설정된 부분을 제 2조 제 1항 제 1호의 대지로 보아 건축허가를 할 수 있다. 이 경우 구분지상권 설정의 대상 및 범위, 기간 등은 「국유재산법」 및 「공유재산 및 물품관리법」에 적합하여야 한다.〈신설 2016.1.19.〉

해설 구분지상권(區分地上權)이란 건물 및 그 밖의 공작물을 소유하기 위하여 다른 사람이 소유한 토지의 지상이나 지하의 공간에 대하여 상하의 범위를 정해 그 공간을 사용하는 지상권의 한 가지를 말한다.

18. 건축허가업무 등의 전산화

法 **제30조【건축통계 등】**① 허가권자는 다음 각 호의 사항(이하 "건축통계"라 한다)을 국토교통부령으로 정하는 바에 따라 국토교통부장관이나 시·도지사에게 보고하여야 한다.

1. 제11조에 따른 건축허가 현황
2. 제14조에 따른 건축신고 현황
3. 제19조에 따른 용도변경허가 및 신고 현황
4. 제21조에 따른 착공신고 현황
5. 제22조에 따른 사용승인 현황
6. 그 밖에 대통령령으로 정하는 사항

② 건축통계의 작성 등에 필요한 사항은 국토교통부령으로 정한다.

法 **제31조【건축행정 전산화】**① 국토교통부장관은 이 법에 따른 건축행정 관련 업무를 전산처리하기 위하여 종합적인 계획을 수립·시행할 수 있다.

② 허가권자는 제10조, 제11조, 제14조, 제16조, 제19조부터 제22조까지, 제25조, 제29조, 제30조, 제35조, 제36조, 제38조, 제83조 및 제92조에 따른 신청서, 신고서, 첨부서류, 통지, 보고 등을 디스켓, 디스크 또는 정보통신망 등으로 제출하게 할 수 있다.

法 **제32조【건축허가 업무 등의 전산처리 등】**① 허가권자는 건축허가 업무 등의 효율적인 처리를 위하여 국토교통부령으로 정하는 바에 따라 전자정보처리 시스템을 이용하여 이 법에 규정된 업무를 처리할 수 있다.

② 제1항에 따른 전자정보처리 시스템에 따라 처리된 자료(이하 "전산자료"라 한다)를 이용하려는 자는 대통령령으로 정하는 바에 따라 관계 중앙행정기관의 장의 심사를 거쳐 다음 각 호의 구분에 따라 국토교통부장관, 시·도지사 또는 시장·군수·구청장의 승인을 받아야 한다. 다만, 지방자치단체의 장이 승인을 신청하는 경우에는 관계 중앙행정기관의 장의 심사를 받지 아니한다.

1. 전국 단위의 전산 자료 : 국토교통부장관
2. 특별시·광역시·특별자치시·도·특별자치도(이하 "시·도"라 한다) 단위의 전산 자료 : 시·도지사 〈개정 2014.1.14.〉
3. 시·군 또는 구(자치구를 말한다. 이하 같다) 단위의 전산 자료 : 시장·군수·구청장 〈개정 2022.6.10.〉

③ 국토교통부장관, 시·도지사 또는 시장·군수·구청장이 제2항에 따른 승인신청을 받은 경우에는 건축허가 업무 등의 효율적인 처리에 지장이 없고 대통령령으로 정하는 건축주 등의 개인정보 보호기준을 위반하지 아니한다고 인정되는 경우에만 승인할 수

있다. 이 경우 용도를 한정하여 승인할 수 있다.
④ 제2항 및 제3항에도 불구하고 건축물의 소유자가 본인 소유의 건축물에 대한 소유 정보를 신청하거나 건축물의 소유자가 사망하여 그 상속인이 피상속인의 건축물에 대한 소유 정보를 신청하는 경우에는 승인 및 심사를 받지 아니할 수 있다. 〈신설 2017.10.24.〉

19. 전산자료의 이용자에 대한 지도·감독

法 제33조【전산자료의 이용자에 대한 지도·감독】① 국토교통부장관, 시·도지사 또는 시장·군수·구청장은 필요하다고 인정되면 전산자료의 보유 또는 관리 등에 관한 사항에 관하여 제32조에 따라 전산자료를 이용하는 자를 지도·감독할 수 있다.
② 제1항에 따른 지도·감독의 대상 및 절차 등에 관하여 필요한 사항은 대통령령으로 정한다.

令 제22조의3【전산자료의 이용자에 대한 지도·감독의 대상 등】① 법 제33조제1항에 따라 전산자료를 이용하는 자에 대하여 그 보유 또는 관리 등에 관한 사항을 지도·감독하는 대상은 다음 각 호의 구분에 따른 전산자료(다른 법령에 따라 제공받은 전산자료를 포함한다)를 이용하는 자로 한다. 다만, 국가 및 지방자치단체는 제외한다.
1. 국토교통부장관 : 연간 50만 건 이상 전국 단위의 전산자료를 이용하는 자
2. 시·도지사 : 연간 10만 건 이상 시·도 단위의 전산자료를 이용하는 자
3. 시장·군수·구청장 : 연간 5만 건 이상 시·군·구 단위의 전산자료를 이용하는 자
② 국토교통부장관, 시·도지사 또는 시장·군수·구청장은 법 제33조제1항에 따른 지도·감독을 위하여 필요한 경우에는 제1항에 따른 지도·감독 대상에 해당하는 자에 대하여 다음 각 호의 자료를 제출하도록 요구할 수 있다.
1. 전산자료의 이용실태에 관한 자료
2. 전산자료의 이용에 따른 안전관리대책에 관한 자료
③ 제2항에 따라 자료제출을 요구받은 자는 정당한 사유가 있는 경우를 제외하고는 15일 이내에 관련 자료를 제출하여야 한다.
④ 국토교통부장관, 시·도지사 또는 시장·군수·구청장은 법 제33조 제1항에 따라 전산자료의 이용실태에 관한 현지조사를 하려면 조사대상자에게 조사 목적·내용, 조사자의 인적사항, 조사 일시 등을 7일 전까지 알려야 한다. 〈개정 2019.8.6.〉
⑤ 국토교통부장관, 시·도지사 또는 시장·군수·구청장은 제4항에 따른 현지조사결과를 조사대상자에게 알려야 하며, 조사 결과 필요한 경우에는 시정을 요구할 수 있다.

20. 건축종합민원실

法 **제34조【건축종합민원실의 설치】**특별자치시장·특별자치도지사 또는 시장·군수·구청장은 대통령령으로 정하는 바에 따라 건축허가, 건축신고, 사용승인 등 건축과 관련된 민원을 종합적으로 접수하여 처리할 수 있는 민원실을 설치·운영하여야 한다. 〈개정 2014.1.14.〉

令 **제22조의4【건축에 관한 종합민원실】**① 법 제34조에 따라 특별자치시·특별자치도 또는 시·군·구에 설치하는 민원실은 다음 각 호의 업무를 처리한다.
〈개정 2014.10.14.〉

1. 법 제22조에 따른 사용승인에 관한 업무
2. 법 제27조제1항에 따라 건축사가 현장조사·검사 및 확인업무를 대행하는 건축물의 건축허가와 사용승인 및 임시사용승인에 관한 업무
3. 건축물대장의 작성 및 관리에 관한 업무
4. 복합민원의 처리에 관한 업무
5. 건축허가·건축신고 또는 용도변경에 관한 상담 업무
6. 건축관계자 사이의 분쟁에 대한 상담
7. 그 밖에 특별자치시장·특별자치도지사 또는 시장·군수·구청장이 주민의 편익을 위하여 필요하다고 인정하는 업무 〈개정 2014.10.14.〉

② 제1항에 따른 민원실은 민원인의 이용에 편리한 곳에 설치하고, 그 조직 및 기능에 관하여는 특별자치시·특별자치도 또는 시·군·구의 규칙으로 정한다. 〈개정 2014.10.14.〉

▣ 허가

1. 건축물을 특별시 또는 광역시에 건축하고자 하는 경우 특별시장 또는 광역시장의 허가를 받아야 하는 건축물의 용도·규모로 적합한 것은?

   가. 층수가 11층 이상이거나 연면적의 합계가 100,000㎡ 이상인 건축물
   나. 층수가 21층 이상이거나 연면적의 합계가 100,000㎡ 이상인 건축물
   다. 층수가 31층 이상이거나 연면적의 합계가 100,000㎡ 이상인 건축물
   라. 층수가 41층 이상이거나 연면적의 합계가 100,000㎡ 이상인 건축물

2. 건축허가신청에 필요한 기본설계도서 중 배치도에 표시 하여야 할 사항으로 옳지 아니한 것은?

   가. 주차장 규모　　나. 대지의 종·횡단면도
   다. 공개공지 및 조경계획　　라. 대지에 접한 도로의 길이 및 너비

   해설 주차장 규모는 건축계획서에 표시할 내용이며 배치도에는 주차동선 및 옥외주차계획을 표시한다.

3. 허가권자는 건축허가를 받은 자가 허가를 받은 날부터 일정한 기간 이내에 정당한 이유없이 공사에 착수하지 아니하거나 공사를 착수하였으나 공사의 완료가 불가능하다고 인정하는 경우에는 그 허가를 취소하여야 한다. 여기서 일정한 기간으로 적합한 것은?

   가. 3개월　　나. 6개월
   다. 1년　　라. 2년

4. 건축위원회 심의 효력을 상실하지 않기 위해서는 심의 결과를 통지 받은 날부터 얼마 이내에 건축허가를 신청하여야 하는가?

   가. 6개월 이내　　나. 1년 이내
   다. 2년 이내　　라. 3년 이내

해답 1-나, 2-가, 3-다, 4-다

▣ 신고

5. 허가대상건축물이라 하더라도 미리 시장·군수·구청장에게 신고함으로써 건축허가를 받은 것으로 보는 경우가 아닌 것은?
   가. 바닥면적의 합계가 85m² 이내의 증축·개축 또는 재축
   나. 농·어업을 영위하기 위하여 필요한 읍·면지역에서 건축하는 연면적의 합계가 200m²이하인 창고의 건축 또는 대수선
   다. 건축물의 높이를 4m 이하의 범위 안에서 증축하는 건축물
   라. 표준설계도서에 의하여 건축하는 건축물로서 그 용도·규모가 주위환경·미관상 지장이 없다고 인정하여 건축조례로 정하는 건축물

6. 읍·면 지역에서 건축신고만으로 건축할 수 없는 것은?
   가. 연면적의 합계가 200m² 이하인 주택
   나. 연면적이 200m² 이하인 창고
   다. 연면적이 400m² 이하인 축사
   라. 연면적이 400m² 이하인 작물재배사

7. 다음 중 건축신고만으로 건축할 수 있는 것은?
   가. 연면적 100m²인 2층 건축물의 대수선
   나. 바닥면적의 합계 100m²로 증축하는 건축물
   다. 바닥면적의 합계 100m²로 개축하는 건축물
   라. 연면적의 합계 500m²인 축사

▣ 허가·신고사항의 변경

8. 건축물의 설계변경 사항을 사용승인시 일괄하여 신고할 수 있는 대상기준에서 틀린 것은?
   가. 변경되는 부분의 바닥면적의 합계가 40m² 이하이거나 연면적 합계의 10분의 1 이하인 경우
   나. 동일 층수로서 변경되는 부분의 높이가 1m 이하이거나 전체높이의 10분의 1 이하인 경우
   다. 대수선에 해당하는 경우
   라. 변경되는 부분의 위치가 1m 이하인 경우

▣ 허가제한

9. 다음 중 건축허가 제한의 조건에 관한 설명 중 틀린 것은?
   가. 제한목적을 상세히 할 것
   나. 제한기간을 2년 이내로 하되, 제한기간의 연장은 1회에 한하여 1년 이내로 할 것

해답 5-다, 6-가, 7-가, 8-가, 9-다

다. 대상 건축물의 구조방식을 상세히 할 것
라. 대상구역의 위치, 면적, 구역경계 등 필요한 사항을 상세히 할 것

▣ 용도변경

10. 용도변경을 위한 시설군의 분류에 속하지 아니하는 것은?
가. 문화집회시설군 나. 영업시설군
다. 의료시설군 라. 산업 등 시설군

▣ 가설건축물

11. 도시·군계획시설 또는 도시·군계획시설 예정지에서 건축을 허가할 수 있는 가설건축물의 기준 중 가장 적합한 것은?
가. 철골콘크리트조 또는 철골철근콘크리트조일 것
나. 존치기간은 5년 이내일 것(단, 도시·군계획사업이 시행될 때까지 그 기간을 연장할 수 있다)
다. 5층 이하일 것
라. 전기·수도·가스 등 새로운 간선공급설비의 설치를 필요로 하지 아니할 것

12. 다음은 가설건축물을 축조하고자 하는 자가 그 건축물의 존치기간을 정하여 시장·군수·구청장에게 신고하여야 하는 것들이다. 이 중 가장 부적합한 것은?
가. 조립식 구조로 된 경비용에 쓰이는 가설건축물로서 연면적이 10㎡ 이하인 것
나. 조립식 구조로 된 외벽이 있는 자동차 차고
다. 컨테이너 또는 이와 유사한 것으로 된 임시사무실·임시창고 또는 임시숙소
라. 간이축사용 비닐하우스로서 연면적이 100㎡ 이상인 것

13. 피해복구를 위한 가설건축물의 존치기간이 만료되어 연장하려는 건축주는 존치기간 만료 얼마 전까지 신고하여야 하는가?
가. 7일전 나. 14일전
다. 20일전 라. 30일전

▣ 착공신고

14. 건축법상 착공신고시 흙막이 구조 도면을 제출해야 되는 기준은?
가. 지하 2층 이상의 지하층을 설치하는 경우
나. 지하 3층 이상의 지하층을 설치하는 경우
다. 지하 4층 이상의 지하층을 설치하는 경우
라. 지하 5층 이상의 지하층을 설치하는 경우

해답 10-다, 11-라, 12-나, 13-가, 14-가

▣ 사용승인

15. 건축허가 또는 신고사항의 변경에서 대통령령이 정하는 사항 중 사용승인을 신청할 때 일괄하여 신고할 수 없는 것은?
    가. 변경되는 부분의 위치가 2m 이하인 경우
    나. 대수선에 해당하는 경우
    다. 변경되는 부분의 바닥면적의 합계가 50㎡ 이하인 경우
    라. 변경되는 부분의 높이가 1m 이하이거나 전체 높이의 10분의1 이하인 경우

16. 건축물의 사용승인에 관한 다음 설명으로 가장 적합한 것은?
    가. 시장·군수·구청장은 사용승인신청을 받은 경우에는 그 신청서를 접수한 날부터 5일 이내에 건축주에게 사용승인서를 교부하여야 한다.
    나. 시장·군수·구청장은 공사감리자를 지정하지 아니한 건축물에 대한 사용승인신청을 받은 때에는 당해 신청을 접수한 날부터 5일 이내에 사용승인을 위한 검사를 하여야 한다.
    다. 건축주가 시장·군수·구청장으로부터 사용승인을 얻은 경우에는 오수정화시설 또는 정화조의 준공검사를 받거나 등록신청을 한 것으로 본다.
    라. 시장·군수·구청장이 건축주에게 임시사용의 승인을 할 경우 임시사용기간은 1년 이내로 한다.

▣ 설계

17. 다음은 건축사가 아니면 건축물의 설계를 할 수 없는 사항을 기술한 것이다. 가장 부적합한 것은?
    가. 건축허가를 받아야 하는 건축물
    나. 공사용 가설건축물
    다. 건축신고를 하여야 하는 건축물
    라. 주택법에 따라 리모델링을 하는 건축물

▣ 감리

18. 공사감리자는 감리일지를 기록·유지하여야 하며, 공사의 공정이 일정한 진도에 다다른 때에는 감리중간보고서를 작성하여 건축주에게 제출하여야 한다. 다음 중 위의 일정한 진도로 가장 부적합한 것은?
    가. 철근콘크리트조인 경우에는 기초공사시 철근배치를 완료한 때
    나. 철골철근콘크리트조인 경우에는 지붕슬래브 배근을 완료한 때
    다. 철근콘크리트조인 경우에는 5층 이상 건축물인 경우 1개층마다 바닥슬래브 배근을 완료한 때
    라. 목조인 경우에는 기초공사에 있어 거푸집 또는 주춧돌의 설치를 완료한 때

19. 공사감리자가 필요하다고 인정할 경우 공사시공자로 하여금 상세시공도면을 작성하도록 요청할 수 있는 건축물의 규모기준 중 가장 적합한 것은?
    가. 연면적의 합계가 1,000㎡ 이상인 건축공사

해답 15-가, 16-다, 17-나, 18-다, 19-다

나. 연면적의 합계가 3,000m^2 이상인 건축공사
다. 연면적의 합계가 5,000m^2 이상인 건축공사
라. 연면적의 합계가 10,000m^2 이상인 건축공사

▣ 허용오차

20. 건축물 관련 건축기준의 허용오차 범위가 가장 낮은 항목은?

가. 건축물 높이 　　나. 용적률
다. 평면길이 　　라. 바닥판 두께

21. 건축물 관련 건축기준의 허용오차의 범위가 2% 이내가 아닌 것은?

가. 반자높이 　　나. 출구너비
다. 벽체두께 　　라. 평면길이

해설 벽체두께, 바닥판두께의 허용오차는 3% 이내이다.

22. 건축물의 시공과정에서 건축물의 높이가 100m일 때 허용되는 높이 오차의 한계는 몇 m 이내인가?

가. 50cm 　　나. 1.0m
다. 1.5m 　　라. 2.0m

23. 용적률의 기준에서 연면적이 10,000m^2일 때 건축기준의 허용오차는 몇 m^2까지인가?

가. 10m^2 　　나. 20m^2
다. 30m^2 　　라. 50m^2

24. 다음 건축허용오차에 관한 설명으로 가장 부적합한 것은?

가. 건폐율은 1% 이내(건축면적 5m^2를 초과할 수 없다)
나. 용적률은 1% 이내(연면적 30m^2를 초과할 수 없다)
다. 건축물 높이는 2% 이내(1m를 초과할 수 없다)
라. 평면길이는 2% 이내(건축물 전체길이는 1m를 초과할 수 없다)

해답 20-나, 21-다, 22-나, 23-다, 24-가

제5장

건축물의 구조 및 재료 등

1. 구조내력 및 건축물 내진 – 구조 안전의 확인

法 **제48조【구조내력 등】**① 건축물은 고정하중, 적재하중(積載荷重), 적설하중(積雪荷重), 풍압(風壓), 지진, 그 밖의 진동 및 충격 등에 대하여 안전한 구조를 가져야 한다.

② 제11조제1항에 따른 건축물을 건축하거나 대수선하는 경우에는 대통령령으로 정하는 바에 따라 구조의 안전을 확인하여야 한다.

③ 지방자치단체의 장은 제2항에 따른 구조 안전 확인 대상 건축물에 대하여 허가 등을 하는 경우 내진(耐震)성능 확보 여부를 확인하여야 한다.

④ 제1항에 따른 구조내력의 기준과 구조 계산의 방법 등에 관하여 필요한 사항은 국토교통부령으로 정한다. 〈개정 2015.1.6.〉

法 **제48조의2【건축물 내진등급의 설정】**① 국토교통부장관은 지진으로부터 건축물의 구조 안전을 확보하기 위하여 건축물의 용도, 규모 및 설계구조의 중요도에 따라 내진등급(耐震等級)을 설정하여야 한다.

② 제1항에 따른 내진등급을 설정하기 위한 내진등급기준 등 필요한 사항은 국토교통부령으로 정한다.

〈본조 신설 2013.7.16.〉

法 **제48조의3【건축물 내진능력 공개】**① 다음 각 호의 어느 하나에 해당하는 건축물을 건축하고자 하는 자는 제 22조에 따른 사용승인을 받는 즉시 건축물이 지진 발생 시에 견딜 수 있는 능력(이하 "내진능력"이라 한다)을 공개하여야 한다. 다만, 제 48조 제 2항에 따른 구조안전 확인 대상 건축물이 아니거나 내진능력 산정이 곤란한 건축물로서 대통령령으로 정하는 건축물은 공개하지 아니한다. 〈단서 신설 2017.12.26.〉

1. <u>층수가 2층〈주요구조부인 기둥과 보를 설치하는 건축물로서 그 기둥과 보가 목재인 목구조 건축물(이하 "목구조 건축물"이라 한다)의 경우에는 3층〉 이상</u>인 건축물 〈개정

2017.12.26.〉

2. 연면적이 200제곱미터(목구조 건축물의 경우에는 500제곱미터) 이상인 건축물〈개정 2017.12.26.〉

3. 그 밖에 건축물의 규모와 중요도를 고려하여 대통령령으로 정하는 건축물

② 제 1항의 내진능력의 산정 기준과 공개 방법 등 세부사항은 국토교통부령으로 정한다. 〈본조 신설 2016.1.19.〉

法 제48조의4【부속구조물의 설치 및 관리】건축관계자, 소유자 및 관리자는 건축물의 부속구조물의 설계·시공 및 유지·관리 등을 고려하여 국토교통부령으로 정하는 기준에 따라 설치·관리하여야 한다. 〈본조 신설 2016.2.3.〉

令 제32조【구조 안전의 확인】① 법 제48조제2항에 따라 법 제11조 제1항에 따른 건축물을 건축하거나 대수선하는 경우 해당 건축물의 설계자는 국토교통부령으로 정하는 구조기준 등에 따라 그 구조의 안전을 확인하여야 한다.

② 제1항에 따라 구조 안전을 확인한 건축물 중 다음 각 호의 어느 하나에 해당하는 건축물의 **건축주는** 해당 건축물의 설계자로부터 구조 안전의 확인 서류를 받아 법 제21조에 따른 착공신고를 하는 때에 그 확인 서류를 **허가권자에게** 제출하여야 한다. 다만, 표준설계도서에 따라 건축하는 건축물은 제외한다. 〈단서 신설 2018.12.4.〉

1. 층수가 **2층**〈주요구조부인 기둥과 보를 설치하는 건축물로서 그 기둥과 보가 목재인 목구조 건축물(이하 "목구조 건축물"이라 한다)의 경우에는 3층〉 **이상**인 건축물 〈개정 2017.10.24.〉

2. 연면적이 **200 제곱미터(목구조 건축물의 경우에는 500제곱미터) 이상**인 건축물. 다만, 창고, 축사, 작물 재배사는 제외한다.〈개정 2018.12.4.〉

3. 높이가 **13미터 이상**인 건축물

4. **처마높이가 9미터 이상**인 건축물

5. 기둥과 기둥 사이의 거리가 **10미터 이상**인 건축물

6. 건축물의 용도 및 규모를 고려한 중요도가 높은 건축물로서 국토교통부령으로 정하는 건축물 〈개정 2017.10.24.〉

7. 국가적 **문화유산**으로 보존할 가치가 있는 건축물로서 국토교통부령으로 정하는 것

8. 제2조 제18호 가목 및 다목의 건축물

9. 별표1 제1호의 단독주택 및 같은 표 제2호의 공동주택 〈본호 신설 2017.10.24〉

③ 제6조 제1항 제6호 다목에 따라 기존 건축물을 건축 또는 대수선하려는 건축주는 법 제5조 제1항에 따라 적용의 완화를 요청할 때 구조 안전의 확인 서류를 허가권자에게 제출하여야 한다. 〈본항 신설 2017.2.3.〉

슈 **제32조의 2【건축물의 내진능력 공개】**① 법 제48조의 3 제1항 각 호 외의 단서에서 "대통령령으로 정하는 건축물"이란 다음 각 호의 어느 하나에 해당하는 건축물을 말한다.

1. 창고, 축사, 작물 재배사 및 표준설계도서에 따라 건축하는 건축물로서 제 32조 제 2항 제 1호 및 제 3호부터 제 9호까지의 어느 하나에도 해당하지 아니하는 건축물
2. 제 32조 제 1항에 따른 구조 기준 중 국토교통부령으로 정하는 소규모건축기준을 적용한 건축물

② 법 제 48조의 3 제1항 제3호에서 "대통령령으로 정하는 건축물"이란 제 32조 제 2항 제 3호부터 제 9호까지의 어느 하나에 해당하는 건축물을 말한다.
〈본조 신설 2018.6.26.〉

해설 건축주가 해당 건축물의 설계자로부터 구조 안전의 확인 서류를 받아 착공신고 시 확인 서류를 허가권자에게 제출하여야 하는 건축물

1. 층수	2층〈주요구조부인 기둥과 보를 설치하는 건축물로서 그 기둥과 보가 목재인 목구조 건축물(이하 "목구조 건축물"이라 한다)의 경우에는 3층〉 이상인 건축물
2. 연면적	200㎡(목구조 건축물의 경우에는 500㎡) 이상인 건축물(다만, 창고, 축사, 작물 재배사 및 표준설계도서에 따라 건축하는 건축물은 제외)
3. 높이	13m 이상인 건축물
4. 처마높이	9m 이상인 건축물
5. 기둥과 기둥 사이의 거리	10m 이상인 건축물
6. 건축물의 용도 및 규모를 고려한 중요도가 높은 건축물로서 국토교통부령으로 정하는 건축물	
7. 국가적 문화유산으로 보존할 가치가 있는 건축물로서 국토교통부령으로 정하는 것	
8. 건축법시행령 제2조 제18호 가목 및 다목의 건축물	
9. 별표1 제1호의 단독주택 및 같은 표 제2호의 공동주택	

해설 건축물 내진등급의 설정(법 제48조의2)

전 세계적으로 빈번히 발생하고 있는 대규모 지진피해에 대비하기 위하여 건축물의 용도, 규모 및 설계구조의 중요도에 따라 내진등급을 설정하도록 한 것이다.

해설 관계전문기술자의 협력(영 제91조의 3①)

제91조의3【관계전문기술자와의 협력】다음 각 호의 어느 하나에 해당하는 건축물의 설계자는 제32조 제 1항에 따라 해당 건축물에 대한 구조의 안전을 확인하는 경우에

는 건축구조기술사의 협력을 받아야 한다.

1. 6층 이상인 건축물
2. 특수구조 건축물
3. 다중이용 건축물
4. 준다중이용 건축물
5. 제 32조 제 2항 제 6호에 해당하는 건축물 중 국토교통부령으로 정하는 건축물 〈개정 2015.9.22.〉

해설 건축법 시행령 제 2조 제 18호(가목 및 다목의 건축물)

18. "특수구조 건축물"이란 다음 각 목의 어느 하나에 해당하는 건축물을 말한다.
    가. 한쪽 끝은 고정되고 다른 끝은 지지(支持)되지 아니한 구조로 된 보·차양 등이 외벽의 중심선으로부터 3미터 이상 돌출된 건축물
    다. 특수한 설계·시공·공법 등이 필요한 건축물로서 국토교통부장관이 정하여 고시하는 구조로 된 건축물〈본호 신설 2014.11.28.〉

2. 건축물의 피난시설·용도제한 등 – 직통계단의 설치

法 **제49조【건축물의 피난시설 및 용도제한 등】**① 대통령령으로 정하는 용도 및 규모의 건축물과 그 대지에는 국토교통부령으로 정하는 바에 따라 복도, 계단, 출입구, 그 밖의 피난시설과 저수조(貯水槽), 대지 안의 피난과 소화에 필요한 통로를 설치하여야 한다.〈개정 2018.4.17.〉

② 대통령령으로 정하는 용도 및 규모의 건축물의 안전·위생 및 방화(防火) 등을 위하여 필요한 용도 및 구조의 제한, 방화구획(防火區劃), 화장실의 구조, 계단·출입구, 거실의 반자 높이, 거실의 채광·환기, 배연설비와 바닥의 방습 등에 관하여 필요한 사항은 국토교통부령으로 정한다. 다만, 대규모 창고시설 등 대통령령으로 정하는 용도 및 규모의 건축물에 대해서는 방화구획 등 화재안전에 필요한 사항을 국토교통부령으로 별도로 정할 수 있다. 〈개정 2021.10.19.〉

③ 대통령령으로 정하는 건축물은 국토교통부령으로 정하는 기준에 따라 소방관이 진입할 수 있는 창을 설치하고, 외부에서 주야간에 식별할 수 있는 표시를 하여야 한다. 〈본항 신설 2019.4.23.〉

④ 대통령령으로 정하는 용도 및 규모의 건축물에 대하여 가구·세대 등 간(間) 소음 방지를 위하여 국토교통부령으로 정하는 바에 따라 경계벽 및 바닥을 설치하여야 한다.〈개정 2014.5.28.〉

⑤ 「자연재해대책법」 제12조 제1항에 따른 자연재해위험개선지구 중 침수위험지구에 국가·지방자치단체 또는 「공공기관의 운영에 관한 법률」 제4조 제1항에 따른 공공기

관이 건축하는 건축물은 침수 방지 및 방수를 위하여 다음 각 호의 기준에 따라야 한다.
1. 건축물의 1층 전체를 필로티(건축물을 사용하기 위한 경비실, 계단실, 승강기실, 그 밖에 이와 비슷한 것을 포함한다) 구조로 할 것
2. 국토교통부령으로 정하는 침수 방지시설을 설치할 것 〈신설 2015.1.6.〉

해설 법 제 49조의 제 2항의 개정과 제 49조 제 3항의 신설 이유 : 일정한 용도 및 규모의 건축물의 배연설비 설치에 관한 법적 근거와 일정한 건축물에 소방관이 진입가능한 창의 설치 및 외부에서 주·야간 식별가능한 표시 의무를 규정한 것이다.

슈 제34조【직통계단의 설치】① 건축물의 피난층(직접 지상으로 통하는 출입구가 있는 층 및 제3항에 따른 초고층 건축물의 피난안전구역을 말한다. 이하 같다) 외의 층에서는 피난층 또는 지상으로 통하는 직통계단(경사로를 포함한다. 이하 같다)을 거실의 각 부분으로부터 계단(거실로부터 가장 가까운 거리에 있는 1개소의 계단을 말한다)에 이르는 보행거리가 **30미터 이하**가 되도록 설치해야 한다. 다만, 건축물(지하층에 설치하는 것으로서 바닥면적의 합계가 300제곱미터 이상인 공연장·집회장·관람장 및 전시장은 제외한다)의 주요구조부가 내화구조 또는 불연재료로 된 건축물은 그 보행거리가 **50미터**(층수가 16층 이상인 공동주택의 경우 16층 이상인 층에 대해서는 40미터) **이하**가 되도록 설치할 수 있으며, 자동화 생산시설에 스프링클러 등 자동식 소화설비를 설치한 공장으로서 국토교통부령으로 정하는 공장인 경우에는 그 보행거리가 **75미터**(무인화 공장인 경우에는 100미터) **이하**가 되도록 설치할 수 있다. 〈개정 2020.10.8.〉
② 법 제49조제1항에 따라 피난층 외의 층이 다음 각 호의 어느 하나에 해당하는 용도 및 규모의 건축물에는 국토교통부령으로 정하는 기준에 따라 피난층 또는 지상으로 통하는 직통계단을 **2개소 이상** 설치하여야 한다.
1. 제2종 근린생활시설 중 공연장·종교집회장, 문화 및 집회시설(전시장 및 동·식물원은 제외한다), 종교시설, 위락시설 중 주점영업 또는 장례시설의 용도로 쓰는 층으로서 그 층에서 해당 용도로 쓰는 바닥면적의 합계가 **200제곱미터**(제2종 근린생활시설 중 공연장·종교집회장은 각각 300제곱미터) **이상**인 것 〈개정 2017.2.3.〉
2. 단독주택 중 다중주택·다가구주택, 제 1종 근린생활시설 중 정신과의원(입원실이 있는 경우로 한정한다), 제2종 근린생활시설 중 인터넷 컴퓨터 게임시설 제공업소(해당 용도로 쓰는 바닥면적의 합계가 300제곱미터 이상인 경우만 해당한다) 학원·독서실, 판매시설, 운수시설(여객용 시설만 해당한다), 의료시설(입원실이 없는 치과병원은 제외한다), 교육연구시설 중 학원, 노유자시설 중 아동 관련 시설·노인복지시설·장애인 거주시설(「장애인복지법」 제58조 제1항 제1호에 따른 장애인 거주시설 중 국토교통부령으로 정하는 시설을 말한다. 이하 같다) 및 「장애인 복지법」 제 58조 제 1항

제 4호에 따른 장애인 의료재활시설(이하 "장애인 의료재활시설"이라 한다), 수련시설 중 유스호스텔 또는 숙박시설의 용도로 쓰는 **3층 이상의 층으로서** 그 층의 해당 용도로 쓰는 거실의 바닥면적의 합계가 **200제곱미터 이상**인 것〈개정 2014.9.22.〉

3. 공동주택(층당 4세대 이하인 것은 제외한다) 또는 업무시설 중 오피스텔의 용도로 쓰는 층으로서 그 층의 해당 용도로 쓰는 거실의 바닥면적의 합계가 **300제곱미터 이상**인 것

4. 제1호부터 제3호까지의 용도로 쓰지 아니하는 **3층 이상의 층으로서** 그 층 거실의 바닥면적의 합계가 **400제곱미터 이상**인 것

5. **지하층으로서** 그 층 거실의 바닥면적의 합계가 **200제곱미터 이상**인 것

防規 제8조【직통계단의 설치기준】① 영 제34조제1항 단서에서 "국토교통부령으로 정하는 공장"이란 반도체 및 디스플레이 패널을 제조하는 공장을 말한다.

② 영 제34조 제2항에 따라 2개소 이상의 직통계단을 설치하는 경우 다음 각 호의 기준에 적합해야 한다.

1. 가장 멀리 위치한 직통계단 2개소의 출입구 간의 가장 가까운 직선거리(직통계단 간을 연결하는 복도가 건축물의 다른 부분과 방화구획으로 구획된 경우 출입구 간의 가장 가까운 보행거리를 말한다)는 건축물 평면의 최대 대각선 거리의 2분의 1 이상으로 할 것. 다만, 스프링클러 또는 그 밖에 이와 비슷한 자동식 소화설비를 설치한 경우에는 3분의 1 이상으로 한다.

2. 각 직통계단 간에는 각각 거실과 연결된 복도 등 통로를 설치할 것 〈본항 개정 2019.8.6.〉

해설 **防規 제8조【직통계단의 설치기준】②**

하나의 층에 2개소 이상의 직통계단을 설치하는 경우 각각의 직통계단에서 가장 멀리 위치한 출입구 간의 가장 가까운 직선거리 등은 건축물 평면의 최대 대각선 거리의 2분의 1 이상 등으로 하도록 하여 화재 시 원활한 피난이 이루어질 수 있도록 하였다.

해설 피난층 및 보행거리의 정의

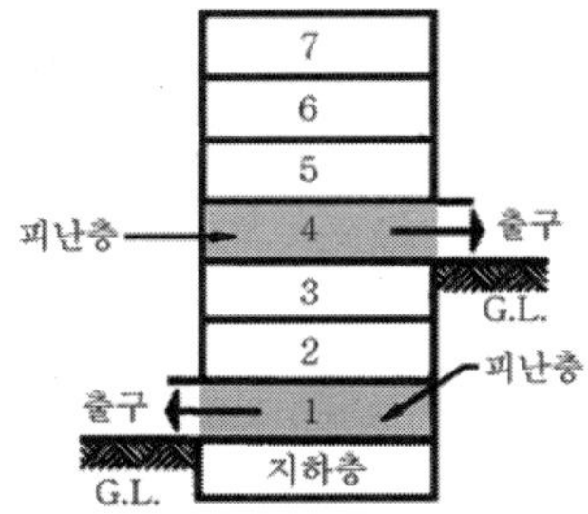

피난층 : 직접 지상으로 통하는 출입구가 있는 층

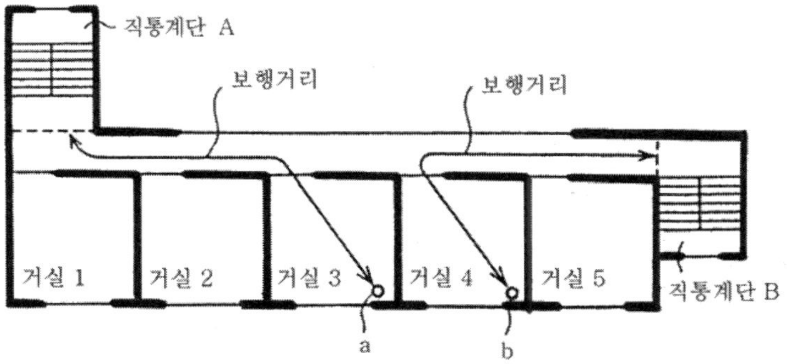

보행거리 : 가장 가까운 계단까지의 피난거리

해설 피난층 또는 지상으로 통하는 직통계단(경사로 포함)

구 분	일반적	주요구조부가 내화구조 또는 불연재료로 된 건축물	자동화 생산시설에 스프링클러 등 자동식 소화설비를 설치한 반도체 및 디스플레이 패널 제조공장
거실의 각 부분으로부터 계단(거실로부터 가장 가까운 거리에 있는 계단)에 이르는 보행거리	30m 이하	50m(층수가 16층 이상 공동주택은 40m)이하	75미터(무인화 공장인 경우 100미터) 이하

3. 고층건축물의 피난 및 안전관리 – 피난안전구역의 설치

法 **제50조의 2【고층건축물의 피난 및 안전관리】**① 고층건축물에는 대통령령으로 정하는 바에 따라 피난안전구역을 설치하거나 대피공간을 확보한 계단을 설치하여야 한다. 이 경우 피난안전구역의 설치 기준, 계단의 설치 기준과 구조 등에 관하여 필요한 사항은 국토교통부령으로 정한다.

② 고층건축물에 설치된 피난안전구역·피난시설 또는 대피공간에는 국토교통부령으로 정하는 바에 따라 화재 등의 경우에 피난 용도로 사용되는 것임을 표시하여야 한다. 〈신설 2015.1.6.〉

③ 고층건축물의 화재예방 및 피해경감을 위하여 국토교통부령으로 정하는 바에 따라 제48조부터 제50조까지의 기준을 강화하여 적용할 수 있다. 〈개정 2018.4.17.〉

슈 제34조【직통계단의 설치】- 계속

③ 초고층 건축물에는 피난층 또는 지상으로 통하는 직통계단과 직접 연결되는 피난안전구역(건축물의 피난·안전을 위하여 건축물 중간층에 설치하는 대피공간을 말한다. 이하 같다)을 지상층으로부터 **최대 30개 층마다 1개소 이상** 설치하여야 한다. 〈개정 2011.12.30.〉

④ 준초고층 건축물에는 피난층 또는 지상으로 통하는 직통계단과 직접 연결되는 피난안전구역을 해당 건축물 **전체 층수의 2분의 1에 해당하는 층으로부터 상하 5개층 이내에 1개소 이상 설치**하여야 한다. 다만, 국토교통부령으로 정하는 기준에 따라 피난층 또는 지상으로 통하는 직통계단을 설치하는 경우에는 그러하지 아니하다.

⑤ 제3항 및 제4항에 따른 피난안전구역의 규모와 설치기준은 국토교통부령으로 정한다. 〈개정 2011.12.30.〉

防規 제8조의2【피난안전구역의 설치기준】① 영 제34조제3항 및 제4항에 따라 설치하는 피난안전구역(이하 "피난안전구역"이라 한다)은 해당 건축물의 1개층을 대피공간으로 하며, 대피에 장애가 되지 아니하는 범위에서 기계실, 보일러실, 전기실 등 건축설비를 설치하기 위한 공간과 같은 층에 설치할 수 있다. 이 경우 피난안전구역은 건축설비가 설치되는 공간과 내화구조로 구획하여야 한다. 〈개정 2012.1.6.〉

② 피난안전구역에 연결되는 특별피난계단은 피난안전구역을 거쳐서 상·하층으로 갈 수 있는 구조로 설치하여야 한다.

③ **피난안전구역의 구조 및 설비**는 다음 각 호의 기준에 적합하여야 한다. 〈개정 2012.1.6.〉

1. 피난안전구역의 바로 아래층 및 위층은 「녹색건축물 조성 지원법」 제15조제1항에 따라 국토교통부장관이 정하여 고시한 기준에 적합한 단열재를 설치할 것. 이 경우 아래층은 최상층에 있는 거실의 반자 또는 지붕 기준을 준용하고, 위층은 최하층에 있는 거실의 바닥 기준을 준용할 것 〈개정 2019.8.6.〉
2. 피난안전구역의 내부마감재료는 불연재료로 설치할 것
3. 건축물의 내부에서 피난안전구역으로 통하는 계단은 특별피난계단의 구조로 설치할 것
4. 비상용 승강기는 피난안전구역에서 승하차 할 수 있는 구조로 설치할 것
5. 피난안전구역에는 식수공급을 위한 급수전을 1개소 이상 설치하고 예비전원에 의한 조명설비를 설치할 것
6. 관리사무소 또는 방재센터 등과 긴급연락이 가능한 경보 및 통신시설을 설치할 것
7. 별표 1의2에서 정하는 기준에 따라 산정한 면적 이상일 것
8. 피난안전구역의 높이는 2.1미터 이상일 것
9. 「건축물의 설비기준 등에 관한 규칙」 제14조에 따른 배연설비를 설치할 것
10. 그 밖에 행정안전부장관이 정하는 소방 등 재난관리를 위한 설비를 갖출 것

[별표 1의2] 〈신설 2012.1.6.〉

피난안전구역의 면적 산정기준(제8조의2제3항제7호 관련)

1. 피난안전구역의 면적은 다음 산식에 따라 산정한다.
   (피난안전구역 윗층의 재실자 수 × 0.5) × 0.28㎡
   가. 피난안전구역 윗층의 재실자 수는 해당 피난안전구역과 다음 피난안전구역 사이의 용도별 바닥면적을 사용 형태별 재실자 밀도로 나눈 값의 합계를 말한다. 다만, 문화·집회용도 중 벤치형 좌석을 사용하는 공간과 고정좌석을 사용하는 공간은 다음의 구분에 따라 피난안전구역 윗층의 재실자 수를 산정한다.
      1) 벤치형 좌석을 사용하는 공간 : 좌석길이 / 45.5cm
      2) 고정좌석을 사용하는 공간 : 휠체어 공간 수 + 고정좌석 수
   나. 피난안전구역 설치 대상 건축물의 용도에 따른 사용 형태별 재실자 밀도는 다음 표와 같다.

용 도	사용 형태별		재실자 밀도
문화·집회	고정좌석을 사용하지 않는 공간		0.45
	고정좌석이 아닌 의자를 사용하는 공간		1.29
	벤치형 좌석을 사용하는 공간		–
	고정좌석을 사용하는 공간		–
	무대		1.40
	게임제공업 등의 공간		1.02
운동	운동시설		4.60
교육	도서관	서고	9.30
		열람실	4.60
	학교 및 학원	교실	1.90
보육	보호시설		3.30
의료	입원치료구역		22.3
	수면구역		11.1
교정	교정시설 및 보호관찰소 등		11.1
주거	호텔 등 숙박시설		18.6
	공동주택		18.6
업무	업무시설, 운수시설 및 관련 시설		9.30
판매	지하층 및 1층		2.80
	그 외의 층		5.60
	배송공간		27.9
저장	창고, 자동차 관련 시설		46.5
산업	공장		9.30
	제조업 시설		18.6

※ 계단실, 승강로, 복도 및 화장실은 사용 형태별 재실자 밀도의 산정에서 제외하고, 취사장·조리장의 사용 형태별 재실자 밀도는 9.30으로 본다.

2. 피난안전구역 설치 대상 용도에 대한 「건축법 시행령」 별표 1에 따른 용도별 건축물의 종류는 다음 표와 같다.

용 도	용도별 건축물
문화·집회	문화 및 집회시설(공연장·집회장·관람장·전시장만 해당한다), 종교시설, 위락시설, 제1종 근린생활시설 및 제2종 근린생활시설 중 휴게음식점·제과점·일반음식점 등 음식·음료를 제공하는 시설, 제2종 근린생활시설 중 공연장·종교집회장·게임제공업 시설, 그 밖에 이와 비슷한 문화·집회시설
운동	운동시설, 제1종 근린생활시설 및 제2종 근린생활시설 중 운동시설
교육	교육연구시설, 수련시설, 자동차 관련 시설 중 운전학원 및 정비학원, 제2종 근린생활시설 중 학원·직업훈련소·독서실, 그 밖에 이와 비슷한 교육시설
보육	노유자시설, 제1종 근린생활시설 중 지역아동센터
의료	의료시설, 제1종 근린생활시설 중 의원, 치과의원, 한의원, 침술원, 접골원(接骨院), 조산원 및 안마원
교정	교정 및 군사시설
주거	공동주택 및 숙박시설
업무	업무시설, 운수시설, 제1종 근린생활시설과 제2종 근린생활시설 중 지역자치센터·파출소·사무소·이용원·미용원·목욕장·세탁소·기원·사진관·표구점, 그 밖에 이와 비슷한 업무시설
판매	판매시설(게임제공업 시설 등은 제외한다), 제1종 근린생활시설 중 수퍼마켓과 일용품 등의 소매점
저장	창고시설, 자동차 관련 시설(운전학원 및 정비학원은 제외한다)
산업	공장, 제2종 근린생활시설 중 제조업 시설

3-1. 피난계단의 설치 등 – 피난계단 및 특별피난계단의 구조

令 제35조【피난계단의 설치】① 법 제49조제1항에 따라 **5층 이상 또는 지하 2층 이하인 층에 설치하는 직통계단은** 국토교통부령으로 정하는 기준에 따라 **피난계단 또는 특별피난계단으로 설치**하여야 한다. 다만, 건축물의 주요구조부가 내화구조 또는 불연재료로 되어 있는 경우로서 다음 각 호의 어느 하나에 해당하는 경우에는 그러하지 아니하다.

1. 5층 이상인 층의 바닥면적의 합계가 200제곱미터 이하인 경우
2. 5층 이상인 층의 바닥면적 200제곱미터 이내마다 방화구획이 되어 있는 경우

② 건축물(갓복도식 공동주택은 제외한다)의 **11층**(공동주택의 경우에는 16층) **이상인 층**(바닥면적이 400제곱미터 미만인 층은 제외한다) 또는 **지하 3층 이하인 층**(바닥면적이 400제곱미터미만인 층은 제외한다)으로부터 피난층 또는 지상으로 통하는 직통계단은 제1항에도 불구하고 **특별피난계단**으로 설치하여야 한다.

③ 제1항에서 **판매시설**의 용도로 쓰는 층으로부터의 직통계단은 그 중 1개소 이상을 **특별피난계단**으로 설치하여야 한다.

④ 삭제 〈1995.12.30.〉

⑤ 건축물의 **5층 이상인 층으로서** 문화 및 집회시설 중 전시장 또는 동·식물원, 판매시설, 운수시설(여객용 시설만 해당한다), 운동시설, 위락시설, 관광휴게시설(다중이 이용하는 시설만 해당한다) 또는 수련시설 중 생활권 수련시설의 용도로 쓰는 층에는 제34조에 따른 직통계단 외에 그 층의 해당 용도로 쓰는 **바닥면적의 합계가 2천 제곱미터를 넘는 경우에는 그 넘는 2천 제곱미터 이내마다** 1개소의 **피난계단 또는 특별피난계단**(4층 이하의 층에는 쓰지 아니하는 피난계단 또는 특별피난계단만 해당한다)을 설치하여야 한다.

令 제36조【옥외 피난계단의 설치】건축물의 **3층 이상인 층**(피난층은 제외한다)으로서 다음 각 호의 어느 하나에 해당하는 용도로 쓰는 층에는 제34조에 따른 직통계단 외에 그 층으로부터 지상으로 통하는 **옥외피난계단**을 따로 설치하여야 한다.

1. 제2종 근린생활시설 중 **공연장**(해당 용도로 쓰는 바닥면적의 합계가 300제곱미터 이상인 경우만 해당한다), 문화 및 집회시설 중 **공연장**이나 위락시설 중 **주점영업**의 용도로 쓰는 층으로서 그 층 거실의 바닥면적의 합계가 **300제곱미터 이상**인 것 〈개정 2014.3.24.〉
2. 문화 및 집회시설 중 **집회장**의 용도로 쓰는 층으로서 그 층 거실의 바닥면적의 합계가 **1천 제곱미터 이상**인 것

令 제37조【지하층과 피난층 사이의 개방공간 설치】 바닥면적의 합계가 **3천 제곱미터 이상**

인 공연장·집회장·관람장 또는 전시장을 지하층에 설치하는 경우에는 각 실에 있는 자가 지하층 각 층에서 건축물 밖으로 피난하여 옥외 계단 또는 경사로 등을 이용하여 피난층으로 대피할 수 있도록 천장이 개방된 외부 공간을 설치하여야 한다.

해설 피난계단·특별피난계단의 설치

대상층 및 용도	설치해야 할 계단의 종류	비 고
• 5층 이상인 층 • 지하 2층 이하인 층	피난계단 또는 특별피난계단 (판매시설의 용도로 쓰는 층으로부터의 직통계단은 그 중 1개소 이상을 특별피난계단)	주요구조부가 내화구조 또는 불연재료로 된 5층 이상의 층의 바닥면적의 합계가 200m² 이하이거나 200m² 이내마다 방화구획한 경우 제외
•건축물(갓복도식 공동주택 제외)의 11층(공동주택은 16층) 이상인 층 •지하 3층 이하인 층	특별피난계단	바닥면적이 400m² 미만인 층은 제외
• 5층 이상인 층으로서 문화 및 집회시설 중 전시장 또는 동·식물원, 판매시설, 운수시설(여객용 시설만 해당), 운동시설, 위락시설, 관광휴게시설(다중이 이용하는 시설만 해당) 또는 수련시설 중 생활권 수련시설의 용도로 쓰는 층	피난계단 또는 특별피난계단 $\left(\text{직통계단}\right) + \dfrac{\left(\text{그 층의 바닥면적의 합계}\right) - (2{,}000\text{m}^2)}{(2{,}000\text{m}^2)}$	영 제34조에 따른 직통계단 외에 그 층의 해당 용도로 쓰는 바닥면적의 합계가 2,000m² 를 넘는 경우에는 그 넘는 2,000m² 이내마다 1개소의 피난계단 또는 특별피난계단(4층 이하의 층에는 쓰지 아니하는)을 설치

해설 갓복도식 공동주택

각 층의 계단실 및 승강기에서 각 세대로 통하는 복도의 한쪽 면이 외기(外氣)에 개방된 구조의 공동주택으로 편복도식 공동주택이라고도 한다.

防規 제9조【피난계단 및 특별피난계단의 구조】 ① 영 제35조제1항 각 호 외의 규정에 따라 건축물의 5층 이상 또는 지하 2층 이하의 층으로부터 피난층 또는 지상으로 통하는 직통계단(지하 1층인 건축물의 경우에는 5층 이상의 층으로부터 피난층 또는 지상으로 통하는 직통계단과 직접 연결된 지하 1층의 계단을 포함한다)은 피난계단 또는 특별피난계단으로 설치해야 한다. 〈개정 2019.8.6.〉

② 제1항에 따른 피난계단 및 특별피난계단의 구조는 다음 각 호의 기준에 적합해야 한다. 〈개정 2019.8.6.〉

1. 건축물의 내부에 설치하는 피난계단의 구조

가. 계단실은 창문·출입구 기타 개구부(이하 "창문 등"이라 한다)를 제외한 당해 건축물의 다른 부분과 내화구조의 벽으로 구획할 것

나. 계단실의 실내에 접하는 부분(바닥 및 반자 등 실내에 면한 모든 부분을 말한다)의 마감(마감을 위한 바탕을 포함한다)은 불연재료로 할 것

다. 계단실에는 예비전원에 의한 조명설비를 할 것

라. 계단실의 바깥쪽과 접하는 창문 등(망이 들어 있는 유리의 붙박이창으로서 그 면적이 각각 1제곱미터 이하인 것을 제외한다)은 당해 건축물의 다른 부분에 설치하는 창문 등으로부터 2미터 이상의 거리를 두고 설치할 것

마. 건축물의 내부와 접하는 계단실의 창문 등(출입구를 제외한다)은 망이 들어 있는 유리의 붙박이창으로서 그 면적을 각각 1제곱미터 이하로 할 것

바. 건축물의 내부에서 계단실로 통하는 출입구의 유효너비는 0.9미터 이상으로 하고, 그 출입구에는 피난의 방향으로 열 수 있는 것으로서 언제나 닫힌 상태를 유지하거나 화재로 인한 연기 또는 불꽃을 감지하여 자동적으로 닫히는 구조로 된 영 제 64조 제1항 제1호의 60+ 방화문(이하 "60+ 방화문"이라 한다) 또는 같은 항 제2호의 방화문(이하 "60분 방화문"이라 한다)을 설치할 것. 다만, 연기 또는 불꽃을 감지하여 자동적으로 닫히는 구조로 할 수 없는 경우에는 온도를 감지하여 자동적으로 닫히는 구조로 할 수 있다. 〈개정 2021.3.26.〉

사. 계단은 내화구조로 하고 피난층 또는 지상까지 직접 연결되도록 할 것

2. **건축물의 바깥쪽에 설치하는 피난계단**의 구조

가. 계단은 그 계단으로 통하는 출입구외의 창문 등(망이 들어 있는 유리의 붙박이창으로서 그 면적이 각각 1제곱미터 이하인 것을 제외한다)으로부터 2미터 이상의 거리를 두고 설치할 것

나. 건축물의 내부에서 계단으로 통하는 출입구에는 60+ 방화문 또는 60분 방화문을 설치할 것 〈개정 2021.3.26.〉

다. 계단의 유효너비는 0.9미터 이상으로 할 것

라. 계단은 내화구조로 하고 지상까지 직접 연결되도록 할 것

3. **특별피난계단**의 구조

가. 건축물의 내부와 계단실은 노대를 통하여 연결하거나 외부를 향하여 열 수 있는 면적 1제곱미터 이상인 창문(바닥으로부터 1미터 이상의 높이에 설치한 것에 한한다) 또는 「건축물의 설비기준 등에 관한 규칙」 제14조의 규정에 적합한 구조의 배연설비가 있는 부속실을 통하여 연결할 것

나. 계단실·노대 및 부속실(공동주택에 있어서 부속실과 「건축물의 설비기준 등에 관한 규칙」 제10조의 규정에 의한 비상용승강기의 승강장을 겸용하는 경우의 그 부속실 또는 승강장을 포함한다)은 창문 등을 제외하고는 내화구조의 벽으로 각각 구획할 것

다. 계단실 및 부속실의 실내에 접하는 부분(바닥 및 반자 등 실내에 면한 모든 부분을 말한다)의 마감(마감을 위한 바탕을 포함한다)은 불연재료로 할 것

라. 계단실에는 예비전원에 의한 조명설비를 할 것

마. 계단실·노대 또는 부속실에 설치하는 건축물의 바깥쪽에 접하는 창문 등(망이 들어 있는 유리의 붙박이창으로서 그 면적이 각각 1제곱미터 이하인 것을 제외한다)은 계단실·노대 또는 부속실 외의 당해 건축물의 다른 부분에 설치하는 창문 등으로부터 2미터 이상의 거리를 두고 설치할 것

바. 계단실에는 노대 또는 부속실에 접하는 부분 외에는 건축물의 내부와 접하는 창문 등을 설치하지 아니할 것

사. 계단실의 노대 또는 부속실에 접하는 창문 등(출입구를 제외한다)은 망이 들어 있는 유리의 붙박이창으로서 그 면적을 각각 1제곱미터 이하로 할 것

아. 노대 및 부속실에는 계단실외의 건축물의 내부와 접하는 창문 등(출입구를 제외한다)을 설치하지 아니할 것

자. 건축물의 내부에서 노대 또는 부속실로 통하는 출입구에는 60+ 방화문 또는 60분 방화문을 설치하고, 노대 또는 부속실로부터 계단실로 통하는 출입구에는 60+ 방화문, 60분 방화문 또는 영 제64조 제1항 제3호의 30분 방화문을 설치할 것. 이 경우 방화문은 언제나 닫힌 상태를 유지하거나 화재로 인한 연기 또는 불꽃을 감지하여 자동적으로 닫히는 구조로 해야 하고, 연기 또는 불꽃으로 감지하여 자동적으로 닫히는 구조로 할 수 없는 경우에는 온도를 감지하여 자동적으로 닫히는 구조로 할 수 있다.〈개정 2021.3.26.〉

차. 계단은 내화구조로 하되, 피난층 또는 지상까지 직접 연결되도록 할 것

카. 출입구의 유효너비는 0.9미터 이상으로 할 것

③ 영 제35조제1항 각 호 외의 부분 본문에 따른 피난계단 또는 특별피난계단은 돌음계단으로 해서는 안되며, 영 제40조에 따라 옥상광장을 설치해야 하는 건축물의 피난계단 또는 특별피난계단은 해당 건축물의 옥상으로 통하도록 설치하여야 한다. 이 경우 옥상으로 통하는 출입문은 피난방향으로 열리는 구조로서 피난 시 이용에 장애가 없어야 한다. 〈개정 2019.8.6.〉

④ 영 제35조제2항에서 "갓복도식 공동주택"이라 함은 각 층의 계단실 및 승강기에서 각 세대로 통하는 복도의 한쪽 면이 외기에 개방된 구조의 공동주택을 말한다. 〈개정 2021.9.3.〉

해설 피난계단 및 특별피난계단의 구조

•**건축물의 내부에 설치하는 피난계단**

* ○내의 가~사의 표기는 防規 제9조 제2항 제1호의 각 목을 표시함.

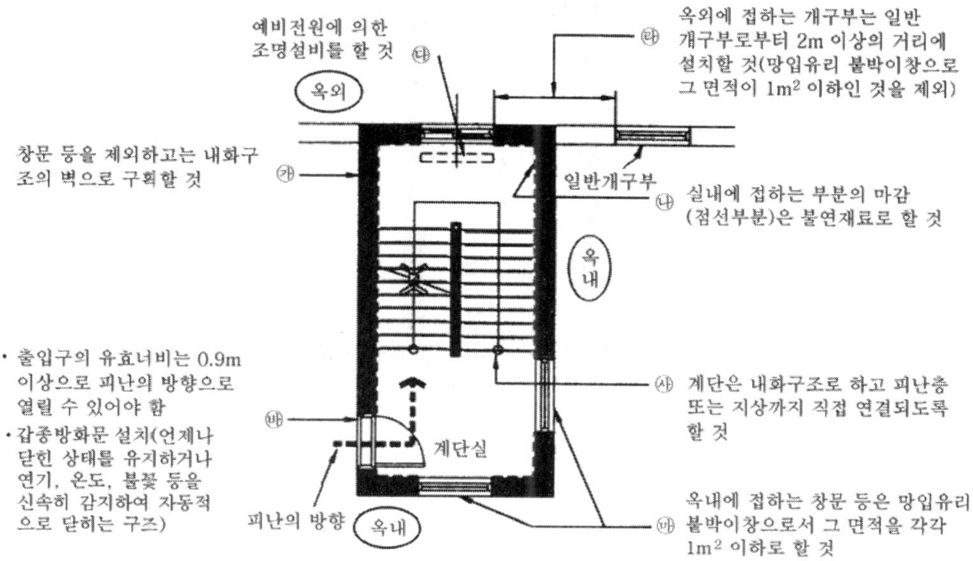

피난형태 : 옥내 → 계단실 → 피난층

•**건축물의 바깥쪽에 설치하는 피난계단**

* ○내의 가~라의 표기는 防規 제9조 제2항 제2호의 각 목을 표시함.

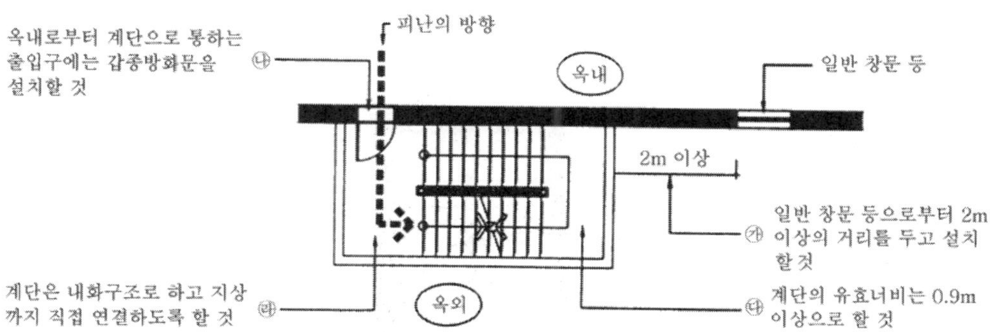

피난형태 : 옥내 → 옥외계단 → 지상

•특별피난계단(노대 즉 발코니를 통하여 연결)

* ○내의 가~카의 표기는 防規 제9조 제2항 제3호의 각 목을 표시함.

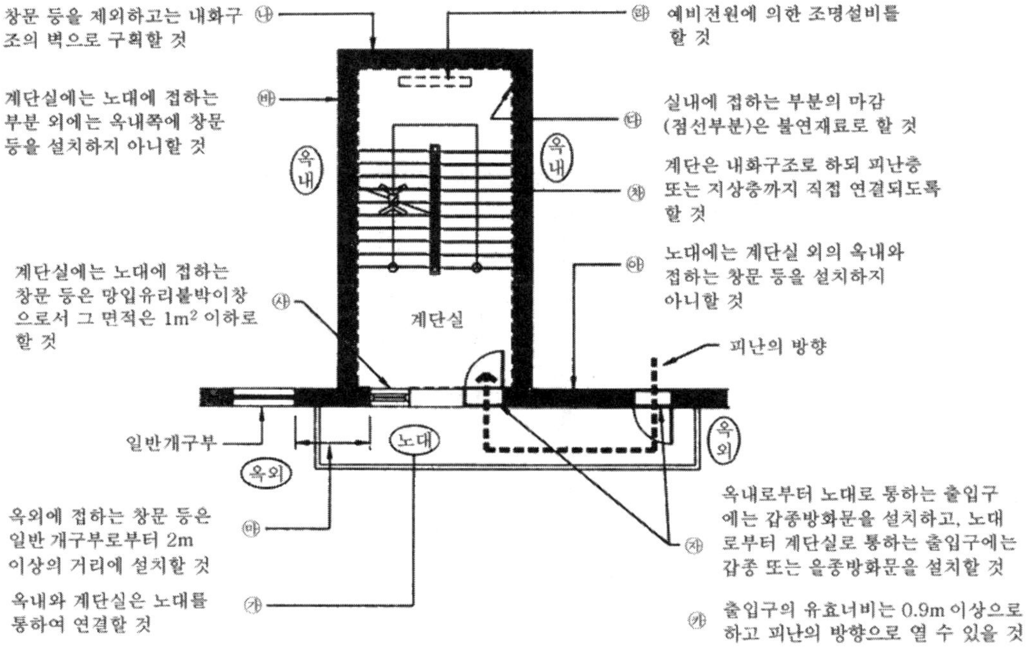

피난형태 : 옥내 → 노대 즉 발코니→ 계단실 → 피난층

•특별피난계단(외부개방창이 있는 부속실을 통하여 연결)

* ○내의 가~카의 표기는 防規 제9조 제2항 제3호의 각 목을 표시함.

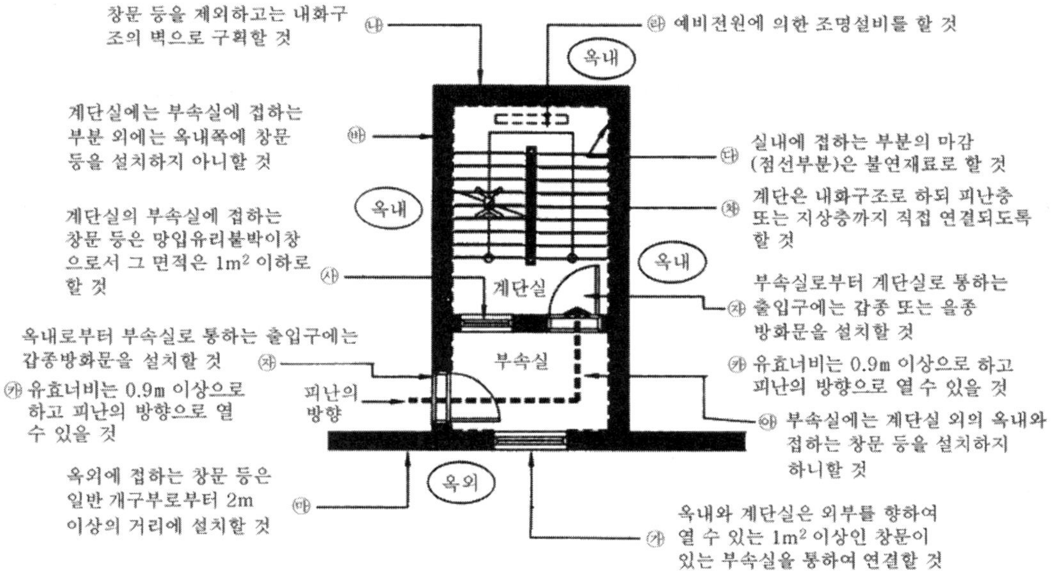

피난형태 : 옥내 → 부속실 → 계단실 → 피난층

• **특별피난계단(배연설비가 있는 부속실을 통하여 연결)**

* ○내의 가, 자의 표기는 防規 제9조 제2항 제3호의 각 목을 표시함.

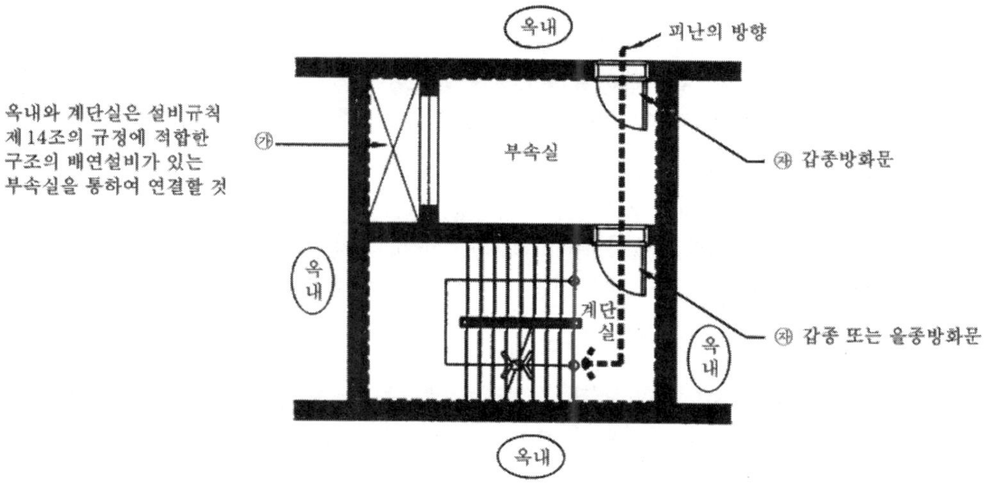

피난형태 : 옥내 → 부속실 → 계단실 → 피난층

해설 **防規 제9조【피난계단 및 특별피난계단의 구조】② 1호 바목, 3호 자목**

건축물의 내부에 설치하는 피난계단과 특별피난계단 등에 설치하는 방화문의 경우 화재로 인한 연기, 온도, 불꽃 등을 가장 신속하게 감지하여 자동적으로 닫히는 구조로 설치하도록 하였으나, 화재가 발생하면 연기 또는 불꽃의 감지가 먼저 이루어지므로 방화구획의 실효성을 확보하기 위하여 앞으로는 원칙적으로 연기 또는 불꽃을 감지하여 자동적으로 닫히는 구조로 설치하도록 한 것이다.

3-2. 관람석 등으로부터의 출구, 건축물 바깥쪽으로의 출구 설치

令 **제38조【관람실 등으로부터의 출구 설치】**법 제49조제1항에 따라 다음 각 호의 어느 하나에 해당하는 건축물에는 국토교통부령으로 정하는 기준에 따라 관람실 또는 집회실로부터의 출구를 설치해야 한다. 〈개정 2019.8.6.〉

1. 제2종 근린생활시설 중 공연장·종교집회장(해당 용도로 쓰는 바닥면적의 합계가 각각 300제곱미터 이상인 경우만 해당한다) 〈개정 2014.3.24.〉
2. 문화 및 집회시설(전시장 및 동·식물원은 제외한다)
3. 종교시설
4. 위락시설
5. 장례시설 〈개정 2017.2.3.〉

防規 제10조【관람실 등으로부터의 출구의 설치기준】① 영 제38조 각 호의 어느 하나에 해당하는 건축물의 관람실 또는 집회실로부터 바깥쪽으로의 출구로 쓰이는 문은 안여닫이로 해서는 안 된다. 〈개정 2019.8.6.〉

② 영 제38조에 따라 문화 및 집회시설 중 공연장의 개별 관람실(바닥면적이 300제곱미터 이상인 것만 해당한다)의 출구는 다음 각 호의 기준에 적합하게 설치해야 한다.

1. 관람실별로 2개소 이상 설치할 것
2. 각 출구의 유효너비는 **1.5미터 이상**일 것
3. 개별 관람실 출구의 유효너비의 합계는 개별 관람석의 바닥면적 **100제곱미터마다 0.6미터**의 비율로 산정한 너비 이상으로 할 것 〈개정 2019.8.6.〉

슈 제39조【건축물 바깥쪽으로의 출구 설치】① 법 제49조제1항에 따라 다음 각 호의 어느 하나에 해당하는 건축물에는 국토교통부령으로 정하는 기준에 따라 그 건축물로부터 **바깥쪽으로 나가는 출구**를 설치하여야 한다.

1. 제2종 근린생활시설 중 공연장·종교집회장·인터넷 컴퓨터 게임시설 제공업소(해당 용도로 쓰는 바닥면적의 합계가 각각 **300제곱미터 이상**인 경우만 해당한다) 〈개정 2014.3.24.〉
2. 문화 및 집회시설(전시장 및 동·식물원은 제외한다)
3. 종교시설
4. 판매시설
5. 업무시설 중 국가 또는 지방자치단체의 청사
6. 위락시설
7. 연면적이 **5천 제곱미터 이상**인 창고시설
8. 교육연구시설 중 학교
9. 장례시설 〈개정 2017.2.3.〉
10. 승강기를 설치하여야 하는 건축물

防規 제11조【건축물의 바깥쪽으로의 출구의 설치기준】① 영 제39조제1항의 규정에 의하여 건축물의 바깥쪽으로 나가는 출구를 설치하는 경우 **피난층의 계단으로부터 건축물의 바깥쪽으로의 출구에 이르는 보행거리**(가장 가까운 출구와의 보행거리를 말한다. 이하 같다)**는 영 제34조제1항의 규정에 의한 거리 이하**로 하여야 하며, **거실**(피난에 지장이 없는 출입구가 있는 것을 제외한다)**의 각 부분으로부터 건축물의 바깥쪽으로의 출구에 이르는 보행거리는 영 제34조제1항의 규정에 의한 거리의 2배 이하**로 하여야 한다.

② 영 제39조제1항에 따라 건축물의 바깥쪽으로 나가는 출구를 설치하는 건축물중 문

화 및 집회시설(전시장 및 동·식물원을 제외한다), 종교시설, 장례식장 또는 위락시설의 용도에 쓰이는 건축물의 바깥쪽으로의 출구로 쓰이는 문은 안여닫이로 하여서는 아니 된다. 〈개정 2010.4.7.〉

③ 영 제39조제1항에 따라 건축물의 바깥쪽으로 나가는 출구를 설치하는 경우 관람실의 바닥면적의 합계가 **300제곱미터 이상인 집회장 또는 공연장은** 주된 출구 외에 보조출구 또는 비상구를 **2개소 이상** 설치해야 한다. 〈개정 2019.8.6.〉

④ 판매시설의 용도에 쓰이는 피난층에 설치하는 **건축물의 바깥쪽으로의 출구의 유효너비의 합계는** 해당 용도에 쓰이는 바닥면적이 최대인 층에 있어서의 해당 용도의 바닥면적 **100제곱미터마다 0.6미터의 비율**로 산정한 너비 이상으로 하여야 한다. 〈개정 2010.4.7.〉

⑤ 다음 각 호의 어느 하나에 해당하는 건축물의 피난층 또는 피난층의 승강장으로부터 건축물의 바깥쪽에 이르는 통로에는 제15조제5항에 따른 **경사로를 설치**하여야 한다. 〈개정 2010.4.7.〉

1. 제1종 근린생활시설 중 지역자치센터·파출소·지구대·소방서·우체국·방송국·보건소·공공도서관·지역건강보험조합 기타 이와 유사한 것으로서 동일한 건축물안에서 당해 용도에 쓰이는 바닥면적의 합계가 1천제곱미터 미만인 것
2. 제1종 근린생활시설 중 마을회관·마을공동작업소·마을공동구판장·변전소·양수장·정수장·대피소·공중화장실 기타 이와 유사한 것
3. 연면적이 5천제곱미터 이상인 판매시설, 운수시설
4. 교육연구시설 중 학교
5. 업무시설 중 국가 또는 지방자치단체의 청사와 외국공관의 건축물로서 제1종 근린생활시설에 해당하지 아니하는 것
6. 승강기를 설치하여야 하는 건축물

⑥ 「건축법」 (이하 "법"이라 한다) 제49조제1항에 따라 영 제39조제1항 각 호의 어느 하나에 해당하는 건축물의 바깥쪽으로 나가는 출입문에 유리를 사용하는 경우에는 안전유리를 사용하여야 한다. 〈개정 2015.7.9.〉

令 제39조【건축물 바깥쪽으로의 출구 설치】- 계속

② 법 제49조제1항에 따라 건축물의 출입구에 설치하는 회전문은 국토교통부령으로 정하는 기준에 적합하여야 한다.

防規 제12조【회전문의 설치기준】영 제39조제2항의 규정에 의하여 건축물의 출입구에 설치하는 **회전문**은 다음 각 호의 기준에 적합하여야 한다.

1. 계단이나 에스컬레이터로부터 **2미터 이상**의 거리를 둘 것
2. 회전문과 문틀사이 및 바닥사이는 다음 각 목에서 정하는 간격을 확보하고 틈 사이

를 고무와 고무펠트의 조합체 등을 사용하여 신체나 물건 등에 손상이 없도록 할 것

가. 회전문과 문틀 사이는 **5센티미터 이상**

나. 회전문과 바닥 사이는 **3센티미터 이하**

3. 출입에 지장이 없도록 일정한 방향으로 회전하는 구조로 할 것

4. 회전문의 중심축에서 회전문과 문틀 사이의 간격을 포함한 회전문날개 끝부분까지의 길이는 **140센티미터 이상**이 되도록 할 것

5. 회전문의 회전속도는 분당회전수가 **8회를 넘지 아니하도록** 할 것

6. 자동회전문은 충격이 가하여지거나 사용자가 위험한 위치에 있는 경우에는 전자감지장치 등을 사용하여 정지하는 구조로 할 것

3-3. 옥상광장 등의 설치

令 제40조【옥상광장 등의 설치】① 옥상광장 또는 2층 이상인 층에 있는 노대 등〈노대(露臺)나 그 밖에 이와 비슷한 것을 말한다. 이하 같다〉의 주위에는 높이 **1.2미터 이상**의 난간을 설치하여야 한다. 다만, 그 노대 등에 출입할 수 없는 구조인 경우에는 그러하지 아니하다.

② **5층 이상**인 층이 제2종 근린생활시설 중 공연장·종교집회장·인터넷 컴퓨터 게임시설 제공업소(해당 용도로 쓰는 바닥면적의 합계가 각각 **300제곱미터 이상인 경우만** 해당한다), 문화 및 집회시설(전시장 및 동·식물원은 제외한다), 종교시설, 판매시설, 위락시설 중 주점영업 또는 장례시설의 용도로 쓰는 경우에는 피난 용도로 쓸 수 있는 광장을 옥상에 설치하여야 한다.〈개정 2017.2.3〉

③ 다음 각 호의 어느 하나에 해당하는 건축물은 옥상으로 통하는 출입문에 「화재예방, 소방시설 설치 · 유지 및 안전관리에 관한 법률」 제39조제1항에 따른 성능인증 및 같은 조 제2항에 따른 제품검사를 받은 비상문자동개폐장치(화재 등 비상시에 소방시스템과 연동되어 잠김 상태가 자동으로 풀리는 장치를 말한다)를 설치해야 한다.

1. 제2항에 따라 피난 용도로 쓸 수 있는 광장을 옥상에 설치해야 하는 건축물
2. 피난 용도로 쓸 수 있는 광장을 옥상에 설치하는 다음 각 목의 건축물

가. 다중이용 건축물

나. 연면적 1천제곱미터 이상인 공동주택 〈본항 신설 2021.1.28.〉

④ 층수가 11층 이상인 건축물로서 **11층 이상인 층**의 바닥면적의 합계가 **1만 제곱미터 이상**인 건축물의 옥상에는 다음 각 호의 구분에 따른 공간을 확보하여야 한다.

〈개정 2011.12.30.〉

1. 건축물의 지붕을 평지붕으로 하는 경우 : 헬리포트를 설치하거나 헬리콥터를 통하

여 인명 등을 구조할 수 있는 공간
2. 건축물의 지붕을 경사지붕으로 하는 경우 : 경사지붕 아래에 설치하는 대피공간
⑤ 제4항에 따른 헬리포트를 설치하거나 헬리콥터를 통하여 인명 등을 구조할 수 있는 공간 및 경사지붕 아래에 설치하는 대피공간의 설치기준은 국토교통부령으로 정한다.

防規 제13조【헬리포트 및 구조공간 설치기준】① 영 제40조 제4항 제1호에 따라 건축물에 설치하는 **헬리포트**는 다음 각 호의 기준에 적합해야 한다. 〈개정 2021.3.26.〉
1. 헬리포트의 길이와 너비는 각각 **22미터 이상**으로 할 것. 다만, 건축물의 옥상바닥의 길이와 너비가 각각 22미터 이하인 경우에는 헬리포트의 길이와 너비를 각각 15미터까지 감축할 수 있다.
2. 헬리포트의 중심으로부터 **반경 12미터 이내**에는 헬리콥터의 이·착륙에 장애가 되는 건축물, 공작물, 조경시설 또는 난간 등을 설치하지 아니할 것.
3. 헬리포트의 주위한계선은 백색으로 하되, 그 선의 너비는 **38센티미터**로 할 것
4. 헬리포트의 중앙부분에는 **지름 8미터의** "Ⓗ"표지를 백색으로 하되, "H"표지의 선의 너비는 **38센티미터**로, "○"표지의 선의 너비는 **60센티미터**로 할 것
5. 헬리포트로 통하는 출입문에 영 제40조 제3항 각 호 외의 부분에 따른 비상문 자동 개폐 장치(이하 "비상문 자동 개폐 장치"라 한다)를 설치할 것 〈본호 신설 2021.3.26.〉

해설 헬리포트의 설치기준

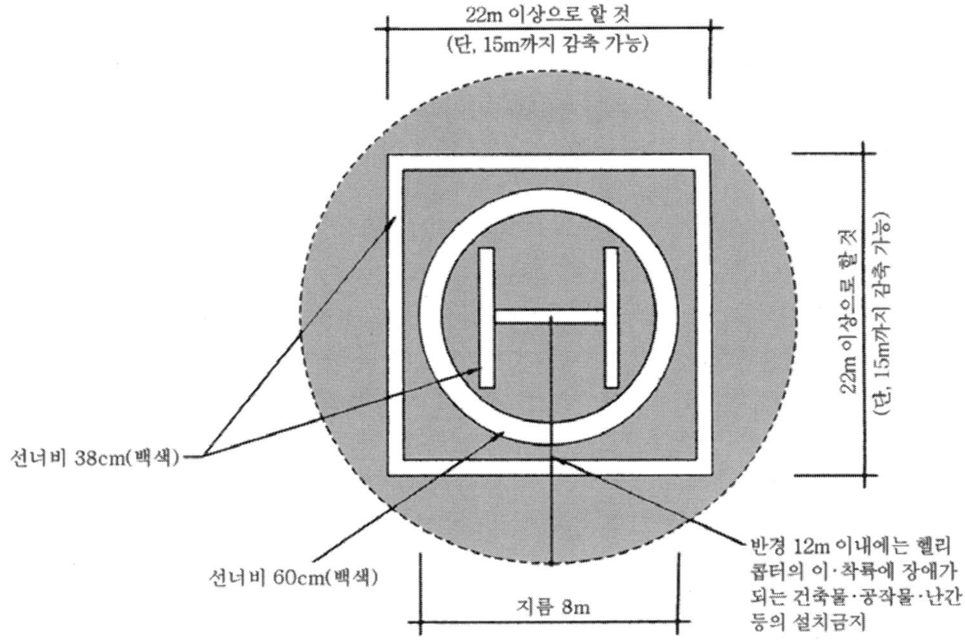

防規 제13조【헬리포트 및 구조공간 설치기준】- 계속

② 영 제40조 제4항 제1호에 따라 옥상에 헬리콥터를 통하여 인명 등을 구조할 수 있는 공간을 설치하는 경우에는 직경 **10미터 이상**의 구조공간을 확보해야 하며, 구조공간에는 구조활동에 장애가 되는 건축물, 공작물 또는 난간 등을 설치해서는 안 된다. 이 경우 구조공간의 표시기준 및 설치기준 등에 관하여는 제1항 제3호부터 제5호까지의 규정을 준용한다.〈개정 2021.3.26.〉

③ 영 제40조 제4항 제2호에 따라 설치하는 **대피공간**은 다음 각 호의 기준에 적합해야 한다.〈개정 2021.3.26.〉

1. 대피공간의 면적은 지붕 수평투영면적의 10분의 1 이상 일 것
2. 특별피난계단 또는 피난계단과 연결되도록 할 것
3. 출입구·창문을 제외한 부분은 해당 건축물의 다른 부분과 내화구조의 바닥 및 벽으로 구획할 것
4. 출입구는 유효너비 0.9미터 이상으로 하고, 그 출입구에는 60+ 방화문 또는 60분 방화문을 설치할 것〈개정 2021.3.26.〉

4의2. 제4호에 따른 방화문에 비상문 자동 개폐장치를 설치할 것〈신설 2021.3.26.〉

5. 내부마감재료는 불연재료로 할 것
6. 예비전원으로 작동하는 조명설비를 설치할 것
7. 관리사무소 등과 긴급 연락이 가능한 통신시설을 설치할 것

3-4. 대지 안의 피난 및 소화에 필요한 통로 설치

令 **제41조【대지 안의 피난 및 소화에 필요한 통로 설치】**① 건축물의 대지 안에는 그 건축물 바깥쪽으로 통하는 주된 출구와 지상으로 통하는 피난계단 및 특별피난계단으로부터 도로 또는 공지(공원, 광장, 그 밖에 이와 비슷한 것으로서 피난 및 소화를 위하여 해당 대지의 출입에 지장이 없는 것을 말한다. 이하 이 조에서 같다)로 통하는 통로를 다음 각 호의 기준에 따라 설치하여야 한다.

1. 통로의 너비는 다음 각 목의 구분에 따른 기준에 따라 확보할 것
   가. 단독주택 : 유효 너비 **0.9미터 이상**
   나. 바닥면적의 합계가 **500제곱미터 이상**인 문화 및 집회시설, 종교시설, 의료시설, 위락시설 또는 장례시설 : 유효 너비 **3미터 이상** 〈개정 2017.2.3.〉
   다. 그 밖의 용도로 쓰는 건축물 : 유효 너비 1.5미터 이상
2. 필로티 내 통로의 길이가 **2미터 이상**인 경우에는 피난 및 소화활동에 장애가 발생하지 아니하도록 자동차 진입억제용 말뚝 등 통로 보호시설을 설치하거나 통로에 단차(段差)를 둘 것 〈개정 2016.5.17.〉

② 제1항에도 불구하고 다중이용 건축물, 준다중이용 건축물 또는 층수가 11층 이상인 건축물이 건축되는 대지에는 그 안의 모든 다중이용 건축물, 준다중이용 건축물 또는 층수가 **11층 이상**인 건축물에 「소방기본법」 제21조에 따른 **소방자동차**(이하 "소방자동차"라 한다)**의 접근이 가능한 통로**를 설치하여야 한다. 다만, 모든 다중이용 건축물, 준다중이용 건축물 또는 층수가 11층 이상인 건축물이 소방자동차의 접근이 가능한 도로 또는 공지에 직접 접하여 건축되는 경우로서 소방자동차가 도로 또는 공지에서 직접 소방활동이 가능한 경우에는 그러하지 아니하다. 〈본조 개정 2015.9.22.〉

令 **제42조** 삭제 〈1999.4.30.〉

令 **제43조** 삭제 〈1999.4.30.〉

令 **제44조【피난 규정의 적용 예】**건축물이 창문, 출입구, 그 밖의 개구부(開口部)(이하 "창문등"이라 한다)가 없는 내화구조의 바닥 또는 벽으로 구획되어 있는 경우에는 그 구획된 각 부분을 각각 별개의 건축물로 보아 제34조부터 제41조까지 및 제48조를 적용한다. 〈개정 2018.9.4.〉

令 **제45조** 삭제 〈1999.4.30.〉

3-5. 방화구획 등의 설치

令 **제46조【방화구획 등의 설치】**① 법 제49조 제2항 본문에 따라 주요구조부가 내화구조 또는 불연재료로 된 건축물로서 연면적이 **1천 제곱미터**를 넘는 것은 국토교통부령으로

정하는 기준에 따라 다음 각 호의 구조물로 구획(이하 "방화구획"이라 한다)을 해야 한다. 다만, 「원자력안전법」 제2조제8호 및 제10호에 따른 원자로 및 관계시설은 같은 법에서 정하는 바에 따른다.〈본문 개정 2022.4.29.〉

1. 내화구조로 된 바닥 및 벽

2. 제64조 제1호 · 제2호에 따른 방화문 또는 자동방화셔터(국토교통부령으로 정하는 기준에 적합한 것을 말한다. 이하 같다)

② 다음 각 호에 해당하는 건축물의 부분에는 제1항을 적용하지 않거나 그 사용에 지장이 없는 범위에서 제1항을 완화하여 적용할 수 있다. 〈개정 2022.4.29.〉

1. 문화 및 집회시설(동·식물원은 제외한다), 종교시설, 운동시설 또는 장례시설의 용도로 쓰는 거실로서 시선 및 활동공간의 확보를 위하여 불가피한 부분 〈개정 2017.2.3〉

2. 물품의 제조·가공 및 운반 등(보관은 제외한다)에 필요한 고정식 대형 기기(器機) 또는 설비의 설치를 위하여 불가피한 부분. 다만, 지하층인 경우에는 지하층의 외벽 한쪽 면(지하층의 바닥면에서 지상층 바닥 아래면까지의 외벽 면적 중 4분의 1 이상이 되는 면을 말한다) 전체가 건물 밖으로 개방되어 보행과 자동차의 진입·출입이 가능한 경우로 한정한다.〈개정 2022.4.29.〉

3. 계단실·복도 또는 승강기의 승강장 및 승강로로서 그 건축물의 다른 부분과 방화구획으로 구획된 부분. 다만, 해당 부분에 위치하는 설비배관 등이 바닥을 관통하는 부분은 제외한다. 〈개정 2020.10.8.〉

4. 건축물의 최상층 또는 피난층으로서 대규모 회의장·강당·스카이라운지·로비 또는 피난안전구역 등의 용도로 쓰는 부분으로서 그 용도로 사용하기 위하여 불가피한 부분

5. 복층형 공동주택의 세대별 층간 바닥 부분

6. 주요구조부가 내화구조 또는 불연재료로 된 주차장

7. 단독주택, 동물 및 식물 관련 시설 또는 국방 · 군사시설(집회, 체육, 창고 등의 용도로 사용되는 시설만 해당한다)로 쓰는 건축물 〈개정 2023.5.15.〉

8. 건축물의 1층과 2층의 일부를 동일한 용도로 사용하며 그 건축물의 다른 부분과 방화구획으로 구획된 부분(바닥면적의 합계가 500제곱미터 이하인 경우로 한정한다) 〈본호 신설 2019.8.6.〉

③ 건축물 일부의 주요구조부를 내화구조로 하거나 제2항에 따라 건축물의 일부에 제1항을 완화하여 적용한 경우에는 내화구조로 한 부분 또는 제1항을 완화하여 적용한 부분과 그 밖의 부분을 방화구획으로 구획하여야 한다. 〈본항 신설 2018.9.4.〉

防規 제14조【방화구획의 설치기준】① 영 제46조 제1항 각 호 외의 부분 본문에 따라 건축물에 설치하는 **방화구획**은 다음 각 호의 기준에 적합해야 한다. 〈개정 2021.3.26.〉

1. **10층 이하**의 층은 바닥면적 **1천제곱미터**(스프링클러 기타 이와 유사한 자동식 소

화설비를 설치한 경우에는 바닥면적 3천제곱미터)**이내마다** 구획할 것

2. **매층마다 구획**할 것. 다만, 지하 1층에서 지상으로 직접 연결하는 경사로 부위는 제외한다. 〈개정 2019.8.6.〉

3. **11층 이상**의 층은 바닥면적 **200제곱미터**(스프링클러 기타 이와 유사한 자동식 소화설비를 설치한 경우에는 600제곱미터) **이내마다** 구획할 것. 다만, 벽 및 반자의 실내에 접하는 부분의 마감을 불연재료로 한 경우에는 바닥면적 **500제곱미터**(스프링클러 기타 이와 유사한 자동식 소화설비를 설치한 경우에는 1천 500제곱미터)**이내마다** 구획하여야 한다.

4. 필로티나 그 밖에 이와 비슷한 구조(벽면적의 2분의 1 이상이 그 층의 바닥면에서 위층 바닥 아래면까지 공간으로 된 것만 해당한다)의 부분을 주차장으로 사용하는 경우 그 부분은 건축물의 다른 부분과 구획할 것 〈신설 2019.8.6.〉

② 제1항에 따른 **방화구획**은 다음 각 호의 기준에 적합하게 설치해야 한다. 〈개정 2019.8.6.〉

1. 영 제46조에 따른 방화구획으로 사용하는 60분+ 방화문 또는 60분 방화문은 언제나 닫힌 상태를 유지하거나 화재로 인한 연기 또는 불꽃을 감지하여 자동적으로 닫히는 구조로 할 것. 다만, 연기 또는 불꽃을 감지하여 자동적으로 닫히는 구조로 할 수 없는 경우에는 온도를 감지하여 자동적으로 닫히는 구조로 할 수 있다. 〈개정 2021.3.26.〉

2. 외벽과 바닥 사이에 틈이 생긴 때나 급수관·배전관 그 밖의 관이 방화구획으로 되어 있는 부분을 관통하는 경우 그로 인하여 방화구획에 틈이 생긴 때에는 그 틈을 별표1 제1호에 따른 내화시간(내화채움성능이 인정된 구조로 메워지는 구성 부재에 적용되는 내화시간을 말한다) 이상 견딜 수 있는 내화채움성능이 인정된 구조로 메울 것 〈개정 2021.12.23.〉
   가. 〈삭제 2021.3.26.〉
   나. 〈삭제 2021.3.26.〉

3. 환기·난방 또는 냉방시설의 풍도가 방화구획을 관통하는 경우에는 그 관통부분 또는 이에 근접한 부분에 다음 각 목의 기준에 적합한 댐퍼를 설치할 것. 다만, 반도체 공장건축물로서 방화구획을 관통하는 풍도의 주위에 스프링클러헤드를 설치하는 경우에는 그렇지 않다.
   가. 화재로 인한 연기 또는 불꽃을 감지하여 자동적으로 닫히는 구조로 할 것. 다만, 주방 등 연기가 항상 발생하는 부분에는 온도를 감지하여 자동적으로 닫히는 구조로 할 수 있다.
   나. 국토교통부장관이 정하여 고시하는 비차열(非遮熱) 성능 및 방연성능 등의 기준에 적합할 것 〈본호 개정 2019.8.6.〉

4. 영 제46조 제1항 제2호 및 제81조 제5항 제5호에 따라 설치되는 자동방화

셔터는 다음 각 목의 요건을 모두 갖출 것. 이 경우 자동방화셔터의 구조 및 성능기준 등에 관한 세부사항은 국토교통부장관이 정하여 고시한다.

가. 피난이 가능한 60분+ 방화문 또는 60분 방화문으로부터 3미터 이내에 별도로 설치할 것
나. 전동방식이나 수동방식으로 개폐할 수 있을 것
다. 불꽃감지기 또는 연기감지기 중 하나와 열감지기를 설치할 것
라. 불꽃이나 연기를 감지한 경우 일부 폐쇄되는 구조일 것
마. 열을 감지한 경우 완전 폐쇄되는 구조일 것

〈본호 신설 2021.3.26.〉〈본호 개정 2021.12.23.〉

해설 방화구획의 설치기준

<table>
<tr><th>구 분</th><th colspan="2">방 화 구 획</th></tr>
<tr><td>10층 이하의 층</td><td colspan="2">바닥면적 1,000㎡(3,000㎡) 이내마다 구획</td></tr>
<tr><td rowspan="2">11층 이상의 층</td><td>벽 및 반자의 실내에 접하는 부분의 마감을 불연재료로 하지 않은 경우</td><td>바닥면적 200㎡(600㎡) 이내마다 구획</td></tr>
<tr><td>벽 및 반자의 실내에 접하는 부분의 마감을 불연재료로 한 경우</td><td>바닥면적 500㎡(1,500㎡) 이내마다 구획</td></tr>
<tr><td>매층</td><td colspan="2">층마다 구획(다만, 지하 1층에서 지상으로 직접 연결하는 경사로 부위는 제외)</td></tr>
</table>

[비고] 위의 표와 아래 그림 중 ( )안의 숫자는 스프링클러 기타 이와 유사한 자동식 소화설비를 설치한 경우를 나타냄

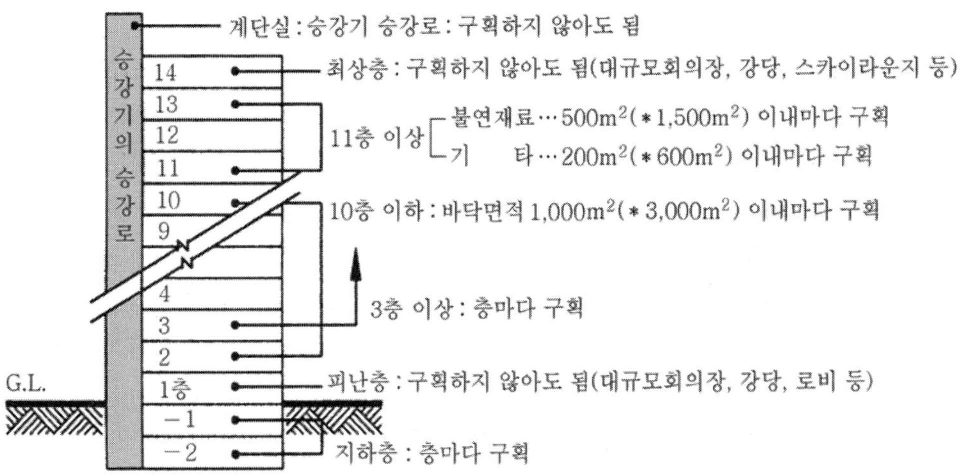

해설 **防規 제14조【방화구획의 설치기준】**① 2호 본문, 4호 신설

화재 시 연기의 수직 이동속도 등을 고려할 때 건축물의 1층 및 2층에서도 화염 및 연기의 확산을 차단할 필요가 있어 방화구획 대상에 1층과 2층을 추가하고, 필로티나 그 밖에 이와 비슷한 구조의 부분을 주차에 전용하는 경우 주차 공간에서 발생하는 화재로 화염이 건축물 내부로 이동하는 경우 1층을 피난층으로 활용하는데 어려움이 있으므로 그 부분은 건축물의 다른 부분과 방화구획을 하도록 한 것이다.

해설 **防規 제14조【방화구획의 설치기준】**② 3호 개정

종전에는 화재가 발생한 경우 방화댐퍼는 연기의 발생 또는 온도의 상승에 따라 자동적으로 닫히는 구조로 설치하도록 하였으나, 앞으로는 연기 또는 불꽃을 감지하여 자동적으로 닫히는 구조로 하도록 하되, 연기가 항상 발생 하는 부분에는 온도를 감지하여 닫히는 구조로 할 수 있도록 하고, 국조교통부장관이 정하여 고시하는 비차열 성능 및 방연성능 등의 기준에 적합하도록 한 것이다.

令 제46조【방화구획의 설치】- 계속

④ 공동주택 중 아파트로서 4층 이상인 층의 각 세대가 2개 이상의 직통계단을 사용할 수 없는 경우에는 발코니(발코니의 외부에 접하는 경우를 포함한다)에 인접 세대와 공동으로 또는 각 세대별로 다음 각 호의 요건을 모두 갖춘 대피공간을 하나 이상 설치해야 한다. 이 경우 인접 세대와 공동으로 설치하는 대피공간은 인접 세대를 통하여 2개 이상의 직통계단을 쓸 수 있는 위치에 우선 설치되어야 한다.

1. 대피공간은 바깥의 공기와 접할 것
2. 대피공간은 실내의 다른 부분과 방화구획으로 구획될 것
3. 대피공간의 바닥면적은 인접 세대와 공동으로 설치하는 경우에는 **3제곱미터 이상**, 각 세대별로 설치하는 경우에는 **2제곱미터 이상**일 것
4. 대피공간으로 통하는 출입문에는 제64조 제1항 제1호에 따른 60분+ 방화문을 설치할 것 〈개정 2023.09.12.〉

⑤ 제4항에도 불구하고 아파트의 4층 이상인 층에서 발코니(제4호의 경우에는 발코니의 외부에 접하는 경우를 포함한다)에 다음 각 호의 어느 하나에 해당하는 구조 또는 시설을 갖춘 경우에는 대피공간을 설치하지 않을 수 있다.

1. 발코니와 인접 세대와의 경계벽이 파괴하기 쉬운 경량구조 등인 경우
2. 발코니의 경계벽에 피난구를 설치한 경우
3. 발코니의 바닥에 국토교통부령으로 정하는 하향식 피난구를 설치한 경우
4. 국토교통부장관이 제4항에 따른 대피공간과 동일하거나 그 이상의 성능이 있다고 인정하여 고시하는 구조 또는 시설(이하 이 호에서 "대체시설"이라 한다)을 갖춘 경우.

이 경우 국토교통부장관은 대체시설의 성능에 대해 미리 「과학기술분야 정부출연연구기관 등의 설립 · 운영 및 육성에 관한 법률」 제8조제1항에 따라 설립된 한국건설기술연구원(이하 "한국건설기술연구원"이라 한다)의 기술검토를 받은 후 고시해야 한다. 〈개정 2023.09.12.〉

⑥ 요양병원, 정신병원, 「노인복지법」 제34조 제1항 제1호에 따른 노인요양시설(이하 "노인요양시설"이라 한다), 장애인 거주시설 및 장애인 의료재활시설의 피난층 외의 층에는 다음 각 호의 어느 하나에 해당하는 시설을 설치하여야 한다.

1. 각 층마다 별도로 방화구획된 대피공간
2. 거실에 접하여 설치된 노대 등 〈개정 2018.9.4.〉
3. 계단을 이용하지 아니하고 건물 외부의 지상으로 통하는 경사로 또는 인접 건축물로 피난할 수 있도록 설치하는 연결복도 또는 연결통로 〈개정 2018.9.4.〉

⑦ 법 제49조 제2항 단서에서 "대규모 창고시설 등 대통령령으로 정하는 용도 및 규모의 건축물"이란 제2항 제2호에 해당하여 제1항을 적용하지 않거나 완화하여 적용하는 부분이 포함된 창고시설을 말한다.〈본항 신설 2022.4.29.〉

해설 슈 제46조【방화구획의 설치】 ⑦

건축물 화재예방을 강화하기 위하여 대규모 창고시설 등 대통령령으로 정하는 용도 및 규모의 건축물에 대해서는 화재 안전에 필요한 사항을 별도로 정할 수 있도록 하는 내용이다. 건축법이 개정된 것에 맞추어 별도의 화재 안전 기준을 적용할 수 있는 건축물을 '방화구획 설치의무 규정을 적용하지 않거나 완화하여 적용하는 부분이 포함된 창고시설' 로 정한 것이다. 한편, 종전에는 연면적이 1천 제곱미터를 넘는 건축물 중 물품의 제조、보관 및 운반 등에 필요한 고정식 대형 설비를 설치하는 건축물에는 예외적으로 방화문、자동방화셔터 등을 설치하지 않을 수 있도록 했으나, 물품 보관에 사용되는 건축물의 경우 물품이 대규모로 적치되어 있는 등 화재 발생 및 확산 위험이 높은 점을 고려하여 앞으로는 물품 보관에 사용되는 건축물에는 방화문、자동방화셔터 등을 의무적으로 설치하도록 한 것이다.

防規 제14조【방화구획의 설치기준】- 계속

③ 영 제46조 제1항 제2호에서 "국토교통부령으로 정하는 기준에 적합한 것"이란 한국건설기술연구원장이 국토교통부장관이 정하여 고시하는 바에 따라 다음 각 호의 사항을 모두 인정한 것을 말한다. 〈개정 2021.3.26.〉

1. 생산공장의 품질관리 상태를 확인한 결과 국토교통부장관이 정하여 고시하는 기준에 적합할 것
2. 해당 제품의 품질시험을 실시한 결과 비차열 1시간 이상의 내화성능을 확보하였을 것〈본항 신설 2019.8.6.〉

④ 영 제46조 제5항 제3호에 따른 **하향식 피난구**(덮개, 사다리, 승강식피난기 및 경보시스템을 포함한다)의 구조는 다음 각 호의 기준에 적합하게 설치해야 한다.〈개정 2022.4.29.〉

1. 피난구의 덮개(덮개와 사다리, 승강식 피난기 또는 경보시스템이 일체형으로 구성된 경우에는 그 사다리, 승강식 피난기 또는 경보시스템을 포함한다)는 제26조에 따른 비차열 **1시간 이상**의 내화성능을 가져야 하며, 피난구의 유효 개구부 규격은 직경 60 **센티미터 이상**일 것 〈개정 2022.4.29.〉
2. 상층·하층간 피난구의 수평거리는 **15센티미터 이상** 떨어져 있을 것 〈개정 2022.4.29.〉
3. 아래층에서는 바로 위층의 피난구를 열 수 없는 구조일 것〈개정 2019.8.6.〉
4. 사다리는 바로 아래층의 바닥면으로부터 **50센티미터 이하까지** 내려오는 길이로 할 것
5. 덮개가 개방될 경우에는 건축물관리시스템 등을 통하여 경보음이 울리는 구조일 것
6. 피난구가 있는 곳에는 예비전원에 의한 조명설비를 설치할 것

⑤ 제2항제2호에 따른 건축물의 외벽과 바닥 사이의 내화충전방법에 필요한 사항은 국토교통부장관이 정하여 고시한다. 〈신설 2012.1.6.〉

⑥ 법 제 49조 제2항 단서에 따라 영 제46조 제7항에 따른 창고시설 중 같은 조 제2항 제2호에 해당하여 같은 조 제1항을 적용하지 않거나 완화하여 적용하는 부분에는 다음 각 호의 구분에 따른 설비를 추가로 설치해야 한다.

1. 개구부의 경우 : 「화재예방, 소방시설 설치 · 유지 및 안전관리에 관한 법률」 제9조 제1항 전단에 따라 소방청장이 정하여 고시하는 화재안전기준(이하 이 조에서 "화재안전기준"이라 한다)을 충족하는 설비로서 수막(水幕)을 형성하여 화재확산을 방지하는 설비
2. 개구부 외의 부분의 경우 : 화재안전기준을 충족하는 설비로서 화재를 조기에 진화할 수 있도록 설계된 스프링클러 〈신설 2022.4.29.〉

해설 防規 제14조【방화구획의 설치기준】⑥

건축물 화재예방을 강화하기 위하여 방화구획 설치의무 규정을 적용하지 않거나 완화하여 적용하는 부분이 포함된 창고시설에 대해서는 화재 안전에 필요한 사항을 별도로 정할 수 있도록 하는 등의 내용이다. 건축법 및 같은 법 시행령이 개정된 것에 맞추어 창고시설 중 방화구획 설치의무 규정을 적용하지 않거나 완화하여 적용하는 부분에는 수막(水幕)을 형성하여 화재확산을 방지하는 설비 및 화재 조기진화용 스프링클러 등을 추가로 설치하도록 한 것이다. 한편, 건축물 화재로 인한 인명피해 예방을 강화하기 위하여 아파트의 발코니에 설치하는 하향식 피난구의 덮개가 사다리, 승강식 피난기 등과 일체형으로 구성된 경우에는 그 사다리, 승강식피난기 등도 비차열(非遮熱) 1시간 이상의 내화성능을 갖추도록 하는 등 현행 제도의 운영상 나타난 일부 미비점을 개선·보완한 것이다.

3-6. 방화에 장애가 되는 용도의 제한

令 제47조【방화에 장애가 되는 용도의 제한】① 법 제49조 제2항 본문에 따라 의료시설, 노유자시설(아동 관련 시설 및 노인복지시설만 해당한다), 공동주택, 장례시설 또는 제1종 근린생활시설(산후조리원만 해당한다)과/ 위락시설, 위험물저장 및 처리시설, 공장 또는 자동차 관련 시설(정비공장만 해당한다)은 **같은 건축물에 함께 설치할 수 없다**. 다만, 다음 각 호에 해당하는 경우로서 국토교통부령으로 정하는 경우에는 같은 건축물에 함께 설치할 수 있다. 〈개정 2022.4.29.〉

1. 공동주택(기숙사만 해당한다)과 공장이 같은 건축물에 있는 경우
2. 중심상업지역·일반상업지역 또는 근린상업지역에서 「도시 및 주거환경정비법」에 따른 도시환경정비사업을 시행하는 경우
3. 공동주택과 위락시설이 같은 초고층 건축물에 있는 경우. 다만, 사생활을 보호하고 방범·방화 등 주거 안전을 보장하며 소음·악취 등으로부터 주거환경을 보호할 수 있도록 주택의 출입구·계단 및 승강기 등을 주택 외의 시설과 분리된 구조로 하여야 한다.
4. 「산업집적활성화 및 공장설립에 관한 법률」 제 2조 제 3호에 따른 지식산업센터와 「영유아보육법」 제 10조 제 4호에 따른 직장어린이집이 같은 건축물에 있는 경우 〈본호 신설 2016.1.19.〉

② 법 제49조 제2항 본문에 따라 다음 각 호에 해당하는 용도의 시설은 **같은 건축물에 함께 설치할 수 없다**.〈개정 2022.4.29.〉

1. 노유자시설 중 아동 관련 시설 또는 노인복지시설과/ 판매시설 중 도매시장 또는 소매시장
2. 단독주택(다중주택, 다가구주택에 한정한다), 공동주택, 제1종 근린생활시설 중 조산원 또는 산후조리원과/ 제2종 근린생활시설 중 다중생활시설 〈개정 2014.3.24.〉

해설 방화에 장애가 되는 용도의 제한

의료시설, 노유자시설(아동 관련 시설 및 노인복지시설만 해당한다), 공동주택, 장례식장 또는 제1종 근린생활시설(산후조리원만 해당한다) 등은 화재 발생 시 자력으로 대피가 곤란하거나 불특정 다수의 많은 사람이 모일 수 있다. 한편 위락시설, 위험물저장 및 처리시설, 공장 또는 자동차 관련 시설(정비공장만 해당한다) 등은 화재가 발생할 위험성이 매우 높다. 따라서 전반부의 공동주택 등과 후반부의 위락시설 등을 같은 건축물에 함께 설치하지 못하게 용도를 제한함으로써 화재로 인한 대형 사고를 미연에 방지하고자 한 것이다.

防規 제14조의 2【복합건축물의 피난시설 등】영 제47조제1항 단서의 규정에 의하여 같은 건축물안에 공동주택·의료시설·아동관련시설 또는 노인복지시설(이하 이 조에서 "공동주택 등"이라 한다)중 하나 이상과/ 위락시설·위험물저장 및 처리시설·공장 또는 자동차정비공장(이하 이 조에서 "위락시설 등"이라 한다)중 하나 이상을 함께 설치하고자 하는 경우에는 다음 각 호의 기준에 적합하여야 한다.

1. 공동주택 등의 출입구와 위락시설 등의 출입구는 서로 그 보행거리가 **30미터 이상**이 되도록 설치할 것
2. 공동주택 등(당해 공동주택 등에 출입하는 통로를 포함한다)과 위락시설 등(당해 위락시설 등에 출입하는 통로를 포함한다)은 내화구조로 된 바닥 및 벽으로 구획하여 서로 차단할 것
3. 공동주택 등과 위락시설 등은 서로 이웃하지 아니하도록 배치할 것
4. 건축물의 주요 구조부를 내화구조로 할 것
5. 거실의 벽 및 반자가 실내에 면하는 부분(반자돌림대·창대 그밖에 이와 유사한 것을 제외한다. 이하 이 조에서 같다)의 마감은 **불연재료·준불연재료 또는 난연재료**로 하고,/ 그 거실로부터 지상으로 통하는 주된 복도·계단 그밖에 통로의 벽 및 반자가 실내에 면하는 마감은 **불연재료 또는 준불연재료**로 할 것

해설 복합건축물의 피난시설

공동주택 등과 위락시설 등을 함께 설치할 경우에는 공동주택 등이 위락시설 등으로부터 피해를 받지 않도록 한 것이다. 위의 5호 규정에서 거실의 벽 및 반자가 실내에 면하는 부분의 마감은 불연성능이 조금 떨어지는 난연재료도 가능하지만, 거실로부터 지상으로 통하는 주된 **복도·계단 그 밖에 통로**(피난로)의 벽 및 반자가 실내에 면하는 마감은 난연재료를 사용할 수 없도록 규정한 것이다.

3-7. 계단·복도 및 출입구의 설치

令 제48조【계단·복도 및 출입구의 설치】① 법 제49조 제2항 본문에 따라 연면적 200제곱미터를 초과하는 건축물에 설치하는 계단 및 복도는 국토교통부령으로 정하는 기준에 적합해야 한다.

② 법 제49조제2항 본문에 따라 제39조 제1항 각 호에 해당하는 건축물의 출입구는 국토교통부령으로 정하는 기준에 적합해야 한다.〈본조 개정 2022.4.29.〉

防規 제15조【계단의 설치기준】① 영 제48조의 규정에 의하여 건축물에 설치하는 계단은 다음 각호의 기준에 적합하여야 한다.

1. 높이가 3미터를 넘는 계단에는 높이 3미터 이내마다 유효너비 120센티미터 이상의 계단참을 설치할 것 〈개정 2015.4.6.〉
2. 높이가 1미터를 넘는 계단 및 계단참의 양옆에는 난간(벽 또는 이에 대치되는 것을 포함한다)을 설치할 것
3. 너비가 3미터를 넘는 계단에는 계단의 중간에 너비 3미터 이내마다 난간을 설치할 것. 다만, 계단의 단높이가 15센티미터 이하이고, 계단의 단너비가 30센티미터 이상인 경우에는 그러하지 아니하다.
4. 계단의 유효 높이(계단의 바닥 마감면부터 상부 구조체의 하부 마감면까지의 연직방향의 높이를 말한다)는 2.1미터 이상으로 할 것

② 제1항에 따라 계단을 설치하는 경우 계단 및 계단참의 너비(옥내계단에 한정한다), 계단의 단높이 및 단너비의 치수는 다음 각 호의 기준에 적합해야 한다. 이 경우 돌음계단의 단너비는 그 좁은 너비의 끝부분으로부터 **30센티미터**의 위치에서 측정한다. 〈개정 2019.8.6.〉

1. 초등학교의 계단인 경우에는 계단 및 계단참의 유효너비는 **150센티미터 이상**, 단높이는 **16센티미터 이하**, 단너비는 **26센티미터 이상**으로 할 것
2. 중·고등학교의 계단인 경우에는 계단 및 계단참의 유효너비는 **150센티미터 이상**, 단높이는 **18센티미터 이하**, 단너비는 **26센티미터 이상**으로 할 것
3. 문화 및 집회시설(공연장·집회장 및 관람장에 한한다)·판매시설 기타 이와 유사한 용도에 쓰이는 건축물의 계단인 경우에는 계단 및 계단참의 유효너비를 **120센티미터 이상**으로 할 것
4. 제 1호부터 제3호까지의 건축물 외의 건축물의 계단으로서 다음 각 목의 어느 하나에 해당하는 층의 계단인 경우에는 계단 및 계단참은 유효너비를 **120센티미터 이상**으로 할 것
   가. 계단을 설치하려는 층이 지상층인 경우 : 해당 층의 바로 위층부터 최상층(상부층 중 피난층이 있는 경우에는 그 아래층을 말한다)까지의 거실 바닥면적의 합계가 **200제곱미터 이상**인 경우
   나. 계단을 설치하려는 층이 지하층인 경우 : 지하층 거실 바닥면적의 합계가 100 **제곱미터 이상**인 경우〈본호 개정 2019.8.6.〉
5. 기타의 계단인 경우에는 계단 및 계단참의 너비를 **60센티미터 이상**으로 할 것
6. 「산업안전보건법」에 의한 작업장에 설치하는 계단인 경우에는 「산업안전기준에 관한 규칙」에서 정한 구조로 할 것〈개정 2015.4.6.〉

③ 공동주택(기숙사를 제외한다)·제1종 근린생활시설·제2종 근린생활시설·문화 및 집회시설·종교시설·판매시설·운수시설·의료시설·노유자시설·업무시설·숙박시설·위락시설 또는 관광휴게시설의 용도에 쓰이는 건축물의 주계단·피난계단 또는 특별피난계단에 설치하는 난간 및 바닥은 아동의 이용에 안전하고 노약자 및 신체장애인의 이용에 편리한 구조로 하여야 하며, 양쪽에 벽 등이 있어 난간이 없는 경우에는 손잡이를 설치하여야 한다.

④ 제3항의 규정에 의한 난간·벽 등의 손잡이와 바닥마감은 다음 각호의 기준에 적합하게 설치하여야 한다.

1. 손잡이는 최대지름이 **3.2센티미터 이상 3.8센티미터 이하**인 원형 또는 타원형의 단면으로 할 것
2. 손잡이는 벽 등으로부터 **5센티미터 이상** 떨어지도록 하고, 계단으로부터의 높이는 **85센티미터**가 되도록 할 것
3. 계단이 끝나는 수평부분에서의 손잡이는 바깥쪽으로 **30센티미터 이상** 나오도록

설치할 것

⑤ 계단을 대체하여 설치하는 경사로는 다음 각호의 기준에 적합하게 설치하여야 한다.

1. 경사도는 1 : 8을 넘지 아니할 것
2. 표면을 거친 면으로 하거나 미끄러지지 아니하는 재료로 마감할 것
3. 경사로의 직선 및 굴절부분의 유효너비는 「장애인·노인·임산부등의 편의증진보장에 관한 법률」이 정하는 기준에 적합할 것

⑥ 제1항 각호의 규정은 제5항의 규정에 의한 경사로의 설치기준에 관하여 이를 준용한다.

⑦ 제1항 및 제2항에도 불구하고 영 제34조제4항 단서에 따라 피난층 또는 지상으로 통하는 직통계단을 설치하는 경우 계단 및 계단참의 유효너비는 다음 각 호의 구분에 따른 기준에 적합하여야 한다.〈개정 2015.4.6.〉

1. 공동주택 : **120센티미터 이상**
2. 공동주택이 아닌 건축물 : **150센티미터 이상**

⑧ 승강기기계실용 계단, 망루용 계단 등 특수한 용도에만 쓰이는 계단에 대해서는 제1항부터 제7항까지의 규정을 적용하지 아니한다.〈개정 2012.1.6.〉

防規 제15조의 2【복도의 너비 및 설치기준】① 영 제48조의 규정에 의하여 건축물에 설치하는 복도의 유효너비는 다음 표와 같이 하여야 한다.

구 분	양옆에 거실이 있는 복도	기타의 복도
유치원·초등학교·중학교·고등학교	2.4미터 이상	1.8미터 이상
공동주택·오피스텔	1.8미터 이상	1.2미터 이상
당해 층 거실의 바닥면적 합계가 200제곱미터 이상인 경우	1.5미터 이상 (의료시설의 복도는 1.8미터 이상)	1.2미터 이상

② 문화 및 집회시설(공연장·집회장·관람장·전시장에 한정한다), 종교시설 중 종교집회장, 노유자시설 중 아동 관련 시설·노인복지시설, 수련시설 중 생활권수련시설, 위락시설 중 유흥주점 및 장례식장의 관람실 또는 집회실과 접하는 복도의 유효너비는 제1항에도 불구하고 다음 각 호에서 정하는 너비로 해야 한다.

1. 해당 층에서 해당 용도로 쓰는 바닥면적의 합계가 500제곱미터 미만인 경우 **1.5미터 이상**
2. 해당 층에서 해당 용도로 쓰는 바닥면적의 합계가 500제곱미터 이상 1천제곱미터 미만인 경우 **1.8미터 이상**
3. 해당 층에서 해당 용도로 쓰는 바닥면적의 합계가 1천제곱미터 이상인 경우 **2.4미터 이상**〈본항 개정 2019.8.6.〉

③ 문화 및 집회시설 중 공연장에 설치하는 복도는 다음 각 호의 기준에 적합해야 한다.

1. 공연장의 개별 관람실(바닥면적이 300제곱미터 이상인 경우에 한정한다)의 바깥쪽에는 그 양쪽 및 뒤쪽에 각각 복도를 설치할 것
2. 하나의 층에 개별 관람실(바닥면적이 300제곱미터 미만인 경우에 한정한다)을 2개소 이상 연속하여 설치하는 경우에는 그 관람석의 바깥쪽의 앞쪽과 뒤쪽에 각각 복도를 설치할 것〈본항 개정 2019.8.6.〉
④ 법 제19조에 따라 「공공주택 특별법 시행령」 제37조제1항제3호에 해당하는 건축물을 「주택법 시행령」 제4조의 준주택으로 용도변경하려는 경우로서 다음 각 호의 요건을 모두 갖춘 경우에는 용도변경한 건축물의 복도 중 양 옆에 거실이 있는 복도의 유효너비는 제1항에도 불구하고 **1.5미터 이상**으로 할 수 있다. 〈신설 2021. 10. 15.〉
1. 용도변경의 목적이 해당 건축물을 「공공주택 특별법」 제43조제1항에 따라 공공매입임대주택으로 공급하려는 공공주택사업자에게 매도하려는 것일 것
2. 둘 이상의 직통계단이 지상까지 직접 연결되어 있을 것
3. 건축물의 내부에서 계단실로 통하는 출입구의 유효너비가 **0.9미터 이상**일 것
4. 제3호의 출입구에는 영 제64조제1호에 따른 방화문을 피난하려는 방향으로 열리도록 설치하되, 해당 방화문은 항상 닫힌 상태를 유지하거나 화재로 인한 연기나 불꽃을 감지하여 자동으로 닫히는 구조일 것. 다만, 연기나 불꽃을 감지하여 자동으로 닫히는 구조로 할 수 없는 경우에는 온도를 감지하여 자동으로 닫히는 구조로 할 수 있다.

해설 ▸ 연면적 200㎡를 초과하는 건축물에 설치하는 계단의 기준

용도별 계단	계단 및 계단참의 너비	단높이	단너비
초등학교의 계단	150cm 이상	16cm 이하	26cm 이상
중·고등학교의 계단	150cm 이상	18cm 이하	26cm 이상
문화 및 집회시설(공연장·집회장 및 관람장), 판매시설	120cm 이상	–	
윗층의 거실의 바닥면적의 합계가 200㎡ 이상이거나 거실의 바닥면적의 합계가 100㎡ 이상인 지하층의 계단			
기타의 계단	60cm 이상	–	
산업안전보건법에 의한 작업장에 설치하는 계단	산업안전기준에 관한 규칙에서 정한 구조		

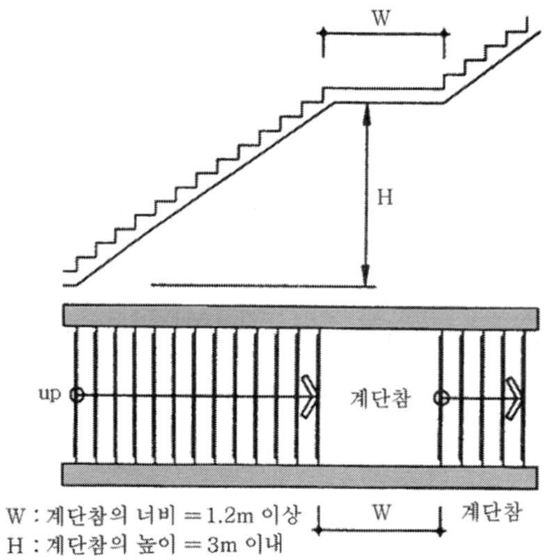

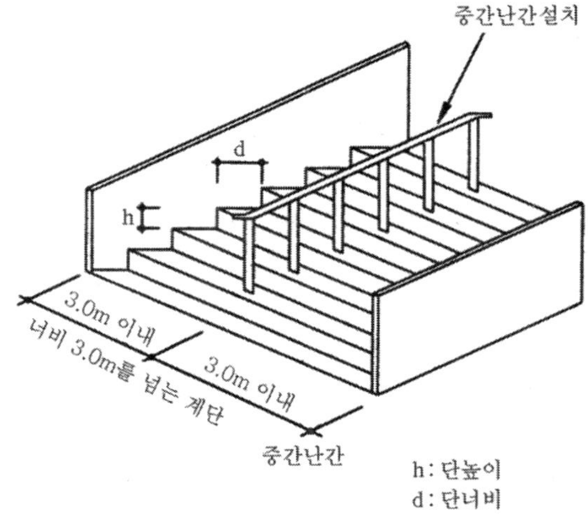

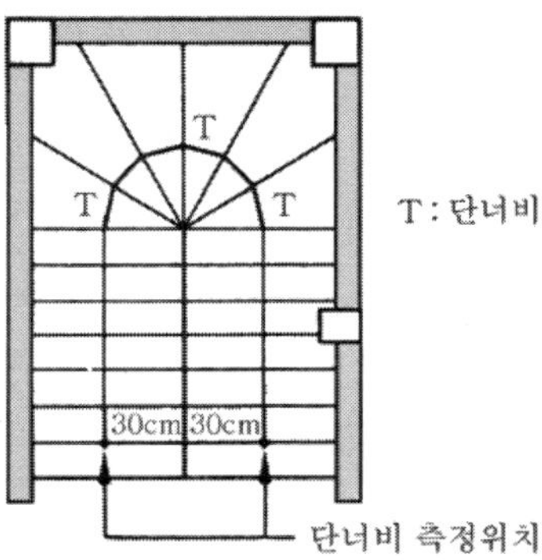

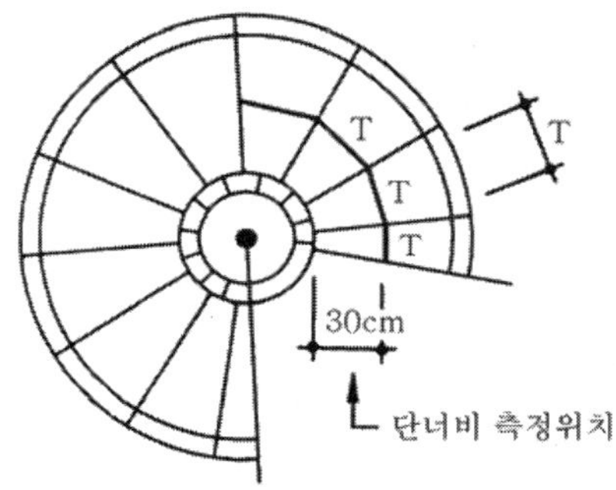

▸ 문화 및 집회시설 중 공연장에 설치하는 복도

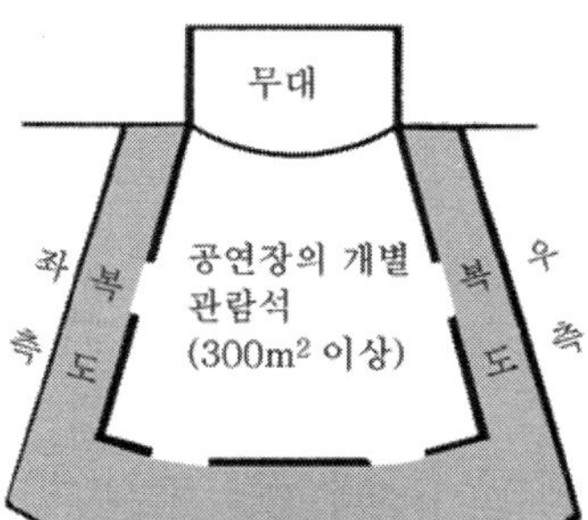

3-8. 거실반자의 설치

> **令 제50조【거실반자의 설치】**법 제49조 제2항 본문에 따라 공장, 창고시설, 위험물저장 및 처리시설, 동물 및 식물 관련 시설, 자연순환 관련 시설 또는 묘지 관련시설 외의 용도로 쓰는 건축물 거실의 반자(반자가 없는 경우에는 보 또는 바로 위층의 바닥판의 밑면, 그 밖에 이와 비슷한 것을 말한다)는 국토교통부령으로 정하는 기준에 적합해야 한다. 〈개정 2022.4.29.〉

> **防規 제16조【거실의 반자높이】**① 영 제50조의 규정에 의하여 설치하는 거실의 반자(반자가 없는 경우에는 보 또는 바로 윗층의 바닥판의 밑면 기타 이와 유사한 것을 말한다. 이하 같다)는 그 높이를 **2.1미터 이상**으로 하여야 한다.
> ② 문화 및 집회시설(전시장 및 동·식물원은 제외한다), 종교시설, 장례식장 또는 위락시설 중 유흥주점의 용도에 쓰이는 건축물의 관람실 또는 집회실로서 그 바닥면적이 **200제곱미터 이상**인 것의 반자의 높이는 제1항에도 불구하고 **4미터**(노대의 아랫부분의 높이는 **2.7미터) 이상**이어야 한다. 다만, 기계환기장치를 설치하는 경우에는 그렇지 않다. 〈본항 개정 2019.8.6.〉

해설 거실의 반자

거 실	반자 높이	비고
일반적인 건축물(공장, 창고시설, 위험물저장 및 처리시설, 동물 및 식물 관련시설, 자연순환 관련시설, 묘지관련시설은 제외함)	2.1m 이상	
문화 및 집회시설(전시장 및 동·식물원 제외), 종교시설, 장례식장 또는 위락시설 중 유흥주점의 용도에 쓰이는 건축물의 관람석 또는 집회실로서 바닥면적 **200㎡ 이상**인 것	4.0m 이상(노대의 아랫부분은 2.7m 이상)	기계환기장치를 설치한 경우에는 그러하지 아니함

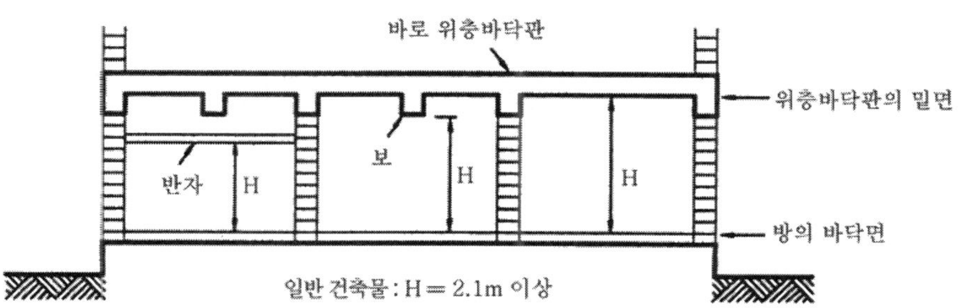

일반 건축물 : H = 2.1m 이상

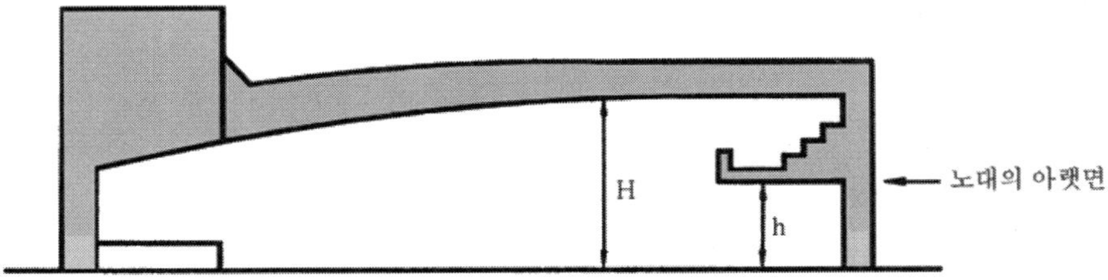

관람석 또는 집회실 : H = 4.0m 이상
h = 2.7m 이상

3-9. 거실의 채광 등

令 제51조【거실의 채광 등】① 법 제49조 제2항 본문에 따라 단독주택 및 공동주택의 거실, 교육연구시설 중 학교의 교실, 의료시설의 병실 및 숙박시설의 객실에는 국토교통부령으로 정하는 기준에 따라 채광 및 환기를 위한 창문 등이나 설비를 설치해야 한다. 〈개정 2022.4.29.〉

防規 제17조【채광 및 환기를 위한 창문 등】① 영 제51조에 따라 **채광**을 위하여 거실에 설치하는 **창문** 등의 면적은 그 거실의 바닥면적의 **10분의 1 이상**이어야 한다. 다만, 거실의 용도에 따라 별표 1의3에 따른 조도 이상의 조명장치를 설치하는 경우에는 그러하지 아니하다. 〈개정 2012.1.6.〉

[**별표 1의3**]〈개정 2012.1.6.〉 **거실의 용도에 따른 조도기준**(제17조제1항 관련)

거실의 용도구분 \ 조도구분		바닥에서 85센티미터의 높이에 있는 수평면의 조도(럭스)
1. 거주	독서·식사·조리 기타	150 70
2. 집무	설계·제도·계산 일반사무 기타	700 300 150
3. 작업	검사·시험·정밀검사·수술 일반작업·제조·판매 포장·세척 기타	700 300 150 70
4. 집회	회의 집회 공연·관람	300 150 70
5. 오락	오락일반 기타	150 30
6. 기타		1란 내지 5란 중 가장 유사한 용도에 관한 기준을 적용한다.

②영 제51조의 규정에 의하여 환기를 위하여 거실에 설치하는 창문 등의 면적은 그 거실의 바닥면적의 20분의 1 이상이어야 한다. 다만, 기계환기장치 및 중앙관리방식의 공기조화설비를 설치하는 경우에는 그러하지 아니하다.

③제1항 및 제2항의 규정을 적용함에 있어서 수시로 개방할 수 있는 미닫이로 구획된 2개의 거실은 이를 1개의 거실로 본다.

④ 영 제51조제3항에서 "국토교통부령으로정하는 기준"이란 높이 1.2미터 이상의 난간이나 그 밖에 이와 유사한 추락방지를 위한 안전시설을 말한다.

슈 **제51조【거실의 채광 등】**

② 법 제49조 제2항 본문에 따라 다음 각 호에 해당하는 건축물의 거실(피난층의 거실은 제외한다)에는 **배연설비**를 해야 한다. 〈개정 2022.4.29.〉

1. 6층 이상인 건축물로서 다음 각 목에 해당하는 용도로 쓰는 건축물 〈개정 2022.4.29.〉
   가. 제2종 근린생활시설 중 공연장, 종교집회장, 인터넷 컴퓨터 게임시설 제공업소 및 다중생활시설(공연장, 종교집회장 및 인터넷 컴퓨터 게임시설 제공업소는 해당 용도로 쓰는 바닥면적의 합계가 각각 300제곱미터 이상인 경우만 해당한다)
   나. 문화 및 집회시설
   다. 종교시설
   라. 판매시설
   마. 운수시설
   바. 의료시설(요양병원 및 정신병원은 제외한다)
   사. 교육연구시설 중 연구소
   아. 노유자시설 중 아동 관련 시설, 노인복지시설(노인요양시설은 제외한다)
   자. 수련시설 중 유스호스텔
   차. 운동시설
   카. 업무시설
   타. 숙박시설
   파. 위락시설
   하. 관광휴게시설
   거. 장례시설 〈개정 2017.2.3.〉
2. 다음 각 목에 해당하는 용도로 쓰는 건축물 〈개정 2022.4.29.〉
   가. 의료시설 중 요양병원 및 정신병원
   나. 노유자시설 중 노인요양시설·장애인 거주시설 및 장애인 의료재활시설 〈본항 개정 2015.9.22.〉
   다. 제1종 근린생활시설 중 산후조리원 〈본목 신설 2020.10.8.〉

③ 법 제49조 제2항 본문에 따라 오피스텔에 거실 바닥으로부터 높이 **1.2미터 이하** 부분에 여닫을 수 있는 창문을 설치하는 경우에는 국토교통부령으로 정하는 기준에 따라 추락방지를 위한 안전시설을 설치해야 한다. 〈개정 2022.4.29.〉

④ 법 제49조제3항에 따라 건축물의 **11층 이하의 층**에는 소방관이 진입할 수 있는 창을 설치하고, 외부에서 주·야간에 식별할 수 있는 표시를 해야 한다. 다만, 다음 각 호의 어느 하나에 해당하는 아파트는 제외한다.

1. 제 46조 제4항 및 제5항에 따라 대피공간 등을 설치한 아파트
2. 「주택건설기준 등에 관한 규정」제15조 제2항에 따라 비상용승강기를 설치한 아파트 〈개정 2019.10.22.〉

防規 제18조의 2【소방관 진입창의 기준】 법 제49조 제3항에서 "국토교통부령으로 정하는 기준"이란 다음 각 호의 요건을 모두 충족하는 것을 말한다.

1. 2층 이상 11층 이하인 층에 각각 1개소 이상 설치할 것. 이 경우 소방관이 진입할 수 있는 창의 가운데에서 벽면 끝까지의 수평거리가 40미터 이상인 경우에는 40미터 이내마다 소방관이 진입할 수 있는 창을 추가로 설치해야 한다.
2. 소방차 진입로 또는 소방차 진입이 가능한 공터에 면할 것
3. 창문의 가운데에 지름 20센티미터 이상의 역삼각형을 야간에도 알아볼 수 있도록 빛 반사 등으로 붉은 색으로 표시할 것
4. 창문의 한쪽 모서리에 타격지점을 지름 3센티미터 이상의 원형으로 표시할 것
5. 창문의 크기는 폭 90센티미터 이상, 높이 1.2미터 이상으로 하고, 실내 바닥면으로부터 창의 아랫부분까지의 높이는 80센티미터 이내로 할 것
6. 다음 각 목의 어느 하나에 해당하는 유리를 사용할 것
   가. 플로트판유리로서 그 두께가 6밀리미터 이하인 것
   나. 강화유리 또는 배강도 유리로서 그 두께가 5밀리미터 이하인 것
   다. 가목 또는 나목에 해당하는 유리로 구성된 이중 유리로서 그 두께가 24밀리미터 이하인 것 〈본조 신설 2019.8.6.〉

해설 防規 제18조의 2【소방관 진입창의 기준】 ①소방관이 진입할 수 있는 창의 설치기준을 2층 이상 11층 이하인 층에 각각 1개소 이상 설치하도록 하고, 창문의 가운데에 지름 20센티미터 이상의 역삼각형을 야간에도 알아볼 수 있도록 빛 반사 등으로 붉은색으로 표시하도록 한 것이다.

②플로트(float)판유리 : 액상의 유리물을 흘려 판유리를 만드는 플로트 공법

③배강도 유리 : 일반 유리 2배 정도의 강도를 가진 유리로서 판유리를 열처리하여 유리 표면에 적절한 크기의 압축 응력층을 만들어 파괴 강도를 증대시키고 또한 파손되었을 때 재료인 판유리와 유사하게 깨지도록 만든 유리이다.(파손 시 파편이 크다. 표면 압축 응력이 일반 유리보다 강하고 강화 유리보다 약하다)

3-10. 거실 등의 방습

令 **제52조【거실 등의 방습】**법 제49조 제2항 본문에 따라 다음 각 호에 해당하는 거실·욕실 또는 조리장의 바닥 부분에는 국토교통부령으로 정하는 기준에 따라 방습을 위한 조치를 해야 한다. 〈개정 2022.4.29.〉

1. 건축물의 최하층에 있는 거실(바닥이 목조인 경우만 해당한다)
2. 제1종 근린생활시설 중 목욕장의 욕실과 휴게음식점 및 제과점의 조리장
3. 제2종 근린생활시설 중 일반음식점, 휴게음식점 및 제과점의 조리장과 숙박시설의 욕실

防規 **제18조【거실 등의 방습】**① 영 제52조의 규정에 의하여 건축물의 최하층에 있는 거실바닥의 높이는 지표면으로부터 **45센티미터 이상**으로 하여야 한다. 다만, 지표면을 콘크리트바닥으로 설치하는 등 방습을 위한 조치를 하는 경우에는 그러하지 아니하다.

② 영 제52조에 따라 다음 각 호의 어느 하나에 해당하는 욕실 또는 조리장의 바닥과 그 바닥으로부터 높이 **1미터까지**의 안벽의 마감은 이를 내수재료로 하여야 한다.

1. 제1종 근린생활시설중 목욕장의 욕실과 휴게음식점의 조리장
2. 제2종 근린생활시설중 일반음식점 및 휴게음식점의 조리장과 숙박시설의 욕실

3-11. 경계벽 등의 설치

令 **제53조【경계벽 등의 설치】**① 법 제49조제4항에 따라 다음 각 호의 어느 하나에 해당하는 건축물의 경계벽은 국토교통부령으로 정하는 기준에 따라 설치해야 한다. 〈개정 2019.10.22.〉

1. 단독주택 중 다가구주택의 각 가구 간 또는 공동주택(기숙사는 제외한다)의 각 세대 간 경계벽(제2조제14호 후단에 따라 거실·침실 등의 용도로 쓰지 아니하는 발코니 부분은 제외한다)
2. 공동주택 중 기숙사의 침실, 의료시설의 병실, 교육연구시설 중 학교의 교실 또는 숙박시설의 객실 간 경계벽
3. 제1종 근린생활시설 중 산후조리원의 다음 각 호의 어느 하나에 해당하는 경계벽
   가. 임산부실 간 경계벽
   나. 신생아실 간 경계벽
   다. 임산부실과 신생아실 간 경계벽 〈본호 신설 2020.10.8.〉
4. 제2종 근린생활시설 중 다중생활시설의 호실 간 경계벽 〈개정 2014.3.24.〉
5. 노유자시설 중 「노인복지법」 제32조제1항제3호에 따른 노인복지주택(이하 "노인복지주택"이라 한다)의 각 세대 간 경계벽

6. 노유자시설 중 <u>노인요양시설의 호실 간 경계벽</u> 〈본호 신설 2015.9.22.〉

〈본항 개정 2014.11.28.〉

② 법 제49조 제4항에 따라 다음 각 호의 어느 하나에 해당하는 건축물의 층간바닥(화장실의 바닥은 제외한다)은 국토교통부령으로 정하는 기준에 따라 설치해야 한다. 〈개정 2019.10.22.〉

1. 단독주택 중 다가구주택
2. 공동주택(「주택법」 제16조에 따른 주택건설사업계획승인 대상은 제외한다)
3. 업무시설 중 오피스텔
4. 제2종 근린생활시설 중 다중생활시설
5. 숙박시설 중 다중생활시설

〈본항 신설 2014.11.28.〉

防規 제19조【경계벽 등의 구조】① 법 제49조 제4항에 따라 건축물에 설치하는 경계벽은 내화구조로 하고, 지붕밑 또는 바로 위층의 바닥판까지 닿게 해야 한다.〈개정 2019.8.6.〉

② 제1항에 따른 경계벽은 소리를 차단하는 데 장애가 되는 부분이 없도록 다음 각 호의 어느 하나에 해당하는 구조로 하여야 한다. 다만, 다가구주택 및 공동주택의 세대간의 경계벽인 경우에는 「주택건설기준 등에 관한 규정」 제14조에 따른다. 〈개정 2014.11.28.〉

1. 철근콘크리트조·철골철근콘크리트조로서 두께가 **10센티미터 이상**인 것
2. 무근콘크리트조 또는 석조로서 두께가 **10센티미터**(시멘트모르타르·회반죽 또는 석고플라스터의 바름두께를 포함한다) **이상**인 것
3. 콘크리트블록조 또는 벽돌조로서 두께가 **19센티미터 이상**인 것
4. 제1호 내지 제3호의 것 외에 국토교통부장관이 정하여 고시하는 기준에 따라 국토교통부장관이 지정하는 자 또는 한국건설기술연구원장이 실시하는 품질시험에서 그 성능이 확인된 것
5. 한국건설기술연구원장이 제27조제1항에 따라 정한 인정기준에 따라 인정하는 것

③ 법 제49조 제3항에 따른 가구·세대 등 간 소음방지를 위한 바닥은 경량 충격음(비교적 가볍고 딱딱한 충격에 의한 바닥충격음을 말한다)과 중량 충격음(무겁고 부드러운 충격에 의한 바닥충격음을 말한다)을 차단할 수 있는 구조로 하여야 한다. 〈신설 2014.11.28.〉

④ 제3항에 따른 가구·세대 등 간 소음방지를 위한 바닥의 세부 기준은 국토교통부장관이 정하여 고시한다. 〈신설 2014.11.28.〉

防規 제19조【침수 방지시설】법 제49조 제4항 제 2호에서 "국토교통부령으로 정하는 침수 방지시설"이란 다음 각 호의 시설을 말한다.

1. 차수판(遮水板)
2. 역류방지 밸브 〈신설 2015.7.9.〉

3-12 건축물에 설치하는 굴뚝

令 **제54조【건축물에 설치하는 굴뚝】** 건축물에 설치하는 굴뚝은 국토교통부령으로 정하는 기준에 따라 설치하여야 한다.

防規 **제20조【건축물에 설치하는 굴뚝】** 영 제54조에 따라 건축물에 설치하는 굴뚝은 다음 각 호의 기준에 적합하여야 한다.

1. 굴뚝의 옥상 돌출부는 지붕면으로부터의 수직거리를 <u>1미터 이상</u>으로 할 것. 다만, 용마루·계단탑·옥탑 등이 있는 건축물에 있어서 굴뚝의 주위에 연기의 배출을 방해하는 장애물이 있는 경우에는 그 굴뚝의 상단을 용마루·계단탑·옥탑 등보다 높게 하여야 한다.
2. 굴뚝의 상단으로부터 수평거리 1미터 이내에 다른 건축물이 있는 경우에는 그 건축물의 처마보다 <u>1미터 이상</u> 높게 할 것
3. 금속제 굴뚝으로서 건축물의 지붕속·반자위 및 가장 아랫바닥밑에 있는 굴뚝의 부분은 금속 외의 불연재료로 덮을 것
4. 금속제 굴뚝은 목재 기타 가연재료로부터 <u>15센티미터 이상</u> 떨어져서 설치할 것. 다만, 두께 10센티미터 이상인 금속외의 불연재료로 덮은 경우에는 그러하지 아니하다.

해설 건축물의 굴뚝설치

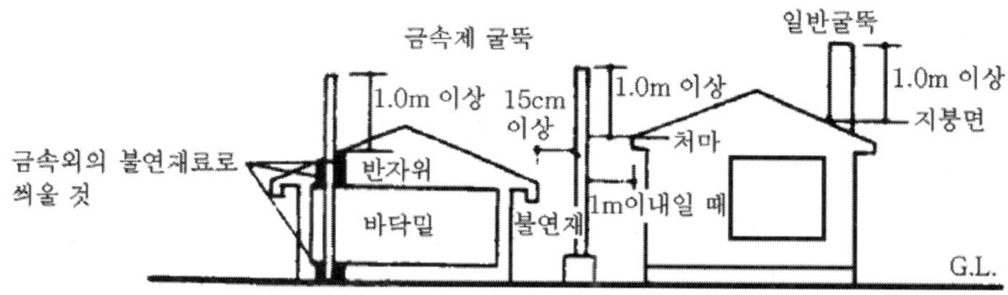

令 **제55조【창문 등의 차면 시설】** 인접 대지경계선으로부터 직선거리 <u>2미터 이내</u>에 이웃 주택의 내부가 보이는 창문 등을 설치하는 경우에는 차면 시설(遮面施設)을 설치하여야 한다.

4. 건축물의 내화구조와 방화벽 - 내화구조

法 제50조【건축물의 내화구조와 방화벽】① 문화 및 집회시설, 의료시설, 공동주택 등 대통령령으로 정하는 건축물은 국토교통부령으로 정하는 기준에 따라 주요 구조부와 지붕을 내화(耐火)구조로 하여야 한다. 다만, 막구조 등 대통령령으로 정하는 구조는 주요구조부에만 내화구조로 할 수 있다. 〈개정 2013.3.23., 2018.8.14.〉

② 대통령령으로 정하는 용도 및 규모의 건축물은 국토교통부령으로 정하는 기준에 따라 방화벽으로 구획하여야 한다. 〈개정 2013.3.23.〉

令 제56조【건축물의 내화구조】① 법 제50조제1항 본문에 따라 다음 각 호의 어느 하나에 해당하는 건축물(제5호에 해당하는 건축물로서 2층 이하인 건축물은 지하층 부분만 해당한다)의 주요 구조부와 지붕은 내화구조로 해야 한다. 다만, 연면적이 50제곱미터 이하인 단층의 부속건축물로서 외벽 및 처마 밑면을 방화구조로 한 것과 무대의 바닥은 그렇지 않다.〈개정 2019.10.22.〉

1. 제2종 근린생활시설 중 공연장·종교집회장(해당 용도로 쓰는 바닥면적의 합계가 각각 300제곱미터 이상인 경우만 해당한다), 문화 및 집회시설(전시장 및 동·식물원은 제외한다), 종교시설, 위락시설 중 주점영업 및 장례시설의 용도로 쓰는 건축물로서 관람실 또는 집회실의 바닥면적의 합계가 **200제곱미터**(옥외관람석의 경우에는 **1천 제곱미터) 이상**인 건축물 〈개정 2019.8.6.〉
2. 문화 및 집회시설 중 전시장 또는 동·식물원, 판매시설, 운수시설, 교육연구시설에 설치하는 체육관·강당, 수련시설, 운동시설 중 체육관·운동장, 위락시설(주점영업의 용도로 쓰는 것은 제외한다), 창고시설, 위험물저장 및 처리시설, 자동차 관련 시설, 방송통신시설 중 방송국·전신전화국·촬영소, 묘지 관련 시설 중 화장시설·동물화장시설 또는 관광휴게시설의 용도로 쓰는 건축물로서 그 용도로 쓰는 바닥면적의 합계가 **500제곱미터 이상**인 건축물 〈개정 2017.2.3.〉
3. 공장의 용도로 쓰는 건축물로서 그 용도로 쓰는 바닥면적의 합계가 **2천 제곱미터 이상**인 건축물. 다만, 화재의 위험이 적은 공장으로서 국토교통부령으로 정하는 공장은 제외한다.
4. 건축물의 2층이 단독주택 중 다중주택 및 다가구주택, 공동주택, 제1종 근린생활시설(의료의 용도로 쓰는 시설만 해당한다), 제2종 근린생활시설 중 다중생활시설, 의료시설, 노유자시설 중 아동 관련 시설 및 노인복지시설, 수련시설 중 유스호스텔, 업무시설 중 오피스텔, 숙박시설 또는 장례시설의 용도로 쓰는 건축물로서 그 용도로 쓰는 바닥면적의 합계가 **400제곱미터 이상**인 건축물 〈개정 2017.2.3.〉
5. **3층 이상**인 건축물 및 **지하층**이 있는 건축물. 다만, 단독주택(다중주택 및 다가구주택은 제외한다), 동물 및 식물 관련 시설, 발전시설(발전소의 부속용도로 쓰는 시설

은 제외한다), 교도소·감화원 또는 묘지 관련 시설(화장시설 및 동물화장시설은 제외한다)의 용도로 쓰는 건축물과 철강 관련 업종의 공장 중 제어실로 사용하기 위하여 연면적 50제곱미터 이하로 증축하는 부분은 제외한다. 〈개정 2017.2.3.〉
② 법 제50조 제1항 단서에 따라 막구조의 건축물은 주요구조부에만 내화구조로 할 수 있다. 〈개정 2019.10.22.〉

해설 슈제56조【건축물의 내화구조】①주요구조부와 지붕을 내화구조로 하여야 하는 건축물

	건축물의 용도	해당 용도에 사용하는 바닥면적의 합계
1	문화 및 집회시설(전시장 및 동·식물원 제외), 종교시설, 위락시설 중 주점영업, 장례식장	200㎡ 이상(옥외 관람석의 경우 1,000㎡ 이상)
2	문화 및 집회시설 중 전시장 및 동·식물원, 판매시설, 운수시설, 교육연구시설에 설치하는 체육관·강당, 수련시설, 운동시설 중 체육관 및 운동장, 위락시설(주점영업 제외), 창고시설, 위험물저장 및 처리시설, 자동차관련시설, 방송통신시설 중 방송국·전신전화국 및 촬영소, 묘지관련시설 중 화장장 또는 관광휴게시설	500㎡ 이상
3	공장	2,000㎡ 이상
4	건축물의 2층이 단독주택 중 다중주택·다가구주택, 공동주택, 제1종 근린생활시설(의료의 용도에 쓰이는 시설만 해당), 제2종 근린생활시설 중 고시원, 의료시설, 노유자시설 중 아동 관련 시설·노인복지시설, 수련시설 중 유스호스텔, 업무시설 중 오피스텔, 숙박시설, 장례식장	400㎡ 이상
5	3층 이상의 건축물 및 지하층이 있는 건축물. 다만, 단독주택(다중주택, 다가구주택 제외), 동물 및 식물관련시설, 발전시설(발전소의 부속용도로 사용되는 시설 제외), 교도소 및 감화원 또는 묘지관련시설(화장장 제외)의 용도에 쓰이는 건축물 및 50㎡ 이하로 증축하는 철강공장의 제어실은 제외	면적에 관계없이 모두 해당

[주] 1. 5호에서 2층 이하인 건축물의 경우에는 지하층부분만 주요구조부를 내화구조로 하면 된다.
2. 주요구조부를 내화구조로 하지 않아도 되는 것은 다음과 같다.
- 연면적 50㎡ 이하인 단층 부속건축물로서 외벽 및 처마밑면을 방화구조로 한 것
- 무대바닥
- 3호의 공장 중에서 화재위험이 적은 공장으로서 국토교통부령이 정하는 공장

슈제56조 ②

막(膜)구조(membrane structure)란 텐트와 같은 원리로 된 구조물로서 문화 및 집회시설 등에서 많이 볼 수 있다. 즉 와이어 로프 등을 드리고 그 위에 플라스틱 계통의 반투명 텐트를 설치한 구조물 등을 말한다. 따라서 막구조 건축물은 주요구조부에만 내화구조로 할 수 있도록 한 것이다.

防規 제20조의 2【내화구조의 적용이 제외되는 공장건축물】 영 제56조제1항제3호 단서에서 "국토교통부령이 정하는 공장"이라 함은 별표 2의 업종에 해당하는 공장으로서 주요구조부가 불연재료로 되어 있는 2층 이하의 공장을 말한다.

[별표 2]〈개정 2010.12.30.〉

내화구조의 적용이 제외되는 공장의 업종 (제20조의2관련)

번호	업 종	번호	업 종
10301	과실 및 채소 절임식품 제조업	24113	합금철 제조업
10309	기타 과일·채소 가공 및 저장처리업	24119	기타 제철 및 제강업
11201	얼음 제조업	24211	동 제련, 정련 및 합금제조업
11202	생수 제조업	24212	알루미늄 제련, 정련 및 합금제조업
11209	기타 비알콜음료 제조업	24213	연 및 아연제련, 정련 및 합금제조업
23110	판유리 제조업	24219	기타 비철금속 제련, 정련 및 합금제조업
23122	판유리 가공품 제조업	24311	선철주물 주조업
23221	구조용 정형내화제품 제조업	24312	강주물 주조업
23229	기타 내화요업 제조업	24321	알루미늄 주물 주조업
23231	점토벽돌, 블록 및 유사 비내화 요업제품 제조업	24322	동 주물 주조업
		24329	기타 비철금속 주조업
23232	타일 및 유사 비내화 요업제품 제조업	28421	운송잡비용 조명장치 제조업
23239	기타 구조용 비내화 요업제품 제조업	29172	공기조화장치 제조업
23911	건설용 석제품 제조업	30310	자동차 엔진용 부품 제조업
23919	기타 석제품 제조업	30320	자동차 차체용 부품 제조업
24111	제철업	30391	자동차용 동력전달 장치 제조업
24112	제강업	30392	자동차용 전기장치 제조업

[주] 분류번호는 「통계법」 제17조에 따라 통계청장이 고시하는 한국표준산업분류에 의한 분류번호를 말한다.

4-1. 건축물의 내화구조와 방화벽 – 방화벽

法 제50조【건축물의 내화구조와 방화벽】- 계속

② 대통령령으로 정하는 용도 및 규모의 건축물은 국토교통부령으로 정하는 기준에 따라 방화벽으로 구획하여야 한다.

令 제57조【대규모 건축물의 방화벽 등】① 법 제50조제2항에 따라 연면적 1천 제곱미터 이상인 건축물은 방화벽으로 구획하되, 각 구획된 바닥면적의 합계는 1천 제곱미터 미만이어야 한다. 다만, 주요구조부가 내화구조이거나 불연재료인 건축물과 제56조제1항제5호 단서에 따른 건축물 또는 내부설비의 구조상 방화벽으로 구획할 수 없는 창고시설의 경우에는 그러하지 아니하다.

② 제1항에 따른 방화벽의 구조에 관하여 필요한 사항은 국토교통부령으로 정한다.

③ 연면적 1천 제곱미터 이상인 목조 건축물의 구조는 국토교통부령으로 정하는 바에 따라 방화구조로 하거나 불연재료로 하여야 한다.

防規 제21조【방화벽의 구조】① 영 제57조제2항에 따라 건축물에 설치하는 방화벽은 다음 각호의 기준에 적합해야 한다. 〈개정 2021.3.26.〉

1. 내화구조로서 홀로 설 수 있는 구조일 것
2. 방화벽의 양쪽 끝과 위쪽 끝을 건축물의 외벽면 및 지붕면으로부터 0.5미터 이상 튀어 나오게 할 것
3. 방화벽에 설치하는 출입문의 너비 및 높이는 각각 2.5미터 이하로 하고, 해당 출입문에는 60+ 방화문 또는 60분 방화문을 설치할 것 〈개정 2021.3.26.〉

② 제14조제2항의 규정은 제1항의 규정에 의한 방화벽의 구조에 관하여 이를 준용한다.

防規 제22조【대규모 목조건축물의 외벽 등】① 영 제57조제3항의 규정에 의하여 연면적이 1천제곱미터 이상인 목조의 건축물은 그 외벽 및 처마밑의 연소할 우려가 있는 부분을 방화구조로 하되, 그 지붕은 불연재료로 하여야 한다.

② 제1항에서 "연소할 우려가 있는 부분"이라 함은 인접대지경계선·도로중심선 또는 동일한 대지안에 있는 2동 이상의 건축물(연면적의 합계가 500제곱미터 이하인 건축물은 이를 하나의 건축물로 본다) 상호의 외벽간의 중심선으로부터 1층에 있어서는 3미터 이내, 2층 이상에 있어서는 5미터 이내의 거리에 있는 건축물의 각 부분을 말한다. 다만, 공원·광장·하천의 공지나 수면 또는 내화구조의 벽 기타 이와 유사한 것에 접하는 부분을 제외한다.

防規 제22조의2【고층건축물 피난안전구역 등의 피난 용도 표시】법 제 50조의 2 제 2항에 따라 고층건축물에 설치된 피난안전구역, 피난시설 또는 대피공간에는 다음 각 호에서

정하는 바에 따라 화재 등의 경우에 피난 용도로 사용되는 것임을 표시하여야 한다.

1. 피난안전구역

가. 출입구 상부 벽 또는 측벽의 눈에 잘 띄는 곳에 "피난안전구역" 문자를 적은 표시판을 설치할 것

나. 출입구 측벽의 눈에 잘 띄는 곳에 해당 공간의 목적과 용도, 다른 용도로 사용하지 아니할 것을 안내하는 내용을 적은 표시판을 설치할 것

2. 특별피난계단의 계단실 및 그 부속실, 피난계단의 계단실 및 피난용 승강기 승강장

가. 출입구 측벽의 눈에 잘 띄는 곳에 해당 공간의 목적과 용도, 다른 용도로 사용하지 아니할 것을 안내하는 내용을 적은 표시판을 설치할 것

나. 해당 건축물에 피난안전구역이 있는 경우 가목에 따른 표시판에 피난안전구역이 있는 층을 적을 것

3. 대피공간 : 출입문에 해당 공간이 화재 등의 경우 대피장소이므로 물건적치 등 다른 용도로 사용하지 아니할 것을 안내하는 내용을 적은 표시판을 설치할 것〈신설 2015.7.9.〉

해설 ▸ 방화벽의 구조

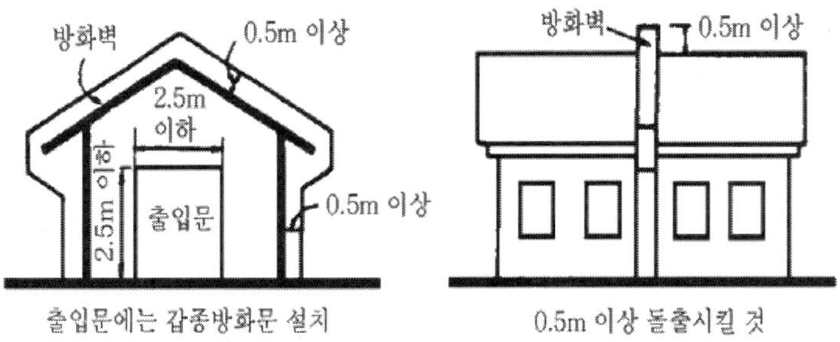

▸ 연소할 우려가 있는 부분

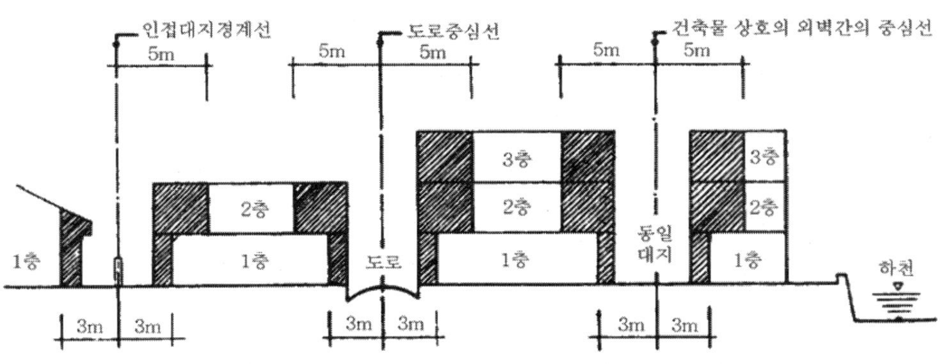

[주] 공원·광장·하천의 공지나 수면 또는 내화구조의 벽 기타 이와 유사한 것에 접하는 부분을 제외한다.

5. 방화지구안의 건축물

法 **제51조【방화지구 안의 건축물】**① 「국토의 계획 및 이용에 관한 법률」 제37조제1항제4호에 따른 방화지구(이하 "방화지구"라 한다) 안에서는 건축물의 주요구조부와 외벽을 내화구조로 하여야 한다. 다만, 대통령령으로 정하는 경우에는 그러하지 아니하다. 〈개정 2014.1.14.〉

② 방화지구 안의 공작물로서 간판, 광고탑, 그 밖에 대통령령으로 정하는 공작물 중 건축물의 지붕 위에 설치하는 공작물이나 높이 **3미터 이상**의 공작물은 주요부를 불연(不燃)재료로 하여야 한다.

③ 방화지구 안의 지붕·방화문 및 인접 대지 경계선에 접하는 외벽은 국토교통부령으로 정하는 구조 및 재료로 하여야 한다. 〈개정 2013.3.23.〉

令 **제58조【방화지구의 건축물】**법 제51조제1항에 따라 그 주요구조부 및 외벽을 내화구조로 하지 아니할 수 있는 건축물은 다음 각 호와 같다.

1. 연면적 **30제곱미터 미만**인 단층 부속건축물로서 외벽 및 처마면이 내화구조 또는 불연재료로 된 것
2. 도매시장의 용도로 쓰는 건축물로서 그 주요구조부가 불연재료로 된 것

防規 **제23조【방화지구안의 지붕·방화문 및 외벽 등】**① 법 제51조제3항에 따라 방화지구 내 건축물의 지붕으로서 내화구조가 아닌 것은 불연재료로 하여야 한다. 〈개정 2015.7.9.〉

② 법 제51조제3항에 따라 방화지구 내 건축물의 인접대지경계선에 접하는 외벽에 설치하는 창문등으로서 제22조제2항에 따른 연소할 우려가 있는 부분에는 다음 각 호의 방화설비를 설치해야 한다. 〈개정 2021.3.26.〉

1. 60+ 방화문 또는 60분 방화문 〈개정 2021.3.26.〉
2. 소방법령이 정하는 기준에 적합하게 창문 등에 설치하는 드렌처
3. 당해 창문 등과 연소할 우려가 있는 다른 건축물의 부분을 차단하는 내화구조나 불연재료로 된 벽·담장 기타 이와 유사한 방화설비
4. 환기구멍에 설치하는 불연재료로 된 방화커버 또는 그물눈이 **2밀리미터 이하**인 금속망

해설 국토의 용도지구 종류(국토의 계획 및 이용에 관한 법률 제37조, 시행령 제31조)

번호	종 류	목 적
1	경관지구	경관을 보호·형성하기 위하여 필요한 지구
2	미관지구	미관을 유지하기 위하여 필요한 지구
3	고도지구	쾌적한 환경조성 및 토지의 고도이용과 그 증진을 위하여 건축물의 높이의 최저한도 또는 최고한도를 규제할 필요가 있는 지구
4	방화지구	화재의 위험을 예방하기 위하여 필요한 지구
5	방재지구	풍수해, 산사태, 지반의 붕괴 그 밖의 재해를 예방하기 위하여 필요한 지구
6	보존지구	문화재, 중요 시설물 및 문화적·생태적으로 보존가치가 큰 지역의 보호와 보존을 위하여 필요한 지구
7	시설보호지구	학교시설·공용시설·항만 또는 공항의 보호, 업무기능의 효율화, 항공기의 안전운항 등을 위하여 필요한 지구
8	취락지구	녹지지역·관리지역·농림지역·자연환경보전지역·개발제한구역 또는 도시자연공원구역안의 취락을 정비하기 위한 지구
9	개발진흥지구	주거기능·상업기능·공업기능·유통물류기능·관광기능·휴양기능 등을 집중적으로 개발·정비할 필요가 있는 지구
10	특정용도제한지구	주거기능 보호 또는 청소년 보호 등의 목적으로 청소년 유해시설 등 특정시설의 입지를 제한할 필요가 있는 지구

해설 국토의 용도구분 및 용도지역(국토의 계획 및 이용에 관한 법률 제36조, 시행령 제30조)

<table>
<tr><th colspan="4">구 분</th><th>용 도</th><th>건폐율</th><th>용적률
(최대)</th></tr>
<tr><td rowspan="8">도시
지역</td><td rowspan="6">주거
지역</td><td rowspan="2">전용
주거
지역</td><td>제1종</td><td>단독주택 중심의 양호한 주거환경 보호 지역</td><td>50%</td><td>100%</td></tr>
<tr><td>제2종</td><td>공동주택 중심의 양호한 주거환경 보호 지역</td><td>50%</td><td>150%</td></tr>
<tr><td rowspan="3">일반
주거
지역</td><td>제1종</td><td>저층주택 중심의 편리한 주거환경 조성 지역</td><td>60%</td><td>200%</td></tr>
<tr><td>제2종</td><td>중층주택 중심의 편리한 주거환경 조성 지역</td><td>60%</td><td>250%</td></tr>
<tr><td>제3종</td><td>중고층주택 중심의 편리한 주거환경 조성 지역</td><td>50%</td><td>300%</td></tr>
<tr><td colspan="2">준주거지역</td><td>주거기능을 위주로 이를 지원하는 일부 상업기능 및 업무기능을 보완하기 위하여 필요한 지역</td><td>70%</td><td>500%</td></tr>
<tr><td rowspan="2">상업
지역</td><td colspan="2">중심상업지역</td><td>도심·부도심의 상업기능 및 업무기능 지역</td><td>90%</td><td>1,500%</td></tr>
<tr><td colspan="2">일반상업지역</td><td>일반적인 상업기능 및 업무기능을 담당 지역</td><td>80%</td><td>1,300%</td></tr>
</table>

구 분			용 도	건폐율	용적률(최대)
		근린상업지역	근린지역의 일용품 및 서비스 공급을 위한 지역	70%	900%
		유통상업지역	도시내 및 지역간 유통기능의 증진을 위한 지역	80%	1,100%
	공업지역	전용공업지역	중화학공업, 공해성 공업 등을 위한 지역	70%	300%
		일반공업지역	환경을 저해하지 아니하는 공업을 위한 지역	70%	350%
		준공업지역	경공업 그 밖의 공업을 수용하되, 주거기능·상업기능 및 업무기능의 보완이 필요한 지역	70%	400%
	녹지지역	보전녹지지역	도시의 자연환경·경관·산림 및 녹지공간을 보전이 필요한 지역	20%	80%
		생산녹지지역	농업적 생산을 위해 개발 유보가 필요한 지역	20%	100%
		자연녹지지역	도시 녹지공간 확보, 도시확산 방지, 장래 도시용지 공급 등을 위해 보전이 필요한 지역	20%	100%
관리지역		보전관리지역	자연환경보호, 수질오염방지, 녹지공간확보 및 생태계 보전 등을 위하여 보전이 필요하나 자연환경보전지역으로 지정 관리하기 곤란한 지역	20%	80%
		생산관리지역	농업·임업·어업 생산 등을 위해 관리가 필요하나 농림지역으로 지정 관리하기 곤란한 지역	20%	80%
		계획관리지역	도시지역으로의 편입이 예상되는 지역이나 자연환경을 고려하여 제한적인 이용·개발을 하려는 지역으로 계획적·체계적인 관리가 필요한 지역	40%	100%
농림지역			농업진흥지역 또는 보전산지 등으로서 농림업을 진흥시키고 산림을 보전하기 위해 필요한 지역	20%	80%
자연환경보전지역			자연환경·수자원·해안·생태계·상수원 및 문화재의 보전과 수산자원의 보호·육성 등을 위해 필요한 지역	20%	80%

5-1. 방화문의 구분

令 **제64조【방화문의 구분】** ① 방화문은 다음 각 호와 같이 구분한다.

1. **60분+ 방화문**: 연기 및 불꽃을 차단할 수 있는 시간이 60분 이상이고, 열을 차단할 수 있는 시간이 30분 이상인 방화문
2. **60분 방화문**: 연기 및 불꽃을 차단할 수 있는 시간이 60분 이상인 방화문
3. **30분 방화문**: 연기 및 불꽃을 차단할 수 있는 시간이 30분 이상 60분 미만인 방화문

② 제1항 각 호의 구분에 따른 방화문 인정 기준은 국토교통부령으로 정한다.
〈본조 개정 2020. 10. 8.〉

防規 **제26조【방화문의 구조】**영 제64조 제1항에 따른 방화문은 한국건설기술연구원장이 국토교통부장관이 정하여 고시하는 바에 따라 품질을 시험한 결과 영 제64조 제1항 각 호의 기준에 따른 성능을 확보한 것이어야 한다. 〈개정 2021.12.23.〉

1. 〈삭제 2021.12.23.〉
2. 〈삭제 2021.12.23.〉 〈본조 개정 2021.3.26.〉

6. 건축물의 마감재료

法 **제52조【건축물의 마감재료 등】**① 대통령령으로 정하는 용도 및 규모의 건축물의 벽, 반자, 지붕(반자가 없는 경우에 한정한다) 등 내부의 마감재료[제52조의4 제1항의 복합자재의 경우 심재(心材)를 포함한다]는 방화에 지장이 없는 재료로 하되, 「실내공기질 관리법」 제5조 및 제6조에 따른 실내공기질 유지기준 및 권고기준을 고려하고 관계 중앙행정기관의 장과 협의하여 국토교통부령으로 정하는 기준에 따른 것이어야 한다. 〈개정 2021.3.16.〉

令 **제61조【건축물의 마감재료 등】**① 법 제52조제1항에서 "대통령령으로 정하는 용도 및 규모의 건축물"이란 다음 각 호의 어느 하나에 해당하는 건축물을 말한다. 다만, 제1호, 제1호의2, 제2호부터 제7호까지의 어느 하나에 해당하는 건축물(제8호에 해당하는 건축물은 제외한다)의 주요구조부가 내화구조 또는 불연재료로 되어 있고 그 거실의 바닥면적(스프링클러나 그 밖에 이와 비슷한 자동식 소화설비를 설치한 바닥면적을 뺀 면적으로 한다. 이하 이 조에서 같다) 200제곱미터 이내마다 방화구획이 되어 있는 건축물은 제외한다.〈개정 2020.10.8.〉

1. 단독주택 중 다중주택·다가구주택〈본호 개정 2015.9.22.〉

1의 2. 공동주택〈신설 2015.9.22.〉

2. 제2종 근린생활시설 중 공연장·종교집회장·인터넷 컴퓨터 게임시설 제공업소·학

원·독서실·당구장·다중생활시설의 용도로 쓰는 건축물〈개정 2015.9.22.〉
3. 발전시설, 방송통신시설(방송국 · 촬영소의 용도로 쓰는 건축물로 한정한다) 〈개정 2021.8.10.〉
4. 공장, 창고시설, 위험물 저장 및 처리시설(자가난방과 자가발전 등의 용도로 쓰는 시설을 포함한다), 자동차 관련 시설의 용도로 쓰는 건축물 〈개정 2021.8.10.〉
5. 5층 이상인 층 거실의 바닥면적의 합계가 **500제곱미터 이상**인 건축물
6. 문화 및 집회시설, 종교시설, 판매시설, 운수시설, 의료시설, 교육연구시설 중 학교·학원, 노유자시설, 수련시설, 업무시설 중 오피스텔, 숙박시설, 위락시설, 장례시설 〈개정 2020.10.8.〉
7. 〈삭제 2021.8.10.〉
8. 「다중이용업소의 안전관리에 관한 특별법 시행령」 제2조에 따른 다중이용업의 용도로 쓰는 건축물 〈본목 신설 2020.10.8.〉

防規 제24조【건축물의 마감재료 등】 ① 법 제52조제1항에 따라 영 제61조제1항 각 호의 건축물에 대하여는 그 거실의 벽 및 반자의 실내에 접하는 부분(반자돌림대·창대 기타 이와 유사한 것을 제외한다. 이하 이 조에서 같다)의 마감재료(영 제61조 제1항 제4호에 해당하는 건축물의 경우에는 단열재를 포함한다)는 **불연재료 · 준불연재료 또는 난연재료**를 사용해야 한다. 다만, 다음 각 호에 해당하는 부분의 마감재료는 불연재료 또는 준불연재료를 사용해야 한다. 〈개정 2021.9.3.〉

1. 거실에서 지상으로 통하는 주된 복도 · 계단, 그 밖의 벽 및 반자의 실내에 접하는 부분 〈신설 2021.9.3.〉
2. 강판과 심재(心材)로 이루어진 복합자재를 마감재료로 사용하는 부분 〈신설 2021.9.3.〉

② 영 제61조제1항 각 호의 건축물 중 다음 각 호의 어느 하나에 해당하는 거실의 벽 및 반자의 실내에 접하는 부분의 마감은 제1항에도 불구하고 **불연재료 또는 준불연재료**로 하여야 한다.

1. 영 제61조제1항 각 호에 따른 용도에 쓰이는 거실 등을 지하층 또는 지하의 공작물에 설치한 경우의 그 거실(출입문 및 문틀을 포함한다)
2. 영 제61조제1항제6호에 따른 용도에 쓰이는 건축물의 거실

③ 제1항 및 제2항에도 불구하고 영 제61조제1항제4호에 해당하는 건축물에서 단열재를 사용하는 경우로서 해당 건축물의 구조, 설계 또는 시공방법 등을 고려할 때 단열재로 불연재료 · 준불연재료 또는 난연재료를 사용하는 것이 곤란하여 법 제4조에 따른 건축위원회(시 · 도 및 시 · 군 · 구에 두는 건축위원회를 말한다)의 심의를 거친 경우에는 단열재를 불연재료 · 준불연재료 또는 난연재료가 아닌 것으로 사용할 수 있다. 〈신설 2021. 9. 3.〉

④ 법 제52조제1항에서 "내부마감재료"란 건축물 내부의 천장·반자·벽(경계벽 포함)·기둥 등에 부착되는 마감재료를 말한다. 다만, 「다중이용업소의 안전관리에 관한 특별법 시행령」 제3조에 따른 실내장식물을 제외한다.〈개정 2014.11.28.〉

⑤ 영 제61조제1항제1의2호에 따른 공동주택에는 「다중이용시설 등의 실내공기질관리법」 제11조제1항 및 동법 시행규칙 제10조에 따라 환경부장관이 고시한 오염물질 방출 건축자재를 사용해서는 안 된다. 〈개정 2021.3.26.〉

해설 건축물의 내부마감재료

<table>
<tr><th>호</th><th>건축물의 용도</th><th>불연재료,
준불연재료</th><th>불연재료,
준불연재료,
난연재료</th></tr>
<tr><td>1</td><td>단독주택 중 다중주택·다가구주택, 공동주택</td><td rowspan="6">거실에서 지상으로 통하는 주된 복도·계단 기타 통로의 벽 및 반자의 실내에 접하는 부분의 마감

거실 등을 지하층 또는 지하의 공작물에 설치한 경우의 그 거실</td><td rowspan="7">거실의 벽 및 반자의 실내에 접하는 부분의 마감</td></tr>
<tr><td>2</td><td>제2종 근린생활시설 중 공연장·종교집회장·인터넷 컴퓨터 게임시설 제공업소·학원·독서실·당구장·다중생활시설의 용도로 쓰는 건축물</td></tr>
<tr><td>3</td><td>위험물저장 및 처리시설(자가난방과 자가발전 등의 용도로 쓰는 시설을 포함), 자동차관련시설, 방송통신시설 중 방송국·촬영소 또는 발전시설</td></tr>
<tr><td>4</td><td>공장의 용도로 쓰는 건축물(1층이하이고 연면적 1,000㎡ 미만으로서 화재위험이 적은 공장 용도로 쓰고, 화재시 대피가 가능한 출구를 갖추고, 복합자재를 내부 마감재료로 사용하는 경우 국토교통부령으로 정하는 품질기준에 적합할 것)</td></tr>
<tr><td>5</td><td>5층 이상인 층 거실의 바닥면적의 합계가 500㎡ 이상인 건축물</td></tr>
<tr><td>6</td><td>창고로 쓰이는 바닥면적 600㎡(스프링클러나 그 밖에 이와 비슷한 자동식 소화설비를 설치한 경우에는 1,200㎡ 이상)이상인 건축물</td></tr>
<tr><td>7</td><td>문화 및 집회시설, 종교시설, 판매시설, 운수시설, 의료시설, 교육연구시설 중 학교(초등학교만 해당)·학원, 노유자시설, 수련시설, 업무시설 중 오피스텔, 숙박시설, 위락시설(단란주점 및 주점영업 제외), 장례식장, 다중이용업(단란주점영업 및 유흥주점 영업은 제외)의 용도로 쓰는 건축물</td><td>거실</td></tr>
</table>

[주] 1. ( )안의 숫자는 주요구조부가 내화구조 또는 불연재료로 된 건축물의 경우이다.

2. 주요구조부가 내화구조 또는 불연재료로 된 건축물로서 그 거실의 바닥면적(스프링클러 기타 이와 유사한 자동식 소화설비를 설치한 부분의 바닥면적을 뺀 면적으로 함) 200㎡ 이내마다 방화구획이 되어 있는 경우에는 이 규정을 적용하지 아니한다.

3. 내부마감재료 : 건축물 내부의 천장·반자·벽(간막이벽 포함)·기둥 등에 부착되는 마감재료(반자돌림대·창대 기타 이와 유사한 것은 제외)

해설 실내장식물 (다중이용업소의 안전관리에 관한 특별법 시행령 제3조)

건축물 내부의 천장이나 벽에 붙이는(설치하는) 것으로서 다음 각 호의 어느 하나에 해당하는 것을 말한다.

1. 종이류(두께 2밀리미터 이상인 것을 말한다)·합성수지류 또는 섬유류를 주원료로 한 물품
2. 합판이나 목재
3. 실(室) 또는 공간을 구획하기 위하여 설치하는 칸막이 또는 간이 칸막이
4. 흡음(吸音)이나 방음(防音)을 위하여 설치하는 흡음재(흡음용 커튼 포함) 또는 방음재(방음용 커튼 포함)

제외 : 가구류(옷장, 찬장, 식탁, 식탁용 의자, 사무용 책상, 사무용 의자, 계산대), 너비 10센티미터 이하인 반자돌림대, 「건축법」 제52조에 따른 내부마감재료

해설 다중이용업(다중이용업소의 안전관리에 관한 특별법 시행령 제2조, 시행규칙 제2조)

불특정 다수인이 이용하는 영업 중 화재 등 재난발생시 생명·신체·재산상의 피해발생 우려가 높은 것 : 100㎡(지하층은 66㎡) 이상의 음식점·제과점(지상1층 제외), 단란주점, 유흥주점, 영화상영관·비디오물감상실, 학원(수용인원 300인 이상, 다른 다중이용업과 함께 있는 것), 목욕장, 게임제공업, 노래연습장, 산후조리원, 고시원, 옥내권총사격장, 스크린골프 연습장, 안마시술소, 전화방·화상대화방, 수면방, 콜라텍

防規 제24조의2【**화재 위험이 적은 공장과 인접한 건축물의 마감재료**】① 영 제61조제2항제1호나목에서 "국토교통부령으로 정하는 화재위험이 적은 공장"이란 별표 3의 업종에 해당하는 공장을 말한다. 다만, 공장의 일부 또는 전체를 기숙사 및 구내식당의 용도로 사용하는 건축물을 제외한다.〈개정 2012.1.6.〉

② 〈삭제 2021.9.3.〉

③ 〈삭제 2021.9.3.〉

[별표 3]〈개정 2014.3.5〉 **화재위험이 적은 공장의 업종** (제24조의2제1항 관련)

번호	업 종	번호	업 종
10121	가금류 가공 및 저장처리업	23326	콘크리트관 및 기타 구조용 제조업
10129	기타 육류 가공 및 저장처리업	23329	그외 기타 콘크리트 제품 및 유사제품 제조업
10211	수산동물 훈제, 조리 및 유사 조제식품 제조업	23911	건설용 석재품 제조업
10212	수산동물 건조 및 염장품 제조업	23919	기타 석제품 제조업
10213	수산동물 냉동품 제조업	24111	제철업
10219	기타 수산동물 가공 및 저장처리업	24112	제강업
10220	수산식물 가공 및 저장처리업	24113	합금철 제조업
10301	과실 및 채소 절임식품 제조업	24119	기타 제철 및 제강업
10309	기타 과일·채소 가공 및 저장처리업	24211	동 제련, 정련 및 합금 제조업
10743	장류 제조업	24212	알루미늄 제련, 정련 및 합금 제조업
11201	얼음 제조업	24213	연 및 아연 제련, 정련 및 합금 제조업
11202	생수 생산업	24219	기타 비철금속 제련, 정련 및 합금 제조업
11209	기타 비알콜음료 제조업	24311	선철주물 주조업
23110	판유리 제조업	24312	강주물 주조업
23122	판유리 가공품 제조업	24321	알루미늄주물 주조업
23192	포장용 유리용기 제조업	24322	동주물 주조업
23221	구조용 정형내화제품 제조업	24329	기타 비철금속 주조업
23229	기타 내화요업제품 제조업	25112	구조용 금속판제품 및 금속공작물 제조업
23231	점토 벽돌, 블록 및 유사 비내화 요업제품 제조업	25113	금속 조립구조재 제조업
		25119	기타 구조용 금속제품 제조업
23232	타일 및 유사 비내화 요업제품 제조업	28421	운송장비용 조명장치 제조업
23239	기타 구조용 비내화 요업제품 제조업	29172	공기조화장치 제조업
23311	시멘트 제조업	30310	자동차 엔진용 부품 제조업
23312	석회 및 플라스터 제조업	30320	자동차 차체용 부품 제조엄
23323	플라스터 제품 제조업	30391	자동차용 동력전달 장치 제조업
23325	콘크리트 타일, 기와, 벽돌 및 블록 제조업	30392	자동차용 전기장치 제조업

[비고] 분류 번호는 「통계법」 제17조에 따라 통계청장이 고시하는 한국표준산업분류에 따른 분류 번호를 말한다.

6-1. 건축물의 마감재료, 실내건축

法 제52조【건축물의 마감재료 등】 - 계속

② 대통령령으로 정하는 건축물의 외벽에 사용하는 마감재료(두 가지 이상의 재료로 제작된 자재의 경우 각 재료를 포함한다)는 방화에 지장이 없는 재료로 하여야 한다. 이 경우 마감재료의 기준은 국토교통부령으로 정한다.〈개정 2021.3.16.〉

③ 욕실, 화장실, 목욕장 등의 바닥 마감재료는 미끄럼을 방지할 수 있도록 국토교통부령으로 정하는 기준에 적합하여야 한다. 〈신설 2013.7.16.〉

④ 대통령령으로 정하는 용도 및 규모에 해당하는 건축물 외벽에 설치되는 창호(窓戶)는 방화에 지장이 없도록 인접 대지와의 이격거리를 고려하여 방화성능 등이 국토교통부령으로 정하는 기준에 적합하여야 한다. 〈본항 신설 2020.12.22.〉

法 제52조의 2【실내건축】① 대통령령으로 정하는 용도 및 규모에 해당하는 건축물의 실내건축은 방화에 지장이 없고 사용자의 안전에 문제가 없는 구조 및 재료로 시공하여야 한다.

② 실내건축의 구조·시공방법 등에 관한 기준은 국토교통부령으로 정한다.

③ 특별자치시장·특별자치도지사 또는 시장·군수·구청장은 제1항 및 제2항에 따라 실내건축이 적정하게 설치 및 시공되었는지를 검사하여야 한다. 이 경우 검사하는 대상 건축물과 주기(週期)는 건축조례로 정한다. 〈본조 신설 2014.5.28.〉

法 제52조의3【건축자재의 제조 및 유통 관리】 ① 제조업자 및 유통업자는 건축물의 안전과 기능 등에 지장을 주지 아니하도록 건축자재를 제조·보관 및 유통하여야 한다.

② 국토교통부장관, 시·도지사 및 시장·군수·구청장은 건축물의 구조 및 재료의 기준 등이 공사현장에서 준수되고 있는지를 확인하기 위하여 제조업자 및 유통업자에게 필요한 자료의 제출을 요구하거나 건축공사장, 제조업자의 제조현장 및 유통업자의 유통장소 등을 점검할 수 있으며 필요한 경우에는 시료를 채취하여 성능 확인을 위한 시험을 할 수 있다.

③ 국토교통부장관, 시·도지사 및 시장·군수·구청장은 제2항의 점검을 통하여 위법 사실을 확인한 경우 대통령령으로 정하는 바에 따라 공사 중단, 사용 중단 등의 조치를 하거나 관계 기관에 대하여 관계 법률에 따른 영업정지 등의 요청을 할 수 있다.

④ 국토교통부장관, 시·도지사, 시장·군수·구청장은 제2항의 점검업무를 대통령령으로 정하는 전문기관으로 하여금 대행하게 할 수 있다.

⑤ 제2항에 따른 점검에 관한 절차 등에 관하여 필요한 사항은 국토교통부령으로 정한다. 〈본조 신설 2016.2.3.〉

法 제52조의4【건축자재의 품질관리 등】 ① 복합자재(불연재료인 양면 철판, 석재, 콘크리트 또는 이와 유사한 재료와 불연재료가 아닌 심재로 구성된 것을 말한다)를 포함한 제52조에 따른 마감재료, 방화문 등 대통령령으로 정하는 건축자재의 제조업자, 유통업자, 공사시공자 및 공사감리자는 국토교통부령으로 정하는 사항을 기재한 품질관리서(이하 "품질관리서"라 한다)를 대통령령으로 정하는 바에 따라 허가권자에게 제출하여야 한다. 〈개정 2021.3.16.〉

② 제1항에 따른 건축자재의 제조업자, 유통업자는 「과학기술분야 정부출연연구기관 등의 설립·운영 및 육성에 관한 법률」에 따른 한국건설기술연구원 등 대통령령으로 정하는 시험기관에 건축자재의 성능시험을 의뢰하여야 한다. 〈개정 2019.4.23.〉

③ 제2항에 따른 성능시험을 수행하는 시험기관의 장은 성능시험 결과 등 건축자재의 품질관리에 필요한 정보를 국토교통부령으로 정하는 바에 따라 기관 또는 단체에 제공하거나 공개하여야 한다. 〈신설 2019.4.23.〉

④ 제3항에 따라 정보를 제공받은 기관 또는 단체는 해당 건축자재의 정보를 홈페이지 등에 게시하여 일반인이 알 수 있도록 하여야 한다. 〈신설 2019.4.23.〉

⑤ 제1항에 따른 건축자재 중 국토교통부령으로 정하는 단열재는 국토교통부장관이 고시하는 기준에 따라 해당 건축자재에 대한 정보를 표면에 표시하여야 한다. 〈신설 2019.4.23.〉

⑥ 복합자재에 대한 난연성분 분석시험, 난연성능기준, 시험수수료 등 필요한 사항은 국토교통부령으로 정한다. 〈개정 2019.4.23.〉〈제목 개정 2019.4.23.〉

法 제52조의5【건축자재 등의 품질인정】 ① 방화문, 복합자재 등 대통령령으로 정하는 건축자재와 내화구조(이하 "건축자재 등이라 한다)는 방화성능, 품질관리 등 국토교통부령으로 정하는 기준에 따라 품질이 적합하다고 인정받아야 한다.

② 건축관계자 등은 제1항에 따라 품질인정을 받은 건축자재 등만 사용하고, 인정받은 내용대로 제조 · 유통 · 시공하여야 한다. 〈본조 신설 2020.12.22.〉

法 제52조의6【건축자재 등 품질인정기관의 지정 · 운영 등】 ① 국토교통부장관은 건축 관련 업무를 수행하는 「공공기관의 운영에 관한 법률」 제4조에 따른 공공기관으로서 대통령령으로 정하는 기관을 품질인정 업무를 수행하는 기관(이하 "건축자재 등 품질인정기관"이라 한다)으로 지정할 수 있다.

② 건축자재 등 품질인정기관은 제52조의5제1항에 따른 건축자재 등에 대한 품질인정 업무를 수행하며, 품질인정을 신청한 자에 대하여 국토교통부령으로 정하는 바에 따라 수수료를 받을 수 있다.

③ 건축자재 등 품질인정기관은 제2항에 따라 품질이 적합하다고 인정받은 건축자재 등(이하 "품질인정자재 등"이라 한다)이 다음 각 호의 어느 하나에 해당하면 그 인정을 취소할 수 있다. 다만, 제1호에 해당하는 경우에는 그 인정을 취소하여야 한다.

1. 거짓이나 그 밖의 부정한 방법으로 인정받은 경우

2. 인정받은 내용과 다르게 제조 · 유통 · 시공하는 경우

3. 품질인정자재 등이 국토교통부장관이 정하여 고시하는 품질관리기준에 적합하지 아니한 경우

4. 인정의 유효기간을 연장하기 위한 시험결과를 제출하지 아니한 경우

④ 건축자재 등 품질인정기관은 제52조의5제2항에 따른 건축자재 등의 품질 유지 · 관리 의무가 준수되고 있는지 확인하기 위하여 국토교통부령으로 정하는 바에 따라 제52조의 4에 따른 건축자재 시험기관의 시험장소, 제조업자의 제조현장, 유통업자의 유통장소, 건축공사장 등을 점검하여야 한다.

⑤ 건축자재 등 품질인정기관은 제4항에 따른 점검 결과 위법 사실을 발견한 경우 국토교통부장관에게 그 사실을 통보하여야 한다. 이 경우 국토교통부장관은 대통령령으로 정하는 바에 따라 공사 중단, 사용 중단 등의 조치를 하거나 관계 기관에 대하여 관계 법률에 따른 영업정지 등의 요청을 할 수 있다.

⑥ 건축자재 등 품질인정기관은 건축자재 등의 품질관리 상태 확인 등을 위하여 대통령령으로 정하는 바에 따라 제조업자, 유통업자, 건축관계자 등에 대하여 건축자재 등의 생산 및 판매실적, 시공현장별 시고실적 등의 자료를 요청할 수 있다.

⑦ 그 밖에 건축자재 등 품질인정기관이 건축자재 등의 품질인정을 운영하기 위한 인정절차, 품질관리 등 필요한 사항은 국토교통부장관이 정하여 고시한다. 〈본조 신설 2020.12.22.〉

슈 제61조【건축물의 마감재료 등】- 계속

② 법 제52조제2항에서 "대통령령으로 정하는 건축물"이란 다음 각 호의 건축물을 말한다.〈개정 2021.8.10.〉

1. 상업지역(근린상업지역은 제외한다)의 건축물로서 다음 각 목의 어느 하나에 해당하는 것

가. 제 1종 근린생활시설, 제 2종 근린생활시설, 문화 및 집회시설, 종교시설, 판매시설, 운동시설 및 위락시설의 용도로 쓰는 건축물로서 그 용도로 쓰는 바닥면적의 합계가 **2천제곱미터 이상**인 건축물〈본목개정 2015.9.22.〉

나. 공장(국토교통부령으로 정하는 화재 위험이 적은 공장은 제외한다)의 용도로 쓰는 건축물로부터 **6미터 이내**에 위치한 건축물

2. 의료시설, 교육연구시설, 노유자시설 및 수련시설의 용도로 쓰는 건축물〈본호 신설 2019.8.6.〉

3. **3층 이상** 또는 높이 **9미터 이상**인 건축물〈본호 개정 2019.8.6.〉

4. 1층의 전부 또는 일부를 필로티 구조로 설치하여 주차장으로 쓰는 건축물 〈신설

2019.8.6.〉

5. 제1항제4호에 해당하는 건축물 〈본호 신설 2021.8.10.〉

③ 법 제52조 제4항에서 "대통령령으로 정하는 용도 및 규모에 해당하는 건축물"이란 제2항 각 호의 건축물을 말한다. 〈본항 신설 2021.5.4.〉

令 **제61조의 2【실내건축】** 법 제52조의 2 제 1항에서 "대통령령으로 정하는 용도 및 규모에 해당하는 건축물"이란 다음 각 호의 어느 하나에 해당하는 건축물을 말한다. 〈본조 신설 2014.11.28.〉

1. 다중이용 건축물
2. 「건축물의 분양에 관한 법률」 제3조에 따른 건축물
3. 별표1 제3호나목 및 같은 표 제4호아목에 따른 건축물(칸막이로 거실의 일부를 가로로 구획하거나 가로 및 세로로 구획하는 경우만 해당한다) 〈본호 신설 2020.4.21.〉

令 **제62조【건축자재의 품질관리 등】** ① 법 제52조의4 제1항에서 "복합자재〈불연재료인 양면 철판, 석재, 콘크리트 또는 이와 유사한 재료와 불연재료가 아닌 심재(心材)로 구성된 것을 말한다〉를 포함한 제52조에 따른 마감재료, 방화문 등 대통령령으로 정하는 건축자재"란 다음 각 호의 어느 하나에 해당하는 것을 말한다.
〈개정 2019.10.22.〉

1. 법 제52조의4 제1항에 따른 복합자재
2. 건축물의 외벽에 사용하는 마감재료로서 단열재
3. 제64조 제1항 제1호부터 제3호까지의 규정에 따른 방화문 〈개정 2020.10.8.〉
4. 그 밖에 방화와 관련된 건축자재로서 국토교통부령으로 정하는 건축자재

② 법 제52조의4 제1항에 따른 건축자재의 제조업자는 같은 항에 따른 품질관리서(이하 "품질관리서"라 한다)를 건축자재 유통업자에게 제출해야 하며, 건축자재 유통업자는 품질관리서와 건축자재의 일치 여부 등을 확인하여 품질관리서를 공사시공자에게 전달해야 한다. 〈신설 2019.10.22.〉

③ 제2항에 따라 품질관리서를 제출받은 공사시공자는 품질관리서와 건축자재의 일치 여부를 확인한 후 해당 건축물에서 사용된 건축자재 품질관리서 전체를 공사감리자에게 제출해야 한다. 〈개정 2019.10.22.〉

④ 공사감리자는 제3항에 따라 제출받은 품질관리서를 공사감리완료보고서에 첨부하여 법 제25조 제6항에 따라 건축주에게 제출해야 하며, 건축주는 법 제22조에 따른 건축물의 사용승인을 신청할 때에 이를 허가권자에게 제출해야 한다.
〈개정 2019.10.22.〉〈본조 신설 2015.9.22.〉

防規 제24조【건축물의 마감재료 등】- 계속

⑥ 영 제 61조 제 2항 제1호부터 제3호까지의 규정에 해당하는 건축물의 외벽〈필로티 구조의 외기(外氣)에 면하는 천장 및 벽체를 포함한다〉에는 법 제 52조 제 2항 후단에 따라 **불연재료** 또는 **준불연재료**를 마감재료(단열재, 도장 등 코팅재료 및 그 밖에 마감재료를 구성하는 모든 재료를 포함한다. 이하 이 조에서 같다)로 사용해야 한다. 다만, 국토교통부장관이 정하여 고시하는 화재 확산 방지구조 기준에 적합하게 마감재료를 설치하는 경우에는 난연재료(강판과 심재로 이루어진 복합자재가 아닌 것으로 한정한다)를 사용할 수 있다. 〈개정 2022.2.10.〉

⑦ 제 6항에도 불구하고 영 제 61조 제 2항 제 1호 및 제 3호에 해당하는 건축물로서 5층 이하이면서 높이 22미터 미만인 건축물의 경우 난연재료(강판과 심재로 이루어진 복합자재가 아닌 것으로 한정한다)를 마감재료로 사용할 수 있다. 다만, 건축물의 외벽을 국토교통부장관이 정하여 고시하는 화재 확산 방지구조 기준에 적합하게 설치하는 경우에는 난연성능이 없는 재료(강판과 심재로 이루어진 복합자재가 아닌 것으로 한정한다)를 마감재료로 사용할 수 있다. 〈개정 2022.2.10.〉

⑧ 제6항 및 제7항에 따른 마감재료가 둘 이상의 재료로 제작된 것인 경우 해당 마감재료는 다음 각 호의 요건을 모두 갖춘 것이어야 한다.

1. 마감재료를 구성하는 재료 전체를 하나로 보아 국토교통부장관이 정하여 고시하는 기준에 따라 실물모형시험(실제 시공될 건축물의 구조와 유사한 모형으로 시험하는 것을 말한다. 이하 같다)을 한 결과가 국토교통부장관이 정하여 고시하는 기준을 충족할 것

2. 마감재료를 구성하는 각각의 재료에 대하여 난연성능을 시험한 결과가 국토교통부장관이 정하여 고시하는 기준을 충족할 것. 다만, 제6조제1호에 따른 불연재료 사이에 다른 재료(두께가 5밀리미터 이하인 경우만 해당한다)를 부착하여 제작한 재료의 경우에는 해당 재료 전체를 하나의 재료로 보고 난연성능을 시험할 수 있으며, 같은 호에 따른 불연재료에 0.1밀리미터 이하의 두께로 도장을 한 재료의 경우에는 불연재료의 성능기준을 충족한 것으로 보고 난연성능 시험을 생략할 수 있다. 〈본항 신설 2022. 2. 10.〉〈본호 단서 신설 2023. 08. 31.〉

⑨ 영 제14조제4항 각 호의 어느 하나에 해당하는 건축물 상호 간의 용도변경 중 영 별표 1 제3호다목(목욕장만 해당한다)ㆍ라목, 같은 표 제4호가목ㆍ사목ㆍ카목ㆍ파목(골프연습장, 놀이형시설만 해당한다)ㆍ더목ㆍ러목, 같은 표 제7호다목2) 및 같은 표 제16호가목ㆍ나목에 해당하는 용도로 변경하는 경우로서 스프링클러 또는 간이 스크링클러의 헤드가 창문등으로부터 60센티미터 이내에 설치되어 건축물 내부가 화재로부터 방호되는 경우에는 제6항부터 제8항까지의 규정을 적용하지 않을 수 있다. 〈개정 2022. 2. 10.〉

⑩ 영 제61조제2항제4호에 해당하는 건축물의 외벽[필로티 구조의 외기에 면하는 천장 및 벽체를 포함한다] 중 1층과 2층 부분에는 불연재료 또는 준불연재료를 마감재료로 해야 한다. 〈개정 2022. 2. 10.〉

⑪ 강판과 심재로 이루어진 복합자재를 마감재료로 사용하는 경우 해당 복합자재는 다음 각 호의 요건을 모두 갖춘 것이어야 한다.

1. 강판과 심재 전체를 하나로 보아 국토교통부장관이 정하여 고시하는 기준에 따라 실물모형시험을 실시한 결과가 국토교통부장관이 정하여 고시하는 기준을 충족할 것
2. 강판: 다음 각 목의 구분에 따른 기준을 모두 충족할 것

가. 두께[도금 이후 도장(塗裝) 전 두께를 말한다]: 0.5밀리미터 이상

나. 앞면 도장 횟수: 2회 이상

다. 도금의 부착량: 도금의 종류에 따라 다음의 어느 하나에 해당할 것. 이 경우 도금의 종류는 한국산업표준에 따른다.

1) 용융 아연 도금 강판: 180g/㎡ 이상

2) 용융 아연 알루미늄 마그네슘 합금 도금 강판: 90g/㎡ 이상

3) 용융 55% 알루미늄 아연 마그네슘 합금 도금 강판: 90g/㎡ 이상

4) 용융 55% 알루미늄 아연 합금 도금 강판: 90g/㎡ 이상

5) 그 밖의 도금: 국토교통부장관이 정하여 고시하는 기준 이상

3. 심재: 강판을 제거한 심재가 다음 각 목의 어느 하나에 해당할 것

가. 한국산업표준에 따른 그라스울 보온판 또는 미네랄울 보온판으로서 국토교통부장관이 정하여 고시하는 기준에 적합한 것

나. 불연재료 또는 준불연재료인 것 〈본항 신설 2022. 2. 10.〉

⑫ 법 제52조제4항에 따라 영 제61조제2항 각 호에 해당하는 건축물의 인접대지경계선에 접하는 외벽에 설치하는 창호(窓戶)와 인접대지경계선 간의 거리가 1.5미터 이내인 경우 해당 창호는 방화유리창[한국산업표준 KS F 2845(유리구획 부분의 내화 시험방법)에 규정된 방법에 따라 시험한 결과 비차열 20분 이상의 성능이 있는 것으로 한정한다]으로 설치해야 한다. 다만, 스프링클러 또는 간이 스프링클러의 헤드가 창호로부터 60센티미터 이내에 설치되어 건축물 내부가 화재로부터 방호되는 경우에는 방화유리창으로 설치하지 않을 수 있다. 〈개정 2022. 2. 10.〉

[제목개정 2021. 7. 5.]

防規 **제24조의3【건축자재품질관리서】** ① 영 제62조 제1항 제4호에서 "국토교통부령으 로 정하는 건축자재"란 영 제46조 및 이 규칙 제14조에 따라 방화구획을 구성하는 내화구조, 자동방화셔터, 내화채움성능이 인정된 구조 및 방화댐퍼를 말한다. 〈개정 2021.3.26.〉〈개정 2021.12.23.〉

② 법 제52조의4 제1항에서 "국토교통부령으로 정하는 사항을 기재한 품질관리서"란 다음 각 호의 구분에 따른 서식을 말한다. 이 경우 다음 각 호에서 정한 서류를 첨부한다.

1. 영 제62조 제1항 제1호의 경우 : 별지 제1호서식. 이 경우 다음 각 목의 서류를 첨부할 것.
   가. 난연성능이 표시된 복합자재(심재로 한다) 시험성적서[법 제52조의5제1항에 따라 품질인정을 받은 경우에는 법 제52조의6제7항에 따라 국토교통부장관이 정하여 고시하는 품질인정서(이하 "품질인증서"라 한다)] 사본 〈개정 2021.12.23.〉
   나. 강판의 두께, 도금 종류 및 도금 부착량이 표시된 강판생산업체의 품질검사증명서 사본
   다. 실물모형시험 결과가 표시된 복합자재 시험성적서(법 제52조의5제1항에 따라 품질인정을 받은 경우에는 품질인정서) 사본 〈개정 2021.12.23.〉〈개정 2022. 2. 10.〉
2. 영 제62조 제1항 제2호의 경우 : 별지 제2호서식. 이 경우 다음 각 목의 서류를 첨부할 것 〈개정 2021.12.23.〉
   가. 난연성능이 표시된 단열재 시험성적서 사본. 이 경우 단열재가 둘 이상의 재료로 제작된 경우에는 각 재료별로 첨부해야 한다. 〈신설 2021.12.23.〉
   나. 실물모형시험 결과가 표시된 단열재 시험성적서(외벽의 마감재료가 둘 이상의 재료로 제작된 경우만 첨부한다) 사본 〈신설 2021.12.23.〉
3. 영 제62조 제1항 제3호의 경우 : 별지 제3호서식. 이 경우 연기, 불꽃 및 열을 차단할 수 있는 성능이 표시된 방화문 시험성적서(법 제52조의5제1항에 따라 품질인정을 받은 경우에는 품질인정서) 사본을 첨부할 것 〈개정 2021.3.26.〉〈개정 2021.12.23.〉

3의2. 내화구조의 경우 : 별지 제3호의2서식. 이 경우 내화성능 시간이 표시된 시험성적서(법 제52조의5 제1항에 따라 품질인정을 받은 경우에는 품질인정서) 사본을 첨부할 것 〈신설 2021.12.23.〉

4. 자동방화셔터의 경우 : 별지 제4호서식. 이 경우 연기 및 불꽃을 차단할 수 있는 성능이 표시된 자동방화셔터 시험성적서(법 제52조의5제1항에 따라 품질인정을 받은 경우에는 품질인정서) 사본을 첨부할 것 〈개정 2021.3.26.〉〈개정 2021.12.23.〉
5. 내화채움성능이 인정된 구조의 경우 : 별지 제5호서식. 이 경우 연기, 불꽃 및 열을 차단할 수 있는 성능이 표시된 내화채움구조 시험성적서(법 제52조의5제1항에 따라 품질인정을 받은 경우에는 품질인정서) 사본을 첨부할 것 〈개정 2021.3.26.〉〈개정 2021.12.23.〉

6. 방화댐퍼의 경우 : 별지 제6호서식. 이 경우「산업표준화법」에 따른 한국산업규격에서 정하는 방화댐퍼의 방연시험방법에 적합한 것을 증명하는 시험성적서 사본을 첨부할 것
③ 공사시공자는 법 제52조의4 제1항에 따라 작성한 품질관리서의 내용과 같게 별지 제7호서식의 건축자재 품질관리서 대장을 작성하여 공사감리자에게 제출해야 한다.
④ 공사감리자는 제3항에 따라 제출받은 건축자재 품질관리서 대장의 내용과 영 제62조 제3항에 따라 제출받은 품질관리서의 내용이 같은지를 확인하고 이를 영 제62조제4항에 따라 건축주에게 제출해야 한다.
⑤ 건축주는 제4항에 따라 제출받은 건축자재 품질관리서 대장을 영 제62조 제4항에 따라 허가권자에게 제출해야 한다.
〈전문 개정 2019.10.24.〉

해설 **法 제52조 ②, 令 제61조【건축물의 마감재료】②**

건축물의 위치, 용도, 면적 및 이격거리		외벽 마감재료
상업지역(근린상업지역은 제외)	다중이용업의 용도로 쓰는 건축물로서 바닥면적의 합계가 2천㎡ 이상인 건축물	• 불연재료 • 준불연재료
	공장(화재 위험이 적은 공장 제외)으로부터 6m 이내에 위치한 건축물	
의료시설, 교육연구시설, 노유자시설 및 수련시설의 용도로 쓰는 건축물		
3층 이상 또는 높이 9m 이상인 건축물		
1층의 전부 또는 일부를 필로티 구조로 설치하여 주차장으로 쓰는 건축물		

해설 **防規 제24조【건축물의 마감재료 등】⑤, ⑥, ⑦**

令 제61조【건축물의 마감재료】②에서 외벽의 마감재료를 방화에 지장이 없는 재료로 해야 하는 건축물에 3층 이상 5층 이하 또는 높이 9m 이상 22m 미만인 건축물을 추가함에 따라 마감재료를 원칙적으로 불연재료 또는 준불연재료로 하되, 국토교통부장관이 정하여 고시하는 화재 확산 방지구조 기준에 적합하게 설치하는 경우 등에는 난연재료를 사용할 수 있도록 하되, 5층 이하이면서 높이 22m 미만인 건축물의 경우에는 난연재료 등으로 할 수 있도록 한 것이다.

2019.8.6.에 신설된 ②의 4는 외벽의 마감재료를 방화에 지장이 없는 재료로 해야 하는 건축물에 1층의 전부 또는 일부를 필로티 구조로 설치하여 주차장으로 쓰는 건축물을 추가함에 따라 필로티 구조로 외기에 면하는 천장 및 벽체를 포함하는 건축물의 외벽 중 1층과 2층 부분에는 마감재료를 불연재료 또는 준불연재료로 하되, 마감재료를

구성하는 재료 전체를 하나로 보아 국토교통부장관이 고시하는 기준에 따라 난연성능을 시험한 결과 불연재료 또는 준불연재료에 해당하는 경우에는 난연재료를 단열재로 할 수 있도록 한 것이다.

防規 제24조의 5【실내건축의 구조·시공방법 등의 기준】① 법 제52조의 2 제 2항에 따른 실내건축의 구조·시공방법 등은 다음 각 호의 기준에 따른다.

1. 실내에 설치하는 칸막이는 피난에 지장이 없고, 구조적으로 안전할 것 〈개정 2015.1.29.〉
2. 실내에 설치하는 벽, 천장, 바닥 및 반자틀(노출된 경우에 한정한다)은 방화에 지장이 없는 재료를 사용할 것 〈개정 2015.1.29.〉
3. 바닥 마감재료는 미끄럼을 방지할 수 있는 재료를 사용할 것
4. 실내에 설치하는 난간, 창호 및 출입문을 방화에 지장이 없고, 구조적으로 안전할 것
5. 실내에 설치하는 전기·가스·급수(給水)·배수(排水)·환기시설은 누수·누전 등 안전사고가 없는 재료를 사용하고, 구조적으로 안전할 것
6. 실내의 돌출부 등에는 충돌, 끼임 등 안전사고를 방지할 수 있는 완충재료를 사용할 것

② 제1항에 따른 실내건축의 구조·시공방법 등에 관한 세부 사항은 국토교통부장관이 정하여 고시한다.

〈본조 신설 2014.11.28.〉

防規 제24조의 6【품질인정 대상 복합자재 등】① 영 제63조의2제1호에서 "국토교통부령으로 정하는 강판과 심재로 이루어진 복합자재"란 강판과 단열재로 이루어진 복합자재를 말한다.

② 영 제63조의2제4호에서 "국토교통부령으로 정하는 건축자재와 내화구조"란 제3조 제8호부터 제10호까지의 규정에 따른 내화구조를 말한다.[본조신설 2021. 12. 23.]

7. 지하층

法 제53조【지하층】 ① 건축물에 설치하는 지하층의 구조 및 설비는 국토교통부령으로 정하는 기준에 맞게 하여야 한다. 〈개정 2023. 12. 26.〉

② 단독주택, 공동주택 등 대통령령으로 정하는 건축물의 지하층에는 거실을 설치할 수 없다. 다만, 다음 각 호의 사항을 고려하여 해당 지방자치단체의 조례로 정하는 경우에는 그러하지 아니하다. 〈신설 2023. 12. 26.〉

1. 침수위험 정도를 비롯한 지역적 특성
2. 피난 및 대피 가능성
3. 그 밖에 주거의 안전과 관련된 사항

防規 제25조【지하층의 구조】① 법 제53조에 따라 건축물에 설치하는 지하층의 구조 및 설비는 다음 각 호의 기준에 적합하여야 한다.

1. 거실의 바닥면적이 **50제곱미터 이상**인 층에는 직통계단외에 피난층 또는 지상으로 통하는 비상탈출구 및 환기통을 설치할 것. 다만, 직통계단이 2개소 이상 설치되어 있는 경우에는 그러하지 아니하다.

1의2. 제2종근린생활시설 중 공연장·단란주점·당구장·노래연습장, 문화 및 집회시설 중 예식장·공연장, 수련시설 중 생활권수련시설·자연권수련시설, 숙박시설중 여관·여인숙, 위락시설중 단란주점·유흥주점 또는 「다중이용업소의 안전관리에 관한 특별법 시행령」 제2조에 따른 다중이용업의 용도에 쓰이는 층으로서 그 층의 거실의 바닥면적의 합계가 **50제곱미터 이상**인 건축물에는 직통계단을 2개소 이상 설치할 것

2. 바닥면적이 **1천제곱미터 이상**인 층에는 피난층 또는 지상으로 통하는 직통계단을 영 제46조의 규정에 의한 방화구획으로 구획되는 각 부분마다 1개소 이상 설치하되, 이를 피난계단 또는 특별피난계단의 구조로 할 것

3. 거실의 바닥면적의 합계가 **1천제곱미터 이상**인 층에는 환기설비를 설치할 것

4. 지하층의 바닥면적이 **300제곱미터 이상**인 층에는 식수공급을 위한 급수전을 1개소 이상 설치할 것

② 제1항제1호에 따른 지하층의 비상탈출구는 다음 각 호의 기준에 적합하여야 한다.

1. 비상탈출구의 유효너비는 **0.75미터 이상**으로 하고, 유효높이는 **1.5미터 이상**으로 할 것

2. 비상탈출구의 문은 피난방향으로 열리도록 하고, 실내에서 항상 열수 있는 구조로 하여야 하며, 내부 및 외부에는 비상탈출구의 표시를 할 것

3. 비상탈출구는 출입구로부터 **3미터 이상** 떨어진 곳에 설치할 것

4. 지하층의 바닥으로부터 비상탈출구의 아랫부분까지의 높이가 **1.2미터 이상**이 되는 경우에는 벽체에 발판의 너비가 **20센티미터 이상**인 사다리를 설치할 것

5. 비상탈출구는 피난층 또는 지상으로 통하는 복도나 직통계단에 직접 접하거나 통로 등으로 연결될 수 있도록 설치하여야 하며, 피난층 또는 지상으로 통하는 복도나 직통계단까지 이르는 피난통로의 유효너비는 **0.75미터 이상**으로 하고, 피난통로의 실내에 접하는 부분의 마감과 그 바탕은 불연재료로 할 것

6. 비상탈출구의 진입부분 및 피난통로에는 통행에 지장이 있는 물건을 방치하거나 시설물을 설치하지 아니할 것

7. 비상탈출구의 유도등과 피난통로의 비상조명등의 설치는 소방법령이 정하는 바에 의할 것

法 제53조의2【건축물의 범죄예방】① 국토교통부장관은 범죄를 예방하고 안전한 생활환경을

조성하기 위하여 건축물, 건축설비 및 대지에 관한 범죄예방 기준을 정하여 고시할 수 있다.

② 대통령령으로 정하는 건축물은 제1항의 범죄예방 기준에 따라 건축하여야 한다.

〈본조 신설 2014.5.28.〉

7-1. 피난용승강기

防規 제29조【피난용승강기의 설치 및 구조】〈본조 삭제 2018.10.18.〉

防規 제30조【피난용승강기의 설치기준】영 제91조 제5호에서 "국토교통부령으로 정하는 구조 및 설비 등의 기준"이란 다음 각 호를 말한다. 〈개정 2018.10.18.〉

1. 피난용승강기 승강장의 구조
   가. 승강장의 출입구를 제외한 부분은 해당 건축물의 다른 부분과 내화구조의 바닥 및 벽으로 구획할 것
   나. 승강장은 각 층의 내부와 연결될 수 있도록 하되, 그 출입구에는 60+ 방화문 또는 60분 방화문을 설치할 것. 이 경우 방화문은 언제나 닫힌 상태를 유지할 수 있는 구조이어야 한다. 〈개정 2021.3.26.〉
   다. 실내에 접하는 부분(바닥 및 반자 등 실내에 면한 모든 부분을 말한다)의 마감(마감을 위한 바탕을 포함한다)은 불연재료로 할 것
   라. 삭제 〈2018.10.18.〉
   마. 삭제 〈2018.10.18.〉
   바. 삭제 〈2018.10.18.〉
   사. 삭제〈2014.3.5.〉
   아. 「건축물의 설비기준 등에 관한 규칙」 제14조에 따른 배연설비를 설치할 것. 다만, 「소방시설 설치·유지 및 안전관리에 관한 법률 시행령」 별표 5 제5호 가목에 따른 제연설비를 설치한 경우에는 배연설비를 설비하지 아니할 수 있다.〈단서신설 2014.3.5.〉
   자. 삭제〈2014.3.5.〉
2. 피난용승강기 승강로의 구조
   가. 승강로는 해당 건축물의 다른 부분과 내화구조로 구획할 것
   나. 삭제 〈2018.10.18.〉
   다. 승강로 상부에 「건축물의 설비기준 등에 관한 규칙」 제14조에 따른 배연설비를 설치할 것
3. 피난용승강기 기계실의 구조

가. 출입구를 제외한 부분은 해당 건축물의 다른 부분과 내화구조의 바닥 및 벽으로 구획할 것

나. 출입구에는 60+ 방화문 또는 60분 방화문을 설치할 것 〈개정 2021.3.26.〉

4. 피난용승강기 전용 예비전원

가. 정전시 피난용승강기, 기계실, 승강장 및 폐쇄회로 텔레비전 등의 설비를 작동할 수 있는 별도의 예비전원 설비를 설치할 것

나. 가목에 따른 예비전원은 초고층 건축물의 경우에는 **2시간 이상**, 준초고층 건축물의 경우에는 **1시간 이상** 작동이 가능한 용량일 것

다. 상용전원과 예비전원의 공급을 자동 또는 수동으로 전환이 가능한 설비를 갖출 것

라. 전선관 및 배선은 고온에 견딜 수 있는 내열성 자재를 사용하고, 방수조치를 할 것 〈본조 신설 2012.1.6.〉

1

▣ 구조안전확인대상

1. 구조안전을 확인한 건축물 중 해당 건축물의 건축주가 해당 건축물의 설계자로부터 구조안전의 확인 서류를 받아 착공신고를 하는 때에 그 확인서류를 허가권자에게 제출하여야 하는 것이 아닌 것은?

   가. 층수가 2층인 건축물

   나. 높이가 13미터인 건축물

   다. 처마높이가 8미터인 건축물

   라. 기둥과 기둥 사이의 거리가 10미터인 건축물

▣ 직통계단

2. 건축물의 피난층 외의 층에서는 피난층 또는 지상으로 통하는 직통계단을 거실의 각 부분으로부터 계단에 이르는 보행거리가 최대 얼마 이하가 되도록 설치하여야 하는가?

   가. 20m　　나. 30m

   다. 45m　　라. 60m

   해설 건축물의 피난층 외의 층에 있어서 거실의 각 부분으로부터 직통계단까지의 거리 : 보행거리 30미터 이하(층수가 16층이상인 공동주택은 40미터 이하, 주요구조부가 내화구조 또는 불연재료이면 50미터 이하, 자동화생산시설에 스프링클러 등 자동식소화설비를 설치한 공장으로서 반도체 및 디스플레이 패널을 제조하는 공장인 경우에는 75m 이하-무인화공장은 100m 이하)

3. 다음 중 피난층 외의 층으로부터 피난층 또는 지상으로 통하는 직통계단을 2개소 이상 설치해야 하는 것은?

   가. 문화 및 집회시설의 용도에 쓰이는 층으로서 그 층의 집회실의 바닥면적의 합계가 150 m²인 것

   나. 업무시설 중 오피스텔의 용도에 쓰이는 층으로서 그 층의 당해 용도에 쓰이는 거실바닥면

해답 1-다, 2-나, 3-라

적의 합계가 200㎡인 것

다. 의료시설의 용도에 쓰이는 3층 이상의 층으로서 그 중 당해 용도에 쓰이는 바닥면적의 합계가 150㎡인 것

라. 지하층으로서 거실의 바닥면적 합계가 200㎡인 것

4. 직통계단을 2개소 이상 설치하여야 할 경우는?

가. 철근콘크리트조 병원으로서 3층의 병실의 바닥면적의 합계가 140㎡

나. 목조 여관으로서 3층의 숙박시설의 바닥면적의 합계가 150㎡

다. 철근콘크리트조의 공동주택으로서 층당 6세대인 2층의 바닥면적의 합계가 400㎡

라. 철골조 집회장의 객석으로서 바닥면적의 합계가 140㎡

▣ 피난안전구역

5. 초고층건축물에 대피공간으로 설치하는 피난안전구역은 몇 개 층마다 설치하여야 하는가?

가. 최대 15개 층마다 나. 최대 20개 층마다

다. 최대 30개 층마다 라. 최대 50개 층마다

6. 준초고층 건축물에 있어서 피난층 또는 지상으로 통하는 직통계단과 직접 연결되는 피난안전구역의 설치기준으로 맞는 것은?

가. 전체 층수의 2분의 1에 해당하는 층으로부터 위로 5개층 이내에 1개소 이상

나. 전체 층수의 2분의 1에 해당하는 층으로부터 아래로 5개층 이내에 1개소 이상

다. 전체 층수의 2분의 1에 해당하는 층으로부터 상하 5개층 이내에 1개소 이상

라. 전체 층수의 2분의 1에 해당하는 층으로부터 상하 5개층 이내에 2개소 이상

7. 피난안전구역의 구조 및 설비에 대한 다음 설명 중 틀린 것은?

가. 내부마감재료는 불연재료 또는 준불연재료로 할 것

나. 비상용 승강기는 피난안전구역에서 승하차 할 수 있는 구조로 설치할 것

다. 식수공급을 위한 급수전을 1개소 이상 설치할 것

라. 피난안전구역의 높이는 2.1미터 이상일 것

▣ 피난계단 설치대상

8. 다음 건축법상의 기준 중 부적합한 내용은?

가. 건축물의 피난층이란 직접 지상으로 통하는 출입구가 있는 층을 말한다.

나. 건축물의 바깥쪽에 설치하는 피난계단의 유효너비는 0.9m 이상으로 하여야 한다.

다. 11층의 사무소로부터 피난층 또는 지상으로 통하는 직통계단은 피난계단으로 하여야 한다.

라. 건축물의 내부에서 계단실로 통하는 특별피난계단의 출입구의 유효너비는 0.9m 이상으

해답 4-다, 5-다, 6-다, 7-가, 8-다, 9-가

로 하여야 한다.

9. 건축물의 7층에서 피난층으로 통하는 직통계단 중 반드시 1개소 이상을 특별피난계단으로 설치하여야 하는 당해 층의 용도는?

가. 판매시설　　나. 숙박시설 중 호텔
다. 관람집회시설 중 공연장　　라. 업무시설 중 신문사

10. 건축물의 3층 이상의 층으로서 집회장의 용도에 쓰이는 건축물은 바닥면적의 합계가 얼마 이상인 경우에 옥외 피난계단을 설치하는가?

가. 300㎡ 이상　　나. 600㎡ 이상
다. 1,000㎡ 이상　　라. 1,500㎡ 이상

▣ 피난계단의 구조

11. 건축물의 내부에 설치하는 피난계단의 구조에 대한 기준 내용으로 옳지 않은 것은?

가. 계단실은 창문, 출입구 기타 개구부를 제외한 당해 건축물의 다른 부분과 내화구조의 벽으로 구획할 것
나. 계단은 내화구조로 하고 피난층 또는 지상까지 직접 연결되도록 할 것
다. 계단실에는 예비전원에 의한 조명설비를 할 것
라. 계단실의 실내에 접하는 부분의 마감은 난연재료로 할 것

해설 계단실의 실내에 접하는 부분의 마감은 불연재료로 할 것

12. 건축물의 바깥쪽에 설치하는 피난계단의 구조에 관한 기준내용으로 옳지 않은 것은?

가. 계단은 내화구조로 하고 지상까지 직접 연결되도록 할 것
나. 계단의 유효너비는 0.9m 이상으로 할 것
다. 건축물의 내부와 접하는 계단실의 창문 등은 망이 들어있는 유리의 붙박이창으로서 그 면적을 각각 1㎡ 이하로 할 것
라. 계단은 그 계단으로 통하는 출입구 외의 창문 등으로부터 2m 이상의 거리를 두고 설치할 것

해설 '다'는 옥내피난계단의 구조에 해당한다.

13. 특별피난계단의 구조와 관련된 기준 내용으로 옳지 않은 것은?

가. 계단실에는 노대 또는 부속실에 접하는 부분 외에는 건축물의 내부와 접하는 창문 등을 설치하지 아니할 것
나. 출입구의 유효너비는 0.9m 이상으로 하고 피난의 방향으로 열 수 있을 것

해답 10-다, 11-라, 12-다, 13-다, 14-나

다. 계단실 및 부속실의 실내에 접하는 부분의 마감은 난연재료로 할 것
라. 건축물의 내부에서 노대 또는 부속실로 통하는 출입구에는 갑종방화문을 설치할 것

해설 특별피난계단 계단실 및 부속실의 실내에 접하는 부분의 마감은 불연재료로 할 것

14. 다음 중 방화문의 구분으로 옳지 않은 것은?

가. 60분+ 방화문 : 연기 및 불꽃을 차단할 수 있는 시간이 60분 이상이고, 열을 차단할 수 있는 시간이 30분 이상인 방화문
나. 60분+ 방화문 : 연기 및 불꽃을 차단할 수 있는 시간이 30분 이상이고, 열을 차단할 수 있는 시간이 60분 이상인 방화문
다. 60분 방화문 : 연기 및 불꽃을 차단할 수 있는 시간이 60분 이상인 방화문
라. 30분 방화문 : 연기 및 불꽃을 차단할 수 있는 시간이 30분 이상 60분 미만인 방화문

해설 방화문의 구분
60분 방화문 : 연기 및 불꽃을 차단할 수 있는 시간이 60분 이상이고, 열을 차단할 수 있는 시간이 30분 이상인 방화문

1

15. 건축물의 바깥쪽에 설치하는 피난계단의 유효나비는 최소 얼마 이상으로 하여야 하는가?

가. 0.7m
나. 0.8m
다. 0.9m
라. 1.0m

▣ 출구

16. 공연장 개별관람석별로 출구를 2개소 이상 설치하여야 하는 기준은 바닥면적 얼마 이상인가?

가. 200㎡ 이상
나. 300㎡ 이상
다. 500㎡ 이상
라. 1,000㎡ 이상

17. 관람집회시설에서 공연장의 개별관람석(바닥면적이 300㎡ 이상인 것에 한한다)의 출구의 최소한의 유효폭은?

가. 1m 이상
나. 1.5m 이상
다. 2m 이상
라. 2.5m 이상

18. 공연장 관람석의 바닥면적이 1,000㎡인 층의 출구의 폭의 합계는 얼마 이상이어야 하는가?

가. 1.5m
나. 3.0m
다. 4.5m
라. 6.0m

해설 개별 관람석 출구의 유효너비의 합계 : 개별 관람석의 바닥면적 100㎡마다 0.6미터 이상

해답 15-다, 16-나, 17-나, 18-라, 19-라

그러므로 $\frac{1,000m^2}{100m^2} \times 0.6m = 6.0m$

19. 영화관의 관람석 1개층 바닥면적이 2,000㎡ 일 경우 출구의 계획이 맞지 않는 것은?

가. 유효너비 합계는 12m 이상

나. 최소 출구폭은 1.5m 이상

다. 출구는 2개 이상

라. 출구는 2m의 폭을 5개소 설치

해설 유효너비의 합계가 $\frac{2,000m^2}{100m^2} \times 0.6m = 12m$ 이상이어야 하므로 출구는 2m의 폭을 최소 6개소 설치하여야 한다.

▣ 건물 밖으로의 출구

20. 건축법상 건축물의 피난층 또는 피난층의 승강장으로부터 건축물의 바깥쪽에 이르는 통로에 경사로를 설치하지 않아도 되는 것은?

가. 동사무소

나. 학교

다. 시청사

라. 유치원

21. 다음 중 건축물로부터 바깥쪽으로 나가는 출구를 국토교통부령이 정하는 기준에 따라 설치해야 하는 대상 건축물에 속하지 않는 것은?

가. 위락시설

나. 교육연구시설 중 학교

다. 전시장

라. 승강기를 설치하여야하는 건축물

해설 전시장은 제외이다.

22. 건축물의 피난층 또는 피난층의 승강장으로부터 건축물의 바깥쪽에 이르는 통로에 경사로를 설치하여야 할 판매시설의 최소 연면적은?

가. 2,000㎡

나. 3,000㎡

다. 5,000㎡

라. 6,000㎡

23. 판매시설의 바닥면적이 최대인 층이 500㎡일 때 피난층의 바깥쪽으로의 출구의 유효너비의 합계는 최소 몇 m 이상인가?

가. 1.5m

나. 2.0m

다. 2.5m

라. 3.0m

해설 $\frac{500m^2}{100m^2} \times 0.6m = 3.0m$

▣ 회전문

24. 건축물의 출입구에 설치하는 회전문은 계단이나 에스컬레이터로부터 최소 얼마 이상의 거리를 두어야 하는가?

가. 2m　　나. 3m
다. 4m　　라. 5m

해설 회전문 : 계단이나 에스컬레이터로부터 2미터 이상의 거리를 둘 것

해답 20-라, 21-다, 22-다, 23-라, 24-가

25. 다음은 회전문의 설치기준이다. 부적합한 것은?

가. 회전문과 문틀사이는 5cm 이하이어야 한다.
나. 회전문과 바닥사이는 3cm 이하이어야 한다.
다. 회전문의 중심축에서 회전문과 문틀사이의 간격을 포함한 회전문 날개 끝부분까지의 길이는 140cm 이상이 되어야 한다.
라. 회전문의 회전속도는 8회/min를 넘지 않아야 한다.

1

▣ 옥상광장

26. 5층 이상의 건축물에 피난의 용도에 쓸 수 있는 옥상광장을 설치하지 않아도 되는 것은?

가. 숙박시설　　나. 문화 및 집회시설
다. 장례식장　　라. 주점영업

27. 옥상광장 또는 2층 이상의 층에 있는 노대 기타 이와 유사한 것의 주위에는 높이 얼마 이상의 난간을 설치하도록 법령에서 규정하고 있는가?

가. 0.9m　　나. 1.0m
다. 1.1m　　라. 1.2m

▣ 헬리포트[25)]

28. 각 층 바닥면적이 1,500m^2인 경우에 옥상에 헬리포트를 설치하여야 하는 건축물의 최소 층수는?

가. 17층　　나. 18층
다. 19층　　라. 20층

해설 헬리포트 설치대상－층수가 11층 이상인 건축물로서 11층 이상인 층의 바닥면적의 합계가 1만m^2 이상인 건축물. 따라서 1만 m^2가 되기 위해서는 7개층이 필요하다.

29. 건축물의 옥상에 설치하는 헬리포트의 설치기준에 관한 설명 중 틀린 것은?

해답 25-가, 26-가, 27-라, 28-가, 29-라

가. 헬리포트 중심으로부터 반경 12m 이내에는 장애가 되는 건축물을 설치해서는 안 된다.
나. 헬리포트 주위 한계선은 선너비 38cm로 된 백색으로 표시한다.
다. 헬리포트 중앙에는 지름 8m의 "Ⓗ"표지를 백색으로 할 것
라. 헬리포트 "Ⓗ"표지에서 "H"표지의 선의 너비는 60cm로 할 것

30. 건축물에 관한 다음 설명으로 부적당한 것은?

가. 층수가 11층 이상인 건축물로서 11층 이상의 층의 바닥면적의 합계가 5,000㎡ 이상인 건축물(공동주택은 지붕을 평지붕으로 하는 경우에 한한다)의 옥상에는 헬리포트를 설치하여야 한다.
나. 옥상광장 또는 2층 이상의 층에 있는 노대 기타 이와 유사한 것의 주위에는 높이 1.2m 이상의 난간을 설치하여야 한다.
다. 연면적 200㎡를 초과하는 건축물에 설치하는 높이 1m를 넘는 계단 및 계단참의 양 옆에는 난간을 설치하여야 한다.
라. 방화벽에 설치하는 출입문의 너비 및 높이는 각각 2.5m 이하로 하고 당해 출입문에는 갑종방화문을 설치하여야 한다.

31. 층수가 11층 이상인 건축물의 경사지붕 아래에 설치하는 대피공간에 대한 설명 중 틀린 것은?

가. 대피공간의 면적은 지붕 수평투영면적의 10분의 1 이상 일 것
나. 특별피난계단 또는 피난계단과 연결되도록 할 것
다. 출입구는 유효너비 0.9미터 이상으로 하고 갑종방화문을 설치할 것
라. 내부마감재료는 불연재료 또는 준불연재료로 할 것

▣ 방화구획

32. 주요구조부가 내화구조 또는 불연재료로 된 건축물의 11층 이상의 층에서의 방화구획으로 맞는 것은?

가. 바닥면적 250㎡ 이내마다 구획　　나. 바닥면적 500㎡ 이내마다 구획
다. 바닥면적 1,000㎡ 이내마다 구획　　라. 바닥면적 1,500㎡ 이내마다 구획

33. 주요구조부가 내화구조로 된 연면적 1,000㎡ 이상의 건축물의 방화구획 설치기준에 관한 설명으로 옳지 않은 것은?

가. 10층 이하의 층은 바닥면적 3,000㎡ 이내 마다 구획할 것(단, 스프링클러 기타 이와 유사한 자동식 소화설비를 설치한 경우)

해답 30-가, 31-라, 32-나, 33-다

나. 매층마다 구획할 것

다. 11층 이상의 층은 바닥면적 1,000㎡ 이내 마다 구획할 것(단, 스프링클러 기타 이와 유사한 자동식 소화설비를 설치한 경우)

라. 방화구획에 설치하는 개구부에는 갑종방화문을 설치할 것

해설 방화구획의 설치기준 : 11층 이상의 층은 바닥면적 200㎡(스프링클러 기타 이와 유사한 자동식 소화설비를 설치한 경우에는 600㎡) 이내마다 구획할 것.

▣ 아파트 대피공간 및 피난구

34. 공동주택의 대피공간에 대한 다음 설명 중 틀린 것은?

가. 인접 세대와 공동으로 설치하는 대피공간은 인접 세대를 통하여 2개 이상의 직통계단을 쓸 수 있는 위치에 우선 설치되어야 한다.

나. 대피공간은 실내의 다른 부분과 방화구획으로 구획될 것

다. 대피공간의 바닥면적은 인접 세대와 공동으로 설치하는 경우에는 4제곱미터 이상, 각 세대별로 설치하는 경우에는 2제곱미터 이상일 것

라. 인접 세대와의 경계벽이 파괴하기 쉬운 경량구조 등인 경우 대피공간을 설치하지 않아도 된다.

해설 대피공간의 바닥면적은 인접 세대와 공동으로 설치하는 경우에는 3제곱미터 이상, 각 세대별로 설치하는 경우에는 2제곱미터 이상일 것

35. 공동주택의 피난구에 대한 다음 설명 중 틀린 것은?

가. 피난구의 덮개는 비차열 1시간 이상의 내화성능을 가져야 하며, 피난구의 유효 개구부 규격은 직경 60센티미터 이상일 것

나. 상층·하층간 피난구의 설치위치는 수직방향 간격을 15센티미터 이상 띄어서 설치할 것

다. 아래층에서는 바로 윗층의 피난구를 열 수 있는 구조일 것

라. 사다리는 바로 아래층의 바닥면으로부터 50센티미터 이하까지 내려오는 길이로 할 것

해설 아래층에서는 바로 윗층의 피난구를 열 수 없는 구조일 것

▣ 계단

36. 연면적 200㎡를 초과하는 건축물에 설치하는 계단에 관한 기준 중에서 부적당한 것은?

가. 높이가 3m를 넘는 계단에는 높이 3m 이내마다 너비 1.5m 이상의 계단참을 설치할 것

나. 높이가 1m를 넘는 계단 및 계단참의 양옆에는 난간을 설치할 것

다. 너비가 3m를 넘는 계단에는 계단의 중간에 너비 3m 이내마다 난간을 설치할 것

라. 계단의 단높이가 15cm 이하이고 계단의 단너비가 30cm 이상인 경우, 너비가 3m를 넘는 계단이더라도 계단의 중간에 너비 3m 이내마다 난간을 설치하지 않아도 된다.

해답 34-다, 35-다, 36-가

37. 다음 중 계단의 설치기준에 관한 설명으로 옳지 않은 것은?

가. 높이가 3m를 넘는 계단에는 높이 3m 이내마다 너비 1.2m 이상의 계단참을 설치하여야 한다.

나. 중·고등학교의 계단인 경우에는 계단 및 계단참의 너비는 150cm 이상, 단높이는 18cm 이하, 단너비는 26cm 이상으로 한다.

다. 돌음계단의 단너비는 그 좁은 너비의 끝부분으로 부터 50cm의 위치에서 측정한다.

라. 문화 및 집회시설 중 공연장의 용도에 쓰이는 건축물의 계단인 경우에는 계단 및 계단참의 너비를 120cm 이상으로 한다.

해설 돌음계단의 단너비는 그 좁은 너비의 끝부분으로 부터 30cm의 위치에서 측정한다.

38. 계단의 설치기준에 관한 설명 중 옳지 않은 것은?

가. 너비가 4m를 넘는 계단에는 계단의 중간에 너비 4m이내마다 난간을 설치한다.

나. 돌음계단의 단너비는 그 좁은 너비의 끝부분으로부터 30cm의 위치에서 측정한다.

다. 높이가 1m를 넘는 계단 및 계단참의 양옆에는 난간을 설치한다.

라. 높이가 3m를 넘는 계단에는 높이 3m 이내마다 계단참을 설치한다.

해설 너비가 3미터를 넘는 계단에는 계단의 중간에 너비 3미터 이내마다 난간을 설치할 것

39. 초등학교의 계단에서 단너비는 26cm 이상으로 하도록 되어 있다. 다음 중 계단·계단참의 너비와 단높이의 기준으로 가장 적당한 것은?

	〈계단 및 계단참의 너비〉	〈단높이〉
가.	120cm 이상	18cm 이하
나.	150cm 이상	18cm 이하
다.	120cm 이상	16cm 이하
라.	150cm 이상	16cm 이하

40. 아동의 이용에 안전하고 노약자 및 신체장애인의 이용에 편리한 계단구조로 하여야 하는 난간·벽 등의 손잡이와 바닥마감의 기준 중에서 부적당한 것은?

가. 손잡이는 최대지름이 3.2cm 이상 3.8cm 이하인 원형 또는 타원형의 단면으로 할 것

나. 손잡이는 계단으로부터 높이 1.1m가 되도록 할 것

다. 손잡이는 벽 등으로부터 5cm 이상 떨어지도록 할 것

라. 계단이 끝나는 수평부분에서의 손잡이는 바깥쪽으로 30cm 이상 나오도록 설치할 것

해답 37-다, 38-가, 39-라, 40-나

41. 계단 및 경사로에 관한 설명 중 옳지 않은 것은?

가. 높이 3m를 넘는 계단은 높이 3m 이내마다 너비 1.2m 이상의 계단참을 설치해야 한다.

나. 주계단 및 피난계단으로 사용하지 않는 옥외계단의 너비는 60cm 이상으로 한다.

다. 돌음계단의 단너비는 그 넓은 쪽의 끝으로부터 30cm의 위치에서 측정한다.

라. 계단에 대치되는 경사로의 경사도는 1 : 8을 넘지 않아야 한다.

42. 건축물에 관한 다음 기준 중 가장 부적당한 것은?

가. 높이 3m를 넘는 계단의 중간에 설치하는 계단참의 폭은 1.2m 이상이어야 한다.

나. 계단을 대체하여 설치하는 경사로의 경사도는 1 : 6을 넘지 아니하고, 표면을 거친 면으로 하거나 미끄러지지 아니하는 재료로 마감하여야 한다.

다. 의료시설 중 장례식장의 용도에 쓰이는 집회실로서 그 바닥면적이 200m² 이상인 것의 반자높이는 4m 이상이어야 한다.(단, 기계환기장치는 설치되지 않음)

라. 제1종 근린생활시설중 목욕장의 욕실 또는 조리장의 바닥과 그 바닥으로부터 높이 1m까지의 안벽의 마감은 이를 내수재료로 하여야 한다.

1

▣ 복도

43. 건물에 설치하는 복도의 유효너비에 관한 기준 중 가장 부적합한 것은?

가. 양옆에 거실이 있는 유치원의 복도유효너비는 2.4m 이상이어야 한다.

나. 양옆에 거실이 있는 고등학교의 복도유효너비는 1.8m 이상이어야 한다.

다. 양옆에 거실이 있는 공동주택의 복도유효너비는 1.8m 이상이어야 한다.

라. 양옆에 거실이 있는 오피스텔의 복도유효너비는 1.8m 이상이어야 한다.

44. 다음은 문화 및 집회시설 중 공연장에 설치하는 복도의 기준이다. 부적합한 것은?

가. 당해 층의 바닥면적의 합계가 500m² 미만인 경우 복도의 너비는 1.2m 이상이어야 한다.

나. 당해 층의 바닥면적의 합계가 500m² 이상 1,000m² 미만인 경우 복도의 너비는 1.8m 이상이어야 한다.

다. 당해 층의 바닥면적의 합계가 1,000m² 이상인 경우 복도의 너비는 2.4m 이상이어야 한다.

라. 개별관람석(바닥면적이 300m² 이상인 경우에 한함)의 바깥쪽에는 그 양쪽 및 뒤쪽에 각각 복도를 설치하여야 한다.

해답 41-다, 42-나, 43-나, 44-가

▣ 반자

45. 장례식장의 집회실로서 바닥면적 330㎡일 경우 노대 구조가 있을 때 노대 아랫부분의 반자높이는 최소 얼마인가?

가. 4m　　나. 3m
다. 2.7m　　라. 2.1m

46. 거실 반자높이의 최소치로서 맞는 것은?

가. 1.8m 이상　　나. 2.1m 이상
다. 2.4m 이상　　라. 2.7m 이상

47. 반자높이를 4m 이상으로 하지 아니할 수 있는 것은?(단, 기계환기장치를 설치하지 않은 경우)

가. 문화 및 집회시설 중 공연장의 용도에 쓰이는 건축물의 관람석 또는 집회실로서 그 바닥면적이 200㎡인 것
나. 제2종 근린생활시설 중 일반음식점의 용도에 쓰이는 건축물의 관람석 또는 집회실로서 그 바닥면적이 200㎡인 것
다. 위락시설 중 주점영업의 용도에 쓰이는 건축물의 관람석 또는 집회실로서 그 바닥면적이 200㎡인 것
라. 의료시설 중 장례식장의 용도에 쓰이는 건축물의 관람석 또는 집회실로서 그 바닥면적이 200㎡인 것

해설 문화 및 집회시설(전시장 및 동·식물원 제외), 중 장례식장 또는 위락시설 중 주점영업의 용도에 쓰이는 건축물의 관람석 또는 집회실로서 그 바닥면적이 200㎡ 이상인 것의 반자의 높이는 4미터(노대의 아랫부분의 높이는 2.7미터) 이상이어야 한다. 다만, 기계환기장치를 설치하는 경우에는 그러하지 아니하다. – 2종 근린생활은 해당되지 않음.

▣ 채광·환기[31)]

48. 6층 이상인 건축물로서 제2종 근린생활시설 중 공연장, 종교집회장, 인터넷 컴퓨터 게임시설 제공업소는 해당 용도로 쓰는 바닥면적의 합계가 각각 얼마 이상인 경우 거실에 배연설비(국토교통부령이 정하는 기준)를 하여야 하는가?(다만, 피난층인 경우에는 그러하지 아니하다.)

가. 100㎡ 이상　　나. 200㎡ 이상
다. 300㎡ 이상　　라. 400㎡ 이상

해답 45–다, 46–나, 47–나, 48–다

49. 채광을 위하여 거실에 설치하는 창문 등의 면적은 그 거실의 바닥면적의 얼마 이상이어야 하는가?

가. 1/10　　나. 1/20
다. 1/30　　라. 1/40

50. 6층 이상인 건축물로서 거실에 국토교통부령이 정하는 기준에 따라 배연설비를 하여야 하는 건축물의 용도가 아닌 것은?

가. 교육연구시설 중 학교
나. 문화 및 집회시설
다. 노유자시설 중 아동관련시설, 노인복지시설
라. 수련시설 중 유스호스텔

▣ 조도기준

51. 다음 거실의 용도에 따른 조도 기준 중 틀린 것은?

가. 계산 : 300럭스　　나. 조리 : 150럭스
다. 수술 : 700럭스　　라. 오락일반 : 150럭스

해설 설계, 제도, 계산 – 700럭스 이상

52. 건축물의 피난·방화구조 등의 기준에 관한 규칙상 거실용도에 따른 조도기준으로 옳지 않는 것은?

가. 독서 – 150럭스　　나. 일반사무 – 300럭스
다. 수술 – 700럭스　　라. 오락일반 – 300럭스

해설 오락일반 – 150럭스

53. 사무소 건축물로서 사무소의 최소한의 조도는 얼마를 확보해야 하는가?

가. 70럭스　　나. 150럭스
다. 300럭스　　라. 700럭스

54. 거실 용도에 따른 조도 기준은 바닥 위 몇 cm의 수평면의 조도를 말하는가?

가. 50cm　　나. 65cm
다. 80cm　　라. 85cm

해답 49–가, 50–가, 51–가, 52–라, 53–다, 54–라

▣ 방습

55. 최하층에 있는 거실의 바닥높이는 지표면으로부터 얼마 이상 규정되어 있는?(단, 방습조치가 안 되었음)

가. 30cm 이상　　　　나. 45cm 이상

다. 60cm 이상　　　　라. 80cm 이상

56. 숙박시설의 욕실의 안벽 마감을 내수재료로 하여야 하는 바닥으로부터 높이 규정으로 맞는 것은?

가. 0.5m까지　　　　나. 1m까지

다. 1.2m까지　　　　라. 2m까지

57. 다음 중 거실에 관한 설명 중 틀린 것은?

가. 거실의 반자높이는 2.1m 이상이어야 한다.

나. 숙박시설의 객실에 채광을 위한 창문 등의 면적은 그 거실 바닥면적의 1/10 이상으로 한다.

다. 거실에 설치하는 환기를 위한 창문 등의 면적은 거실 바닥면적의 1/20 이상으로 한다.

라. 최하층 거실바닥이 방습을 위한 조치를 하지 않은 경우 그 바닥높이는 지표면으로부터 60cm 이상으로 한다.

▣ 경계벽

58. 다음 중 경계벽 및 칸막이벽의 차음구조로 맞는 것은?

가. 철근콘크리트조로서 두께가 8cm 이상인 것

나. 무근콘크리트조로서 두께가 8cm 이상인 것

다. 벽돌조로서 두께가 19cm 이상인 것

라. 콘크리트 블록조로서 두께가 10cm 이상인 것

59. 학교 교실의 칸막이벽을 설치할 경우 구조에 맞지 않는 것은?

가. 10cm 두께의 철근콘크리트조

나. 6cm 두께의 철골철근콘크리트조

다. 19cm 두께의 벽돌조

라. 10cm 두께의 석조

해설 철골철근콘크리트조－10cm 이상

해답 55-나, 56-나, 57-라, 58-다, 59-나

60. 다음 사항의 경계벽이나 칸막이벽을 건축법령상 차음구조로 하도록 규정되어 있지 아니한 것은?

가. 기숙사 침실의 칸막이벽 　　　　나. 도서관의 칸막이벽
다. 병원 병실의 칸막이벽 　　　　라. 학교교실의 칸막이벽

▣ 굴뚝

61. 건축물에 설치하는 굴뚝의 옥상돌출부는 지붕면으로부터의 수직거리를 얼마 이상으로 하도록 규정되어 있는가?

가. 0.9m 　　　　나. 1.0m
다. 1.1m 　　　　라. 1.2m

62. 건축물에 설치하는 굴뚝에 관한 기준 중 부적합한 것은?

가. 굴뚝의 옥상돌출부는 지붕면으로부터 수직거리를 1m 이상으로 하여야 한다.
나. 굴뚝의 상단으로부터 수평거리 1m 이내에 다른 건축물이 있는 경우에는 그 건축물의 처마보다 1m 이상 높게 하여야 한다.
다. 금속제 굴뚝으로서 건축물의 지붕 속·반자 위 및 가장 아랫바닥 밑에 있는 굴뚝의 부분은 금속 외의 불연재료로 덮어야 한다.
라. 금속제 굴뚝은 목재 기타 가연재료로부터 10cm 이상 떨어져 설치하여야 한다.

▣ 내화구조대상

63. 다음의 용도에 쓰이는 건축물 2층의 바닥면적의 합계가 400m² 이상일 경우 그 주요구조부를 내화구조로 해야 하는 건축물이 아닌 것은?

가. 숙박시설 　　　　나. 의료시설
다. 오피스텔 　　　　라. 판매시설

64. 다음 건축물 중 그 주요구조부를 내화구조로 하여야 하는 것은?

가. 위락시설(주점영업의 용도에 쓰이는 것을 제외)로서 400m²인 것
나. 판매시설로서 450m²인 것
다. 2층이 아동관련시설로서 400m²인 것
라. 2층이 의료시설로서 350m²인 것

해설 위락시설(주점영업의 용도에 쓰이는 것을 제외)과 판매시설의 용도에 사용하는 바닥면적의 합계가 500m² 이상인 건축물의 주요구조부는 내화구조로 하여야 한다. 또한 2층이 의료시설, 아동관련시설의 용도에 쓰이는 건축물로서 그 용도에 사용하는 바닥면적의 합계가 400m² 이상인 건축물의 주요구조부는 내화구조로 하여야 한다.

해답 60-나, 61-나, 62-라, 63-라, 64-다

65. 다음 중 주요구조부를 내화구조로 하여야 하는 건축물은?

가. 전시장의 용도로 쓰이는 건축물로서 그 용도에 쓰이는 바닥면적의 합계가 400m²인 건축물

나. 공장의 용도에 쓰이는 건축물로서 그 용도에 사용하는 바닥면적의 합계기 1,500m²인 건축물

다. 병원의 용도로 쓰이는 건축물로서 그 용도에 쓰이는 바닥면적의 합계가 400m²인 건축물

라. 호텔의 용도로 쓰이는 건축물로서 그 용도에 쓰이는 바닥면적의 합계가 300m²인 건축물

해설 전시장－500m², 공장－2,000m², 의료시설(2층)－400m², 숙박시설(2층)－400m²

▣ 방화벽

66. 대규모 건축물의 방화벽에 관한 설명 중 틀린 것은?

가. 내화구조로서 홀로 설 수 있는 구조로 한다.

나. 방화벽의 양쪽 끝 및 위쪽 끝은 외벽면 및 지붕면으로부터 0.5m 이상 튀어나와야 한다.

다. 방화벽에 설치한 개구부의 폭 및 높이는 각각 2.5m 이하로 하여야 한다.

라. 방화벽에 설치하는 출입문에는 갑종, 을종방화문을 설치하여야 한다.

67. 건축물에 설치하는 방화벽의 구조에 대한 기준 내용 중 옳지 않은 것은?

가. 방화구조로서 홀로 설 수 있는 구조일 것

나. 방화벽의 양쪽 끝과 위쪽 끝을 건축물의 외벽면 및 지붕면으로부터 0.5m 이상 튀어 나오게 할 것

다. 방화벽에 설치하는 출입문의 너비 및 높이는 각각 2.5m 이하로 할 것

라. 방화벽에 설치하는 출입문은 갑종방화문으로 할 것

해설 방화벽의 구조 : 내화구조로서 홀로 설 수 있는 구조일 것

▣ 방화지구

68. 그림과 같은 대지 내의 목조건축물에 있어서 연소할 우려가 있는 부분의 외벽길이의 합계는 몇 m인가?

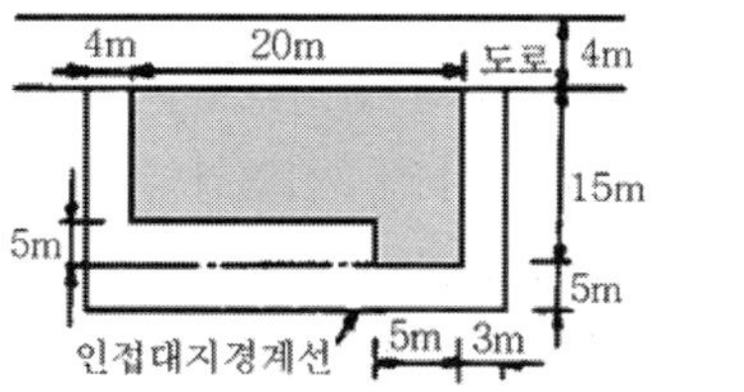

가. 35m　　　　나. 36m

다. 46m　　　　라. 47m

해설 연소할 우려가 있는 부분의 외벽길이의 합계는 다음과 같이 구할 수 있다.
20m(도로중심선으로부터 3m 이내)＋15m(인접대지경계선으로부터 3m 이내)
＋1m(도로중심선으로부터 3m 이내)＝36m

해답 65-다, 66-라, 67-가, 68-나

69. 다음 내용 중에서 가장 부적합한 것은?

가. 기숙사의 침실간의 칸막이벽은 차음구조로 하여야 한다.

나. 차음을 위한 학교교실의 철근콘크리트조 칸막이벽은 두께 10cm 이상이어야 한다.

다. 연소할 우려가 있는 부분이라 함은 인접대지경계선으로부터 1층에 있어서는 2m 이내, 2층 이상에 있어서는 3m 이내의 거리에 있는 건축물의 각 부분을 말한다.

라. 갑종방화문은 시험결과 비차열 1시간 이상의 성능이 확보되어야 한다.

▣ 지하층

70. 건축물에 설치하는 지하층의 구조 및 설비기준은 거실바닥면적의 합계가 몇 제곱미터 이상인 층에 환기설비를 설치하도록 되어 있는가?

가. 500㎡ 나. 1,000㎡

다. 3,000㎡ 라. 5,000㎡

해설 300㎡ – 급수전, 1,000㎡ 이상 – 환기설비

71. 지하층의 바닥면적 기준으로 얼마 이상인 층에는 식수 공급을 위한 급수전을 1개소 이상 설치하여야 하는가?

가. 200제곱미터 나. 300제곱미터

다. 400제곱미터 라. 500제곱미터

해설 급수전－300㎡ 이상일 때, 환기설비－1,000㎡ 이상일 때

72. 지하층의 비상탈출구에 관한 기준 중 가장 적당한 것은?

가. 유효너비 0.75m 이상, 유효높이 1.5m 이상

나. 유효너비 0.5m 이상, 유효높이 1.75m 이상

다. 유효너비 1.5m 이상, 유효높이 0.75m 이상

라. 유효너비 1.75m 이상, 유효높이 0.5m 이상

73. 건축물에 설치하는 지하층 비상탈출구의 구조 및 설비 기준으로 옳지 않은 것은?

가. 비상탈출구의 문은 피난방향으로 열리도록 할 것

나. 비상탈출구의 유효너비는 0.75m 이상으로 할 것

다. 비상탈출구는 출입구로부터 3m 이상 떨어진 곳에 설치할 것

라. 비상탈출구에서 피난층 또는 지상으로 통하는 복도나 직통계단까지 이르는 피난통로의 유효너비는 최소 0.9m 이상으로 할 것

해설 피난통로의 유효너비 : 0.75미터 이상

해답 69-다, 70-나, 71-나, 72-가, 73-라

74. 지하층의 구조에 관한 설명 중 틀린 것은?

가. 거실의 바닥면적의 합계가 1천제곱미터 이상인 층에는 환기설비를 설치할 것

나. 비상탈출구는 출입구로부터 2m 이상 떨어진 곳에 설치할 것

다. 비상탈출구의 문은 피난방향으로 열리도록 하고, 실내에서 항상 열 수 있는 구조로 할 것

라. 지하층의 바닥면적이 300제곱미터 이상인 층에는 식수공급을 위한 급수전을 1개소 이상 설치할 것

75. 다음 중 건축물에 설치하는 지하층의 구조 및 설비에 관한 기준 내용으로 옳지 않는 것은?

가. 거실의 바닥면적의 합계가 1,000㎡ 이상인 층에는 환기 설비를 설치할 것

나. 지하층의 바닥면적이 300㎡ 이상인 층에는 식수공급을 위한 급수전을 1개소 이상 설치할 것

다. 바닥면적이 50㎡ 이상인 층에는 직통계단 외에 피난 층 또는 지상으로 통하는 비상탈출구 및 환기통을 설치 할 것

라. 바닥면적이 1,000㎡ 이상인 층에는 피난층 또는 지상으로 통하는 직통계단을 규정에 의해 방화구획으로 구획되는 각 부분마다 1개소 이상 설치하되, 이를 반드시 특별피난계단의 구조로 할 것

해설 라. 피난계단 또는 특별피난계단으로 한다.

▣ 피난용 승강기

76. 피난용승강기와 승강장에 대한 다음 설명 중 틀린 것은?[37)]

가. 고층건축물에 설치하는 승용승강기 중 1대 이상을 피난용승강기로 하여야 한다.

나. 승강장의 출입구에는 갑종방화문 또는 을종방화문을 설치할 것.

다. 승강장의 실내마감은 불연재료로 할 것

라. 승강장에는 예비전원으로 작동하는 조명설비를 설치할 것

77. 피난용승강기의 승강장과 승강로에 대한 다음 설명 중 틀린 것은?

가. 승강장의 바닥면적은 피난용승강기 1대에 대하여 6제곱미터 이상으로 할 것

나. 승강장은 각 층의 내부와 연결될 수 없도록 하되, 그 출입구에는 을종방화문을 설치할 것

다. 승강장에는 소화활동설비 중 제연설비를 설치할 것

라. 승강로 상부에는 배연설비를 설치할 것

해답 74-나, 75-라, 76-나, 77-나

제7장

건축설비

1. 건축설비기준 등

法 제62조【건축설비기준 등】건축설비의 설치 및 구조에 관한 기준과 설계 및 공사감리에 관하여 필요한 사항은 대통령령으로 정한다.

令 제87조【건축설비 설치의 원칙】① 건축설비는 건축물의 안전·방화, 위생, 에너지 및 정보통신의 합리적 이용에 지장이 없도록 설치하여야 하고, 배관피트 및 덕트의 단면적과 수선구의 크기를 해당 설비의 수선에 지장이 없도록 하는 등 설비의 유지·관리가 쉽게 설치하여야 한다.

② 건축물에 설치하는 급수·배수·냉방·난방·환기·피뢰 등 건축설비의 설치에 관한 기술적 기준은 국토교통부령으로 정하되, 에너지 이용 합리화와 관련한 건축설비의 기술적 기준에 관하여는 산업통상자원부장관과 협의하여 정한다.

③ 건축물에 설치하여야 하는 장애인 관련 시설 및 설비는 「장애인·노인·임산부 등의 편의증진보장에 관한 법률」 제14조에 따라 작성하여 보급하는 편의시설 상세표준도에 따른다.

④ 건축물에는 방송수신에 지장이 없도록 공동시청 안테나, 유선방송 수신시설, 위성방송 수신설비, 에프엠(FM)라디오방송 수신설비 또는 방송 공동수신설비를 설치할 수 있다. 다만, 다음 각 호의 건축물에는 방송 공동수신설비를 설치하여야 한다. 〈개정 2012.12.12.〉

1. 공동주택
2. 바닥면적의 합계가 5천제곱미터 이상으로서 업무시설이나 숙박시설의 용도로 쓰는 건축물

⑤ 제4항에 따른 방송 수신설비의 설치기준은 과학기술정보통신부장관이 정하여 고시하는 바에 따른다. 〈개정 2013.3.23.〉

⑥ 연면적이 500제곱미터 이상인 건축물의 대지에는 국토교통부령으로 정하는 바에

따라 「전기사업법」 제2조제2호에 따른 전기사업자가 전기를 배전(配電)하는 데 필요한 전기설비를 설치할 수 있는 공간을 확보하여야 한다. 〈개정 2013.3.23.〉

⑦ 해풍이나 염분 등으로 인하여 건축물의 재료 및 기계설비 등에 조기 부식과 같은 피해 발생이 우려되는 지역에서는 해당 지방자치단체는 이를 방지하기 위하여 다음 각 호의 사항을 조례로 정할 수 있다.

1. 해풍이나 염분 등에 대한 내구성 설계기준
2. 해풍이나 염분 등에 대한 내구성 허용기준
3. 그 밖에 해풍이나 염분 등에 따른 피해를 막기 위하여 필요한 사항

⑧ 건축물에 설치하여야 하는 우편 수취함은 「우편법」 제37조의 2의 기준에 따른다. 〈개정 2014.10.14.〉

設規 제1조【목적】이 규칙은 「건축법」 제49조, 제62조, 제64조, 제67조 및 제68조와 같은 법 시행령 제87조, 제89조, 제90조 및 제91조의3에 따른 건축설비의 설치에 관한 기술적 기준 등에 필요한 사항을 규정함을 목적으로 한다.
〈개정 2020.4.9.〉

해설 약어(略語) 설명

設規 : 건축물의 설비기준 등에 관한 규칙

2. 온돌 및 난방설비 – 1) 온돌의 설치기준

法 제63조【온돌 및 난방설비 등의 시공】삭제〈2015.5.18.〉

設規 제12조【온돌의 설치기준】① 영 제87조 제2항에 따라 건축물에 온돌 및 난방설비를 설치하는 경우에는 그 구조상 열에너지가 효율적으로 관리되고 화재의 위험을 방지하기 위하여 별표 1의7의 기준에 적합하여야 한다.

② 제1항에 따라 건축물에 온돌을 시공하는 자는 시공을 끝낸 후 별지 제2호서식의 온돌 설치확인서를 공사감리자에게 제출하여야 한다. 다만, 제3조제2항에 따른 건축설비설치확인서를 제출한 경우와 공사감리자가 직접 온돌의 설치를 확인한 경우에는 그러하지 아니하다. 〈본조 개정 2015.7.9.〉

[별표 1의 7]〈개정 2015.7.9.〉 **온돌 설치기준**(제12조제1항 관련)

1. 온수온돌

가. **온수온돌**이란 보일러 또는 그 밖의 열원으로부터 생성된 온수를 바닥에 설치된 배관을 통하여 흐르게 하여 난방을 하는 방식을 말한다.

나. 온수온돌은 바탕층, 단열층, 채움층, 배관층(방열관을 포함한다) 및 마감층 등으로 구성된다.

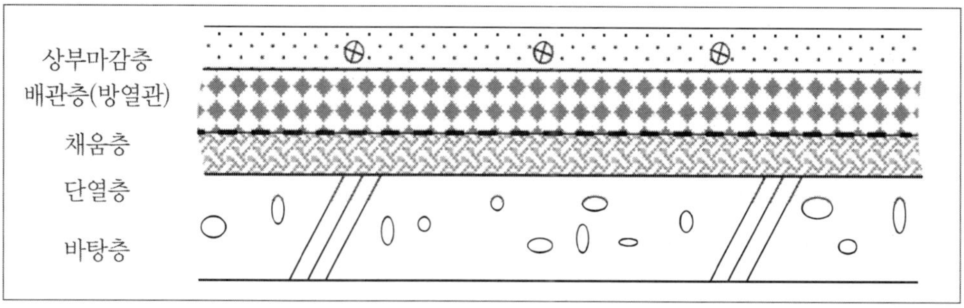

1) **바탕층**이란 온돌이 설치되는 건축물의 최하층 또는 중간층의 바닥을 말한다.

2) **단열층**이란 온수온돌의 배관층에서 방출되는 열이 바탕층 아래로 손실되는 것을 방지하기 위하여 배관층과 바탕층 사이에 단열재를 설치하는 층을 말한다.

3) **채움층**이란 온돌구조의 높이 조정, 차음성능 향상, 보조적인 단열기능 등을 위하여 배관층과 단열층 사이에 완충재 등을 설치하는 층을 말한다.

4) **배관층**이란 단열층 또는 채움층 위에 방열관을 설치하는 층을 말한다.

5) **방열관**이란 열을 발산하는 온수를 순환시키기 위하여 배관층에 설치하는 온수배관을 말한다.

6) **마감층**이란 배관층 위에 시멘트, 모르타르, 미장 등을 설치하거나 마루재, 장판 등 최종 마감재를 설치하는 층을 말한다.

다. 온수온돌의 설치 기준

1) 단열층은 「녹색건축물 조성 지원법」 제15조제1항에 따라 국토교통부장관이 고시하는 기준에 적합하여야 하며, 바닥난방을 위한 열이 바탕층 아래 및 측벽으로 손실되는 것을 막을 수 있도록 단열재를 방열관과 바탕층 사이에 설치하여야 한다. 다만, 바탕층의 축열을 직접 이용하는 심야전기이용 온돌(「한국전력공사법」에 따른 한국전력공사의 심야전력이용기기 승인을 받은 것만 해당하며, 이하 "심야전기이용 온돌"이라 한다)의 경우에는 단열재를 바탕층 아래에 설치할 수 있다. 〈개정 2013.9.2〉

2) 배관층과 바탕층 사이의 열저항은 층간 바닥인 경우에는 해당 바닥에 요구되는 열관류저항의 60% 이상이어야 하고, 최하층 바닥인 경우에는 해당 바닥에 요구되

는 열관류저항이 70% 이상이어야 한다. 다만, 심야전기이용 온돌의 경우에는 그러하지 아니하다.〈개정 2015.7.9〉

3) 단열재는 내열성 및 내구성이 있어야 하며 단열층 위의 적재하중 및 고정하중에 버틸 수 있는 강도를 가지거나 그러한 구조로 설치되어야 한다.

4) 바탕층이 지면에 접하는 경우에는 바탕층 아래와 주변 벽면에 높이 10센티미터 이상의 방수처리를 하여야 하며, 단열재의 윗부분에 방습처리를 하여야 한다.

5) 방열관은 잘 부식되지 아니하고 열에 견딜 수 있어야 하며, 바닥의 표면온도가 균일하도록 설치하여야 한다.

6) 배관층은 방열관에서 방출된 열이 마감층 부위로 최대한 균일하게 전달될 수 있는 높이와 구조를 갖추어야 한다.

7) 마감층은 수평이 되도록 설치하여야 하며, 바닥의 균열을 방지하기 위하여 충분하게 양생하거나 건조시켜 마감재의 뒤틀림이나 변형이 없도록 하여야 한다.

8) 한국산업규격에 따른 조립식 온수온돌판을 사용하여 온수온돌을 시공하는 경우에는 1)부터 7)까지의 규정을 적용하지 아니한다.

9) 국토교통부장관은 1)부터 7)까지에서 규정한 것 외에 온수온돌의 설치에 관하여 필요한 사항을 정하여 고시할 수 있다.

2. 구들온돌

가. **구들온돌**이란 연탄 또는 그 밖의 가연물질이 연소할 때 발생하는 연기와 연소열에 의하여 가열된 공기를 바닥 하부로 통과시켜 난방을 하는 방식을 말한다.

나. 구들온돌은 아궁이, 온돌환기구, 공기흡입구, 고래, 굴뚝 및 굴뚝목 등으로 구성된다. 〈개정 2015.7.9.〉

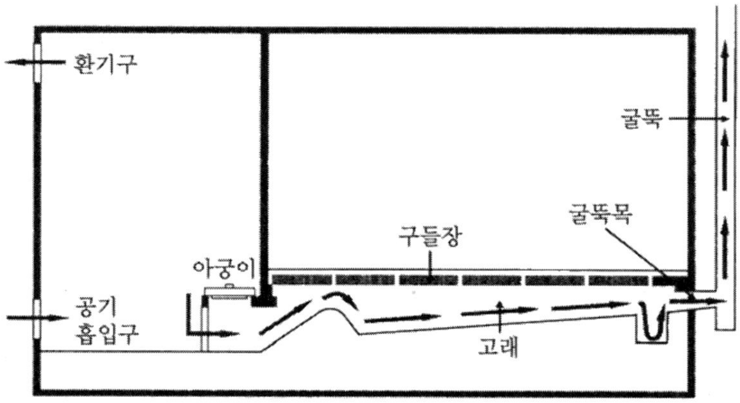

1) **아궁이**란 연탄이나 목재 등 가연물질의 연소를 통하여 열을 발생시키는 부위를 말한다.

2) **온돌환기구**란 아궁이가 설치되는 공간에서 연탄 등 가연물질의 연소를 통하여 발생하는 가스를 원활하게 배출하기 위한 통로를 말한다.〈개정 2015.7.9.〉

3) **공기흡입구**란 아궁이가 설치되는 공간에서 연탄 등 가연물질의 연소에 필요한 공기를 외부에서 공급받기 위한 통로를 말한다.

4) **고래**란 아궁이에서 발생한 연소가스 및 가열된 공기가 굴뚝으로 배출되기 전에 구들 아래에서 최대한 균일하게 흐르도록 하기 위하여 설치된 통로를 말한다.

5) **굴뚝**이란 고래를 통하여 구들 아래를 통과한 연소가스 및 가열된 공기를 외부로 원활하게 배출하기 위한 장치를 말한다.

6) **굴뚝목**이란 고래에서 굴뚝으로 연결되는 입구 및 그 주변부를 말한다.

다. 구들온돌의 설치 기준

1) 연탄아궁이가 있는 곳은 연탄가스를 원활하게 배출할 수 있도록 그 바닥면적의 **10분의 1이상**에 해당하는 면적의 환기용 구멍 또는 환기설비를 설치하여야 하며, 외기에 접하는 벽체의 아랫부분에는 연탄의 연소를 촉진하기 위하여 **지름 10센티미터 이상 20센티미터 이하**의 공기흡입구를 설치하여야 한다.

2) 고래바닥은 연탄가스를 원활하게 배출할 수 있도록 높이/수평거리가 1/5 이상이 되도록 하여야 한다.

3) 부뚜막식 연탄아궁이에 고래로 연기를 유도하기 위하여 유도관을 설치하는 경우에는 **20도 이상 45도 이하**의 경사를 두어야 한다.

4) 굴뚝의 단면적은 **150제곱센티미터 이상**으로 하여야 하며, 굴뚝목의 단면적은 굴뚝의 단면적보다 크게 하여야 한다.

5) 연탄식 구들온돌이 아닌 전통 방법에 의한 구들을 설치할 경우에는 1)부터 4)까지의 규정을 적용하지 아니한다.

6) 국토교통부장관은 1)부터 5)까지에서 규정한 것 외에 구들온돌의 설치에 관하여 필요한 사항을 정하여 고시할 수 있다.

2. 온돌 및 난방설비 – 2) 공동주택과 오피스텔의 개별난방설비

設規 제13조【개별난방설비 등】① 영 제87조제2항의 규정에 의하여 공동주택과 오피스텔의 난방설비를 개별난방방식으로 하는 경우에는 다음 각호의 기준에 적합하여야 한다.

1. 보일러는 거실 외의 곳에 설치하되, 보일러를 설치하는 곳과 거실 사이의 경계벽은 출입구를 제외하고는 내화구조의 벽으로 구획할 것
2. 보일러실의 윗부분에는 그 면적이 **0.5제곱미터 이상인 환기창**을 설치하고, 보일러실의 윗부분과 아랫부분에는 각각 지름 **10센티미터 이상의 공기흡입구 및 배기구**를 항상 열려있는 상태로 바깥공기에 접하도록 설치할 것. 다만, 전기보일러의 경우에는 그러하지 아니하다.
3. 삭제〈1999.5.11.〉
4. 보일러실과 거실 사이의 출입구는 그 출입구가 닫힌 경우에는 보일러가스가 거실에 들어갈 수 없는 구조로 할 것
5. 기름보일러를 설치하는 경우에는 기름저장소를 보일러실 외의 다른 곳에 설치할 것
6. 오피스텔의 경우에는 난방구획을 방화구획으로 구획할 것 〈개정 2017.12.4.〉
7. 보일러의 연도는 내화구조로서 공동연도로 설치할 것

② 가스보일러에 의한 난방설비를 설치하고 가스를 중앙집중공급방식으로 공급하는 경우에는 제1항의 규정에 불구하고 가스관계법령이 정하는 기준에 의하되, 오피스텔의 경우에는 난방구획마다 내화구조로 된 벽·바닥과 갑종방화문으로 된 출입문으로 구획하여야 한다.

③ 허가권자는 개별 보일러를 설치하는 건축물의 경우 소방청장이 정하여 고시하는 기준에 따라 일산화탄소 경보기를 설치하도록 권장할 수 있다.〈본항 신설 2020.4.9.〉

3. 환기설비기준 – 1) 공동주택

設規 제11조【공동주택 및 다중이용시설의 환기설비기준 등】① 영 제87조제2항의 규정에 따라 신축 또는 리모델링하는 다음 각 호의 어느 하나에 해당하는 주택 또는 건축물(이하 "신축공동주택 등"이라 한다)은 **시간당 0.5회 이상의 환기**가 이루어질 수 있도록 자연환기설비 또는 기계환기설비를 설치해야 한다.〈개정 2013.9.2.〉

1. **30세대 이상의 공동주택**〈개정 2020.4.9.〉
2. 주택을 주택 외의 시설과 동일건축물로 건축하는 경우로서 주택이 **30세대 이상**인 건축물〈개정 2020.4.9.〉

② 신축공동주택 등에 자연환기설비를 설치하는 경우에는 자연환기설비가 제1항에 따

른 환기횟수를 충족하는지에 대하여 「건축법」 제4조에 따른 지방건축위원회의 심의를 받아야 한다. 다만, 신축공동주택 등에 「산업표준화법」에 따른 한국산업표준(이하 "한국산업표준"이라 한다)의 자연환기설비 환기성능 시험방법(KSF 2921)에 따라 성능시험을 거친 자연환기설비를 별표 1의3에 따른 자연환기설비 설치 길이 이상으로 설치하는 경우는 제외한다.

[별표 1의3] 〈개정 2017.12.4.〉

<u>자연환기설비 설치 길이 산정방법 및 설치 기준</u>(제11조제2항 관련)

1. 설치 대상 세대의 체적 계산
   - 필요한 환기횟수를 만족시킬 수 있는 환기량을 산정하기 위하여, 자연환기설비를 설치하고자 하는 공동주택 단위세대의 전체 및 실별 체적을 계산한다.

2. 단위세대 전체와 실별 설치길이 계산식 설치기준
   - 자연환기설비의 단위세대 전체 및 실별 설치길이는 한국산업표준의 자연환기설비 환기성능 시험방법(KSF 2921)에서 규정하고 있는 자연환기설비의 환기량 측정장치에 의한 평가 결과를 이용하여 다음 식에 따라 계산된 설치길이 L값 이상으로 설치하여야 하며, 세대 및 실 특성별 가중치가 고려되어야 한다.

$$L = \frac{V \times N}{Q_{ref}} \times F$$

여기에서, L : 세대 전체 또는 실별 설치길이(유효 개구부길이 기준, m)

V : 세대 전체 또는 실 체적(m^3)

N : 필요 환기횟수(0.5회/h) 〈개정 2017.12.4.〉

Q_{ref} : 자연환기설비의 환기량 측정장치에 의해 평가된 기준 압력차(2Pa)에서의 환기량($m^3/h \cdot m$)

F : 세대 및 실 특성별 가중치**

[비고]

* 일반적으로 창틀에 접합되는 부분(endcap)과 실제로 공기유입이 이루어지는 개구부 부분으로 구성되는 자연환기설비에서, 유효 개구부길이(설치길이)는 창틀과 결합되는 부분을 제외한 실제 개구부 부분을 기준으로 계산한다.

** 주동형태 및 단위세대의 설계조건을 감안한 세대 및 실 특성별 가중치는 다음과 같다.

구 분	조 건	가중치
세대 조건	1면이 외부에 면하는 경우	1.5
	2면이 외부에 평행하게 면하는 경우	1
	2면이 외부에 평행하지 않게 면하는 경우	1.2
	3면 이상이 외부에 면하는 경우	1
실 조건	대상 실이 외부에 직접 면하는 경우	1
	대상 실이 외부에 직접 면하지 않는 경우	1.5

단, 세대조건과 실 조건이 겹치는 경우에는 가중치가 높은 쪽을 적용하는 것을 원칙으로 한다.

*** 일방향으로 길게 설치하는 형태가 아닌 원형, 사각형 등에는 상기의 계산식을 적용할 수 없으며, 지방건축위원회의 심의를 거쳐야 한다.

設規 제11조【공동주택 및 다중이용시설의 환기설비기준 등】- 계속

③ 신축공동주택 등에 자연환기설비 또는 기계환기설비를 설치하는 경우에는 별표 1의4 또는 별표 1의5의 기준에 적합하여야 한다.

[별표 1의4] <개정 2017.12.4.>

신축공동주택 등의 자연환기설비 설치 기준(제11조제3항 관련)

제11조제1항에 따라 신축공동주택 등에 설치되는 자연환기설비의 설계·시공 및 성능평가방법은 다음 각 호의 기준에 적합하여야 한다.

1. 세대에 설치되는 자연환기설비는 세대 내의 모든 실에 바깥공기를 최대한 균일하게 공급할 수 있도록 설치되어야 한다.
2. 세대의 환기량 조절을 위하여 자연환기설비는 환기량을 조절할 수 있는 체계를 갖추어야 하고, 최대개방 상태에서의 환기량을 기준으로 별표 1의5에 따른 설치길이 이상으로 설치되어야 한다.
3. 자연환기설비는 순간적인 외부 바람 및 실내외 압력차의 증가로 인하여 발생할 수 있는 과도한 바깥공기의 유입 등 바깥공기의 변동에 의한 영향을 최소화할 수 있는 구조와 형태를 갖추어야 한다.
4. 자연환기설비의 각 부분의 재료는 충분한 내구성 및 강도를 유지하여 작동되는 동안 구조 및 성능에 변형이 없어야 하며, 표면결로 및 바깥공기의 직접적인 유입으로 인하여 발생할 수 있는 불쾌감(콜드드래프트 등)을 방지할 수 있는 재료와 구조를 갖추어야 한다.
5. 자연환기설비는 다음 각 목의 요건을 모두 갖춘 공기여과기를 갖춰야 한다.

가. 도입되는 바깥공기에 포함되어 있는 입자형 · 가스형 오염물질을 제거 또는 여과하는 성능이 일정 수준 이상일 것

나. 한국산업표준(KS B 6141)에 따른 입자 포집률이 질량법으로 측정하여 70퍼센트 이상일 것
다. 청소 또는 교환이 쉬운 구조일 것〈본호 개정 2020.4.9.〉
6. 자연환기설비를 구성하는 설비·기기·장치 및 제품 등의 효율과 성능 등을 판정함에 있어 이 규칙에서 정하지 아니한 사항에 대하여는 해당 항목에 대한 한국산업표준에 적합하여야 한다.
7. 자연환기설비를 지속적으로 작동시키는 경우에도 대상 공간의 사용에 지장을 주지 아니하는 위치에 설치되어야 한다.
8. 한국산업표준(KS B 2921)의 시험조건하에서 자연환기설비로 인하여 발생하는 소음은 대표길이 1미터(수직 또는 수평 하단)에서 측정하여 40dB 이하가 되어야 한다.〈개정 2020.4.9.〉
9. 자연환기설비는 가능한 외부의 오염물질이 유입되지 않는 위치에 설치되어야 하고, 화재 등 유사시 안전에 대비할 수 있는 구조와 성능이 확보되어야 한다.
10. 실내로 도입되는 바깥공기를 예열할 수 있는 기능을 갖는 자연환기설비는 최대한 에너지 절약적인 구조와 형태를 가져야 한다.
11. 자연환기설비는 주요 부분의 정기적인 점검 및 정비 등 유지관리가 쉬운 체계로 구성하여야 하고, 제품의 사양 및 시방서에 유지관리 관련 내용을 명시하여야 하며, 유지관리 관련 내용이 수록된 사용자 설명서를 제시하여야 한다.
12. 자연환기설비는 설치되는 실의 바닥부터 수직으로 1.2미터 이상의 높이에 설치하여야 하며, 2개 이상의 자연환기설비를 상하로 설치하는 경우 1미터 이상의 수직간격을 확보하여야 한다.

[별표 1의5] 〈개정 2017.12.4.〉

신축공동주택 등의 기계환기설비의 설치기준 (제11조제3항 관련)

제11조제1항의 규정에 의한 신축공동주택 등의 환기횟수를 확보하기 위하여 설치되는 기계환기설비의 설계·시공 및 성능평가방법은 다음 각 호의 기준에 적합하여야 한다.
1. 기계환기설비의 환기기준은 시간당 실내공기 교환횟수(환기설비에 의한 최종 공기흡입구에서 세대의 실내로 공급되는 시간당 총 체적 풍량을 실내 총 체적으로 나눈 환기횟수를 말한다)로 표시하여야 한다.
2. 하나의 기계환기설비로 세대 내 2 이상의 실에 바깥공기를 공급할 경우의 필요 환기량은 각 실에 필요한 환기량의 합계 이상이 되도록 하여야 한다.
3. 세대의 환기량 조절을 위하여 환기설비의 정격풍량을 최소·적정·최대의 3단계 또는 그 이상으로 조절할 수 있는 체계를 갖추어야 하고, 적정 단계의 필요 환기량은 신축공동주택 등의 세대를 시간당 0.5회로 환기할 수 있는 풍량을 확보하여야 한다.
4. 공기공급체계 또는 공기배출체계는 부분적 손실 등 모든 압력 손실의 합계를 고려하여

계산한 공기공급능력 또는 공기배출능력이 제11조제1항의 환기기준을 확보할 수 있도록 하여야 한다.

5. 기계환기설비는 신축공동주택 등의 모든 세대가 제11조제1항의 규정에 의한 환기횟수를 만족시킬 수 있도록 24시간 가동할 수 있어야 한다.
6. 기계환기설비의 각 부분의 재료는 충분한 내구성 및 강도를 유지하여 작동되는 동안 구조 및 성능에 변형이 없도록 하여야 한다.
7. 기계환기설비는 다음 각 목의 어느 하나에 해당되는 체계를 갖추어야 한다.
   가. 바깥공기를 공급하는 송풍기와 실내공기를 배출하는 송풍기가 결합된 환기체계
   나. 바깥공기를 공급하는 송풍기와 실내공기가 배출되는 배기구가 결합된 환기체계
   다. 바깥공기가 도입되는 공기흡입구와 실내공기를 배출하는 송풍기가 결합된 환기체계
8. 바깥공기를 공급하는 공기공급체계 또는 바깥공기가 도입되는 공기흡입구는 다음 각 목의 요건을 모두 갖춘 공기여과기 또는 집진기 등을 갖춰야 한다. 다만, 제7호 다목에 따른 환기체계를 갖춘 경우에는 별표 1의4 제5호를 따른다.
   가. 입자형 · 가스형 오염물질을 제거 또는 여과하는 성능이 일정 수준 이상일 것
   나. 여과장치 등의 청소 및 교환 등 유지관리가 쉬운 구조일 것
   다. 공기여과기의 경우 한국산업표준(KS B 6141)에 따른 입자 포집률이 계수법으로 측정하여 <u>60퍼센트 이상</u>일 것 〈개정 2020.4.9.〉
9. 기계환기설비를 구성하는 설비·기기·장치 및 제품 등의 효율 및 성능 등을 판정함에 있어 이 규칙에서 정하지 아니한 사항에 대하여는 해당 항목에 대한 한국산업표준에 적합하여야 한다.
10. 기계환기설비는 환기의 효율을 극대화할 수 있는 위치에 설치하여야 하고, 바깥공기의 변동에 의한 영향을 최소화할 수 있도록 공기흡입구 또는 배기구 등에 완충장치 또는 석쇠형 철망 등을 설치하여야 한다.
11. 기계환기설비는 주방 가스대 위의 공기배출장치, 화장실의 공기배출 송풍기 등 급속 환기 설비와 함께 설치할 수 있다.
12. 공기흡입구 및 배기구와 공기공급체계 및 공기배출체계는 기계환기설비를 지속적으로 작동시키는 경우에도 대상 공간의 사용에 지장을 주지 아니하는 위치에 설치되어야 한다.
13. 기계환기설비에서 발생하는 소음의 측정은 한국산업규격(KS B 6361)에 따르는 것을 원칙으로 한다. 측정위치는 대표길이 1미터(수직 또는 수평 하단)에서 측정하여 소음이 <u>40dB 이하</u>가 되어야 하며, “<u>암소음(측정대상인 소음 외에 주변에 존재하는 소음을 말한다)</u>”은 보정하여야 한다. 다만, 환기설비 본체(소음원)가 거주공간 외부에 설치될 경우에는 대표길이 1미터(수직 또는 수평 하단)에서 측정하여 <u>50dB 이하</u>가 되거나, 거주공간 내부의 중앙부 바닥으로부터 1.0~1.2미터 높이에

서 측정하여 40dB 이하가 되어야 한다. 〈개정 2020.4.9.〉

14. 외부에 면하는 공기흡입구와 배기구는 교차오염을 방지할 수 있도록 1.5미터 이상의 이격거리를 확보하거나, 공기흡입구와 배기구의 방향이 서로 90도 이상 되는 위치에 설치되어야 하고 화재 등 유사시 안전에 대비할 수 있는 구조와 성능이 확보되어야 한다.
15. 기계환기설비의 에너지 절약을 위하여 열회수형 환기장치를 설치하는 경우에는 한국산업표준(KS B 6879)에 따라 시험한 열회수형 환기장치의 유효환기량이 표시용량의 90퍼센트 이상이어야 하고, 열회수형 환기장치의 안과 밖은 물 맺힘이 발생하는 것을 최소화할 수 있는 구조와 성능을 확보하도록 하여야 한다. 〈개정 2020.4.9.〉
16. 기계환기설비는 송풍기, 열회수형 환기장치, 공기여과기, 공기가 통하는 관, 공기흡입구 및 배기구, 그 밖의 기기 등 주요 부분의 정기적인 점검 및 정비 등 유지관리가 쉬운 체계로 구성되어야 하고, 제품의 사양 및 시방서에 유지관리 관련 내용을 명시하여야 하며, 유지관리 관련 내용이 수록된 사용자 설명서를 제시하여야 한다. 〈개정 2020.4.9.〉
17. 실외의 기상조건에 따라 환기용 송풍기 등 기계환기설비를 작동하지 아니하더라도 자연환기와 기계환기가 동시 운용될 수 있는 혼합형 환기설비가 설계도서 등을 근거로 필요 환기량을 확보할 수 있는 것으로 객관적으로 입증되는 경우에는 기계환기설비를 갖춘 것으로 인정할 수 있다. 이 경우, 동시에 운용될 수 있는 자연환기설비와 기계환기설비가 제11조제1항의 환기기준을 각각 만족할 수 있어야 한다. 〈개정 2020.4.9.〉
18. 중앙관리방식의 공기조화설비(실내의 온도·습도 및 청정도 등을 적정하게 유지하는 역할을 하는 설비를 말한다)가 설치된 경우에는 다음 각 목의 기준에도 적합하여야 한다.
    가. 공기조화설비는 24시간 지속적인 환기가 가능한 것일 것. 다만, 주요 환기설비와 분리된 별도의 환기계통을 병행 설치하여 실내에 존재하는 국소 오염원에서 발생하는 오염물질을 신속히 배출할 수 있는 체계로 구성하는 경우에는 그러하지 아니하다.
    나. 중앙관리방식의 공기조화설비의 제어 및 작동상황을 통제할 수 있는 관리실 또는 기능이 있을 것

해설 필요 환기량

환기량은 실의 종류, 재실자수, 실내에서 발생하는 유해물질, 외기 등의 여러 가지 조건에 따라 결정되며 어떤 오염물질의 실내농도를 허용치 이하로 유지하기 위해 필요한 최소풍량을 필요 환기량이라 한다.

※ 실내의 환기량을 나타내는 방법

① 1인당 환기량($m^3/h \cdot$인)

② 단위 바닥 면적당의 환기량($m^3/h \cdot m^2$)

③ 환기 회수 $n = Q/V$ (회/h)

즉, 1시간에 교체된 외기량(환기량 Q)을 실의 체적(V)으로 나눈 값으로서 1시간에 실내공기가 몇 번 바뀌었는지를 나타낸다.

해설 암소음(ambient noise, background noise)

어떤 장소에서 한 가지의 음을 측정하고자 할 때 그 음 이외의 음을 말함.

해설 열회수형 환기장치(전열교환기)

일반적으로 실의 공기오염방지를 위해 환기를 하면 실내의 온열이나 냉열을 외기에 빼앗겨 귀중한 에너지손실이 발생하고 냉난방 효과가 떨어지지만 환기를 하지 않으면 실내공기는 오염되어 많은 부작용이 발생하는데 이러한 두 가지 문제를 동시에 해결하기 위해 개발된 것이다. 즉, 실내의 오염된 공기(따뜻한 공기)를 밖으로 배출시키고 동시에 신선한 외부공기(차가운 공기)를 실내에 공급하는 양방향 환기를 하며 외부로 손실되는 열에너지를 다시 회수하여 실내로 공급하는 전열교환방식의 환기장치이다.

해설 열회수 환기장치의 종류별 특성

구분	플레이트 열교환 방식	로터리형 열교환 방식	히트파이프형 열교환방식
구조	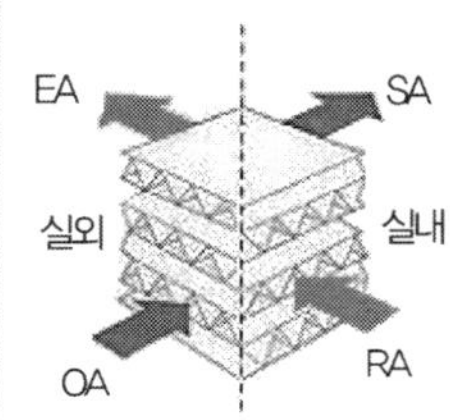	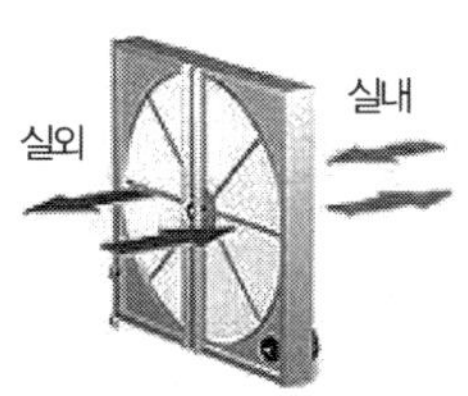	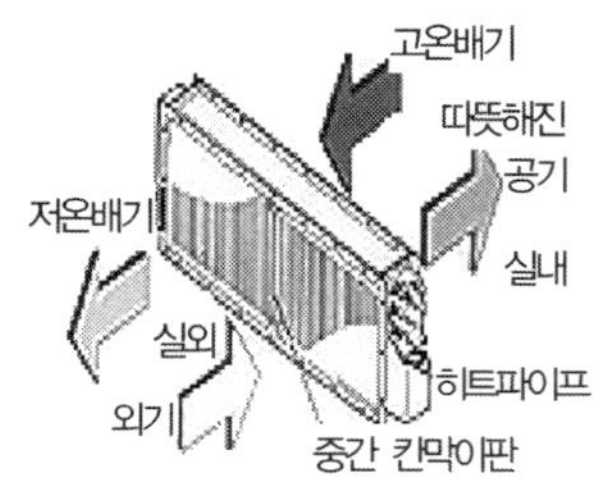
원리	배기측 보유열이 판사이를 통과하며 AL 또는 PP판에 열전도하여 급기로 방열작용을 반복하여 열교환	배기측 보유열이 Matrix의 열교환소자 표면에 열을 전달하고 Matrix의 회전으로 급기측에 방열작용을 반복하여 열교환	배기측 보유열이 작동유체를 가열하면 증발가스가 급기측으로 팽창하여 급기를 가열하고 액상화되어 배기측으로 이동하는 현상이 반복되어 열교환
주요 용도	·교차오염을 허용하지 않는 모든 장소 ·환기가 우선되는 장소 ·주택, 병원, 도서관, 실험실, 학교, 호텔, 수영장 등	·대형 공조기용 ·에너지절감이 우선되는 장소 ·빙상경기장, 찜질방, 공장, 클린룸, 사무실 등	·대형 공조기용 ·분진이 많은 장소 ·고온배기되며 부식성가스가 있는 산업현장 ·공장, 건조기 등

해설 열회수 환기장치(전열교환기)의 구조

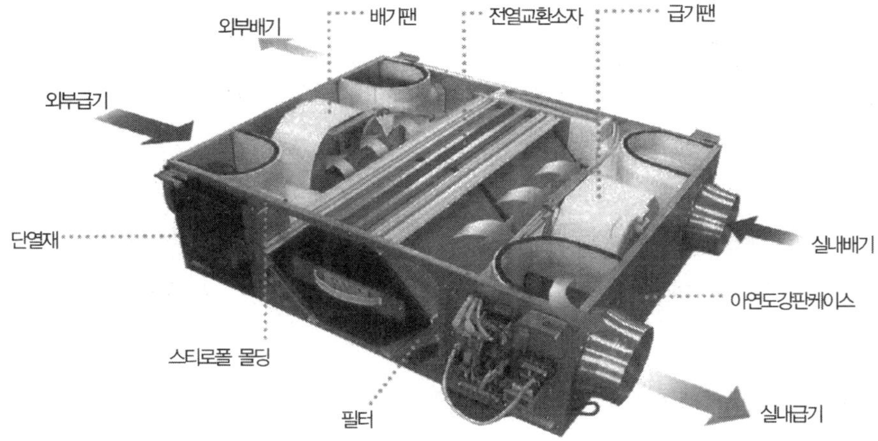

3. 환기설비기준 – 2) 다중이용시설

設規 제11조【공동주택 및 다중이용시설의 환기설비기준 등】– 계속

④ 특별시장 · 광역시장 · 특별자치시장 · 특별자치도지사 또는 시장 · 군수 · 구청장(자치구의 구청장을 말하며, 이하 "허가권자"라 한다)은 **30세대 미만**인 공동주택과 주택을 주택 외의 시설과 동일 건축물로 건축하는 경우로서 주택이 **30세대 미만**인 건축물 및 단독주택에 대해 시간당 **0.5회 이상**의 환기가 이루어질 수 있도록 자연환기설비 또는 기계환기설비의 설치를 권장할 수 있다. 〈신설 2020.4.9.〉

⑤ 다중이용시설을 신축하는 경우에 기계환기설비를 설치해야 하는 다중이용시설 및 각 시설의 필요 환기량은 별표 1의6과 같으며, 설치해야 하는 기계환기설비의 구조 및 설치는 다음 각 호의 기준에 적합해야 한다. 〈개정 2020.4.9.〉

1. 다중이용시설의 기계환기설비 용량기준은 시설이용 인원 당 환기량을 원칙으로 산정할 것
2. 기계환기설비는 다중이용시설로 공급되는 공기의 분포를 최대한 균등하게 하여 실내 기류의 편차가 최소화될 수 있도록 할 것
3. 공기공급체계·공기배출체계 또는 공기흡입구·배기구 등에 설치되는 송풍기는 외부의 기류로 인하여 송풍능력이 떨어지는 구조가 아닐 것
4. 바깥공기를 공급하는 공기공급체계 또는 바깥공기가 도입되는 공기흡입구는 다음 각 목의 요건을 모두 갖춘 공기여과기 또는 집진기(集塵機) 등을 갖출 것
   가. 입자형 · 가스형 오염물질을 제거 또는 여과하는 성능이 일정 수준 이상일 것
   나. 여과장치 등의 청소 및 교환 등 유지관리가 쉬운 구조일 것
   다. 공기여과기의 경우 한국산업표준(KS B 6141)에 따른 입자 포집률이 계수법으로 측정하여 **60퍼센트 이상**일 것 〈본호 신설 2020.4.9.〉

5. 공기배출체계 및 배기구는 배출되는 공기가 공기공급체계 및 공기흡입구로 직접 들어가지 아니하는 위치에 설치할 것

6. 기계환기설비를 구성하는 설비·기기·장치 및 제품 등의 효율과 성능 등을 판정하는 데 있어 이 규칙에서 정하지 아니한 사항에 대하여는 해당 항목에 대한 한국산업표준에 적합할 것

[별표 1의6] 〈개정 2020.4.9.〉

기계환기설비를 설치해야 하는 다중이용시설 및 각 시설의 필요 환기량(제11조제5항 관련) 〈개정 2020.4.9.〉

1. **기계환기설비를 설치하여야 하는 다중이용시설**

가. **지하시설**

1) 모든 지하역사(출입통로·대합실·승강장 및 환승통로와 이에 딸린 시설을 포함한다)

2) 연면적 **2천제곱미터 이상**인 지하도상가(지상건물에 딸린 지하층의 시설 및 연속되어 있는 둘 이상의 지하도상가의 연면적 합계가 2천제곱미터 이상인 경우를 포함한다)

나. **문화 및 집회시설**

1) 연면적 **2천제곱미터 이상**인 「건축법 시행령」 별표 1 제5호라목에 따른 전시장(실내전시장으로 한정한다)〈개정 2020.4.9.〉

2) 연면적 **2천제곱미터 이상**인 「건전가정의례의 정착 및 지원에 관한 법률」에 따른 혼인예식장

3) 연면적 **1천제곱미터 이상**인 「공연법」 제2조제4호에 따른 공연장(실내 공연장으로 한정한다) 〈개정 2020.4.9.〉

4) 관람석 용도로 쓰이는 바닥면적이 **1천제곱미터 이상**인 「체육시설의 설치·이용에 관한 법률」 제2조제1호에 따른 체육시설

5) 「영화 및 비디오물의 진흥에 관한 법률」 제2조제10호에 따른 영화상영관 〈개정 2020.4.9.〉

다. **판매시설**

1) 「유통산업발전법」 제2조제3호에 따른 대규모점포

2) 연면적 **300제곱미터 이상**인 「게임산업 진흥에 관한 법률」 제2조제7호에 따른 인터넷컴퓨터게임시설제공업의 영업시설

라. **운수시설**

1) 「항만법」 제2조제5호에 따른 항만시설 중 연면적 **5천제곱미터 이상**인 대합실

2) 「여객자동차 운수사업법」 제2조제5호에 따른 여객자동차터미널 중 연면적 **2천제곱미터 이상**인 대합실

3) 「철도산업발전기본법」 제3조제2호에 따른 철도시설 중 연면적 **2천제곱미터 이상**인 대합실

4) 「공항시설법」 제2조제7호에 따른 공항시설 중 연면적 **1천5백제곱미터 이상**인 여

객터미널 〈개정 2020.4.9.〉

마. **의료시설** : 연면적이 **2천제곱미터 이상**이거나 병상 수가 **100개 이상**인 「의료법」 제3조에 따른 의료기관

바. **교육연구시설**

1) 연면적 **3천제곱미터 이상**인 「도서관법」 제2조제1호에 따른 도서관

2) 연면적 **1천제곱미터 이상**인 「학원의 설립·운영 및 과외교습에 관한 법률」 제2조제1호에 따른 학원

사. **노유자시설**

1) 연면적 **430제곱미터 이상**인 「영유아보육법」 제2조제3호에 따른 어린이집〈개정 2020.4.9.〉

2) 연면적 **1천제곱미터 이상**인 「노인복지법」 제34조제1항제1호에 따른 노인요양시설〈개정 2020.4.9.〉

아. **업무시설** : 연면적 **3천제곱미터 이상**인 「건축법 시행령」 별표 1 제14호에 따른 업무시설 〈개정 2020.4.9.〉

자. **자동차 관련 시설** : 연면적 **2천제곱미터 이상**인 「주차장법」 제2조제1호에 따른 주차장(실내주차장으로 한정하며, 같은 법 제2조제3호에 따른 기계식주차장은 제외한다)〈개정 2020.4.9.〉

차. **장례식장** : 연면적 **1천제곱미터 이상**인 「장사 등에 관한 법률」 제28조의2제1항 및 제29조에 따른 장례식장(지하에 설치되는 경우로 한정한다)〈개정 2020.4.9.〉

카. **그 밖의 시설**

1) 연면적 **1천제곱미터 이상**인 「공중위생관리법」 제2조제1항제3호에 따른 목욕장업의 영업시설 〈개정 2020.4.9.〉

2) 연면적 **5백제곱미터 이상**인 「모자보건법」 제2조제10호에 따른 산후조리원 〈개정 2020.4.9.〉

3) 연면적 **430제곱미터 이상**인 「어린이놀이시설 안전관리법」 제2조제3호에 따른 어린이놀이시설 중 실내 어린이놀이시설〈개정 2020.4.9.〉

2. **각 시설의 필요 환기량**

구 분		필요 환기량(㎥/인·h)	비 고
가. 지하시설	1) 지하역사	25 이상	
	2) 지하도상가	36 이상	매장(상점) 기준
나. 문화 및 집회시설		29 이상	
다. 판매시설		29 이상	
라. 운수시설		29 이상	
마. 의료시설		36 이상	
바. 교육연구시설		36 이상	
사. 노유자시설		36 이상	
아. 업무시설		29 이상	
자. 자동차 관련 시설		27 이상	
차. 장례식장		36 이상	
카. 그 밖의 시설		25 이상	

[비고]

가. 제1호에서 연면적 또는 바닥면적을 산정할 때에는 실내공간에 설치된 시설이 차지하는 연면적 또는 바닥면적을 기준으로 산정한다.

나. 필요 환기량은 예상 이용인원이 가장 높은 시간대를 기준으로 산정한다.

다. 의료시설 중 수술실 등 특수 용도로 사용되는 실(室)의 경우에는 소관 중앙행정기관의 장이 달리 정할 수 있다.

라. 제1호자목의 자동차 관련 시설의 필요 환기량은 단위면적당 환기량(㎥/㎡·h)으로 산정한다.

設規 제11조의 2【환기구의 안전기준】① 영 제 87조 제 2항에 따라 환기구〈건축물의 환기설비에 부속된 급기(給氣) 및 배기(排氣)를 위한 건축구조물의 개구부(開口部)를 말한다. 이하 같다〉는 보행자 및 건축물 이용자의 안전이 확보되도록 바닥으로부터 **2미터 이상**의 높이에 설치하여야 한다. 다만, 다음 각 호의 어느 하나에 해당하는 경우에는 예외로 한다.

1. 환기구를 벽면에 설치하는 등 사람이 올라설 수 없는 구조로 설치하는 경우. 이 경우 배기를 위한 환기구는 배출되는 공기가 보행자 및 건축물 이용자에게 직접 닿지 아니하도록 설치되어야 한다.
2. 안전펜스 또는 조경 등을 이용하여 접근을 차단하는 구조로 하는 경우

② 모든 환기구에는 국토교통부장관이 정하여 고시하는 강도(强度) 이상의 덮개와 덮개 걸침턱 등 추락방지시설을 설치하여야 한다. 〈본조 신설 2015.7.9.〉

해설 **設規 제11조(환기설비)의 개정**

건축물 내 미세먼지의 유입을 방지하기 위해 환기설비를 설치해야 하는 주택 등의 범

위를 100세대 이상의 공동주택 등에서 30세대 이상의 공동주택 등으로 확대하고, 그 환기설비가 갖춰야하는 공기여과기의 입자 포집률을 자연환기설비의 경우 60% 이상에서 70% 이상으로, 기계환기설비의 경우 40% 이상에서 60% 이상으로 강화하며, 기계환기설비를 설치해야 하는 다중이용시설인 영화상영관, 어린이집, 노인요양시설 등의 범위를 확대하는 등 현행 제도의 운영상 나타난 일부 미비점을 개선 · 보완한 것이다.

4. 배연설비

슈 제51조【거실의 채광 등】

② 법 제49조제2항에 따라 6층 이상인 건축물로서 문화 및 집회시설, 종교시설, 판매시설, 운수시설, 의료시설, 교육연구시설 중 연구소, 노유자시설 중 아동 관련 시설·노인복지시설, 수련시설 중 유스호스텔, 운동시설, 업무시설, 숙박시설, 위락시설, 관광휴게시설, 제2종 근린생활시설 중 고시원 및 장례식장의 거실에는 국토교통부령으로 정하는 기준에 따라 배연설비(排煙設備)를 하여야 한다. 다만, 피난층인 경우에는 그러하지 아니하다. 〈개정 2013.3.23.〉

設規 제14조【배연설비】① 영 제51조제2항에 따라 배연설비를 설치하여야 하는 건축물에는 다음 각 호의 기준에 적합하게 배연설비를 설치하여야 한다. 다만, 피난층인 경우에는 그러하지 아니하다. 〈개정 2010.11.5.〉

1. 영 제46조제1항에 따라 건축물이 방화구획으로 구획된 경우에는 그 구획마다 1개소 이상의 배연창을 설치하되, 배연창의 상변과 천장 또는 반자로부터 수직거리가 **0.9미터 이내**일 것. 다만, 반자높이가 바닥으로부터 **3미터 이상**인 경우에는 배연창의 하변이 바닥으로부터 **2.1미터 이상**의 위치에 놓이도록 설치하여야 한다. 〈개정 2017.12.4.〉
2. 배연창의 유효면적은 별표 2의 산정기준에 의하여 산정된 면적이 1제곱미터 이상으로서 그 면적의 합계가 당해 건축물의 바닥면적(영 제46조제1항 또는 제3항의 규정에 의하여 방화구획이 설치된 경우에는 그 구획된 부분의 바닥면적을 말한다)의 **100분의 1 이상**일 것. 이 경우 바닥면적의 산정에 있어서 거실바닥면적의 20분의1 이상으로 환기창을 설치한 거실의 면적은 이에 산입하지 아니한다.
3. 배연구는 연기감지기 또는 열감지기에 의하여 자동으로 열 수 있는 구조로 하되, 손으로도 열고 닫을 수 있도록 할 것
4. 배연구는 예비전원에 의하여 열 수 있도록 할 것
5. 기계식 배연설비를 하는 경우에는 제1호 내지 제4호의 규정에 불구하고 소방관계법령의 규정에 적합하도록 할 것

② 특별피난계단 및 영 제90조제3항의 규정에 의한 비상용승강기의 승강장에 설치하

는 배연설비의 구조는 다음 각 호의 기준에 적합하여야 한다.

1. 배연구 및 배연풍도는 불연재료로 하고, 화재가 발생한 경우 원활하게 배연시킬 수 있는 규모로서 외기 또는 평상시에 사용하지 아니하는 굴뚝에 연결할 것
2. 배연구에 설치하는 수동개방장치 또는 자동개방장치(열감지기 또는 연기감지기에 의한 것을 말한다)는 손으로도 열고 닫을 수 있도록 할 것
3. 배연구는 평상시에는 닫힌 상태를 유지하고, 연 경우에는 배연에 의한 기류로 인하여 닫히지 아니하도록 할 것
4. 배연구가 외기에 접하지 아니하는 경우에는 배연기를 설치할 것
5. 배연기는 배연구의 열림에 따라 자동적으로 작동하고, 충분한 공기배출 또는 가압능력이 있을 것
6. 배연기에는 예비전원을 설치할 것
7. 공기유입방식을 급기가압방식 또는 급·배기방식으로 하는 경우에는 제1호 내지 제6호의 규정에 불구하고 소방관계법령의 규정에 적합하게 할 것

[별표 2] **배연창의 유효면적 산정기준** (제14조제1항제2호 관련)

1. 미서기창 : $H \times l$

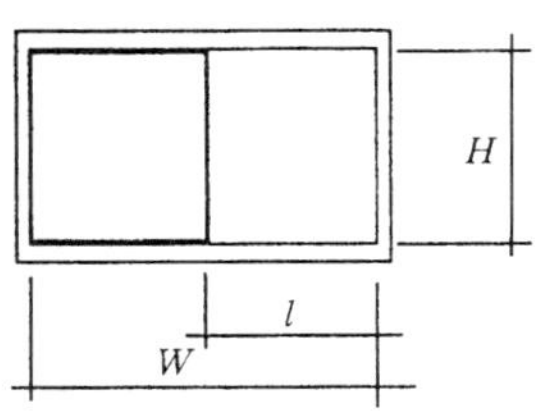

l : 미서기 창의 유효폭
H : 창의 유효높이
W : 창문의 폭

2. Pivot 종축창 : $H \times l'/2 \times 2$

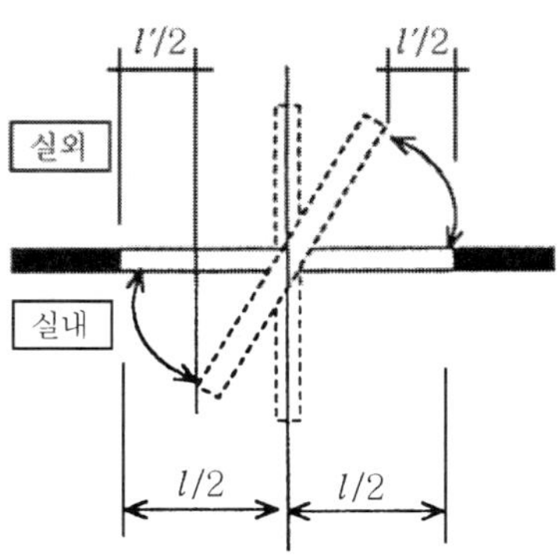

H : 창의 유효높이
l : 90° 회전시 창호와 직각방향으로 개방된 수평거리
l' : 90° 미만 0° 초과시 창호와 직각방향으로 개방된 수평거리

3. Pivot 횡축창 : $(W \times l_1) + (W \times l_2)$

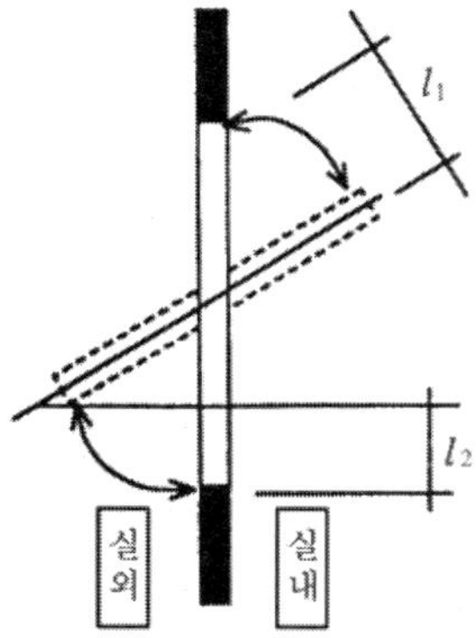

W	: 창의 폭
l_1	: 실내측으로 열린 상부창호의 길이방향으로 평행하게 개방된 순거리
l_2	: 실외측으로 열린 하부창호로서 창틀과 평행하게 개방된 순수수평투영거리

4. 들창 : $W \times l_2$

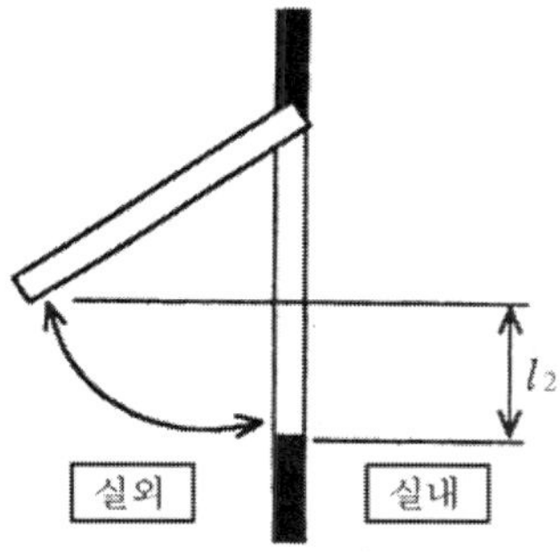

W	: 창의 폭
l_2	: 창틀과 평행하게 개방된 순수 수평투영면적

5. 미들창 : 창이 실외측으로 열리는 경우 : $W \times l$
창이 실내측으로 열리는 경우 : $W \times l_1$
(단, 창이 천장(반자)에 근접하는 경우 : $W \times l_2$)

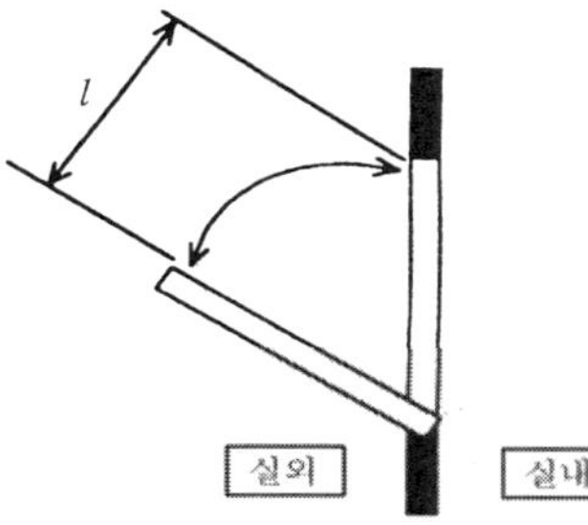

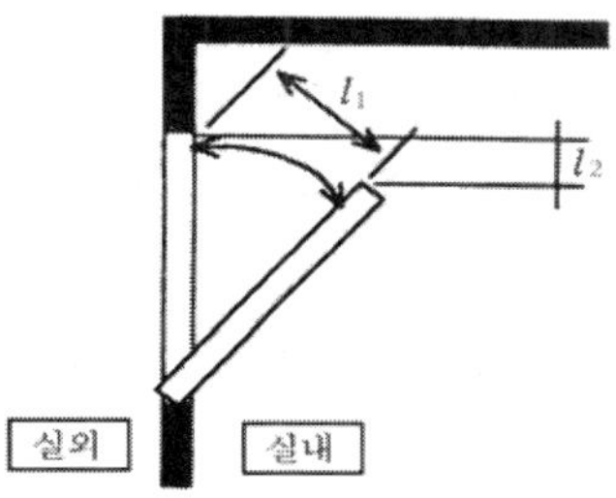

W	: 창의 폭
l	: 실외측으로 열린 상부창호의 길이방향으로 평행하게 개방된 순거리
l_1	: 실내측으로 열린 상부창호의 길이방향으로 개방된 순거리
l_2	: 창틀과 평행하게 개방된 순수 수평투영면적

* 창이 천장(또는 반자)에 근접된 경우
창의 상단에서 천장면까지의 거리 $\le l_1$

5. 배관설비 – 1) 설치 및 구조

設規 제17조【배관설비】① 건축물에 설치하는 급수·배수 등의 용도로 쓰는 배관설비의 설치 및 구조는 다음 각 호의 기준에 적합하여야 한다.

1. 배관설비를 콘크리트에 묻는 경우 부식의 우려가 있는 재료는 부식방지조치를 할 것
2. 건축물의 주요부분을 관통하여 배관하는 경우에는 건축물의 구조내력에 지장이 없도록 할 것
3. 승강기의 승강로 안에는 승강기의 운행에 필요한 배관설비 외의 배관설비를 설치하지 아니할 것
4. 압력탱크 및 급탕설비에는 폭발 등의 위험을 막을 수 있는 시설을 설치할 것

② 제1항의 규정에 의한 배관설비로서 배수용으로 쓰이는 배관설비는 제1항 각호의 기준 외에 다음 각 호의 기준에 적합하여야 한다.

1. 배출시키는 빗물 또는 오수의 양 및 수질에 따라 그에 적당한 용량 및 경사를 지게 하거나 그에 적합한 재질을 사용할 것
2. 배관설비에는 배수트랩·통기관을 설치하는 등 위생에 지장이 없도록 할 것
3. 배관설비의 오수에 접하는 부분은 내수재료를 사용할 것
4. 지하실 등 공공하수도로 자연배수를 할 수 없는 곳에는 배수용량에 맞는 강제배수시설을 설치할 것
5. 우수관과 오수관은 분리하여 배관할 것
6. 콘크리트구조체에 배관을 매설하거나 배관이 콘크리트구조체를 관통할 경우에는 구조체에 덧관을 미리 매설하는 등 배관의 부식을 방지하고 그 수선 및 교체가 용이하도록 할 것

③ 삭제 〈1996.2.9.〉

5. 배관설비 – 2) 음용수용 배관설비

設規 제18조【음용수용 배관설비】영 제87조제2항에 따라 건축물에 설치하는 음용수용 배관설비의 설치 및 구조는 다음 각 호의 기준에 적합하여야 한다.

1. 제17조제1항 각호의 기준에 적합할 것
2. 음용수용 배관설비는 다른 용도의 배관설비와 직접 연결하지 아니할 것
3. 급수관 및 수도계량기는 얼어서 깨지지 아니하도록 별표 3의 2의 규정에 의한 기준에 적합하게 설치할 것
4. 제3호에서 정한 기준 외에 급수관 및 수도계량기가 얼어서 깨지지 아니하도록 하기 위하여 지역실정에 따라 당해 지방자치단체의 조례로 기준을 정한 경우에는 동기준

에 적합하게 설치할 것

5. 급수 및 저수탱크는 「수도시설의 청소 및 위생관리 등에 관한 규칙」 별표 1의 규정에 의한 저수조설치기준에 적합한 구조로 할 것

6. ~~음용수용~~ 급수관의 지름은 건축물의 용도 및 규모에 적정한 규격 이상으로 할 것. 다만, 주거용 건축물은 당해 배관에 의하여 급수되는 가구 수 또는 바닥면적의 합계에 따라 별표 3의 기준에 적합한 지름의 관으로 배관할 것

7. ~~음용수용~~ 급수관은 「수도법 시행규칙」 제10조 및 별표 4에 따른 위생안전기준에 적합한 수도용 자재 및 제품을 사용할 것

[별표 3] **주거용 건축물 급수관의 지름**(제18조 관련)

가구 또는 세대수	1	2·3	4·5	6~8	9~16	17 이상
급수관 지름의 최소기준(mm)	15	20	25	32	40	50

[비고] 1. 가구 또는 세대의 구분이 불분명한 건축물에 있어서는 주거에 쓰이는 바닥면적의 합계에 따라 다음과 같이 가구 수를 산정한다.

가. 바닥면적 85제곱미터 이하 : 1가구

나. 바닥면적 85제곱미터 초과 150제곱미터 이하 : 3가구

다. 바닥면적 150제곱미터 초과 300제곱미터 이하 : 5가구

라. 바닥면적 300제곱미터 초과 500제곱미터 이하 : 16가구

마. 바닥면적 500제곱미터 초과 : 17가구

2. 가압설비 등을 설치하여 급수되는 각 기구에서의 압력이 1제곱센티미터당 0.7킬로그램 이상인 경우에는 위 표의 기준을 적용하지 아니할 수 있다.

[별표 3의 2]〈개정 2010.11.5〉

급수관 및 수도계량기보호함의 설치기준(제18조제3호 관련)

1. 급수관의 단열재 두께(단위 : mm)

1

<table>
<tr><td colspan="2">관경(mm, 외경)
설치장소</td><td rowspan="2">20 미만</td><td rowspan="2">20 이상~
50 미만</td><td rowspan="2">50 이상~
70 미만</td><td rowspan="2">70 이상~
100 미만</td><td rowspan="2">100 이상</td></tr>
<tr><td rowspan="5">• 외기에 노출된 배관
• 옥상 등 그밖에 동파가 우려되는 건축물의 부위</td><td>설계용
외기온도(℃)</td></tr>
<tr><td>－10 미만</td><td>200
(50)</td><td>50
(25)</td><td>25
(25)</td><td>25
(25)</td><td>25
(25)</td></tr>
<tr><td>－5미만~－10</td><td>100
(50)</td><td>40
(25)</td><td>25
(25)</td><td>25
(25)</td><td>25
(25)</td></tr>
<tr><td>0 미만~－5</td><td>40
(25)</td><td>25
(25)</td><td>25
(25)</td><td>25
(25)</td><td>25
(25)</td></tr>
<tr><td>0℃ 이상 유지</td><td colspan="5">20</td></tr>
</table>

1) ( )는 기온강하에 따라 자동으로 작동하는 전기 발열선을 설치하는 경우 단열재의 두께를 완화할 수 있는 기준
2) 단열재의 열전도율은 0.04kcal/m·h·℃ 이하인 것으로 한국산업표준제품을 사용할 것
3) 설계용 외기온도 : 법 제59조제2항의 규정에 의한 에너지 절약설계기준에 따를 것

2. 수도계량기보호함(난방공간내에 설치하는 것을 제외한다)
가. 수도계량기와 지수전 및 역지밸브를 지중 혹은 공동주택의 벽면 내부에 설치하는 경우에는 콘크리트 또는 합성수지제 등의 보호함에 넣어 보호할 것
나. 보호함내 옆면 및 뒷면과 전면판에 각각 단열재를 부착할 것(단열재는 밀도가 높고 열전도율이 낮은 것으로 한국산업규격제품을 사용할 것)
다. 보호함의 배관입출구는 단열재 등으로 밀폐하여 냉기의 침입이 없도록 할 것
라. 보온용 단열재와 계량기 사이 공간을 유리섬유 등 보온재로 채울 것
마. 보호통과 벽체사이틈을 밀봉재 등으로 채워 냉기의 침투를 방지할 것

해설 수도법 시행규칙 [별표 3의2]〈신설 2012.5.17.〉

저수조의 설치기준 (제9조의2 관련)

1. 저수조의 맨홀부분은 건축물(천정 및 보 등)으로부터 100cm이상 떨어져야 하며, 그 밖의 부분은 60cm 이상의 간격을 띄울 것
2. 물의 유출구는 유입구의 반대편 밑부분에 설치하되, 바닥의 침전물이 유출되지 아니하도록 저수조의 바닥에서 띄워서 설치하고, 칸막이 등을 설치하여 저수조 안의 물이 고이지 아니하도록 할 것
3. 각 변의 길이가 90cm이상인 사각형 맨홀 또는 지름이 90cm이상인 원형 맨홀을 1개이상 설치하여 청소를 위한 사람이나 장비의 출입이 원활하도록 하여야 하고, 맨홀을 통하여 먼지 기타 이물질이 유입되지 아니하도록 할 것. 다만, 5m^3 이하의 소규모 저수조의 맨홀은 각변 또는 지름을 60cm이상으로 할 수 있다.
4. 침전찌꺼기의 배출구를 저수조의 맨밑부분에 설치하고, 저수조의 바닥은 배출구를 향하여 100분의 1이상의 경사를 두어 설치하는 등 배출이 쉬운 구조로 할 것
5. 5m^3를 초과하는 저수조는 청소·위생점검 및 보수 등 유지관리를 위하여 1개의 저수조를 2 이상의 부분으로 구획하거나 저수조를 2개 이상 설치하여야 하며, 1개의 저수조를 2 이상의 부분으로 구획할 경우에는 한쪽의 물을 비웠을 경우 수압에 견딜 수 있는 구조일 것
6. 저수조의 물이 일정수준이상 넘거나 일정수준이하로 줄 때 울리는 경보장치를 설치하고, 그 수신기는 관리실에 설치할 것
7. 건축물 또는 시설 외부의 땅밑에 저수조를 설치하는 경우에는 분뇨·쓰레기 등의 유해물질로부터 5m이상 띄워서 설치하여야 하며, 맨홀 주위에 다른 사람이 함부로 접근하지 못하도록 장치할 것. 다만, 부득이하게 저수조를 유해물질로부터 5m 이상 띄워서 설치하지 못하는 경우에는 저수조의 주위에 차단벽을 설치하여야 한다.
8. 저수조 및 저수조에 설치하는 사다리, 버팀대, 물과 접촉하는 접합부속 등의 재질은 섬유보강플라스틱·스테인리스스틸·콘크리트 등의 내식성재료를 사용하여야 하며, 콘크리트 저수조는 수질에 영향을 미치지 아니하는 재질로 마감할 것
9. 저수조안의 공기정화를 위한 통기관과 물의 수위조절을 위한 월류관을 설치하고, 관에는 벌레 등 오염물질이 유입되지 아니하도록 녹이 슬지 아니하는 재질의 세목스크린을 설치할 것
10. 저수조의 유입배관에는 단수 후 통수과정에서 유입된 오수나 이물질이 저수조로 유입되는 것을 방지하기 위하여 배수(排水)용 밸브를 설치할 것
11. 저수조를 설치하는 곳은 분진 등으로 인한 2차 오염을 방지하기 위하여 암·석면을 제외한 다른 적합한 자재를 사용할 것
12. 저수조 내부의 높이는 최소 1m 80cm 이상으로 할 것. 다만, 옥상에 설치한 저수조는 제외한다.
13. 저수조의 뚜껑은 잠금장치를 하여야 하고, 출입구 부분은 이물질이 들어가지 아니하는 구조이어야 하며, 측면에 출입구를 설치할 경우에는 점검 및 유지관리가 용이하도록 안전발판을 설치할 것

14. 소화용수가 저수조에 역류되는 것을 방지하기 위한 역류방지장치가 설치되어야 한다.

6. 차수설비

設規 제17조의2【차수설비】① 다음 각 호의 어느 하나에 해당하는 지역에서 연면적 1만제곱미터 이상의 건축물을 건축하려는 자는 빗물 등의 유입으로 건축물이 침수되지 않도록 해당 건축물의 지하층 및 1층의 출입구(주차장의 출입구를 포함한다)에 차수판(遮水板) 등 해당 건축물의 침수를 방지할 수 있는 설비(이하 "차수설비"라 한다)를 설치해야 한다. 다만, 허가권자가 침수의 우려가 없다고 인정하는 경우에는 그렇지 않다.〈개정 2020.4.9.〉

1. 「국토의 계획 및 이용에 관한 법률」 제37조제1항제5호에 따른 방재지구
2. 「자연재해대책법」 제12조제1항에 따른 자연재해위험지구

② 제1항에 따라 설치되는 차수설비는 다음 각 호의 기준에 적합하여야 한다.

1. 건축물의 이용 및 피난에 지장이 없는 구조일 것
2. 그 밖에 국토교통부장관이 정하여 고시하는 기준에 적합하게 설치할 것

〈본조 신설 2012.4.30.〉

7. 피뢰설비

設規 제20조【피뢰설비】영 제87조제2항에 따라 낙뢰의 우려가 있는 건축물, 높이 20미터 이상의 건축물 또는 영 제118조제1항에 따른 공작물로서 높이 20미터 이상의 공작물(건축물에 영 제118조제1항에 따른 공작물을 설치하여 그 전체 높이가 20미터 이상인 것을 포함한다)에는 다음 각 호의 기준에 적합하게 피뢰설비를 설치하여야 한다. 〈개정 2012.4.30.〉

1. 피뢰설비는 한국산업표준이 정하는 피뢰레벨 등급에 적합한 피뢰설비일 것. 다만, 위험물저장 및 처리시설에 설치하는 피뢰설비는 한국산업표준이 정하는 피뢰시스템레벨 Ⅱ 이상이어야 한다.
2. 돌침은 건축물의 맨 윗부분으로부터 25센티미터 이상 돌출시켜 설치하되, 「건축물의 구조기준 등에 관한 규칙」 제9조에 따른 설계하중에 견딜 수 있는 구조일 것
3. 피뢰설비의 재료는 최소 단면적이 피복이 없는 동선을 기준으로 수뢰부, 인하도선 및 접지극은 50제곱밀리미터 이상이거나 이와 동등 이상의 성능을 갖출 것
4. 피뢰설비의 인하도선을 대신하여 철골조의 철골구조물과 철근콘크리트조의 철근구

조체 등을 사용하는 경우에는 전기적 연속성이 보장될 것. 이 경우 전기적 연속성이 있다고 판단되기 위하여는 건축물 금속 구조체의 최상단부와 지표레벨 사이의 전기저항이 0.2옴 이하이어야 한다.

5. 측면 낙뢰를 방지하기 위하여 높이가 60미터를 초과하는 건축물 등에는 지면에서 건축물 높이의 5분의 4가 되는 지점부터 최상단부분까지의 측면에 수뢰부를 설치하여야 하며, 지표레벨에서 최상단부의 높이가 150미터를 초과하는 건축물은 120미터 지점부터 최상단부분까지의 측면에 수뢰부(受雷部)를 설치할 것. 다만, 건축물의 외벽이 금속 부재(部材)로 마감되고, 금속부재 상호간에 제4호 후단에 적합한 전기적 연속성이 보장되며 피뢰시스템레벨 등급에 적합하게 설치하여 인하도선에 연결한 경우에는 측면 수뢰부가 설치된 것으로 본다.

6. 접지(接地)는 환경오염을 일으킬 수 있는 시공방법이나 화학 첨가물 등을 사용하지 아니할 것

7. 급수·급탕·난방·가스 등을 공급하기 위하여 건축물에 설치하는 금속배관 및 금속재 설비는 전위(電位)가 균등하게 이루어지도록 전기적으로 접속할 것

8. 전기설비의 접지계통과 건축물의 피뢰설비 및 통신설비 등의 접지극을 공용하는 통합접지공사를 하는 경우에는 낙뢰 등으로 인한 과전압으로부터 전기설비 등을 보호하기 위하여 한국산업표준에 적합한 서지보호장치(SPD)를 설치할 것

9. 그 밖에 피뢰설비와 관련된 사항은 한국산업표준에 적합하게 설치할 것

해설 ▸ 피뢰설비 (設規 제20조)

피뢰(避雷)설비는 낙뢰(落雷)에 의한 피해를 최소한도로 막고 낙뢰전류를 신속하게 대지로 방류하기 위하여 건축물의 최상에 설치하는 방재설비의 일종이다.

- 돌침부란 뇌격(雷擊)을 흡수하기 위하여 설치하는 금속제의 막대를 말한다.
- 피뢰도선(避雷導線)은 돌침부와 접지전극을 접속하는 도선이며, 낙뢰전류를 대지로 흘려 보내기 위해 설치한다.
- 인하도선(引下導線)은 피뢰도선의 일부이며, 피보호물의 정상으로부터 접지극까지의 사이에서 대략 수직인 부분을 말한다.
- 접지극은 뇌격전류를 대지에 방류하기 위하여 지중에 매설한 도체(導體)이며, 주로 구리판이나 구리봉이 많이 사용된다.
- 서지(surge)란 어느 시간만 급격히 가해지고 그 다음은 자연히 감쇠하는 전압이나 전류를 말한다.

▸ 피뢰설비 기준 요약

피뢰설비관련 한국산업표준 : 건축물 등의 뇌보호시스템(KSC IEC 61024-1)
설치대상 : 낙뢰의 우려가 있는 건축물 또는 높이 20m 이상의 건축물 및 공작물

설 비	설 치 기 준
① 피뢰설비	한국산업표준이 정하는 보호등급의 설비일 것 (위험물저장 및 처리시설→피뢰시스템레벨 Ⅱ 이상일 것)
② 돌침	• 건축물 맨 윗부분으로부터 25cm 이상 돌출하여 설치할 것 • 풍하중기준에 견딜 수 있는 구조일 것
③ 피뢰설비 재료	수뢰부, 인하도선, 접지극의 최소 단면적 (피복이 없는 동선을 기준으로 함) : 50mm² 이상
④ 인하도선	철골조, 철골·철근콘크리트조의 철근구조체를 사용하는 경우 • 전기적 연속성이 보장될 것 • 건축물 금속구조체 최상단부와 지표레벨 사이의 전기 저항값 : 0.2Ω 이하
⑤ 낙뢰방지 수뢰부의 설치	높이 60m를 초과하는 건축물 • 높이의 4/5 지점부터 상단부까지 측면에 수뢰부를 설치할 것 높이 150미터를 초과하는 건축물 • 120미터 지점부터 최상단부분까지의 측면에 수뢰부를 설치할 것
⑥ 접지	환경오염을 일으킬 수 있는 시공방법 또는 화학첨가물을 사용하지 아니할 것
⑦ 전기적 접속	건축물에 설치하는 금속배관 및 금속재 설비는 전위(電位)가 균등하게 이루어지도록 할 것
⑧ 전기설비 보호	전기설비의 접지계통과 건축물의 피뢰 및 통신설비 등의 접지극을 공용하는 통합접지공사를 하는 경우 : 낙뢰 등으로 인한 과전압으로부터 전기설비 등을 보호하기 위하여 한국산업표준에 적합한 서지보호장치(SPD ; Surge Protective Device)를 설치할 것

8. 승강기 – 1) 승용승강기

法 제64조【승강기】① 건축주는 **6층 이상**으로서 연면적이 **2천제곱미터 이상**인 건축물(대통령령으로 정하는 건축물은 제외한다)을 건축하려면 승강기를 설치하여야 한다. 이 경우 승강기의 규모 및 구조는 국토교통부령으로 정한다.

② **높이 31미터를 초과**하는 건축물에는 대통령령으로 정하는 바에 따라 제1항에 따른 승강기뿐만 아니라 비상용승강기를 추가로 설치하여야 한다. 다만, 국토교통부령으로 정하는 건축물의 경우에는 그러하지 아니하다.

③ 고층건축물에는 제 1항에 따라 건축물에 설치하는 승용승강기 중 1대 이상을 대통령령으로 정하는 바에 따라 피난용승강기로 설치하여야 한다.〈본항 신설 2018.4.17.〉

令 제89조【승용 승강기의 설치】법 제64조제1항 전단에서 "대통령령으로 정하는 건축물"이란 층수가 6층인 건축물로서 각 층 거실의 바닥면적 300제곱미터 이내마다 1개소 이상의 직통계단을 설치한 건축물을 말한다.

設規 제5조【승용승강기의 설치기준】법 제64조제1항에 따라 건축물에 설치하는 승용승강기의 설치기준은 별표 1의2와 같다. 다만, 승용승강기가 설치되어 있는 건축물에 1개 층을 증축하는 경우에는 승용승강기의 승강로를 연장하여 설치하지 아니할 수 있다.

〈별표 1의2〉〈개정 2013.9.2.〉 **승용승강기의 설치기준** (제5조 본문 관련)

건축물의 용도 \ 6층 이상의 거실면적의 합계		3천제곱미터 이하	3천제곱미터 초과
1	가. 문화 및 집회시설(공연장·집회장 및 관람장만 해당한다) 나. 판매시설 다. 의료시설	2대	2대에 3천제곱미터를 초과하는 2천제곱미터 이내마다 1대를 더한 대수
2	가. 문화 및 집회시설(전시장 및 동·식물원만 해당한다) 나. 업무시설 다. 숙박시설 라. 위락시설	1대	1대에 3천제곱미터를 초과하는 2천제곱미터 이내마다 1대를 더한 대수
3	가. 공동주택 나. 교육연구시설 다. 노유자시설 라. 그 밖의 시설	1대	1대에 3천제곱미터를 초과하는 3천제곱미터 이내마다 1대를 더한 대수

[비고]

1. 위 표에 따라 승강기의 대수를 계산할 때 8인승 이상 15인승 이하의 승강기는 1대의 승강기로 보고, 16인승 이상의 승강기는 2대의 승강기로 본다.
2. 건축물의 용도가 복합된 경우 승용승강기의 설치기준은 다음 각 목의 구분에 따른다.
   가. 둘 이상의 건축물의 용도가 위 표에 따른 같은 호에 해당하는 경우 : 하나의 용도에 해당하는 건축물로 보아 6층 이상의 거실면적의 총합계를 기준으로 설치하여야 하는 승용승강기 대수를 산정한다.
   나. 둘 이상의 건축물의 용도가 위 표에 따른 둘 이상의 호에 해당하는 경우 : 다음의 기준에 따라 산정한 승용승강기 대수 중 적은 대수
      1) 각각의 건축물 용도에 따라 산정한 승용승강기 대수를 합산한 대수. 이 경우 둘 이상의 건축물의 용도가 같은 호에 해당하는 경우에는 가목에 따라 승용승강기 대수를 산정한다.
      2) 각각의 건축물 용도별 6층 이상의 거실 면적을 모두 합산한 면적을 기준으로 각각의 건축물 용도별 승용승강기 설치기준 중 가장 강한 기준을 적용하여 산정한 대수

設規 제6조【승강기의 구조】법 제64조에 따라 건축물에 설치하는 승강기·에스컬레이터

및 비상용승강기의 구조는 「승강기시설 안전관리법」이 정하는 바에 의한다.

해설 승용승강기의 설치기준

건축물의 용도	6층 이상의 거실 면적의 합계(A㎡)	
	3,000㎡ 이하	3,000㎡ 초과
문화 및 집회시설(공연장·집회장·관람장) 판매시설(도·소매시장, 상점) 의료시설(병원·격리병원)	2대	$2대 + \frac{A-3,000m^2}{2,000m^2}대$
문화 및 집회시설(전시장, 동·식물원) 업무시설 숙박시설 위락시설	1대	$1대 + \frac{A-3,000m^2}{2,000m^2}대$
공동주택 교육연구시설 노유자시설 기타시설	1대	$1대 + \frac{A-3,000m^2}{3,000m^2}대$

[주] 승강기 대수기준은 8인승~15인승은 1대로, 16인승 이상은 2대로 산정한다.

8. 승강기 – 2) 비상용승강기

令 **제90조【비상용 승강기의 설치】**① 법 제64조제2항에 따라 **높이 31미터를 넘는** 건축물에는 다음 각 호의 기준에 따른 대수 이상의 비상용 승강기(비상용 승강기의 승강장 및 승강로를 포함한다. 이하 이 조에서 같다)를 설치하여야 한다. 다만, 법 제64조제1항에 따라 설치되는 승강기를 비상용 승강기의 구조로 하는 경우에는 그러하지 아니하다.

1. **높이 31미터를 넘는** 각 층의 바닥면적 중 최대 바닥면적이 **1천500제곱미터 이하**인 건축물 : **1대 이상**
2. **높이 31미터를 넘는** 각 층의 바닥면적 중 최대 바닥면적이 **1천500제곱미터를 넘는** 건축물 : **1대에 1천500제곱미터를 넘는 3천 제곱미터 이내마다 1대씩 더한 대수 이상**

② 제1항에 따라 2대 이상의 비상용 승강기를 설치하는 경우에는 화재가 났을 때 소화에 지장이 없도록 일정한 간격을 두고 설치하여야 한다.

③ 건축물에 설치하는 비상용 승강기의 구조 등에 관하여 필요한 사항은 국토교통부령으로 정한다.

令 제91조【피난용 승강기의 설치】법 제64조제3항에 따른 피난용승강기(피난용승강기의 승강장 및 승강로를 포함한다. 이하 이 조에서 같다)는 다음 각 호의 기준에 맞게 설치하여야 한다.

1. 승강장의 바닥면적은 승강기 1대당 6제곱미터 이상으로 할 것
2. 각 층으로부터 피난층까지 이르는 승강로를 단일구조로 연결하여 설치할 것
3. 예비전원으로 작동하는 조명설비를 설치할 것
4. 승강장의 출입구 부근의 잘 보이는 곳에 해당 승강기가 피난용승강기임을 알리는 표지를 설치할 것
5. 그 밖에 화재예방 및 피해경감을 위하여 국토교통부령으로 정하는 구조 및 설비 등의 기준에 맞을 것

해설 국토교통부령은 건축물의 피난・방화구조 등의 기준에 관한 규칙 제 30조를 말함.

設規 제9조【비상용승강기를 설치하지 아니할 수 있는 건축물】법 제64조제2항 단서에서 "국토교통부령이 정하는 건축물"이라 함은 다음 각 호의 건축물을 말한다.

1. 높이 31미터를 넘는 각층을 **거실 외의 용도로** 쓰는 건축물
2. 높이 31미터를 넘는 각층의 바닥면적의 합계가 **500제곱미터 이하**인 건축물
3. 높이 31미터를 넘는 층수가 **4개층 이하**로서 당해 각층의 바닥면적의 합계 **200제곱미터**(벽 및 반자가 실내에 접하는 부분의 마감을 불연재료로 한 경우에는 500제곱미터)**이내마다 방화구획**(영 제46조 제1항 본문에 따른 방화구획을 말한다. 이하 같다)으로 구획된 건축물 〈본호 개정 2017.12.4.〉

設規 제10조【비상용승강기의 승강장 및 승강로의 구조】법 제64조제2항에 따른 비상용승강기의 승강장 및 승강로의 구조는 다음 각 호의 기준에 적합하여야 한다.

1. 삭제 〈1996.2.9.〉
2. **비상용 승강기 승강장의 구조**
   가. 승강장의 창문·출입구 기타 개구부를 제외한 부분은 당해 건축물의 다른 부분과 내화구조의 바닥 및 벽으로 구획할 것. 다만, 공동주택의 경우에는 승강장과 특별피난계단(「건축물의 피난·방화구조 등의 기준에 관한 규칙」 제9조의 규정에 의한 특별피난계단을 말한다. 이하 같다)의 부속실과의 겸용부분을 특별피난계단의 계단실과 별도로 구획하는 때에는 승강장을 특별피난계단의 부속실과 겸용할 수 있다.
   나. 승강장은 각층의 내부와 연결될 수 있도록 하되, 그 출입구(승강로의 출입구를 제외한다)에는 갑종방화문을 설치할 것. 다만, 피난층에는 갑종방화문을 설치

하지 아니할 수 있다.

다. 노대 또는 외부를 향하여 열 수 있는 창문이나 제14조제2항의 규정에 의한 배연설비를 설치할 것

라. 벽 및 반자가 실내에 접하는 부분의 마감재료(마감을 위한 바탕을 포함한다)는 불연재료로 할 것

마. 채광이 되는 창문이 있거나 예비전원에 의한 조명설비를 할 것

바. 승강장의 바닥면적은 비상용승강기 1대에 대하여 **6제곱미터 이상**으로 할 것. 다만, 옥외에 승강장을 설치하는 경우에는 그러하지 아니하다.

사. 피난층이 있는 승강장의 출입구(승강장이 없는 경우에는 승강로의 출입구)로부터 도로 또는 공지(공원·광장 기타 이와 유사한 것으로서 피난 및 소화를 위한 당해 대지에의 출입에 지장이 없는 것을 말한다)에 이르는 거리가 **30미터 이하**일 것

아. 승강장 출입구 부근의 잘 보이는 곳에 당해 승강기가 비상용승강기임을 알 수 있는 표지를 할 것

3. 비상용 승강기의 승강로의 구조

가. 승강로는 당해 건축물의 다른 부분과 내화구조로 구획할 것

나. 각층으로부터 피난층까지 이르는 승강로를 단일구조로 연결하여 설치할 것

9. 지능형건축물의 인증

法 **제65조【친환경건축물의 인증】**삭제 〈2012.2.22.〉

法 **제65조의2【지능형건축물의 인증】**① 국토교통부장관은 지능형건축물〈Intelligent Building〉의 건축을 활성화하기 위하여 지능형건축물 인증제도를 실시한다. 〈개정 2013.3.23.〉

② 국토교통부장관은 제1항에 따른 지능형건축물의 인증을 위하여 인증기관을 지정할 수 있다. 〈개정 2013.3.23.〉

③ 지능형건축물의 인증을 받으려는 자는 제2항에 따른 인증기관에 인증을 신청하여야 한다. 〈개정 2013.3.23.〉

④ 국토교통부장관은 건축물을 구성하는 설비 및 각종 기술을 최적으로 통합하여 건축물의 생산성과 설비 운영의 효율성을 극대화할 수 있도록 다음 각 호의 사항을 포함하여 지능형건축물 인증기준을 고시한다.

1. 인증기준 및 절차
2. 인증표시 홍보기준
3. 유효기간
4. 수수료
5. 인증 등급 및 심사기준 등

⑤ 제2항과 제3항에 따른 인증기관의 지정 기준, 지정 절차 및 인증 신청 절차 등에 필요한 사항은 국토교통부령으로 정한다. 〈개정 2013.3.23.〉

⑥ 허가권자는 지능형건축물로 인증을 받은 건축물에 대하여 제42조에 따른 조경설치면적을 100분의 85까지 완화하여 적용할 수 있으며, 제56조 및 제60조에 따른 용적률 및 건축물의 높이를 100분의 115의 범위에서 완화하여 적용할 수 있다. 〈본조 신설 2011.5.30.〉

法 제66조【건축물에 관한 효율적인 에너지 이용과 친환경 건축물 건축의 활성화】
삭제〈2012.2.22.〉

法 제66조의2【건축물의 에너지효율등급 인증】 삭제〈2012.2.22.〉

해설 지능형건축물의 인증

사람들의 요구나 기술의 발달로 건축물에 요구되는 설비는 날로 세분화되고 복잡해지고 있다. 이렇듯 건축물을 유지 관리하는 복잡한 시스템을 제각기 계획하고 관리하는 과정에서 관리가 누락되는 경우도 있고, 반대로 중복 관리되어 비효율적인 경우도 있어서 비용이나 에너지 절약의 측면 등에서 건축물의 관리를 통합할 필요성이 제기되었다. 또한 기술의 발달로 건축물의 설비는 점점 첨단화되고 있으며, IT(information technology) 기술의 발달로 건축물의 통합관리가 가능하게 되었는데, 이렇게 통합 계획·관리되는 건축물을 지능형건축물(IB, Intelligent Building, 인텔리전트 빌딩)이라 한다.

해설 '녹색건축물 조성지원법'의 신규제정

1) 우리나라는 건축물에 대한 국가 온실가스 감축목표(31%)가 설정되어 있으나 「건축법」에 따른 친환경건축물 인증제도는 신축 공동주택 및 업무용 건축물 위주로 운영되어 친환경건축물 확산을 위한 실효성이 낮음.
2) '친환경건축물 인증제도', '주택성능등급표시제도' 등 녹색건축물 관련 인증제도가 중복적으로 운영되어 민간의 비용부담이 증가하는 등의 문제가 있음.

'녹색건축물 조성지원법'의 제정 시행〈제정 2012.2.22, 시행 2013.2.23〉

1) 목적 : 저탄소 녹색성장 실현 및 국민의 복리향상에 기여
2) 내용 : 녹색건축물 기본계획 수립, 건축물 에너지·온실가스 정보체계 구축, 건축물 에너지 소비 총량 설정 및 지원, 녹색건축 인증제 및 건축물의 에너지효율등급 인증제 도입, 녹색건축물에 대한 건축기준 완화, 녹색건축물 관련 전문인력 양성 등 녹색건축물의 조성에 필요한 사항

해설 건물관련 각종 인증제도 요약

구분	녹색건축 인증제도	건물에너지효율등급 인증제도	지능형건축물 인증제도
목적	지속가능한 개발의 실현과 자원절약형이고 자연친화적인 건축물의 건축을 유도	에너지 효율 및 절약이 우수한 건물을 보급 촉진	지능형건축물(Intelligent Building)의 건설을 유도·촉진
주무부처	국토교통부, 환경부	국토교통부, 지식경제부	국토교통부
근거법규	녹색건축물 조성지원법 제16조	녹색건축물 조성지원법 제17조	건축법 제65조의2
평가기준	녹색건축의 인증에 관한 규칙(예정) 녹색건축 인증기준(예정)	건물에너지효율등급 인증에 관한 규정	지능형건축물의 인증에 관한 규칙 지능형건축물 인증기준
대상건물	공동주택, 복합건축물(주거), 업무용, 학교시설, 판매시설, 숙박시설, 소형주택, 그 밖의 건축물, 연면적 10,000m^2 이상인 공공건축물	공동주택, 업무시설	공동주택, 업무시설, 교육연구시설, 판매시설, 숙박시설, 문화집회시설, 방송통신시설
평가분야	토지 및 교통, 에너지·재료 및 자원, 수자원, 환경오염, 유지관리, 생태환경, 실내환경	공동주택－총에너지절감율 업무용－연간 단위면적당 1차에너지 소요량	건축계획 및 환경, 기계설비, 전기설비, 정보통신, 시스템통합, 시설경영관리
인증종류	예비인증, 본인증	예비인증, 본인증	예비인증, 본인증
인증등급	그린1등급~그린4등급	1~5등급	1~5등급
혜택	－인증서발급 및 인증명판 제공 －분양가에 인상건축비 포함 －건축기준(용적률, 조경면적, 높이) 완화 －취·등록세, 환경개선부담금 경감	－인증서발급 및 인증마크 제공 －2등급 이상은 에너지이용합리화자금 지원 －건축기준(용적률, 조경면적, 높이) 완화 －취·등록세 경감	－인증서발급 및 인증명판 제공 －건축기준(용적률, 조경면적, 높이) 완화

이 외에도 신축 업무시설을 대상으로 하는 "신·재생에너지 이용 건축물인증제도", 20세대 이상 공동주택 및 연면적 3,300제곱미터 이상의 업무용 건축물을 대상으로 하는 "초고속 통신건물 인증제도" 등이 있다.

10. 관계전문기술자

法 제67조【관계전문기술자】① 설계자와 공사감리자는 제40조, 제41조, 제48조부터 제50조까지, 제50조의2, 제51조, 제52조, 제62조 및 제64조와 「녹색건축물 조성 지원법」 제15조에 따른 대지의 안전, 건축물의 구조상 안전, 부속구조물 및 건축설비의 설치 등을 위한 설계 및 공사감리를 할 때 대통령령으로 정하는 바에 따라 다음 각 호의 어느 하나의 자격을 갖춘 관계전문기술자(「기술사법」 제 21조 제 2호에 따라 벌칙을 받은 후 대통령령으로 정하는 기간이 경과되지 아니한 자는 제외한다)의 협력을 받아야 한다.

1. 「기술사법」 제 6조에 따라 기술사사무소를 개설등록한 자
2. 「건설기술 진흥법」 제 26조에 따라 건설기술용역업자로 등록한 자
3. 「엔지니어링산업 진흥법」 제 21조에 따라 엔지니어링사업자의 신고를 한 자
4. 「전력기술관리법」 제 14조에 따라 설계업 및 감리업으로 등록한 자 〈개정 2016.2.3.〉

② 관계전문기술자는 건축물이 이 법 및 이 법에 따른 명령이나 처분, 그 밖의 관계 법령에 맞고 안전·기능 및 미관에 지장이 없도록 업무를 수행하여야 한다.

令 제91조의3【관계전문기술자와의 협력】① 다음 각 호의 어느 하나에 해당하는 건축물의 설계자는 제32조 제1항에 따라 해당 건축물에 대한 구조의 안전을 확인하는 경우에는 건축구조기술사의 협력을 받아야 한다. 〈개정 2014.11.28.〉

1. 6층 이상인 건축물
2. 특수구조 건축물 〈개정 2014.11.28.〉
3. 다중이용 건축물
4. 준다중이용 건축물 〈신설 2015.9.22.〉
5. 3층 이상의 필로티 형식 건축물 〈신설 2018.12.4.〉
6. 제32조제2항제6호에 해당하는 건축물 중 국토교통부령으로 정하는 건축물〈개정 2014.11.28.〉

② 연면적 **1만제곱미터 이상**인 건축물(창고시설은 제외한다) 또는 에너지를 대량으로 소비하는 건축물로서 국토교통부령으로 정하는 건축물에 건축설비를 설치하는 경우에는 국토교통부령으로 정하는 바에 따라 다음 각 호의 구분에 따른 관계전문기술자의 협력을 받아야 한다.〈개정 2016.5.17.〉

1. 전기, 승강기(전기 분야만 해당한다) 및 피뢰침 : 「기술사법」에 따라 등록한 건축전기설비기술사 또는 발송배전기술사 〈개정 2016.5.17.〉
2. 가스(제3호에 따른 가스설비는 제외한다)·급수·배수(配水)·배수(排水)·환기·냉방·난방·소화·배연·오물처리 설비 및 승강기(기계 분야만 해당한다) : 「기술사법」에 따라 등록한 건축기계설비기술사 또는 공조냉동기계기술사 〈개정 2016.5.17.〉
3. 국토교통부령으로 정하는 범위 및 방법에 따라 등록한 가스기술사 〈신설 2016.5.17.〉

③ 깊이 10미터 이상의 토지 굴착공사 또는 높이 5미터 이상의 옹벽 등의 공사를 수반하는 건축물의 설계자 및 공사감리자는 토지 굴착 등에 관하여 국토교통부령으로 정하는 바에 따라 「기술사법」에 따라 등록한 토목 분야 기술사 또는 국토개발 분야의 지질 및 기반 기술사의 협력을 받아야 한다. 〈개정 2016.5.17.〉

④ 설계자 및 공사감리자는 안전상 필요하다고 인정하는 경우, 관계 법령에서 정하는 경우 및 설계계약 또는 감리계약에 따라 건축주가 요청하는 경우에는 관계전문기술자의 협력을 받아야 한다.

⑤ 특수구조 건축물 및 고층건축물의 공사감리자는 제19조 제3항 제1호 각 목 및 제2호 각 목에 해당하는 공정에 다다를 때 건축구조기술사의 협력을 받아야 한다. 〈개정 2016.5.17.〉

⑥ 3층 이상인 필로티 형식 건축물의 공사감리자는 법 제48조에 따른 건축물의 구조상 안전을 위한 공사감리를 할 때 공사가 제 18조의 2 제2항 제3호 나목에 따른 단계에 다다른 경우마다 법 제67조 제1항 제1호부터 제3호까지의 규정에 따른 관계전문기술자의 협력을 받아야 한다. 이 경우 관계전문기술자는 「건설기술 진흥법 시행령」 별표1 제3호 라목 1)에 따른 건축구조 분야의 특급 또는 고급기술자의 자격요건을 갖춘 소속 기술자로 하여금 업무를 수행하게 할 수 있다. 〈신설 2018.12.4.〉

⑦ 제1항부터 제6항까지의 규정에 따라 설계자 또는 공사감리자에게 협력한 관계전문기술자는 공사현장을 확인하고, 그가 작성한 설계도서 또는 감리중간보고서 및 감리완료보고서에 설계자 또는 공사감리자와 함께 서명날인하여야 한다. 〈개정 2018.12.4.〉

⑧ 제32조 제1항에 따른 구조 안전의 확인에 관하여 설계자에게 협력한 건축구조기술사는 구조의 안전을 확인한 건축물의 구조도 등 구조 관련 서류에 설계자와 함께 서명날인하여야 한다. 〈개정 2014.11.28.〉

⑨ 법 제67조 제1항 각 호 외의 부분에서 "대통령령으로 정하는 기간"이란 2년을 말한다. 〈개정 2016.7.19.〉

設規 제36조의2【관계전문기술자】① 삭제〈2010.8.5.〉

② 영 제91조의3제3항에 따라 건축물의 설계자 및 공사감리자는 다음 각 호의 어느 하나에 해당하는 사항에 대하여 「국가기술자격법」에 따른 토목 분야 기술사 또는 국토개발 분야의 지질 및 기반 기술사의 협력을 받아야 한다.

1. 지질조사
2. 토공사의 설계 및 감리
3. 흙막이벽·옹벽설치 등에 관한 위해방지 및 기타 필요한 사항

設規 제2조【관계전문기술자의 협력을 받아야 하는 건축물】「건축법 시행령」(이하 "영"이라 한다) 제91조의3제2항 각 호 외의 부분에서 "국토교통부령으로 정하는 건축물"

이란 다음 각 호의 건축물을 말한다. 〈개정 2020.4.9.〉

1. 냉동냉장시설·항온항습시설(온도와 습도를 일정하게 유지시키는 특수설비가 설치되어 있는 시설을 말한다) 또는 특수청정시설(세균 또는 먼지 등을 제거하는 특수설비가 설치되어 있는 시설을 말한다)로서 당해 용도에 사용되는 바닥면적의 합계가 **5백제곱미터 이상**인 건축물
2. 영 별표 1 제2호가목 및 나목에 따른 아파트 및 연립주택〈신설 2013.9.2.〉
3. 다음 각 목의 어느 하나에 해당하는 건축물로서 해당 용도에 사용되는 바닥면적의 합계가 **5백제곱미터 이상**인 건축물 〈신설 2013.9.2.〉
   가. 영 별표 1 제3호다목에 따른 목욕장
   나. 영 별표 1 제13호가목에 따른 물놀이형 시설(실내에 설치된 경우로 한정한다) 및 같은 호 다목에 따른 수영장(실내에 설치된 경우로 한정한다)
4. 다음 각 목의 어느 하나에 해당하는 건축물로서 해당 용도에 사용되는 바닥면적의 합계가 **2천제곱미터 이상**인 건축물 〈개정 2013.9.2.〉
   가. 영 별표 1 제2호라목에 따른 기숙사
   나. 영 별표 1 제9호에 따른 의료시설
   다. 영 별표 1 제12호다목에 따른 유스호스텔
   라. 영 별표 1 제15호에 따른 숙박시설
5. 다음 각 목의 어느 하나에 해당하는 건축물로서 해당 용도에 사용되는 바닥면적의 합계가 **3천제곱미터 이상**인 건축물 〈신설 2013.9.2.〉
   가. 영 별표 1 제7호에 따른 판매시설
   나. 영 별표 1 제10호마목에 따른 연구소
   다. 영 별표 1 제14호에 따른 업무시설
6. 다음 각 목의 어느 하나에 해당하는 건축물로서 해당 용도에 사용되는 바닥면적의 합계가 **1만제곱미터 이상**인 건축물 〈신설 2013.9.2.〉
   가. 영 별표 1 제5호가목부터 라목까지에 해당하는 문화 및 집회시설
   나. 영 별표 1 제6호에 따른 종교시설
   다. 영 별표 1 제10호에 따른 교육연구시설(연구소는 제외한다)
   라. 영 별표 1 제28호에 따른 장례식장

設規 **제3조【관계전문기술자의 협력사항】**① 영 제91조의3제2항에 따른 건축물에 전기, 승강기, 피뢰침, 가스, 급수, 배수(配水), 배수(排水), 환기, 냉방, 난방, 소화, 배연(排煙) 및 오물처리설비를 설치하는 경우에는 건축사가 해당 건축물의 설계를 총괄하고, 「기술사법」에 따라 등록한 건축전기설비기술사, 발송배전(發送配電)기술사, 건축기계설비기술사, 공조냉동기계기술사 또는 가스기술사(이하 "기술사"라 한다)가 건축사와 협력하여 해당 건축설비를 설계하여야 한다. 〈개정 2017.5.2.〉

② 영 제91조의3제2항에 따라 건축물에 건축설비를 설치한 경우에는 해당 분야의 기

술사가 그 설치상태를 확인한 후 건축주 및 공사감리자에게 별지 제1호서식의 건축설비설치확인서를 제출하여야 한다.

해설 건축설비 설치시 기술사 등 관계전문기술자의 협력대상

① 10,000㎡ 이상의 건축물(창고 제외)

② 에너지를 대량으로 소비하는 건축물

- 바닥면적의 합계가 500㎡ 이상인 냉동냉장시설·항온항습시설 또는 특수청정시설
- 에너지절약계획서 제출대상 건축물(設規 제22조)

11. 건축물의 열손실방지 등

法 제64조의2【건축물의 열손실방지】건축물을 건축하는 경우에는 에너지의 합리적인 이용을 위하여 국토교통부령으로 정하는 바에 따라 열의 손실을 방지하는 단열재 및 방습층(防濕層)을 설치하는 등 필요한 조치를 하여야 한다.

設規 제21조【건축물의 열손실방지】삭제 〈2013.9.2.〉

設規 제22조【에너지절약계획서의 제출】삭제 〈2013.2.22.〉

設規 제23조【건축물의 냉방설비 등】① 삭제 〈1999.5.11.〉

② 제2조제3호부터 제6호까지의 규정에 해당하는 건축물 중 산업통상자원부장관이 국토교통부장관과 협의하여 고시하는 건축물에 중앙집중냉방설비를 설치하는 경우에는 산업통상자원부장관이 국토교통부장관과 협의하여 정하는 바에 따라 축냉식 또는 가스를 이용한 중앙집중냉방방식으로 하여야 한다.〈개정 2012.4.30, 2013.3.23, 2013.9.2.〉

③ 상업지역 및 주거지역에서 건축물에 설치하는 냉방시설 및 환기시설의 배기구와 배기장치의 설치는 다음 각 호의 기준에 모두 적합하여야 한다.〈개정 2012.4.30.〉

1. 배기구는 도로면으로부터 **2미터 이상**의 높이에 설치할 것
2. 배기장치에서 나오는 열기가 인근 건축물의 거주자나 보행자에게 직접 닿지 아니하도록 할 것
3. 건축물의 외벽에 배기구 또는 배기장치를 설치할 때에는 외벽 또는 다음 각 목의 기준에 적합한 지지대 등 보호장치와 분리되지 아니하도록 견고하게 연결하여 배기구 또는 배기장치가 떨어지는 것을 방지할 수 있도록 할 것 〈신설 2013.12.27.〉
   가. 배기구 또는 배기장치를 지탱할 수 있는 구조일 것
   나. 부식을 방지할 수 있는 자재를 사용하거나 도장(塗裝)할 것

〈제목 개정 2012.4.30.〉

設規 제24조【규제의 재검토】삭제 〈2020.4.9.〉

해설 건축물의 냉방설비에 대한 설치 및 설계기준

근거 : 건축물의 설비기준 등에 관한 규칙 제23조제2항

목적 : 에너지이용합리화를 위하여 건축물의 냉방설비에 대한 설치 및 설계기준과 이의 시행에 필요한 사항을 정함.

法 제68조【기술적 기준】① 제40조, 제41조, 제48조부터 제50조까지, 제50조의2, 제51조, 제52조, 제52조의 2, 제62조 및 제64조에 따른 대지의 안전, 건축물의 구조상의 안전, 건축설비 등에 관한 기술적 기준은 이 법에서 특별히 규정한 경우 외에는 국토교통부령으로 정하되, 이에 따른 세부기준이 필요하면 국토교통부장관이 세부기준을 정하거나 국토교통부장관이 지정하는 연구기관(시험기관·검사기관을 포함한다), 학술단체, 그 밖의 관련 전문기관 또는 단체가 국토교통부장관의 승인을 받아 정할 수 있다.
〈개정 2014.5.28.〉

② 국토교통부장관은 제1항에 따라 세부기준을 정하거나 승인을 하려면 미리 건축위원회의 심의를 거쳐야 한다.〈개정 2013.3.23.〉

③ 국토교통부장관은 제1항에 따라 세부기준을 정하거나 승인을 한 경우 이를 고시하여야 한다.〈개정 2013.3.23.〉

④ 국토교통부장관은 제1항에 따른 기술적 기준 및 세부기준을 적용하기 어려운 건축설비에 관한 기술、제품이 개발된 경우, 개발한 자의 신청을 받아 그 기술、제품을 평가하여 신규성、진보성 및 현장 적용성이 있다고 판단하는 경우에는 대통령령으로 정하는 바에 따라 설치 등을 위한 기준을 건축위원회의 심의를 거쳐 인정할 수 있다. 〈신설 2020.4.7.〉

令 제91조의4【신기술 · 신제품인 건축설비의 기술적 기준】① 법 제68조제4항에 따라 기술적 기준을 인정받으려는 자는 국토교통부령으로 정하는 서류를 국토교통부장관에게 제출해야 한다.

② 국토교통부장관은 제1항에 따른 서류를 제출받으면 「과학기술분야 정부출연연구기관 등의 설립、운영 및 육성에 관한 법률」에 따른 한국건설기술연구원에 그 기술、제품이 신규성、진보성 및 현장 적용성이 있는지 여부에 대해 검토를 요청할 수 있다.

③ 국토교통부장관은 제1항에 따라 기술적 기준의 인정 요청을 받은 기술、제품이

신규성·진보성 및 현장 적용성이 있다고 판단되면 그 기술적 기준을 중앙건축위원회의 심의를 거쳐 인정할 수 있다.
④ 국토교통부장관은 제3항에 따라 기술적 기준을 인정할 때 5년의 범위에서 유효기간을 정할 수 있다. 이 경우 유효기간은 국토교통부령으로 정하는 바에 따라 연장할 수 있다.
⑤ 국토교통부장관은 제3항 및 제4항에 따라 기술적 기준을 인정하면 그 기준과 유효기간을 관보에 고시하고, 인터넷 홈페이지에 게재해야 한다.
⑥ 제1항부터 제5항까지에서 정한 사항 외에 법 제68조제4항에 따른 건축설비 기술·제품의 평가 및 그 기술적 기준 인정에 관하여 필요한 세부 사항은 국토교통부장관이 정하여 고시할 수 있다.[본조신설 2021. 1. 8.]

令 제87조【건축설비 설치의 원칙】
⑥ 연면적이 500제곱미터 이상인 건축물의 대지에는 국토교통부령으로 정하는 바에 따라 「전기사업법」 제2조제2호에 따른 전기사업자가 전기를 배전(配電)하는 데 필요한 전기설비를 설치할 수 있는 공간을 확보하여야 한다.〈개정 2013.3.23.〉

設規 제20조의2【전기설비 설치공간 기준】영 제87조제6항에 따른 건축물에 전기를 배전(配電)하려는 경우에는 별표 3의3에 따른 공간을 확보하여야 한다.

[별표 3의3]〈신설 2010.11.5〉

전기설비 설치공간 확보기준 (제20조의2 관련)

수전전압	전력수전 용량	확보면적
특고압 또는 고압	100킬로와트 이상	가로 2.8미터, 세로 2.8미터
저압	75킬로와트 이상 150킬로와트 미만	가로 2.5미터, 세로 2.8미터
	150킬로와트 이상 200킬로와트 미만	가로 2.8미터, 세로 2.8미터
	200킬로와트 이상 300킬로와트 미만	가로 2.8미터, 세로 4.6미터
	300킬로와트 이상	가로 2.8미터 이상, 세로 4.6미터 이상

[비고]

1. "저압", "고압" 및 "특고압"의 정의는 각각 「전기사업법 시행규칙」 제2조제8호, 제9호 및 제10호에 따른다.
2. 전기설비 설치공간은 배관, 맨홀 등을 땅속에 설치하는데 지장이 없고 전기사업자의 전기설비 설치, 보수, 점검 및 조작 등 유지관리가 용이한 장소이어야 한다.
3. 전기설비 설치공간은 해당 건축물 외부의 대지상에 확보하여야 한다. 다만, 외부 지상공간이 좁아서 그 공간확보가 불가능한 경우에는 침수우려가 없고 습기가 차지 아니하는 건축물의 내부에 공간을 확보할 수 있다.
4. 수전전압이 저압이고 전력수전 용량이 300킬로와트 이상인 경우 등 건축물의 전력수전 여건상 필요하다고 인정되는 경우에는 상기 표를 기준으로 건축주와 전기사업자가 협의하여 확보면적을 따로 정할 수 있다.

■ 방송 공동수신설비

1. 방송 공동수신설비를 설치해야 하는 건축물이 아닌 것은?
   가. 공동주택
   나. 연면적 5,000㎡ 이상의 업무시설
   다. 연면적 5,000㎡ 이상의 의료시설
   라. 연면적 5,000㎡ 이상의 숙박시설

■ 전기설비 설치공간

2. 전기사업자가 전기를 배전(配電)하는 데 필요한 전기설비를 설치할 수 있는 공간을 확보하여야 하는 건축물의 연면적기준은?
   가. 500㎡ 이상　　나. 1,000㎡ 이상
   다. 2,000㎡ 이상　　라. 3,000㎡ 이상

■ 온수온돌

3. 층간바닥인 온수온돌의 경우 배관층과 바탕층 사이의 열저항은 해당 바닥에 요구되는 열관류저항의 얼마 이상이어야 하는가?
   가. 40% 이상　　나. 50% 이상
   다. 60% 이상　　라. 70% 이상

4. 온수온돌의 구조를 하부에서 상부로 순서에 맞게 나열한 것은?
   가. 바탕층 – 단열층 – 배관층 – 채움층 – 마감층
   나. 단열층 – 바탕층 – 배관층 – 채움층 – 마감층
   다. 바탕층 – 단열층 – 채움층 – 배관층 – 마감층
   라. 바탕층 – 채움층 – 단열층 – 배관층 – 마감층

5. 온수온돌의 바탕층이 지면에 접하는 경우에 바탕층 주변 벽면에 방수처리를 하여야 하는 높이는?
   가. 5cm 이상　　나. 10cm 이상
   다. 20cm 이상　　라. 45cm 이상

해답 1-다, 2-가, 3-다, 4-다, 5-나

6. 다음은 온수온돌의 어느 층에 대한 정의인가?

온돌구조의 높이 조정, 차음성능 향상, 보조적인 단열기능 등을 위하여 배관층과 단열층 사이에 완충재 등을 설치하는 층을 말한다.

가. 바탕층 나. 단열층
다. 배관층 라. 채움층

▣ 구들온돌

7. 구들온돌에 있어서 연탄아궁이가 있는 곳에 설치해야 하는 환기용 구멍 또는 환기설비의 면적은?

가. 바닥면적의 5분의 1이상 나. 바닥면적의 10분의 1이상
다. 바닥면적의 15분의 1이상 라. 바닥면적의 20분의 1이상

8. 구들온돌에 있어서 연탄의 연소를 촉진하기 위하여 설치하여야 하는 공기흡입구의 적정 크기는?

가. 지름 5cm 이상 10cm 이하 나. 지름 10cm 이상 20cm 이하
다. 지름 20cm 이상 30cm 이하 라. 지름 30cm 이상 40cm 이하

9. 구들온돌에 있어서 연탄가스를 원활하게 배출할 수 있도록 높이 : 수평거리의 적정 경사는?

가. 1 : 3 이상 나. 1 : 5 이상
다. 1 : 7 이상 라. 1 : 10 이상

10. 구들온돌에 있어서 굴뚝의 적정 단면적은 얼마 이상이어야 하는가?

가. 100cm² 이상 나. 150cm² 이상
다. 200cm² 이상 라. 250cm² 이상

▣ 개별난방

11. 공동주택과 오피스텔의 난방설비를 개별난방방식으로 하는 경우의 기준 중 부적당한 것은?

가. 보일러실의 윗부분에는 그 면적이 0.3m² 이상인 환기창을 설치할 것
나. 보일러실의 상하부에는 각각 지름 10cm 이상의 공기흡입구 및 배기구를 항상 열려 있는 상태로 바깥공기에 접하도록 설치할 것
다. 오피스텔의 경우에는 난방구획마다 내화구조로 된 벽·바닥과 갑종방화문으로 된 출입문으로 구획할 것
라. 기름보일러를 설치하는 경우에는 기름저장소를 보일러실 외의 다른 곳에 설치할 것

해답 6-라, 7-나, 8-나, 9-나, 10-나, 11-가,

12. 공동주택의 개별 난방설비에 관한 규정 중 가장 부적합한 것은?

가. 가스보일러실의 윗부분에는 면적이 0.5㎡ 이상인 환기창을 설치해야 한다.

나. 기름보일러 설치시 기름 저장소를 보일러실 외의 다른 곳에 설치해야 한다.

다. 보일러의 연도는 내화구조로서 공동연도로 설치하여야 한다.

라. 보일러실과 거실 사이의 경계벽의 출입구는 을종방화문을 설치해야 한다.

▣ 환기

13. 신축 또는 리모델링하는 신축공동주택 등은 시간당 몇 회 이상의 환기가 이루어질 수 있도록 환기설비를 설치하여야 하는가?

가. 0.5회/h 이상 나. 0.7회/h 이상

다. 1.0회/h 이상 라. 2.0회/h 이상

14. 신축공동주택 등의 자연환기설비는 한국산업표준에 따른 입자 포집률이 질량법으로 측정하여 얼마 이상인 공기여과기를 갖춰야 하는가?

가. 50% 이상 나. 60% 이상

다. 70% 이상 라. 80% 이상

15. 신축공동주택 등의 자연환기설비 설치시 설치높이는 실의 바닥부터 수직으로 얼마 이상의 높이에 설치하여야 하는가?

가. 0.3미터 이상의 높이 나. 0.5미터 이상의 높이

다. 1.0미터 이상의 높이 라. 1.2미터 이상의 높이

▣ 배연설비

16. 다음 중 배연설비기준에 맞지 않는 것은?

가. 배연창은 상변과 천장 또는 반자로부터 수직거리가 0.9m 이내로 한다.

나. 배연창의 면적은 1㎡ 이상, 바닥면적의 1/20 이상으로 한다.

다. 배연구는 예비 전원에 의해 열 수 있도록 한다.

라. 배연구는 열감지기에 의해 자동으로 열 수 있는 구조로 한다.

17. 다음 중 배연설비에 대한 설명으로 옳은 것은?

가. 비상용승강장의 배연구는 준불연재료로 하고 외기나 굴뚝에 연결한다.

나. 배연구의 유효면적은 바닥면적의 1/100 이상이면 된다.

다. 배연구는 손으로 열고 닫을 수 없도록 한다.

라. 배연설비를 설치해야 하는 건축물은 층수가 6층 이상이어야 한다.

해답 12-라, 13-가, 14-다, 15-라, 16-나, 17-라

18. 다음 중 배연설비의 설치기준으로 틀린 것은?

가. 배연창은 배연창의 상변과 천장 또는 반자로부터 수직거리가 90cm 이내에 설치할 것

나. 반자높이가 바닥으로부터 3m 이상인 경우에는 배연창의 하변이 바닥으로부터 2.1m 이상의 위치에 놓이도록 설치할 것

다. 배연구는 손으로도 열고 닫을 수 있도록 할 것

라. 배연창의 유효면적은 0.5㎡ 이상으로서 그 면적의 합계가 당해 건축물의 바닥면적의 1/100 이상일 것

19. 특별피난계단에 설치하는 배연설비의 구조에 관한 설명 중 옳지 않은 것은?

가. 배연구는 평상시에는 열린 상태를 유지할 것

나. 배연구가 외기에 접하지 아니하는 경우에는 배연기를 설치할 것

다. 배연기에는 예비전원을 설치할 것

라. 배연구 및 배연풍도는 불연재료로 할 것

해설 배연구는 평상시에는 닫힌 상태를 유지하고, 연 경우에는 배연에 의한 기류로 인하여 닫히지 아니하도록 할 것

▣ 배관

20. 주거용 바닥면적의 합계가 450㎡가 되는 다가구 주택에 쓰이는 ~~음용수용~~ 급수관의 관경은 몇 mm 이상인가?

가. 25mm　　　　나. 32mm

다. 40mm　　　　라. 50mm

해설 바닥면적 300제곱미터 초과 500제곱미터 이하는 16가구에 해당한다.

21. 주거용 건축물에 있어서 가구수별 급수관의 지름을 나타낸 것으로 옳지 않은 것은?

가. 1가구－15mm 이상　　　　나. 3가구－20mm 이상

다. 7가구－25mm 이상　　　　라. 12가구－40mm 이상

22. 건축물에 설치하는 배수용 배관설비의 설치 및 구조기준에 적합하지 않은 것은?

가. 배수트랩·통기관을 설치하는 등 위생에 지장이 없도록 할 것

나. 오수에 접하는 부분은 방수재료를 사용할 것

다. 우수관과 오수관은 분리하여 배관할 것

라. 콘크리트구조체에 배관을 매설하거나 배관이 콘크리트 구조체를 관통할 경우에는 구조체에 덧관을 미리 매설하는 등 배관의 부식을 방지하고 그 수선 및 교체가 용이하도록 할 것

해설 오수에 접하는 부분은 내수재료를 사용할 것

해답 18-라, 19-가, 20-다, 21-다, 22-나

▣ 차수설비

23. 방재지구 및 자연재해위험지구의 차수판 등 차수설비 설치대상 건축물의 연면적 기준은?

가. 2,000㎡ 이상　　　　나. 3,000㎡ 이상

다. 5,000㎡ 이상　　　　라. 10,000㎡ 이상

▣ 피뢰설비

24. 피뢰설비를 설치하여야 하는 건축물 및 공작물의 최소 높이기준은?

가. 10m　　　　나. 15m

다. 20m　　　　라. 30m

25. 건축물에 설치하는 피뢰설비의 구조에 관한 기준 중 부적당한 것은?

가. 높이 20m 이상의 건물에는 피뢰침을 설치해야 한다.

나. 돌침은 건축물의 맨 윗부분으로부터 25cm 이상 돌출시켜 설치한다.

다. 접지에는 화학 첨가물 등을 사용하지 아니하여야 한다.

라. 피뢰설비의 인하도선을 대신하여 철골조의 철골구조물을 사용하는 경우에는 전기적 비연속성이 보장되어야 한다.

▣ 승강기

26. 6층 이상의 거실바닥면적의 합계가 2,500㎡일 때 설치하여야 하는 승용 승강기의 최소 대수가 가장 많은 건축물의 용도는? (단, 15인승 승강기일 경우)

가. 공동주택　　　　나. 위락시설

다. 업무시설　　　　라. 병원

27. 6층 이상의 거실면적 합계가 9,000㎡인 공동주택에 설치하여야 할 승용승강기의 설치기준은 최소 몇 대인가?

가. 1대　　　　나. 2대

다. 3대　　　　라. 4대

해설 $1\text{대} + \dfrac{\text{6층 이상의 거실면적의 합계} - 3,000\text{㎡}}{3,000\text{㎡}} = 1 + \dfrac{9,000-3,000}{3,000} = 3\text{대}$

28. 각 층별 바닥면적이 4,500㎡이고 각 층별 거실면적이 3,600㎡인 10층의 학교에 24인승의 승용승강기를 설치하는 경우 필요한 최소 대수는?

해답 23-라, 24-다, 25-라, 26-라, 27-다

가. 3대　　　　　　　　　　나. 4대
다. 5대　　　　　　　　　　라. 6대

해설 학교(교육연구시설)의 승강기 - 3,000㎡ 이하 1대, 초과 3,000㎡마다 1대 추가
6층 이상의 거실면적 = 3,600 × 5 = 18,000㎡
1 + (18,000 - 3,000) / 3,000 = 6대, 16인승 이상(24인승)이므로 6/2 = 3대

29. 각 층의 바닥면적이 1,000㎡인 10층 예식장 건축물에 설치하여야 하는 승용승강기 대수는 몇 대 이상인가?

가. 1대　　　　　　　　　　나. 2대
다. 3대　　　　　　　　　　라. 4대

해설 $2\text{대} + \dfrac{5,000\text{m}^2 - 3,000\text{m}^2}{2,000\text{m}^2} = 2 + 1 = 3\text{대}$

30. 각층의 거실면적이 3,000㎡며 층수가 12층인 호텔 건축물에 24인승 승용승강기를 설치할 때 필요한 최소대수는?

가. 3대　　　　　　　　　　나. 4대
다. 5대　　　　　　　　　　라. 6대

해설 호텔(숙박시설)의 승강기 - 3,000㎡ 이하 1대, 초과 2,000㎡마다 1대 추가
6층 이상의 거실면적 = 3,000 × 7 = 21,000㎡
1 + (21,000 - 3,000) / 2,000 = 10대
16인승 이상(24인승)이므로 10/2 = 5대

▣ 비상용승강기

31. 다음 중에서 비상용 승강기의 설치대수산정과 관계있는 것들은?

㉠ 건축물의 높이	㉡ 건축물의 용도
㉢ 건축물의 층수	㉣ 각층 바닥면적

가. ㉠, ㉡　　　　　　　　　　나. ㉠, ㉣
다. ㉡, ㉢　　　　　　　　　　라. ㉢, ㉣

32. 높이 31m를 넘는 층의 최대바닥면적이 3,500㎡인 종합병원에 설치하여야 할 비상용 승강기의 최소 대수는?

가. 1대　　　　　　　　　　나. 2대
다. 3대　　　　　　　　　　라. 4대

해설 $1\text{대} + \dfrac{3,500\text{m}^2 - 1,500\text{m}^2}{3,000\text{m}^2} = 2\text{대}$

해답 28-가, 29-다, 30-다, 31-나, 32-나

33. 높이 31m를 넘는 층의 바닥면적 중 최대바닥면적이 5,500m²일 때, 설치해야 할 비상용 승강기의 최소 대수는? (단, 31m를 넘는 각 층을 거실로 사용하고, 거실의 바닥면적 1,000m²마다 방화구획한 건축물임)

가. 1대　　　　나. 2대
다. 3대　　　　라. 4대

해설 $1대 + \dfrac{5{,}500m^2 - 1{,}500m^2}{3{,}000m^2} = 3대$

34. 높이가 31m를 넘는 각 층의 바닥면적 중 최대바닥면적이 3,000m²인 건축물에 비상용 승강기를 설치하여야 할 때, 비상용 승강기의 최소 대수는?

가. 2대　　　　나. 3대
다. 4대　　　　라. 5대

해설 비상용 승강기의 최소설치대수 : 높이가 31m를 넘는 각 층의 바닥면적 중 최대바닥면적이 1,500m² 이하－1대, 4,500m² 이하－2대, 7500m² 이하－3대

35. 각 층의 바닥면적이 1,800m²인 15층 병원 건축물에 설치해야 할 승강기의 최소 설치대수는? (단, 각층의 거실면적은 1,500m²이고 각 층의 층고는 3m이다)

가. 승용승강기 7대, 비상용승강기 1대
나. 승용승강기 7대, 비상용승강기 2대
다. 승용승강기 8대, 비상용승강기 1대
라. 승용승강기 8대, 비상용승강기 2대

해설
- 6층 이상의 거실면적의 합계가 15,000m²(1,500m² × 10개층)인 의료시설이므로 승용승강기의 설치대수

$$2대 + \frac{15{,}000 - 3{,}000}{2{,}000} = 8대$$

- 비상용승강기의 설치대수

$$1대 + \frac{31m를\ 넘는\ 층의\ 최대바닥면적 - 1{,}500m^2}{3{,}000m^2} = 1 + \frac{1{,}800 - 1{,}500}{3{,}000} = 2대$$

36. 비상용승강기에 관한 사항 중 부적당한 것은?

가. 높이 31m를 넘는 각 층의 바닥면적의 합계가 1,000m² 이하인 건축물에는 비상용승강기를 설치하지 아니할 수 있다.
나. 높이 31m를 넘는 각 층을 거실외의 용도로 쓰는 건축물에는 비상용승강기를 설치하지 아니할 수 있다.
다. 비상용승강기의 승강장의 구조는 채광이 되는 창문이 있거나 예비전원에 의한 조명설비를 하여야 한다.

해답 33-다, 34-가, 35-라 , 36-가

라. 비상용승강기의 승강장의 바닥면적은 비상용승강기 1대에 대하여 6m² 이상으로 하여야 한다.

37. 비상용 승강기 1대당 비상용 승강기의 승강장 바닥면적은 얼마 이상이어야 하는가?

가. 5m²　　나. 6m²

다. 7m²　　라. 8m²

▣ 관계전문기술자의 협력

38. 에너지를 대량으로 소비하는 건축물 또는 연면적이 (　　) 이상인 건축물에 전기, 승강기, 피뢰침, 가스, 급수, 배수(配水), 배수(排水), 환기, 난방, 소화, 배연(排煙) 및 오물처리설비를 설치하는 경우에는 건축사가 해당 건축물의 설계를 총괄하고, 기술사가 건축사와 협력하여 해당 건축설비를 설계하여야 한다. (　　)속에 적당한 것은?

가. 5,000m²　　나. 10,000m²

다. 15,000m²　　라. 20,000m²

39. 다음 중 건축구조기술사가 구조계산하지 않아도 되는 건축물은?

가. 층수가 5층 이상인 건축물

나. 기둥과 기둥사이의 거리가 30m 이상인 건축물

다. 다중이용건축물

라. 한쪽 끝은 고정되고 다른 끝은 지지되지 아니한 구조로 된 차양 등이 외벽의 중심선으로부터 3m 이상 돌출된 건축물

▣ 지능형 건축물의 인증

40. 지능형 건축물의 인증에 관한 설명으로 옳지 않은 것은?

가. 지능형 건축물 인증기준에는 인증표시 홍보기준, 유효기간 등의 사항이 포함된다.

나. 산업통상자원부장관은 지능형 건축물의 인증을 위하여 인증기관을 지정할 수 있다.

다. 국토교통부장관은 지능형 건축물의 건축을 활성화하기 위하여 지능형 건축물 인증제도를 실시한다.

라. 허가권자는 지능형 건축물로 인증받은 건축물에 대하여 조경설치면적을 100분의 85까지 완화하여 적용할 수 있다.

해설 건축법 제 65조의 2[지능형 건축물의 인증]

해답 37-나, 38-나, 39-가, 40-나

제 2 편 건축설비관련 기타 기준 해설

▸ 건축물의 에너지절약설계기준
(개정 2023.2.28., 국토교통부 고시 제2023-104호)

▸ 건축물의 냉방설비에 대한 설치 및 설계기준
(개정 2017.3.31., 산업통상자원부 고시 제2017-47호)

▸ 녹색건축의 인증

- 녹색건축 인증에 관한 규칙
  (전부개정 2013.6.28., 국토교통부령 제16호)
  (개정 2021.3.24., 국토교통부령 제831호)
- 녹색건축 인증기준
  (개정 2023.7.7. 국토교통부 고시 제2023-329호)

▸ 건축물 에너지 효율등급 인증 및 제로에너지건축물 인증에 관한 규칙 (약칭 : 건축물에너지인증규칙)
〈국토교통부령 제1274호, 2023.11.21., 일부개정〉

2-1

건축물의 에너지절약설계기준

개정 2013. 10. 1. 국토교통부 고시 제2013-587호
개정 2014. 12. 30. 국토교통부 고시 제2014-957호
개정 2015. 12. 31. 국토교통부 고시 제2015-1108호
전부개정 2016. 12. 27. 국토교통부 고시 제2016-944호
개정 2017. 1. 20. 국토교통부 고시 제2017-71호
개정 2017. 12. 28. 국토교통부 고시 제2017-881호
개정 2022. 1. 28. 국토교통부 고시 제2022-52호
개정 2023. 2. 28. 국토교통부 고시 제2023-104호

※ 건축물의 에너지절약설계기준 중에서 제5조, 제6조, 제7조, 제8조, 제9조가 출제되었음.

제1장

총 칙

1. 목적 및 에너지절약계획서 등

제1조【목적】이 기준은 「**녹색건축물 조성 지원법**」(이하 "법"이라 한다) 제12조, 제14조, 제14조의2 제15조, 같은 법 시행령(이하 "영"이라 한다) 제9조, 제10조, 제10조의2, 제11조 및 같은 법 시행규칙(이하 "규칙"이라 한다) 제7조, 제7조의2의 규정에 의한 건축물의 효율적인 에너지 관리를 위하여 열손실 방지 등 에너지절약 설계에 관한 기준, 에너지절약계획서 및 설계 검토서 작성기준, 녹색건축물의 건축을 활성화하기 위한 건축기준 완화에 관한 사항 등을 정함을 목적으로 한다.〈개정 2022.1.28.〉

제 2 조【건축물의 열손실방지 등】① 건축물을 건축하거나 대수선, 용도변경 및 건축물대장의 기재내용을 변경하는 경우에는 다음 각 호의 기준에 의한 열손실방지 등의 에너지이용합리화를 위한 조치를 하여야 한다.

1. 거실의 외벽, 최상층에 있는 거실의 반자 또는 지붕, 최하층에 있는 거실의 바닥, 바닥난방을 하는 층간 바닥, 거실의 창 및 문 등은 별표1의 열관류율 기준 또는 별표3의 단열재 두께 기준을 준수하여야 하고, 단열조치 일반사항 등은 제6조의 건축부문 의무사항을 따른다. 〈개정 2016.12.27.〉

2. 건축물의 배치·구조 및 설비 등의 설계를 하는 경우에는 에너지가 합리적으로 이용될 수 있도록 한다.

② 제 1항에도 불구하고 열손실의 변동이 없는 증축, 대수선, 용도변경, 건축물대장의 기재내용 변경의 경우에는 관련 조치를 하지 아니할 수 있다. 다만 종전에 제3항에 따른 열손실방지 등의 조치 예외대상이었으나 조치대상으로 용도변경 또는 건축물대장의 기재내용 변경의 경우에는 관련 조치를 하여야 한다. 〈본항 신설 2016.12.27.〉

③ 다음 각 호의 어느 하나에 해당하는 건축물 또는 공간에 대해서는 제1항제1호를 적용하지 아니할 수 있다. 다만, 제1호 및 제2호의 경우 냉방 또는 난방 설비를 설치할 계획이 있는 건축물 또는 공간에 대해서는 제1항제1호를 적용하여야 한다.〈개정

2022.1.28.〉

1. 창고·차고·기계실 등으로서 거실의 용도로 사용하지 아니하고, 냉방 또는 난방 설비를 설치하지 아니하는 건축물 또는 공간

2. 냉방 또는 난방 설비를 설치하지 아니하고 용도 특성상 건축물 내부를 외기에 개방시켜 사용하는 등 열손실 방지조치를 하여도 에너지절약의 효과가 없는 건축물 또는 공간

3. 「건축법 시행령」 별표1 제25호에 해당하는 건축물 중 「원자력 안전법」 제10조 및 제20조에 따라 허가를 받는 건축물 〈개정 2022.1.28.〉

제 3 조【에너지절약계획서 제출 예외대상 등】① 영 제10조제1항에 따라 에너지절약계획서를 첨부할 필요가 없는 건축물은 다음 각 호와 같다.

1. 「건축법 시행령」 별표1 제3호 아목에 따른 시설 중 냉방 또는 난방 설비를 설치하지 아니하는 건축물 〈개정 2022.1.28.〉

2. 「건축법 시행령」 별표1 제13호에 따른 운동시설 중 냉방 또는 난방 설비를 설치하지 아니하는 건축물

3. 「건축법 시행령」 별표1 제16호에 따른 위락시설 중 냉방 또는 난방 설비를 설치하지 아니하는 건축물

4. 「건축법 시행령」 별표1 제27호에 따른 관광 휴게시설 중 냉방 또는 난방 설비를 설치하지 아니하는 건축물

5. 「주택법」 제 15조 제 1항에 따라 사업계획 승인을 받아 건설하는 주택으로서 「주택건설기준 등에 관한 규정」 제 64조 제 3항에 따라 「에너지절약형 친환경주택의 건설기준」에 적합한 건축물 〈본항 개정 2022.1.28.〉

② 영 제10조제1항에서 "연면적의 합계"는 다음 각 호에 따라 계산한다.

1. 같은 대지에 모든 바닥면적을 합하여 계산한다.

2. 주거와 비주거는 구분하여 계산한다.

3. 증축이나 용도변경, 건축물대장의 기재내용을 변경하는 경우 이 기준을 해당 부분에만 적용할 수 있다.

4. 연면적의 합계 **<u>500제곱미터 미만</u>**으로 허가를 받거나 신고한 후 「건축법」 제16조에 따라 허가와 신고사항을 변경하는 경우에는 당초 허가 또는 신고 면적에 변경되는 면적을 합하여 계산한다.

5. 제2조 제3항에 따라 열손실방지 등의 에너지이용합리화를 위한 조치를 하지 않아도 되는 건축물 또는 공간, 주차장, 기계실 면적은 제외한다.〈개정 2016.12.27〉

③ 제1항 및 영 제10조제1항제3호의 건축물 중 냉방 또는 난방 설비를 설치하고 냉방 또는 난방 열원을 공급하는 대상의 연면적의 합계가 **<u>500제곱미터 미만</u>**인 경우에는 에너지절약계획서를 제출하지 아니한다. 〈개정 2022.1.28.〉

제 3 조의2【에너지절약계획서 사전확인 등】① 법 제14조 제1항에 따라 에너지절약계획서를 제출하여야 하는 자는 그 신청을 하기 전에 영 제10조제2항의 허가권자(이하 "허가권자"라 한다)에게 에너지절약계획서 사전확인을 신청할 수 있다.

② 제1항에 따른 사전확인을 신청하는 자(이하 "사전확인신청자"라 한다)는 규칙 별지 제1호 서식에 따른 에너지절약계획서를 신청구분 사전확인란에 표시하여 제출하여야 한다.

③ 허가권자는 제1항과 제2항에 따른 사전확인 신청을 받으면 에너지절약계획서 관련 도서 등을 검토한 후 사전확인 결과를 사전확인신청자에게 알려야 한다.

④ 허가권자는 제3항에 따라 사전확인신청자로부터 제출된 에너지절약계획서를 검토하는 경우 규칙 제7조 제2항에 따른 에너지 관련 전문기관에 에너지절약계획서의 검토 및 보완을 거치도록 할 수 있으며, 이 경우 에너지절약계획서 검토 수수료는 규칙 별표 1과 같다.

⑤ 제1항부터 제4항에 따른 처리절차는 규칙 별지 제1호서식의 처리절차와 같으며, 효율적인 업무처리를 위하여 건축법 제32조 제1항에 따른 전자정보처리 시스템을 이용할 수 있다.

⑥ 제3항에 따른 사전확인 결과가 제 14조 및 제15조 또는 제14조 및 제21조에 따른 판정기준에 적합한 경우 사전확인이 이루어진 것으로 보며, 법 제14조 제3항에 따라 에너지절약계획서의 적절성 등을 검토하지 아니할 수 있다. 다만, 사전확인 결과 중 별지 제1호 서식 에너지절약계획 설계검토서의 항목별 평가결과에 변동이 있을 경우에는 그러하지 아니하다.

⑦ 사전확인의 유효기간은 제3항에 따른 사전확인 결과를 통지받은 날로부터 1개월이며, 이 유효기간이 경과된 경우 법 제14조 제3항의 적용을 받지 아니한다. 〈본조 신설 2016.12.27.〉

제 4 조【적용예외】다음 각 호에 해당하는 경우 이 기준의 전체 또는 일부를 적용하지 않을 수 있다.

1. 〈개정-삭제 2023.2.28.〉
2. 건축물 에너지 효율 1+등급 이상(단, 공공기관의 경우 1++등급 이상)을 취득한 경우에는 제15조 및 제21조를 적용하지 아니할 수 있으며, 제로에너지건축물 인증을 취득한 경우에는 별지 제1호서식 에너지절약계획 설계 검토서를 제출하지 아니할 수 있다. 〈개정 2022.1.28.〉
3. 건축물의 기능·설계조건 또는 시공 여건상의 특수성 등으로 인하여 이 기준의 적용이 불합리한 것으로 지방건축위원회가 심의를 거쳐 인정하는 경우에는 이 기준의 해당 규정을 적용하지 아니할 수 있다. 다만, 지방건축위원회 심의 시에는 「건축물 에너지효율등급 및 제로에너지건축물 인증에 관한 규칙」 제4조 제4항 각 호의 어느 하나에 해당하는 건축물 에너지 관련 전문인력 1인 이상을 참여시켜 의견을 들어야 한다. 〈개정 2016.12.27.〉

4. 건축물을 증축하거나 용도변경, 건축물대장의 기재내용을 변경하는 경우에는 제15조를 적용하지 아니할 수 있다. 다만, 별동으로 건축물을 증축하는 경우와 기존건축물 연면적의 100분의 50 이상을 증축하면서 해당 증축 연면적의 합계가 2,000제곱미터 이상인 경우에는 그러하지 아니한다. 〈개정 2016.12.27.〉

5. 허가 또는 신고대상의 같은 대지 내 주거 또는 비주거를 구분한 제3조제2항 및 3항에 따른 연면적의 합계가 **500제곱미터 이상**이고 **2천제곱미터 미만**인 건축물 중 연면적의 합계가 **500제곱미터 미만**인 개별동의 경우에는 제15조 및 제21조를 적용하지 아니할 수 있다. 〈개정 2016.12.27.〉

6. 열손실의 변동이 없는 증축, 용도변경 및 건축물대장의 기재내용을 변경하는 경우에는 별지 제1호 서식 에너지절약 설계 검토서를 제출하지 아니할 수 있다. 다만, 종전에 제2조 제3항에 따른 열손실방지 등의 조치 예외대상이었으나 조치대상으로 용도변경 또는 건축물대장 기재내용의 변경의 경우에는 그러하지 아니한다. 〈개정 2016.12.27.〉

7. 「건축법」 제16조에 따라 허가와 신고사항을 변경하는 경우에는 변경하는 부분에 대해서만 규칙 제7조에 따른 에너지절약계획서 및 별지 제1호 서식에 따른 에너지절약 설계 검토서(이하 "에너지절약계획서 및 설계 검토서"라 한다)를 제출할 수 있다.

8. 제21조 제2항에서 제시하는 에너지소요량 평가서 판정기준을 만족하는 경우에는 제15조를 적용하지 아니할 수 있다. 〈개정 2023.2.28.〉

해설 ▸ **녹색건축물 조성 지원법** 개정(2016.1.19.) **이유 및 특징**

2020년까지 건축부문 온실가스 배출을 26.9퍼센트 감축하여 국가적 온실가스 감축목표를 달성하고, 동시에 우리나라의 에너지 안보강화를 위해서는 에너지 이용 효율 및 신·재생에너지의 사용비율이 높은 녹색건축물을 확대할 필요가 있다.

이에 개정안은 제로에너지건축물 정의 신설, 녹색건축물 기본계획 수립·변경 절차 명확화, 제로에너지건축물 등 녹색건축물 조성사업 추가, 제로에너지건축물 인증제 도입, 건축물 에너지성능정보 활용 근거 규정 마련, 녹색건축물 조성 시범사업 확대, 공공부문 그린 리모델링 활성화를 위한 그린리모델링 창조센터 업무지원 근거 마련 등을 통하여 녹색건축물 조성 활성화를 촉진하고 녹색건축산업 육성을 위한 기반을 마련하기 위하여 개정하였다.

해설 ▸ 에너지 절약계획서 제출에 대한 '녹색건축물 조성 지원법'의 내용

- **녹색건축물 조성 지원법** 〈제정 2012.2.22., 개정 2016.1.19.〉

제14조【에너지 절약계획서 제출】① 대통령령으로 정하는 건축물의 건축주가 다음 각 호의 어느 하나에 해당하는 신청을 하는 경우에는 대통령령으로 정하는 바에 따라 에너지 절약계획서를 제출하여야 한다.

1. 「건축법」 제11조에 따른 건축허가(대수선은 제외한다)
2. 「건축법」 제19조제2항에 따른 용도변경 허가 또는 신고
3. 「건축법」 제19조제3항에 따른 건축물대장 기재내용 변경

② 제1항에 따라 허가신청 등을 받은 행정기관의 장은 에너지 절약계획서의 적절성 등을 검토하기 위하여 필요한 경우에는 국토해양부령으로 정하는 에너지 관련 전문기관에 자문할 수 있으며, 그 자문 결과에 따라 건축주에게 에너지 절약계획서를 보완하도록 요구할 수 있다.

• **녹색건축물 조성 지원법 시행령** 〈제정 2013.2.20., 개정 2016.12.30.〉

제10조【에너지 절약계획서 제출 대상 등】① 법 제14조제1항 각 호 외의 부분에서 "대통령령으로 정하는 건축물"이란 연면적의 합계가 500제곱미터 이상인 건축물을 말한다. 다만, 다음 각 호의 어느 하나에 해당하는 건축물을 건축하려는 건축주는 에너지 절약계획서를 제출하지 아니한다.

1. 「건축법 시행령」 별표 1 제1호에 따른 단독주택
2. 문화 및 집회시설 중 동·식물원
3. 「건축법 시행령」 별표 1 제17호부터 제26호까지의 건축물 중 냉방 및 난방 설비를 모두 설치하지 아니하는 건축물
4. 그 밖에 국토해양부장관이 에너지 절약계획서를 첨부할 필요가 없다고 정하여 고시하는 건축물

② 제1항 각 호 외의 부분 본문에 해당하는 건축물을 건축하려는 건축주는 건축허가를 신청하거나 용도변경의 허가신청 또는 신고, 건축물대장 기재내용의 변경 시 국토해양부령으로 정하는 에너지 절약계획서(전자문서로 된 서류를 포함한다)를 「건축법」 제5조제1항에 따른 허가권자(「건축법」외의 다른 법령에 따라 허가 신고 권한이 다른 행정기관의 장에게 속하는 경우에는 해당 행정기관의 장을 말하며, 이하 "허가권자"라 한다)에게 제출하여야 한다. 〈본조 개정 2016.12.30.〉

• **녹색건축물 조성 지원법 시행규칙** 〈제정 2013.2.22., 개정 2017.1.20.〉

제7조【에너지 절약계획서 등】① 영 제10조제2항에서 "국토해양부령으로 정하는 에너지 절약계획서"란 다음 각 호의 서류를 첨부한 별지 제1호서식의 에너지 절약계획서를 말한다.

1. 국토해양부장관이 고시하는 건축물의 에너지 절약 설계기준에 따른 에너지 절약 설계 검토서
2. 설계도면, 설계설명서 및 계산서 등 건축물의 에너지 절약계획서의 내용을 증명할 수 있는 서류(건축, 기계설비, 전기설비 및 신·재생에너지 설비 부문과 관련된 것으로 한정한다)

② 법 제14조제2항 후단에서 "국토해양부령으로 정하는 에너지 관련 전문기관"이란 다음 각 호의 기관("에너지 절약계획서 검토기관"이라 한다)을 말한다.

1. 「에너지이용합리화법」 제45조에 따른 한국에너지공단(이하 "한국에너지공단" 이라 한다)

2. 「시설물의 안전관리법에 관한 특별법」 제25조에 따른 한국시설안전공단
3. 「한국감정원법」에 따른 한국감정원(이하 "한국감정원"이라 한다)
4. 그 밖에 국토해양부장관이 에너지 절약계획서의 검토업무를 수행할 인력, 조직, 예산 및 시설 등을 갖추었다고 인정하여 고시하는 기관 또는 단체

③ 에너지 절약계획서 검토기관은 법 제14조제2항 후단에 따라 허가권자(「건축법」제5조제1항에 따른 건축허가권자를 말하며, 「건축법」 외의 다른 법령에 따라 허가·신고 권한이 다른 행정기관의 장에게 속하는 경우에는 해당 행정기관의 장을 말한다. 이하 같다)로부터 에너지 절약계획서의 검토 요청을 받은 경우에는 제7항에 따른 수수료가 납부된 날부터 10일 이내에 검토를 완료하고 그 결과를 지체 없이 허가권자에게 제출하여야 한다. 이 경우 건축주가 보완하는 기간 및 공휴일·토요일은 검토기간에서 제외한다. 〈개정 2017.1.20.〉

④ 법 제14조제4항에서 "국토교통부령으로 정하는 에너지 관련 전문기관"이란 법 제23조에 따른 녹색건축센터인 에너지 절약계획서 검토기관을 말한다. 〈신설 2017.1.20.〉

⑤ 국토교통부장관은 법 제14조제4항에 따라 에너지 절약계획서 검토업무 운영기관(이하 "에너지 절약계획서 검토업무 운영기관"이라 한다)을 지정하거나 그 지정을 취소한 경우에는 그 사실을 관보에 고시하여야 한다. 〈신설 2017.1.20.〉

⑥ 에너지 절약계획서 검토업무 운영기관은 다음 각 호의 업무를 수행한다. 〈신설 2017.1.20.〉

1. 법 제15조제1항에 따른 건축물의 에너지절약 설계기준 관련 조사·연구 및 개발에 관한 업무
2. 법 제15조제1항에 따른 건축물의 에너지절약 설계기준 관련 홍보·교육 및 컨설팅에 관한 업무
3. 에너지 절약계획서 작성·검토·이행 등 제도 운영 및 개선에 관한 업무
4. 에너지 절약계획서 검토 관련 프로그램 개발 및 관리에 관한 업무
5. 에너지 절약계획서 검토 관련 통계자료 활용 및 분석에 관한 업무
6. 에너지 절약계획서 검토기관별 검토현황 관리 및 보고에 관한 업무
7. 에너지 절약계획서 검토기관 점검 등 제1호부터 제6호까지에서 규정한 사항 외에 국토교통부장관이 요청하는 업무

⑦ 법 제14조제6항에 따른 에너지 절약계획서 검토 수수료는 별표 1과 같다. 〈신설 2015.3.5., 개정 2015.5.29., 개정 2017.1.20.〉

⑧ 제3항 및 제7항에 따른 에너지 절약계획서의 검토 및 보완 기간과 검토 수수료에 관한 세부적인 사항은 국토교통부장관이 정하여 고시한다. 〈신설 2015.3.5., 개정 2017.1.20.〉

해설 ▸ 건축물에 대한 효율적인 에너지관리와 녹색건축물 건축의 활성화

• **녹색건축물 조성 지원법** 〈제정 2012.2.22., 개정 2016.1.19.〉

제15조【건축물에 대한 효율적인 에너지 관리와 녹색건축물 조성의 활성화】① 국토교통부장관은 건축물에 대한 효율적인 에너지 관리와 녹색건축물 건축의 활성화를

위하여 필요한 설계·시공·감리 및 유지·관리에 관한 기준을 정하여 고시할 수 있다.

② 「건축법」 제5조제1항에 따른 허가권자는 녹색건축물의 건축을 활성화하기 위하여 대통령령으로 정하는 기준에 적합한 건축물에 대하여 제14조 1항 또는 제14조의 2를 적용하지 아니하거나 다음 각 호의 구분에 따른 범위에서 그 요건을 완화하여 적용할 수 있다.

1. 「건축법」제56조에 따른 건축물의 용적률 : 100분의 115 이하
2. 「건축법」제60조 및 제61조에 따른 건축물의 높이 : 100분의 115 이하

③ 지방자치단체는 제1항에 따른 고시의 범위에서 건축기준 완화 기준 및 재정지원에 관한 사항을 조례로 정할 수 있다.

제15조의2【녹색건축물의 유지·관리】녹색건축물의 소유자 또는 관리자는 제12조, 제14조, 제14조의2, 제15조, 제16조, 제17조에 적합하도록 유지·관리하여야 하고, 국토교통부장관, 시·도지사, 시장·군수·구청장은 대통령령으로 정하는 바에 따라 유지·관리의 적합 여부 확인을 위한 점검이나 실태조사를 할 수 있다. 다만, 제16조 및 제17조는 인증을 받은 경우에 한정한다.
〈본조 신설 2014.5.28.〉

• **녹색건축물 조성 지원법 시행령** 〈제정 2013.2.20., 2016.12.30.〉

제11조【녹색건축물 조성의 활성화 대상 건축물 및 완화기준】① 법 제15조제2항에서 "대통령령으로 정하는 기준에 적합한 건축물"이란 다음 각 호의 어느 하나에 해당하는 건축물을 말한다.

1. 법 제15조제1항에 따라 국토교통부장관이 정하여 고시하는 설계·시공·감리 및 유지·관리에 관한 기준에 맞게 설계된 건축물
2. 법 제16조에 따라 녹색건축의 인증을 받은 건축물
3. 법 제17조에 따라 건축물의 에너지효율등급 인증을 받은 건축물

3의 2. 법 제 17조에 따라 제로 에너지 건축물 인증을 받은 건축물 〈신설 2016.12.30〉

4. 법 제24조제1항에 따른 녹색건축물 조성 시범사업 대상으로 지정된 건축물
5. 건축물의 신축공사를 위한 골조공사에 국토교통부장관이 고시하는 재활용 건축자재를 100분의 15 이상 사용한 건축물

② 국토교통부장관은 제1항 각 호의 어느 하나에 해당하는 건축물에 대하여 허가권자가 법 제15조제2항에 따라 법 제 14조 제 1항 또는 제 14조의 2를 적용하지 아니하거나 건축물의 용적률 및 높이 등을 완화하여 적용하기 위한 세부기준을 정하여 고시할 수 있다. 〈본조 개정 2016.12.30.〉

2. 용어 정의 – 공통

제5조【용어의 정의】이 기준에서 사용하는 용어의 뜻은 다음 각 호와 같다.

1. "의무사항"이라 함은 건축물을 건축하는 건축주와 설계자 등이 건축물의 설계 시 필수적으로 적용해야 하는 사항을 말한다.
2. "권장사항"이라 함은 건축물을 건축하는 건축주와 설계자 등이 건축물의 설계 시 선택적으로 적용이 가능한 사항을 말한다.
3. "건축물에너지 효율등급 인증"이라 함은 국토교통부와 산업통상자원부의 공동부령인 「건축물 에너지효율등급 및 제로에너지건축물 인증에 관한 규칙」에 따라 인증을 받는 것을 말한다. 〈개정 2016.12.27.〉
4. "**제로에너지건축물 인증**"이라 함은 국토교통부와 산업통상자원부의 공동부령인 「건축물 에너지 효율등급 및 제로에너지건축물 인증에 관한 규칙」에 따라 제로에너지건축물 인증을 받는 것을 말한다. 〈본호 신설 2016.12.27.〉
5. "**녹색건축인증**"이라 함은 국토교통부와 환경부의 공동부령인 「녹색건축의 인증에 관한 규칙」에 따라 인증을 받는 것을 말한다. 〈개정 2016.12.27.〉
6. "고효율 제품이라 함은 산업통상자원부 고시 「고효율에너지기자재 보급촉진에 관한 규정」에 따라 인증서를 교부받은 제품과 산업통상자원부 고시 「효율관리기자재 운용규정」에 따른 에너지소비효율 1등급 제품 또는 동 고시에서 고효율로 정한 제품을 말한다. 〈개정 2022.1.28.〉
7. "완화기준"이라 함은 「건축법」, 「국토의 계획 및 이용에 관한 법률」 및 「지방자치단체 조례」 등에서 정하는 건축물의 용적률 및 높이제한 기준을 적용함에 있어 완화 적용할 수 있는 비율을 정한 기준을 말한다. 〈개정 2016.12.27.〉
8. "예비인증"이라 함은 건축물의 완공 전에 설계도서 등으로 인증기관에서 건축물 에너지 효율등급 인증, 제로에너지건축물 인증, 녹색건축인증을 받는 것을 말한다.〈개정 2016.12.27.〉
9. "본인증"이라 함은 신청건물의 완공 후에 최종설계도서 및 현장 확인을 거쳐 최종적으로 인증기관에서 건축물 에너지 효율등급 인증, 제로에너지건축물 인증, 녹색건축인증을 받는 것을 말한다. 〈개정 2016.12.27.〉

3. 용어정의 – 건축부문

10. 건축부문

가. "거실"이라 함은 건축물 안에서 거주(단위 세대 내 욕실·화장실·현관을 포함한다)·집무·

작업·집회·오락 기타 이와 유사한 목적을 위하여 사용되는 방을 말하나, 특별히 이 기준에서는 거실이 아닌 냉방 또는 난방공간 또한 거실에 포함한다. 〈개정 2022.1.28.〉

나. "외피"라 함은 거실 또는 거실 외 공간을 둘러싸고 있는 벽·지붕·바닥·창 및 문 등으로서 외기에 직접 면하는 부위를 말한다.

다. "거실의 외벽"이라 함은 거실의 벽 중 외기에 직접 또는 간접 면하는 부위를 말한다. 다만, 복합용도의 건축물인 경우에는 해당 용도로 사용하는 공간이 다른 용도로 사용하는 공간과 접하는 부위를 외벽으로 볼 수 있다.

라. "최하층에 있는 거실의 바닥"이라 함은 최하층(지하층을 포함한다)으로서 거실인 경우의 바닥과 기타 층으로서 거실의 바닥 부위가 외기에 직접 또는 간접적으로 면한 부위를 말한다. 다만, 복합용도의 건축물인 경우에는 다른 용도로 사용하는 공간과 접하는 부위를 최하층에 있는 거실의 바닥으로 볼 수 있다.

마. "최상층에 있는 거실의 반자 또는 지붕"이라 함은 최상층으로서 거실인 경우의 반자 또는 지붕을 말하며, 기타 층으로서 거실의 반자 또는 지붕 부위가 외기에 직접 또는 간접적으로 면한 부위를 포함한다. 다만, 복합용도의 건축물인 경우에는 다른 용도로 사용하는 공간과 접하는 부위를 최상층에 있는 거실의 반자 또는 지붕으로 볼 수 있다.

바. "외기에 직접 면하는 부위"라 함은 바깥쪽이 외기이거나 외기가 직접 통하는 공간에 면한 부위를 말한다.

해설 **외기에 직접 면하는 부위**

1) 외기에 직접 접하는 벽, 지붕, 바닥, 창, 문
2) 외기가 직접 통하는 공간
  ① 외부공기의 출입이 가능한 지역에 면한 부위
  ② 창 또는 문이 통상적으로 열려 있어 외부공기가 통하는 공간에 면한 부위
  ③ 외부공기의 유입을 목적으로 설치된 통로 또는 공간에 면한 부위
  ④ 외기가 통하는 지붕내부의 아래쪽에 설치된 천장 또는 반자

사. "외기에 간접 면하는 부위"라 함은 외기가 직접 통하지 아니하는 비난방 공간(지붕 또는 반자, 벽체, 바닥 구조의 일부로 구성되는 내부 공기층은 제외한다)에 접한 부위, 외기가 직접 통하는 구조이나 실내공기의 배기를 목적으로 설치하는 샤프트 등에 면한 부위, 지면 또는 토양에 면한 부위를 말한다.

해설 **외기에 간접 면하는 부위**

1) 외기가 차단될 수 있는 비난방공간에 면한 부위
   (외기를 차단할 수 없는 비난방공간에 면한 곳은 외기에 직접 면하는 부위)

2) 실내 공기의 배기를 목적으로 설치한 덕트 등에 면한 부위
(덕트가 실내부에 위치하며 건축기계설비표준시방서에서 정하는 덕트의 보온공사 기준에 준하여 덕트의 거실에 면한 면이 단열조치된 경우는 제외)

3) 지면 또는 토양에 면한 부위

▸ 비난방공간

난방을 하지 않는 창고, 복도, 계단실, 다락방, 차고, 기계실 등의 공간을 말한다. 한편, 지붕 또는 반자·벽체·바닥구조 내부에 단열, 방수, 환기 등의 목적으로 설치되는 공기층 또는 공기통로는 구조체의 일부로 보아야 하며 별도로 비난방공간으로 다루지 않는다.

▸ 외기에 직접 면하는 부위와 간접 면하는 부위의 예시도-1

건축물의 외피 중 단열조치를 하여야 하는 부위는 거실의 외기에 직접 면하는 부위 및 외기에 간접 면하는 부위로 구분되며 다음 예시도와 같다.

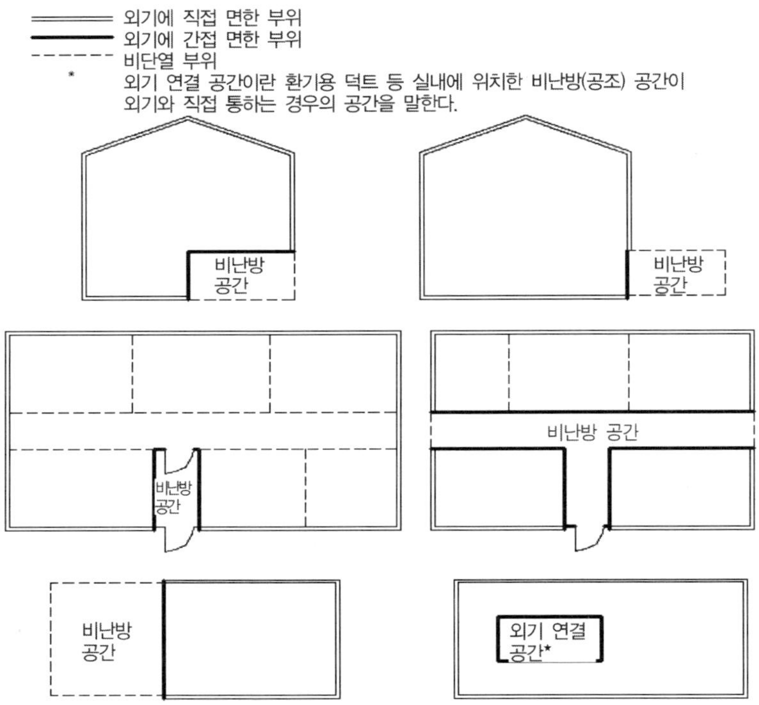

▸ 외기에 직접 면하는 부위와 간접 면하는 부위의 예시도 – 2

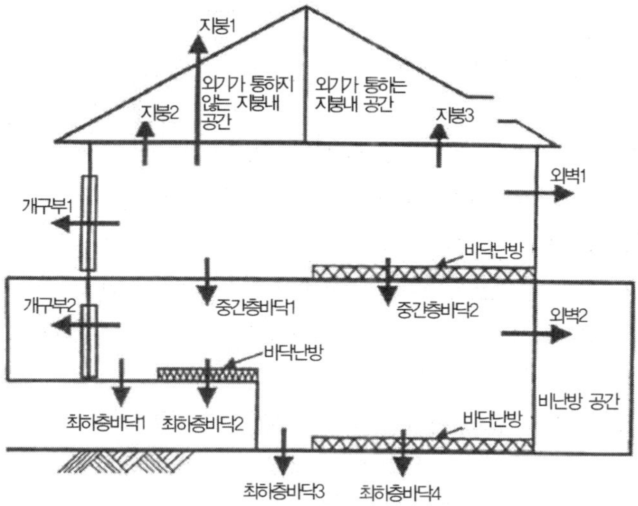

개구부 1	외기에 직접 면하는 개구부(창 또는 문)
개구부 2	외기에 간접 면하는 개구부(창 또는 문)
지 붕 1	박공지붕이 다락방(비난방)을 가지며 그 다락방이 외기가 통하지 않는 구조일 경우, 천장(반자)부터 다락방 공간을 포함한 지붕 구조 전체의 열관류율이 외기에 직접 면하는 경우의 열관류율을 만족하게 설계할 수 있음
지 붕 2	지붕 1과 같은 경우이나 다락방을 비난방공간으로 간주하여, 천장(반자)부위에 대해 외기에 간접 면하는 경우의 열관류율을 적용할 수 있음
지 붕 3	박공지붕이 다락방을 가지나 그 다락방이 외기가 상시 통하는 구조일 경우, 천장(반자)부위에 단열조치를 하여야 하며 이 경우는 외기에 직접 면하는 경우의 열관류율을 적용하여야 함
최하층 바닥 1 (바닥난방이 아닌 경우)	최하층이 아니더라도 바닥이 외기에 직접 면하는 경우는, 최하층 바닥의 열관류율을 적용하여야 함
최하층 바닥 2 (바닥난방인 경우)	최하층이 아니더라도 바닥이 외기에 직접 면하는 경우는, 최하층 바닥의 열관류율을 적용하여야 함
최하층 바닥 3 (바닥난방이 아닌 경우)	최하층 바닥이 지면에 접하는 경우, 외기에 간접 면하는 경우의 열관류율을 적용
최하층 바닥 4 (바닥난방인 경우)	최하층 바닥이 지면에 접하는 경우, 외기에 간접 면하는 경우의 열관류율을 적용
외 벽 1	외기에 직접 면하는 경우
외 벽 2	외기에 간접 면하는 경우
중간층 바닥 1	바닥난방 구조가 아닐 경우(공동주택의 세대 층간 바닥에만 해당)
중간층 바닥 2	바닥난방 구조일 경우(공동주택의 세대 층간 바닥에만 해당)

3-1. 용어정의 – 건축부문

아. "방풍구조"라 함은 출입구에서 실내외 공기 교환에 의한 열출입을 방지할 목적으로 설치하는 방풍실 또는 회전문 등을 설치한 방식을 말한다.

자. "기밀성 창호", "기밀성 문"이라 함은 창 및 문으로서 한국산업규격(KS) F 2292 규정에 의하여 기밀성 등급에 따른 기밀성이 1~5등급(통기량 5㎥/h·㎡ 미만)인 것을 말한다.〈개정 2016.12.27.〉

차. "외단열"이라 함은 건축물 각 부위의 단열에서 단열재를 구조체의 외기측에 설치하는 단열방법으로서 모서리 부위를 포함하여 시공하는 등 열교를 차단한 경우를 말한다.〈개정 2016.12.27.〉

카. "방습층"이라 함은 습한 공기가 구조체에 침투하여 결로발생의 위험이 높아지는 것을 방지하기 위해 설치하는 투습도가 24시간당 30g/㎡ 이하 또는 투습계수 0.28g/㎡·h·mmHg 이하의 투습저항을 가진 층을 말한다.(시험방법은 한국산업규격 KS T 1305 방습포장재료의 투습도 시험방법 또는 KS F 2607 건축 재료의 투습성 측정 방법에서 정하는 바에 따른다) 다만, 단열재 또는 단열재의 내측에 사용되는 마감재가 방습층으로서 요구되는 성능을 가지는 경우에는 그 재료를 방습층으로 볼 수 있다.

타. "평균 열관류율"이라 함은 지붕(천창 등 투명 외피부위를 포함하지 않는다), 바닥, 외벽(창 및 문을 포함한다) 등의 열관류율 계산에 있어 세부 부위별로 열관류율값이 다를 경우 이를 면적으로 가중평균하여 나타낸 것을 말한다. 단, 평균 열관류율은 중심선 치수를 기준으로 계산한다.

파. 별표1의 창 및 문의 열관류율 값은 유리와 창틀(또는 문틀)을 포함한 평균 열관류율을 말한다.

하. "투광부"라 함은 창, 문면적의 50% 이상이 투과체로 구성된 문, 유리블럭, 플라스틱패널 등과 같이 투과재료로 구성되며, 외기에 접하여 채광이 가능한 부위를 말한다.

거. "태양열 취득률(SHGC)"이라 함은 입사된 태양열에 대하여 실내로 유입된 태양열취득의 비율을 말한다.

너. "일사조절장치"라 함은 태양열의 실내 유입을 조절하기 위한 차양, 구조체 또는 태양열취득률이 낮은 유리를 말한다. 이 경우 차양은 설치위치에 따라 외부 차양과 내부 차양 그리고 유리간 차양으로 구분하며, 가동여부에 따라 고정형과 가동형으로 나눌 수 있다. 〈개정 2022.1.28.〉

해설 ▸ 태양열 취득률(SHGC, solar heat gain coefficient, 태양열 취득계수)

1. 불투명한 벽체의 경우는 햇빛(전자기파)이 흡수되거나 반사된다. 그러나 투명한 창문(유리)의 경우는 햇빛이 반사되거나 투과된다.(극히 일부가 흡수되지만 무시함) 그런데 햇빛의 투과율은 유리의 종류마다 다르므로 이것을 나타내는 방법으로 태양열 취득률(태양열 취득계수)과 차폐계수(shade coefficient, 차폐율 shade factor)를 사용한다.

2. 표준 유리(두께 3㎜)의 경우는 약 86%의 햇빛을 투과시키고 약 14%의 햇빛을 반사시킨다. 이처럼 투과되는 햇빛은 여름철 실내 냉방 부하로 작용한다. 이와 같이 실내부하로 작용하는 태양열 취득 비율을 태양열 취득 계수라고 정의한다.(3㎜ 투명 유리의 SHGC는 0.86)

$$Q = I \times A \times SHGC$$

여기서, I : 일사량

A : 면적

SHGC : 태양열 취득률(태양열 취득계수)

3. 예를 들어 3㎜의 투명 유리(10㎡)로 들어오는 단위 면적 당 일사량이 300[W/㎡]이라면, 실내의 열취득률은 다음과 같다.

$$Q = I \times A \times SHGC$$
$$= 300 \times 10 \times 0.86$$
$$= 2,580[W]$$

4. 이러한 태양열 취득률은 유리의 종류에 따라 다르며, 반사율이 높을수록 또한 색을 입힐수록 그만큼 더 낮아진다.

4. 용어정의 – 기계설비부문

11. **기계설비부문**

가. "<u>위험률</u>"이라 함은 냉(난)방기간 동안 또는 연간 총시간에 대한 온도출현분포중에서 가장 높은(낮은) 온도쪽으로부터 총시간의 일정 비율에 해당하는 온도를 제외시키는 비율을 말한다.

나. "효율"이라 함은 설비기기에 공급된 에너지에 대하여 출력된 유효에너지의 비를 말한다.

다. "열원설비"라 함은 에너지를 이용하여 열을 발생시키는 설비를 말한다.

라. **"<u>대수분할운전</u>"이라 함은 기기를 여러 대 설치하여 부하상태에 따라 최적 운전상태를 유지할 수 있도록 기기를 조합하여 운전하는 방식을 말한다.**

마. "<u>비례제어운전</u>"이라 함은 기기의 출력값과 목표값의 편차에 비례하여 입력량을 조절하여 최적운전상태를 유지할 수 있도록 운전하는 방식을 말한다.

해설 위험률

보일러, 냉동기 등 열원설비기기의 용량을 산정하기 위한 냉방 및 난방부하 계산시에 설계용 외기온도가 필요하다. 연중 가장 더운 시간 또는 추운 시간의 외기온을 부하계산에 적용하면 설비용량이 과대해질 우려가 있음에 따라 부하계산에서는 최고 또는 최저온도의 피크값을 일정비율 제거한 외기온도를 사용하게 되는데 피크값을 제외시키는 비율을 위험률이라고 한다.

ASHRAE의 TAC(technical advisory committee)에서는 위험률 2.5~10%의 범위 내에서 설계조건을 삼을 것을 추천하고 있다. 예를 들어 어느 지역의 냉방을 위한 설계외기온도 결정시 위험률 2.5%의 의미는 그 지역의 냉방시간이 총 3,000시간이라면 그 중 2.5%에 해당하는 75시간의 기상데이터는 무시하고 그 다음 온도를 냉방설계 외기온도로 정한다는 것을 의미한다.

해설 대수분할운전

보일러, 냉동기 등 열원기기의 용량은 최대부하계산에 의하여 산출되나, 최대부하가 발생하는 날은 일년 중 며칠에 지나지 않기 때문에, 열원기기를 2~3대로 나누어 설치하여 부분부하(부하율이 100%보다 작은 경우)발생시의 운전효율을 높이는 것을 대수분할운전이라고 한다.

예를 들어 어느 건물의 최대냉방용량이 300USRT일 경우 300USRT 냉동기 1대를 설치할 수도 있지만 운전효율을 높이기 위하여 용량 및 대수를 다음처럼 다양하게 고려할 수 있다.

150USRT × 2대, 100USRT × 3대, 75USRT × 4대, 200USRT × 1대 + 100USRT × 1대

해설 비례제어운전

비례제어(Proportional Control)란 조절값과 설정값의 편차의 크기에 비례하여 조작부가 최소에서 최대까지 변화하는 제어방식을 말한다. 통상 설정값을 중심으로 전후에 동작폭(이것을 비례대 라고 한다)이 있으며, 이 범위내에서 제어량을 0에서 100%까지 변화시킨다.

4-1. 용어정의 – 기계설비부문

바. "심야전기를 이용한 축열·축냉시스템"이라 함은 심야시간에 전기를 이용하여 열을 저장하였다가 이를 난방, 온수, 냉방 등의 용도로 이용하는 설비로서 한국전력공사에서 심야전력기기로 인정한 것을 말한다.

사. "열회수형 환기장치"라 함은 난방 또는 냉방을 하는 장소의 환기장치로 실내의 공기를 배출할 때 급기되는 공기와 열교환하는 구조를 가진 것으로서 KS B 6879(열회수형 환기장치) 부속서 B에서 정하는 시험방법에 따른 열교환율과 에너지계수의 최소 기준 이상의 성능을 가진 것을 말한다. 〈개정 2022.1.28.〉

아. "**이코노마이저 시스템**"이라 함은 중간기 또는 동계에 발생하는 냉방부하를 실내 엔탈피보다 낮은 도입 외기에 의하여 제거 또는 감소시키는 시스템을 말한다.

자. **"중앙집중식 냉·난방설비"라 함은 건축물의 전부 또는 냉난방 면적의 60% 이상을 냉방 또는 난방함에 있어 해당 공간에 순환펌프, 증기난방설비 등을 이용하여 열원 등을 공급하는 설비를 말한다.** 단, 산업통상자원부 고시 「효율관리기자재 운용규정」에서 정한 가정용 가스보일러는 개별 난방설비로 간주한다. 〈개정 2016.12. 27.〉

차. "TAB"라 함은 Testing(시험), Adjusting(조정), Balancing(평가)의 약어로 건물내의 모든 설비시스템이 설계에서 의도한 기능을 발휘하도록 점검 및 조정하는 것을 말한다.

카. **"커미셔닝"이라 함은 효율적인 건축 기계설비 시스템의 성능 확보를 위해 설계 단계부터 공사완료에 이르기까지 전 과정에 걸쳐 건축주의 요구에 부합되도록 모든 시스템의 계획, 설계, 시공, 성능시험 등을 확인하고 최종 유지 관리자에게 제공하여 입주 후 건축주의 요구를 충족할 수 있도록 운전성능 유지 여부를 검증하고 문서화하는 과정을 말한다.**

해설 심야시간

우리나라의 심야전력 적용시간은 23 : 00~09 : 00이며, 심야시간에는 주간 전기요금의 약 1/3이 적용된다.

해설 열회수형 환기장치(전열교환기)

일반적으로 실의 공기오염방지를 위해 환기를 하면 실내의 온열이나 냉열을 외기에 빼앗겨 귀중한 에너지손실이 발생하고 냉난방 효과가 떨어지지만 환기를 하지 않으면 실내공기는 오염되어 많은 부작용이 발생하는데 이러한 두 가지 문제를 동시에 해결하기 위해 개발된 것이다. 즉, 실내의 오염된 공기(따뜻한 공기)를 밖으로 배출시키고 동시에 신선한 외부공기(차가운 공기)를 실내에 공급하는 양방향 환기를 하며 외부로 손실되는 열에너지를 다시 회수하여 실내로 공급하는 전열교환방식의 환기장치이다.

"제1편 제7장 건축설비 3.환기설비기준"의 "열회수형 환기장치" 해설 참조

해설 이코노마이저시스템

중간기나 겨울철 등 외기의 엔탈피가 실내의 엔탈피보다 낮을 경우 실내부하에 따라 외기 도입량을 조절함으로써 냉방용 에너지소비량을 감소시키는 외기냉방방식이다.

5. 용어정의 – 전기설비부문

12. 전기설비부문

가. "역률개선용 커패시터(콘덴서)"라 함은 역률을 개선하기 위하여 변압기 또는 전동기 등에 병렬로 설치하는 커패시터를 말한다.

나. "전압강하"라 함은 인입전압(또는 변압기 2차전압)과 부하측전압과의 차를 말하며 저항이나 인덕턴스에 흐르는 전류에 의하여 강하하는 전압을 말한다.

다. "조도 자동조절 조명기구"라 함은 인체 또는 주위 밝기를 감지하여 자동으로 조명등을 점멸하거나 조도를 자동 조절할 수 있는 센서장치 또는 그 센서를 부착한 등기구를 말한다. 〈개정 2022.1.28.〉

라. "수용률"이라 함은 부하설비 용량 합계에 대한 최대 수용전력의 백분율을 말한다.

5-1. 용어정의 – 전기설비부문

마. "최대수요전력"이라 함은 수용가에서 일정 기간 중 사용한 전력의 최대치를 말하며, "최대수요전력 제어설비"라 함은 수용가에서 피크전력의 억제, 전력 부하의 평준화 등을 위하여 최대수요전력을 자동제어할 수 있는 설비를 말한다.

바. "가변속 제어기(인버터)"라 함은 정지형 전력변환기로서 전동기의 가변속 운전을 위하여 설치하는 설비를 말한다. 〈개정 2022.1.28.〉

사. "변압기 대수제어"라 함은 변압기를 여러 대 설치하여 부하상태에 따라 필요한 운전대수를 자동 또는 수동으로 제어하는 방식을 말한다.

아. "대기전력 자동차단장치"라 함은 산업통상자원부 고시 「대기전력 저감 프로그램 운용규정」에 의하여 대기전력 저감 우수제품으로 등록된 대기전력 자동차단 콘센트, 대기전력 자동차단 스위치를 말한다.

자. "자동절전 멀티탭"이라 함은 산업통상자원부고시 「대기전력 저감 프로그램 운용규정」에 의하여 대기전력 저감 우수제품으로 등록된 자동절전 멀티탭을 말한다.

차. "일괄소등 스위치"라 함은 층 또는 구역 단위(세대 단위)로 설치되어 조명등(센서등 및 비상등 제외 가능)을 일괄적으로 끌 수 있는 스위치를 말한다. 〈개정 2022.1.28.〉

카. "회생제동장치"라 함은 승강기가 균형추보다 무거운 상태로 하강(또는 반대의 경우)할 때 모터는 순간적으로 발전기로 동작하게 되며, 이 때 생산되는 전력을 다른 회로에서 전원으로 활용하는 방식으로 전력소비를 절감하는 장치를 말한다. 〈신설 2022.1.28.〉

타. 삭제

파. 삭제

하. "간선"이라 함은 인입구에서 분기과전류차단기에 이르는 배선으로서 분기회로의 분기점에서 전원측의 부분을 말한다.〈신설 2023.2.28.〉

6. 용어정의 – 신·재생에너지설비부문, 공공기관, 원격검침전자식계량기

13. 신·재생에너지설비부문

가. "신·재생에너지"라 함은「신에너지 및 재생에너지 개발·이용·보급촉진법」에서 규정하는 것을 말한다.

14. "공공기관"이라 함은 산업통상자원부 고시「공공기관 에너지이용합리화 추진에 관한 규정」에서 정한 기관을 말한다.

15. "전자식 원격검침계량기"란 에너지사용량을 전자식으로 계측하여 에너지 관리자가 실시간으로 모니터링하고 기록할 수 있도록 하는 장치이다. 〈개정 2022.1.28.〉

16. "건축물에너지관리시스템(BEMS)"이란「녹색건축물 조성 지원법」제6조의2제2항에서 규정하는 것을 말한다. 〈신설 2022.1.28.〉

17. "에너지요구량"이란 건축물의 냉방, 난방, 급탕, 조명부문에서 표준 설정 조건을 유지하기 위하여 해당 건축물에서 필요로 하는 에너지량을 말한다. 〈신설 2022.1.28.〉

18. "에너지소요량"이란 에너지요구량을 만족시키기 위하여 건축물의 냉방, 난방, 급탕, 조명, 환기 부문의 설비기기에 사용되는 에너지량을 말한다. 〈신설 2022.1.28.〉

19. "1차에너지"란 연료의 채취, 가공, 운송, 변환, 공급 등의 과정에서의 손실분을 포함한 에너지를 말하며, 에너지원별 1차에너지 환산계수는 "건축물 에너지효율등급 인증 및 제로에너지건축물 인증제도 운영규정"에 따른다. 〈신설 2022.1.28.〉

20. "시험성적서"란「적합성평가 관리 등에 관한 법률」제2조제10호다목에 해당하는 성적서로 동법에 따라 발급·관리되는 것을 말한다. 〈신설 2022.1.28.〉

해설 ▸ 신·재생에너지란 무엇인가?

〈신에너지 및 재생에너지 개발·이용·보급 촉진법 제2조〉

제2조【정의】 이 법에서 사용하는 용어의 뜻은 다음과 같다. 〈개정 2013.3.23., 2013.7.30., 2014.1.21.〉

1. "신에너지"란 기존의 화석연료를 변환시켜 이용하거나 수소·산소 등의 화학 반응을 통하여 전기 또는 열을 이용하는 에너지로서 다음 각 목의 어느 하나에 해당하는 것을 말한다.

가. 수소에너지

나. 연료전지

다. 석탄을 액화·가스화한 에너지 및 중질잔사유(重質殘渣油)를 가스화한 에너지로서 대통령령으로 정하는 기준 및 범위에 해당하는 에너지

라. 그 밖에 석유·석탄·원자력 또는 천연가스가 아닌 에너지로서 대통령령으로 정하는 에너지

2. "재생에너지"란 햇빛·물·지열(地熱)·강수(降水)·생물유기체 등을 포함하는 재생 가능한 에너지를 변환시켜 이용하는 에너지로서 다음 각 목의 어느 하나에 해당하는 것을 말한다.

가. 태양에너지

나. 풍력
다. 수력
라. 해양에너지
마. 지열에너지
바. 생물자원을 변환시켜 이용하는 바이오에너지로서 대통령령으로 정하는 기준 및 범위에 해당하는 에너지
사. 폐기물에너지로서 대통령령으로 정하는 기준 및 범위에 해당하는 에너지
아. 그 밖에 석유·석탄·원자력 또는 천연가스가 아닌 에너지로서 대통령령으로 정하는 에너지

〈신에너지 및 재생에너지 개발·이용·보급 촉진법 제2조〉

제2조【석탄을 액화·가스화한 에너지 등의 기준 및 범위】 ① 「신에너지 및 재생에너지 개발·이용·보급 촉진법」(이하 "법"이라 한다) 제2조제1호다목에서 "대통령령으로 정하는 기준 및 범위에 해당하는 에너지"란 별표 1 제1호 및 제2호에 따른 석탄을 액화·가스화한 에너지 및 중질잔사유(重質殘渣油)를 가스화한 에너지를 말한다.
② 법 제2조제2호바목에서 "대통령령으로 정하는 기준 및 범위에 해당하는 에너지"란 별표 1 제3호에 따른 바이오에너지를 말한다.
③ 법 제2조제2호사목에서 "대통령령으로 정하는 기준 및 범위에 해당하는 에너지"란 별표 1 제4호에 따른 폐기물에너지를 말한다.
④ 법 제2조제2호아목에서 "대통령령으로 정하는 에너지"란 별표 1 제5호에 따른 수열에너지를 말한다.

건축물의 에너지절약설계기준 문제해설

제1장 총칙

▣ **용어정의(건축부문)**

1. 단열기준 적용시 외기에 직접 면하는 부위가 아닌 것은?
   가. 외부공기의 출입이 가능한 지역에 면한 부위
   나. 창 또는 문이 통상적으로 열려 있어 외부공기가 통하는 공간에 면한 부위
   다. 지면 또는 토양에 면한 부위
   라. 외기가 통하는 지붕내부의 아래쪽에 설치된 천장 또는 반자

2. 단열기준 적용시 외기에 간접 면하는 부위가 아닌 것은?

해답 1-다, 2-라, 3-다, 4-30, 0.28, 5-방풍구조

가. 외기가 차단될 수 있는 비난방공간에 면한 부위
나. 지면 또는 토양에 면한 부위
다. 실내 공기의 배기를 목적으로 설치된 덕트 등에 면한 부위
라. 외기가 통하는 지붕내부의 아래쪽에 설치된 천장 또는 반자

3. 단열기준 적용시 외기에 직접 면하는 부위는?
가. 외기가 차단될 수 있는 비난방공간에 면한 부위
나. 지면 또는 토양에 면한 부위
다. 외기가 직접 통하지 않는 비난방공간에 접한 공동주택 거실의 창 및 문
라. 외기가 직접 통하는 구조인 실내공기의 배기를 목적으로 설치된 덕트 등에 면한 부위

4. 건축물의 에너지절약 설계기준의 건축부문에서 정의하는 용어 중 방습층은 "투습도가 24시간당 (　　　)g/㎡ 이하 또는 투습계수 (　　　)g/㎡·h·mmHg 이하의 투습저항을 가진 층을 말한다"에서 (　　) 안에 알맞은 숫자는?

5. 다음은 건축물의 에너지절약설계기준의 건축부문에서 정의하는 용어에 관한 것이다. (　)안에 알맞은 단어는?

(　　　　)(이)라 함은 출입구에서 실내외 공기 교환에 의한 열출입을 방지할 목적으로 설치하는 방풍실 또는 회전문 등을 설치한 방식을 말한다.

6. 다음은 건축물의 에너지절약설계기준의 건축부문에서 정의하는 용어에 관한 것이다. ( )안에 알맞은 단어는?

> (   )(이)라 함은 건축물 각 부위의 단열에서 단열재를 구조체의 외기측에 설치하는 단열방법으로서 모서리 부위를 포함하여 시공하는 등 열교를 차단한 경우를 말한다.

7. 어느 건물 각 부위의 열관류율 및 면적이 다음과 같을 때 평균열관류율은?

부 위	면 적(m^2)	열관류율($W/m^2 \cdot K$)
외 벽	500	0.4
지 붕	200	0.3
바 닥	200	0.5
내 벽	100	0.6

가. 0.40　　나. 0.42
다. 0.45　　라. 0.50

해설 평균열관류율 $= \dfrac{500 \times 0.4 + 200 \times 0.3 + 200 \times 0.5 + 100 \times 0.6}{500 + 200 + 200 + 100} = 0.42$

8. 건물에너지 효율등급의 인증, 친환경 건축물 인증 또는 신·재생에너지 인증에 있어서 예비인증과 본인증을 받는 시기로서 적당한 것은?

	〈예비인증〉	〈본인증〉
가.	설계과정 중	건축물 완공 후
나.	인허가과정 중	건축물 완공 전
다.	건축물 완공 전	건축물 완공 후
라.	건축물 완공 직후	건축물 사용 3년 경과 후

9. 건축물의 에너지절약설계기준에서 정의하는 용어 중 "기밀성 창호" "기밀성 문"의 통기량 기준으로 가장 적합한 것은?

가. $5m^3/h \cdot m^2$ 미만　　나. $15m^3/h \cdot m^2$ 미만
다. $25m^3/h \cdot m^2$ 미만　　라. $35m^3/h \cdot m^2$ 미만

해답 6-외단열, 7-나, 8-다, 9-가

10. 다음은 건축물의 에너지절약설계기준의 건축부문에서 정의하는 용어에 관한 것이다. ( )안에 알맞은 단어는?

( )(이)라 함은 창, 문면적의 50% 이상이 투과체로 구성된 문, 유리블럭, 플라스틱패널 등과 같이 투과재료로 구성되며, 외기에 접하여 채광이 가능한 부위를 말한다.

11. 다음은 건축물의 에너지절약설계기준에 따른 방습층의 정의이다. ( )안에 알맞은 것은?

방습층이라 함은 습한 공기가 구조체에 침투하여 결로발생의 위험이 높아지는 것을 방지하기 위해 설치하는 투습도가 24시간당 ( ) 이하 또는 투습계수 0.28g/㎡·h·mmHg 이하의 투습저항을 가진 층을 말한다.

가. 10g/㎡　　나. 20g/㎡
다. 30g/㎡　　라. 40g/㎡

▣ 용어정의(기계설비부문)

12. 건축물의 에너지절약설계기준의 기계설비부문에서 정의하는 용어 중 "중앙집중식 냉·난방설비"라 함은 건물의 전부 또는 냉난방 면적의 ( )% 이상을 냉방 또는 난방함에 있어 해당 공간에 순환펌프, 증기난방설비 등을 이용하여 열원 등을 공급하는 설비를 말한다. ( )안에 적합한 숫자는?

가. 50　　나. 60
다. 70　　라. 80

13. 다음 건축물의 에너지절약 설계기준의 기계설비 부문에서 정의하는 용어는?

중간기 또는 동계에 발생하는 냉방부하를 실내 엔탈피보다 낮은 도입 외기에 의하여 제거 또는 감소시키는 시스템을 말한다.

가. 이코노마이저시스템　　나. 설비형태양열시스템
다. 태양광발전시스템　　라. 지열시스템

14. 다음은 건축물의 에너지절약설계기준의 기계설비 부문에서 정의하는 용어에 관한 것이다. ( )안에 알맞은 단어는?

( )(이)라 함은 효율적인 건축 기계설비 시스템의 성능 확보를 위해 설계 단계부터 공사완료에 이르기까지 전 과정에 걸쳐 건축주의 요구에 부합되도록 모든 시스템의 계획, 설계, 시공, 성능시험 등을 확인하고 최종 유지 관리자에게 제공하여 입주 후 건축주의 요구를 충족할 수 있도록 운전성능 유지 여부를 검증하고 문서화하는 과정을 말한다.

해답 10-투광부, 11-다, 12-나, 13-가, 14-커미셔닝

▣ 용어정의(전기설비부문)

15. 다음은 건축물의 에너지절약 설계기준 에 있는 어느 용어에 대한 설명인가?

승강기가 균형추보다 무거운 상태로 하강(또는 반대의 경우)할 때 모터는 순간적으로 발전기로 동작하게 되며, 이때 생산되는 전력을 다른 회로에서 전원으로 활용하는 방식으로 전력소비를 절감하는 장치를 말한다.

가. 역률개선용 커패시터(콘덴서)
나. 가변속 제어기(인버터)
다. 자동절전 멀티탭
라. 회생제동장치

16. 다음 전기부문 용어정의 중 틀린 것은?

가. "역률개선용 커패시터(콘덴서)"라 함은 역률을 개선하기 위하여 변압기 또는 전동기 등에 병렬로 설치하는 커패시터를 말한다.

나. "전압강하"라 함은 인입전압(또는 변압기 2차전압)과 부하측 전압과의 차를 말하며 저항이나 인덕턴스에 흐르는 전류에 의하여 강하하는 전압을 말한다.

다. "수용률"이라 함은 최대수용전력에 대한 부하설비 용량 합계의 백분율을 말한다.

라. "가변속 제어기(인버터)"라 함은 정지형 전력변환기로서 전동기의 가변속운전을 위하여 설치하는 설비를 말한다.

해설 "수용률"이라 함은 부하설비 용량 합계에 대한 최대 수용전력의 백분율을 말한다.

해답 15-라, 16-다

제2장

에너지절약 설계에 관한 기준

제 1 절 건축부문 설계기준

1. 건축부문의 의무사항 – 단열조치 일반사항

제6조【건축부문의 의무사항】제2조에 따른 열손실방지 조치 대상 건축물의 건축주와 설계자 등은 다음 각 호에서 정하는 건축부문의 설계기준을 따라야 한다. 〈개정 2016.12.27.〉

1. 단열조치 일반사항
   가. 외기에 직접 또는 간접 면하는 거실의 각 부위에는 제2조에 따라 건축물의 열손실방지 조치를 하여야 한다. 다만, 다음 부위에 대해서는 그러하지 아니할 수 있다.
      1) 지표면 아래 **2미터를 초과**하여 위치한 지하 부위(공동주택의 거실 부위는 제외)로서 이중벽의 설치 등 하계 표면결로 방지 조치를 한 경우
      2) 지면 및 토양에 접한 바닥 부위로서 난방공간의 외벽 내표면까지의 모든 수평거리가 **10미터를 초과**하는 바닥부위 〈개정 2016.12.27.〉
      3) 외기에 간접 면하는 부위로서 당해 부위가 면한 비난방공간의 외기에 직접 또는 간접 면하는 부위를 별표1에 준하여 단열조치하는 경우 〈개정 2022.1.28.〉
      4) 공동주택의 층간바닥(최하층 제외) 중 바닥난방을 하지 않는 현관 및 욕실의 바닥부위
      5) 방풍구조(외벽제외) 또는 바닥면적 **150제곱미터 이하**의 개별 점포의 출입문 자동절전 멀티탭 〈개정 2022.1.28.〉

6) 「건축법 시행령」별표1 제21호에 따른 동물 및 식물 관련 시설 중 작물재배사 또는 온실 등 지표면을 바닥으로 사용하는 공간의 바닥부위 〈신설 2022.1.28.〉

7) 「건축법」제49조제3항에 따른 소방관진입창(단, 「건축물의 피난ㆍ방화구조 등의 기준에 관한 규칙」 제18조의2제1호를 만족하는 최소 설치 개소로 한정한다.) 〈신설 2022.1.28.〉

나. 단열조치를 하여야 하는 부위의 열관류율이 위치 또는 구조상의 특성에 의하여 일정하지 않은 경우에는 해당 부위의 평균 열관류율값을 면적가중 계산에 의하여 구한다.

다. 단열조치를 하여야 하는 부위에 대하여는 다음 각 호에서 정하는 방법에 따라 단열기준에 적합한지를 판단할 수 있다.

1) 이 기준 별표3의 지역별·부위별·단열재 등급별 허용 두께 이상으로 설치하는 경우(단열재의 등급 분류는 별표2에 따름) 적합한 것으로 본다.

2) 해당 벽·바닥·지붕 등의 부위별 전체 구성재료와 동일한 시료에 대하여 KS F2277(건축용 구성재의 단열성 측정방법)에 의한 열저항 또는 열관류율 측정값(시험성적서의 값)이 별표1의 부위별 열관류율에 만족하는 경우에는 적합한 것으로 보며, 시료의 공기층(단열재 내부의 공기층 포함) 두께와 동일하면서 기타 구성재료의 두께가 시료보다 증가한 경우와 공기층을 제외한 시료에 대한 측정값이 기준에 만족하고 시료 내부에 공기층을 추가하는 경우에도 적합한 것으로 본다. 단, 공기층이 포함된 경우에는 시공 시에 공기층 두께를 동일하게 유지하여야 한다.〈개정 2022.1.28.〉

3) 구성재료의 열전도율 값으로 열관류율을 계산한 결과가 별표1의 부위별 열관류율 기준을 만족하는 경우 적합한 것으로 본다.(단, 각 재료의 열전도율 값은 한국산업규격 또는 시험성적서의 값을 사용하고, 표면열전달저항 및 중공층의 열저항은 이 기준 별표5 및 별표6에서 제시하는 값을 사용) 〈개정 2022.1.28.〉

4) 창 및 문의 경우 KS F 2278(창호의 단열성 시험 방법)에 의한 시험성적서 또는 별표4에 의한 열관류율값 또는 산업통상자원부 고시 「효율관리기자재 운용규정」에 따른 창 세트의 열관류율 표시값 또는 ISO 15099에 따라 계산된 창 및 문의 열관류율 값이 별표1의 열관류율 기준을 만족하는 경우 적합한 것으로 본다. 〈개정 2022.1.28.〉

5) 열관류율 또는 열관류저항의 계산결과는 소수점 3자리로 맺음을 하여 적합 여부를 판정한다.(소수점 4째 자리에서 반올림)

라. 별표 1 건축물부위의 열관류율 산정을 위한 단열재의 열전도율 값은 한국산업규격 KS L 9016 보온재의 열전도율 측정방법에 따른 시험성적서에 의한 값을

사용하되 열전도율 시험을 위한 시료의 평균온도는 20±5℃로 한다. 〈개정 2022.1.28.〉

마. 수평면과 이루는 각이 **70도를 초과**하는 경사지붕은 별표1에 따른 외벽의 열관류율을 적용할 수 있다.

바. 바닥난방을 하는 공간의 하부가 바닥난방을 하지 않는 공간일 경우에는 당해 바닥난방을 하는 바닥부위는 별표 1의 최하층에 있는 거실의 바닥으로 보며 외기에 간접 면하는 경우의 열관류율 기준을 만족하여야 한다.

[별표 1] **지역별 건축물 부위의 열관류율 표** 〈개정 2017.12.28.-시행 2018.9.1.〉

(단위 : W/㎡·K)

<table>
<tr><th colspan="4">지역
건축물의 부위</th><th>중부1지역[1]</th><th>중부2지역[2]</th><th>남부지역[3]</th><th>제 주 도</th></tr>
<tr><td rowspan="4">거실의 외벽</td><td rowspan="2">외기에 직접 면하는 경우</td><td colspan="2">공동주택</td><td>0.150 이하</td><td>0.170 이하</td><td>0.220 이하</td><td>0.290 이하</td></tr>
<tr><td colspan="2">공동주택 외</td><td>0.170 이하</td><td>0.240 이하</td><td>0.320 이하</td><td>0.410 이하</td></tr>
<tr><td rowspan="2">외기에 간접 면하는 경우</td><td colspan="2">공동주택</td><td>0.210 이하</td><td>0.240 이하</td><td>0.310 이하</td><td>0.410 이하</td></tr>
<tr><td colspan="2">공동주택 외</td><td>0.240 이하</td><td>0.340 이하</td><td>0.450 이하</td><td>0.560 이하</td></tr>
<tr><td rowspan="2">최상층에 있는 거실의 반자 또는 지붕</td><td colspan="3">외기에 직접 면하는 경우</td><td colspan="2">0.150 이하</td><td>0.180 이하</td><td>0.250 이하</td></tr>
<tr><td colspan="3">외기에 간접 면하는 경우</td><td colspan="2">0.210 이하</td><td>0.260 이하</td><td>0.350 이하</td></tr>
<tr><td rowspan="4">최하층에 있는 거실의 바닥</td><td rowspan="2">외기에 직접 면하는 경우</td><td colspan="2">바닥난방인 경우</td><td>0.150 이하</td><td>0.170 이하</td><td>0.220 이하</td><td>0.290 이하</td></tr>
<tr><td colspan="2">바닥난방이 아닌 경우</td><td>0.170 이하</td><td>0.200 이하</td><td>0.250 이하</td><td>0.330 이하</td></tr>
<tr><td rowspan="2">외기에 간접 면하는 경우</td><td colspan="2">바닥난방인 경우</td><td>0.210 이하</td><td>0.240 이하</td><td>0.310 이하</td><td>0.410 이하</td></tr>
<tr><td colspan="2">바닥난방이 아닌 경우</td><td>0.240 이하</td><td>0.290 이하</td><td>0.350 이하</td><td>0.470 이하</td></tr>
<tr><td colspan="4">바닥난방인 층간바닥</td><td colspan="4">0.810 이하</td></tr>
<tr><td rowspan="6">창 및 문</td><td rowspan="3">외기에 직접 면하는 경우</td><td colspan="2">공동주택</td><td>0.900 이하</td><td>1.000 이하</td><td>1.200 이하</td><td>1.600 이하</td></tr>
<tr><td rowspan="2">공동주택 외</td><td>창</td><td>1.300 이하</td><td rowspan="2">1.500 이하</td><td rowspan="2">1.800 이하</td><td rowspan="2">2.200 이하</td></tr>
<tr><td>문</td><td>1.500 이하</td></tr>
<tr><td rowspan="3">외기에 간접 면하는 경우</td><td colspan="2">공동주택</td><td>1.300 이하</td><td>1.500 이하</td><td>1.700 이하</td><td>2.000 이하</td></tr>
<tr><td rowspan="2">공동주택 외</td><td>창</td><td>1.600 이하</td><td rowspan="2">1.900 이하</td><td rowspan="2">2.200 이하</td><td rowspan="2">2.800 이하</td></tr>
<tr><td>문</td><td>1.900 이하</td></tr>
<tr><td rowspan="2">공동주택 세대현관문 및 방화문</td><td colspan="3">외기에 직접 면하는 경우 및 거실 내 방화문</td><td colspan="4">1.400 이하</td></tr>
<tr><td colspan="3">외기에 간접 면하는 경우</td><td colspan="4">1.800 이하</td></tr>
</table>

[비고]

1) 중부1지역 : 강원도(고성, 속초, 양양, 강릉, 동해, 삼척 제외), 경기도(연천, 포천, 가평, 남양주, 의정부, 양주, 동두천, 파주), 충청북도(제천), 경상북도(봉화, 청송)

2) 중부2지역 : **서울특별시**, **대전광역시**, 세종특별자치시, 인천광역시, 강원도(고성, 속초, 양양, 강릉, 동해, 삼척), 경기도(연천, 포천, 가평, 남양주, 의정부, 양주, 동두천, 파주 제외), 충청북도(제천 제외), 충청남도, 경상북도(봉화, 청송, 울진, 영덕, 포항, 경주, 청도, 경산 제외), 전라북도, 경상남도(거창, 함양)

3) 남부지역 : 부산광역시, 대구광역시, 울산광역시, 광주광역시, 전라남도, 경상북도(울진, 영덕, 포항, 경주, 청도, 경산), 경상남도(거창, 함양 제외)

[별표 2] **단열재의 등급 분류** 〈개정 2017.12.28.-시행 2018.9.1.〉

<table>
<tr><th rowspan="2">등급분류</th><th colspan="2">열전도율의 범위
(KS L 9016에 의한
20±5℃ 시험조건에서
열전도율)</th><th rowspan="2">관련 표준</th><th rowspan="2">단열재 종류</th></tr>
<tr><th>W/mK</th><th>kcal/mh℃</th></tr>
<tr><td rowspan="7">가</td><td rowspan="7">0.034 이하</td><td rowspan="7">0.029 이하</td><td>KS M 3808</td><td>- 압출법보온판 특호, 1호, 2호, 3호
- 비드법보온판 2종 1호, 2호, 3호, 4호</td></tr>
<tr><td>KS M 3809</td><td>- 경질우레탄폼보온판 1종 1호, 2호, 3호 및 2종 1호, 2호, 3호</td></tr>
<tr><td>KS L 9102</td><td>- 그라스울 보온판 48K, 64K, 80K, 96K, 120K</td></tr>
<tr><td>KS M ISO 4898</td><td>- 페놀 폼 Ⅰ종A, Ⅱ종A</td></tr>
<tr><td>KS M 3871-1</td><td>- 분무식 중밀도 폴리우레탄 폼 1종(A, B), 2종(A, B)</td></tr>
<tr><td>KS F 5660</td><td>- 폴리에스테르 흡음 단열재 1급</td></tr>
<tr><td colspan="2">기타 단열재로서 열전도율이 0.034 W/mK (0.029 kcal/mh℃) 이하인 경우</td></tr>
<tr><td rowspan="6">나</td><td rowspan="6">0.035~0.040</td><td rowspan="6">0.030~0.034</td><td>KS M 3808</td><td>- 비드법보온판 1종 1호, 2호, 3호</td></tr>
<tr><td>KS L 9102</td><td>- 미네랄울 보온판 1호, 2호, 3호
- 그라스울 보온판 24K, 32K, 40K</td></tr>
<tr><td>KS M ISO 4898</td><td>- 페놀 폼 Ⅰ종B, Ⅱ종B, Ⅲ종A</td></tr>
<tr><td>KS M 3871-1</td><td>- 분무식 중밀도 폴리우레탄 폼 1종(C)</td></tr>
<tr><td>KS F 5660</td><td>- 폴리에스테르 흡음 단열재 2급</td></tr>
<tr><td colspan="2">기타 단열재로서 열전도율이 0.035~0.040 W/mK (0.030~0.034 kcal/mh℃) 이하인 경우</td></tr>
<tr><td rowspan="3">다</td><td rowspan="3">0.041~0.046</td><td rowspan="3">0.035~0.039</td><td>KS M 3808</td><td>- 비드법보온판 1종 4호</td></tr>
<tr><td>KS F 5660</td><td>- 폴리에스테르 흡음 단열재 3급</td></tr>
<tr><td colspan="2">기타 단열재로서 열전도율이 0.041~0.046 W/mK (0.035~0.039 kcal /mh℃) 이하인 경우</td></tr>
<tr><td>라</td><td>0.047~0.051</td><td>0.040~0.044</td><td colspan="2">기타 단열재로서 열전도율이 0.047~0.051 W/mK (0.040~0.044 kcal/mh℃) 이하인 경우</td></tr>
</table>

※ 단열재의 등급분류는 단열재의 열전도율의 범위에 따라 등급을 분류한다.

[별표 3] **단열재의 두께** 〈개정 2017.12.28.-시행 2018.9.1.〉

〈중부1지역〉

(단위 : mm)

건축물의 부위 \ 단열재의 등급			단열재 등급별 허용 두께			
			가	나	다	라
거실의 외벽	외기에 직접 면하는 경우	공동주택	220	255	295	325
		공동주택 외	190	225	260	285
	외기에 간접 면하는 경우	공동주택	150	180	205	225
		공동주택 외	130	155	175	195
최상층에 있는 거실의 반자 또는 지붕	외기에 직접 면하는 경우		220	260	295	330
	외기에 간접 면하는 경우		155	180	205	230
최하층에 있는 거실의 바닥	외기에 직접 면하는 경우	바닥난방인 경우	215	250	290	320
		바닥난방이 아닌 경우	195	230	265	290
	외기에 간접 면하는 경우	바닥난방인 경우	145	170	195	220
		바닥난방이 아닌 경우	135	155	180	200
바닥난방인 층간바닥			30	35	45	50

〈중부2지역〉

(단위 : mm)

건축물의 부위 \ 단열재의 등급			단열재 등급별 허용 두께			
			가	나	다	라
거실의 외벽	외기에 직접 면하는 경우	공동주택	190	225	260	285
		공동주택 외	135	155	180	200
	외기에 간접 면하는 경우	공동주택	130	155	175	195
		공동주택 외	90	105	120	135
최상층에 있는 거실의 반자 또는 지붕	외기에 직접 면하는 경우		220	260	295	330
	외기에 간접 면하는 경우		155	180	205	230
최하층에 있는 거실의 바닥	외기에 직접 면하는 경우	바닥난방인 경우	190	220	255	280
		바닥난방이 아닌 경우	165	195	220	245
	외기에 간접 면하는 경우	바닥난방인 경우	125	150	170	185
		바닥난방이 아닌 경우	110	125	145	160
바닥난방인 층간바닥			30	35	45	50

〈남부지역〉

(단위 : mm)

건축물의 부위 \ 단열재의 등급			단열재 등급별 허용 두께			
			가	나	다	라
거실의 외벽	외기에 직접 면하는 경우	공동주택	125	145	165	185
		공동주택 외	100	115	130	145
	외기에 간접 면하는 경우	공동주택	80	95	110	120
		공동주택 외	65	75	90	95
최상층에 있는 거실의 반자 또는 지붕	외기에 직접 면하는 경우		180	215	245	270
	외기에 간접 면하는 경우		120	145	165	180
최하층에 있는 거실의 바닥	외기에 직접 면하는 경우	바닥난방인 경우	140	165	190	210
		바닥난방이 아닌 경우	130	150	175	195
	외기에 간접 면하는 경우	바닥난방인 경우	95	110	125	140
		바닥난방이 아닌 경우	90	105	120	130
바닥난방인 층간바닥			30	35	45	50

〈제주도〉

(단위 : mm)

건축물의 부위 \ 단열재의 등급			단열재 등급별 허용 두께			
			가	나	다	라
거실의 외벽	외기에 직접 면하는 경우	공동주택	110	130	145	165
		공동주택 외	75	90	100	110
	외기에 간접 면하는 경우	공동주택	75	85	100	110
		공동주택 외	50	60	70	75
최상층에 있는 거실의 반자 또는 지붕	외기에 직접 면하는 경우		130	150	175	190
	외기에 간접 면하는 경우		90	105	120	130
최하층에 있는 거실의 바닥	외기에 직접 면하는 경우	바닥난방인 경우	105	120	140	155
		바닥난방이 아닌 경우	100	115	130	145
	외기에 간접 면하는 경우	바닥난방인 경우	65	80	90	100
		바닥난방이 아닌 경우	65	75	85	95
바닥난방인 층간바닥			30	35	45	50

[별표 4] 창 및 문의 단열성능 〈개정 2017.12.28.-시행 2018.9.1.〉

(단위 : W/m²·K)

창 및 문의 종류			창틀 및 문틀의 종류별 열관류율								
			금속재						플라스틱 또는 목재		
			열교차단재[1] 미적용			열교차단재 적용					
유리의 공기층 두께(mm)			6	12	16이상	6	12	16이상	6	12	16이상
창	복층창	일반복층창[2]	4.0	3.7	3.6	3.7	3.4	3.3	3.1	2.8	2.7
		로이유리(하드코팅)	3.6	3.1	2.9	3.3	2.8	2.6	2.7	2.3	2.1
		로이유리(소프트코팅)	3.5	2.9	2.7	3.2	2.6	2.4	2.6	2.1	1.9
		아르곤 주입	3.8	3.6	3.5	3.5	3.3	3.2	2.9	2.7	2.6
		아르곤 주입+로이유리(하드코팅)	3.3	2.9	2.8	3.0	2.6	2.5	2.5	2.1	2.0
		아르곤 주입+로이유리(소프트코팅)	3.2	2.7	2.6	2.9	2.4	2.3	2.3	1.9	1.8
	삼중창	일반삼중창[2]	3.2	2.9	2.8	2.9	2.6	2.5	2.4	2.1	2.0
		로이유리(하드코팅)	2.9	2.4	2.3	2.6	2.1	2.0	2.1	1.7	1.6
		로이유리(소프트코팅)	2.8	2.3	2.2	2.5	2.0	1.9	2.0	1.6	1.5
		아르곤 주입	3.1	2.8	2.7	2.8	2.5	2.4	2.2	2.0	1.9
		아르곤 주입+로이유리(하드코팅)	2.6	2.3	2.2	2.3	2.0	1.9	1.9	1.6	1.5
		아르곤 주입+로이유리(소프트코팅)	2.5	2.2	2.1	2.2	1.9	1.8	1.8	1.5	1.4
	사중창	일반사중창[2]	2.8	2.5	2.4	2.5	2.2	2.1	2.1	1.8	1.7
		로이유리(하드코팅)	2.5	2.1	2.0	2.2	1.8	1.7	1.8	1.5	1.4
		로이유리(소프트코팅)	2.4	2.0	1.9	2.1	1.7	1.6	1.7	1.4	1.3
		아르곤 주입	2.7	2.5	2.4	2.4	2.2	2.1	1.9	1.7	1.6
		아르곤 주입+로이유리(하드코팅)	2.3	2.0	1.9	2.0	1.7	1.6	1.6	1.4	1.3
		아르곤 주입+로이유리(소프트코팅)	2.2	1.9	1.8	1.9	1.6	1.5	1.5	1.3	1.2
	단창		6.6			6.10			5.30		
문	일반문	단열 두께 20mm 미만	2.70			2.60			2.40		
		단열 두께 20mm 이상	1.80			1.70			1.60		
	유리문	단창문 유리비율[3] 50%미만	4.20			4.00			3.70		
		단창문 유리비율 50%이상	5.50			5.20			4.70		
		복층창문 유리비율 50%미만	3.20	3.10	3.00	3.00	2.90	2.80	2.70	2.60	2.50
		복층창문 유리비율 50%이상	3.80	3.50	3.40	3.30	3.10	3.00	3.00	2.80	2.70

[주] 1) 열교차단재 : 열교 차단재라 함은 창호의 금속프레임 외부 및 내부 사이에 설치되는 폴리염화비닐 등 단열성을 가진 재료로서 외부로의 열흐름을 차단할 수 있는 재료를 말한다.
2) 복층창은 단창+단창, 삼중창은 단창+복층창, 사중창은 복층창+복층창을 포함한다.
3) 문의 유리비율은 문 및 문틀을 포함한 면적에 대한 유리면적의 비율을 말한다.
4) 창호를 구성하는 각 유리의 공기층 두께가 서로 다를 경우 그 중 최소 공기층 두께를 해당 창호의 공기층 두께로 인정하며, 단창+단창, 단창+복층창의 공기층 두께는 6mm로 인정한다.
5) 창호를 구성하는 각 유리의 창틀 및 문틀이 서로 다를 경우에는 열관류율이 높은 값을 인정한다.
6) 복층창, 삼중창, 사중창의 경우 한면만 로이유리를 사용한 경우, 로이유리를 적용한 것으로 인정한다.
7) 삼중창, 사중창의 경우 하나의 창호에 아르곤을 주입한 경우, 아르곤을 적용한 것으로 인정한다.

[별표 5] **열관류율 계산 시 적용되는 실내 및 실외측 표면 열전달저항**

열전달저항 건물 부위	실내표면열전달저항 Ri (단위 : ㎡·K/W) (괄호안은 ㎡·h·℃/kcal)	실외표면열전달저항 Ro (단위 : ㎡·K/W) (괄호안은 ㎡·h·℃/kcal)	
		외기에 간접 면하는 경우	외기에 직접 면하는 경우
거실의 외벽 (측벽 및 창, 문 포함)	0.11(0.13)	0.11 (0.13)	0.043 (0.050)
최하층에 있는 거실 바닥	0.086(0.10)	0.15 (0.17)	0.043 (0.050)
최상층에 있는 거실의 반자 또는 지붕	0.086(0.10)	0.086 (0.10)	0.043 (0.050)
공동주택의 층간 바닥	0.086(0.10)	–	–

[별표 6] **열관류율 계산시 적용되는 중공층의 열저항**

공기층의 종류	공기층의 두께 da (cm)	공기층의 열저항 Ra (단위 : ㎡·K/W) (괄호안은 ㎡·h·℃/kcal)
(1) 공장생산된 기밀제품	2cm 이하	0.086×da(cm) (0.10×da(cm))
	2cm 초과	0.17 (0.20)
(2) 현장시공 등	1cm 이하	0.086×da(cm) (0.10×da(cm))
	1cm 초과	0.086 (0.10)
(3) 중공층 내부에 반사형 단열재가 설치된 경우	방사율 0.5이하 : (1) 또는 (2)에서 계산된 열저항의 1.5배 방사율 0.1이하 : (1) 또는 (2)에서 계산된 열저항의 2.0배	

1-1. 건축부문의 의무사항 – 바닥난방에서 단열재 설치

제6조【건축부문의 의무사항】- 계속

2. 에너지절약계획서 및 설계 검토서 제출대상 건축물은 별지 제1호 서식 에너지절약계획 설계 검토서 중 에너지 성능지표(이하 "에너지 성능지표"라 한다) 건축부문 1번 항목 배점을 <u>**0.6점 이상**</u> 획득하여야 한다.

3. 바닥난방에서 단열재의 설치

   가. 바닥난방 부위에 설치되는 단열재는 바닥난방의 열이 슬래브 하부로 손실되는 것을 막을 수 있도록 온수배관(전기난방인 경우는 발열선) 하부와 슬래브 사이에 설치하고, 온수배관(전기난방인 경우는 발열선) 하부와 슬래브 사이에 설치되는 구성 재료의 <u>열저항의 합계는</u> 해당 바닥에 요구되는 <u>총열관류저항</u>(별표1에서 제시되는 열관류율의 역수)<u>의 60%이상</u>이 되어야 한다. 다만, 바닥난방을 하는 욕실 및 현관부위와 슬래브의 축열을 직접 이용하는 심야전기이용 온돌 등(한국전력의 심야전력이용기기 승인을 받은 것에 한한다)의 경우에는 단열재의 위치가 그러하지 않을 수 있다. 〈개정 2022.1.28.〉

해설 최하층 온돌의 단열재설치 예시도

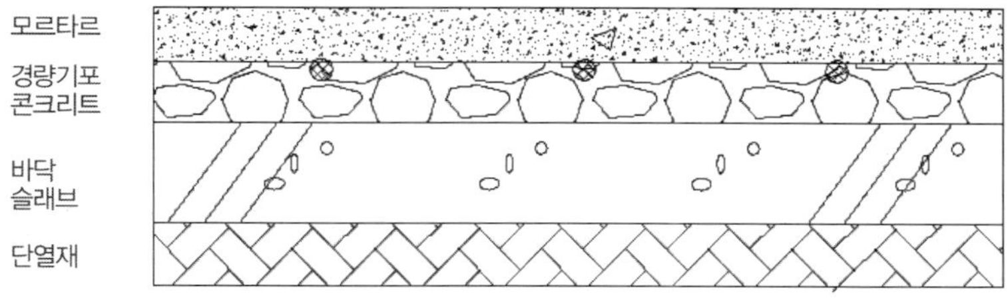

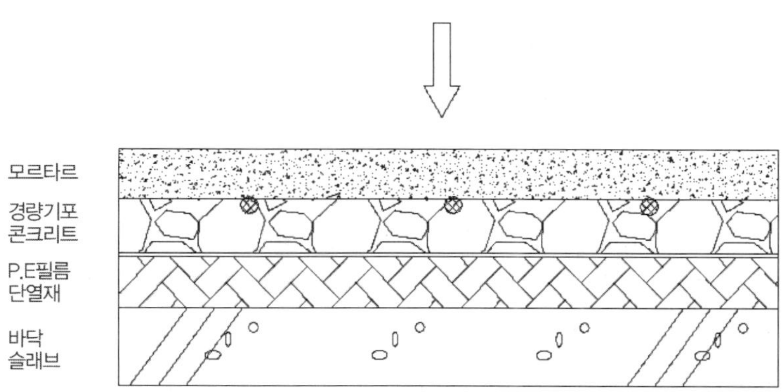

1-2. 건축부문의 의무사항 - 기밀 및 결로방지 등을 위한 조치

제6조【건축부문의 의무사항】- 계속

4. 기밀 및 결로방지 등을 위한 조치

가. 벽체 내표면 및 내부에서의 결로를 방지하고 단열재의 성능 저하를 방지하기 위하여 제2조에 의하여 단열조치를 하여야 하는 부위(창 및 문과 난방공간 사이의 층간 바닥 제외)에는 방습층을 단열재의 실내측에 설치하여야 한다.〈개정 2022.1.28.〉

나. 방습층 및 단열재가 이어지는 부위 및 단부는 이음 및 단부를 통한 투습을 방지할 수 있도록 다음과 같이 조치하여야 한다.

1) 단열재의 이음부는 최대한 밀착하여 시공하거나, 2장을 엇갈리게 시공하여 이음부를 통한 단열성능 저하가 최소화될 수 있도록 조치할 것

2) 방습층으로 알루미늄박 또는 플라스틱계 필름 등을 사용할 경우의 이음부는 100mm 이상 중첩하고 내습성 테이프, 접착제 등으로 기밀하게 마감할 것

3) 단열부위가 만나는 모서리 부위는 방습층 및 단열재가 이어짐이 없이 시공하거나 이어질 경우 이음부를 통한 단열성능 저하가 최소화되도록 하며, 알루미늄박 또는 플라스틱계 필름 등을 사용할 경우의 모서리 이음부는 150mm 이상 중첩되게 시공하고 내습성 테이프, 접착제 등으로 기밀하게 마감할 것

4) 방습층의 단부는 단부를 통한 투습이 발생하지 않도록 내습성 테이프, 접착제 등으로 기밀하게 마감할 것

다. 건축물 외피 단열부위의 접합부, 틈 등은 밀폐될 수 있도록 코킹과 가스켓 등을 사용하여 기밀하게 처리하여야 한다.

라. **외기에 직접 면하고 1층 또는 지상으로 연결된 출입문은 방풍구조로 하여야 한다. 다만, 다음 각 호에 해당하는 경우에는 그러하지 않을 수 있다.**〈개정 2022.1.28.〉

1) **바닥면적 3백 제곱미터 이하의 개별 점포의 출입문**

2) **주택의 출입문(단, 기숙사는 제외)**

3) **사람의 통행을 주목적으로 하지 않는 출입문**

4) **너비 1.2미터 이하의 출입문**

마. 방풍구조를 설치하여야 하는 출입문에서 회전문과 일반문이 같이 설치되어진 경우, 일반문 부위는 방풍실 구조의 이중문을 설치하여야 한다.

바. 건축물의 거실의 창호가 외기에 직접 면하는 부위인 경우에는 기밀성 창호를 설치하여야 한다. 〈개정 2022.1.28.〉

5. 영 제 10조의 2에 해당하는 공공건축물을 건축 또는 리모델링하는 경우 법 제14조의 2 제 1항에 따라 에너지성능지표 건축부문 7번 항목 배점을 0.6점 이상 획득하여야 한다. 다만, 건축물 에너지효율 1++등급 이상 또는 제로에너지건축물 인증을 취득한 경우 또는 제21조 제2항에 따라 단위면적당 1차 에너지소요량의 합계가 적

합할 경우에는 그러하지 아니할 수 있다.〈개정 2022.1.28.〉

해설 열손실방지 조치 대상 건축물의 건축주와 설계자 등의 **건축부문의 의무사항**

8조	의무사항
1	단열조치 일반사항 - **열손실방지조치** 등
2	에너지절약계획서 및 설계검토서 제출대상 건축물의 **에너지 성능지표** - 건축부문 1번 0.6점 이상 획득
3	바닥난방에서 단열재의 위치는 **온수배관 하부와 슬래브 사이** - 구성재료 열저항의 합계(층간바닥-총열관류저항의 60% 이상, 최하층바닥-총열관류저항의 70% 이상)
4	**기밀 및 결로방지** 등을 위한 조치
5	영 제10조의 2에 해당하는 공공건축물을 건축 또는 리모델링 - 법 제14조의 2 제1항에 따라 **에너지성능지표** 건축부문 8번 0.6점 이상 획득

2. 건축부문의 권장사항 – 배치 · 평면 · 단열 · 기밀 · 자연채광 · 환기 계획

제7조【건축부문의 권장사항】에너지절약계획서 제출대상 건축물의 건축주와 설계자 등은 다음 각 호에서 정하는 사항을 제15조의 규정에 적합하도록 선택적으로 채택할 수 있다. 〈개정 2022.1.28.〉

1. 배치계획
   가. 건축물은 대지의 향, 일조 및 주풍향 등을 고려하여 배치하며, 남향 또는 남동향 배치를 한다.
   나. **공동주택은 인동간격을 넓게 하여 저층부의 태양열 취득을 최대한 증대시킨다.** 〈본목 개정 2022.1.28.〉
2. 평면계획
   가. **거실의 층고 및 반자 높이는 실의 용도와 기능에 지장을 주지 않는 범위 내에서 가능한 낮게 한다.**
   나. **건축물의 체적에 대한 외피면적의 비 또는 연면적에 대한 외피면적의 비는 가능한 작게 한다.**
   다. 실의 냉난방 설정온도, 사용스케줄 등을 고려하여 에너지절약적 조닝계획을 한다. 〈본목 개정 2022.1.28.〉
3. 단열계획
   가. 건축물 용도 및 규모를 고려하여 건축물 외벽, 천장 및 바닥으로의 열손실이 최소화되도록 설계한다. 〈개정 2022.1.28.〉

나. **외벽 부위는 외단열로 시공한다.** 〈개정 2022.1.28.〉

다. **외피의 모서리 부분은 열교가 발생하지 않도록 단열재를 연속적으로 설치하고** 기타 열교 부위는 별표11의 외피 열교 부위별 선형 열관류율 기준에 따라 충분히 단열되도록 한다. 〈개정 2016.12.27.〉

라. **건물의 창 및 문은 가능한 작게 설계하고, 특히 열손실이 많은 북측 거실의 창 및 문의 면적은 최소화한다.** 〈개정 2016.12.27.〉

마. 발코니 확장을 하는 공동주택이나 창 및 문의 면적이 큰 건물에는 단열성이 우수한 **로이(Low-E)** 복층창이나 삼중창 이상의 단열성능을 갖는 **창**을 설치한다.

바. **태양열 유입에 의한 냉·난방부하를 저감할 수 있도록 일사조절장치, 태양열 취득률(SHGC), 창 및 문의 면적비 등을 고려한 설계를 한다.** 건축물 외부에 일사조절장치를 설치하는 경우에는 비, 바람, 눈, 고드름 등의 낙하 및 화재 등의 사고에 대비하여 안전성을 검토하고 주변 건축물에 빛반사에 의한 피해 영향을 고려하여야 한다.〈개정 2022.1.28.〉

사. 건물 옥상에는 조경을 하여 최상층 지붕의 열저항을 높이고, 옥상면에 직접 도달하는 일사를 차단하여 냉방부하를 감소시킨다.

4. 기밀계획

가. 틈새바람에 의한 열손실을 방지하기 위하여 외기에 직접 또는 간접으로 면하는 거실부위에는 기밀성 창 및 문을 사용한다. 〈개정 2016.12.27.〉

나. 공동주택의 외기에 접하는 주동의 출입구와 각 세대의 현관은 방풍구조로 한다.

다. 기밀성을 높이기 위하여 외기에 직접 면한 거실의 창 및 문 등 개구부 둘레를 기밀테이프 등을 활용하여 외기가 침입하지 못하도록 기밀하게 처리한다. 〈본목 개정 2022.1.28.〉

5. 자연채광계획

가. 자연채광을 적극적으로 이용할 수 있도록 계획한다. 특히 학교의 교실, 문화 및 집회시설의 공용부분(복도, 화장실, 휴게실, 로비 등)은 1면 이상 자연채광이 가능하도록 한다.

나. 〈삭제 2022.1.28.〉

다. 〈삭제 2022.1.28.〉

라. 〈삭제 2022.1.28.〉

6. 환기계획

가. 외기에 접하는 거실의 창문은 동력설비에 의하지 않고도 충분한 환기 및 통풍이 가능하도록 일부분은 수동으로 여닫을 수 있는 개폐창을 설치하되, 환기를 위해 개폐 가능한 창부위 면적의 합계는 <u>거실 외주부 바닥면적의 **10분의 1 이상**</u>으로 한다.

나. 문화 및 집회시설 등의 대공간 또는 아트리움의 최상부에는 자연배기 또는 강제

배기가 가능한 구조 또는 장치를 채택한다.

해설 로이(Low-E, low emissivity) 유리(창) : 방사율이 낮도록 특수 금속막으로 코팅한 유리(창)를 말하며, 적외선에 대한 흡수율이 낮고 반사율이 높은 유리이다. 로이 유리는 하절기에 태양광을 반사하고, 동절기에 실내에서 방사되는 적외선을 반사함으로써 냉방 및 난방부하를 저감할 수 있다.

해설 **태양열 취득률**(solar heat gain coefficient, 태양열 취득계수, SHGC)

1. 불투명한 벽체의 경우는 햇빛(전자기파)이 흡수되거나 반사된다. 그러나 투명한 창문(유리)의 경우는 햇빛이 반사되거나 투과된다.(극히 일부가 흡수되지만 무시함) 그런데 햇빛의 투과율은 유리의 종류마다 다르므로 이것을 나타내는 방법으로 태양열 취득률(태양열 취득계수)과 차폐계수(shade coefficient, 차폐율 shade factor)를 사용한다.
2. 표준 유리(두께 3㎜)의 경우는 약 86%의 햇빛을 투과시키고 약 14%의 햇빛을 반사시킨다. 이처럼 투과되는 햇빛은 여름철 실내 냉방 부하로 작용한다. 이와 같이 실내부하로 작용하는 태양열 취득 비율을 태양열 취득 계수라고 정의한다.(3㎜ 투명 유리의 SHGC는 0.86)

$$Q = I \times A \times SHGC$$

여기서, I : 일사량

A : 면적

SHGC : 태양열 취득률(태양열 취득계수)

3. 예를 들어 3㎜의 투명 유리(10㎡)로 들어오는 단위 면적 당 일사량이 300[W/㎡]이라면, 실내의 열취득률은 다음과 같다.

$$Q = I \times A \times SHGC$$
$$= 300 \times 10 \times 0.86$$
$$= 2,580[W]$$

4. 이러한 태양열 취득률은 유리의 종류에 따라 다르며, 반사율이 높을수록 또한 색을 입힐수록 그만큼 더 낮아진다.

해설 차폐계수(shade coefficient, 차폐율 shade factor, SC)

1. 유리창을 투과하여 실내로 들어오는 일사량의 비율을 말한다. 차폐 계수는 유리의 성질과 유리창의 구조에 영향을 받으며 블라인드가 있는 경우는 블라인드에 의한 반사효과까지 포함한다. 차폐계수(차폐율)가 작을수록 냉방부하는 감소하지만 채광이 감소할 수 있으므로 적정한 값을 가져야 한다.
2. 위의 태양열 취득률의 설명을 기준으로 표준 유리(두께 3㎜)의 차폐계수를 구하면

$$SC = \frac{SHGC}{0.86}$$

여기서 SC : 차폐계수

SHGC : 태양열 취득률(태양열 취득 계수)

3. 만일 어떤 유리의 태양열 취득률(SHGC)이 0.43이라면, 3㎜ 투명 유리의 태양열 취득률인 0.86의 반값이므로, 해당 유리의 차폐계수(SC)는 0.5가 된다.

제2절 기계설비부문 설계기준

3. 기계부문의 의무사항 – 설계용 외기 조건 등

제8조【기계부문의 의무사항】 에너지절약계획서 제출대상 건축물의 건축주와 설계자 등은 다음 각 호에서 정하는 기계부문의 설계기준을 따라야 한다. 〈개정 2016.12.27.〉

1. 설계용 외기조건

난방 및 냉방설비의 용량계산을 위한 외기조건은 각 지역별로 위험률 2.5%(냉방기 및 난방기를 분리한 온도출현분포를 사용할 경우) 또는 1%(연간 총시간에 대한 온도출현분포를 사용할 경우)로 하거나 별표7에서 정한 외기온·습도를 사용한다. 별표7 이외의 지역인 경우에는 상기 위험률을 기준으로 하여 가장 유사한 기후조건을 갖는 지역의 값을 사용한다. 다만, 지역난방공급방식을 채택할 경우에는 산업통상자원부 고시 「집단에너지시설의 기술기준」에 의하여 용량계산을 할 수 있다.

[별표 7] 냉·난방설비의 용량계산을 위한 설계 외기온·습도 기준

구분 / 도시명	냉 방		난 방	
	건구온도(℃)	습구온도(℃)	건구온도(℃)	상대습도(%)
서 울	31.2	25.5	−11.3	63
인 천	30.1	25.0	−10.4	58
수 원	31.2	25.5	−12.4	70
춘 천	31.6	25.2	−14.7	77
강 릉	31.6	25.1	−7.9	42
대 전	32.3	25.5	−10.3	71
청 주	32.5	25.8	−12.1	76
전 주	32.4	25.8	−8.7	72
서 산	31.1	25.8	−9.6	78
광 주	31.8	26.0	−6.6	70
대 구	33.3	25.8	−7.6	61
부 산	30.7	26.2	−5.3	46
진 주	31.6	26.3	−8.4	76
울 산	32.2	26.8	−7.0	70
포 항	32.5	26.0	−6.4	41
목 포	31.1	26.3	−4.7	75
제 주	30.9	26.3	0.1	70

제8조【기계부문의 의무사항】- 계속

2. 열원 및 반송설비

가. 공동주택에 중앙집중식 난방설비(집단에너지사업법에 의한 지역난방공급방식을 포함한다)를 설치하는 경우에는 「주택건설기준 등에 관한 규정」 제37조의 규정에 적합한 조치를 하여야 한다.

나. 펌프는 한국산업규격(KS B 6318, 7501, 7505등) 표시인증제품 또는 KS규격에서 정해진 효율 이상의 제품을 설치하여야 한다.

다. 기기배관 및 덕트는 국토교통부에서 정하는 「국가건설기준 기계설비공사 표준시방서」의 보온두께 이상 또는 그 이상의 열저항을 갖도록 단열조치를 하여야 한다. 다만, 건축물내의 벽체 또는 바닥에 매립되는 배관 등은 그러하지 아니할 수 있다. 〈본목 개정 2022.1.28.〉

3. 「공공기관 에너지이용 합리화 추진에 관한 규정」 제 10조의 규정을 적용받는 건축물의 경우에는 에너지성능지표 기계부문 10번 항목 배점을 **0.6점 이상** 획득하여야 한다.〈개정 2022.1.28.〉

4. 영 제 10조의 2에 해당하는 공공건축물을 건축 또는 리모델링하는 경우 법 제 14조의 2 제 2항에 따라 에너지성능지표 기계부문 1번 및 2번 항목 배점을 **0.9점 이상** 획득하여야 한다.

해설 열손실방지 조치 대상 건축물의 건축주와 설계자 등의 **기계부문의 의무사항**

8조	의무사항
1	설계용 외기조건 - 냉난방설비의 용량계산을 위한 설계 외기온·습도 기준(별표7) 사용(별표7 이외의 지역은 위험률 2.5% 또는 1%를 상황별로 사용)
2	열원 및 반송설비 : 공동주택 중앙집중식 난방설비(주택건설기준 등에 관한 규정), 배관 및 덕트(건축기계설비공사 표준시방서에 의한 단열조치)
3	공공기관에서 연면적 3,000㎡ 이상의 건물을 신축 또는 증축 - 에너지성능지표 기계부문 11번 0.6점 이상 획득
4	영 제10조의 2에 해당하는 공공건축물을 건축 또는 리모델링 - 법 제14조의 2 제2항에 따라 **에너지성능지표** 기계부문 1번 및 2번 0.9점 이상 획득

해설 별지 제1호 서식 에너지성능지표의 기계부문 11번 항목
축냉식 전기냉방·가스 및 유류이용 냉방, 지역냉방, 소형 열병합 냉방 적용,신재생 에너지 이용 냉방 적용(냉방용량 담당비율, %)

4. 기계부문의 권장사항 – 설계용 실내온도 조건 등

제9조【기계부문의 권장사항】 에너지절약계획서 제출대상 건축물의 건축주와 설계자 등은 다음 각 호에서 정하는 사항을 제15조의 규정에 적합하도록 선택적으로 채택할 수 있다. 〈개정 2022.1.28.〉

1. **설계용 실내온도 조건**

   난방 및 냉방설비의 용량계산을 위한 설계기준 실내온도는 난방의 경우 20℃, 냉방의 경우 28℃를 기준으로 하되(목욕장 및 수영장은 제외) 각 건축물 용도 및 개별 실의 특성에 따라 별표 8에서 제시된 범위를 참고하여 설비의 용량이 과다해지지 않도록 한다.

[별표 8] **냉·난방설비의 용량계산을 위한 실내 온·습도 기준**

구분 / 용도	난 방	냉 방	
	건구온도(℃)	건구온도(℃)	상대습도(%)
공동주택	20~22	26~28	50~60
학교(교실)	20~22	26~28	50~60
병원(병실)	21~23	26~28	50~60
관람집회시설(객석)	20~22	26~28	50~60
숙박시설(객실)	20~24	26~28	50~60
판매시설	18~21	26~28	50~60
사무소	20~23	26~28	50~60
목욕장	26~29	26~29	50~75
수영장	27~30	27~30	50~70

2. 열원설비

   가. **열원설비는 부분부하 및 전부하 운전효율이 좋은 것을 선정한다.**

   나. 난방기기, 냉방기기, 냉동기, 송풍기, 펌프 등은 부하조건에 따라 최고의 성능을 유지할 수 있도록 대수분할 또는 비례제어운전이 되도록 한다.

   다. **난방기기, 냉방기기, 급탕기기는 고효율 제품 또는 이와 동등 이상의 효율을 가진 제품을 설치한다.** 〈개정 2022.1.28.〉

   라. 보일러의 배출수·폐열·응축수 및 공조기의 폐열, 생활배수 등의 폐열을 회수하기 위한 열회수설비를 설치한다. 폐열회수를 위한 열회수설비를 설치할 때에는 중간기에 대비한 바이패스(by-pass)설비를 설치한다.

   마. 냉방기기는 전력피크 부하를 줄일 수 있도록 하여야 하며, 상황에 따라 심야전기를 이용한 축열·축냉시스템, 가스 및 유류를 이용한 냉방설비, 집단에너지를 이용한 지역냉방방식, 소형열병합발전을 이용한 냉방방식, 신·재생에너지를 이용한 냉방방식을 채택한다.

3. 공조설비

   가. 중간기 등에 외기도입에 의하여 냉방부하를 감소시키는 경우에는 실내 공기질을

저하시키지 않는 범위 내에서 이코노마이저시스템 등 외기냉방시스템을 적용한다. 다만, 외기냉방시스템의 적용이 건축물의 총에너지비용을 감소시킬 수 없는 경우에는 그러하지 아니한다.

나. 공기조화기 팬은 부하변동에 따른 풍량제어가 가능하도록 가변익 축류방식, 흡입 베인 제어방식, 가변속 제어방식 등 에너지절약적 제어방식을 채택한다.

해설

▸ **난방기기** : 보일러와 개별냉난방기기인 EHP(Electric Heat Pump, 전기엔진냉난방기), GHP(Gas Engine Driven Heat Pump, 가스엔진냉난방기) 등을 말한다.

▸ **냉방기기** : 냉동기와 개별냉난방기기인 EHP, GHP 등을 말한다.

▸ **보일러의 열회수설비**

보일러의 열회수장치로서는 공기예열기, 급수가열기, 절탄기 등이 있으며, 생활배수의 열회수장치로는 폐열회수형 열교환기 또는 히트펌프 등과 연계된 열회수장치를 말한다. 폐열회수시스템은 배기되는 공기 또는 유체로부터 활용할 수 있는 열을 회수하여 이용하는 시스템으로 에너지를 효율적으로 사용할 수 있으며, 폐열회수형 환기장치의 기술수준은 고효율에너지기자재보급촉진에 관한 규정에 따른다.

▸ **변풍량공조**

변풍량 공조방식은 냉난방 부하에 따라 일정한 온도의 공기량을 자동 조절함으로써 동력에너지를 절감할 수 있다.

제9조【기계부문의 권장사항】 - 계속

4. 반송설비
   가. 냉방 또는 난방 순환수 펌프, 냉각수 순환 펌프는 운전효율을 증대시키기 위해 가능한 한 대수제어 또는 가변속 제어방식을 채택하여 부하상태에 따라 최적 운전상태가 유지될 수 있도록 한다. 〈개정 2022.1.28.〉
   나. 급수용 펌프 또는 급수가압펌프의 전동기에는 가변속 제어방식 등 에너지절약적 제어방식을 채택한다.
   다. 공조용 송풍기, 펌프는 효율이 높은 것을 채택한다. 〈개정 2022.1.28.〉
5. 환기 및 제어설비
   가. 환기를 통한 에너지손실 저감을 위해 성능이 우수한 열회수형 환기장치를 설치한다. 〈개정 2022.1.28.〉
   나. 기계환기설비를 사용하여야 하는 지하주차장의 환기용 팬은 대수제어 또는 풍량조절(가변익, 가변속도), 일산화탄소(CO)의 농도에 의한 자동(on-off)제어 등의 에너지절약적 제어방식을 도입한다.
   다. 건축물의 효율적인 기계설비 운영을 위해 TAB 또는 커미셔닝을 실시한다. 〈신설 2022.1.28.〉
   라. 에너지 사용설비는 에너지절약 및 에너지이용 효율의 향상을 위하여 컴퓨터에 의한 자동제어시스템 또는 네트워킹이 가능한 현장제어장치 등을 사용한 에너지제어시스템을 채택하거나, 분산제어 시스템으로서 각 설비별 에너지제어 시스템에 개방형 통신기술을 채택하여 설비별 제어 시스템간 에너지관리 데이터의 호환과 집중제어가 가능하도록 한다. 〈종전 제6호의 나목에서 이동〉
6. 〈삭제 2022.1.28.〉

해설 펌프제어

펌프에 인버터 사용 또는 밸브 · 댐퍼를 조절해 부하변화에 따라 펌프를 제어한다.

제3절 전기설비부문 설계기준

5. 전기부문의 의무사항 – 수변전설비 등

제10조【전기부문의 의무사항】 에너지절약계획서 제출대상 건축물의 건축주와 설계자 등은 다음 각 호에서 정하는 전기부문의 설계기준을 따라야 한다.

1. 수변전설비
   가. 변압기를 신설 또는 교체하는 경우에는 고효율 제품으로 설치하여야 한다. 〈개정 2022.1.28.〉
2. 간선 및 동력설비
   가. 전동기에는 기본공급약관 시행세칙 별표6에 따른 역률개선용 커패시터(콘덴서)를 전동기별로 설치하여야 한다. 다만, 소방설비용 전동기 및 인버터 설치 전동기에는 그러하지 아니할 수 있다.〈개정 2022.1.28.〉
   나. 간선의 전압강하는 한국전기설비규정을 따라야 한다.
3. 조명설비
   가. 조명기기 중 안정기 내장형 램프, 형광램프를 채택할 때에는 산업통상자원부 고시 「효율관리기자재 운용규정」에 따른 최저소비효율기준을 만족하는 제품을 사용하고, 유도등 및 주차장 조명기기는 고효율 제품에 해당하는 LED 조명을 설치하여야 한다. 〈개정 2022.1.28.〉
   나. 공동주택 각 세대내의 현관 및 숙박시설의 객실 내부입구, 계단실의 조명기구는 인체감지 점멸형 또는 일정시간 후에 자동 소등되는 조도 자동조절 조명기구를 채택하여야 한다. 〈개정 2022.1.28.〉
   다. 조명기구는 필요에 따라 부분조명이 가능하도록 점멸회로를 구분하여 설치하여야 하며, 일사광이 들어오는 창측의 전등군은 부분점멸이 가능하도록 설치한다. 다만, 공동주택은 그러하지 않을 수 있다.
   라. 공동주택의 효율적인 조명에너지 관리를 위하여 세대별로 일괄적 소등이 가능한 일괄소등 스위치를 설치하여야 한다. 다만, 전용면적 60제곱미터 이하인 주택의 경우에는 그러하지 않을 수 있다. 〈개정 2022.1.28.〉
4. 영 제 10조의 2에 해당하는 공공건축물을 건축 또는 리모델링하는 경우 법 제 14조의 2 제 2항에 따라 에너지 성능지표 전기설비부문 8번 항목 배점을 **0.6점 이상** 획득하여야 한다. 〈개정 2016.12.27.〉
5. 「공공기관 에너지이용합리화 추진에 관한 규정」 제6조 제3항의 규정을 적용받는 건축물의 경우에는 에너지성능지표 전기설비부문 8번 항목 배점을 **1점** 획득하여야한다. 〈본호 개정 2022.1.28.〉

해설 열손실방지 조치 대상 건축물의 건축주와 설계자 등의 **전기부문의 의무사항**

10조	의무사항
1	수변전설비 : 변압기를 신설 또는 교체 - 고효율변압기
2	간선 및 동력설비 : 전동기 - 대한전기협회 내선규정의 콘덴서부설용량기준표에 의한 역률개선용콘덴서
3	조명설비
4	대기전력자동차단장치
5	영 제10조의 2에 해당하는 공공건축물을 건축 또는 리모델링 : 법 제14조의 2 제2항 - 건축물에 상시 공급되는 에너지원(전력, 가스, 지역난방) 중 하나 이상의 에너지원에 대하여 원격검침 전자식 계량기를 설치

6. 전기부문의 권장사항 – 수변전설비 등

제11조【전기부문의 권장사항】에너지절약계획서 제출대상 건축물의 건축주와 설계자 등은 다음 각 호에서 정하는 사항을 제15조의 규정에 적합하도록 선택적으로 채택할 수 있다. 〈개정 2022.1.28.〉

1. 수변전설비
   가. 변전설비는 부하의 특성, 수용률, 장래의 부하증가에 따른 여유율, 운전조건, 배전방식을 고려하여 용량을 산정한다.
   나. 부하특성, 부하종류, 계절부하 등을 고려하여 변압기의 운전대수제어가 가능하도록 뱅크를 구성한다.
   다. 수전전압 25kV이하의 수전설비에서는 변압기의 무부하 손실을 줄이기 위하여 충분한 안전성이 확보된다면 직접 강압방식을 채택하며 건축물의 규모, 부하특성, 부하용량, 간선손실, 전압강하 등을 고려하여 손실을 최소화할 수 있는 변압방식을 채택한다.
   라. 전력을 효율적으로 이용하고 최대수용전력을 합리적으로 관리하기 위하여 최대수요전력 제어설비를 채택한다. 〈개정 2022.1.28.〉
   마. 역률개선용 커패시터(콘덴서)를 집합 설치하는 경우에는 역률 자동조절장치를 설치한다. 〈개정 2022.1.28.〉
   바. 건축물의 사용자가 합리적으로 전력을 절감할 수 있도록 층별 및 임대 구획별로 전력량계를 설치한다. 〈본목 개정 2016.12.27.〉
2. 조명설비
   가. 옥외등은 고효율제품인 LED 조명을 사용하고, 옥외등의 조명회로는 격등 점등(또는 조도조절 기능) 및 자동점멸기에 의한 점멸이 가능하도록 한다. 〈개정 2022.1.28.〉
   나. 공동주택의 지하주차장에 자연채광용 개구부가 설치되는 경우에는 주위 밝기를 감지하여 전등군별로 자동 점멸되거나 스케줄제어가 가능하도록 하여 조명전력이 효과적으로 절감될 수 있도록 한다.

다. LED 조명기구는 고효율 제품을 설치한다. 〈개정 2022.1.28.〉
라. KS A 3011에 의한 작업면 표준조도를 확보하고 효율적인 조명설계에 의한 전력에너지를 절약한다.
마. 효율적인 조명에너지 관리를 위하여 층별 또는 구역별로 일괄 소등이 가능한 일괄소등스위치를 설치한다. 〈본목 신설 2022.1.28.〉

3. 제어설비
가. 여러 대의 승강기가 설치되는 경우에는 군관리 운행방식을 채택한다.
나. 팬코일 유닛이 설치되는 경우에는 전원의 방위별, 실의 용도별 통합제어가 가능하도록 한다.
다. 수변전설비는 종합감시제어 및 기록이 가능한 자동제어설비를 채택한다.
라. 실내 조명설비는 군별 또는 회로별로 자동제어가 가능하도록 한다.
마. 승강기에 회생제동장치를 설치한다. 〈신설 2022.1.28.〉
바. 사용하지 않는 기기에서 소비하는 대기전력을 저감하기 위해 대기전력 자동차단장치를 설치한다. 〈신설 2022.1.28.〉

4. 건축물에너지관리시스템(BEMS)이 설치되는 경우에는 별표12의 설치기준에 따라 센서·계측장비, 분석 소프트웨어 등이 포함되도록 한다. 〈개정 2022.1.28.〉

해설 • 변압기의 강압방식

수전되는 특고압을 고압으로, 고압을 저압으로 강압하는 2단 강압방식보다는 특고압을 저압으로 직접 강압(22,900V/380V~220V)하는 방식을 채택함으로써 변압기 손실을 줄일 수 있다.

해설 • 건축물에너지관리시스템(BEMS, Building Energy Management System)

빌딩 내 에너지 관리 설비의 다양한 정보를 실시간 수집, 분석해 에너지 사용 효율을 개선하는 시스템이다. 에너지사용량, 설비운전 현황, 실내환경 및 탄소배출량 등을 관리해 주며, 이 시스템을 사용시 평균 5~15%가량의 에너지를 절감할 수 있다.

제4절 신·재생에너지설비부문 설계기준

7. 신·재생에너지설비부문의 의무사항

제12조【신·재생에너지 설비부문의 의무사항】「건축물의 에너지절약계획서」제출대상 건축물에 신·재생에너지설비를 설치하는 경우 「신에너지 및 재생에너지 개발·이용·보급 촉진법」에 따른 산업통상자원부 고시 「신·재생에너지 설비의 지원 등에 관한 규정」을 따라야 한다. 〈개정 2016.12.27.〉

제12조의2【신·재생에너지 설비부문의 권장사항】 에너지절약계획서 제출대상 건축물의 건축주와 설계자 등은 난방, 냉방, 급탕 및 조명에너지 공급 설계 시 신 · 재생에너지를 제15조의 규정에 적합하도록 선택적으로 채택할 수 있다. 〈개정 202.1.28.〉

해설 ▸ 신·재생에너지 이용의 의무화 및 공급의무 비율

〈신에너지 및 재생에너지 개발·이용·보급 촉진법〉

제12조【신 · 재생에너지사업에의 투자권고 및 신 · 재생에너지 이용의 의무화 등】

② 산업통상자원부장관은 신·재생에너지의 이용·보급을 촉진하고 신·재생에너지산업의 활성화를 위하여 필요하다고 인정하면 다음 각 호의 어느 하나에 해당하는 자가 신축·증축 또는 개축하는 건축물에 대하여 대통령령으로 정하는 바에 따라 그 설계 시 산출된 예상 에너지사용량의 일정 비율 이상을 신·재생에너지를 이용하여 공급되는 에너지를 사용하도록 신·재생에너지 설비를 의무적으로 설치하게 할 수 있다.

1. 국가 및 지방자치단체
2. 「공공기관의 운영에 관한 법률」 제5조에 따른 공기업(이하 "공기업"이라 한다)
3. 정부가 대통령령으로 정하는 금액 이상을 출연한 정부출연기관
4. 「국유재산법」 제2조제6호에 따른 정부출자기업체
5. 지방자치단체 및 제2호부터 제4호까지의 규정에 따른 공기업, 정부출연기관 또는 정부출자기업체가 대통령령으로 정하는 비율 또는 금액 이상을 출자한 법인
6. 특별법에 따라 설립된 법인

〈전문 개정 2010.4.12.〉

〈신에너지 및 재생에너지 개발·이용·보급 촉진법 시행령〉

제15조【신·재생에너지 공급의무 비율 등】

① 법 제12조제2항에 따른 예상 에너지사용량에 대한 신·재생에너지 공급의무 비율은 다음 각 호와 같다.

1. 「건축법 시행령」 별표 1 제5호부터 제16호까지, 제23호가목부터 다목까지, 제24호 및 제26호부터 제28호까지의 용도의 건축물로서 신축·증축 또는 개축하는

부분의 연면적이 1천제곱미터 이상인 건축물(해당 건축물의 건축 목적, 기능, 설계 조건 또는 시공 여건상의 특수성으로 인하여 신·재생에너지 설비를 설치하는 것이 불합리하다고 인정되는 경우로서 산업통상자원부장관이 정하여 고시하는 건축물은 제외한다) : 별표 2에 따른 비율 이상

[별표 2] **신·재생에너지의 공급의무 비율**

해당 연도	2011~2012	2013	2014	2015	2016	2017	2018	2019	2020 이후
공급의무 비율(%)	10	11	12	13	14	15	16	18	20

2. 제1호 외의 건축물 : 산업통상자원부장관이 용도별 건축물의 종류로 정하여 고시하는 비율 이상

② 제1항제1호에서 "연면적"이란 「건축법 시행령」 제119조제1항제4호에 따른 연면적을 말하되, 하나의 대지(垈地)에 둘 이상의 건축물이 있는 경우에는 동일한 건축허가를 받은 건축물의 연면적 합계를 말한다.

③ 제1항에 따른 건축물의 예상 에너지사용량의 산정기준 및 산정방법 등은 신·재생에너지의 균형 있는 보급과 기술개발의 촉진 및 산업 활성화 등을 고려하여 산업통상자원부장관이 정하여 고시한다.

〈전문 개정 2010.9.17.〉

제16조【신·재생에너지 설비 설치의무기관】

① 법 제12조제2항제3호에서 "대통령령으로 정하는 금액 이상"이란 연간 50억원 이상을 말한다.

② 법 제12조제2항제5호에서 "대통령령으로 정하는 비율 또는 금액 이상을 출자한 법인"이란 다음 각 호의 어느 하나에 해당하는 법인을 말한다.

1. 납입자본금의 100분의 50 이상을 출자한 법인
2. 납입자본금으로 50억원 이상을 출자한 법인

〈전문 개정 2010.9.17.〉

■ **건축부문 의무 및 권장사항**

1. 외기에 면한 거실의 각 부위 중 건축물의 열손실방지 조치를 하지 않아도 되는 부위로서 옳지 않은 것은?
   가. 지표면 아래 2미터를 초과하여 위치한 지하부위로서 이중벽의 설치 등 하계 표면결로 방지조치를 한 경우
   나. 지면 및 토양에 접한 바닥 부위로서 난방공간의 외벽 내표면까지의 모든 수평거리가 5미터를 초과하는 부위
   다. 공동주택의 층간바닥(최하층 제외) 중 바닥난방을 하지 않는 현관 및 욕실의 바닥부위
   라. 방풍구조 또는 바닥면적 150㎡ 이하의 개별 점포의 출입문

2. 건축물의 에너지절약설계기준에서 사용하는 열관류율 또는 열관류저항의 계산결과는 소수점 몇째 자리에서 반올림하여 소수점 몇 자리로 맺음하는가?
   가. 소수점 첫째 자리에서 반올림하여 정수로 맺음(마감)을 한다.
   나. 소수점 둘째 자리에서 반올림하여 소수점 1자리로 맺음(마감)을 한다.
   다. 소수점 셋째 자리에서 반올림하여 소수점 2자리로 맺음(마감)을 한다.
   라. 소수점 넷째 자리에서 반올림하여 소수점 3자리로 맺음(마감)을 한다.

   해설 소수점 3자리르 맺음을 하여 접합여부를 판정한다(소수점 4째 자리에서 반올림)

3. '기밀성 창호', '기밀성 문'이라 함은 창 및 문으로서 한국산업규격(KS) F 2202 규정에 의하여 기밀성 등급에 따른 기밀성이 얼마인 것을 말하는가?
   가. 통기량 5㎥/h·㎡ 미만　　나. 통기량 10㎥/h·㎡ 미만
   다. 통기량 15㎥/h·㎡ 미만　　라. 통기량 20㎥/h·㎡ 미만

   해설 '기밀성 창호', '기밀성 문'은 기밀성이 1~5등급(통기량 5㎥/h·㎡ 미만)인 것을 말한다.

4. 경사지붕에 외벽의 열관류율을 적용하려면 수평면과 이루는 각이 몇 도를 초과하여야 하는가?
   가. 45도　　나. 60도
   다. 70도　　라. 80도

해답 1-나, 2-라, 3-가, 4-다

5. 건축물의 에너지절약설계기준에 따른 건축부문의 권장사항으로 옳지 않은 것은?

가. 공동주택은 인동간격을 넓게 하여 저층부의 일사 수열량을 증대시킨다.

나. 건축물의 체적에 대한 외피면적의 비 또는 연면적에 대한 외피면적의 비는 가능한 크게 한다.

다. 거실의 층고 및 반자 높이는 실의 용도와 기능에 지장을 주지 않는 범위 내에서 가능한 낮게 한다.

라. 건물의 창 및 문은 가능한 작게 설계하고 특히 열손실이 많은 북측 거실의 창 및 문의 면적은 최소화한다.

6. 방습층으로 알루미늄박 또는 플라스틱계 필름 등을 사용할 경우 이음부 최소중첩길이는?

가. 50mm 나. 100mm

다. 150mm 라. 200mm

7. 단열부위가 만나는 모서리 부위에 알루미늄박 또는 플라스틱계 필름 등을 사용할 경우 모서리 이음부 최소중첩길이는?

가. 50mm 나. 100mm

다. 150mm 라. 200mm

8. 방습층 및 단열재가 이어지는 부위 및 단부에서의 투습을 방지하기 위한 조치로 옳지 않은 것은?

가. 방습층으로 알루미늄박 또는 플라스틱계 필름 등을 사용할 경우의 이음부는 80mm 이상 중첩한다.

나. 단열재의 이음부는 최대한 밀착하여 시공하거나, 2장을 엇갈리게 시공한다.

다. 단열부위가 만나는 모서리 부위는 방습층 및 단열재가 이어짐이 없이 시공하거나 이어질 경우 이음부를 통한 단열성능의 저하가 최소화되도록 한다.

라. 방습층의 단부는 내습성 테이프, 접착제 등으로 기밀하게 마감한다.

해설 방습층으로 알루미늄박 또는 플라스틱계 필름 등을 사용할 경우의 이음부는 100mm 이상 중첩하고 내습성 테이프, 접착제 등으로 기밀하게 마감할 것

9. 외기에 직접 면하고 1층 또는 지상으로 연결된 출입문을 방풍구조로 하지 않아도 되는 곳 중 틀린 것은?

가. 도매시장, 소매시장 및 상점으로서 바닥면적 300㎡ 이하의 개별 점포의 출입문

나. 기숙사를 제외한 주택의 출입문

다. 사람의 통행을 주목적으로 하지 않는 출입문

라. 너비가 1.5미터 이하의 출입문

해답 5-나, 6-나, 7-다, 8-가, 9-라

10. 에너지절약 설계기준에서 규정한 건축부문의 의무사항이 아닌 것은?

가. 열관류율 및 단열재 두께
나. 바닥난방의 단열재 위치
다. 출입문의 방풍구조
라. 외벽 부위의 외단열시공

11. 에너지절약 설계기준에서 규정한 건축부문의 의무사항은?

가. 체적에 대한 외피면적비
나. 바닥난방의 단열재 위치
다. 아트리움 최상부 강제배기 장치
라. 외벽 부위의 외단열시공

12. 동일 건물에서 단열재를 가장 두껍게 설치해야 할 부위는?

가. 외기에 직접 면하는 외벽
나. 외기에 직접 면하는 최하층 바닥
다. 외기에 직접 면하는 최상층 지붕
라. 외기에 간접 면하는 최상층 반자

13. 건축물의 에너지절약설계기준상 단열계획에 대한 건축부문의 권장사항으로 옳지 않은 것은?

가. 외벽 부위는 내단열로 시공한다.
나. 외피의 모서리 부분은 열교가 발생하지 않도록 단열재를 연속적으로 설치한다.
다. 건물의 창 및 문은 가능한 작게 설계하고, 특히 열손실이 많은 북측 거실의 창 및 문의 면적은 최소화 한다.
라. 태양열 유입에 의한 냉·난방 부하를 저감할 수 있도록 일사조절장치, 태양열주과율, 창 및 문의 면적비 등을 고려한 설계를 한다.

14. 건축물의 에너지절약설계기준에서 건물 옥상에 조경을 권장하는 가장 근본적인 이유는?

가. 지붕의 열저항을 높이고 옥상면의 직달일사를 차단하여 냉방부하를 감소시킨다.
나. 지붕의 열저항을 낮추고 옥상면의 직달일사를 차단하여 냉방부하를 감소시킨다.
다. 흙의 단열성능을 이용해 겨울철 열손실을 감소시킴으로써 난방부하를 감소시킨다.
라. 지붕의 열저항을 높이고 옥상면의 반사일사를 감소시킴으로써 냉방부하를 감소시킨다.

해답 10-라, 11-나, 12-다, 13-가, 14-가

15. 다음 중 에너지절약 설계기준에서 규정한 내용과 틀린 것은?

가. 외기에 직접 또는 간접 면하는 거실의 각 부위에는 건축물의 열손실방지 조치를 하여야 한다.

나. 복합용도의 건축물에서 주택의 용도로 사용되는 공간의 하부가 주택 외의 용도로 사용되는 난방공간일 경우에는 당해 주택의 바닥부위는 열손실방지 조치를 하지 않아도 된다.

다. 야간에도 난방을 해야 하는 숙박시설 및 공동주택에는 창으로의 열손실을 줄이기 위하여 단열셔터 등 야간단열장치를 설치한다.

라. 건물의 창호는 가능한 작게 설계하고 특히 열손실이 많은 북측의 창면적은 최소화한다.

해설 복합용도의 건축물에서 주택의 용도로 사용되는 공간의 하부가 주택 외의 용도로 사용되는 난방공간일 경우에는 당해 주택의 바닥부위는 최하층에 있는 거실의 바닥으로 보며 외기에 간접 면하는 경우의 열관류율을 적용한다.

16. 다음 중 에너지절약 설계기준에서 규정한 내용과 틀린 것은?

가. 지표면 아래 2미터를 초과하여 위치한 지하 부위는 하계 표면결로 방지 조치를 한 경우 단열재를 설치하지 아니할 수 있다.

나. 열관류율 또는 열관류저항의 계산결과는 반올림하여 소수점 3자리로 맺음을 한다.

다. 결로를 방지하기 위한 방습층은 단열재의 실외측에 설치하여야 한다.

라. 바닥난방 부위에 설치되는 단열재는 온수배관(전기난방인 경우는 발열선) 하부와 슬래브 사이에 설치한다.

해설 건축부문의 의무사항 중 '기밀 및 결로방지 등을 위한 조치'에 의하면 결로방지 및 단열재의 성능저하 방지를 위해 방습층은 단열재의 실내측에 설치하여야 한다.

▣ 기계부문 의무 및 권장사항

17. 다음 중 에너지절약 설계기준에서 규정한 기계부문의 의무사항은?

가. 설계용 실내온도 조건 나. 설계용 외기조건

다. 보일러의 열회수설비 라. 설비형태양열시스템

18. 다음 중 에너지절약 설계기준에서 권장하는 설계용 냉난방 실내온도 조건의 기준은?

가. 난방의 경우 20℃, 냉방의 경우 28℃

나. 난방의 경우 20℃, 냉방의 경우 24℃

다. 난방의 경우 18℃, 냉방의 경우 24℃

라. 난방의 경우 18℃, 냉방의 경우 28℃

해설 난방 및 냉방설비의 용량계산을 위한 설계기준 실내온도 : 난방 20℃, 냉방 28℃

해답 15-나, 16-다, 17-나, 18-가

19. 건축물의 에너지절약 설계기준에 따른 에너지 절약을 위한 공기조화 설비의 설치 권장사항으로 옳지 않은 것은?

가. 중간기의 외기냉방시스템 적용

나. 풍량 제어가 가능한 공기조화기 팬 설치

다. 실내 공기질 향상을 위한 최대한의 환기량 확보

라. 흡입베인제어방식의 공기조화 팬 채택

해설 실내공기의 오염도가 허용치를 초과하지 않는 범위 내에서 최소한의 외기도입이 가능하도록 계획한다.

20. 건축물의 에너지절약설계기준에서 권장하는 냉방기기의 형태가 아닌 것은?

가. 심야전기를 이용한 축열·축냉시스템

나. 소형열병합발전을 이용한 냉방방식

다. 집단에너지를 이용한 지역냉방방식

라. 전기를 이용한 압축식 냉동기

해설 냉방기기는 전력피크 부하를 줄일 수 있도록 하여야 한다.

21. 에너지절약 설계기준에서 기계부문의 권장사항으로 옳지 않은 것은?

가. 급수가압펌프의 전동기에는 가변속 제어방식 등 에너지절약적 제어방식을 채택한다.

나. 공조용 펌프는 효율이 낮은 것을 채택한다.

다. 건축물의 효율적인 기계설비 운영을 위해 TAB를 실시한다.

라. 건축물의 효율적인 기계설비 운영을 위해 커미셔닝을 실시한다.

22. 다음 중 에너지절약 설계기준에서 규정한 내용과 틀린 것은?

가. 중간기에는 이코노마이저시스템 등 외기냉방시스템을 적용한다.

나. 공기조화기 팬은 부하변동에 따른 풍량제어가 가능하도록 한다.

다. 냉난방시 실내공기의 오염도가 허용치를 초과하지 않는 범위내에서 최대한의 외기도입이 가능하도록 한다.

라. 급수용 펌프 또는 급수가압펌프의 전동기에는 가변속제어방식 등을 채택한다.

해답 19-다, 20-라, 21-나, 22-다

▣ **전기부문 의무 및 권장사항**

23. 에너지절약 설계기준에서 규정한 전기부문의 의무사항이 아닌 것은?

가. 고효율변압기 설치

나. 역률개선용콘덴서를 전동기별로 설치

다. 형광램프에는 전용안정기 사용

라. 변압기의 운전대수제어가 가능하도록 뱅크 구성

24. 에너지절약 설계기준에서 규정한 전기부문의 권장사항이 아닌 것은?

가. 백열전구보다는 전구식 형광등기구 사용

나. 변압기별 전력량계 설치

다. 여러 대의 승강기 설치시 군관리 운행방식 채택

라. 전동기는 고효율 유도전동기 채택

25. 대기전력자동차단장치를 통해 차단되는 콘센트 개수는 전체 콘센트 개수의 몇 % 이상이 되어야 하는가?

가. 10% 이상　　나. 20% 이상

다. 30% 이상　　라. 40% 이상

해답 23-라, 24-나, 25-다

제3장

에너지절약계획서 및 설계 검토서 작성기준

제13조【에너지절약계획서 및 설계 검토서 작성】에너지절약 설계 검토서는 별지 제1호 서식에 따라 에너지절약설계기준 의무사항 및 에너지성능지표, 건축물 에너지소요량 평가서로 구분된다. 에너지절약계획서를 제출하는 자는 에너지절약계획서 및 설계 검토서(에너지절약설계기준 의무사항 및 에너지성능지표, 건축물 에너지소요량 평가서)의 판정자료를 제시(전자문서로 제출하는 경우를 포함한다)하여야 한다. 다만, 자료를 제시할 수 없는 경우에는 부득이 당해 건축사 및 설계에 협력하는 해당분야 기술사(기계 및 전기)가 서명·날인한 설치예정확인서로 대체할 수 있다.〈개정 2017.12.28.〉

제14조【에너지절약설계기준 의무사항의 판정】에너지절약설계기준 의무사항은 전 항목 채택 시 적합한 것으로 본다.

제15조【에너지성능지표의 판정】① 에너지성능지표는 평점합계가 65점 이상일 경우 적합한 것으로 본다. 다만, 공공기관이 신축하는 건축물(별동으로 증축하는 건축물을 포함한다)은 74점 이상일 경우 적합한 것으로 본다.

② 에너지성능지표의 각 항목에 대한 배점의 판단은 에너지절약계획서 제출자가 제시한 설계도면 및 자료에 의하여 판정하며, 판정 자료가 제시되지 않을 경우에는 적용되지 않은 것으로 간주한다.

▣ 에너지절약계획서 작성

1. 에너지절약설계기준 의무사항의 판정 기준은?
   가. 60% 이상 채택시 적합한 것으로 본다.
   나. 80% 이상 채택시 적합한 것으로 본다.
   다. 90% 이상 채택시 적합한 것으로 본다.
   라. 전 항목 채택시 적합한 것으로 본다.

2. 에너지성능지표 검토서의 판정 기준은?
   가. 평점합계가 65점 이상일 경우 적합한 것으로 본다.
   나. 평점합계가 70점 이상일 경우 적합한 것으로 본다.
   다. 평점합계가 75점 이상일 경우 적합한 것으로 본다.
   라. 평점합계가 80점 이상일 경우 적합한 것으로 본다.

3. 공공기관일 경우 에너지성능지표 검토서의 판정 기준은?
   가. 평점합계가 60점 이상일 경우 적합한 것으로 본다.
   나. 평점합계가 64점 이상일 경우 적합한 것으로 본다.
   다. 평점합계가 70점 이상일 경우 적합한 것으로 본다.
   라. 평점합계가 74점 이상일 경우 적합한 것으로 본다.

4. 에너지절약계획서에 반드시 포함되어야 하는 내용이 아닌 것은?
   가. 일반사항　　나. 에너지절약설계기준 의무사항
   다. 에너지성능지표 검토서　　라. 완화기준 적용 신청서

해답 1-라, 2-가, 3-라, 4-라

제4장
건축기준의 완화 적용

1. 건축물에 적용할 수 있는 완화기준

제16조【완화기준】영 제11조 제2항에 따라 건축물에 적용할 수 있는 세부 완화기준은 별표 9에 따르며, 건축주가 건축기준의 완화적용을 신청하는 경우에 한해서 적용한다.〈개정 2023.2.28.〉

[**별표 9**] 〈개정 2023.2.28.〉 **세부 완화기준** (제15조 관련)

1) 녹색 건축 인증에 따른 건축기준 완화비율(영 제11조 제1항 제2호 관련)

최대완화비율	완화조건	비고
6%	녹색건축 **최우수** 등급	
3%	녹색건축 **우수** 등급	

2) 건축물 에너지효율등급 및 제로에너지건축물 인증에 따른 건축기준 완화비율(영 제11조 제1항 제3호 및 제3의 2호 관련)

최대완화비율	완화조건	비고
15%	**제로에너지건축물 1등급**	
14%	제로에너지건축물 2등급	
13%	제로에너지건축물 3등급	
12%	제로에너지건축물 4등급	
11%	제로에너지건축물 5등급	
6%	건축물 에너지 효율 1++ 등급	
3%	건축물 에너지 효율 1+ 등급	

3) 녹색건축물 조성 시범사업 대상으로 지정된 건축물(영 제11조 제1항 제4호 관련)

최대완화비율	완화조건	비고
10%	**녹색건축물 조성 시범사업**	

4) 신축공사를 위한 골조 공사에 재활용 건축자재를 사용한 건축물(영 제11조 제1항 제5호 관련)
- 이 경우 「재활용 건축자재의 활용기준」 제4조 제2항에 따른다.

비고

1) 완화기준을 중첩 적용받고자 하는 건축물의 신청인은 법제15조 제2항에 따른 범위를 초과하여 신청할 수 없다.
2) 이 외 중첩 적용 최대한도와 관련된 사항은 「국토의 계획 및 이용에 관한 법률」 제78조 제7항 및 「건축법」 제60조 제4항에 따른다.

2. 완화기준의 적용방법, 신청 등

제17조【완화기준의 적용방법】① 완화기준의 적용은 당해 용도구역 및 용도지역에 지방자치단체 조례에서 정한 최대 용적률의 제한기준, 건축물 최대높이의 제한 기준에 대하여 다음 각 호의 방법에 따라 적용한다. 〈개정 2016.12.27.〉

1. 용적률 적용방법
   「법 및 조례에서 정하는 기준 용적률」 × 〈1 + 완화기준〉
2. 건축물 높이제한 적용방법
   「법 및 조례에서 정하는 건축물의 최고높이」 × 〈1 + 완화기준〉

② 〈삭제 2023.2.28.〉

제18조【완화기준의 신청 등】① 완화기준을 적용받고자 하는 자(이하 "신청인"이라 한다)는 건축허가 또는 사업계획승인 신청 시 허가권자에게 별지 제2호 서식의 완화기준 적용 신청서 및 관계 서류를 첨부하여 제출하여야 한다.

② 이미 건축허가를 받은 건축물의 건축주 또는 사업주체도 허가변경을 통하여 완화기준 적용 신청을 할 수 있다.

③ 신청인의 자격은 건축주 또는 사업주체로 한다.

④ 완화기준의 신청을 받은 허가권자는 신청내용의 적합성을 지방위원회 심의를 통해 검토하고, 신청자가 신청내용을 이행하도록 허가조건에 명시하여 허가하여야 한다.〈개정 2023.2.28.〉

제19조【인증의 취득】① 신청인이 인증에 의해 완화기준을 적용받고자 하는 경우에는 인증기관으로부터 예비인증을 받아야 한다.

② 완화기준을 적용받은 건축주 또는 사업주체는 건축물의 사용승인 신청 이전에 본인증을 취득하여 사용승인 신청 시 허가권자에게 인증서 사본을 제출하여야 한다. 단, 본인증의 등급은 예비인증 등급 이상으로 취득하여야 한다.

제20조【이행여부 확인】① 인증취득을 통해 완화기준을 적용받은 경우에는 본인증서를 제출하는 것으로 이행한 것으로 본다.

② 이행여부 확인결과 건축주가 본인증서를 제출하지 않은 경우 허가권자는 사용승인을 거부할 수 있으며, 완화적용을 받기 이전의 해당 기준에 맞게 건축하도록 명할 수 있다.

▣ 건축기준의 완화적용

1. 녹색건축 인증에 따른 건축기준 완화비율에서 정하는 녹색건축 최우수 등급의 최대완화비율은?

   가. 3%　　나. 6%
   다. 10%　　라. 15%

2. 건축물 에너지효율등급 및 제로에너지건축물 인증에 따른 제로에너지건축물 1등급의 건축기준 최대완화비율은?

   가. 3%　　나. 6%
   다. 10%　　라. 15%

3. 녹색건축물 조성 시범사업 대상으로 지정된 건축물의 최대완화비율은?

   가. 3%　　나. 6%
   다. 10%　　라. 15%

4. 완화기준의 신청 등에 관한 설명으로 잘못된 것은?

   가. 완화기준을 적용받고자 하는 자는 건축허가 또는 사업계획승인 신청 시 허가권자에게 완화기준 적용 신청서 및 관계 서류를 첨부하여 제출하여야 한다.
   나. 이미 건축허가를 받은 건축물의 건축주 또는 사업주체는 허가변경을 통하여 완화기준 적용 신청을 할 수 없다.
   다. 신청인의 자격은 건축주 또는 사업주체로 한다.
   라. 완화기준의 신청을 받은 허가권자는 신청내용의 적합성을 지방위원회 심의를 통해 검토하고, 신청자가 신청내용을 이행하도록 허가조건에 명시하여 허가하여야 한다.

해답 1-나, 2-라, 3-다, 4-나

제5장

건축물 에너지 소비 총량제

제21조【건축물의 에너지 소요량의 평가대상 및 에너지소요량 평가서의 판정】① 신축 또는 별동으로 증축하는 경우로서 다음 각 호의 어느 하나에 해당하는 건축물은 1차 에너지소요량 등을 평가하여 별지 제 1호 서식에 따른 건축물 에너지소요량 평가서를 제출하여야 한다.

1. 「건축법 시행령」 별표1에 따른 업무시설 중 연면적의 합계가 <u>3천 제곱미터 이상</u>인 건축물
2. 「건축법 시행령」 별표1에 따른 교육연구시설 중 연면적의 합계가 <u>3천 제곱미터 이상</u>인 건축물
3. 〈삭제 2023.2.28.〉

② 건축물의 에너지소요량 평가서는 단위면적당 1차 에너지소요량의 합계가 <u>200kWh/㎡년 미만</u>일 경우 적합한 것으로 본다. 다만, 공공기관 건축물은 <u>140kWh/㎡년 미만</u>일 경우 적합한 것으로 본다. 〈개정 2023.2.28.〉

제22조【건축물의 에너지 소요량의 평가방법】건축물 에너지소요량은 ISO 52016 등 국제규격에 따라 난방, 냉방, 급탕, 조명, 환기 등에 대해 종합적으로 평가하도록 제작된 프로그램에 따라 산출된 연간 단위면적당 1차 에너지소요량 등으로 평가하며, 별표 10의 평가기준과 같이 한다. 〈개정 2022.1.28.〉

[별표 10] **연간 1차 에너지 소요량 평가기준** 〈개정 2017.12.28.-시행 2018.9.1.〉

단위면적당 에너지 요구량	$= \frac{\text{난방에너지요구량}}{\text{난방에너지가 요구되는 공간의 바닥면적 또는 실내 연면적}} + \frac{\text{냉방에너지요구량}}{\text{냉방에너지가 요구되는 공간의 바닥면적 또는 실내 연면적}} + \frac{\text{급탕에너지요구량}}{\text{급탕에너지가 요구되는 공간의 바닥면적 또는 실내 연면적}} + \frac{\text{조명에너지요구량}}{\text{조명에너지가 요구되는 공간의 바닥면적 또는 실내 연면적}}$
단위면적당 에너지 소요량	$= \frac{\text{난방에너지소요량}}{\text{난방에너지가 요구되는 공간의 바닥면적 또는 실내 연면적}} + \frac{\text{냉방에너지소요량}}{\text{냉방에너지가 요구되는 공간의 바닥면적 또는 실내 연면적}} + \frac{\text{급탕에너지소요량}}{\text{급탕에너지가 요구되는 공간의 바닥면적 또는 실내 연면적}} + \frac{\text{조명에너지소요량}}{\text{조명에너지가 요구되는 공간의 바닥면적 또는 실내 연면적}} + \frac{\text{환기에너지소요량}}{\text{환기에너지가 요구되는 공간의 바닥면적 또는 실내 연면적}}$
단위면적당 1차에너지소요량	= 단위면적당 에너지소요량 × 1차에너지 환산계수
※ 에너지 소요량	= 해당 건축물에 설치된 난방, 냉방, 급탕, 조명, 환기시스템에서 소요되는 에너지량
※ 실내 연면적	= 옥내 주차장시설 면적을 제외한 건축 연면적

※ 에너지 소비 총량제 판정 기준이 되는 1차 에너지소요량은 용도 등에 따른 보정계수를 반영한 결과

제6장

보 칙

제23조【복합용도 건축물의 에너지절약계획서 및 설계 검토서 작성방법 등】① 에너지절약계획서 및 설계 검토서를 제출하여야 하는 건축물 중 비주거와 주거용도가 복합되는 건축물의 경우에는 해당 용도별로 에너지절약계획서 및 설계 검토서를 제출하여야 한다.

② 다수의 동이 있는 경우에는 동별로 에너지절약계획서 및 설계 검토서를 제출하는 것을 원칙으로 한다.(다만, 공동주택의 주거용도는 하나의 단지로 작성)

③ 설비 및 기기, 장치, 제품 등의 효율·성능 등의 판정 방법에 있어 본 기준에서 별도로 제시되지 않는 것은 해당 항목에 대한 한국산업규격(KS)을 따르도록 한다.

④ 기숙사, 오피스텔은 별표1 및 별표3의 공동주택 외의 단열기준을 준수할 수 있으며, 별지 제1호서식의 에너지성능지표 작성 시, 기본배점에서 비주거를 적용한다.

제24조【에너지절약계획서 및 설계 검토서의 이행】① 허가권자는 건축주가 에너지절약계획서 및 설계 검토서의 작성내용을 이행하도록 허가조건에 포함하여 허가한다.

② 작성책임자(건축주 또는 감리자)는 건축물의 사용승인을 신청하는 경우 별지 제3호서식 에너지절약계획 이행 검토서를 첨부하여 신청하여야 한다. 〈개정 2016.12.27.〉

제25조【에너지절약계획 설계 검토서 항목 추가】국토교통부장관은 에너지절약계획 설계 검토서의 건축, 기계, 전기, 신재생부분의 항목 추가를 위하여 수요조사를 실시하고, 자문위원회의 심의를 거쳐 반영 여부를 결정할 수 있다. 〈개정 2016.12.27.〉

제26조【운영규정】규칙 제7조 제5항에 따른 운영기관의 장은 에너지절약계획서 및 에너지절약계획 설계 검토서의 작성·검토업무의 효율화를 위하여 필요한 때에는 이 기준에 저촉되지 않는 범위 안에서 운영기관을 제정하여 운영할 수 있다.
〈개정 2022.1.28.〉

제27조【재검토 기한】국토교통부장관은 「훈령·예규 등의 발령 및 관리에 관한 규정」에 따라 이 고시에 대하여 2022년 1월 1일 기준으로 매 3년이 되는 시점(매 3년째의 12월 31일까지를 말한다)마다 그 타당성을 검토하여 개선 등의 조치를 하여야 한다. 〈개정 2022.1.28.〉

2-2

건축물의 냉방설비에 대한 설치 및 설계기준

제정 1992. 7. 25. 동 력 자 원 부 고시 제1992- 44호
개정 1993. 4. 4. 상 공 자 원 부 고시 제1993- 5호
개정 1993. 7. 31. 상 공 자 원 부 고시 제1993- 58호
개정 1994. 10. 15. 상 공 자 원 부 고시 제1994-131호
개정 2008. 4. 16. 지 식 경 제 부 고시 제2008- 17호
개정 2014. 4. 11. 산업통상자원부 고시 제2014- 69호
개정 2017. 4. 31. 산업통상자원부 고시 제2017- 47호

※건축물의 냉방설비에 대한 설치 및 설계기준은 제3조가 주로 출제되었으나, 제4조 및 제6조, 제7조, 제8조, 제9조도 출제됨.

제1장

총 칙

제1조【목적】이 고시는 에너지이용합리화를 위하여 건축물의 냉방설비에 대한 설치 및 설계기준과 이의 시행에 필요한 사항을 정함을 목적으로 한다.

제2조【적용범위】이 고시는 제4조의 규정에 따른 대상건물 중 신축, 개축, 재축 또는 별동으로 증축하는 건축물의 냉방설비에 대하여 적용한다. 〈개정 2014.4.11.〉

제3조【정의】이 고시에서 사용하는 용어의 정의는 다음 각 호와 같다.

1. "축냉식 전기냉방설비"라 함은 심야시간에 전기를 이용하여 축냉재(물, 얼음 또는 포접화합물과 공융염 등의 상변화물질)에 냉열을 저장하였다가 이를 심야시간 이외의 시간(이하 "그 밖의 시간"이라 한다)에 냉방에 이용하는 설비로서 이러한 냉열을 저장하는 설비(이하 "축열조"라 한다)·냉동기·브라인펌프·냉각수펌프 또는 냉각탑 등의 부대설비(제6호의 규정에 의한 축열조 2차측 설비는 제외한다)를 포함하며, 다음 각목과 같이 구분한다.
   가. 빙축열식 냉방설비
   나. 수축열식 냉방설비
   다. 잠열축열식 냉방설비
2. **"빙축열식 냉방설비"라 함은 심야시간에 얼음을 제조하여 축열조에 저장하였다가 그 밖의 시간에 이를 녹여 냉방에 이용하는 냉방설비를 말한다.**
3. **"수축열식 냉방설비"라 함은 심야시간에 물을 냉각시켜 축열조에 저장하였다가 그 밖의 시간에 이를 냉방에 이용하는 냉방설비를 말한다.**
4. **"잠열축열식 냉방설비"라 함은 포접화합물(Clathrate)이나 공융염(eutectic salt) 등의 상변화물질을 심야시간에 냉각시켜 동결한 후 그 밖의 시간에 이를 녹여 냉방에 이용하는 냉방설비를 말한다.**
5. "심야시간"이라 함은 23 : 00부터 다음 날 09 : 00까지를 말한다. 다만 한국전력공사에서 규정하는 심야시간이 변경될 경우는 그에 따라 상기 시간이 변경된다.

6. "2차측설비"라 함은 저장된 냉열을 냉방에 이용할 경우에만 가동되는 냉수순환펌프, 공조용 순환펌프 등의 설비를 말한다.
7. "전체 축냉방식"이라 함은 그 밖의 시간에 필요한 냉방열량의 전부를 심야시간에 생산하여 축열조에 저장하였다가 이를 이용하는 냉방방식을 말한다.
8. "부분 축냉방식"이라 함은 그 밖의 시간에 필요한 냉방열량의 일부를 심야시간에 생산하여 축열조에 저장하였다가 이를 이용하는 냉방방식을 말한다.
9. "축열률"이라 함은 통계적으로 연중 최대냉방부하를 갖는 날을 기준으로 그 밖의 시간에 필요한 냉방열량 중에서 이용이 가능한 냉열량이 차지하는 비율을 말하며 백분율(%)로 표시한다.

$$\text{축열률}(\%) = \frac{\text{이용이 가능한 냉열량 (kcal)}}{\text{그 밖의 시간에 필요한 냉방열량 (kcal)}} \times 100$$

10. "이용이 가능한 냉열량"이라 함은 축열조에 저장된 냉열량 중에서 열손실 등을 차감하고 실제로 냉방에 이용할 수 있는 열량을 말한다.
11. "가스를 이용한 냉방방식"이라 함은 가스(유류포함)를 사용하는 흡수식 냉동기 및 냉·온수기, 가스엔진구동 열펌프시스템을 말한다.
12. "지역냉방방식"이라 함은 집단에너지사업법에 의거 집단에너지사업허가를 받은 자가 공급하는 집단에너지를 주열원으로 사용하는 흡수식냉동기를 이용한 냉방방식과 지역냉수를 이용한 냉방방식을 말한다.
13. "신재생에너지를 이용한 냉방방식"이란 「신에너지 및 재생에너지 이용·개발·보급 촉진법 제2조」에 의해 정의된 신재생에너지를 이용한 냉방방식을 말한다.
14. "소형 열병합을 이용한 냉방방식"이라 함은 소형 열병합발전을 이용하여 전기를 생산하고, 폐열을 활용하여 냉방 등을 하는 설비를 말한다.
〈본조 개정 2014.4.11.〉

해설 ▸ **축냉식 전기냉방설비**

(1) 일반냉방 : 필요한 냉열(냉수)을 냉방이 필요한 시간에 냉동기로 만들어서 곧바로 공조기(AHU)나 팬코일유니트(FCU)와 같은 부하측으로 공급
(2) 축열냉방 : 심야시간(밤 11시~아침 9시) 등 비공조시간에 냉동기를 운전하여 얼음, 물, 상변화물질 등에 냉열을 저장하였다가 냉방부하가 많이 필요한 주간에 저장된 냉열을 부하측으로 공급
- 주야간 전력부하의 균형 : 냉동기 운전부하가 심야시간으로 이동되므로 주간 부하율이 감소하여 주야간 전력부하의 균형을 맞춘다.
- 냉동기용량 및 수전설비용량 감소 : 부분축열방식으로 냉동기 용량을 작게 할 수 있으므로 수전설비용량도 감소

① 빙축열시스템

물(현열)을 얼음(잠열)으로 상변환시켜 축열조에 저장하였다가 주간 냉방시간에 이용하는 축냉시스템

- 잠열을 이용하므로 축열조용량이 수축열방식에 비해 작다.

② 수축열시스템

빙축열시스템과 달리 물의 현열만을 이용하는 시스템으로 5℃ 정도의 냉수를 만들어 수축열조에 저장하였다가 주간 냉방시간에 이용하는 축냉시스템

- 판형 열교환기 등의 특수장비가 필요없으므로 시스템이 간단하고 제어 및 조작이 용이
- 수축열조를 비상시에는 소방용수로 사용가능하여 전체 건축비용 절감
- 온수를 저장하면 겨울철 난방으로도 사용가능 (열펌프, 태양열, 지열이용 등)
- 현열만 이용하므로 축열조용량이 커야 한다.

③ 잠열축열시스템

축열물질의 상변화 또는 전이과정에서 발생하는 잠열을 이용하여 열을 저장하였다가 주간 냉방시간에 이용하는 축냉시스템

잠열축열재 : 무기수화물($Na_2SO_4H_2O$, $CH_3NaCOOH_3H_2O$ 등), 유기물(파라핀 등), 불화염, 그밀도폴리에틸렌(HDPE)

▸ 1차측설비와 2차측설비(예 : 빙축열시스템)

(1) 1차측설비 : 제빙·축열하기 위해 가동되는 냉동기, 냉각탑, 냉각수펌프, 브라인펌프 등의 설비 - 제빙(축냉)운전에 사용되는 설비

(2) 2차측설비 : 축열(축냉)·저장된 냉열을 냉방에 이용하기 위해 가동되는 냉수순환펌프, 공조용순환펌프, 열교환기 등의 설비 - 해빙(방냉)운전에 사용되는 설비

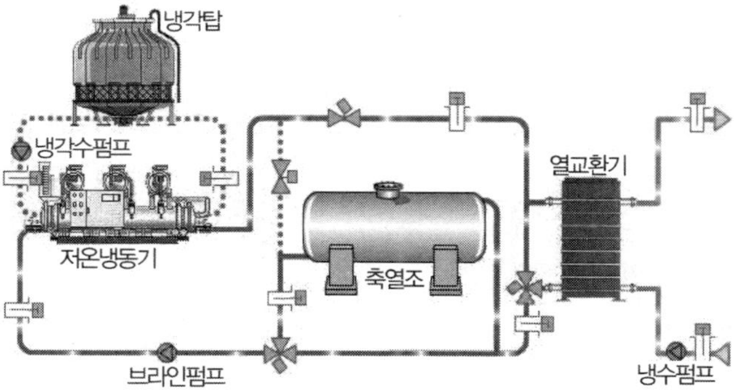

제2장

냉방설비의 설치기준

제4조【냉방설비의 설치대상 및 설비규모】건축물의 설비기준 등에 관한 규칙 제23조 제2항의 규정에 따라 다음 각호에 해당하는 건축물에 중앙집중냉방설비를 설치할 때에는 해당 건축물에 소요되는 주간 최대 냉방부하의 60%이상을 심야전기를 이용한 축냉식, 가스를 이용한 냉방방식, 집단에너지사업허가를 받은 자로부터 공급되는 집단에너지를 이용한 지역냉방방식, 소형 열병합발전을 이용한 냉방방식, 신재생 에너지를 이용한 냉방방식, 그 밖에 전기를 사용하지 아니한 냉방방식의 냉방설비로 수용하여야 한다. 다만, 도시철도법에 의해 설치하는 지하철 역사 등 산업통상자원부장관이 필요하다고 인정하는 건축물은 그러하지 아니하다.

1. 건축법 시행령 별표 1 제7호의 판매시설, 제10호의 교육연구시설 중 연구소, 제14호의 업무시설로서 해당 용도에 사용되는 바닥면적의 합계가 **3천제곱미터 이상**인 건축물
2. 건축법 시행령 별표 1 제2호의 공동주택 중 기숙사, 제9호의 의료시설, 제12호의 수련시설 중 유스호스텔, 제15호의 숙박시설로서 해당 용도에 사용되는 바닥면적의 합계가 **2천제곱미터 이상**인 건축물
3. 건축법 시행령 별표 1 제3호의 제1종 근린생활시설 중 목욕장, 제13호의 운동시설 중 수영장(실내에 설치되는 것에 한정한다)으로서 해당 용도에 사용되는 바닥면적의 합계가 **1천 제곱미터 이상**인 건축물
4. 건축법 시행령 별표 1 제5호의 문화 및 집회시설(동·식물원은 제외한다), 제6호의 종교시설, 제10호의 교육연구시설(연구소는 제외한다), 제28호의 장례식장으로서 해당 용도에 사용되는 바닥면적의 합계가 **1만제곱미터 이상**인 건축물

〈본조 개정 2014.4.11.〉

제5조【축냉식 전기냉방의 설치】제4조의 규정에 따라 축냉식 전기냉방으로 설치할 때에는 전체축냉방식 또는 축열률 40%이상인 부분축냉방식으로 설치하여야 한다. 〈개정 2014.4.11.〉

해설 ▸ 주간최대냉방부하의 60% 이상을 축냉식 또는 가스를 이용한 중앙집중냉방방식(흡수식 냉동기 또는 흡수식냉온수기)으로 설치해야 하는 건축물

건축물의 용도	연면적의 합계
1. 업무시설, 판매시설, 연구소	3,000㎡ 이상
2. 숙박시설, 기숙사, 유스호스텔, 병원	2,000㎡ 이상
3. 일반목욕장, 실내수영장	1,000㎡ 이상
4. 공연장, 집회장, 관람장 또는 학교로서 중앙집중식 공기조화설비 또는 냉·난방설비 건축물	10,000㎡ 이상

▸ 흡수식냉동기와 압축식냉동기의 비교

구 분	흡수식냉동기	압축식냉동기
주요 구성기기	응축기, 증발기, 흡수기, 재생기	압축기, 응축기, 팽창밸브, 증발기
냉매	냉매는 주로 물이며 흡수액(수용액)은 취화리튬(LiBr)수용액	프레온계(CFC, HFC, HCFC)
주 운전에너지	도시가스	전기
주요 특징	수전설비의 용량이 작다 냉방시에도 보일러를 운전해야 한다. 냉각탑용량이 커야 한다.	수전용량이 크고 전력사용량이 많다. 운전이 용이하다. 냉각탑용량이 작다.

해설 **設規 제23조【건축물의 냉방설비 등】**① 삭제 〈1999.5.11.〉

② 제2조제3호부터 제6호까지의 규정에 해당하는 건축물 중 산업통상자원부장관이 국토교통부장관과 협의하여 고시하는 건축물에 중앙집중냉방설비를 설치하는 경우에는 산업통상자원부장관이 국토교통부장관과 협의하여 정하는 바에 따라 축냉식 또는 가스를 이용한 중앙집중냉방방식으로 하여야 한다.〈개정 2012.4.30., 2013.3.23., 2013.9.2.〉

해설 **設規 제2조【관계전문기술자의 협력을 받아야 하는 건축물】**「건축법 시행령」(이하 "영"이라 한다) 제91조의3제2항에서 "국토교통부령이 정하는 건축물"이라 함은 다음 각호의 건축물을 말한다. 〈개정 2013.3.23.〉

1. 냉동냉장시설·항온항습시설(온도와 습도를 일정하게 유지시키는 특수설비가 설치되어 있는 시설을 말한다) 또는 특수청정시설(세균 또는 먼지 등을 제거하는 특수설비가 설치되어 있는 시설을 말한다)로서 당해 용도에 사용되는 바닥면적의 합계가 5백제곱미터 이상인 건축물
2. 영 별표 1 제2호가목 및 나목에 따른 아파트 및 연립주택 〈신설 2013.9.2.〉
3. 다음 각 목의 어느 하나에 해당하는 건축물로서 해당 용도에 사용되는 바닥면적의 합계가 5백제곱미터 이상인 건축물 〈신설 2013.9.2.〉

가. 영 별표 1 제3호다목에 따른 목욕장

나. 영 별표 1 제13호가목에 따른 물놀이형 시설(실내에 설치된 경우로 한정한다) 및 같은 호 다목에 따른 수영장(실내에 설치된 경우로 한정한다)

4. 다음 각 목의 어느 하나에 해당하는 건축물로서 해당 용도에 사용되는 바닥면적의 합계가 2천제곱미터 이상인 건축물 〈개정 2013.9.2.〉

가. 영 별표 1 제2호라목에 따른 기숙사

나. 영 별표 1 제9호에 따른 의료시설

다. 영 별표 1 제12호다목에 따른 유스호스텔

라. 영 별표 1 제15호에 따른 숙박시설

5. 다음 각 목의 어느 하나에 해당하는 건축물로서 해당 용도에 사용되는 바닥면적의 합계가 3천제곱미터 이상인 건축물 〈신설 2013.9.2.〉

가. 영 별표 1 제7호에 따른 판매시설

나. 영 별표 1 제10호마목에 따른 연구소

다. 영 별표 1 제14호에 따른 업무시설

6. 다음 각 목의 어느 하나에 해당하는 건축물로서 해당 용도에 사용되는 바닥면적의 합계가 1만제곱미터 이상인 건축물 〈신설 2013.9.2.〉

가. 영 별표 1 제5호가목부터 라목까지에 해당하는 문화 및 집회시설

나. 영 별표 1 제6호에 따른 종교시설

다. 영 별표 1 제10호에 따른 교육연구시설(연구소는 제외한다)

라. 영 별표 1 제28호에 따른 장례식장

제3장

축냉식 전기냉방설비의 설계기준

제6조【냉동기】① 냉동기는 "고압가스 안전관리법 시행규칙" 제8조 별표 7의 규정에 따른 "냉동제조의 시설기준 및 기술기준"에 적합하여야 한다. 〈개정 2014.4.11.〉

② 냉동기의 용량은 제4조에 근거하여 결정한다.

③ **부분축냉방식의 경우에는 냉동기가 축냉운전과 방냉운전 또는 냉동기와 축열조의 동시운전이 반복적으로 수행하는데 아무런 지장이 없어야 한다.**

제7조【축열조】① 축열조는 축냉 및 방냉운전을 반복적으로 수행하는데 적합한 재질의 축냉재를 사용해야 하며, 내부청소가 용이하고 부식되지 않는 재질을 사용하거나 방청 및 방식처리를 하여야 한다. 〈개정 2014.4.11.〉

② 축열조의 용량은 제5조에 근거하여 결정한다.

③ 축열조는 내부 또는 외부의 응력에 충분히 견딜 수 있는 구조이어야 한다.

④ 축열조를 여러 개로 조립하여 설치하는 경우에는 관리 또는 운전이 용이하도록 설계하여야 한다.

⑤ 축열조는 보온을 철저히 하여 열손실과 결로를 방지해야 하며, 맨홀 등 점검을 위한 부분은 해체와 조립이 용이하도록 하여야 한다.

제8조【열교환기】① 열교환기는 시간당 최대냉방열량을 처리할 수 있는 용량 이상으로 설치하여야 한다.

② 열교환기는 보온을 철저히 하여 열손실과 결로를 방지하여야 하며, 점검을 위한 부분은 해체와 조립이 용이하도록 하여야 한다.

제9조【자동제어설비】자동제어설비는 축냉운전, 방냉운전 또는 냉동기와 축열조를 동시에 이용하여 냉방운전이 가능한 기능을 갖추어야 하고, 필요할 경우 수동조작이 가능하도록 하여야 하며 감시기능 등을 갖추어야 한다.

해설 빙축열시스템의 운전방법

(1) 축열조 제빙운전(축냉운전)
(2) 축열조 해빙 단독운전(방냉운전)
(3) 축열조 해빙, 냉동기 병렬운전 – 축열조 우선방식, 냉동기 우선방식
(4) 냉동기 단독운전

제4장

보 칙

제10조【냉방설비에 대한 운전실적 점검】 냉방용 전력수요의 첨두부하를 극소화하기 위하여 산업통상자원부장관은 필요하다고 인정되는 기간(연중 10일 이내)에 산업통상자원부장관이 정하는 공공기관 등으로 하여금 축냉식 전기냉방설비의 운전실적 등을 점검하게 할 수 있다. 〈개정 2014.4.11.〉

제11조【축냉식 전기냉방기기】 ① "축냉식 전기냉방기기"라 함은 심야시간에 전기를 이용하여 축냉한 후 그 밖의 시간에만 냉방에 이용할 수 있는 소용량의 축냉식 냉방기기로서 이동형 냉방기 및 고정형 패키지에어콘 등을 말한다. 〈개정 2014.4.11.〉

② 산업통상자원부장관이 필요하다고 인정하는 경우에는 제1항의 축냉식 전기냉방기기에 대하여도 축냉식 전기냉방설비와 동일한 적용을 받을 수 있다. 〈개정 2014.4.11.〉

③ 제4조에 해당하는 건축물에 소요되는 최대냉방부하의 60% 이상을 축냉식 전기냉방방식으로 산정할 경우 제1항의 축냉식 전기냉방기기가 수용할 수 있는 냉방용량을 포함할 수 있다. 다만, 최대냉방부하의 10%를 초과해서는 아니된다.

제12조【적용제외】 산업통상자원부장관은 축냉식 전기냉방설비에 관한 국산화 기술개발의 촉진을 위하여 필요하다고 인정하는 경우에는 제6조 내지 제9조의 일부 규정을 적용하지 아니할 수 있다. 〈개정 2014.4.11.〉

제13조【운영세칙】 이 고시에 정한 것 이외에 이 고시의 운영에 필요한 세부사항은 산업통상자원부장관이 따로 정한다. 〈개정 2014.4.11.〉

제14조【재검토기한】「훈령·예규 등의 발령 및 관리에 관한 규정」(대통령 훈령 제334호)에 따라 이 고시 발령 후의 법령이나 현실 여건의 변화 등을 검토하여 이 고시의 폐지, 개정 등의 조치를 하여야 하는 기한은 2020년 3월 31일까지로 한다.
〈개정 2017.3.31.〉

건축물의 냉방설비에 대한 설치 및 설계기준 문제해설

▣ 용어정의

1. 다음 중 축냉식 전기냉방설비에 해당하지 않는 것은?
   가. 빙축열식 냉방설비　　나. 수축열식 냉방설비
   다. 지열축열식 냉방설비　　라. 잠열축열식 냉방설비

2. 건축물의 냉방설비에 대한 설치 및 설계기준에 따른 용어의 정의가 옳지 않은 것은?
   가. 빙축열식 냉방설비라 함은 심야시간에 얼음을 제조하여 축열조에 저장하였다가 그 밖의 시간에 이를 녹여 냉방에 이용하는 냉방설비를 말한다.
   나. 전체축냉방식이라 함은 그 밖의 시간에 필요한 냉방열량의 전부를 심야시간에 생산하여 축열조에 저장하였다가 이를 이용하는 냉방방식을 말한다.
   다. 이용이 가능한 냉열량이라 함은 축열조에 저장된 냉열량 중에서 열손실 등을 차감하고 실제로 냉방에 이용할 수 있는 열량을 말한다.
   라. 가스를 이용한 냉방방식이라 함은 가스(유류 제외)를 사용하는 압축식 냉동기 및 냉·온수기, 가스엔진구동 열펌프시스템을 말한다.

   해설 라. 유류 포함, 흡수식 냉동기

3. 다음 중 축냉식 전기냉방설비의 1차측 설비에 포함되지 않는 것은?
   가. 축열조　　나. 냉동기
   다. 브라인펌프　　라. 냉수순환펌프

4. 다음 축냉식 전기냉방설비에 관한 용어 중 2차측 설비에 해당하는 것은?
   가. 축열조　　나. 냉동기
   다. 냉각탑　　라. 공조용 순환펌프

5. 건축물의 냉방설비에 대한 설치 및 설계기준에서 심야시간이라 함은?
   가. 20 : 00부터 다음 날 06 : 00까지　　나. 20 : 00부터 다음 날 08 : 00까지
   다. 22 : 00부터 다음 날 08 : 00까지　　라. 23 : 00부터 다음 날 09 : 00까지

   해설 심야시간은 10시간(23시~09시)이다.

해답 1-다, 2-라, 3-라, 4-라, 5-라

6. 축냉식 전기냉방설비가 설치된 어느 건물의 1일 최대냉방열량이 12,000kW이고 축열용량이 7,200kW, 열손실이 15%라면 축열률은 얼마인가?

가. 45%　　　　나. 51%

다. 60%　　　　라. 65%

해설 $축열률 = \frac{이용이\ 가능한\ 냉열량}{그\ 밖의\ 시간에\ 필요한\ 냉방열량} \times 100 = \frac{7,200\,(1-0.15)}{12,000} \times 100 = 51\%$

7. 가스를 이용한 냉방방식이라 함은 무엇을 말하는가?

가. 흡수식 냉동기 및 냉·온수기　　　　나. 원심식(터보식) 냉동기

다. 회전식(스크류식) 냉동기　　　　라. 왕복동식 냉동기

▣ 냉방설비의 설치대상 및 설비규모

8. 법정 규모 이상인 건축물에 중앙집중 냉방설비를 설치하고자 할 때에는 해당 건축물에 소요되는 (　　　　　　　　)을 심야전기를 이용한 축냉식, 가스를 이용한 냉방방식, 집단에너지사업허가를 받은 자로부터 공급되는 집단에너지를 이용한 지역냉방방식, 소형열병합발전을 이용한 냉방방식, 신재생에너지를 이용한 냉방방식, 그 밖에 전기를 사용하지 아니한 냉방방식의 냉방설비로 수용하여야 한다.(다만, 도시철도법에 의해 설치하는 지하철역사 등 산업통상자원부장관이 필요하다고 인정하는 건축물은 그러하지 아니한다.) 다음 중 위의 (　) 안에 적합한 것은?

가. 주간 최대 냉방부하의 60% 이상　　　　나. 주간 최대 냉방부하의 55% 이상

다. 주간 최대 냉방부하의 50% 이상　　　　라. 주간 최대 냉방부하의 45% 이상

9. 건축물에 중앙집중냉방설비를 설치할 때 주간 최대 냉방부하의 60% 이상을 심야전기를 이용한 축냉식, 가스를 이용한 냉방방식 등의 냉방설비로 수용하여야 하는 대상이 아닌 것은?

가. 바닥면적 3,000m²의 업무시설　　　　나. 바닥면적 2,000m²의 공동주택 중 기숙사

다. 바닥면적 1,000m²의 제1종 근린생활시설 중 목욕장

라. 바닥면적 5000m²의 장례식장

10. 건축물에 중앙집중냉방설비를 설치할 때 주간 최대 냉방부하의 60% 이상을 심야전기를 이용한 축냉식, 가스를 이용한 냉방방식 등의 냉방설비로 수용하여야 하는 대상이 아닌 것은?

가. 연면적 3,000m²의 판매시설　　　　나. 연면적 2,000m²의 의료시설

다. 연면적 2,000m²의 연구소　　　　라. 연면적 1,000m²의 실내수영장

해답 6-나, 7-가, 8-가, 9-라, 10-다

11. 냉방설비를 축냉식 또는 가스를 이용한 중앙집중냉방방식으로 설치해야 할 어느 건물의 냉동기 총용량이 500 USRT라면 이중 축냉식 또는 가스를 이용한 중앙집중냉방방식으로 해야 할 최소용량은?

가. 200 USRT　　나. 250 USRT

다. 300 USRT　　라. 400 USRT

해설 주간 최대냉방부하의 60%이상을 수용할 수 있는 용량의 축냉식 또는 가스를 이용한 중앙집중냉방방식으로 설치하여야 한다.

12. 축냉식 전기냉방을 부분축냉방식으로 설치할 때 축열율은 몇 %이상으로 하여야 하는가?

가. 40%　　나. 50%

다. 60%　　라. 70%

▣ 축냉식 설계기준

13. 축냉식 전기냉방설비의 설계기준 중 적합하지 않은 것은?

가. 부분축냉방식의 경우에는 냉동기가 축냉운전과 방냉운전 또는 냉동기와 축열조의 동시운전이 반복적으로 수행하는데 아무런 지장이 없어야 한다.

나. 열교환기는 시간당 최대냉방열량을 처리할 수 있는 용량이상으로 설치하여야 한다.

다. 자동제어설비는 축냉운전, 방냉운전 또는 냉동기와 축열조를 동시에 이용하여 냉방운전이 가능한 기능을 갖추어야 하고, 필요할 경우 수동조작이 가능하도록 하여야 한다.

라. 축냉식 전기냉방으로 설치할 때에는 전체축냉방식 또는 60% 이상인 부분축냉방식으로 설치하여야 한다.

14. 축냉식 전기냉방설비의 주요 목적은?

가. 에너지절약　　나. 설치면적 감소

다. 공사비 절감　　라. 주야간 전력부하의 균형

15. 축냉식 전기냉방설비의 주요 장점으로 부적합한 것은?

가. 안정적인 열공급　　나. 설치면적 감소

다. 냉동기 용량 감소　　라. 주야간 전력부하의 균형

해답 11-다, 12-가, 13-라, 14-라, 15-나

2-3

녹색건축의 인증

• 녹색건축 인증에 관한 규칙 (規로 표기함)

제정 2008. 5. 27. 국토해양부령 제 15호
전부개정 2013. 6. 28. 국토교통부령 제 16호
타법개정 2014. 6. 30. 국토교통부령 제103호
일부개정 2016. 6. 13. 국토교통부령 제318호
타법개정 2016. 8. 12. 국토교통부령 제353호
일부개정 2021. 3. 24. 국토교통부령 제831호

※녹색건축 인증에 관한 규칙은 제 9조가 출제되었음.

• 녹색건축 인증기준 (基로 표기함)

전부개정 2013. 6. 28. 국토교통부 고시 제 2013-383호
일부개정 2014. 12. 5. 국토교통부 고시 제 2014-705호
일부개정 2016. 6. 17. 국토교통부 고시 제 2016-341호
일부개정 2023. 7. 7. 국토교통부 고시 제 2023-329호

1. 목적

> **規 제1조【목적】**이 규칙은 「녹색건축물 조성 지원법」 제16조 제6항에 따라 녹색건축 인증 대상 건축물의 종류, 인증기준 및 인증절차, 인증유효기간, 수수료, 인증기관 및 운영기관의 지정 기준, 지정 절차, 업무범위, 인증 받은 건축물에 대한 점검이나 실태조사 및 인증 결과의 표시 방법에 관하여 위임된 사항과 그 시행에 필요한 사항을 규정함을 목적으로 한다. 〈개정 2021.3.24.〉

> **基 제1조【목적】**이 기준은 「녹색건축 인증에 관한 규칙」 제6조제2항, 제8조제1항, 제10조제2항, 제11조 제2항, 제12조 제4항, 제13조, 제14조 제1항·제2항·제5항, 제15조제4항에서 위임한 사항 등을 규정함을 목적으로 한다. 〈개정 제 2016-341호〉

해설 ▸ 통합 녹색건축 「G-SEED」 공식출범

–「녹색건축 인증에 관한 규칙」과 「녹색건축 인증기준」 개정·시행–

1) 그동안 건축법과 주택법에 의해 대상과 인증 기준이 중복되었던 친환경 주택 관련 제도가 '녹색건축 인증제'로 일원화되었다. 국토교통부는 「녹색건축물 조성 지원법」의 하위 규정인 「녹색건축 인증에 관한 규칙」과 「녹색건축 인증기준」을 마련하고 2013년 6월 28일부터 시행하고 있다.

2) 과거 「건축법」에 근거했던 「친환경건축물 인증제」와 「주택법」에 근거했던 「주택성능등급 인정제」는 대상 및 기준이 중복된 부분이 많다는 지적이 있었다.
따라서, 2013년 2월 23일 「녹색건축물 조성 지원법을 제정·시행하면서 「녹색건축 인증제」로 통합하여 건축주의 이중 부담을 완화하였다.
이것은 통합 인증제 시행에 따라 세부 운영 관련사항 등을 정하고, 일부 미비한 사항을 보완하고자 하위 규칙 및 고시를 개정한 것이다.

〈종전〉		〈개정〉
「친환경 건축물 인증제」 (건축법) •친환경건축물 인증에 관한 규칙(부령) •친환경건축물 인증기준(고시) + 「주택성능등급 인정제」 (주택법)	⇨	「녹색건축 인증제」 (녹색건축물 조성 지원법) •(개정) 녹색건축 인증에 관한 규칙(부령) •(개정) 녹색건축 인증기준(고시)

〈법령 개정〉

3) **(법령형식 변경)** 인증제의 명칭변경에 따라 제명을 변경하고, 과거 고시에서 규정한 사항 중 중요사항을 규칙 규정사항으로 변경하였다.

○ 규정사항의 중요도를 감안하여 규칙과 고시의 규정사항 조정

구분	종 전	개 정
규칙	•**친환경건축물** 인증에 관한 규칙 (본칙 12개, 부칙 2개)	•**녹색건축** 인증에 관한 규칙 (본칙 15개, 부칙 6개)
고시	•**친환경건축물** 인증기준 (본칙 14개, 부칙 2개)	•**녹색건축** 인증기준 (본칙 11개, 부칙 3개)

2. 운영기관의 지정, 인증기관의 지정 등

規 제3조【운영기관의 지정 등】① 국토교통부장관은 법 제23조에 따라 녹색건축센터로 지정된 기관 중에서 운영기관을 지정하여 관보에 고시하여야 한다.

② 국토교통부장관은 제1항에 따라 운영기관을 지정하려는 경우에는 환경부장관과 협의하여야 한다. 〈개정 2016.6.13.〉

③ 운영기관은 다음 각 호의 업무를 수행한다.

1. 인증관리시스템의 운영에 관한 업무
2. 인증기관의 심사 결과 검토에 관한 업무
3. 인증제도의 홍보, 교육, 컨설팅, 조사·연구 및 개발 등에 관한 업무
4. 인증제도의 개선 및 활성화를 위한 업무
5. 심사전문인력의 교육, 관리 및 감독에 관한 업무 〈신설 2016.6.13.〉
6. 인증 관련 통계 분석 및 활용에 관한 업무 〈신설 2016.6.13.〉
7. 인증제도의 운영과 관련하여 국토교통부장관 또는 환경부장관이 요청하는 업무

④ 운영기관의 장은 다음 각 호의 구분에 따른 시기까지 운영기관의 사업내용을 국토교통부장관과 환경부장관에게 각각 보고하여야 한다.

1. 전년도 사업추진 실적과 그 해의 사업계획 : 매년 1월 31일까지
2. 분기별 인증 현황 : 매 분기 말일을 기준으로 다음 달 15일까지

⑤ 운영기관의 장은 제7조 제2항에 따른 인증심의위원회의 후보단을 구성하고 관리하여야 한다. 〈신설 2016.6.13.〉

⑥ 운영기관의 장은 인증기관에 법 제19조 각 호의 처분사유가 있다고 인정하면 국토교통부장관에게 알려야 한다. 〈신설 2016.6.13.〉

規 제4조【인증기관의 지정】① 국토교통부장관은 법 제16조제2항에 따라 인증기관을 지정하려는 경우에는 환경부장관과 협의하여 지정 신청 기간을 정하고, 그 기간이 시작되는 날의 3개월 전까지 신청 기간 등 인증기관 지정에 관한 사항을 공고하여야 한다.

② 인증기관으로 지정을 받으려는 자는 다음 각 호의 요건을 모두 갖춰야 한다.
1. 인증업무를 수행할 전담조직을 구성하고 업무수행체계를 수립할 것
2. 별표 1의 전문분야(이하 "해당 전문분야"라 한다) 중 5개 이상의 분야에서 각 분야별로 다음 각 목의 어느 하나에 해당하는 1명 이상의 사람을 상근(常勤) 심사전문인력으로 보유할 것
가. 「건축사법」에 따른 건축사 자격을 취득한 사람
나. 「국가기술자격법」에 따른 해당 전문분야의 기술사 자격을 취득한 사람
다. 「국가기술자격법」에 따른 해당 전문분야의 기사 자격을 취득한 후 7년 이상 해당 업무를 수행한 사람
라. 해당 전문분야의 박사학위를 취득한 후 1년 이상 해당 업무를 수행한 사람
마. 해당 전문분야의 석사학위를 취득한 후 6년 이상 해당 업무를 수행한 사람
바. 해당 전문분야의 학사학위를 취득한 후 8년 이상 해당 업무를 수행한 사람
3. 다음 각 목에 관한 사항이 포함된 인증업무 처리규정을 마련할 것
가. 녹색건축 인증 심사의 절차 및 방법
나. 제7조에 따른 인증심사단 및 인증심의위원회의 구성ㆍ운영
다. 녹색건축 인증 결과의 통보 및 재심사
라. 녹색건축 인증을 받은 건축물의 인증 취소
마. 녹색건축 인증 결과 등의 보고
바. 녹색건축 인증 수수료의 납부방법 및 납부기간
사. 녹색건축 인증 결과의 검증방법
아. 그 밖에 녹색건축 인증업무 수행에 필요한 내용 <본항 신설 2021.3.24.>
③ 인증기관으로 지정을 받으려는 자는 제1항에 따른 신청 기간 내에 별지 제1호서식의 녹색건축 인증기관 지정신청서(전자문서로 된 신청서를 포함한다)에 다음 각 호의 서류(전자문서를 포함한다)를 첨부하여 국토교통부장관에게 제출해야 한다. 〈개정 2021.3.24.〉
1. 인증업무를 수행할 전담조직 및 업무수행체계에 관한 설명서
2. 제2항 제2호에 따른 심사전문인력을 보유하고 있음을 증명하는 서류 〈개정 2021.3.24.〉
3. 제2항 제3호에 따른 인증업무 처리규정 〈개정 2021.3.24.〉
4. 〈본호 삭제 2021.3.24.〉
④ 제3항에 따른 신청을 받은 국토교통부장관은 「전자정부법」 제36조제1항에 따른 행정정보의 공동이용을 통하여 신청인의 법인 등기사항증명서(법인인 경우만 해당한다) 또는 사업자등록증(개인인 경우만 해당한다)을 확인해야 한다. 다만, 신청인이 사업등록증을 확인하는데 동의하지 않는 경우에는 해당 서류의 사본을 제출하도록 해야 한다. 〈개정 2021.3.24.〉
⑤ 〈삭제 2021.3.24.〉
⑥ 국토교통부장관은 제3항에 따라 녹색건축 인증기관 지정신청서가 제출되면 해당 신청인이 인증기관으로 적합한지를 환경부장관과 협의하여 검토한 후 제 15조에 따른 인증운영위원회(이하 "인증운영위원회"라 한다)의 심의를 거쳐 지정·고시한다. 〈개정 2021.3.24.〉

規 제5조【인증기관 지정서의 발급 및 인증기관 지정의 갱신 등】① 국토교통부장관은 제4조제6항에 따라 인증기관으로 지정받은 자에게 별지 제2호서식의 녹색건축 인증기관 지정서를 발급하여야 한다.

② 제4조제6항에 따른 인증기관 지정의 유효기간은 녹색건축 인증기관 지정서를 발급한 날부터 5년으로 한다.

③ 국토교통부장관은 환경부장관과 협의한 후 인증운영위원회의 심의를 거쳐 제2항에 따른 지정의 유효기간을 5년마다 갱신할 수 있다. 이 경우 갱신기간은 갱신할 때마다 5년을 초과할 수 없다.

④ 제1항에 따라 녹색건축 인증기관 지정서를 발급받은 인증기관의 장은 다음 각 호의 어느 하나에 해당하는 사항이 변경되었을 때에는 그 변경된 날부터 30일 이내에 변경된 내용을 증명하는 서류를 운영기관의 장에게 제출하여야 한다.

1. 기관명

1의 2. 기관의 대표자 〈신설 2016.6.13.〉

2. 건축물의 소재지

3. 심사전문인력

⑤ 운영기관의 장은 제4항에 따른 변경 내용을 증명하는 서류를 받으면 그 내용을 국토교통부장관과 환경부장관에게 각각 보고하여야 한다.

⑥ 국토교통부장관은 환경부장관과 협의하여 법 제19조 각 호의 사항을 점검할 수 있으며, 이를 위하여 인증기관의 장에게 관련 자료의 제출을 요구할 수 있다. 이 경우 자료 제출을 요구받은 인증기관의 장은 특별한 사유가 없으면 이에 따라야 한다.

해설 ▸ **전문분야 분류체계 재정립** : 종전 9개 전문분야의 분류체계에서 유사 분류항목을 통합하여 7개의 전문분야로 재정립(규칙 제4조제4항)

- (9개) 토지이용, 교통, 에너지, 환경오염방지, 재료 및 자원, 수자원, 유지관리, 생태환경, 실내환경 → (7개) 토지이용 및 교통, 에너지 및 환경오염, 재료 및 자원, 물순환관리, 유지관리, 생태환경, 실내환경

[별표 1] 〈개정 2021.3.24.〉 **전문분야**(규칙 제4조 제2항 제2호 관련)

전문분야	해당 세부분야
토지이용 및 교통	단지계획, 교통계획, 교통공학, 건축계획 또는 도시계획
에너지 및 환경오염	에너지, 전기공학, 건축환경, 건축설비, 대기환경, 폐기물처리 또는 기계공학
재료 및 자원	건축시공 및 재료, 재료공학, 자원공학 또는 건축구조
물순환관리	수공학, 상하수도공학, 수질환경, 건축환경 또는 건축설비
유지관리	건축계획, 건설관리, 건축설비 또는 건축시공 및 재료
생태환경	건축계획, 생태건축, 조경 또는 생물학
실내환경	온열환경, 소음·진동, 빛환경, 실내공기환경, 건축계획, 건축환경 또는 건축설비

해설 ▸ **인증기관 지정 유효기간 설정**: 인증기관 지정의 유효기간을 5년으로 하되, 국토교통부·환경부 협의 및 인증운영위원회의 심의를 거쳐 지정 유효기간을 5년마다 갱신할 수 있음(규칙 제5조)

3. 인증 신청 등

規 제6조【인증 신청 등】 ① 다음 각 호의 어느 하나에 해당하는 자는 법 제16조제3항에 따라 「건축법」 제22조에 따른 사용승인(이하 "사용승인"이라 한다) 또는 「주택법」 제49조에 따른 사용검사(이하 "사용검사"라 한다)를 받은 후에 녹색건축 인증을 신청할 수 있다. 다만, 개별 법령(조례를 포함한다)에 따라 제도적·재정적 지원을 받거나 의무적으로 녹색건축 인증을 받아야 하는 경우에는 사용승인 또는 사용검사를 받기 전에 녹색건축 인증을 신청할 수 있다. 〈개정 2016.8.12.〉

1. 건축주
2. 건축물 소유자
3. 사업주체 또는 시공자(건축주나 건축물 소유자가 인증 신청에 동의하는 경우에만 해당한다)

② 제1항에 따라 인증을 신청하려는 건축주 등은 별지 제3호서식의 녹색건축 인증 · 인증 유효기간 연장 신청서(전자문서로 된 신청서를 포함한다)에 다음 각 호의 서류(전자문서를 포함한다)를 첨부하여 제3조 제3항 제1호에 따른 인증관리시스템(이하 "인증관리시스템"이라 한다)을 통해 인증기관의 장에게 제출해야 한다. 〈개정 2021.3.24.〉

1. 국토교통부장관과 환경부장관이 정하여 공동으로 고시하는 녹색건축 자체평가서

2. 제1호에 따른 녹색건축 자체평가서에 포함된 내용이 사실임을 증명할 수 있는 서류

③ 인증기관의 장은 제2항에 따른 신청서와 신청서류가 접수된 날부터 40일 이내에 인증을 처리하여야 한다. 다만, 인증대상 건축물이 「건축법시행령」 별표 1 제1호의 단독주택(30세대 미만인 경우만 해당한다)인 경우에는 20일 이내에 처리하여야 한다. 〈개정 2016.6.13.〉

④ 인증기관의 장은 제3항에 따른 기간 이내에 부득이한 사유로 인증을 처리할 수 없는 경우에는 건축주등에게 그 사유를 통보하고 20일의 범위에서 인증 심사 기간을 한 차례만 연장할 수 있다. 〈개정 2016.6.13.〉

⑤ 인증기관의 장은 제2항에 따라 건축주 등이 제출한 서류의 내용이 불충분하거나 사실과 다른 경우에는 서류가 접수된 날부터 20일 이내에 건축주 등에게 보완을 요청할 수 있다. 이 경우 건축주 등이 제출서류를 보완하는 기간은 제3항에 따른 기간에 산입하지 아니한다. 〈개정 2016.6.13.〉

⑥ 인증기관의 장은 건축주 등이 보완 요청 기간 안에 보완을 하지 아니한 경우 등에는 신청을 반려할 수 있다. 이 경우 반려기준 및 절차 등 필요한 사항은 국토교통부장관과 환경부장관이 공동으로 정하여 고시한다. 〈본항 신설 2016.6.13.〉

基 제2조【인증 신청 등】① 「녹색건축인증에 관한 규칙」(이하 "규칙"이라 한다.) 제6조제2항제1호에 따른 자체평가서는 별표 11에 따른 자체평가서 작성요령에 따라 작성하며, 별표1부터 별표7까지에 따라 제14조에 따른 운영세칙(이하 "운영세칙"이라 한다)에서 정하는 제출서류를 포함하여야 한다. 〈개정 제 2016-341호〉

② 규칙 제6조 제3항부터 제5항까지(규칙 제11조 제6항에 따라 준용되는 경우를 포함한다)와 이 기준 제2조 제4항, 제8조 제5항, 제9조에 따른 인증 처리 기간 등에는 「민원처리에 관한 법률」 제19조에 따라 공휴일과 토요일은 제외한다.
〈개정 제 2016-341호〉

③ 규칙 제6조 제2항 및 규칙 제11조 제2항에 따라 제출되는 서류에는 설계자 및 「건축물의 설비기준 등에 관한 규칙」 제3조에 따른 관계전문기술자의 날인(건축, 기계, 전기)이 포함되어야 한다. 다만, 건축물이 준공된 후에 인증을 신청하는 등 설계자 및 관계전문기술자의 날인을 받기 어려운 경우에는 「건축법」 제22조에 따른 공사감리자 및 건축주의 날인으로 대체할 수 있다.

④ 규칙 제6조 제5항에 따라 보완을 요청받은 규칙 제6조 제1항에 따른 건축주 등(이하 "건축주 등"이라 한다)은 보완 요청일로부터 30일 이내에 보완을 완료하여야 한다. 건축주 등은 설계변경 등 부득이한 사유로 기간 내 보완이 어려운 경우에는 10일의 범위에서 기간 연장을 신청할 수 있다. 〈개정 제 2016-341호〉

[별표 13] **녹색건축 자체평가서** (기준 제2조 관련)

1. 일반사항
  1) 녹색건축 자체평가자
     녹색건축 자체평가자를 평가서에 명시하여야한다.
  2) 현장조사
     평가항목 중에서 그 성질상 항목의 예측·분석 등을 위하여 현장조사 등이 필요한 항목에 대하여는 현장조사를 실시할 수 있다.
  3) 통합평가
     ① 2인 이상의 신청자에 의한 인증대상 건축물 건축사업이 하나의 건축물 건축사업계획의 일환으로 연계 추진되는 경우 심사대상 건축물별 자체평가서를 통합하여 하나의 자체평가서로 작성할 수 있다.
     ② 통합평가서는 공통사항과 개별사항으로 구분하여 작성함을 원칙으로 한다.

2 작성방법
  1) 자체평가서 구성
     자체평가서는 본문과 부록(첨부)으로 구분하여 작성한다.
  2) 자체평가서 분량
     자체평가서의 분량은 A4 기준 500면 이내(10cm 두께 바인더 2권)로 함을 원칙으로 한다.
  3) 자체평가서 제출
     신청자가 제출하여야 하는 평가서초안의 부수는 원본 포함 2부이며 신청자도 1부 이상을 보관하여야 한다.
  4) 지역현황조사
     신청자는 녹색건축 인증 자체평가서를 작성함에 있어서 당해 사업지역 및 주변지역의 환경상황을 파악할 수 있도록 다음 각 호에 해당하는 사항을 포함하여 지역현황조사를 실시하고 그 내용을 평가서에 포함시켜야 한다.
     · 사업지역 및 주변지역의 토지이용상황
     · 환경관련 지구·지역의 지정현황
     · 환경기준 및 녹지자연도
     · 철도역, 공항, 여객선터미널, 시내버스정류장, 시외버스정류장, 지하철역 등 대중교통수단 시설물
     · 공장·공항·도로·철도 등 환경피해를 유발시킬 수 있는 주요시설물
     · 하수종말처리시설, 분뇨처리시설, 폐기물처리시설 등 환경기초시설
     · 그 밖의 사업지역의 근린환경상황을 파악할 수 있는 사항(학교, 병원, 상가, 백화점, 공연문화시설, 체육위락시설, 공원시설, 유흥음식점)

5) 민간 이해당사자 의견수렴내용에 관한 사항

인근주민, 민간환경보전단체 및 소비자 보호단체 등이 제출한 의견 및 설명회·협의회 개최 결과가 있을 경우는 다음 각 호의 사항을 포함하여 작성한다.

· 주관단체, 주관 전문가 대표

· 설명회, 협의회 일시 및 장소

· 의견수렴결과

6) 현장조사

① 현장조사는 현지조사를 원칙으로 하되, 불가피하게 문헌 또는 그 밖의 시청각 기록자료에 의한 조사를 실시하게 되는 경우에는 가장 최근의 자료를 인용하고 본문의 해당내용 하단에 인용문헌 또는 그 출처를 표기하여야 한다.

② 현장조사의 기간 및 횟수 등은 대상건축물의 환경성능을 객관적으로 예측·분석할 수 있도록 대상건축물의 특성, 지역의 환경적 특성 등을 고려하여 정한다.

7) 환경성능의 예측 및 분석

사업지역 인근에 개발 중에 있거나 계획이 확정된 사업이 있는 경우에는 그 사업으로 인한 환경영향 및 환경성능을 함께 예측·분석하여야 한다.

8) 자료의 구성

가급적 도면, 계산서, 도표, 사진, 그림 등을 활용하여 작성한다.

9) 비밀에 관한 사항

평가서의 내용 중 비밀(대외비 포함)로 분류되어야 할 사항은 별책으로 분리, 작성할 수 있다.

4. 인증 심사, 인증기준 및 등급

規 제7조【인증 심사 등】① 인증기관의 장은 제6조제2항에 따른 인증 신청을 받으면 제4조제2항 제2호에 따른 심사전문인력으로 인증심사단을 구성하여 제8조의 인증기준에 따라 서류심사와 현장실사(現場實査)를 하고, 심사 내용, 점수, 인증 여부 및 인증 등급을 포함한 인증심사결과서를 작성해야 한다. 〈개정 2021.3.24.〉

② 제1항에 따라 인증심사결과서를 작성한 인증기관의 장은 인증심의위원회의 심의를 거쳐 인증 여부 및 인증 등급을 결정한다. 다만, 다음 각 호의 어느 하나에 해당하는 경우에는 인증심의위원회의 심의를 생략할 수 있다.

1. 단독주택에 대하여 인증을 신청한 경우

2. 법 제27조에 따른 그린 리모델링(이하 "그린 리모델링"이라 한다) 인증 용도로 인증을 신청한 경우 〈본항 개정 2016.6.13.〉

③ 제1항에 따른 인증심사단은 해당 전문분야 중 5개 이상의 분야에서 각 분야별로 1

명 이상의 심사전문인력으로 구성한다. 다만, 단독주택 및 그린 리모델링에 대한 인증인 경우에는 해당 전문분야 중 2개 이상의 분야에서 각 분야별로 1명 이상의 심사전문인력으로 인증심사단을 구성할 수 있다. 〈개정 2021.3.24.〉

④ 제2항에 따른 인증심의위원회는 제3조 제5항에 따른 후보단에 속해 있는 사람으로서 해당 전문분야 중 4개 이상의 분야에서 각 분야별로 1명 이상의 전문가로 구성한다. 이 경우 인증심의위원회의 위원은 해당 인증기관에 소속된 사람이 아니어야 하며, 다른 인증기관의 심사전문인력을 1명 이상 포함해야 한다. 〈개정 2021.3.24.〉

規 제7조의 2【인증심의위원회 위원의 제척·기피·회피】① 인증심의위원회의 위원(이하 이 조에서 "위원"이라 한다)이 다음 각 호의 어느 하나에 해당하는 경우에는 인증심의위원회의 심의에서 제척(除斥)된다.

1. 위원 또는 그 배우자나 배우자이었던 사람이 해당 안건의 당사자가 되어나 그 안건의 당사자와 공동권리자 또는 공동의무자인 경우
2. 위원이 해당 안건의 당사자와 친족이거나 친족이었던 경우
3. 위원이 해당 안건에 대하여 자문, 연구, 용역(하도급을 포함한다), 감정 또는 조사를 한 경우
4. 위원이나 위원이 속한 법인·단체 등이 해당 안건의 당사자의 대리인이거나 대리인이었던 경우
5. 위원이 임원 또는 직원으로 재직하고 있거나 최근 3년 내에 재직하였던 기업 등이 해당 안건에 관하여 자문, 연구, 용역(하도급을 포함한다), 감정 또는 조사를 한 경우

② 해당 안건의 당사자는 위원에게 공정한 심의를 기대하기 어려운 사정이 있는 경우에는 인증심의위원회에 기피신청을 할 수 있으며, 인증심의위원회는 의결로 이를 결정한다. 이 경우 기피 신청의 대상인 위원은 그 의결에 참여하지 못한다.

③ 위원이 제1항 각 호에 따른 제척 사유에 해당하는 경우에는 스스로 해당 안건의 심의에서 회피(回避)하여야 한다. 〈본조 신설 2016.6.13.〉

規 제8조【인증기준 등】① 녹색건축 인증은 해당 전문분야별로 국토교통부장관과 환경부장관이 공동으로 정하여 고시하는 인증기준에 따라 부여된 종합점수를 기준으로 심사하여야 한다.

② 녹색건축 인증 등급은 최우수(그린1등급), 우수(그린2등급), 우량(그린3등급) 또는 일반(그린4등급)으로 한다.

③ 인증기관의 장은 법 제21조제2항에 따라 지정된 전문기관에서 운영하는 일정한 교육과정을 이수한 사람이 인증대상 건축물의 설계에 참여한 경우 또는 혁신적인 설계방식을 도입한 경우 등 녹색건축 관련 기술의 발전을 위하여 필요하다고 인정하는 경우에는 국토교통부장관과 환경부장관이 공동으로 정하여 고시하는 바에 따라 가산점을 부여할 수 있다.

④ 제1항에 따른 인증기준은 「건축법」 제22조에 따른 사용승인(이하 "사용승인"이라 한다) 또는 「주택법」 제29조에 따른 사용검사(이하 "사용검사"라 한다)를 받은 날부터 5년이 지난 건축물과 그 밖의 건축물로 구분하여 정할 수 있다. 〈개정 2016.6.13.〉

基 제3조【인증기준 및 등급】① 규칙 제8조에 따른 인증기준은 별표 1부터 별표 3까지의 신축건축물 종류별 인증심사기준과 별표 4부터 별표 7까지의 기존 건축물 종류별 인증심사기준에 따라 평가한다. 〈개정 제 2016-341호〉

② 〈삭제 제 2016-341호〉

③ 2개 이상의 용도가 있는 복합건축물에 대하여는 각 용도별로 인증심사기준에 따라 평가하고, 최종 인증점수는 별표 8의 복합건축물 인증등급 산정표에 따라 각 용도별 바닥면적을 가중평균하여 산출한다. 〈개정 제 2016-341호〉

④ 2개 이상의 용도가 있는 복합건축물에 대하여 건축주 등이 원하는 경우 건축물의 용도별로 심사하여 인증서를 발급할 수 있으며, 어느 하나의 용도가 공동주택인 경우에는 공동주택성능등급 인증서도 녹색건축 인증서와 함께 발급할 수 있다. 이 경우 건축주 등은 인증결과를 광고 등에 활용 시 인증 받은 용도를 모두 공개하여야 한다. 〈신설 제 2016-341호〉

⑤ 하나의 대지에 2이상의 건축물을 신축하는 경우 또는 건축물이 있는 대지에 기존 건축물과 떨어져 증축하는 경우에는 녹색건축 인증대상 건축물 주변에 가상의 대지경계선을 설정하여 건축물 외부환경 관련 항목에 대하여 평가할 수 있으며, 그 외 항목은 동일하게 평가한다. 이 경우 가상의 대지 경계선은 해당 건축물의 용적률에 근거하여 설정하며, 가상의 대지 경계선은 인증신청자가 제시할 수 있다.

⑥ 인증신청 건축물은 각 인증심사기준의 필수항목 점수를 반드시 취득하여야 한다. 다만, 인증신청 건축물이 에너지효율향상 항목의 경우 「녹색건축물 조성지원법」 제14조 및 같은 법 시행령 제10조에 따른 에너지 절약계획서 제출대상이 아닌 경우에는 그러하지 아니한다. 〈개정 제 2016-341호〉

⑦ 국내법이 적용되지 않는 지역에서의 건축 등 특수한 상황으로 인하여 인증기준 적용이 불합리하다고 국토교통부장관이 인정하는 경우에는 규칙 제15조에 따른 인증운영위원회의 심의를 거쳐 인증기준을 변경하여 적용할 수 있다. 이 경우 건축주 등은 인증기준을 변경하여 적용하고자 하는 사항을 작성하여 운영기관의 장에게 요청하여야 한다.

⑧ 규칙 제8조 제2항에 따른 인증기준의 인증등급은 별표 8, 9, 10에 따라 산출하여 부여한다. 〈신설 제 2016-341호〉

⑨ 규칙 제8조 제3항에 따른 가산점은 별표 1부터 별표 5까지의 인증심사기준에 따른다. 〈신설 제 2016-341호〉

⑩ 운영기관의 장은 국토교통부장관과 환경부장관의 승인을 받아 인증심사 세부기준을 운영세칙에서 정할 수 있다. 〈신설 제 2016-341호〉

해설 ▸ 인증기준의 인증등급

[별표 12] **인증등급별 점수기준**(기준 제3조제7항 관련)

1. 공동주택

등 급	심사점수		비 고
	신축건축물	기존건축물	
최우수(그린1등급)	**74점 이상**	69점 이상	100점 만점
우수(그린2등급)	66점 이상	61점 이상	
우량(그린3등급)	58점 이상	53점 이상	
일반(그린4등급)	50점 이상	45점 이상	

2. 업무용건축물, 학교시설, 판매시설, 숙박시설, 그 밖의 건축물, 복합건축물

등 급	심사점수		비 고
	신축건축물	기존건축물	
최우수(그린1등급)	**80점 이상**	75점 이상	100점 만점
우수(그린2등급)	70점 이상	65점 이상	
우량(그린3등급)	60점 이상	55점 이상	
일반(그린4등급)	50점 이상	45점 이상	

3. 소형주택

등 급	심사점수	비 고
최우수(그린1등급)	**74점 이상**	100점 만점
우수(그린2등급)	66점 이상	
우량(그린3등급)	58점 이상	
일반(그린4등급)	50점 이상	

5. 인증서 발급 및 인증 유효기간 등

規 제9조【인증서 발급 및 인증의 유효기간 등】① 인증기관의 장은 녹색건축 인증을 할 때에는 건축주 등에게 별지 제4호서식의 녹색건축 인증서와 별표 2에 따라 제작된 인증명판(認證名板)을 발급하여야 한다. 이 경우 법 제16조 제5항 및 영 제11조의 3에 따른 건축물의 건축주 등은 인증명판을 건축물 현관 및 로비 등 공공이 볼 수 있는 장소에 게시하여야 한다. 〈개정 2016.6.13.〉

② 녹색건축 인증을 받은 건축물의 건축주 등은 자체적으로 별표 2에 따라 인증명판을 제작하여 활용할 수 있다. 〈신설 2016.6.13.〉

③ **녹색건축 인증의 유효기간은 제1항에 따라 녹색건축 인증서를 발급한 날부터 5년으로 한다.**

④ 인증기관의 장은 제1항에 따라 인증서를 발급했을 때에는 인증 대상, 인증 날짜, 인증 등급 및 인증심사단과 인증심사위원회의 구성원 명단을 포함한 인증 심사 결과를 운영기관의 장에게 제출하고, 제7조 제1항에 따른 인증심사결과서를 인증관리시스템에 등록해야 한다.〈본항 개정 2021.3.24.〉

規 제9조의2【인증 유효기간의 연장】① 제9조제1항에 따라 인증서를 발급받은 건축주등은 같은 조 제3항에 따른 인증 유효기간의 만료일 180일 전부터 만료일까지 유효기간의 연장을 신청할 수 있다.

② 제1항에 따라 유효기간의 연장 신청을 받은 인증기관의 장은 국토교통부장관과 환경부장관이 공동으로 정하여 고시하는 기준에 적합하다고 인정되면 유효기간을 연장할 수 있다. 이 경우 연장된 유효기간은 유효기간의 만료일 다음 날부터 5년으로 한다.

③ 유효기간의 연장 신청·심사 및 인증서의 발급 등에 관하여는 각각 제6조, 제7조 제1항 및 제9조를 준용한다.

④ 제3항에 따라 준용되는 제7조제1항에 따른 인증심사단은 해당 전문분야 중 2개 이상의 분야에서 각 분야별로 1명 이상의 심사전문인력으로 구성한다.

⑤ 제3항에 따라 준용되는 제7조제1항에 따라 인증심사결과서를 작성한 인증기관의 장은 인증 여부 및 인증 등급을 결정하기 위하여 필요하면 인증심의위원회의 심의를 거칠 수 있다. 이 경우 인증심의위원회의 구성에 관하여는 제7조제4항을 준용한다. 〈본조 신설 2021.3.24.〉

해설 ▸ 인증 명판 : 최우수, 우수, 우량, 일반 등과 같이 그린 1~4 등급으로 함.

[별표 2] **인증 명판**(규칙 제9조제1항 관련)

1. 최우수(그린1등급) 녹색건축 인증 명판의 표시 및 규격

〈한글판〉

녹색건축인증

최우수(그린1등급)

★ ★ ★ ★

대상 건축물의 명칭

(20 . . . ~ 20 . . .)

인증기관의 장 인

〈영문판〉

G-SEED

GREEN STANDARD FOR ENERGY AND ENVIRONMENTAL DESIGN

★ ★ ★ ★

대상 건축물의 명칭(영문)

(20 . . . ~ 20 . . .)

인증기관의 장 인(영문)

6. 재심사 요청

規 제10조【재심사 요청 등】① 제7조 또는 제9조의2 제2항 전단에 따른 인증 또는 인증 유효기간의 연장 심사 결과나 법 제20조제1항에 따른 인증 취소 결정에 이의가 있는 건축주등은 인증기관의 장에게 재심사를 요청할 수 있다. 〈개정 2021.3.24.〉

② 재심사 결과 통보, 인증서 재발급 등 재심사에 따른 세부 절차에 관한 사항은 국토교통부장관과 환경부장관이 정하여 공동으로 고시한다.

基 제4조【재심사】① 규칙 제10조제2항에 따라 재심사 요청을 하는 건축주등은 재심사 요청 사유서를 인증기관의 장에게 제출하여야 하며, 재심사에 따른 세부절차 등에 관하여는 규칙 제6조제3항부터 제5항까지, 제7조제1항·제2항, 제8조, 법 제20조를 준용한다.

② 재심사 결과에 따라 인증서를 재발급할 경우에는 기존에 발급된 인증은 취소된다.

③ 재심사를 수행한 인증기관의 장은 재심사에 대한 전반적인 사항을 운영기관의 장에게 보고하여야 한다.

7. 예비인증의 신청

規 제11조【예비인증의 신청 등】 ① 건축주 등은 제6조제1항에도 불구하고「건축법」제11조·제14조에 따른 허가·신고 또는「주택법」 제15조에 따른 사업계획승인을 받은 후 건축물 설계에 반영된 내용을 대상으로 예비인증을 신청할 수 있다. 다만, 예비인증 결과에 따라 개별 법령(조례를 포함한다)에서 정하는 제도적·재정적 지원을 받는 경우에는 「건축법」제11조·제14조에 따른 허가·신고 또는「주택법」제15조에 따른 사업계획승인 전에 예비인증을 신청할 수 있다. 〈개정 2016.8.12.〉

② 건축주 등은 녹색건축 예비인증을 받으려면 별지 제5호서식의 녹색건축 예비인증 신청서(전자문서로 된 신청서를 포함한다)에 다음 각 호의 서류(전자문서를 포함한다)를 첨부하여 인증관리시스템을 통해 인증기관의 장에게 제출해야 한다. 〈개정 2021.3.24.〉

1. 국토교통부장관과 환경부장관이 정하여 공동으로 고시하는 녹색건축 자체평가서
2. 제1호에 따른 녹색건축 자체평가서에 포함된 내용이 사실임을 증명할 수 있는 서류

③ 인증기관의 장은 심사 결과 예비인증을 하는 경우 별지 제6호서식의 녹색건축 예비인증서(「주택건설기준 등에 관한 규칙」 제12조의 2에 따른 공동주택성능등급 인증서를 포함한다. 이하 같다)를 건축주 등에게 발급하여야 한다. 이 경우 건축주 등이 예비인증을 받은 사실을 광고 등의 목적으로 사용하려면 제9조제1항에 따른 인증(이하

"본인증"이라 한다)을 받을 경우 그 내용이 달라질 수 있음을 알려야 한다. 〈개정 2014.6.30.〉

④ 예비인증을 받은 건축주 등은 본인증을 받아야 한다. 이 경우 예비인증을 받아 제도적·재정적 지원을 받은 건축주 등은 예비인증 등급 이상의 본인증을 받아야 한다.

⑤ 예비인증의 유효기간은 제3항에 따라 녹색건축 예비인증서를 발급한 날부터 사용승인일 또는 사용검사일까지로 한다. 다만, 사용승인 또는 사용검사 전에 제9조 제1항에 따른 녹색건축 인증서를 발급받은 경우에는 해당 인증서 발급일까지로 한다.〈개정 2016.6.13.〉

⑥ 제1항부터 제5항까지에서 규정한 사항 외에 예비인증의 신청 및 평가 등에 관하여는 제6조제3항부터 제5항까지, 제7조, 제8조, 제9조제4항, 제10조 및 법 제20조를 준용한다. 다만, 제7조 제1항 및 제2항에 따른 인증 심사 중 현장실사 및 인증심의 위원회의 심의는 필요한 경우에만 할 수 있다.〈개정 2021.3.24.〉

基 제5조【예비인증의 신청 등】① 규칙 제11조제2항에 따른 자체평가서의 작성요령 및 제출서류는 제2조제1항을 준용한다.

② 규칙 제11조제3항에 따라 건축주 등에게 녹색건축 예비인증서 발급 시 포함하여야 하는 공동주택의 성능 등급을 표시한 서류(이하 "공동주택성능등급 인증서"라 한다.)는 「주택건설기준 등에 관한 규칙」 제12조의 2에 따른 공동주택성능등급 인증서를 말한다. 〈개정 제 2016-341호〉

③ 공동주택 성능등급인증서의 표시방법은 별표 13의 공동주택 성능등급 표시항목에 따른다. 〈개정 제 2016-341호〉

해설 1) 예비인증

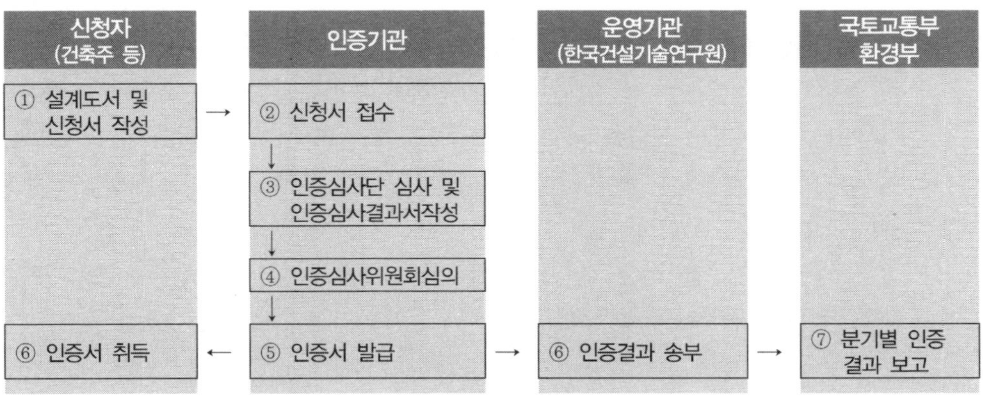

2) 본인증

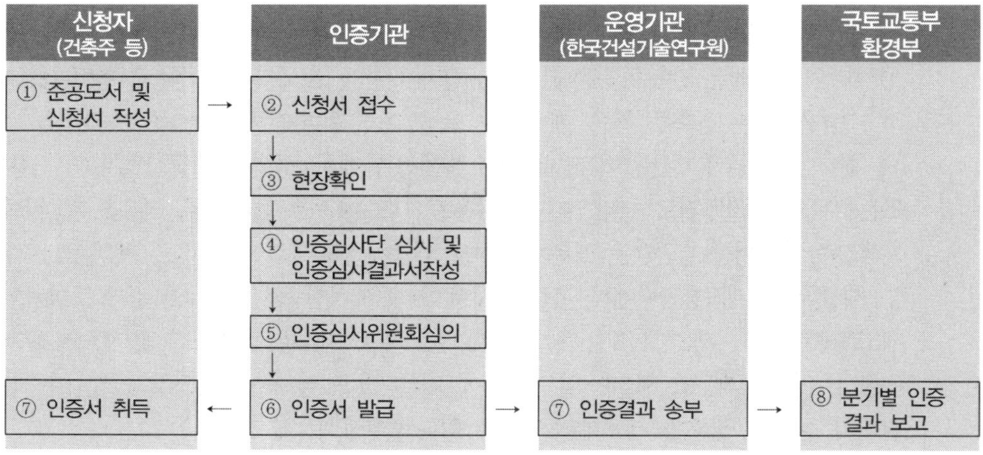

※ (인증기관) LH 토지주택연구원, 한국에너지기술연구원, 한국시설안전공단, 한국감정원, 크레비즈 인증원, 한국교육환경연구원, 한국그린빌딩협의회, 한국생산성본부인증원, 한국환경건축연구원, 한국환경공단, 한국환경산업기술원

8. 인증을 받은 건축물의 점검 및 실태조사

規 제12조【인증을 받은 건축물에 대한 점검 및 실태조사】① 녹색건축 인증을 받은 건축물의 소유자 또는 관리자는 그 건축물을 인증받은 기준에 맞도록 유지·관리하여야 한다.

② 인증기관의 장은 제1항에 따른 유지·관리 실태 파악을 위하여 녹색건축과 관련된 건축현황 등 필요한 자료를 건축물의 소유자 또는 관리자에게 요청할 수 있다.

③ 인증기관의 장은 필요한 경우에는 녹색건축 인증을 받은 건축물의 정상 가동 여부 등을 확인할 수 있다.

④ 인증기관의 장은 녹색건축 인증을 신청하거나 인증을 받은 건축물에 대하여 자체평가서 및 인증신청시 제출한 서류 등 인증취득에 관한 정보를 건축주 등의 서면동의 없이 외부에 공개하여서는 아니된다. 다만, 인증받은 건축물의 전문분야별 총점은 공개할 수 있다.

⑤ 녹색건축 인증을 받은 건축물의 사후관리 범위 등 세부 사항은 국토교통부장관과 환경부장관이 정하여 공동으로 고시한다. 〈본조 개정 2016.6.13.〉

基 제6조【인증을 받은 건축물의 점검 및 실태조사】① 규칙 제12조제2항에 따라 인증기관의 장이 녹색건축 등급 인증을 받은 건축물의 정상 가동 여부를 확인할 경우에는 국토교통부장관과 환경부장관의 승인을 받아야 한다.

② 규칙 제12조제4항에 따른 점검 및 실태조사의 범위는 다음 각 호와 같다. 〈개정 제 2016-341호〉

1. 유지관리 및 생태환경 현황 등의 조사
2. 에너지사용량 및 물사용량 등의 조사
3. 국토교통부장관 또는 환경부장관이 요청하는 사항

9. 녹색건축 인증의 취득 의무

規 제13조【녹색건축 인증의 취득 의무】삭제 〈2016.6.13.〉

基 제7조【녹색건축 인증의 취득 의무】① 삭제 〈제 2016-341호〉
② 「건축법 시행령」 별표 1 제14호 가목의 공공업무시설은 우수(그린2등급) 등급 이상을 취득하여야 한다.

10. 인증 수수료

規 제14조【인증 수수료】① 건축주등은 제6조 제2항(제9조의2 제3항에 따라 준용되는 경우를 포함한다)에 따른 녹색건축 인증 · 인증 유효기간 연장 신청서 또는 제11조제2항에 따른 녹색건축 예비인증 신청서를 제출하려는 경우 해당 인증기관의 장에게 「엔지니어링산업 진흥법」 제31조 제2항에 따라 산업통상자원부장관이 정하여 고시하는 대가 산정 기준의 범위에서 인증 대상 건축물의 규모 및 면적 등을 고려하여 국토교통부장관과 환경부장관이 정하여 공동으로 고시하는 인증 수수료를 내야 한다.〈개정 2021.3.24.〉
② 제10조제1항(제11조제6항에 따라 준용되는 경우를 포함한다)에 따라 재심사를 신청하는 건축주등은 국토교통부장관과 환경부장관이 정하여 공동으로 고시하는 인증 수수료를 추가로 내야 한다.
③ 제1항 및 제2항에 따른 인증 수수료는 현금이나 정보통신망을 이용한 전자화폐·전자결제 등의 방법으로 납부하여야 한다.
④ 제1항 및 제2항에 따른 인증 수수료의 환불 사유, 반환 범위, 납부 기간 및 그 밖에 인증 수수료의 납부에 필요한 사항은 국토교통부장관과 환경부장관이 정하여 공동으로 고시한다.

[별표 3] 복합건축물 인증등급 산정표(규칙 제14조제1항 관련) 삭제 〈2016.6.13.〉

해설 ▸ 인증 수수료의 환불 사유 및 반환 범위

[별표 15] 인증 수수료 환불 비율(규칙 제8조제3항 관련)

반려 시점	환불 비율
접수 후	90%
보완요청 후	60%
인증심사 후	30%
인증심의 후	0%

11. 인증운영위원회

規 제15조【인증운영위원회의 구성·운영 등】① 국토교통부장관과 환경부장관은 녹색건축 인증 제도를 효율적으로 운영하기 위하여 국토교통부장관이 환경부장관과 협의하여 정하는 기준에 따라 인증운영위원회를 구성하여 운영할 수 있다.

② 인증운영위원회는 다음 각 호의 사항을 심의한다.

1. 삭제 〈2016.6.13.〉
2. 인증기관의 지정 및 지정의 유효기간 갱신에 관한 사항
3. 인증기관 지정의 취소 및 업무정지에 관한 사항
4. 인증 심사 기준의 제정·개정에 관한 사항
5. 그 밖에 녹색건축 인증제의 운영과 관련된 중요사항

③ 국토교통부장관과 환경부장관은 인증운영위원회의 운영을 운영기관에 위탁할 수 있다. 〈신설 2016.6.13.〉

④ 제1항 및 제2항에서 규정한 사항 외에 인증운영위원회의 세부 구성 및 운영 등에 관한 사항은 국토교통부장관과 환경부장관이 정하여 공동으로 고시한다.

規 제16조【인증운영위원회 위원의 제척·기피·회피】인증위원회 위원의 제척·기피·회피에 대해서는 제7조의 2를 준용한다. 〈신설 2016.6.13.〉

規 제17조【인증운영위원회 위원의 해임 및 해촉】국토교통부장관과 환경부장관은 인증운영위원회의 위원(이하 이 조에서 "위원"이라 한다)이 다음 각 호의 어느 하나에 해당하는 경우에는 해당 위원을 해임 또는 해촉(解嘱)할 수 있다.

1. 심신장애로 인하여 직무를 수행할 수 없게 된 경우
2. 직무와 관련된 비위사실이 있는 경우

3. 직무태만, 품위손상이나 그 밖의 사유로 인하여 위원으로 적합하지 아니하다고 인정되는 경우
4. 제7조의 2 제1항 각 호의 어느 하나에 해당하는 데에도 불구하고 회피하지 아니한 경우
5. 위원 스스로 직무를 수행하는 것이 곤란하다고 의사를 밝히는 경우
〈신설 2016.6.13.〉

基 **제11조【인증운영위원회의 구성】**① 규칙 제15조 4항에 따라 위원회는 위원장 1명을 포함한 20명 이내의 위원으로 구성한다. 〈개정 제 2016-341호〉
② 위원장은 위원회를 운영하지 않는 부처의 국장급 이상의 소속 공무원으로 하고 간사는 위원회를 운영하는 부처의 소속공무원으로 한다. 다만, 운영기관에 운영을 위탁하는 경우에는 운영기관의 인원으로 할 수 있다. 〈단서신설 제 2016-341호〉
③ 위원은 다음 각 호의 어느 하나에 해당하는 자로서, 국토교통부장관과 환경부장관이 추천한 전문가가 각 전문분야별로 동수가 되도록 구성한다.
1. 관련분야의 직무를 담당하는 중앙행정기관의 소속 공무원
2. 5년 이상 녹색건축 관련 경력이 있는 대학조교수 이상인 자
3. 5년 이상 녹색건축 관련 연구기관에서 연구경력이 있는 선임연구원급 이상인 자
4. 기업에서 7년 이상 녹색건축 관련 분야에 근무한 부서장 이상인 자
5. 그밖에 제1호 내지 제4호와 동등 이상의 자격이 있다고 국토교통부장관 또는 환경부장관이 인정하는 자
④ 위원장과 위원의 임기는 2년으로 한다. 다만, 공무원인 위원은 보직의 재임기간으로 한다.

基 **제12조【인증운영위원회의 운영】**① 위원회의 운영은 국토교통부와 환경부가 2년간 교대로 담당한다.
② 위원회는 반기별 1회 이상 개최함을 원칙으로 하되, 필요한 경우 위원장이 이를 소집할 수 있다.
③ 위원회의 회의는 재적위원 과반수의 출석으로 개최하고 출석위원 과반수의 찬성으로 의결하되, 가부 동수인 경우에는 부결된 것으로 본다.
④ 위원회에 참석한 위원에 대하여는 수당 및 여비를 지급할 수 있다. 〈개정 제 2016-341호〉

基 **제13조【인증 홍보】**인증의 홍보는 건축물과 직접 관련 있는 인쇄물, 광고물 등에 사용할 수 있으며 이 경우 인증범위, 인증기관명, 적용된 인증기준, 인증일자를 반드시 포함하여야 한다.

基 **제14조【운영세칙】**운영기관의 장은 인증제도 활성화를 위한 사업의 효율적 수행을 위하여 필요한 때에는 이 규정에 저촉되지 않는 범위 안에서 운영세칙을 제정하여 운영할 수 있다. 다만, 운영세칙을 제정하거나 개정할 때에는 규칙 제15조에 따른 위원회의의 심의 및 국토교통부장관과 환경부장관의 승인을 받아야 한다.
〈개정 제 2016-341호〉

基 **제15조【녹색건축전문가 관리】**운영기관의 장은 규칙 제8조 제3항에 따른 녹색건축전문가를 운영·관리하여야 한다. 〈신설 제 2016-341호〉

基 **제16조【재검토기한】**「훈령·예규 등의 발령 및 관리에 관한 규정」에 따라 이 고시에 대하여 2016년 7월 1일 기준으로 매 3년이 되는 시점(매 3년째의 6월 30일까지를 말한다)마다 그 타당성을 검토하여 개선 등의 조치를 하여야 한다.
〈개정 제 2016-341호〉

▣ 인증기관의 지정 및 취소

1. 녹색건축의 전문분야는 토지이용 및 교통분야를 비롯해 모두 몇 개 분야인가?
   가. 5개 분야　　　　나. 6개 분야
   다. 7개 분야　　　　라. 8개 분야

2. 인증기관은 몇 개 이상의 분야에 분야별로 1명 이상의 상근 심사전문인력을 보유하여야 하는가?
   가. 4개 분야　　　　나. 5개 분야
   다. 6개 분야　　　　라. 7개 분야

3. 인증기관이 심사할 전문인력을 필수적으로 보유하여야 하는 심사분야는?
   가. 토지이용 및 교통분야　　　　나. 에너지 및 환경오염분야
   다. 재료 및 자원분야　　　　라. 실내환경분야

4. 인증기관 지정을 심의 하는 곳은?
   가. 인증운영위원회　　　　나. 인증심의위원회
   다. 운영기관　　　　라. 건축주 또는 시공자

▣ 인증신청

5. 녹색건축 본인증에 관한 사항 중 부적합한 것은?
   가. 인증기관의 장은 녹색건축 인증을 할 때에는 녹색건축인증서를 발급한다.
   나. 인증기관의 장은 녹색건축 인증을 할 때에는 인증명판을 제공하여야 한다.
   다. 인증의 유효기간은 녹색건축 인증서를 발급한 날부터 3년으로 한다.
   라. 인증기관의 장은 인증서를 발급하였을 때에는 인증에 대한 대상, 날짜, 등급, 심사단과 인증심사위원회의 구성원 명단을 포함한 인증심사결과를 운영기관의 장에게 제출하여야 한다.

해답 1-다, 2-나, 3-나, 4-가, 5-다

2

6. 녹색건축의 예비인증의 신청에 관한 사항 중 부적합한 것은?

가. 건축주 등은 허가·신고 또는 사업계획승인을 받기 전 건축물 설계에 반영된 내용을 대상으로 예비 인증을 신청할 수 있다.

나. 예비인증을 받은 건축주 등은 본인증을 받아야 한다.

다. 예비인증의 유효기간은 예비인증서를 발급한 날부터 사용승인일까지로 한다.

라. 예비인증의 유효기간은 예비인증서를 발급한 날부터 사용검사일까지로 한다.

7. 인증신청을 받은 인증기관의 장은 불가피한 사유가 없는 경우 단독주택(소형주택)이 신청·접수된 날부터 몇 일 이내에 처리하여야 하는가?

가. 30일 나. 40일

다. 50일 라. 60일

8. 다음 중 녹색건축 인증을 신청할 수 없는 것은?

가. 건축주

나. 건축물 소유자

다. 사업주체 또는 시공자(건축주가 인증신청에 동의)

라. 감리자(건축주나 건축물 소유자가 인증신청에 동의)

▣ 인증심사 및 등급

9. 각 인증기관에서 작성한 인증심사결과서를 심의하는 곳은?

가. 인증운영위원회 나. 인증심의위원회

다. 운영기관 라. 건축주 또는 시공자

10. 녹색건축 인증등급은 몇 개로 분류되는가?

가. 3개 나. 4개

다. 5개 라. 6개

11. 녹색건축 인증등급 중 우량은 몇 등급에 해당하는가?

가. 그린1등급 나. 그린2등급

다. 그린3등급 라. 그린4등급

12. 최우수(그린1등급)를 받기 위한 점수기준이 가장 높은 건물은?

가. 신축업무용 건축물 나. 신축 공동주택

다. 기존 숙박시설 라. 소형주택

해답 6-가, 7-가, 8-라, 9-나, 10-나, 11-다, 12-가

▣ 인증서 발급 및 유효기간

13. 본인증의 유효기간은 인증일부터 몇 년까지인가?

가. 2년 나. 3년
다. 5년 라. 10년

14. 예비인증의 유효기간은 언제까지인가?

가. 사용검사일까지 나. 사용검사 후까지
다. 사용승인 후까지 라. 입주시까지

15. 중앙행정기관에서 연면적의 합이 (   ) 이상의 건축물(국토교통부장관과 환경부장관이 정하여 공동으로 고시하는 용도로 한정)을 신축하거나 별도의 건축물을 증축하는 경우에는 국토교통부장관과 환경부장관이 정하여 공동으로 고시하는 등급 이상의 녹색건축 예비인증 및 본인증을 취득하여야 한다. (   ) 안에 알맞은 것은?

가. 1,000㎡ 나. 3,000㎡
다. 5,000㎡ 라. 10,000㎡

16. 건축법 시행령 별표 1의 공공업무시설이 취득해야 하는 녹색건축인증 등급은?

가. 최우수(그린1등급)등급 이상 나. 우수(그린2등급)등급 이상
다. 우량(그린3등급)등급 이상 라. 일반(그린4등급)등급 이상

▣ 인증운영위원회 및 운영기관

17. 다음 중 인증운영위원회의 업무가 아닌 것은?

가. 인증관리시스템의 운영에 관한 업무
나. 인증기관의 심사 결과 검토에 관한 업무
다. 인증제도의 홍보, 교육, 컨설팅, 조사·연구 및 개발 등에 관한 업무
라. 인증기관의 인증현황 관리

18. 다음 중 국토교통부장관이나 환경부장관이 지정한 운영기관의 업무가 아닌 것은?

가. 인증기관의 지정 및 취소
나. 인증기관의 심사 결과 검토에 관한 업무
다. 인증제도의 개선 및 활성화를 위한 업무
라. 인증관리시스템의 운영에 관한 업무

해답 13-다, 14-가, 15-나, 16-나, 17-라, 18-가

▣ 녹색건축인증 기준, 심사

19. 녹색건축 인증기준이 고시된 건축물이 아닌 것은?

가. 공동주택
나. 업무용 건축물
다. 관광휴게시설
라. 소형주택

20. 녹색건축 인증심사 등에 관한 사항 중 부적합한 것은?

가. 인증기관의 장은 인증신청을 받으면 인증심사단을 구성하여 인증기준에 따라 서류심사와 현장실사를 하고, 심사내용, 점수, 인증 여부 및 인증 등급을 포함한 인증심사결과서를 작성하여야 한다.

나. 인증심사결과를 작성한 인증기관의 장은 인증심의위원회의 심의를 거쳐 인증 여부 및 인증 등급을 결정한다.

다. 인증심사단은 해당 전문분야 중 5개 이상의 분야(에너지 및 환경오염 분야를 포함하여야 한다)별 1명 이상의 심사전문인력으로 구성한다.

라. 인증심의위원회는 해당 전문분야 중 4개 이상의 분야별 1명 이상의 전문가로 구성한다. 이 경우 인증심의위원회의 위원은 해당 인증기관에 소속된 사람을 1명 이상 포함하여야 한다.

해답 19-다, 20-라

2-4

건축물 에너지효율등급 인증 및 제로에너지건축물 인증에 관한 규칙 (약칭 : 건축물에너지인증규칙)

[시행 2019. 5. 13.][국토교통부령 제623호, 2019. 5. 13., 일부개정]
[시행 2022. 3. 1.][국토교통부령 제878호, 2021. 8. 23., 일부개정]
[시행 2023. 11. 21.][국토교통부령 제878호, 2021. 8. 23., 일부개정]

■ **건축물 에너지효율등급 인증 및 제로에너지건축물 인증에 관한 규칙**

(약칭 : 건축물에너지인증규칙)(規로 표기함)

국토교통부(녹색건축과), 산업통상자원부(에너지수요관리협력과)

規 제1조(목적) 이 규칙은 「녹색건축물 조성 지원법」 제17조 제5항 및 같은 법 시행령 제12조 제1항에서 위임된 건축물 에너지효율등급 인증 및 제로에너지건축물 인증 대상 건축물의 종류 및 인증기준, 인증기관 및 운영기관의 지정, 인증받은 건축물에 대한 점검 및 건축물에너지평가사의 업무범위 등에 관한 사항과 그 시행에 필요한 사항을 규정함을 목적으로 한다. 〈개정 2015.11.18., 2017.1.20.〉

規 제2조(적용대상) 「녹색건축물 조성 지원법」(이하 "법"이라 한다) 제17조 제5항 및 「녹색건축물 조성 지원법 시행령」(이하 "영"이라 한다) 제12조 제1항에 따른 건축물 에너지효율등급 인증 및 제로에너지건축물 인증은 「건축법 시행령」 별표 1 각 호에 따른 건축물을 대상으로 한다. 다만, 「건축법 시행령」 별표 1 제3호부터 제13호까지 및 제15호부터 제29호까지의 규정에 따른 건축물 중 국토교통부장관과 산업통상자원부장관이 공동으로 고시하는 실내 냉방·난방 온도 설정조건으로 인증 평가가 불가능한 건축물 또는 이에 해당하는 공간이 전체 연면적의 100분의 50 이상을 차지하는 건축물은 제외한다. 〈개정 2021.8.23.〉

1.〈삭제 2021.8.23.〉

2.〈삭제 2021.8.23.〉

3.〈삭제 2021.8.23.〉

4.〈삭제 2021.8.23.〉

5.〈삭제 2021.8.23.〉

規 제3조(운영기관의 지정 등) ① 국토교통부장관은 법 제23조에 따라 녹색건축센터로 지정된 기관 중에서 건축물 에너지효율등급 인증제 운영기관 및 제로에너지건축물 인증제 운영기관을 지정하여 관보에 고시하여야 한다. 〈개정 2017.1.20.〉

② 국토교통부장관은 제1항에 따라 운영기관을 지정하려는 경우 산업통상자원부장관과 협의하여야 한다. 〈개정 2015.11.18.〉

③ 운영기관은 해당 인증제에 관한 다음 각 호의 업무를 수행한다.
〈개정 2015.11.18., 2017.1.20., 2021.8.23.〉

1. 인증업무를 수행하는 인력(이하 "인증업무인력"이라 한다)의 교육, 관리 및 감독에 관한 업무
2. 인증관리시스템의 운영에 관한 업무
3. 인증기관의 평가·사후관리 및 감독에 관한 업무
4. 인증제도의 홍보, 교육, 컨설팅, 조사·연구 및 개발 등에 관한 업무

5. 인증제도의 개선 및 활성화를 위한 업무
6. 인증절차 및 기준 관리 등 제도 운영에 관한 업무
7. 인증 관련 통계 분석 및 활용에 관한 업무
8. 인증제도의 운영과 관련하여 국토교통부장관 또는 산업통상자원부장관이 요청하는 업무
9. 그 밖에 인증제도의 운영에 필요한 업무로서 국토교통부장관이 산업통상자원부장관과 협의하여 인정하는 업무 〈본호 신설 2021.8.23.〉
④ 운영기관의 장은 다음 각 호의 구분에 따른 시기까지 운영기관의 사업내용을 국토교통부장관과 산업통상자원부장관에게 각각 보고하여야 한다.
1. 전년도 사업추진 실적과 그 해의 사업계획 : 매년 1월 31일까지
2. 분기별 인증 현황 : 매 분기 말일을 기준으로 다음 달 15일까지
⑤ 운영기관의 장은 인증기관에 법 제19조 각 호의 처분사유가 있다고 인정하면 국토교통부장관에게 알려야 한다. 〈신설 2015.11.18.〉

規 제4조(인증기관의 지정) ① 국토교통부장관은 법 제17조 제2항에 따라 건축물 에너지효율등급 인증기관을 지정하려는 경우에는 산업통상자원부장관과 협의하여 지정 신청 기간을 정하고, 그 기간이 시작되는 날의 3개월 전까지 신청 기간 등 인증기관 지정에 관한 사항을 공고하여야 한다. 〈개정 2017.1.20.〉
② 건축물 에너지효율등급 인증기관으로 지정을 받으려는 자는 제1항에 따른 신청 기간에 별지 제1호서식의 건축물 에너지효율등급 인증기관 지정 신청서(전자문서로 된 신청서를 포함한다)에 다음 각 호의 서류(전자문서를 포함한다)를 첨부해서 국토교통부장관에게 제출해야 한다. 〈개정 2021.8.23.〉
1. 인증업무를 수행할 전담조직 및 업무수행체계에 관한 설명서
2. 제4항에 따른 인증업무인력을 보유하고 있음을 증명하는 서류
3. 인증기관의 인증업무 처리규정
4. 인증업무를 수행할 능력을 갖추고 있음을 증명하는 서류 〈본호 개정 2021.8.23.〉
③ 제2항에 따른 신청을 받은 국토교통부장관은 「전자정부법」 제36조 제1항에 따른 행정정보의 공동이용을 통하여 신청인의 법인 등기사항증명서(법인인 경우만 해당한다) 또는 사업자등록증(개인인 경우만 해당한다)을 확인하여야 한다. 다만, 신청인이 사업등록증을 확인하는 데 동의하지 아니하는 경우에는 해당 서류의 사본을 제출하도록 하여야 한다.
④ 건축물 에너지효율등급 인증기관은 다음 각 호의 어느 하나에 해당하는 건축물의 에너지효율등급 인증에 관한 상근(常勤) 인증업무인력을 5명 이상 보유하여야 한다. 〈개정 2015.11.18., 2017.1.20.〉
1.「녹색건축물 조성 지원법 시행규칙」제16조 제5항에 따라 실무교육을 받은 건축물 에너지평가사

2. 건축사 자격을 취득한 후 3년 이상 해당 업무를 수행한 사람
3. 건축, 설비, 에너지 분야(이하 "해당 전문분야"라 한다)의 기술사 자격을 취득한 후 3년 이상 해당 업무를 수행한 사람
4. 해당 전문분야의 기사 자격을 취득한 후 5년 이상 해당 업무를 수행한 사람 〈개정 2023.11.21.〉
5. 해당 전문분야의 박사학위를 취득한 후 3년 이상 해당 업무를 수행한 사람
6. 해당 전문분야의 석사학위를 취득한 후 5년 이상 해당 업무를 수행한 사람 〈개정 2023.11.21.〉
7. 해당 전문분야의 학사학위를 취득한 후 7년 이상 해당 업무를 수행한 사람 〈개정 2023.11.21.〉
8. 해당 전문분야에서 10년 이상 해당 업무를 수행한 사람 〈본호신설 2023.11.21.〉

⑤ 제2항제3호에 따른 인증업무 처리규정에는 다음 각 호의 사항이 포함되어야 한다.
1. 건축물 에너지효율등급 인증 평가의 절차 및 방법에 관한 사항
2. 건축물 에너지효율등급 인증 결과의 통보 및 재평가에 관한 사항
3. 건축물 에너지효율등급 인증을 받은 건축물의 인증 취소에 관한 사항
4. 건축물 에너지효율등급 인증 결과 등의 보고에 관한 사항
5. 건축물 에너지효율등급 인증 수수료 납부방법 및 납부기간에 관한 사항
6. 건축물 에너지효율등급 인증 결과의 검증방법에 관한 사항
7. 그 밖에 건축물 에너지효율등급 인증업무 수행에 필요한 사항

⑥ 국토교통부장관은 제2항에 따라 건축물 에너지효율등급 인증기관 지정 신청서가 제출되면 해당 신청인이 인증기관으로 적합한지를 산업통상자원부장관과 협의하여 검토한 후 제14조에 따른 건축물 에너지등급 인증운영위원회의 심의를 거쳐 지정·고시한다. 〈개정 2021.8.23〉

⑦ 법 제17조 제2항에 따른 제로에너지건축물 인증기관은 제6항에 따라 지정 · 고시된 건축물 에너지효율등급 인증기관 중에서 국토교통부장관이 산업통상자원부장관과 협의하여 지정·고시한다. 〈개정 2021.8.23〉

⑧ 제로에너지건축물 인증기관은 다음 각 호의 사항을 갖춰야 한다. 이 경우 다음 각 호의 사항은 건축물 에너지효율등급 인증기관으로서 갖춰야 하는 전담조직 · 업무수행체계, 상근 인증업무인력 및 인증업무 처리규정과 중복되어서는 안 된다. 〈개정 2021.8.23〉
1. 인증업무를 수행할 전담조직 및 업무수행체계
2. 3명 이상의 상근 인증업무인력(인증업무인력의 자격에 관하여는 제4항을 준용한다. 이 경우 "건축물의 에너지효율등급 인증"은 "제로에너지건축물 인증"으로 본다)
3. 인증업무 처리규정(인증업무 처리규정에 포함되어야 하는 사항에 관하여는 제5항을 준용한다. 이 경우 "건축물 에너지효율등급 인증"은 "제로에너지건축물 인증"으로 본다)

規 제5조(인증기관 지정서의 발급 및 인증기관 지정의 갱신 등) ① 국토교통부장관은 제4조 제6항 및 제7항에 따라 인증기관으로 지정받은 자에게 별지 제2호서식 또는 별지 제2호의2서식의 인증기관 지정서를 발급하여야 한다. 〈개정 2017.1.20.〉

② 제4조 제6항 및 제7항에 따른 인증기관 지정의 유효기간은 인증기관 지정서를 발급한 날부터 5년으로 한다. 〈개정 2017.1.20.〉

③ 국토교통부장관은 산업통상자원부장관과의 협의를 거쳐 제2항에 따른 지정의 유효기간을 5년마다 5년의 범위에서 갱신할 수 있다. 이 경우 건축물 에너지효율등급 인증기관에 대해서는 산업통상자원부장관과의 협의 후에 제14조에 따른 건축물 에너지등급 인증운영위원회의 심의를 거쳐야 한다. 〈개정 2021.8.23〉

④ 제1항에 따라 인증기관 지정서를 발급받은 인증기관의 장은 다음 각 호의 어느 하나에 해당하는 사항이 변경되었을 때에는 그 변경된 날부터 30일 이내에 변경된 내용을 증명하는 서류를 해당 인증제 운영기관의 장에게 제출하여야 한다.
〈개정 2015.11.18., 2017.1.20.〉

1. 기관명 및 기관의 대표자
2. 건축물의 소재지
3. 상근 인증업무인력

⑤ 운영기관의 장은 제4항에 따라 제출받은 서류가 사실과 부합하는지를 확인하여 이상이 있을 경우 그 내용을 국토교통부장관과 산업통상자원부장관에게 각각 보고하여야 한다. 〈개정 2015.11.18.〉

⑥ 국토교통부장관은 산업통상자원부장관과 협의하여 법 제19조 각 호의 사항을 점검할 수 있으며, 이를 위하여 인증기관의 장에게 관련 자료의 제출을 요구할 수 있다. 이 경우 자료 제출을 요구받은 인증기관의 장은 특별한 사유가 없으면 이에 따라야 한다.

規 제6조(인증 신청 등) ① 법 제17조 제4항에서 "국토교통부와 산업통상자원부의 공동부령으로 정하는 기준 이상인 건축물"이란 제8조 제2항 제1호에 따른 건축물 에너지효율등급(이하 "건축물 에너지효율등급"이라 한다)이 1++ 등급 이상인 건축물을 말한다.
〈신설 2017.1.20.〉

② 다음 각 호의 어느 하나에 해당하는 자(이하 "건축주등"이라 한다)는 건축물 에너지효율등급 인증 및 제로에너지건축물 인증을 신청할 수 있다. 〈개정 2015.11.18., 2017.1.20.〉

1. 건축주
2. 건축물 소유자
3. 사업주체 또는 시공자(건축주나 건축물 소유자가 인증 신청에 동의하는 경우에만 해당한다)

③ 제2항에 따라 인증을 신청하려는 건축주등은 제3조 제3항 제2호에 따른 인증관리시스템(이하 "인증관리시스템"이라 한다)을 통하여 다음 각 호의 구분에 따라 해당 인

증기관의 장에게 신청서를 제출하여야 한다. 〈개정 2017.1.20.〉

1. 건축물 에너지효율등급 인증을 신청하는 경우 : 별지 제3호서식에 따른 신청서 및 다음 각 목의 서류

가. 공사가 완료되어 이를 반영한 건축·기계·전기·신에너지 및 재생에너지(「신에너지 및 재생에너지 개발·이용·보급 촉진법」에 따른 신에너지 및 재생에너지를 말한다. 이하 같다) 관련 최종 설계도면

나. 건축물 부위별 성능내역서

다. 건물 전개도

라. 장비용량 계산서

마. 조명밀도 계산서

바. 관련 자재·기기·설비 등의 성능을 증명할 수 있는 서류

사. 설계변경 확인서 및 설명서

아. 건축물 에너지효율등급 예비인증서 사본(예비인증을 받은 경우만 해당한다)

자. 가목부터 아목까지의 서류 외에 건축물 에너지효율등급 평가를 위하여 건축물 에너지효율등급 인증제 운영기관의 장이 필요하다고 정하여 공고하는 서류

2. 제로에너지건축물 인증을 신청하는 경우 : 별지 제3호의2서식에 따른 신청서 및 다음 각 목의 서류

가. 1++등급 이상의 건축물 에너지효율등급 인증서 사본

나. 건축물에너지관리시스템(법 제6조의2제2항에 따른 건축물에너지관리시스템을 말한 다. 이하 같다) 또는 전자식 원격검침계량기 설치도서

다. 제로에너지건축물 예비인증서 사본(예비인증을 받은 경우만 해당한다)

라. 가목부터 다목까지의 서류 외에 제로에너지건축물 인증 평가를 위하여 제로에너지건축물 인증제 운영기관의 장이 필요하다고 정하여 공고하는 서류

3. 건축물 에너지효율등급 인증 및 제로에너지건축물 인증을 동시에 신청하는 경우 : 별지 제3호서식에 따른 신청서 및 다음 각 목의 서류

가. 제1호 각 목의 서류

나. 제2호나목부터 라목까지의 서류

④ 제3항에 따라 신청서에 첨부하여 제출하는 서류(인증서 사본 및 예비인증서 사본은 제외한다)에는 설계자 및「건축물의 설비기준 등에 관한 규칙」제3조에 따른 관계전문기술자가 날인을 하여야 한다. 다만, 다음 각 호의 어느 하나에 해당하는 경우에는 그 사유서를 첨부하여 「건축법」 제25조에 따른 감리자 또는 건축주의 날인으로 설계자 또는 관계전문기술자의 날인을 대체할 수 있으며, 제2호의 경우 인증기관의 장은 변경내용을 영 제10조 제2항에 따른 허가권자에게 통보하여야 한다.

〈신설 2017.1.20.〉

1.「건축물의 설비기준 등에 관한 규칙」제2조에 따라 관계전문기술자의 협력을 받아야 하는 건축물에 해당하지 아니하는 경우

2. 첨부서류의 내용이「건축법」제22조 제1항에 따른 사용승인 후 변경된 경우

3. 제1호 및 제2호 외에 설계자 또는 관계전문기술자의 날인이 불가능한 사유가 있는 경우

⑤ 인증기관의 장은 제3항에 따른 신청을 받은 날부터 다음 각 호의 구분에 따른 기간 내에 인증을 처리하여야 한다. 〈신설 2017.1.20., 개정 2021.8.23.〉

1. 건축물 에너지효율등급 인증의 경우 : 50일(「건축법시행령」 별표 1 제1호에 따른 단독주택 및 같은 표 제2호에 따른 공동주택의 경우에는 40일) 〈개정 2021.8.23〉

2. 제로에너지건축물 인증의 경우 : 30일(제3항제3호에 따라 신청한 경우에는 1++등급 이상의 건축물 에너지효율등급 인증서가 발급된 날부터 기산한다)

⑥ 인증기관의 장은 제5항에 따른 기간 내에 부득이한 사유로 인증을 처리할 수 없는 경우에는 건축주등에게 그 사유를 통보하고 20일의 범위에서 인증 평가 기간을 한 차례만 연장할 수 있다. 〈신설 2017.1.20.〉

⑦ 인증기관의 장은 제3항에 따라 건축주등이 제출한 서류의 내용이 미흡하거나 사실과 다른 경우에는 건축주등에게 보완을 요청할 수 있다. 이 경우 건축주등이 제출서류를 보완하는 기간은 제5항의 기간에 산입하지 아니한다. 〈신설 2017.1.20.〉

⑧ 인증기관의 장은 건축주등이 보완 요청 기간 안에 보완을 하지 아니한 경우 등에는 신청을 반려할 수 있다. 이 경우 반려 기준 및 절차 등 필요한 사항은 국토교통부장관과 산업통상자원부장관이 정하여 공동으로 고시한다. 〈신설 2017.1.20.〉

⑨ 제9조 제1항에 따라 인증을 받은 건축물의 소유자는 필요한 경우 제9조 제3항에 따른 유효기간이 만료되기 90일 전까지 같은 건축물에 대하여 재인증을 신청할 수 있다. 이 경우 평가 절차 등 필요한 사항은 국토교통부장관과 산업통상자원부장관이 정하여 공동으로 고시한다. 〈신설 2017.1.20.〉

規 제7조(인증 평가 등) ① 인증기관의 장은 제6조에 따른 인증 신청을 받으면 인증 기준에 따라 도서평가와 현장실사(現場實査)를 하고, 인증 신청 건축물에 대한 인증 평가서를 작성하여야 한다. 〈개정 2015.11.18.〉

② 인증기관의 장은 제1항에 따른 인증 평가서 결과에 따라 인증 여부 및 인증 등급을 결정한다. 〈개정 2015.11.18.〉

③ 인증기관의 장은 사용승인 또는 사용검사를 받은 날부터 3년이 지난 건축물에 대해서 건축물 에너지효율등급 인증을 하려는 경우에는 건축주등에게 건축물 에너지효율 개선방안을 제공하여야 한다.

規 제8조(인증 기준 등) ① 건축물 에너지효율등급 인증 및 제로에너지건축물 인증은 다음 각 호의 구분에 따른 사항을 기준으로 평가하여야 한다. 〈개정 2017.1.20.〉

1. 건축물 에너지효율등급 인증 : 난방, 냉방, 급탕(給湯), 조명 및 환기 등에 대한 1차 에너지 소요량

2. 제로에너지건축물 인증 : 다음 각 목의 사항
가. 건축물 에너지효율등급 성능수준
나. 신에너지 및 재생에너지를 활용한 에너지자립도
다. 건축물에너지관리시스템 또는 전자식 원격검침계량기 설치 여부

② 건축물 에너지효율등급 인증 및 제로에너지건축물 인증의 등급은 다음 각 호의 구분에 따른다. 〈개정 2017.1.20.〉
1. 건축물 에너지효율등급 인증 : 1+++등급부터 7등급까지의 10개 등급
2. 제로에너지건축물 인증 : 1등급부터 5등급까지의 5개 등급

③ 제1항과 제2항에 따른 인증 기준 및 인증 등급의 세부 기준은 국토교통부장관과 산업통상자원부장관이 정하여 공동으로 고시한다.

規 제9조(인증서 발급 및 인증의 유효기간 등) ① 건축물 에너지효율등급 인증기관의 장 또는 제로에너지건축물 인증기관의 장은 제7조 및 제8조에 따른 평가가 완료되어 인증을 할 때에는 별지 제4호서식 또는 별지 제4호의2서식의 인증서를 건축주등에게 발급하고, 제7조 제1항에 따른 인증 평가서 등 평가 관련 서류와 함께 인증관리시스템에 인증 사실을 등록하여야 한다. 〈개정 2015.11.18., 2017.1.20.〉

② 건축주등은 인증명판이 필요하면 별표 1 또는 별표 1의2에 따라 제작하여 활용할 수 있으며, 법 제17조 제5항 및 영 제12조 제2항에 따른 건축물의 건축주등은 인증명판을 건축물 현관 또는 로비 등 공공이 볼 수 있는 장소에 게시하여야 한다. 〈신설 2015.11.18., 2017.1.20.〉

③ 건축물 에너지효율등급 인증 및 제로에너지건축물 인증의 유효기간은 다음 각 호의 구분에 따른 기간으로 한다. 〈개정 2017.1.20.〉
1. 건축물 에너지효율등급 인증 : 10년
2. 제로에너지건축물 인증 : 인증받은 날부터 해당 건축물에 대한 1++등급 이상의 건축물 에너지효율등급 인증 유효기간 만료일까지의 기간

④ 인증기관의 장은 제1항에 따라 인증서를 발급하였을 때에는 인증 대상, 인증 날짜, 인증 등급을 포함한 인증 결과를 해당 인증제 운영기관의 장에게 제출하여야 한다. 〈개정 2015.11.18., 2017.1.20.〉

⑤ 운영기관의 장은 에너지성능이 높은 건축물의 보급을 확대하기 위하여 제1항에 따른 인증평가 관련 정보를 분석하여 통계적으로 활용할 수 있으며, 법 제10조 제5항에 따른 방법으로 인증 관련 정보를 공개할 수 있다. 〈신설 2015.11.18.〉

■ 건축물 에너지효율등급 인증 및 제로에너지건축물 인증에 관한 규칙 [별표 1] 〈신설 2015.11.18.〉

<u>건축물 에너지효율등급 인증명판(제9조제2항 관련)</u>

1. 인증명판 표준 규격

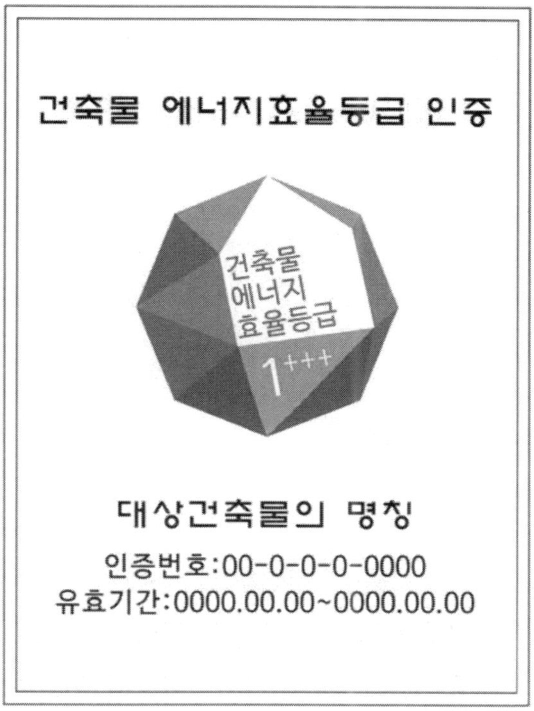

가. 인증명판 표시사항 : 인증명, 인증마크(등급표시), 대상건축물의 명칭, 인증번호, 유효기간

나. 명판 비율 : 3 : 4(가로 : 세로)

다. 재질 : 동판

라. 글씨체 : Asian Expo L, 나눔바른고딕

2. 비고

가. 인증명판의 크기, 재질, 글씨체 및 표시사항의 배치 등은 명판이 부착되는 건물의 외관, 마감재 등의 특성에 따라 변경할 수 있다. 다만, 제1호가목에 따른 인증명판 표시사항은 준수하여야 하며, 인증마크는 임의로 변경할 수 없다.

나. 등급별 인증마크의 규격(비율, 색상 등)은 운영기관의 장이 정하는 바에 따른다.

■ 건축물 에너지효율등급 인증 및 제로에너지건축물 인증에 관한 규칙 〈별표 1의2〉 〈신설 2017.1.20.〉

제로에너지건축물 인증명판(제9조제2항 관련)

1. 인증명판 표준 규격

가. 인증명판 표시사항 : 인증명, 인증마크(등급표시), 대상건축물의 명칭, 인증번호, 유효기간
나. 명판 비율 : 3 : 4(가로 : 세로)
다. 재질 : 동판
라. 글씨체 : Asian Expo L, 나눔바른고딕

2. 비고
가. 인증명판의 크기, 재질, 글씨체 및 표시사항의 배치 등은 명판이 부착되는 건물의 외관, 마감재 등의 특성에 따라 변경할 수 있다. 다만, 제1호가목에 따른 인증명판 표시사항은 준수하여야 하며, 인증마크는 임의로 변경할 수 없다.
나. 등급별 인증마크의 규격(비율, 색상 등)은 운영기관의 장이 정하는 바에 따른다.

規 제10조(재평가 요청 등) ① 제7조에 따른 인증 평가 결과나 법 제20조 제1항에 따른 인증 취소 결정에 이의가 있는 건축주등은 인증서 발급일 또는 인증 취소일부터 90일 이내에 인증기관의 장에게 재평가를 요청할 수 있다. 〈개정 2015.11.18.〉

② 재평가 결과 통보, 인증서 재발급 등 재평가에 따른 세부 절차에 관한 사항은 국토교통부장관과 산업통상자원부장관이 정하여 공동으로 고시한다.

規 제11조(예비인증의 신청 등) ① 건축주등은 제6조 제2항에 따른 인증(이하 "본인증"이라 한다)에 앞서 설계도서에 반영된 내용만을 대상으로 예비인증을 신청할 수 있다. 〈개정 2015.11.18., 2017.1.20.〉

② 제1항에 따라 예비인증을 신청하려는 건축주등은 인증관리시스템을 통하여 다음 각 호의 구분에 따라 해당 인증기관의 장에게 신청서를 제출하여야 한다. 〈개정 2017.1.20.〉

1. 건축물 에너지효율등급 예비인증을 신청하는 경우 : 별지 제5호서식에 따른 신청서 및 다음 각 목의 서류
   가. 건축·기계·전기·신에너지 및 재생에너지 관련 설계도면
   나. 제6조 제3항 제1호 나목부터 바목까지 및 자목의 서류
2. 제로에너지건축물 예비인증을 신청하는 경우 : 별지 제5호의2서식에 따른 신청서 및 다음 각 목의 서류
   가. 1++등급 이상의 건축물 에너지효율등급 인증서 또는 예비인증서 사본
   나. 제6조 제3항 제2호 나목 및 라목의 서류
3. 건축물 에너지효율등급 예비인증 및 제로에너지건축물 예비인증을 동시에 신청하는 경우 : 별지 제5호서식의 신청서 및 다음 각 목의 서류
   가. 제1호 각 목의 서류
   나. 제2호나목의 서류

③ 인증기관의 장은 평가 결과 예비인증을 하는 경우 별지 제6호서식 또는 별지 제6호의2서식의 예비인증서를 건축주등에게 발급하여야 한다. 이 경우 건축주등이 예비인증을 받은 사실을 광고 등의 목적으로 사용하려면 본인증을 받을 경우 그 내용이 달라질 수 있음을 알려야 한다. 〈개정 2015.11.18., 2017.1.20.〉

④ 예비인증을 받은 건축주등은 본인증을 받아야 한다. 이 경우 예비인증을 받아 제도적·재정적 지원을 받은 건축주등은 예비인증 등급 이상의 본인증을 받아야 한다.

⑤ 예비인증의 유효기간은 제3항에 따라 예비인증서를 발급한 날부터 사용승인일 또는 사용검사일까지로 한다. 〈개정 2015.11.18.〉

⑥ 제1항부터 제5항까지에서 규정한 사항 외에 예비인증의 신청 및 평가 등에 관하여는 제6조 제4항부터 제8항까지, 제7조 제1항·제2항, 제8조, 제9조 제4항, 제10조 및 법 제20조를 준용한다. 다만, 제7조 제1항에 따른 현장실사는 실시하지 아니한다. 〈개정 2015.11.18., 2017.1.20.〉

規 제11조의2(건축물에너지평가사의 업무범위)「녹색건축물 조성 지원법 시행규칙」 제16조 제5항에 따라 실무교육을 받은 건축물에너지평가사는 다음 각 호의 업무를 수행한다.

1. 제7조에 따른 도서평가, 현장실사, 인증 평가서 작성 및 건축물 에너지효율 개선방안 작성
2. 제11조 제6항에 따른 예비인증 평가

〈본조 신설 2015.11.18.〉

規 제12조(인증을 받은 건축물에 대한 점검 및 실태조사) ① 건축물 에너지효율등급 인증 또는 제로에너지건축물 인증을 받은 건축물의 소유자 또는 관리자는 그 건축물을 인증받은 기준에 맞도록 유지·관리하여야 한다. 〈개정 2017.1.20.〉

② 건축물 에너지효율등급 인증제 운영기관의 장 또는 제로에너지건축물 인증제 운영기관의 장은 인증받은 건축물의 성능점검 또는 유지·관리 실태 파악을 위하여 에너지 사용량 등 필요한 자료를 해당 건축물의 소유자 또는 관리자에게 요청할 수 있다. 이 경우 건축물의 소유자 또는 관리자는 특별한 사유가 없으면 그 요청에 따라야 한다. 〈개정 2017.1.20.〉

③ 삭제 〈2015.11.18.〉

〈제목 개정 2015.11.18.〉

規 제13조(인증 수수료) ① 건축주등은 본인증, 예비인증 또는 제6조 제7항에 따른 재인증을 신청하려는 경우에는 해당 인증기관의 장에게 별표 2의 범위에서 인증 대상 건축물의 면적을 고려하여 국토교통부장관과 산업통상자원부장관이 정하여 공동으로 고시하는 인증 수수료를 내야 한다. 〈개정 2015.11.18.〉

② 제10조 제1항(제11조제6항에 따라 준용되는 경우를 포함한다)에 따라 재평가를 신청하는 건축주등은 국토교통부장관과 산업통상자원부장관이 정하여 공동으로 고시하는 인증 수수료를 내야 한다. 〈개정 2015.11.18.〉

③ 제1항 및 제2항에 따른 인증 수수료는 현금이나 정보통신망을 이용한 전자화폐·전자결제 등의 방법으로 납부하여야 한다.

④ 인증기관의 장은 제1항 및 제2항에 따른 인증 수수료의 일부를 해당 인증제 운영기관이 제3조 제3항에 따른 인증 관련 업무를 수행하는 데 드는 비용(이하 "운용비용"이라 한다)에 지원할 수 있다. 〈개정 2015.11.18., 2017.1.20.〉

⑤ 제1항 및 제2항에 따른 인증 수수료의 환불 사유, 반환 범위, 납부 기간 및 그 밖에 인증 수수료의 납부와 운영비용 집행 등에 필요한 사항은 국토교통부장관과 산업통상자원부장관이 정하여 공동으로 고시한다. 〈개정 2015.11.18.〉

■ 건축물 에너지효율등급 인증 및 제로에너지건축물 인증에 관한 규칙 [별표 2] 〈개정 2021.8.23.〉

<u>건축물 에너지효율등급 인증 수수료의 범위</u>(제13조제1항 관련)

1. 「건축법 시행령」 별표 1제1호 및 제2호 가목부터 다목까지의 규정에 따른 건축물

전용면적의 합계	인증 수수료 금액
12만제곱미터 미만	1천1백90만원 이하
12만제곱미터 이상	1천3백20만원 이하

2. 「건축법 시행령」 별표 1제2호 라목 및 제3호부터 제29호까지의 규정에 따른 건축물

전용면적의 합계	인증 수수료 금액
6만제곱미터 미만	1천7백80만원 이하
6만제곱미터 이상	1천9백80만원 이하

[비고] 인증 수수료 금액은 부가가치세가 포함되지 않은 금액으로 한다.

規 제14조【인증운영위원회의 구성 · 운영 등】 ① 국토교통부장관과 산업통상자원부장관은 건축물 에너지효율등급 인증제 및 제로에너지건축물 인증제를 효율적으로 운영하기 위하여 국토교통부장관이 산업통상자원부장관과 협의하여 정하는 기준에 따라 건축물 에너지등급 인증운영위원회(이하 "인증운영위원회"라 한다)를 구성하여 운영할 수 있다. 〈개정 2021.8.23〉

② 인증운영위원회는 다음 각 호의 사항을 심의한다.

1. 건축물 에너지효율등급 인증기관 및 제로에너지건축물 인증기관의 지정과 지정의 유효기간 연장에 관한 사항

2. 건축물 에너지효율등급 인증기관 및 제로에너지건축물 인증기관 지정의 취소와 업무정지에 관한 사항
3. 건축물 에너지효율등급 인증 및 제로에너지건축물 인증 평가기준의 제정 · 개정에 관한 사항
4. 제1호부터 제3호까지의 사항 외에 건축물 에너지효율등급 인증제도 및 제로에너지건축물 인증제도의 운영과 관련된 중요사항 〈본항 개정 2021.8.23〉
③ 국토교통부장관과 산업통상자원부장관은 인증운영위원회의 운영을 인증제 운영기관에 위탁할 수 있다. 〈신설 2015.11.18., 개정 2017.1.20., 개정 2021.8.23〉
④ 제1항 및 제2항에서 규정한 사항 외에 인증운영위원회의 세부 구성 및 운영 등에 관한 사항은 국토교통부장관과 산업통상자원부장관이 정하여 공동으로 고시한다. 〈개정 2015.11.18.〉

건축물에너지효율등급 인증 및 제로에너지건축물 인증에 관한 규칙 문제해설

1. 다음 중 건축물 에너지효율등급 인증기관이 건축물의 에너지효율등급 인증에 관한 상근 인증 업무인력을 5명 이상 보유하여야 하는 것으로 잘못된 것은?

   가. 해당 전문 분야의 박사학위를 취득한 후 3년 이상 해당 업무를 수행한 사람

   나. 해당 전문 분야의 석사학위를 취득한 후 5년 이상 해당 업무를 수행한 사람

   다. 해당 전문 분야의 학사학위를 취득한 후 7년 이상 해당 업무를 수행한 사람

   라. 해당 전문 분야의 기사 자격을 취득한 후 9년 이상 해당 업무를 수행한 사람

   해설 건축물에너지효율 등급 인증 및 제로에너지건축물 인증에 관한 규칙 제4조④

2. 다음 중 건축물에너지효율등급 인증 및 제로에너지건축물 인증을 인증관리시스템을 통하여 해당인증기관의 장에게 신청할 수 있는 자가 아닌 것은?

   가. 건축주　　나. 건축물 소유자

   다. 사업주체 또는 시공자　　라. 건축사

   해설 건축물에너지효율 등급 인증 및 제로에너지건축물 인증에 관한 규칙 제6조②

3. 건축물에너지효율등급 인증 및 제로에너지건축물 인증 평가 기준이 아닌 것은?

   가. 건축물 에너지 효율등급 인증 : 난방, 냉방, 급탕, 조명 및 환기 등에 대한 2차 에너지 소요량

   나. 제로에너지건축물 인증 : 건축물에너지효율등급 성능수준

   다. 제로에너지건축물 인증 : 신에너지 및 재생에너지를 활용한 에너지자립도

   라. 제로에너지건축물 인증 : 건축물에너지관리시스템 또는 전자식 원격검침계량기 설치 여부

   해설 건축물에너지효율 등급 인증 및 제로에너지건축물 인증에 관한 규칙 제8조①

해답 1-라, 2-라, 3-가

제2편 건축설비관련 기타 기준 기출 문제 해설(최근 5년)

▣ 건축물의 에너지절약설계기준 제5조[용어의 정의]

1. 다음은 건축물의 에너지절약설계기준에 따른 방습층의 정의이다. (　　)안에 알맞은 것은?

> 방습층이라 함은 습한 공기가 구조체에 침투하여 결로발생의 위험이 높아지는 것을 방지하기 위해 설치하는 투습도가 24시간당 (　　) 이하 또는 투습계수 $0.28g/m^2 \cdot h \cdot mmHg$ 이하의 투습저항을 가진 층을 말한다.

가. $10g/m^2$　　　　나. $20g/m^2$

다. $30g/m^2$　　　　라. $40g/m^2$

해설 건축물의 에너지절약설계기준 제5조[용어의 정의]10.(호)건축부문 카.(목) 《2018.4.28.출제》, 《2022.4.24.출제된 문제와 유사함》

2. 건축물의 에너지절약설계기준상 다음과 같이 정의되는 용어는?

> 기기를 여러 대 설치하여 부하상태에 따라 최적 운전상태를 유지할 수 있도록 기기를 조합하여 운전하는 방식

가. 대수제어운전　　　　나. 대수분할운전

다. 비례제어운전　　　　라. 가변속제어운전

해설 건축물의 에너지절약설계기준 제5조[용어의 정의]11.(호)기계부문 라.(목) 《2019.3.3.출제》, 《2021.9.12.출제된 문제와 유사함》

3. 다음은 건축물의 에너지절약설계기준에 따른 용어의 정의이다. (　　) 안에 알맞은 것은?

> "투광부"라 함은 창, 문면적의 (　　) 이상이 투과체로 구성된 문, 유리블럭, 플라스틱 패널 등과 같이 투과재료로 구성되며, 외기에 접하여 채광이 가능한 부위를 말한다.

가. 50%　　　　나. 60%

다. 70%　　　　라. 80%

해설 건축물의 에너지절약설계기준 제5조[용어의 정의]10.(호)건축부문 하.(목) 《2020.6.6.출제》

해답 1-다, 2-나, 3-다

▣ 건축물의 에너지절약설계기준 제6조[건축부문의 의무 사항]

4. 외기에 직접 면하고 1층 또는 지상으로 연결된 출입문을 방풍구조로 하여야 하는 것은?

가. 아파트의 출입문

나. 너비가 1.8m인 출입문

다. 바닥면적이 300㎡인 개별 점포의 출입문

라. 사람의 통행을 주목적으로 하지 않는 출입문

해설 건축물의 에너지절약설계기준 제6조[건축부문의 의무사항]4.(호) 라.(목) 《2019.4.27.출제》, 《2020.8.22.출제문제와 유사함》, 《2021.9.12.출제된 문제와 유사함》, 《2022.computer based test 출제된 문제와 유사함》

▣ 건축물의 에너지절약설계기준 제7조[건축부문의 권장 사항]

5. 건축물의 에너지절약설계기준에 따른 건축부문의 권장사항으로 옳지 않은 것은?

가. 공동주택은 인동간격을 넓게 하여 저층부의 일사 수열량을 증대시킨다.

나. 건축물의 체적에 대한 외피면적의 비 또는 연면적에 대한 외피면적의 비는 가능한 크게 한다.

다. 거실의 층고 및 반자 높이는 실의 용도와 기능에 지장을 주지 않는 범위 내에서 가능한 낮게 한다.

라. 건물의 창 및 문은 가능한 작게 설계하고 특히 열손실이 많은 북측 거실의 창 및 문의 면적은 최소화한다.

해설 건축물의 에너지절약설계기준 제7조[건축부문의 권장사항] 《2018.3.4.출제》, 《2019.9.21. 출제된 문제와 유사함》, 《2020.9.26.출제된 문제와 유사함》, 《2022.computer based test 출제된 문제와 유사함, 22년 CBT 출제는 법 개정을 반영하지 못한 출제이므로 현행법 참조》

6. 건축물의 에너지절약설계기준상 단열계획에 대한 건축부문의 권장사항으로 옳지 않은 것은?

가. 외벽 부위는 내단열로 시공한다.

나. 외피의 모서리 부분은 열교가 발생하지 않도록 단열재를 연속적으로 설치한다.

다. 건물의 창 및 문은 가능한 작게 설계하고, 특히 열손실이 많은 북측 거실의 창 및 문의 면적은 최소화 한다.

라. 태양열 유입에 의한 냉·난방 부하를 저감할 수 있도록 일사조절장치, 태양열취득률, 창 및 문의 면적비 등을 고려한 설계를 한다.

해설 건축물의 에너지절약설계기준 제7조[건축부문의 권장사항] 《2018.9.15.출제》, 《2021.5.15. 출제된 문제와 유사함》

해답 4-나, 5-나, 6-가

▣ 건축물의 에너지절약설계기준 제8조[기계부문의 의무 사항]

7. 다음은 건축물의 에너지절약설계기준에 따른 기계부분의 의무사항 중 설계용 외기조건에 관한 기준 내용이다. (　　) 안에 알맞은 것은?

> 난방 및 냉방설비의 용량계산을 위한 외기조건은 냉방기 및 난방기를 분리한 온도 출현분포를 사용할 경우 각 지역별로 위험률 (　　)로 한다.

가. 1%　　나. 1.5%

다. 2%　　라. 2.5%

해설 건축물의 에너지절약설계기준 제8조[기계부문의 의무사항] 《2019.3.3출제》

▣ 건축물의 에너지절약설계기준 제9조[기계부문의 권장 사항]

8. 건축물의 에너지절약설계기준상 기계부문에 권장되는 냉방설비의 용량계산을 위한 설계기준 실내온도 기준은? (단, 목욕장 및 수영장은 제외한다.)

가. 20℃　　나. 25℃

다. 28℃　　라. 30℃

해설 건축물의 에너지절약설계기준 제9조[기계부문의 권장사항] 《2018.4.28.출제》

9. 다음은 건축물의 에너지절약설계기준에 따른 설계용 실내온도 조건에 관한 기준 내용이다. (　　) 안에 알맞은 것은?

> 난방 및 냉방설비의 용량계산을 위한 설계 기준 실내온도는 난방의 경우(㉠), 냉방의 경우 (㉡)를 기준으로 하되 (목욕장 및 수영장은 제외) 각 건축물 용도 및 개별 실의 특성에 따라 별표 8에서 제시된 범위를 참고하여 설비의 용량이 과다해지지 않도록 한다.

가. ㉠ : 18℃, ㉡ : 25℃　　나. ㉠ : 18℃, ㉡ : 28℃

다. ㉠ : 20℃, ㉡ : 25℃　　라. ㉠ : 20℃, ㉡ : 28℃

해설 건축물의 에너지절약설계기준 제9조[기계부문의 권장사항] 《2019.9.21.출제》

해답 7-라, 8-다, 9-라

10. 건축물의 에너지절약설계기준에 따른 기계 부분의 권장 사항 내용으로 옳지 않은 것은?

가. 열원설비는 부분 부하 및 전부하 운전 효율이 좋은 것을 선정한다.

나. 위생설비 급탕용 저탕조의 설계 온도는 55℃ 이하로 하고 필요한 경우에는 부스터 히터 등으로 승온하여 사용한다.

다. 난방 기기, 냉방 기기, 냉동기, 송풍기, 펌프 등은 부하 조건에 따라 최고의 성능을 유지할 수 있도록 대수 분할 또는 비례 제어 운전이 되도록 한다.

라. 청정실 등 특수 용도의 공간 외에는 실내 공기의 오염도가 허용치의 1.5배를 초과하지 않는 범위 내에서 최대한의 외기 도입이 가능하도록 계획한다.

해설 건축물의 에너지절약설계기준 제9조[기계부문의 권장사항] 관련으로 출제된 문제이었지만, 2022.1.28. 개정되었다.《2021.3.7.출제》, 《2022.3.5.출제된 문제와 유사함》

[참고]나. 위생설비 급탕용 저탕조의 설계 온도는 55℃ 이하로 하고 필요한 경우에는 부스터 히터 등으로 승온하여 사용한다.→[2022.1.28. 삭제]

다. 난방 기기, 냉방 기기, 냉동기, 송풍기, 펌프 등은 부하 조건에 따라 최고의 성능을 유지할 수 있도록 대수 분할 또는 비례 제어 운전이 되도록 한다.→난방기기, 냉방기기, 급탕 기기는 고효율 제품 또는 이와 동등 이상의 효율을 가진 제품을 설치한다. [2022.1.28. 개정]

라. 청정실 등 특수 용도의 공간 외에는 실내 공기의 오염도가 허용치의 1.5배를 초과하지 않는 범위 내에서 최대한의 외기 도입이 가능하도록 계획한다.→[2022.1.28. 삭제]

▣ 건축물의 냉방설비에 대한 설치 및 설계기준 제3조[정의]

11. 다음 중 축냉식 전기냉방설비의 설계 기준 내용으로 옳지 않은 것은?

가. 열교환기는 시간당 평균냉방열량을 처리할 수 있는 용량 이하로 설치하여야 한다.

나. 자동제어설비는 필요할 경우 수동조작이 가능하도록 하여야 하며 감시 기능 등을 갖추어야 한다.

다. 축열조는 축냉 및 방냉운전을 반복적으로 수행하는데 적합한 재질의 축냉재를 사용하여야 한다.

라. 부분축냉방식의 경우에는 냉동기가 축냉운전과 방냉운전 또는 냉동기와 축열조의 동시운전이 반복적으로 수행하는데 아무런 지장이 없어야 한다.

해설 건축물의 냉방설비에 대한 설치 및 설계기준 제3조[정의] 《2018.9.15.출제》, 《2021.5.15.출제된 문제와 유사함》

해답 10-라(출제 당시의 정답이나 기준 개정), 11-가

12. 건축물의 냉방설비에 대한 설치 및 설계기준에 정의된 축냉식 전기냉방설비의 구분에 속하지 않는 것은?

가. 지열식 냉방설비

나. 수축열식 냉방설비

다. 빙축열식 냉방설비

라. 잠열축열식 냉방설비

해설 건축물의 냉방설비에 대한 설치 및 설계기준 제3조[정의] 《2020.8.22.출제》

13. 건축물의 냉방설비에 대한 설치 및 설계 기준 상 다음과 같이 정의되는 용어는?

심야 시간에 물을 냉각시켜 축열조에 저장하였다가 그 밖의 시간이 이를 냉방에 이용하는 냉방설비

가. 전체 축냉 방식

나. 빙 축열식 냉방설비

다. 수 축열식 냉방설비

라. 잠열 축열식 냉방설비

해설 건축물의 냉방설비에 대한 설치 및 설계기준 제3조[정의] 《2021.3.7.출제》

14. 건축물의 냉방설비에 대한 설치 및 설계 기준상 다음과 같이 정의하는 것은?

포접화합물(Clathrate)이나 공융염(Eutectic Slat) 등의 상변화 물질을 심야 시간에 냉각시켜 동결한 후 그 밖의 시간에 이를 녹여 냉방에 이용하는 냉방설비

가. 빙축열식 냉방설비

나. 수축열식 냉방설비

다. 잠열축열식 냉방설비

라. 현열축열식 냉방설비

해설 건축물의 냉방설비에 대한 설치 및 설계기준 제3조[정의] 《2022.3.5.출제》

▣ 녹색건축 인증에 관한 규칙 제9조[인증서 발급 및 인증의 유효기간 등]

15. 녹색건축 인증의 유효기간으로 옳은 것은?

가. 녹색건축 인증서를 발급한 날로부터 3년

나. 녹색건축 인증서를 발급한 날로부터 5년

다. 녹색건축 인증서를 발급한 날로부터 10년

라. 녹색건축 인증서를 발급한 날로부터 15년

해설 녹색건축 인증에 관한 규칙 제9조[인증서 발급 및 인증의 유효기간 등]③ 《2018.3.4.출제》

해답 12-가, 13-다, 14-다, 15-나

제3편 소방시설 설치 및 관리에 관한 법률 해설

▸ 소방시설 설치 및 관리에 관한 법률 : 法

(전부 개정 2021.11.30. 법률 제18522호, 2022년 12월 1일 시행, 다만 제11조는 2024년 12월 1일 시행)(23.1.3.법률 제12조 개정)

▸ 소방시설 설치 및 관리에 관한 법률 시행령 : 슈

(전부 개정 2022.11.29. 대통령령 제33004호, 2022년 12월 1일 시행) (다만 1. 별표 1 제2호마목, 별표 4 제1호 나목2) 및 같은 표 제2호 마목의 개정규정은 2023년 12월 1일부터 시행하고, 2. 별표 2 제1호 나목、다목의 개정규정은 2024년 12월 1일부터 시행하고, 3. 별표 8 제1호 라목、바목、사목 및 같은 표 제2호 라목、바목、사목의 개정규정은 2023년 7월 1일부터 시행함)

▸ 소방시설 설치 및 관리에 관한 법률 시행규칙 : 規

(전부 개정 2022.12.01. 행정안전부령 제360호, 2022년 12월 1일부터 시행, 다만 제14조는 2024년 12월 1일부터 시행)

제1장

총 칙

1. 목적 및 정의 – 소방시설, 특정소방대상물 등

法 제1조(목적) 이 법은 특정소방대상물 등에 설치하여야 하는 소방시설 등의 설치·관리와 소방용품 성능관리에 필요한 사항을 규정함으로써 국민의 생명·신체 및 재산을 보호하고 공공의 안전과 복리 증진에 이바지함을 목적으로 한다.

해설 소방시설 설치 및 관리에 관한 법률(시행령, 시행규칙)의 제정

1. 그 동안의 '화재예방, 소방시설 설치 · 유지 및 안전관리에 관한 법률'에서는 화재예방에 관한 사항과 소방시설 설치 및 관리에 관한 사항 등이 함께 복잡하게 규정되어 있었다.
2. 그로 인해 국민이 법령을 이해하기 어려울 뿐만 아니라 화재로 인한 피해를 줄이고 체계적인 화재 예방 정책을 추진하는 데에도 한계가 있었다.
3. 따라서 이를 해결하기 위해 '소방시설 설치 및 안전관리에 관한 법률(법률 제 18522호)'과 '화재의 예방 및 안전관리에 관한 법률(법률 제 18523호)'을 분리하여 별도의 법률로 각각 제정(2021년 11월 30일 공포, 2022년 12월 1일 시행)함으로써 변화하는 소방 환경에 맞추어 소방시설의 설치 및 관리 제도를 개선 · 보완한 것이다.

法 제2조(정의) ① 이 법에서 사용하는 용어의 뜻은 다음과 같다.

1. **"소방시설"** 이란 소화설비, 경보설비, 피난구조설비, 소화용수설비, 그 밖에 소화활동설비로서 대통령령으로 정하는 것을 말한다.
2. "소방시설 등" 이란 소방시설과 비상구(非常口), 그 밖에 소방 관련 시설로서 대통령령으로 정하는 것을 말한다.
3. **"특정소방대상물"** 이란 건축물 등의 규모·용도 및 수용인원 등을 고려하여 소방시설을 설치하여야 하는 소방대상물로서 대통령령으로 정하는 것을 말한다.
4. "화재안전성능" 이란 화재를 예방하고 화재발생 시 피해를 최소화하기 위하여 소방대상물의 재료, 공간 및 설비 등에 요구되는 안전성능을 말한다.
5. "성능위주설계" 란 건축물 등의 재료, 공간, 이용자, 화재 특성 등을 종합적으로 고려하여 공학적 방법으로 화재 위험성을 평가하고 그 결과에 따라 화재안전성능이 확보될 수 있도록 특정소방대상물을 설계하는 것을 말한다.
6. "화재안전기준" 이란 소방시설 설치 및 관리를 위한 다음 각 목의 기준을 말한다.
   가. 성능기준: 화재안전 확보를 위하여 재료, 공간 및 설비 등에 요구되는 안전성능으로서 소방청장이 고시로 정하는 기준
   나. 기술기준: 가목에 따른 성능기준을 충족하는 상세한 규격, 특정한 수치 및 시험방법 등에 관한 기준으로서 행정안전부령으로 정하는 절차에 따라 소방청장의 승인을 받은 기준
7. "소방용품" 이란 소방시설 등을 구성하거나 소방용으로 사용되는 제품 또는 기기로서 대통령령으로 정하는 것을 말한다.

② 이 법에서 사용하는 용어의 뜻은 제1항에서 규정하는 것을 제외하고는 「소방기본법」, 「화재의 예방 및 안전관리에 관한 법률」, 「소방시설공사업법」, 「위험물안전관리법」 및 「건축법」에서 정하는 바에 따른다.

令 제2조(정의) 이 영에서 사용하는 용어의 뜻은 다음과 같다.

1. **"무창층"** (無窓層)이란 지상층 중 다음 각 목의 요건을 모두 갖춘 **개구부**(건축물에서 채광·환기·통풍 또는 출입 등을 위하여 만든 창·출입구, 그 밖에 이와 비슷한 것을 말한다. 이하 같다)**의 면적의 합계가 해당 층의 바닥면적**(「건축법 시행령」 제119조제1항 제3호에 따라 산정된 면적을 말한다. 이하 같다)**의 30분의 1 이하가 되는 층**을 말한다.
   가. 크기는 지름 50센티미터 이상의 원이 통과할 수 있을 것
   나. 해당 층의 바닥면으로부터 개구부 밑 부분까지의 높이가 1.2미터 이내일 것
   다. 도로 또는 차량이 진입할 수 있는 빈터를 향할 것
   라. 화재 시 건축물로부터 쉽게 피난할 수 있도록 창살이나 그 밖의 장애물이 설치되지 않을 것
   마. 내부 또는 외부에서 쉽게 부수거나 열 수 있을 것
2. **"피난층"** 이란 곧바로 지상으로 갈 수 있는 출입구가 있는 층을 말한다.

令 제3조(소방시설) 「소방시설 설치 및 관리에 관한 법률」(이하 "법" 이라 한다) 제2조 제

1항 제1호에서 "대통령령으로 정하는 것" 이란 별표 1의 설비를 말한다.

令 **제4조(소방시설 등)** 법 제2조 제1항 제2호에서 "대통령령으로 정하는 것" 이란 방화문 및 자동방화셔터를 말한다.

令 **제5조(특정소방대상물)** 법 제2조 제1항 제3호에서 "대통령령으로 정하는 것" 이란 별표2의 소방대상물을 말한다.

令 **제6조(소방용품)** 법 제2조 제1항 제7호에서 "대통령령으로 정하는 것" 이란 별표 3의 제품 또는 기기를 말한다.

[별표 1]

소방시설(제3조 관련)

1. **소화설비**: 물 또는 그 밖의 소화약제를 사용하여 소화하는 기계·기구 또는 설비로서 다음 각 목의 것
   가. 소화기구
      1) 소화기
      2) 간이소화용구: 에어로졸식 소화용구, 투척용 소화용구, 소공간용 소화용구 및 소화약제 외의 것을 이용한 간이소화용구
      3) 자동확산소화기
   나. 자동소화장치
      1) 주거용 주방자동소화장치
      2) 상업용 주방자동소화장치
      3) 캐비닛형 자동소화장치
      4) 가스자동소화장치
      5) 분말자동소화장치
      6) 고체에어로졸자동소화장치
   다. 옥내소화전설비[호스릴(hose reel) 옥내소화전설비를 포함한다]
   라. 스프링클러설비 등
      1) 스프링클러설비
      2) 간이스프링클러설비(캐비닛형 간이스프링클러설비를 포함한다)
      3) 화재조기진압용 스프링클러설비
   마. 물분무 등 소화설비
      1) 물분무소화설비
      2) 미분무소화설비
      3) 포소화설비
      4) 이산화탄소소화설비
      5) 할론소화설비

6) 할로겐화합물 및 불활성기체(다른 원소와 화학반응을 일으키기 어려운 기체를 말한다. 이하 같다) 소화설비

7) 분말소화설비

8) 강화액소화설비

9) 고체에어로졸소화설비

바. 옥외소화전설비

2. **경보설비**: 화재발생 사실을 통보하는 기계·기구 또는 설비로서 다음 각 목의 것

가. 단독경보형 감지기

나. 비상경보설비

1) 비상벨설비

2) 자동식사이렌설비

다. 자동화재탐지설비

라. 시각경보기

마. 화재알림설비

바. 비상방송설비

사. 자동화재속보설비

아. 통합감시시설

자. 누전경보기

차. 가스누설경보기

3. **피난구조설비**: 화재가 발생할 경우 피난하기 위하여 사용하는 기구 또는 설비로서 다음 각 목의 것

가. 피난기구

1) 피난사다리

2) 구조대

3) 완강기

4) 간이완강기

5) 그 밖에 화재안전기준으로 정하는 것

나. 인명구조기구

1) 방열복, 방화복(안전모, 보호장갑 및 안전화를 포함한다)

2) 공기호흡기

3) 인공소생기

다. 유도등

1) 피난유도선

2) 피난구유도등

3) 통로유도등

4) 객석유도등

5) 유도표지

라. 비상조명등 및 휴대용비상조명등

4. **소화용수설비**: 화재를 진압하는 데 필요한 물을 공급하거나 저장하는 설비로서 다음 각 목의 것

가. 상수도소화용수설비

나. 소화수조 · 저수조, 그 밖의 소화용수설비

5. **소화활동설비**: 화재를 진압하거나 인명구조활동을 위하여 사용하는 설비로서 다음 각 목의 것

가. 제연설비

나. 연결송수관설비

다. 연결살수설비

라. 비상콘센트설비

마. 무선통신보조설비

바. 연소방지설비

[별표 2]

특정소방대상물(제5조 관련)

1. **공동주택**

가. 아파트 등: 주택으로 쓰는 층수가 5층 이상인 주택

나. 연립주택: 주택으로 쓰는 1개 동의 바닥면적(2개 이상의 동을 지하주차장으로 연결하는 경우에는 각각의 동으로 본다) 합계가 660㎡를 초과하고, 층수가 4개 층 이하인 주택

다. 다세대주택: 주택으로 쓰는 1개 동의 바닥면적(2개 이상의 동을 지하주차장으로 연결하는 경우에는 각각의 동으로 본다) 합계가 660㎡ 이하이고, 층수가 4개 층 이하인 주택

라. 기숙사: 학교 또는 공장 등의 학생 또는 종업원 등을 위하여 쓰는 것으로서 1개 동의 공동취사시설 이용 세대 수가 전체의 50퍼센트 이상인 것(「교육기본법」 제27조제2항에 따른 학생복지주택 및 「공공주택 특별법」 제2조제1호의3에 따른 공공매입임대주택 중 독립된 주거의 형태를 갖추지 않은 것을 포함한다)

2. **근린생활시설**

가. 슈퍼마켓과 일용품(식품, 잡화, 의류, 완구, 서적, 건축자재, 의약품, 의료기기 등) 등의 소매점으로서 같은 건축물(하나의 대지에 두 동 이상의 건축물이 있는 경우에는 이를 같은 건축물로 본다. 이하 같다)에 해당 용도로 쓰는 바닥면적의 합계가 1천㎡ 미만인 것

나. 휴게음식점, 제과점, 일반음식점, 기원(棋院), 노래연습장 및 단란주점(단란주점은 같은 건축물에 해당 용도로 쓰는 바닥면적의 합계가 150㎡ 미만인 것만 해당한다)

다. 이용원, 미용원, 목욕장 및 세탁소(공장에 부설된 것과 「대기환경보전법」, 「물환경보전법」 또는 「소음 · 진동관리법」에 따른 배출시설의 설치허가 또는 신고의 대상인 것은 제

외한다)

라. 의원, 치과의원, 한의원, 침술원, 접골원(接骨院), 조산원, 산후조리원 및 안마원(「의료법」 제82조제4항에 따른 안마시술소를 포함한다)

마. 탁구장, 테니스장, 체육도장, 체력단련장, 에어로빅장, 볼링장, 당구장, 실내낚시터, 골프연습장, 물놀이형 시설(「관광진흥법」 제33조에 따른 안전성검사의 대상이 되는 물놀이형 시설을 말한다. 이하 같다), 그 밖에 이와 비슷한 것으로서 같은 건축물에 해당 용도로 쓰는 바닥면적의 합계가 500㎡ 미만인 것

바. 공연장(극장, 영화상영관, 연예장, 음악당, 서커스장, 「영화 및 비디오물의 진흥에 관한 법률」 제2조제16호가목에 따른 비디오물감상실업의 시설, 같은 호 나목에 따른 비디오물소극장업의 시설, 그 밖에 이와 비슷한 것을 말한다. 이하 같다) 또는 종교집회장[교회, 성당, 사찰, 기도원, 수도원, 수녀원, 제실(祭室), 사당, 그 밖에 이와 비슷한 것을 말한다. 이하 같다]으로서 같은 건축물에 해당 용도로 쓰는 바닥면적의 합계가 300㎡ 미만인 것

사. 금융업소, 사무소, 부동산중개사무소, 결혼상담소 등 소개업소, 출판사, 서점, 그 밖에 이와 비슷한 것으로서 같은 건축물에 해당 용도로 쓰는 바닥면적의 합계가 500㎡ 미만인 것

아. 제조업소, 수리점, 그 밖에 이와 비슷한 것으로서 같은 건축물에 해당 용도로 쓰는 바닥면적의 합계가 500㎡ 미만인 것(「대기환경보전법」, 「물환경보전법」 또는 「소음·진동관리법」에 따른 배출시설의 설치허가 또는 신고의 대상인 것은 제외한다)

자. 「게임산업진흥에 관한 법률」 제2조제6호의2에 따른 청소년게임제공업 및 일반게임제공업의 시설, 같은 조 제7호에 따른 인터넷컴퓨터게임시설제공업의 시설 및 같은 조 제8호에 따른 복합유통게임제공업의 시설로서 같은 건축물에 해당 용도로 쓰는 바닥면적의 합계가 500㎡ 미만인 것

차. 사진관, 표구점, 학원(같은 건축물에 해당 용도로 쓰는 바닥면적의 합계가 500㎡ 미만인 것만 해당하며, 자동차학원 및 무도학원은 제외한다), 독서실, 고시원(「다중이용업소의 안전관리에 관한특별법」에 따른 다중이용업 중 고시원업의 시설로서 독립된 주거의 형태를 갖추지 않은 것으로서 같은 건축물에 해당 용도로 쓰는 바닥면적의 합계가 500㎡ 미만인 것을 말한다), 장의사, 동물병원, 총포판매사, 그 밖에 이와 비슷한 것

카. 의약품 판매소, 의료기기 판매소 및 자동차영업소로서 같은 건축물에 해당 용도로 쓰는 바닥면적의 합계가 1천㎡ 미만인 것

3. **문화 및 집회시설**

가. 공연장으로서 근린생활시설에 해당하지 않는 것

나. 집회장: 예식장, 공회당, 회의장, 마권(馬券) 장외 발매소, 마권 전화투표소, 그 밖에 이와 비슷한 것으로서 근린생활시설에 해당하지 않는 것

다. 관람장: 경마장, 경륜장, 경정장, 자동차 경기장, 그 밖에 이와 비슷한 것과 체육관 및 운동장으로서 관람석의 바닥면적의 합계가 1천㎡ 이상인 것

라. 전시장: 박물관, 미술관, 과학관, 문화관, 체험관, 기념관, 산업전시장, 박람회장, 견본주택, 그 밖에 이와 비슷한 것

마. 동ㆍ식물원: 동물원, 식물원, 수족관, 그 밖에 이와 비슷한 것

4. **종교시설**

가. 종교집회장으로서 근린생활시설에 해당하지 않는 것

나. 가목의 종교집회장에 설치하는 봉안당(奉安堂)

5. **판매시설**

가. 도매시장: 「농수산물 유통 및 가격안정에 관한 법률」 제2조제2호에 따른 농수산물도매시장, 같은 조 제5호에 따른 농수산물공판장, 그 밖에 이와 비슷한 것(그 안에 있는 근린생활시설을 포함한다)

나. 소매시장: 시장, 「유통산업발전법」 제2조제3호에 따른 대규모점포, 그 밖에 이와 비슷한 것(그 안에 있는 근린생활시설을 포함한다)

다. 전통시장: 「전통시장 및 상점가 육성을 위한 특별법」 제2조제1호에 따른 전통시장(그 안에 있는 근린생활시설을 포함하며, 노점형 시장은 제외한다)

라. 상점: 다음의 어느 하나에 해당하는 것(그 안에 있는 근린생활시설을 포함한다)

1) 제2호가목에 해당하는 용도로서 같은 건축물에 해당 용도로 쓰는 바닥면적 합계가 1천㎡ 이상인 것

2) 제2호자목에 해당하는 용도로서 같은 건축물에 해당 용도로 쓰는 바닥면적 합계가 500㎡ 이상인 것

6. **운수시설**

가. 여객자동차터미널

나. 철도 및 도시철도 시설[정비창(整備廠) 등 관련 시설을 포함한다]

다. 공항시설(항공관제탑을 포함한다)

라. 항만시설 및 종합여객시설

7. **의료시설**

가. 병원: 종합병원, 병원, 치과병원, 한방병원, 요양병원

나. 격리병원: 전염병원, 마약진료소, 그 밖에 이와 비슷한 것

다. 정신의료기관

라. 「장애인복지법」 제58조제1항제4호에 따른 장애인 의료재활시설

8. **교육연구시설**

가. 학교

1) 초등학교, 중학교, 고등학교, 특수학교, 그 밖에 이에 준하는 학교: 「학교시설사업 촉진법」 제2조제1호나목의 교사(校舍)(교실ㆍ도서실 등 교수ㆍ학습활동에 직접 또는 간접적으로 필요한 시설물을 말하되, 병설유치원으로 사용되는 부분은 제외한다. 이하 같다), 체육관, 「학교급식법」제6조에 따른 급식시설, 합숙소(학교의 운동부, 기능선수 등이 집단으로 숙식하는 장소를 말한다. 이하 같다)

2) 대학, 대학교, 그 밖에 이에 준하는 각종 학교: 교사 및 합숙소

나. 교육원(연수원, 그 밖에 이와 비슷한 것을 포함한다)

다. 직업훈련소

라. 학원(근린생활시설에 해당하는 것과 자동차운전학원·정비학원 및 무도학원은 제외한다)

마. 연구소(연구소에 준하는 시험소와 계량계측소를 포함한다)

바. 도서관

9. **노유자 시설**

가. 노인 관련 시설: 「노인복지법」에 따른 노인주거복지시설, 노인의료복지시설, 노인여가복지시설, 주·야간보호서비스나 단기보호서비스를 제공하는 재가노인복지시설(「노인장기요양보험법」에 따른 장기요양기관을 포함한다), 노인보호전문기관, 노인일자리지원기관, 학대피해노인 전용쉼터, 그 밖에 이와 비슷한 것

나. 아동 관련 시설: 「아동복지법」에 따른 아동복지시설, 「영유아보육법」에 따른 어린이집, 「유아교육법」에 다른 유치원[제8호가목1)에 따른 학교의 교사 중 병설유치원으로 사용되는 부분을 포함한다], 그 밖에 이와 비슷한 것

다. 장애인 관련 시설: 「장애인복지법」에 따른 장애인 거주시설, 장애인 지역사회재활시설(장애인심부름센터, 한국수어통역센터, 점자도서 및 녹음서 출판시설 등 장애인이 직접 그 시설 자체를 이용하는 것을 주된 목적으로 하지 않는 시설은 제외한다), 장애인 직업재활시설, 그 밖에 이와 비슷한 것

라. 정신질환자 관련 시설: 「정신건강증진 및 정신질환자 복지서비스 지원에 관한 법률」에 따른 정신재활시설(생산품판매시설은 제외한다), 정신요양시설, 그 밖에 이와 비슷한 것

마. 노숙인 관련 시설: 「노숙인 등의 복지 및 자립지원에 관한 법률」 제2조제2호에 따른 노숙인복지시설(노숙인일시보호시설, 노숙인자활시설, 노숙인재활시설, 노숙인요양시설 및 쪽방상담소만 해당한다), 노숙인종합지원센터 및 그 밖에 이와 비슷한 것

바. 가목부터 마목까지에서 규정한 것 외에 「사회복지사업법」에 따른 사회복지시설 중 결핵환자 또는 한센인 요양시설 등 다른 용도로 분류되지 않는 것

10. **수련시설**

가. 생활권 수련시설: 「청소년활동 진흥법」에 따른 청소년수련관, 청소년문화의집, 청소년특화시설, 그 밖에 이와 비슷한 것

나. 자연권 수련시설: 「청소년활동 진흥법」에 따른 청소년수련원, 청소년야영장, 그 밖에 이와 비슷한 것

다. 「청소년활동 진흥법」에 따른 유스호스텔

11. **운동시설**

가. 탁구장, 체육도장, 테니스장, 체력단련장, 에어로빅장, 볼링장, 당구장, 실내낚시터, 골프연습장, 물놀이형 시설, 그 밖에 이와 비슷한 것으로서 근린생활시설에 해당하지 않는 것

나. 체육관으로서 관람석이 없거나 관람석의 바닥면적이 1천㎡ 미만인 것
다. 운동장: 육상장, 구기장, 볼링장, 수영장, 스케이트장, 롤러스케이트장, 승마장, 사격장, 궁도장, 골프장 등과 이에 딸린 건축물로서 관람석이 없거나 관람석의 바닥면적이 1천㎡ 미만인 것

12. **업무시설**
가. 공공업무시설: 국가 또는 지방자치단체의 청사와 외국공관의 건축물로서 근린생활시설에 해당하지 않는 것
나. 일반업무시설: 금융업소, 사무소, 신문사, 오피스텔[업무를 주로 하며, 분양하거나 임대하는 구획 중 일부의 구획에서 숙식을 할 수 있도록 한 건축물로서 「건축법 시행령」 별표 1 제14호나목2)에 따라 국토교통부장관이 고시하는 기준에 적합한 것을 말한다], 그 밖에 이와 비슷한 것으로서 근린생활시설에 해당하지 않는 것
다. 주민자치센터(동사무소), 경찰서, 지구대, 파출소, 소방서, 119안전센터, 우체국, 보건소, 공공도서관, 국민건강보험공단, 그 밖에 이와 비슷한 용도로 사용하는 것
라. 마을회관, 마을공동작업소, 마을공동구판장, 그 밖에 이와 유사한 용도로 사용되는 것
마. 변전소, 양수장, 정수장, 대피소, 공중화장실, 그 밖에 이와 유사한 용도로 사용되는 것

13. **숙박시설**
가. 일반형 숙박시설: 「공중위생관리법 시행령」 제4조제1호에 따른 숙박업의 시설
나. 생활형 숙박시설: 「공중위생관리법 시행령」 제4조제2호에 따른 숙박업의 시설
다. 고시원(근린생활시설에 해당하지 않는 것을 말한다)
라. 그 밖에 가목부터 다목까지의 시설과 비슷한 것

14. **위락시설**
가. 단란주점으로서 근린생활시설에 해당하지 않는 것
나. 유흥주점, 그 밖에 이와 비슷한 것
다. 「관광진흥법」에 따른 유원시설업(遊園施設業)의 시설, 그 밖에 이와 비슷한 시설(근린생활시설에 해당하는 것은 제외한다)
라. 무도장 및 무도학원
마. 카지노영업소

15. **공장**
물품의 제조ㆍ가공[세탁ㆍ염색ㆍ도장(塗裝)ㆍ표백ㆍ재봉ㆍ건조ㆍ인쇄 등을 포함한다] 또는 수리에 계속적으로 이용되는 건축물로서 근린생활시설, 위험물 저장 및 처리 시설, 항공기 및 자동차 관련 시설, 자원순환 관련 시설, 묘지 관련 시설 등으로 따로 분류되지 않는 것

16. **창고시설**(위험물 저장 및 처리 시설 또는 그 부속용도에 해당하는 것은 제외한다)
가. 창고(물품저장시설로서 냉장ㆍ냉동 창고를 포함한다)
나. 하역장
다. 「물류시설의 개발 및 운영에 관한 법률」에 따른 물류터미널
라. 「유통산업발전법」 제2조제15호에 따른 집배송시설

17. **위험물 저장 및 처리 시설**

가. 제조소 등

나. 가스시설: 산소 또는 가연성 가스를 제조·저장 또는 취급하는 시설 중 지상에 노출된 산소 또는 가연성 가스 탱크의 저장용량의 합계가 100톤 이상이거나 저장용량이 30톤 이상인 탱크가 있는 가스시설로서 다음의 어느 하나에 해당하는 것

1) 가스 제조시설

가) 「고압가스 안전관리법」 제4조제1항에 따른 고압가스의 제조허가를 받아야 하는 시설

나) 「도시가스사업법」 제3조에 따른 도시가스사업허가를 받아야 하는 시설

2) 가스 저장시설

가) 「고압가스 안전관리법」 제4조제5항에 따른 고압가스 저장소의 설치허가를 받아야 하는 시설

나) 「액화석유가스의 안전관리 및 사업법」 제8조제1항에 따른 액화석유가스 저장소의 설치 허가를 받아야 하는 시설

3) 가스 취급시설

「액화석유가스의 안전관리 및 사업법」 제5조에 따른 액화석유가스 충전사업 또는 액화석유가스 집단공급사업의 허가를 받아야 하는 시설

18. **항공기 및 자동차 관련 시설**(건설기계 관련 시설을 포함한다)

가. 항공기 격납고

나. 차고, 주차용 건축물, 철골 조립식 주차시설(바닥면이 조립식이 아닌 것을 포함한다) 및 기계장치에 의한 주차시설

다. 세차장

라. 폐차장

마. 자동차 검사장

바. 자동차 매매장

사. 자동차 정비공장

아. 운전학원·정비학원

자. 다음의 건축물을 제외한 건축물의 내부(「건축법 시행령」 제119조제1항제3호다목에 따른 필로티와 건축물의 지하를 포함한다)에 설치된 주차장

1) 「건축법 시행령」 별표 1 제1호에 따른 단독주택

2) 「건축법 시행령」 별표 1 제2호에 따른 공동주택 중 50세대 미만인 연립주택 또는 50세대 미만인 다세대주택

차. 「여객자동차 운수사업법」, 「화물자동차 운수사업법」 및 「건설기계관리법」에 따른 차고 및 주기장(駐機場)

19. **동물 및 식물 관련 시설**

가. 축사[부화장(孵化場)을 포함한다]

나. 가축시설: 가축용 운동시설, 인공수정센터, 관리사(管理舍), 가축용 창고, 가축시장, 동물검역소, 실험동물 사육시설, 그 밖에 이와 비슷한 것

다. 도축장(屠畜場)

라. 도계장(屠鷄場)

마. 작물 재배사(栽培舍)

바. 종묘배양시설

사. 화초 및 분재 등의 온실

아. 식물과 관련된 마목부터 사목까지의 시설과 비슷한 것(동ㆍ식물원은 제외한다)

20. **자원순환 관련 시설**

가. 하수 등 처리시설

나. 고물상

다. 폐기물 재활용 시설

라. 폐기물 처분 시설

마. 폐기물 감량화 시설

21. **교정 및 군사시설**

가. 보호감호소, 교도소, 구치소 및 그 지소

나. 보호관찰소, 갱생보호시설, 그 밖에 범죄자의 갱생ㆍ보호ㆍ교육ㆍ보건 등의 용도로 쓰는 시설

다. 치료감호시설

라. 소년원 및 소년 분류 심사원

마. 「출입국관리법」 제52조제2항에 따른 보호시설

바. 「경찰관 직무집행법」 제9조에 따른 유치장

사. 국방ㆍ군사시설(「국방ㆍ군사시설 사업에 관한 법률」 제2조제1호가목부터 마목까지의 시설을 말한다)

22. **방송통신시설**

가. 방송국(방송프로그램 제작시설 및 송신ㆍ수신ㆍ중계시설을 포함한다)

나. 전신전화국

다. 촬영소

라. 통신용 시설

마. 그 밖에 가목부터 라목까지의 시설과 비슷한 것

23. **발전시설**

가. 원자력발전소

나. 화력발전소

다. 수력발전소(조력발전소를 포함한다)

라. 풍력발전소

마. 전기저장시설[20킬로와트시(kWh)를 초과하는 리튬ㆍ나트륨ㆍ레독스 플로우(redox

flow) 계열의 2차 전지를 이용한 전기 저장 장치의 시설을 말한다. 이하 같다]

바. 그 밖에 가목부터 마목까지의 시설과 비슷한 것(집단에너지 공급시설을 포함한다)

24. **묘지 관련 시설**

가. 화장시설

나. 봉안당(제4호 나목의 봉안당은 제외한다)

다. 묘지와 자연장지에 부수되는 건축물

라. 동물 화장 시설, 동물 건조장(乾燥葬)시설 및 동물 전용의 납골시설

25. **관광 휴게시설**

가. 야외 음악당

나. 야외 극장

다. 어린이 회관

라. 관망탑

마. 휴게소

바. 공원ㆍ유원지 또는 관광지에 부수되는 건축물

26. **장례시설**

가. 장례식장[의료시설의 부수시설(「의료법」 제36조제1호에 따른 의료기관의 종류에 따른 시설을 말한다)은 제외한다]

나. 동물 전용의 장례식장

27. **지하가**

지하의 인공구조물 안에 설치되어 있는 상점, 사무실, 그 밖에 이와 비슷한 시설이 연속하여 지하도에 면하여 설치된 것과 그 지하도를 합한 것

가. 지하상가

나. 터널: 차량(궤도차량용은 제외한다) 등의 통행을 목적으로 지하, 수저 또는 산을 뚫어서 만든 것

28. **지하구**

가. 전력ㆍ통신용의 전선이나 가스ㆍ냉난방용의 배관 또는 이와 비슷한 것을 집합수용하기 위하여 설치한 지하 인공구조물로서 사람이 점검 또는 보수를 하기 위하여 출입이 가능한 것 중 다음의 어느 하나에 해당하는 것

1) 전력 또는 통신사업용 지하 인공구조물로서 전력구(케이블 접속부가 없는 경우는 제외한다) 또는 통신구 방식으로 설치된 것

2) 1)외의 지하 인공구조물로서 폭이 1.8m 이상이고 높이가 2m 이상이며 길이가 50m 이상인 것

나. 「국토의 계획 및 이용에 관한 법률」 제2조제9호에 따른 공동구

29. **문화재**

「문화재보호법」 제2조제3항에 따른 지정문화재 중 건축물

30. **복합건축물**

가. 하나의 건축물이 제1호부터 제27호까지의 것 중 둘 이상의 용도로 사용되는 것. 다만, 다음의 어느 하나에 해당하는 경우에는 복합건축물로 보지 않는다.

1) 관계 법령에서 주된 용도의 부수시설로서 그 설치를 의무화하고 있는 용도 또는 시설

2) 「주택법」 제35조제1항제3호 및 제4호에 따라 주택 안에 부대시설 또는 복리시설이 설치되는 특정소방대상물

3) 건축물의 주된 용도의 기능에 필수적인 용도로서 다음의 어느 하나에 해당하는 용도

가) 건축물의 설비(제23호마목의 전기저장시설을 포함한다), 대피 또는 위생을 위한 용도, 그 밖에 이와 비슷한 용도

나) 사무, 작업, 집회, 물품저장 또는 주차를 위한 용도, 그 밖에 이와 비슷한 용도

다) 구내식당, 구내 세탁소, 구내 운동시설 등 종업원 후생 복리 시설(기숙사는 제외한다) 또는 구내 소각시설의 용도, 그 밖에 이와 비슷한 용도

나. 하나의 건축물이 근린생활시설, 판매시설, 업무시설, 숙박시설 또는 위락시설의 용도와 주택의 용도로 함께 사용되는 것

비고

1. 내화구조로 된 하나의 특정소방대상물이 개구부 및 연소 확대 우려가 없는 내화구조의 바닥과 벽으로 구획되어 있는 경우에는 그 구획된 부분을 각각 별개의 특정소방대상물로 본다. 다만, 제9조에 따라 성능위주설계를 해야 하는 범위를 정할 때에는 하나의 특정소방대상물로 본다.

2. 둘 이상의 특정소방대상물이 다음 각 목의 어느 하나에 해당되는 구조의 복도 또는 통로(이하 이 표에서 "연결통로"라 한다)로 연결된 경우에는 이를 하나의 특정소방대상물로 본다.

가. 내화구조로 된 연결통로가 다음의 어느 하나에 해당되는 경우

1) 벽이 없는 구조로서 그 길이가 6m 이하인 경우

2) 벽이 있는 구조로서 그 길이가 10m 이하인 경우. 다만, 벽 높이가 바닥에서 천장까지의 높이의 2분의 1 이상인 경우에는 벽이 있는 구조로 보고, 벽 높이가 바닥에서 천장까지의 높이의 2분의1 미만인 경우에는 벽이 없는 구조로 본다.

나. 내화구조가 아닌 연결통로로 연결된 경우

다. 컨베이어로 연결되거나 플랜트 설비의 배관 등으로 연결되어 있는 경우

라. 지하보도, 지하상가, 지하가로 연결된 경우

마. 자동방화셔터 또는 60분+ 방화문이 설치되지 않은 피트(전기설비 또는 배관설비 등이 설치되는 공간을 말한다)로 연결된 경우

바. 지하구로 연결된 경우

3. 제2호에도 불구하고 연결통로 또는 지하구와 특정소방대상물의 양쪽에 다음 각 목의 어느 하나에 해당하는 시설이 적합하게 설치된 경우에는 각각 별개의 특정소방대상물로 본다.

가. 화재 시 경보설비 또는 자동소화설비의 작동과 연동하여 자동으로 닫히는 자동방화셔터 또는 60분+ 방화문이 설치된 경우

나. 화재 시 자동으로 방수되는 방식의 드렌처설비 또는 개방형 스프링클러헤드가 설치된 경우

4. 위 제1호부터 제30호까지의 특정소방대상물의 지하층이 지하가와 연결되어 있는 경우 해당 지하층의 부분을 지하가로 본다. 다만, 다음 지하가와 연결되는 지하층에 지하층 또는 지하가에 설치된 자동방화셔터 또는 60분+ 방화문이 화재 시 경보설비 또는 자동소화설비의 작동과 연동하여 자동으로 닫히는 구조이거나 그 윗부분에 드렌처설비가 설치된 경우에는 지하가로 보지 않는다.

[별표 3]

소방용품(제6조 관련)

1. 소화설비를 구성하는 제품 또는 기기
   가. 별표 1 제1호가목의 소화기구(소화약제 외의 것을 이용한 간이소화용구는 제외한다)
   나. 별표 1 제1호나목의 자동소화장치
   다. 소화설비를 구성하는 소화전, 관창(菅槍), 소방호스, 스프링클러헤드, 기동용 수압개폐장치, 유수제어밸브 및 가스관선택밸브
2. 경보설비를 구성하는 제품 또는 기기
   가. 누전경보기 및 가스누설경보기
   나. 경보설비를 구성하는 발신기, 수신기, 중계기, 감지기 및 음향장치(경종만 해당한다)
3. 피난구조설비를 구성하는 제품 또는 기기
   가. 피난사다리, 구조대, 완강기(지지대를 포함한다) 및 간이 완강기(지지대를 포함한다)
   나. 공기호흡기(충전기를 포함한다)
   다. 피난구유도등, 통로유도등, 객석유도등 및 예비 전원이 내장된 비상조명등
4. 소화용으로 사용하는 제품 또는 기기
   가. 소화약제[별표 1 제1호나목2) 및 3)의 자동소화장치와 같은 호 마목3)부터 9)까지의 소화설비용만 해당한다]
   나. 방염제(방염액ㆍ방염도료 및 방염성 물질을 말한다)
5. 그 밖에 행정안전부령으로 정하는 소방 관련 제품 또는 기기

소방시설 설치 및 관리에 관한 법률 문제해설

제1장 총칙

▣ 용어 정의(영 제2조)

1. 무창층이라 함은 지상층 중 피난 또는 소화활동상 유효한 개구부의 면적이 그 층의 바닥면적의 얼마 이하가 되는 층을 말하는가?
   가. 1 / 15　　나. 1 / 20
   다. 1 / 30　　라. 1 / 40

2. 소방시설 설치유지 및 안전관리에 관한 법률에서 말하는 피난 및 소화활동상 유효한 개구부에서 적당치 않은 것은?
   가. 크기는 지름 40cm 이상의 원이 내접할 수 있는 크기일 것
   나. 해당 층의 바닥에서 개구부 밑까지의 높이가 1.2m 이내일 것
   다. 도로 또는 차량이 진입할 수 있는 빈터를 향할 것
   라. 화재시 건축물로부터 피난이 용이하도록 창살이나 장애물이 설치되지 않을 것

3. 소방법상 피난층의 정의에 맞는 것은?
   가. 지상 1층을 말한다.
   나. 건축물의 4면 모두가 지면과 접촉하고 있는 층을 말한다.
   다. 지하와 지상이 연결되는 통로가 있는 층을 말한다.
   라. 곧바로 지상으로 갈 수 있는 출입구가 있는 층을 말한다.

▣ 소방시설(영 제3조, 별표1)

4. 다음 중 소방법에 규정된 소화설비가 아닌 것은?
   가. 연결송수관설비　　나. 물분무소화설비
   다. 옥내소화전설비　　라. 간이소화용구

5. 소방시설의 종류가 잘못 연결된 것은?
   가. 저수조 – 소화용수설비　　나. 비상콘센트설비 – 소화활동설비
   다. 옥외소화전설비 – 소화설비　　라. 비상조명등 – 소화설비

해답 1-다, 2-가, 3-라, 4-가, 5-라

6. 소방시설의 종류 중 소화활동설비에 해당되는 것은?

가. 옥내소화전설비　　나. 스프링클러설비
다. 연결살수설비　　라. 상수도소화용수설비

7. 다음 중 경보 설비에 속하지 않는 것은?

가. 비상방송설비　　나. 자동화재탐지설비
다. 무선통신보조설비　　라. 자동화재속보설비

해설 무선통신보조설비는 소화활동설비에 해당한다.

8. 피난설비에 해당되는 것은?

가. 비상벨　　나. 방송설비
다. 제연설비　　라. 비상조명등

▣ 특정소방대상물(영 제5조, 별표2)

9. 특정소방대상물 중 위락시설에 속하는 것은?

가. 경마장　　나. 무도학원
다. 요양시설　　라. 영화관

10. 특정소방대상물로서 근린생활시설에 해당되는 것은?

가. 마을 공회당　　나. 백화점
다. 금융업소(500㎡ 미만)　　라. 공공도서관

11. 특정소방대상물로서 업무시설에 해당되는 것은?

가. 부동산 중개업소　　나. 도서관
다. 소방서　　라. 교회

12. 특정소방대상물로서 의료시설에 해당되는 것은?

가. 치과의원　　나. 한의원
다. 접골원　　라. 마약 진료소

13. 특정소방대상물로서 노유자 시설에 해당되는 것은?

가. 장애인시설　　나. 유스 호스텔
다. 정신의료기관　　라. 어린이 회관

해답 6-다, 7-다, 8-라, 9-나, 10-다, 11-다, 12-라, 13-가

제3장

소방시설 등의 설치·관리 및 방염

제1절 건축허가 등의 동의 등

1. 건축허가 등의 동의 등– 건축허가 등의 동의대상물의 범위 등

法 제6조(건축허가 등의 동의 등) ① 건축물 등의 신축、증축、개축、재축(再築)、이전、용도변경 또는 대수선(大修繕)의 허가、협의 및 사용승인(「주택법」 제15조에 따른 승인 및 같은 법 제49조에 따른 사용검사, 「학교시설사업 촉진법」 제4조에 따른 승인 및 같은 법 제13조에 따른 사용승인을 포함하며, 이하 "건축허가 등"이라 한다)의 권한이 있는 행정기관은 건축허가 등을 할 때 미리 그 건축물 등의 시공지(施工地) 또는 소재지를 관할하는 소방본부장이나 소방서장의 동의를 받아야 한다.

② 건축물 등의 증축、개축、재축、용도변경 또는 대수선의 신고를 수리(受理)할 권한이 있는 행정기관은 그 신고를 수리하면 그 건축물 등의 시공지 또는 소재지를 관할하는 소방본부장이나 소방서장에게 지체 없이 그 사실을 알려야 한다.

③ 제1항에 따른 건축허가 등의 권한이 있는 행정기관과 제2항에 따른 신고를 수리할 권한이 있는 행정기관은 제1항에 따라 건축허가 등의 동의를 받거나 제2항에 따른 신고를 수리한 사실을 알릴 때 관할 소방본부장이나 소방서장에게 건축허가 등을 하거나 신고를 수리할 때 건축허가 등을 받으려는 자 또는 신고를 한 자가 제출한 설계도서 중 건축물의 내부구조를 알 수 있는 설계도면을 제출하여야 한다. 다만, 국가안보상 중요하거나 국가 기밀에 속하는 건축물을 건축하는 경우로서 관계 법령에 따라 행정기관이 설계도면을 확보할 수 없는 경우에는 그러하지 아니하다.

④ 소방본부장 또는 소방서장은 제1항에 따른 동의를 요구받은 경우 해당 건축물 등이 다음 각 호의 사항을 따르고 있는지를 검토하여 행정안전부령으로 정하는 기간 내에 해당 행정기관에 동의 여부를 알려야 한다.

1. 이 법 또는 이 법에 따른 명령
2. 「소방기본법」 제21조의2에 따른 소방자동차 전용구역의 설치

⑤ 소방본부장 또는 소방서장은 제4항에 따른 건축허가 등의 동의 여부를 알릴 경우에는 원활한 소방 활동 및 건축물 등의 화재안전성능을 확보하기 위하여 필요한 다음 각 호의 사항에 대한 검토 자료 또는 의견서를 첨부할 수 있다.
1. 「건축법」 제49조제1항 및 제2항에 따른 피난시설, 방화구획(防火區劃)
2. 「건축법」 제49조제3항에 따른 소방관 진입창
3. 「건축법」 제50조, 제50조의2, 제51조, 제52조, 제52조의2 및 제53조에 따른 방화벽, 마감재료 등(이하 "방화시설"이라 한다)
4. 그 밖에 소방자동차의 접근이 가능한 통로의 설치 등 대통령령으로 정하는 사항

⑥ 제1항에 따라 사용승인에 대한 동의를 할 때에는 「소방시설공사업법」 제14조 제3항에 따른 소방시설공사의 완공검사증명서를 발급하는 것으로 동의를 갈음할 수 있다. 이 경우 제1항에 따른 건축허가 등의 권한이 있는 행정기관은 소방시설공사의 완공검사증명서를 확인하여야 한다.

⑦ 제1항에 따른 건축허가 등을 할 때 소방본부장이나 소방서장의 동의를 받아야 하는 건축물 등의 범위는 대통령령으로 정한다.

⑧ 다른 법령에 따른 인가·허가 또는 신고 등(건축허가 등과 제2항에 따른 신고는 제외하며, 이하 이항에서 "인허가 등"이라 한다)의 시설기준에 소방시설 등의 설치·관리 등에 관한 사항이 포함되어 있는 경우 해당 인허가등의 권한이 있는 행정기관은 인허가 등을 할 때 미리 그 시설의 소재지를 관할하는 소방본부장이나 소방서장에게 그 시설이 이 법 또는 이 법에 따른 명령을 따르고 있는지를 확인하여 줄 것을 요청할 수 있다. 이 경우 요청을 받은 소방본부장 또는 소방서장은 행정안전부령으로 정하는 기간 내에 확인 결과를 알려야 한다.

해설 소방시설 설치 및 관리에 관한 법률 제 6조

소방본부장 또는 소방서장이 건축허가 동의 시 소방시설의 적법성뿐만 아니라 건축법령에 따른 피난시설, 방화시설 및 방화구획의 적정성도 검토하여 의견을 제출할 수 있도록 한 것이다.

슈 제7조(건축허가 등의 동의대상물의 범위 등) ① 법 제6조제1항에 따라 건축물 등의 신축·증축·개축·재축·이전·용도변경 또는 대수선의 허가·협의 및 사용승인(「주택법」 제15조에 따른 승인 및 같은 법 제49조에 따른 사용검사, 「학교시설사업 촉진법」 제4조에 따른 승인 및 같은 법 제13조에 따른 사용승인을 포함하며, 이하 "건축허가 등"이라 한다)을 할 때 미리 소방본부장 또는 소방서장의 동의를 받아야 하는 건축물 등의 범위는 다음 각 호와 같다.
1. 연면적(「건축법 시행령」 제119조 제1항 제4호에 따라 산정된 면적을 말한다. 이하 같

다)이 400제곱미터 이상인 건축물이나 시설. 다만, 다음 각 목의 어느 하나에 해당하는 건축물이나 시설은 해당 목에서 정한 기준 이상인 건축물이나 시설로 한다.

가. 「학교시설사업 촉진법」 제5조의2제1항에 따라 건축 등을 하려는 학교시설: 100제곱미터

나. 별표 2의 특정소방대상물 중 노유자(老幼者) 시설 및 수련시설: 200제곱미터

다. 「정신건강증진 및 정신질환자 복지서비스 지원에 관한 법률」 제3조제5호에 따른 정신의료기관(입원실이 없는 정신건강의학과 의원은 제외하며, 이하 "정신의료기관"이라 한다): 300제곱미터

라. 「장애인복지법」 제58조 제1항 제4호에 따른 장애인 의료재활시설(이하 "의료재활시설"이라 한다): 300제곱미터

2. 지하층 또는 무창층이 있는 건축물로서 바닥면적이 150제곱미터(공연장의 경우에는 100제곱미터) 이상인 층이 있는 것

3. 차고ㆍ주차장 또는 주차 용도로 사용되는 시설로서 다음 각 목의 어느 하나에 해당하는 것

가. 차고ㆍ주차장으로 사용되는 바닥면적이 200제곱미터 이상인 층이 있는 건축물이나 주차시설

나. 승강기 등 기계장치에 의한 주차시설로서 자동차 20대 이상을 주차할 수 있는 시설

4. 층수(「건축법 시행령」 제119조 제1항 제9호에 따라 산정된 층수를 말한다. 이하 같다)가 6층 이상인 건축물

5. 항공기 격납고, 관망탑, 항공관제탑, 방송용 송수신탑

6. 별표 2의 특정소방대상물 중 의원(입원실이 있는 것으로 한정한다)ㆍ조산원ㆍ산후조리원, 위험물 저장 및 처리 시설, 발전시설 중 풍력발전소ㆍ전기저장시설, 지하구(地下溝)

7. 제1호나목에 해당하지 않는 노유자 시설 중 다음 각 목의 어느 하나에 해당하는 시설. 다만, 가목2) 및 나목부터 바목까지의 시설 중 「건축법 시행령」 별표 1의 단독주택 또는 공동주택에 설치되는 시설은 제외한다.

가. 별표 2 제9호 가목에 따른 노인 관련 시설 중 다음의 어느 하나에 해당하는 시설

1) 「노인복지법」 제31조제1호에 따른 노인주거복지시설, 같은 조 제2호에 따른 노인의료복지시설 및 같은 조 제4호에 따른 재가노인복지시설

2) 「노인복지법」 제31조제7호에 따른 학대피해노인 전용쉼터

나. 「아동복지법」 제52조에 따른 아동복지시설(아동상담소, 아동전용시설 및 지역아동센터는 제외한다)

다. 「장애인복지법」 제58조 제1항 제1호에 따른 장애인 거주시설

라. 정신질환자 관련 시설(「정신건강증진 및 정신질환자 복지서비스 지원에 관한 법률」 제27조 제1항 제2호에 따른 공동생활가정을 제외한 재활훈련시설과 같은 법 시행령 제16조 제3호에 따른 종합시설 중 24시간 주거를 제공하지 않는 시설은 제외한다)

마. 별표 2 제9호 마목에 따른 노숙인 관련 시설 중 노숙인자활시설, 노숙인재활시설 및 노숙인요양시설

바. 결핵환자나 한센인이 24시간 생활하는 노유자 시설

8. 「의료법」 제3조 제2항 제3호 라목에 따른 요양병원(이하 "요양병원"이라 한다). 다만, 의료재활시설은 제외한다.

9. 별표 2의 특정소방대상물 중 공장 또는 창고시설로서 「화재의 예방 및 안전관리에 관한 법률 시행령」 별표 2에서 정하는 수량의 750배 이상의 특수가연물을 저장·취급하는 것

10. 별표 2 제17호 나목에 따른 가스시설로서 지상에 노출된 탱크의 저장용량의 합계가 100톤 이상인 것

② 제1항에도 불구하고 다음 각 호의 어느 하나에 해당하는 특정소방대상물은 소방본부장 또는 소방서장의 건축허가 등의 동의대상에서 제외한다.

1. 별표 4에 따라 특정소방대상물에 설치되는 소화기구, 자동소화장치, 누전경보기, 단독경보형감지기, 가스누설경보기 및 피난구조설비(비상조명등은 제외한다)가 화재안전기준에 적합한 경우 해당 특정소방대상물
2. 건축물의 증축 또는 용도변경으로 인하여 해당 특정소방대상물에 추가로 소방시설이 설치되지 않는 경우 해당 특정소방대상물
3. 「소방시설공사업법 시행령」 제4조에 따른 소방시설공사의 착공신고 대상에 해당하지 않는 경우 해당 특정소방대상물

③ 법 제6조제1항에 따라 건축허가 등의 권한이 있는 행정기관은 건축허가 등의 동의를 받으려는 경우에는 동의요구서에 행정안전부령으로 정하는 서류를 첨부하여 해당 건축물 등의 소재지를 관할하는 소방본부장 또는 소방서장에게 동의를 요구해야 한다. 이 경우 동의 요구를 받은 소방본부장 또는 소방서장은 첨부 서류 등이 미비한 경우에는 그 서류의 보완을 요구할 수 있다.

④ 법 제6조 제5항 제4호에서 "소방자동차의 접근이 가능한 통로의 설치 등 대통령령으로 정하는 사항"이란 다음 각 호의 사항을 말한다.

1. 소방자동차의 접근이 가능한 통로의 설치
2. 「건축법」 제64조 및 「주택건설기준 등에 관한 규정」 제15조에 따른 승강기의 설치
3. 「주택건설기준 등에 관한 규정」 제26조에 따른 주택단지 안 도로의 설치
4. 「건축법 시행령」 제40조제2항에 따른 옥상광장, 같은 조 제3항에 따른 비상문자동개폐장치 또는 같은 조 제4항에 따른 헬리포트의 설치
5. 그 밖에 소방본부장 또는 소방서장이 소화활동 및 피난을 위해 필요하다고 인정하는 사항

法 제7조(소방시설의 내진설계 기준) 「지진·화산재해대책법」 제14조 제1항 각 호의 시설 중 대통령령으로 정하는 특정소방대상물에 대통령령으로 정하는 소방시설을 설치하려는 자는 지진이 발생할 경우 소방시설이 정상적으로 작동될 수 있도록 소방청장이 정하는 내진설계기준에 맞게 소방시설을 설치하여야 한다.

令 **제8조(소방시설의 내진설계)** ① 법 제7조에서 "대통령령으로 정하는 특정소방대상물"이란 「건축법」 제2조제 1항 제2호에 따른 건축물로서 「지진·화산재해대책법 시행령」 제10조제1항 각 호에 해당하는 시설을 말한다.

② 법 제7조에서 "대통령령으로 정하는 소방시설"이란 소방시설 중 옥내소화전설비, 스프링클러설비 및 물분무 등 소화설비를 말한다.

法 **제8조(성능위주설계)** ① 연면적·높이·층수 등이 일정 규모 이상인 대통령령으로 정하는 특정소방대상물(신축하는 것만 해당한다)에 소방시설을 설치하려는 자는 성능위주설계를 하여야 한다.

② 제1항에 따라 소방시설을 설치하려는 자가 성능위주설계를 한 경우에는 「건축법」 제11조에 따른 건축허가를 신청하기 전에 해당 특정소방대상물의 시공지 또는 소재지를 관할하는 소방서장에게 신고하여야 한다. 해당 특정소방대상물의 연면적·높이·층수의 변경 등 행정안전부령으로 정하는 사유로 신고한 성능위주설계를 변경하려는 경우에도 또한 같다.

③ 소방서장은 제2항에 따른 신고 또는 변경신고를 받은 경우 그 내용을 검토하여 이 법에 적합하면 신고를 수리하여야 한다.

④ 제2항에 따라 성능위주설계의 신고 또는 변경신고를 하려는 자는 해당 특정소방대상물이 「건축법」 제4조의2에 따른 건축위원회의 심의를 받아야 하는 건축물인 경우에는 그 심의를 신청하기 전에 성능위주설계의 기본설계도서(基本設計圖書) 등에 대해서 해당 특정소방대상물의 시공지 또는 소재지를 관할하는 소방서장의 사전검토를 받아야 한다.

⑤ 소방서장은 제2항 또는 제4항에 따라 성능위주설계의 신고, 변경신고 또는 사전검토 신청을 받은 경우에는 소방청 또는 관할 소방본부에 설치된 제9조제1항에 따른 성능위주설계평가단의 검토·평가를 거쳐야 한다. 다만, 소방서장은 신기술·신공법 등 검토·평가에 고도의 기술이 필요한 경우에는 제18조제1항에 따른 중앙소방기술심의위원회에 심의를 요청할 수 있다.

⑥ 소방서장은 제5항에 따른 검토·평가 결과 성능위주설계의 수정 또는 보완이 필요하다고 인정되는 경우에는 성능위주설계를 한 자에게 그 수정 또는 보완을 요청할 수 있으며, 수정 또는 보완 요청을 받은 자는 정당한 사유가 없으면 그 요청에 따라야 한다.

⑦ 제2항부터 제6항까지에서 규정한 사항 외에 성능위주설계의 신고, 변경신고 및 사전검토의 절차·방법 등에 필요한 사항과 성능위주설계의 기준은 행정안전부령으로 정한다.

法 **제9조(성능위주설계평가단)** ① 성능위주설계에 대한 전문적·기술적인 검토 및 평가를 위하여 소방청 또는 소방본부에 성능위주설계 평가단(이하 "평가단"이라 한다)을 둔다.

② 평가단에 소속되거나 소속되었던 사람은 평가단의 업무를 수행하면서 알게 된 비밀을 이 법에서 정한 목적 외의 용도로 사용하거나 다른 사람 또는 기관에 제공하거나 누설하

여서는 아니 된다.
③ 평가단의 구성 및 운영 등에 필요한 사항은 행정안전부령으로 정한다.

슈 제9조(성능위주설계를 해야 하는 특정소방대상물의 범위) 법 제8조제1항에서 "대통령령으로 정하는 특정소방대상물"이란 다음 각 호의 어느 하나에 해당하는 특정소방대상물(신축하는 것만 해당한다)을 말한다.

1. 연면적 20만제곱미터 이상인 특정소방대상물. 다만, 별표 2 제1호 가목에 따른 아파트 등(이하 "아파트 등"이라 한다)은 제외한다.
2. 50층 이상(지하층은 제외한다)이거나 지상으로부터 높이가 200미터 이상인 아파트 등
3. 30층 이상(지하층을 포함한다)이거나 지상으로부터 높이가 120미터 이상인 특정소방대상물(아파트 등은 제외한다)
4. 연면적 3만제곱미터 이상인 특정소방대상물로서 다음 각 목의 어느 하나에 해당하는 특정소방대상물
   가. 별표 2 제6호 나목의 철도 및 도시철도 시설
   나. 별표 2 제6호 다목의 공항시설
5. 별표 2 제16호의 창고시설 중 연면적 10만제곱미터 이상인 것 또는 지하층의 층수가 2개 층 이상이고 지하층의 바닥면적의 합계가 3만제곱미터 이상인 것
6. 하나의 건축물에 「영화 및 비디오물의 진흥에 관한 법률」 제2조 제10호에 따른 영화상영관이 10개 이상인 특정소방대상물
7. 「초고층 및 지하연계 복합건축물 재난관리에 관한 특별법」 제2조 제2호에 따른 지하 연계 복합건축물에 해당하는 특정소방대상물
8. 별표 2 제27호의 터널 중 수저(水底)터널 또는 길이가 5천미터 이상인 것

해설 1. 소방시설 설치 및 관리에 관한 법률 제9조

성능 위주 설계에 대한 전문적·기술적인 검토 및 평가를 위하여 소방청 또는 소방본부에 성능 위주 설계 평가단을 두도록 한 것이다.

2. 소방시설 설치 및 관리에 관한 법률 시행령 제 9조 제5호·8호

화재에 취약한 대규모 창고시설과 터널을 성능위주설계 대상에 추가하여 해당 시설이 건축물 재료, 공간, 이용자 등을 고려하여 화재안전성능이 확보될 수 있게 설계되도록 한 것이다.

해설 성능위주설계기준(소방시설 설치 및 관리에 관한 법률 시행규칙 제9조)

제9조(성능위주설계 기준) ① 법 제8조제7항에 따른 성능위주설계의 기준은 다음 각 호와 같다.

1. 소방자동차 진입(통로) 동선 및 소방관 진입 경로 확보
2. 화재·피난 모의실험을 통한 화재위험성 및 피난안전성 검증

3. 건축물의 규모와 특성을 고려한 최적의 소방시설 설치
4. 소화수 공급시스템 최적화를 통한 화재피해 최소화 방안 마련
5. 특별피난계단을 포함한 피난경로의 안전성 확보
6. 건축물의 용도별 방화구획의 적정성
7. 침수 등 재난상황을 포함한 지하층 안전확보 방안 마련

② 제1항에 따른 성능위주설계의 세부 기준은 소방청장이 정한다.

法 제10조(주택에 설치하는 소방시설) ① 다음 각 호의 주택의 소유자는 소화기 등 대통령령으로 정하는 소방시설(이하 "주택용 소방시설"이라 한다)을 설치하여야 한다.
1.「건축법」 제2조 제2항 제1호의 단독주택
2.「건축법」 제2조 제2항 제2호의 공동주택(아파트 및 기숙사는 제외한다)

② 국가 및 지방자치단체는 주택용소방시설의 설치 및 국민의 자율적인 안전관리를 촉진하기 위하여 필요한 시책을 마련하여야 한다.

③ 주택용소방시설의 설치기준 및 자율적인 안전관리 등에 관한 사항은 특별시·광역시·특별자치시·도 또는 특별자치도(이하 "시·도"라 한다)의 조례로 정한다.

令 제10조(주택용 소방시설) 법 제10조제1항 각 호 외의 부분에서 "소화기 등 대통령령으로 정하는 소방시설"이란 소화기 및 단독 경보형 감지기를 말한다.

제2절 특정소방대상물에 설치하는 소방시설의 관리 등

1. 특정소방대상물에 설치하는 소방시설의 관리 등

法 제12조(특정소방대상물에 설치하는 소방시설의 관리 등) ① 특정소방대상물의 관계인은 대통령령으로 정하는 소방시설을 화재안전기준에 따라 설치、관리하여야 한다. 이 경우 「장애인、노인、임산부 등의 편의증진 보장에 관한 법률」 제2조 제1호에 따른 장애인 등이 사용하는 소방시설(경보설비 및 피난구조설비를 말한다)은 대통령령으로 정하는 바에 따라 장애인 등에 적합하게 설치、관리하여야 한다.

② 소방본부장이나 소방서장은 제1항에 따른 소방시설이 화재안전기준에 따라 설치、관리되고 있지 아니할 때에는 해당 특정소방대상물의 관계인에게 필요한 조치를 명할 수 있다.

③ 특정소방대상물의 관계인은 제1항에 따라 소방시설을 설치、관리하는 경우 화재 시 소방시설의 기능과 성능에 지장을 줄 수 있는 폐쇄(잠금을 포함한다. 이하 같다)、차단 등의 행위를 하여서는 아니 된다. 다만, 소방시설의 점검、정비를 위하여 필요한 경우 폐쇄、차단은 할 수 있다.

④ 소방청장은 제3항 단서에 따라 특정소방대상물의 관계인이 소방시설의 점검・정비를 위하여 폐쇄・차단을 하는 경우 안전을 확보하기 위하여 필요한 행동 요령에 관한 지침을 마련하여 고시하여야 한다. < 신설 2023. 1. 23.>

⑤ 소방청장, 소방본부장 또는 소방서장은 제1항에 따른 소방시설의 작동정보 등을 실시간으로 수집、분석할 수 있는 시스템(이하 "소방 시설 정보 관리 시스템" 이라 한다)을 구축、운영할 수 있다. < 항 번호 변경 2023. 1. 23.>

⑥ 소방청장, 소방본부장 또는 소방서장은 제4항에 따른 작동정보를 해당 특정소방대상물의 관계인에게 통보하여야 한다. < 항 번호 변경 2023. 1. 23.>

⑦ 소방시설정보관리시스템 구축、운영의 대상은 「화재의 예방 및 안전관리에 관한 법률」 제24조제1항 전단에 따른 소방안전관리대상물 중 소방안전관리의 취약성 등을 고려하여 대통령령으로 정하고, 그 밖에 운영방법 및 통보 절차 등에 필요한 사항은 행정안전부령으로 정한다. < 항 번호 변경 2023. 1. 23.>

令 **제11조(특정소방대상물에 설치·관리해야 하는 소방시설)** ① 법 제12조 제1항 전단에 따라 특정소방대상물의 관계인이 특정소방대상물에 설치·관리해야 하는 소방시설의 종류는 별표 4와 같다.

② 법 제12조 제1항 후단에 따라 「장애인·노인·임산부 등의 편의증진 보장에 관한 법률」 제2조 제1호에 따른 장애인 등이 사용하는 소방시설은 별표 4 제2호 및 제3호에 따라 장애인 등에 적합하게 설치·관리해야 한다.

令 **제12조(소방시설정보관리시스템 구축·운영 대상 등)** ① 소방청장, 소방본부장 또는 소방서장이 법 제12조 제4항에 따라 소방시설의 작동 정보 등을 실시간으로 수집·분석할 수 있는 시스템(이하 "소방시설 정보관리 시스템"이라 한다)을 구축·운영하는 경우 그 구축·운영의 대상은 「화재의 예방 및 안전관리에 관한 법률」 제24조 제1항 전단에 따른 소방안전관리대상물 중 다음 각 호의 특정소방대상물로 한다.

1. 문화 및 집회시설
2. 종교시설
3. 판매시설
4. 의료시설
5. 노유자 시설
6. 숙박이 가능한 수련시설
7. 업무시설
8. 숙박시설
9. 공장
10. 창고시설
11. 위험물 저장 및 처리 시설
12. 지하가(地下街)
13. 지하구
14. 그 밖에 소방청장, 소방본부장 또는 소방서장이 소방안전관리의 취약성과 화재위험성을 고려하여 필요하다고 인정하는 특정소방대상물

② 제1항 각 호에 따른 특정소방대상물의 관계인은 소방청장, 소방본부장 또는 소방서장이 법 제12조 제4항에 따라 소방시설정보관리시스템을 구축·운영하려는 경우 특별한 사정이 없으면 이에 협조해야 한다.

해설 화재의 예방 및 안전관리에 관한 법률 제 24조 ①

제24조(특정소방대상물의 소방안전관리) ① 특정소방대상물 중 전문적인 안전관리가 요구되는 대통령령으로 정하는 특정소방대상물(이하 "소방안전관리대상물"이라 한다)의 관계인은 소

방안전관리업무를 수행하기 위하여 제30조제1항에 따른 소방안전관리자 자격증을 발급받은 사람을 소방안전관리자로 선임하여야 한다. 이 경우 소방안전관리자의 업무에 대하여 보조가 필요한 대통령령으로 정하는 소방안전관리대상물의 경우에는 소방안전관리자 외에 소방안전관리보조자를 추가로 선임하여야 한다.

해설 소방시설 설치 및 관리에 관한 법률 시행령 제 12조 ①

▷ 소방시설 정보관리 시스템 구축 · 운영 대상 마련

소방관서장이 정보통신기술을 활용하여 실시간으로 소방시설 작동 정보를 수집 · 분석하고 그 결과를 관계인에게 제공하는 소방시설 정보관리 시스템의 구축 · 운영 대상을 문화 및 집회시설, 종교시설, 판매시설, 의료시설, 노유자 시설, 숙박이 가능한 수련시설, 업무시설, 숙박시설, 공장, 창고시설, 위험물 저장 및 처리시설, 지하가 및 지하구 등으로 정한 것이다.

[별표 4]

특정소방대상물의 관계인이 특정소방대상물에 설치 · 관리해야 하는 소방시설의 종류(제11조 관련)

1. 소화설비
   가. 화재안전기준에 따라 소화기구를 설치해야 하는 특정소방대상물은 다음의 어느 하나에 해당하는 것으로 한다.
      1) 연면적 33㎡ 이상인 것. 다만, 노유자 시설의 경우에는 투척용 소화용구 등을 화재안전기준에 따라 산정된 소화기 수량의 2분의 1 이상으로 설치할 수 있다.
      2) 1)에 해당하지 않는 시설로서 가스시설, 발전시설 중 전기저장시설 및 문화재
      3) 터널
      4) 지하구
   나. 자동소화장치를 설치해야 하는 특정소방대상물은 다음의 어느 하나에 해당하는 특정소방대상물 중 후드 및 덕트가 설치되어 있는 주방이 있는 특정소방대상물로 한다. 이 경우 해당 주방에 자동소화장치를 설치해야 한다.
      1) **주거용 주방자동소화장치를 설치해야 하는 것: 아파트 등 및 오피스텔의 모든 층**
      2) 상업용 주방자동소화장치를 설치해야 하는 것
         가) 판매시설 중 「유통산업발전법」 제2조제3호에 해당하는 대규모점포에 입점해 있는 일반음식점
         나) 「식품위생법」 제2조제12호에 따른 집단급식소
      3) 캐비닛형 자동소화장치, 가스자동소화장치, 분말자동소화장치 또는 고체에어로졸자동

소화장치를 설치해야 하는 것: 화재안전기준에서 정하는 장소

다. 옥내소화전설비를 설치해야 하는 특정소방대상물은 다음의 어느 하나에 해당하는 것으로 한다. 다만, 위험물 저장 및 처리 시설 중 가스시설, 지하구 및 업무시설 중 무인변전소(방재실 등에서 스프링클러설비 또는 물분무등소화설비를 원격으로 조정할 수 있는 무인변전소로 한정한다)는 제외한다.

1) 다음의 어느 하나에 해당하는 경우에는 모든 층

가) 연면적 3천m^2 이상인 것(지하가 중 터널은 제외한다)

나) 지하층ㆍ무창층(축사는 제외한다)으로서 바닥면적이 600m^2 이상인 층이 있는 것

다) 층수가 4층 이상인 것 중 바닥면적이 600m^2 이상인 층이 있는 것

2) 1)에 해당하지 않는 근린생활시설, 판매시설, 운수시설, 의료시설, 노유자 시설, 업무시설, 숙박시설, 위락시설, 공장, 창고시설, 항공기 및 자동차 관련 시설, 교정 및 군사시설 중 국방ㆍ군사시설, 방송통신시설, 발전시설, 장례시설 또는 복합건축물로서 다음의 어느 하나에 해당하는 경우에는 모든 층

가) 연면적 1천5백m^2 이상인 것

나) 지하층ㆍ무창층으로서 바닥면적이 300m^2 이상인 층이 있는 것

다) 층수가 4층 이상인 것 중 바닥면적이 300m^2 이상인 층이 있는 것

3) 건축물의 옥상에 설치된 차고ㆍ주차장으로서 사용되는 면적이 200m^2 이상인 경우 해당 부분

4) 지하가 중 터널로서 다음에 해당하는 터널

가) 길이가 1천m 이상인 터널

나) 예상교통량, 경사도 등 터널의 특성을 고려하여 행정안전부령으로 정하는 터널

5) 1) 및 2)에 해당하지 않는 공장 또는 창고시설로서 「화재의 예방 및 안전관리에 관한 법률시행령」 별표 2에서 정하는 수량의 750배 이상의 특수가연물을 저장ㆍ취급하는 것

라. 스프링클러설비를 설치해야 하는 특정소방대상물(위험물 저장 및 처리 시설 중 가스시설 및 지하구는 제외한다)은 다음의 어느 하나에 해당하는 것으로 한다.

1) 층수가 6층 이상인 특정소방대상물의 경우에는 모든 층. 다만, 다음의 어느 하나에 해당하는 경우는 제외한다.

가) 주택 관련 법령에 따라 기존의 아파트 등을 리모델링하는 경우로서 건축물의 연면적 및 층의 높이가 변경되지 않는 경우. 이 경우 해당 아파트 등의 사용검사 당시의 소방시설의 설치에 관한 대통령령 또는 화재안전기준을 적용한다.

나) 스프링클러설비가 없는 기존의 특정소방대상물을 용도변경하는 경우. 다만, 2)부터 6)까지 및 9)부터 12)까지의 규정에 해당하는 특정소방대상물로 용도변경하는 경우에는 해당 규정에 따라 스프링클러설비를 설치한다.

2) 기숙사(교육연구시설ㆍ수련시설 내에 있는 학생 수용을 위한 것을 말한다) 또는 복합건축물로서 연면적 5천m^2 이상인 경우에는 모든 층

3) 문화 및 집회시설(동ㆍ식물원은 제외한다), 종교시설(주요구조부가 목조인 것은 제외한다), 운동시설(물놀이형 시설 및 바닥이 불연재료이고 관람석이 없는 운동시설은 제외한다)로서 다음의 어느 하나에 해당하는 경우에는 모든 층
   가) 수용인원이 100명 이상인 것
   나) 영화상영관의 용도로 쓰는 층의 바닥면적이 지하층 또는 무창층인 경우에는 500㎡ 이상, 그 밖의 층의 경우에는 1천㎡ 이상인 것
   다) 무대부가 지하층ㆍ무창층 또는 4층 이상의 층에 있는 경우에는 무대부의 면적이 300㎡ 이상인 것
   라) 무대부가 다) 외의 층에 있는 경우에는 무대부의 면적이 500㎡ 이상인 것
4) 판매시설, 운수시설 및 창고시설(물류터미널로 한정한다)로서 바닥면적의 합계가 5천㎡ 이상이거나 수용인원이 500명 이상인 경우에는 모든 층
5) 다음의 어느 하나에 해당하는 용도로 사용되는 시설의 바닥면적의 합계가 600㎡ 이상인 것은 모든 층
   가) 근린생활시설 중 조산원 및 산후조리원
   나) 의료시설 중 정신의료기관
   다) 의료시설 중 종합병원, 병원, 치과병원, 한방병원 및 요양병원
   라) 노유자 시설
   마) 숙박이 가능한 수련시설
   바) 숙박시설
6) 창고시설(물류터미널은 제외한다)로서 바닥면적 합계가 5천㎡ 이상인 경우에는 모든 층
7) 특정소방대상물의 지하층ㆍ무창층(축사는 제외한다) 또는 층수가 4층 이상인 층으로서 바닥면적이 1천㎡ 이상인 층이 있는 경우에는 해당 층
8) 랙식 창고(rack warehouse): 랙(물건을 수납할 수 있는 선반이나 이와 비슷한 것을 말한다. 이하 같다)을 갖춘 것으로서 천장 또는 반자(반자가 없는 경우에는 지붕의 옥내에 면하는 부분을 말한다)의 높이가 10m를 초과하고, 랙이 설치된 층의 바닥면적의 합계가 1천5백㎡ 이상인 경우에는 모든 층
9) 공장 또는 창고시설로서 다음의 어느 하나에 해당하는 시설
   가) 「화재의 예방 및 안전관리에 관한 법률 시행령」 별표 2에서 정하는 수량의 1천배 이상의 특수가연물을 저장ㆍ취급하는 시설
   나) 「원자력안전법 시행령」 제2조제1호에 따른 중ㆍ저준위방사성폐기물(이하 "중ㆍ저준위방사성폐기물"이라 한다)의 저장시설 중 소화수를 수집ㆍ처리하는 설비가 있는 저장시설
10) 지붕 또는 외벽이 불연재료가 아니거나 내화구조가 아닌 공장 또는 창고시설로서 다음의 어느 하나에 해당하는 것
   가) 창고시설(물류터미널로 한정한다) 중 4)에 해당하지 않는 것으로서 바닥면적의 합

계가 2천5백㎡ 이상이거나 수용인원이 250명 이상인 경우에는 모든 층

나) 창고시설(물류터미널은 제외한다) 중 6)에 해당하지 않는 것으로서 바닥면적의 합계가 2천5백㎡ 이상인 경우에는 모든 층

다) 공장 또는 창고시설 중 7)에 해당하지 않는 것으로서 지하층·무창층 또는 층수가 4층 이상인 것 중 바닥면적이 500㎡ 이상인 경우에는 모든 층

라) 랙식 창고 중 8)에 해당하지 않는 것으로서 바닥면적의 합계가 750㎡ 이상인 경우에는 모든 층

마) 공장 또는 창고시설 중 9)가)에 해당하지 않는 것으로서 「화재의 예방 및 안전관리에 관한 법률 시행령」 별표 2에서 정하는 수량의 500배 이상의 특수가연물을 저장·취급하는 시설

11) 교정 및 군사시설 중 다음의 어느 하나에 해당하는 경우에는 해당 장소

가) 보호감호소, 교도소, 구치소 및 그 지소, 보호관찰소, 갱생보호시설, 치료감호시설, 소년원 및 소년분류심사원의 수용거실

나) 「출입국관리법」 제52조제2항에 따른 보호시설(외국인보호소의 경우에는 보호대상자의 생활공간으로 한정한다. 이하 같다)로 사용하는 부분. 다만, 보호시설이 임차건물에 있는 경우는 제외한다.

다) 「경찰관 직무집행법」 제9조에 따른 유치장

12) 지하가(터널은 제외한다)로서 연면적 1천㎡ 이상인 것

13) 발전시설 중 전기저장시설

14) 1)부터 13)까지의 특정소방대상물에 부속된 보일러실 또는 연결통로 등

마. 간이스프링클러설비를 설치해야 하는 특정소방대상물은 다음의 어느 하나에 해당하는 것으로 한다.

1) 공동주택 중 연립주택 및 다세대주택(연립주택 및 다세대주택에 설치하는 간이스프링클러설비는 화재안전기준에 따른 주택전용 간이스프링클러설비를 설치한다)

2) 근린생활시설 중 다음의 어느 하나에 해당하는 것

가) 근린생활시설로 사용하는 부분의 바닥면적 합계가 1천㎡ 이상인 것은 모든 층

나) 의원, 치과의원 및 한의원으로서 입원실이 있는 시설

다) 조산원 및 산후조리원으로서 연면적 600㎡ 미만인 시설

3) 의료시설 중 다음의 어느 하나에 해당하는 시설

가) 종합병원, 병원, 치과병원, 한방병원 및 요양병원(의료재활시설은 제외한다)으로 사용되는 바닥면적의 합계가 600㎡ 미만인 시설

나) 정신의료기관 또는 의료재활시설로 사용되는 바닥면적의 합계가 300㎡ 이상 600㎡ 미만인 시설

다) 정신의료기관 또는 의료재활시설로 사용되는 바닥면적의 합계가 300㎡ 미만이고, 창살(철재·플라스틱 또는 목재 등으로 사람의 탈출 등을 막기 위하여 설치한 것을 말하며, 화재 시 자동으로 열리는 구조로 되어 있는 창살은 제외한다)이 설치된 시

설
4) 교육연구시설 내에 합숙소로서 연면적 100㎡ 이상인 경우에는 모든 층
5) 노유자 시설로서 다음의 어느 하나에 해당하는 시설
가) 제7조제1항제7호 각 목에 따른 시설[같은 호 가목2) 및 같은 호 나목부터 바목까지의 시설 중 단독주택 또는 공동주택에 설치되는 시설은 제외하며, 이하 "노유자 생활시설"이라 한다]
나) 가)에 해당하지 않는 노유자 시설로 해당 시설로 사용하는 바닥면적의 합계가 300㎡ 이상 600㎡ 미만인 시설
다) 가)에 해당하지 않는 노유자 시설로 해당 시설로 사용하는 바닥면적의 합계가 300㎡ 미만이고, 창살(철재·플라스틱 또는 목재 등으로 사람의 탈출 등을 막기 위하여 설치한 것을 말하며, 화재 시 자동으로 열리는 구조로 되어 있는 창살은 제외한다)이 설치된 시설
6) 숙박시설로 사용되는 바닥면적의 합계가 300㎡ 이상 600㎡ 미만인 시설
7) 건물을 임차하여 「출입국관리법」 제52조제2항에 따른 보호시설로 사용하는 부분
8) 복합건축물(별표 2 제30호나목의 복합건축물만 해당한다)로서 연면적 1천㎡ 이상인 것은 모든 층

바. 물분무 등 소화설비를 설치해야 하는 특정소방대상물(위험물 저장 및 처리 시설 중 가스 시설 및 지하구는 제외한다)은 다음의 어느 하나에 해당하는 것으로 한다.
1) 항공기 및 자동차 관련 시설 중 항공기 격납고
2) 차고, 주차용 건축물 또는 철골 조립식 주차시설. 이 경우 연면적 800㎡ 이상인 것만 해당한다.
3) 건축물의 내부에 설치된 차고·주차장으로서 차고 또는 주차의 용도로 사용되는 면적이 200㎡ 이상인 경우 해당 부분(50세대 미만 연립주택 및 다세대주택은 제외한다)
4) 기계장치에 의한 주차시설을 이용하여 20대 이상의 차량을 주차할 수 있는 시설
5) 특정소방대상물에 설치된 전기실·발전실·변전실(가연성 절연유를 사용하지 않는 변압기·전류차단기 등의 전기기기와 가연성 피복을 사용하지 않은 전선 및 케이블만을 설치한 전기실·발전실 및 변전실은 제외한다)·축전지실·통신기기실 또는 전산실, 그 밖에 이와 비슷한 것으로서 바닥면적이 300㎡ 이상인 것[하나의 방화구획 내에 둘 이상의 실(室)이 설치되어 있는 경우에는 이를 하나의 실로 보아 바닥면적을 산정한다]. 다만, 내화구조로 된 공정제어실 내에 설치된 주조정실로서 양압시설(외부 오염 공기 침투를 차단하고 내부의 나쁜 공기가 자연스럽게 외부로 흐를 수 있도록 한 시설을 말한다)이 설치되고 전기기기에 220볼트 이하인 저전압이 사용되며 종업원이 24시간 상주하는 곳은 제외한다.
6) 소화수를 수집·처리하는 설비가 설치되어 있지 않은 중·저준위방사성폐기물의 저장시설. 이 시설에는 이산화탄소소화설비, 할론소화설비 또는 할로겐화합물 및 불활성기체 소화설비를 설치해야 한다.

7) 지하가 중 예상 교통량, 경사도 등 터널의 특성을 고려하여 행정안전부령으로 정하는 터널. 이 시설에는 물분무소화설비를 설치해야 한다.

8) 문화재 중「문화재보호법」제2조제3항제1호 또는 제2호에 따른 지정문화재로서 소방청장이 문화재청장과 협의하여 정하는 것

사. 옥외소화전설비를 설치해야 하는 특정소방대상물(아파트 등, 위험물 저장 및 처리 시설 중 가스시설, 지하구 및 지하가 중 터널은 제외한다)은 다음의 어느 하나에 해당하는 것으로 한다.

1) 지상 1층 및 2층의 바닥면적의 합계가 9천m² 이상인 것. 이 경우 같은 구(區) 내의 둘 이상의 특정소방대상물이 행정안전부령으로 정하는 연소(延燒) 우려가 있는 구조인 경우에는 이를 하나의 특정소방대상물로 본다.

2) 문화재 중「문화재보호법」제23조에 따라 보물 또는 국보로 지정된 목조건축물

3) 1)에 해당하지 않는 공장 또는 창고시설로서「화재의 예방 및 안전관리에 관한 법률 시행령」별표 2에서 정하는 수량의 750배 이상의 특수가연물을 저장·취급하는 것

2. 경보설비

가. 단독경보형 감지기를 설치해야 하는 특정소방대상물은 다음의 어느 하나에 해당하는 것으로 한다. 이 경우 5)의 연립주택 및 다세대주택에 설치하는 단독경보형 감지기는 연동형으로 설치해야 한다.

1) 교육연구시설 내에 있는 기숙사 또는 합숙소로서 연면적 2천m² 미만인 것

2) 수련시설 내에 있는 기숙사 또는 합숙소로서 연면적 2천m² 미만인 것

3) 다목7)에 해당하지 않는 수련시설(숙박시설이 있는 것만 해당한다)

4) 연면적 400m² 미만의 유치원

5) 공동주택 중 연립주택 및 다세대주택

나. 비상경보설비를 설치해야 하는 특정소방대상물(모래·석재 등 불연재료 공장 및 창고시설, 위험물 저장 및 처리 시설 중 가스시설, 사람이 거주하지 않거나 벽이 없는 축사 등 동물 및 식물관련 시설 및 지하구는 제외한다)은 다음의 어느 하나에 해당하는 것으로 한다.

1) 연면적 400m² 이상인 것은 모든 층

2) 지하층 또는 무창층의 바닥면적이 150m²(공연장의 경우 100m²) 이상인 것은 모든 층

3) 지하가 중 터널로서 길이가 500m 이상인 것

4) 50명 이상의 근로자가 작업하는 옥내 작업장

다. 자동화재탐지설비를 설치해야 하는 특정소방대상물은 다음의 어느 하나에 해당하는 것으로 한다.

1) 공동주택 중 아파트 등·기숙사 및 숙박시설의 경우에는 모든 층

2) 층수가 6층 이상인 건축물의 경우에는 모든 층

3) 근린생활시설(목욕장은 제외한다), 의료시설(정신의료기관 및 요양병원은 제외한다), 위락시설, 장례시설 및 복합건축물로서 연면적 600m² 이상인 경우에는 모든 층

4) 근린생활시설 중 목욕장, 문화 및 집회시설, 종교시설, 판매시설, 운수시설, 운동시설, 업무시설, 공장, 창고시설, 위험물 저장 및 처리 시설, 항공기 및 자동차 관련 시설, 교정 및 군사시설 중 국방ㆍ군사시설, 방송통신시설, 발전시설, 관광 휴게시설, 지하가(터널은 제외한다)로서 연면적 1천㎡ 이상인 경우에는 모든 층

5) 교육연구시설(교육시설 내에 있는 기숙사 및 합숙소를 포함한다), 수련시설(수련시설 내에 있는 기숙사 및 합숙소를 포함하며, 숙박시설이 있는 수련시설은 제외한다), 동물 및 식물 관련시설(기둥과 지붕만으로 구성되어 외부와 기류가 통하는 장소는 제외한다), 자원순환 관련 시설, 교정 및 군사시설(국방ㆍ군사시설은 제외한다) 또는 묘지 관련 시설로서 연면적 2천㎡ 이상인 경우에는 모든 층

6) 노유자 생활시설의 경우에는 모든 층

7) 6)에 해당하지 않는 노유자 시설로서 연면적 400㎡ 이상인 노유자 시설 및 숙박시설이 있는 수련시설로서 수용인원 100명 이상인 경우에는 모든 층

8) 의료시설 중 정신의료기관 또는 요양병원으로서 다음의 어느 하나에 해당하는 시설

가) 요양병원(의료재활시설은 제외한다)

나) 정신의료기관 또는 의료재활시설로 사용되는 바닥면적의 합계가 300㎡ 이상인 시설

다) 정신의료기관 또는 의료재활시설로 사용되는 바닥면적의 합계가 300㎡ 미만이고, 창살(철재ㆍ플라스틱 또는 목재 등으로 사람의 탈출 등을 막기 위하여 설치한 것을 말하며, 화재 시 자동으로 열리는 구조로 되어 있는 창살은 제외한다)이 설치된 시설

9) 판매시설 중 전통시장

10) 지하가 중 터널로서 길이가 1천m 이상인 것

11) 지하구

12) 3)에 해당하지 않는 근린생활시설 중 조산원 및 산후조리원

13) 4)에 해당하지 않는 공장 및 창고시설로서 「화재의 예방 및 안전관리에 관한 법률 시행령」 별표 2에서 정하는 수량의 500배 이상의 특수가연물을 저장ㆍ취급하는 것

14) 4)에 해당하지 않는 발전시설 중 전기저장시설

라. 시각경보기를 설치해야 하는 특정소방대상물은 다목에 따라 자동화재탐지설비를 설치해야 하는 특정소방대상물 중 다음의 어느 하나에 해당 하는 것으로 한다.

1) 근린생활시설, 문화 및 집회시설, 종교시설, 판매시설, 운수시설, 의료시설, 노유자 시설

2) 운동시설, 업무시설, 숙박시설, 위락시설, 창고시설 중 물류터미널, 발전시설 및 장례시설

3) 교육연구시설 중 도서관, 방송통신시설 중 방송국

4) 지하가 중 지하상가

마. 화재알림설비를 설치해야 하는 특정소방대상물은 판매시설 중 전통시장으로 한다.

바. 비상방송설비를 설치해야 하는 특정소방대상물(위험물 저장 및 처리 시설 중 가스시설, 사람이 거주하지 않거나 벽이 없는 축사 등 동물 및 식물 관련 시설, 지하가 중 터널 및 지하구는 제외한다)은 다음의 어느 하나에 해당하는 것으로 한다.

1) 연면적 3천5백㎡ 이상인 것은 모든 층

2) 층수가 11층 이상인 것은 모든 층

3) 지하층의 층수가 3층 이상인 것은 모든 층

사. 자동화재속보설비를 설치해야 하는 특정소방대상물은 다음의 어느 하나에 해당하는 것으로 한다. 다만, 방재실 등 화재 수신기가 설치된 장소에 24시간 화재를 감시할 수 있는 사람이 근무하고 있는 경우에는 자동화재속보설비를 설치하지 않을 수 있다.

1) 노유자 생활시설

2) 노유자 시설로서 바닥면적이 500㎡ 이상인 층이 있는 것

3) 수련시설(숙박시설이 있는 것만 해당한다)로서 바닥면적이 500㎡ 이상인 층이 있는 것

4) 문화재 중 「문화재보호법」 제23조에 따라 보물 또는 국보로 지정된 목조건축물

5) 근린생활시설 중 다음의 어느 하나에 해당하는 시설

가) 의원, 치과의원 및 한의원으로서 입원실이 있는 시설

나) 조산원 및 산후조리원

6) 의료시설 중 다음의 어느 하나에 해당하는 것

가) 종합병원, 병원, 치과병원, 한방병원 및 요양병원(의료재활시설은 제외한다)

나) 정신병원 및 의료재활시설로 사용되는 바닥면적의 합계가 500㎡ 이상인 층이 있는 것

7) 판매시설 중 전통시장

아. 통합감시시설을 설치해야 하는 특정소방대상물은 지하구로 한다.

자. 누전경보기는 계약전류용량(같은 건축물에 계약 종류가 다른 전기가 공급되는 경우에는 그중 최대계약전류용량을 말한다)이 100암페어를 초과하는 특정소방대상물(내화구조가 아닌 건축물로서 벽·바닥 또는 반자의 전부나 일부를 불연재료 또는 준불연재료가 아닌 재료에 철망을 넣어 만든 것만 해당한다)에 설치해야 한다. 다만, 위험물 저장 및 처리 시설 중 가스시설, 지하가 중 터널 및 지하구의 경우에는 그렇지 않다.

차. 가스누설경보기를 설치해야 하는 특정소방대상물(가스시설이 설치된 경우만 해당한다)은 다음의 어느 하나에 해당하는 것으로 한다.

1) 문화 및 집회시설, 종교시설, 판매시설, 운수시설, 의료시설, 노유자 시설

2) 수련시설, 운동시설, 숙박시설, 창고시설 중 물류터미널, 장례시설

3. 피난구조설비

가. 피난기구는 특정소방대상물의 모든 층에 화재안전기준에 적합한 것으로 설치해야 한다. 다만, 피난층, 지상 1층, 지상 2층(노유자 시설 중 피난층이 아닌 지상 1층과 피난층이 아닌 지상 2층은 제외한다), 층수가 11층 이상인 층과 위험물 저장 및 처리시설 중 가

스시설, 지하가 중 터널 및 지하구의 경우에는 그렇지 않다.

나. 인명구조기구를 설치해야 하는 특정소방대상물은 다음의 어느 하나에 해당하는 것으로 한다.

1) 방열복 또는 방화복(안전모, 보호장갑 및 안전화를 포함한다), 인공소생기 및 공기호흡기를 설치해야 하는 특정소방대상물: 지하층을 포함하는 층수가 7층 이상인 것 중 관광호텔 용도로 사용하는 층

2) 방열복 또는 방화복(안전모, 보호장갑 및 안전화를 포함한다) 및 공기호흡기를 설치해야 하는 특정소방대상물: 지하층을 포함하는 층수가 5층 이상인 것 중 병원 용도로 사용하는 층

3) 공기호흡기를 설치해야 하는 특정소방대상물은 다음의 어느 하나에 해당하는 것으로 한다.

가) 수용인원 100명 이상인 문화 및 집회시설 중 영화상영관

나) 판매시설 중 대규모점포

다) 운수시설 중 지하역사

라) 지하가 중 지하상가

마) 제1호바목 및 화재안전기준에 따라 이산화탄소소화설비(호스릴이산화탄소소화설비는 제외한다)를 설치해야 하는 특정소방대상물

다. 유도등을 설치해야 하는 특정소방대상물은 다음의 어느 하나에 해당하는 것으로 한다.

1) 피난구유도등, 통로유도등 및 유도표지는 특정소방대상물에 설치한다. 다만, 다음의 어느 하나에 해당하는 경우는 제외한다.

가) 동물 및 식물 관련 시설 중 축사로서 가축을 직접 가두어 사육하는 부분

나) 지하가 중 터널

2) 객석유도등은 다음의 어느 하나에 해당하는 특정소방대상물에 설치한다.

가) 유흥주점영업시설(「식품위생법 시행령」 제21조제8호라목의 유흥주점영업 중 손님이 춤을 출 수 있는 무대가 설치된 카바레, 나이트클럽 또는 그 밖에 이와 비슷한 영업시설만 해당한다)

나) 문화 및 집회시설

다) 종교시설

라) 운동시설

3) 피난 유도선은 화재안전기준에서 정하는 장소에 설치한다.

라. 비상조명등을 설치해야 하는 특정소방대상물(창고시설 중 창고 및 하역장, 위험물 저장 및 처리시설 중 가스시설 및 사람이 거주하지 않거나 벽이 없는 축사 등 동물 및 식물 관련 시설은 제외한다)은 다음의 어느 하나에 해당하는 것으로 한다.

1) 지하층을 포함하는 층수가 5층 이상인 건축물로서 연면적 3천㎡ 이상인 경우에는 모든 층

2) 1)에 해당하지 않는 특정소방대상물로서 그 지하층 또는 무창층의 바닥면적이 450㎡

이상인 경우에는 해당 층

3) 지하가 중 터널로서 그 길이가 500m 이상인 것

마. 휴대용 비상조명등을 설치해야 하는 특정소방대상물은 다음의 어느 하나에 해당하는 것으로 한다.

1) 숙박시설

2) 수용인원 100명 이상의 영화상영관, 판매시설 중 대규모점포, 철도 및 도시철도 시설 중 지하역사, 지하가 중 지하상가

4. 소화용수설비

상수도 소화용수설비를 설치해야 하는 특정소방대상물은 다음 각 목의 어느 하나에 해당하는 것으로 한다. 다만, 상수도소화용수설비를 설치해야 하는 특정소방대상물의 대지 경계선으로부터 180m 이내에 지름 75㎜ 이상인 상수도용 배수관이 설치되지 않은 지역의 경우에는 화재안전기준에 따른 소화수조 또는 저수조를 설치해야 한다.

가. 연면적 5천m^2 이상인 것. 다만, 위험물 저장 및 처리 시설 중 가스시설, 지하가 중 터널 또는 지하구의 경우에는 제외한다.

나. 가스시설로서 지상에 노출된 탱크의 저장용량의 합계가 100톤 이상인 것

다. 자원순환 관련 시설 중 폐기물재활용시설 및 폐기물처분시설

5. 소화활동설비

가. 제연설비를 설치해야 하는 특정소방대상물은 다음의 어느 하나에 해당하는 것으로 한다.

1) 문화 및 집회시설, 종교시설, 운동시설 중 무대부의 바닥면적이 200m^2 이상인 경우에는 해당 무대부

2) 문화 및 집회시설 중 영화상영관으로서 수용인원 100명 이상인 경우에는 해당 영화상영관

3) 지하층이나 무창층에 설치된 근린생활시설, 판매시설, 운수시설, 숙박시설, 위락시설, 의료시설, 노유자 시설 또는 창고시설(물류터미널로 한정한다)로서 해당 용도로 사용되는 바닥면적의 합계가 1천m^2 이상인 경우 해당 부분

4) 운수시설 중 시외버스정류장, 철도 및 도시철도 시설, 공항시설 및 항만시설의 대기실 또는 휴게시설로서 지하층 또는 무창층의 바닥면적이 1천m^2 이상인 경우에는 모든 층

5) 지하가(터널은 제외한다)로서 연면적 1천m^2 이상인 것

6) 지하가 중 예상 교통량, 경사도 등 터널의 특성을 고려하여 행정안전부령으로 정하는 터널

7) 특정소방대상물(갓복도형 아파트 등은 제외한다)에 부설된 특별피난계단, 비상용 승강기의 승강장 또는 피난용 승강기의 승강장

나. 연결송수관설비를 설치해야 하는 특정소방대상물(위험물 저장 및 처리 시설 중 가스시설 및 지하구는 제외한다)은 다음의 어느 하나에 해당하는 것으로 한다.

1) 층수가 5층 이상으로서 연면적 6천㎡ 이상인 경우에는 모든 층
2) 1)에 해당하지 않는 특정소방대상물로서 지하층을 포함하는 층수가 7층 이상인 경우에는 모든 층
3) 1) 및 2)에 해당하지 않는 특정소방대상물로서 지하층의 층수가 3층 이상이고 지하층의 바닥면적의 합계가 1천㎡ 이상인 경우에는 모든 층
4) 지하가 중 터널로서 길이가 1천m 이상인 것

다. 연결살수설비를 설치해야 하는 특정소방대상물(지하구는 제외한다)은 다음의 어느 하나에 해당하는 것으로 한다.
1) 판매시설, 운수시설, 창고시설 중 물류터미널로서 해당 용도로 사용되는 부분의 바닥면적의 합계가 1천㎡ 이상인 경우에는 해당 시설
2) 지하층(피난층으로 주된 출입구가 도로와 접한 경우는 제외한다)으로서 바닥면적의 합계가 150㎡ 이상인 경우에는 지하층의 모든 층. 다만, 「주택법 시행령」 제46조제1항에 따른 국민주택규모 이하인 아파트 등의 지하층(대피시설로 사용하는 것만 해당한다)과 교육연구시설 중 학교의 지하층의 경우에는 700㎡ 이상인 것으로 한다.
3) 가스시설 중 지상에 노출된 탱크의 용량이 30톤 이상인 탱크시설
4) 1) 및 2)의 특정소방대상물에 부속된 연결통로

라. 비상콘센트설비를 설치해야 하는 특정소방대상물(위험물 저장 및 처리 시설 중 가스시설 및 지하구는 제외한다)은 다음의 어느 하나에 해당하는 것으로 한다.
1) 층수가 11층 이상인 특정소방대상물의 경우에는 11층 이상의 층
2) 지하층의 층수가 3층 이상이고 지하층의 바닥면적의 합계가 1천㎡ 이상인 것은 지하층의 모든 층
3) 지하가 중 터널로서 길이가 500m 이상인 것

마. 무선통신보조설비를 설치해야 하는 특정소방대상물(위험물 저장 및 처리 시설 중 가스시설은 제외한다)은 다음의 어느 하나에 해당하는 것으로 한다.
1) 지하가(터널은 제외한다)로서 연면적 1천㎡ 이상인 것
2) 지하층의 바닥면적의 합계가 3천㎡ 이상인 것 또는 지하층의 층수가 3층 이상이고 지하층의 바닥면적의 합계가 1천㎡ 이상인 것은 지하층의 모든 층
3) 지하가 중 터널로서 길이가 500m 이상인 것
4) 지하구 중 공동구
5) 층수가 30층 이상인 것으로서 16층 이상 부분의 모든 층

바. 연소방지설비는 지하구(전력 또는 통신사업용인 것만 해당한다)에 설치해야 한다.

비고

1. 별표 2 제1호부터 제27호까지 중 어느 하나에 해당하는 시설(이하 이 호에서 "근린생활시설 등"이라 한다)의 소방시설 설치기준이 복합건축물의 소방시설 설치기준보다 강화된 경우 복합건축물 안에 있는 해당 근린생활시설 등에 대해서는 그 근린생활시설 등의 소방

시설 설치기준을 적용한다.

2. 원자력발전소 중 「원자력안전법」 제2조에 따른 원자로 및 관계시설에 설치하는 소방시설에 대해서는 「원자력안전법」 제11조 및 제21조에 따른 허가기준에 따라 설치한다.
3. 특정소방대상물의 관계인은 제8조제1항에 따른 내진설계 대상 특정소방대상물 및 제9조에 따른 성능위주설계 대상 특정소방대상물에 설치ㆍ관리해야 하는 소방시설에 대해서는 법 제7조에 따른 소방시설의 내진설계기준 및 법 제8조에 따른 성능위주설계의 기준에 맞게 설치ㆍ관리해야 한다.

法 제13조(소방시설기준 적용의 특례) ① 소방본부장이나 소방서장은 제12조 제1항 전단에 따른 대통령령 또는 화재안전기준이 변경되어 그 기준이 강화되는 경우 기존의 특정소방대상물(건축물의 신축ㆍ개축ㆍ재축ㆍ이전 및 대수선 중인 특정소방대상물을 포함한다)의 소방시설에 대하여는 변경 전의 대통령령 또는 화재안전기준을 적용한다. 다만, 다음 각 호의 어느 하나에 해당하는 소방시설의 경우에는 대통령령 또는 화재안전기준의 변경으로 강화된 기준을 적용할 수 있다.

1. 다음 각 목의 소방시설 중 대통령령 또는 화재안전기준으로 정하는 것
   가. 소화기구
   나. 비상경보설비
   다. 자동화재탐지설비
   라. 자동화재속보설비
   마. 피난구조설비
2. 다음 각 목의 특정소방대상물에 설치하는 소방시설 중 대통령령 또는 화재안전기준으로 정하는 것
   가. 「국토의 계획 및 이용에 관한 법률」 제2조 제9호에 따른 공동구
   나. 전력 및 통신사업용 지하구
   다. 노유자(老幼者) 시설
   라. 의료시설

② 소방본부장이나 소방서장은 특정소방대상물에 설치하여야 하는 소방시설 가운데 기능과 성능이 유사한 스프링클러설비, 물 분무 등 소화설비, 비상경보설비 및 비상방송설비 등의 소방시설의 경우에는 대통령령으로 정하는 바에 따라 유사한 소방시설의 설치를 면제할 수 있다.

③ 소방본부장이나 소방서장은 기존의 특정소방대상물이 증축되거나 용도변경되는 경우에는 대통령령으로 정하는 바에 따라 증축 또는 용도변경 당시의 소방시설의 설치에 관한 대통령령 또는 화재안전기준을 적용한다.

④ 다음 각 호의 어느 하나에 해당하는 특정소방대상물 가운데 대통령령으로 정하는 특정소방대상물에는 제12조 제1항 전단에도 불구하고 대통령령으로 정하는 소방시설을 설치하지 아니할 수 있다.

1. 화재 위험도가 낮은 특정소방대상물
2. 화재안전기준을 적용하기 어려운 특정소방대상물
3. 화재안전기준을 다르게 적용하여야 하는 특수한 용도 또는 구조를 가진 특정소방대상물
4. 「위험물안전관리법」 제19조에 따른 자체소방대가 설치된 특정소방대상물

⑤ 제4항 각 호의 어느 하나에 해당하는 특정소방대상물에 구조 및 원리 등에서 공법이 특수한 설계로 인정된 소방시설을 설치하는 경우에는 제18조 제1항에 따른 중앙소방기술심의위원회의 심의를 거쳐 제12조 제1항 전단에 따른 화재안전기준을 적용하지 아니할 수 있다.

슈 제13조(강화된 소방시설기준의 적용대상) 법 제13조 제1항 제2호 각 목 외의 부분에서 "대통령령으로 정하는 것"이란 다음 각 호의 소방시설을 말한다.

1. 「국토의 계획 및 이용에 관한 법률」 제2조제9호에 따른 공동구에 설치하는 소화기, 자동소화장치, 자동화재탐지설비, 통합감시시설, 유도등 및 연소방지설비
2. 전력 및 통신사업용 지하구에 설치하는 소화기, 자동소화장치, 자동화재탐지설비, 통합감시시설, 유도등 및 연소방지설비
3. 노유자 시설에 설치하는 간이스프링클러설비, 자동화재탐지설비 및 단독경보형 감지기
4. 의료시설에 설치하는 스프링클러설비, 간이스프링클러설비, 자동화재탐지설비 및 자동화재속보설비

슈 제14조(유사한 소방시설의 설치 면제의 기준) 법 제13조 제2항에 따라 소방본부장 또는 소방서장은 특정소방대상물에 설치해야 하는 소방시설 가운데 기능과 성능이 유사한 소방시설의 설치를 면제하려는 경우에는 별표 5의 기준에 따른다.

슈 제15조(특정소방대상물의 증축 또는 용도변경 시의 소방시설기준 적용의 특례) ① 법 제13조제3항에 따라 소방본부장 또는 소방서장은 특정소방대상물이 증축되는 경우에는 기존 부분을 포함한 특정소방대상물의 전체에 대하여 증축 당시의 소방시설의 설치에 관한 대통령령 또는 화재안전기준을 적용해야 한다. 다만, 다음 각 호의 어느 하나에 해당하는 경우에는 기존 부분에 대해서는 증축 당시의 소방시설의 설치에 관한 대통령령 또는 화재안전기준을 적용하지 않는다.

1. 기존 부분과 증축 부분이 내화구조(耐火構造)로 된 바닥과 벽으로 구획된 경우
2. 기존 부분과 증축 부분이 「건축법 시행령」 제46조 제1항 제2호에 따른 자동방화셔터(이하 "자동방화셔터"라 한다) 또는 같은 영 제64조 제1항 제1호에 따른 60분+ 방화문(이하 "60분+ 방화문"이라 한다)으로 구획되어 있는 경우
3. 자동차 생산공장 등 화재 위험이 낮은 특정소방대상물 내부에 연면적 33제곱미터 이하의 직원 휴게실을 증축하는 경우
4. 자동차 생산공장 등 화재 위험이 낮은 특정소방대상물에 캐노피(기둥으로 받치거나 매달아 놓은 덮개를 말하며, 3면 이상에 벽이 없는 구조의 것을 말한다)를 설치하는 경우

② 법 제13조제3항에 따라 소방본부장 또는 소방서장은 특정소방대상물이 용도변경되는 경우에는 용도변경되는 부분에 대해서만 용도변경 당시의 소방시설의 설치에 관한 대통령령 또는 화재안전기준을 적용한다. 다만, 다음 각 호의 어느 하나에 해당하는 경우에는 특정소방대상물 전체에 대하여 용도변경 전에 해당 특정소방대상물에 적용되던 소방시설의 설치에 관한 대통령령 또는 화재안전기준을 적용한다.

1. 특정소방대상물의 구조ㆍ설비가 화재연소 확대 요인이 적어지거나 피난 또는 화재진압 활동이 쉬워지도록 변경되는 경우
2. 용도변경으로 인하여 천장ㆍ바닥ㆍ벽 등에 고정되어 있는 가연성 물질의 양이 줄어드는 경우

슈 제16조(소방시설을 설치하지 않을 수 있는 특정소방대상물의 범위) 법 제13조 제4항에 따라 소방시설을 설치하지 않을 수 있는 특정소방대상물 및 소방시설의 범위는 별표 6과 같다.

[별표 5]

특정소방대상물의 소방시설 설치의 면제 기준(제14조 관련)

설치가 면제되는 소방시설	설치가 면제되는 기준
1. 자동소화장치	자동소화장치(주거용 주방자동소화장치 및 상업용 주방자동소화장치는 제외한다)를 설치해야 하는 특정소방대상물에 물분무등소화설비를 화재안전기준에 적합하게 설치한 경우에는 그 설비의 유효범위(해당 소방시설이 화재를 감지·소화 또는 경보할 수 있는 부분을 말한다. 이하 같다)에서 설치가 면제된다.
2. 옥내소화전설비	소방본부장 또는 소방서장이 옥내소화전설비의 설치가 곤란하다고 인정하는 경우로서 호스릴 방식의 미분무소화설비 또는 옥외소화전설비를 화재안전기준에 적합하게 설치한 경우에는 그 설비의 유효범위에서 설치가 면제된다.
3. 스프링클러설비	가. 스프링클러설비를 설치해야 하는 특정소방대상물(발전시설 중 전기저장시설은 제외한다)에 적응성 있는 자동소화장치 또는 물분무등소화설비를 화재안전기준에 적합하게 설치한 경우에는 그 설비의 유효범위에서 설치가 면제된다. 나. 스프링클러설비를 설치해야 하는 전기저장시설에 소화설비를 소방청장이 정하여 고시하는 방법에 따라 설치한 경우에는 그 설비의 유효범위에서 설치가 면제된다.
4. 간이스프링클러설비	간이스프링클러설비를 설치해야 하는 특정소방대상물에 스프링클러설비, 물분무소화설비 또는 미분무소화설비를 화재안전기준에 적합하게 설치한 경우에는 그 설비의 유효범위에서 설치가 면제된다.
5. 물분무 등 소화설비	물분무등소화설비를 설치해야 하는 차고·주차장에 스프링클러설비를 화재안전기준에 적합하게 설치한 경우에는 그 설비의 유효범위에서 설치가 면제된다.
6. 옥외소화전설비	옥외소화전설비를 설치해야 하는 문화재인 목조건축물에 상수도소화용수설비를 화재안전기준에서 정하는 방수압력·방수량·옥외소화전함 및 호스의 기준에 적합하게 설치한 경우에는 설치가 면제된다.
7. 비상경보설비	비상경보설비를 설치해야 할 특정소방대상물에 단독경보형 감지기를 2개 이상의 단독경보형 감지기와 연동하여 설치한 경우에는 그 설비의 유효범위에서 설치가 면제된다.
8. 비상경보설비 또는 단독 경보형 감지기	비상경보설비 또는 단독경보형 감지기를 설치해야 하는 특정소방대상물에 자동화재탐지설비 또는 화재알림설비를 화재안전기준에 적합하게 설치한 경우에는 그 설비의 유효범위에서 설치가 면제된다.
9. 자동화재탐지설비	자동화재탐지설비의 기능(감지·수신·경보기능을 말한다)과 성능을 가진 화재알림설비, 스프링클러설비 또는 물분무등소화설비를 화재안전기준에 적합하게 설치한 경우에는 그 설비의 유효범위에서 설치가 면제된다.
10. 화재알림설비	화재알림설비를 설치해야 하는 특정소방대상물에 자동화재탐지설비를 화재안전기준에 적합하게 설치한 경우에는 그 설비의 유효범위에서 설

설치가 면제되는 소방시설	설치가 면제되는 기준
	치가 면제된다.
11. 비상방송설비	비상방송설비를 설치해야 하는 특정소방대상물에 자동화재탐지설비 또는 비상경보설비와 같은 수준 이상의 음향을 발하는 장치를 부설한 방송설비를 화재안전기준에 적합하게 설치한 경우에는 그 설비의 유효범위에서 설치가 면제된다.
12. 자동화재속보설비	자동화재속보설비를 설치해야 하는 특정소방대상물에 화재알림설비를 화재안전기준에 적합하게 설치한 경우에는 그 설비의 유효범위에서 설치가 면제된다.
13. 누전경보기	누전경보기를 설치해야 하는 특정소방대상물 또는 그 부분에 아크경보기(옥내 배전선로의 단선이나 선로 손상 등으로 인하여 발생하는 아크를 감지하고 경보하는 장치를 말한다) 또는 전기 관련 법령에 따른 지락차단장치를 설치한 경우에는 그 설비의 유효범위에서 설치가 면제된다.
14. 피난구조설비	피난구조설비를 설치해야 하는 특정소방대상물에 그 위치·구조 또는 설비의 상황에 따라 피난상 지장이 없다고 인정되는 경우에는 화재안전기준에서 정하는 바에 따라 설치가 면제된다.
15. 비상조명등	비상조명등을 설치해야 하는 특정소방대상물에 피난구유도등 또는 통로유도등을 화재안전기준에 적합하게 설치한 경우에는 그 유도등의 유효범위에서 설치가 면제된다.
16. 상수도소화용수설비	가. 상수도소화용수설비를 설치해야 하는 특정소방대상물의 각 부분으로부터 수평거리 140m 이내에 공공의 소방을 위한 소화전이 화재안전기준에 적합하게 설치되어 있는 경우에는 설치가 면제된다. 나. 소방본부장 또는 소방서장이 상수도소화용수설비의 설치가 곤란하다고 인정하는 경우로서 화재안전기준에 적합한 소화수조 또는 저수조가 설치되어 있거나 이를 설치하는 경우에는 그 설비의 유효범위에서 설치가 면제된다.
17. 제연설비	가. 제연설비를 설치해야 하는 특정소방대상물[별표 4 제5호가목6)은 제외한다]에 다음의 어느 하나에 해당하는 설비를 설치한 경우에는 설치가 면제된다. 1) 공기조화설비를 화재안전기준의 제연설비기준에 적합하게 설치하고 공기조화설비가 화재 시 제연설비기능으로 자동전환되는 구조로 설치되어 있는 경우 2) 직접 외부 공기와 통하는 배출구의 면적의 합계가 해당 제연구역[제연경계(제연설비의 일부인 천장을 포함한다)에 의하여 구획된 건축물 내의 공간을 말한다] 바닥면적의 100분의 1 이상이고, 배출구부터 각 부분까지의 수평거리가 30m 이내이며, 공기유입구가 화재안전기준에 적합하게(외부 공기를 직접 자연 유입할 경우에 유

설치가 면제되는 소방시설	설치가 면제되는 기준
	입구의 크기는 배출구의 크기 이상이어야 한다) 설치되어 있는 경우 나. 별표 4 제5호가목6)에 따라 제연설비를 설치해야 하는 특정소방대상물 중 노대(露臺)와 연결된 특별피난계단, 노대가 설치된 비상용 승강기의 승강장 또는 「건축법 시행령」 제91조제5호의 기준에 따라 배연설비가 설치된 피난용 승강기의 승강장에는 설치가 면제된다.
18. 연결송수관설비	연결송수관설비를 설치해야 하는 소방대상물에 옥외에 연결송수구 및 옥내에 방수구가 부설된 옥내소화전설비, 스프링클러설비, 간이스프링클러설비 또는 연결살수설비를 화재안전기준에 적합하게 설치한 경우에는 그 설비의 유효범위에서 설치가 면제된다. 다만, 지표면에서 최상층 방수구의 높이가 70m 이상인 경우에는 설치해야 한다.
19. 연결살수설비	가. 연결살수설비를 설치해야 하는 특정소방대상물에 송수구를 부설한 스프링클러설비, 간이스프링클러설비, 물분무소화설비 또는 미분무소화설비를 화재안전기준에 적합하게 설치한 경우에는 그 설비의 유효범위에서 설치가 면제된다. 나. 가스 관계 법령에 따라 설치되는 물분무장치 등에 소방대가 사용할 수 있는 연결송수구가 설치되거나 물분무장치 등에 6시간 이상 공급할 수 있는 수원(水源)이 확보된 경우에는 설치가 면제된다.
20. 무선통신보조설비	무선통신보조설비를 설치해야 하는 특정소방대상물에 이동통신 구내 중계기 선로설비 또는 무선이동중계기(「전파법」 제58조의2에 따른 적합성평가를 받은 제품만 해당한다) 등을 화재안전기준의 무선통신보조설비기준에 적합하게 설치한 경우에는 설치가 면제된다.
21. 연소방지설비	연소방지설비를 설치해야 하는 특정소방대상물에 스프링클러설비, 물분무소화설비 또는 미분무소화설비를 화재안전기준에 적합하게 설치한 경우에는 그 설비의 유효범위에서 설치가 면제된다.

[별표 6]

<u>소방시설을 설치하지 않을 수 있는 특정소방대상물 및 소방시설의 범위</u>(제16조 관련)

구분	특정소방대상물	설치하지 않을 수 있는 소방시설
1. 화재 위험도가 낮은 특정소방대상물	석재, 불연성 금속, 불연성 건축재료 등의 가공공장·기계조립공장 또는 불연성 물품을 저장하는 창고	옥외소화전 및 연결살수설비
2. 화재안전기준을 적용하기 어려운 특정소방대상물	펄프공장의 작업장, 음료수 공장의 세정 또는 충전을 하는 작업장, 그 밖에 이와 비슷한 용도로 사용하는 것	스프링클러설비, 상수도소화용수설비 및 연결살수설비
	정수장, 수영장, 목욕장, 농예·축산·어류양식용 시설, 그 밖에 이와 비슷한 용도로 사용되는 것	자동화재탐지설비, 상수도소화용수설비 및 연결살수설비
3. 화재안전기준을 달리 적용하여야 하는 특수한 용도 또는 구조를 가진 특정소방대상물	원자력발전소, 중 · 저준위방사성폐기물의 저장시설	연결송수관설비 및 연결살수설비
4. 「위험물 안전관리법」 제19조에 따른 자체소방대가 설치된 특정소방대상물	자체소방대가 설치된 제조소 등에 부속된 사무실	옥내소화전설비, 소화용수설비, 연결살수설비 및 연결송수관설비

해설 ▸ 각종 소방시설의 의미

1. 소화(消火)설비

초기 소화를 확실하게 효율적으로 행하려면 건축물의 용도, 구조, 형태, 규모에 따른 각종 소화설비를 설치하여 두지 않으면 안 된다. 예를 들어 출화 직후라면 간단한 소화기구로 소화 목적을 달성할 수 있다. 그러나 화재가 상당히 진행한 단계에서는 간단한 소화 용구로는 소화효과를 기대할 수 없다. 이것으로부터 비교적 연소의 확대 요소가 적고, 동시에 화재에 의해 인적·물적 피해가 적은 용도와 형태의 건축물에 있어서는, 인간 행동에 의해 소화하는 것이 가능한 소화설비 등만의 설치로 좋을 것이지만, 복잡하고 연소 확대 요인이 높은 건축물에 있어서는 이 외에 화재를 자동적으로 검지하고 자동적으로 소화하는 설비가 필요하게 된다.

1) 옥내 소화전설비

「옥내 소화전설비」는 건축물 기타 공작물 내에서 발생한 화재에 대해, 소방대가 도착하기까지의 사이에 출화 대상물의 관계자가 소화 활동에 종사할 경우에 사용되는 것으로, 초기에서 중기까지의 화재 단계에서의 소화를 주목적으로 한 것으로, 노즐(nozzle) 및 소방용 호스의 조작에 의해 소화하는 이동식 설비이다.

통상 호스 격납고에 설치되는 개폐 밸브까지의 배관 속은 상시 충수(充水)되고, 어느 정도의 수압력을 갖고 있지만, 사용에 있어서 옥내 소화전의 설치 위치에서 원격 조작에 따라 가압 송수 장치를 기동시키는데 따라서 승압(昇壓) 송수하고, 방수용 기구를 사용하여 화점(火點)에 물을 방사해 소화 목적을 달성시키는 것이다.

2) 스프링클러설비

「스프링클러(sprinkler) 설비」는 화재가 발생한 경우, 천장 면에 부착되어 있는 스프링클러 헤드의 감지 부분이 용해 또는 파괴되어 헤드의 방수구가 개구하여 살수하는 것으로 초기에 자동적으로 감지하고 작동하여 화재를 소규모 범위 내로 소화하는 것을 목적으로 한다.

스프링클러설비는 수원과 가압 송수장치, 자동경보장치, 배관, 스프링클러 헤드, 전용 송수구 및 각종 밸브로 구성되어 있다. 스프링클러설비를 크게 나누면 개방형 스프링클러헤드를 사용하는 설비와 폐쇄형 스프링클러 헤드를 사용하는 설비로 구분된다. 「개방형 스프링클러설비」는 극장의 무대부 등 천장이 상당히 높은 곳 등 특수한 장소에 설치되는 것으로 화재감지기와 연동하는 자동식 설비와 수동식 설비가 있다. 「폐쇄형 스프링클러 설비」는 거실 등 일반적인 장소에 설치되는 것으로, 배관 내에 상시 물을 가압 충수하여 두는 「습식 설비」와 스프링클러 헤드에서 자동경보밸브까지의 배관 내를 공기에 의해 가압하여 두는 「건식 설비」가 있다.

습식배관방식에서는 배관 내의 가압수, 건식배관방식에서는 배관 내의 가압 공기가 각각 분출하는 데에 따라 그 압력의 변동, 유수 등에 의해 「유수검지장치」가 작동하고 출화 장소를 표시함과 함께 경보를 발하며 한편 펌프 등의 가압송수장치가 자동적으로 기동하여 수원의 물이 스프링클러 헤드에서 연속 살수된다.

3) 물분무 등의 소화설비

「물분무 소화설비」는 물을 미세한 입자상태로 분산, 방출하여 소화하고, 화세(火勢)의 제압 또는 연소 방지를 목적으로 이용하고 있는 것으로 기름 화재에 대하여도 소화의 목적을 달성하는 것이 가능한 설비이다. 그러나 기기를 포함해 설비 설계상에서도 가장 기술적으로 어려운 설비이기 때문에 기술 수준이 높지 않으면 그 효과는 기대할 수 없다.

또한 소화 목적을 달성하기 위하여 다량의 물을 방출하기 때문에 이것을 적절하게 배수구로 유도 처리하지 않으면 안 된다. 특히 기름을 수반하는 화재에 대하여는 소화 후 기름의 처리를 고려하여 유분리(油分離)장치를 부설하여야 한다.

적절한 물분무 소화설비로 하려면 화재 성상에 적당한 분무 헤드가 선정되고, 소정의 방수압력과 방수량이 얻어지도록 하여야 한다. 물분무로 소화, 화세의 제압 또는 연소 방지를 확실하게 하려면, 수압을 높여 방수량을 증가시키는 것만을 생각할 것이 아니라, 건물의 실정에 따른 적절한 조건을 만족시키도록 배려할 필요가 있다.

4) 청정 소화약제 소화설비

산업의 발달과 더불어 화재위험물의 종류가 다양해져 물로서는 진화를 제대로 못할 뿐만 아니라 오히려 화재를 확산시키는 결과를 가져올 수 있다. 따라서 소화설비도 이에 대응한 특수설비가 사용되지 않으면 안 된다. 전기실, 전산실 계통의 화재에 물을 사용할 경우 물로 인한 2차 피해가 예상되므로 산소를 차단하는 질식소화를 사용하는데 예전에는 주로 할로겐화합물 소화설비가 사용되어 왔으나 지구 오존층 보호를 위해 1989년 발효된 몬트리올 협정에 의해 할론(Halon)이 사용금지 됨에 따라 최근 여러 가지 청정소화약제로 대체되고 있으며 HCFC BLEND A(NAFS-Ⅲ)도 그 중의 하나이다.

5) 옥외소화전설비

「옥외소화전설비」는 건축물의 1층 및 2층 부분에 발생한 화재에 대하여, 소방대가 도착하기까지의 사이에 건물의 관계자에 의해 건물 내의 화재를 소화할 목적으로 설치되는 것이다. 옥외소화전함 내에는 호스 및 방수구가 수납되어 있으며 화재가 발생하면 이를 옥외소화전에 연결하고 가압송수장치의 바로 근처 또는 소화전의 위치에서 가압송수장치를 기동(감압 기동의 것도 포함)시켜 소정의 방수를 행한다.

2. 경보설비

감지, 경보, 통보를 위한 설비를 통상 「경보설비」라고 하며, 화재의 감지, 발생 장소의 표시, 건축물 내의 경보, 타시설로의 알림 또는 연동(連動) 등의 기능을 갖는 것으로 화재를 조기에 발견하고 자동 또는 인위적으로 경보를 발하는 것으로 안전 피난, 초기 소화, 소방 기관으로 통보, 기타 화재시의 초동 조치가 유효하게 행할 수 있도록 하기 위해 설치하는 것이다.

1) 비상경보설비

「비상경보설비」는 화재의 발생 또는 상황을 소방 대상물 내의 관계자에게 경보음 또는 음성에 의해 통보하고, 초기 소화활동 및 피난 유도등을 원활하게 행하는 것을 목적으로 하여 설치되는 것이다. 이는 비상벨 또는 자동식 사이렌설비로 구분되고 기동장치, 조작 장치 및 음향장치 등으로 구성되어 있다.

2) 비상방송설비

「비상용방송설비」는 건축물 내의 거주자에게 화재의 발생, 피난 유도등을 음향 및 음성에 의해 방송할 수 있도록 설치하는 것으로 피난 유도상 극히 중요한 설비라고 말할 수 있다. 비상용 방송설비와 일반 업무용 방송설비를 공용할 경우는, 기동장치를 조작한 때 즉시 업무용 방송이 정지 가능한 것으로 해야 한다. 비상용 방송설비는 기동장치, 비상전화, 스피커, 증폭기 및 조작 장치 등으로 구성되어 있다. 자동화재경보설비와 연동하여 기동시키는 방식 및 비상전화를 이용하여 기동시키는 방식 등이 있다.

3) 누전(화재)경보기

「누전경보기」는 저압 전로의 지락전류를 검출하고 경보를 발하며 당해 소방대상물의 관계자에게 누전이 있는 것을 알려 누전화재발생을 미연에 방지하기 위한 설비이다. 이 설비는 경보설비의 일종이지만 자동화재경보설비와 비상경보설비가 화재의 발생을 조기단계에서 자동적 또는 인위적으로 통보하는데 대하여 화재발생 이전에 경보를 발하는 것으로 수신기, 변류기 및 음향 장치 등으로 구성되어 있다.

4) 자동화재탐지설비(자동화재경보설비)

「자동화재탐지설비」는 화재의 발생을 초기 단계에서 자동적으로 감지하고, 건물 관리자가 있는 장소로 출화장소를 표시함과 동시에 경보를 발하는 설비로 수신기, 감지기(중계기를 필요로 할 경우도 있다), 발신기, 음향장치, 배선, 전원 등으로 구성된다.

「수신기」는 감지기 또는 발신기에서 발한 신호를 직접 또는 중계기를 개입시켜 수신하며 이것을 표시하고 동시에 음향장치를 명동(鳴動)시키는 것으로 P형 1급, 2급 및 R형이 있다.

「감지기」란 화재에 의해 발생하는 열 또는 연소 생성물을 이용하여 자동적으로 화재의 발생을 감지하고 이것을 수신기에 송신하는 것을 말하며 종별에 따라 작동원리와 그 특성도 다르다.

「열식」은 화재열(온도 상승)을 포착하는 것으로, 주위 온도의 완만한 상승에는 작동하지 않고 급상승의 경우에만 작동하는 「차동식」과, 천장면 가까이의 실온이 일정 온도(예를 들면 70℃)에 달하면 작동하는 「정온식」 및 이 양자의 기능을 겸비한 「보상식」이 있다.

「연기식」은 화재시의 연기 또는 연소 생성물을 포착하는 것으로, 미량의 라듐과 같은 방사성 물질로 상시 그 속의 공기를 이온화하여 어느 작은 용기 2개를 전기적으로 직렬로 늘어놓고, 그 한쪽에 연소 생성물이 들어가면, 그 쪽의 전리 전류(電離 電流)가 감소하는 것을 이용하여 검출하는 방식의 「이온화식」과, 연기에 의해 광전 소자의 입사광량이 변화하는 것을 이용하여 작동하는 「광전식」이 있다.

3. 피난구조설비

1) 피난기구

「피난기구」는 계단 등에 의한 피난이 불가능해 도피하지 못한 사람의 피난을 위해 사용되는 것으로 최후의 탈출수단이라고 해야 할 것이다. 피난은 이와 같은 비상수단에 의할 것 없이 계단 등의 피난시설에 의해 안전하게 행해지는 건축 설계가 바람직하다. 이 때문에 특별피난계단을 설치한 건축물에 대하여는 법령에서도 피난기구 설치의 감소 조치를 하고 있다.

피난기구의 종별로서는 구조대(경사 강하식·수직 강하식), 완강기(緩降機), 피난교, 피난사다리, 미끄럼대, 미끄럼봉, 피난용 트랩, 피난밧줄 등이 있지만 각각의 조작 사용상 안전 유효하게 설치하는 것이 필요하다.

2) 유도등

화재 기타 재해가 발생한 경우에 건축물 내의 사람들을 신속하고 동시에 안전하게 피난시키기 위해서는 이들을 적합하고 확실하게 피난시설로 유도함과 동시에 정전시를 포함해 항상 피난 행동을 원활하게 하기 위한 밝기를 확보할 필요가 있다. 유도등에는 피난구 유도등, 통로 유도등, 객석 유도등의 3종이 있으며, 각각 다음과 같은 역할을 갖고 있다.

① 「피난구 유도등」: 피난구의 상부 또는 그 부근에 설치하며, 피난구가 어떤 취지를 표시하기 위한 녹색 등화이다.

② 「통로 유도등」: 복도 또는 통로에 설치하며, 녹색 등화를 갖고 피난방향을 명시하는 것과 계단에 설치하여 피난에 유효한 조명을 하는 것의 2종류가 있다. 이들은 각 층의 피난구까지 또한 계단내 및 피난층의 옥외구까지 피난자를 유도하기 위한 것이다. 바닥면에서 높이 1미터 이하의 되도록 낮은 곳에 설치해야 한다.

③ 「객석 유도등」: 극장, 영화관 등의 객석에 설치하여 객석의 통로를 유효하게 조명하기 위한 등화이다.

3) 비상용 조명등

비상용 조명등은 화재 기타 재해와 사고 발생 시에 상용 전원이 차단되면 건축물 내부가 「패닉(panic)상태」에 빠질 위험성이 있으며, 피난 행동이 원활하게 행해지지 않게 될 두려움이 있기 때문에, 이와 같은 위험성을 배제하는 것을 목적으로 설치하는 피난을 위한 최저 조도를 확보하는 조명장치이다.

설치 시 배선은 거실, 복도 혹은 계단, 방화구획 등의 소 구획마다 구분하고, 화재에 의해 특정한 회로가 장해를 받아도 다른 것에 영향이 없도록 조치할 필요가 있다.

4. 소화용수설비

1) 상수도소화용수설비

화재가 발생하여 진화작업을 하던 소방펌프 자동차의 소화용수가 다 소비되었을 경우 이를 보충하러 멀리 이동할 필요가 없도록 일정규모 이상의 건물에 인입되는 상수도관에 소화전을 직접 연결해 두어 비상시 소방펌프 자동차에 소화용수를 용이하게 공급하는 설비이다. 현행 소방법규에는 호칭지름 75밀리미터 이상의 수도배관에 호칭지름 100밀리미터 이상의 소화전을 접속하여야 한다.

5. 소화활동설비

건물 거주자가 사용하기보다는 소방대원이 출동한 후 화재를 진압하거나 인명구조활동을 위하여 사용하는 설비를 말한다.

1) 제연설비(배연설비)

「배연설비」에 대하여 건축법령에서 규제하고 있는 내용은 주로 피난의 안전을 목적으로 하고, 소방법령에서는 특히 소화활동이 곤란한 건축물에 대하여 그것이 효과적으로 행해지는 것을 목적으로 하고 있다. 다만, 건축법령에서 정한 기준의 배연설비가 설치되어 있는 경우에는 소방법령에서 정한 제연설비를 설치한 것으로 취급하고 있다. 그 이유로서 많은 화재 예에서 볼 수 있는 것처럼 연기에 의한 희생자가 많이 나오고 있는 점에서 연기 제어의 필요성이 높아지고 있다.

더욱이 소방활동은 위험한 환경조건 속에서 격심한 노동을 수반하기 때문에 호기량이 많게 되며 공기호흡기는 보통 10분 정도가 사용한계이다. 따라서 특히 지하와 무창층의 화재에 대하여는 화재층에 이르는 까지 연기로부터 방호되어 있어서 소방대가 쉽게 진입할 필요가 있다. 소화활동상 필요한 시설로서의 배연설비는 출화장소를 포함한 일정구역(화재블록) 밖으로 연기를 전파시키지 않는 효과, 적어도 계단에 전실(前室)을 설치해 이들을 안전구획으로서 구성하고 방호할 수 있는 정도의 연기 제어효과가 필요하다.

2) 연결송수관설비

소방대의 소화작업 중에서 호스를 연장하는 일은 많은 인원과 시간을 필요로 한다. 연결송수관은 소방대의 이러한 작업의 대리 역할을 하는 것으로 건물 내에 미리 배관을 설치하여 화재발생시 건물 밖의 송수구에는 소방펌프 자동차, 건물 안의 방수구에는 호스를 연결하여 소화활동을 용이하게 한다.

3) 연결살수설비

지하층, 무창층의 화재에 대하여는 연기 제어가 충분히 행해지지 않으면 소방대의 진입과 소화활동이 거의 불가능하게 된다. 이러한 화재에 대하여 소방펌프 자동차에서 송수구를 통해 미리 설치된 배관과 헤드로 유효적절하게 소화수를 방사시키는 설비이다.

4) 비상콘센트설비

「비상콘센트설비」는 화재 시에 소방대가 장비하고 있는 조명장치, 파괴기구 등을 접속하여 사용하는 전원설비이며 진입이 용이한 계단이나 비상용 엘리베이터의 로비 등의 적당한 장소에 설치하여 소화활동을 용이하게 하기 위한 시설이다.
소방법령에서는 지하층을 제외한 층수가 11층 이상인 건축물의 11층 이상의 각 층에 설치를 의무화하고 있으며 비상콘센트설비에는 비상전원을 부착하고 그 배선은 내화배선으로 하여야 하지만 비상전원에 대하여는 자가발전설비 또는 축전지설비로서 외부 정전 시에도 전기가 공급되는 것이 바람직하다.

5) 무선통신보조설비

지하가 또는 대규모 빌딩의 지하층 등의 화재에서 소화활동을 효과적으로 행하기 위해 지하 상호 및 지하와 지상의 무선 교신이 가능하게 하지 않으면 안 된다. 소방대가 소유하고 있는 무선기기에 의한 교신용 전파 유도시설이 「무선통신보조설비」이다. 무선통신보조설비에는 누설동축(漏泄同軸) 케이블, 누설동축 케이블과 이것에 접속하는 공중선, 또는 동축 케이블과 이것에 접속하는 공중선의 3방식이 있다.

法 제14조(특정소방대상물별로 설치하여야 하는 소방시설의 정비 등) ① 제12조 제1항에 따라 대통령령으로 소방시설을 정할 때에는 특정소방대상물의 규모ㆍ용도ㆍ수용인원 및 이용자 특성 등을 고려하여야 한다.

② 소방청장은 건축 환경 및 화재위험특성 변화사항을 효과적으로 반영할 수 있도록 제1항에 따른 소방시설 규정을 3년에 1회 이상 정비하여야 한다.

③ 소방청장은 건축 환경 및 화재위험특성 변화 추세를 체계적으로 연구하여 제2항에 따른 정비를 위한 개선방안을 마련하여야 한다.

④ 제3항에 따른 연구의 수행 등에 필요한 사항은 행정안전부령으로 정한다.

令 제17조(특정소방대상물의 수용인원 산정) 법 제14조 제1항에 따른 특정소방대상물의 수용인원은 별표 7에 따라 산정한다.

[별표 7]

수용 인원의 산정 방법(제17조 관련)

1. 숙박시설이 있는 특정소방대상물
   가. 침대가 있는 숙박시설: 해당 특정소방대상물의 종사자 수에 침대 수(2인용 침대는 2개로 산정한다)를 합한 수
   나. 침대가 없는 숙박시설: 해당 특정소방대상물의 종사자 수에 숙박시설 바닥면적의 합계를 3㎡로 나누어 얻은 수를 합한 수
2. 제1호 외의 특정소방대상물
   가. 강의실ㆍ교무실ㆍ상담실ㆍ실습실ㆍ휴게실 용도로 쓰는 특정소방대상물: 해당 용도로 사용하는 바닥면적의 합계를 1.9㎡로 나누어 얻은 수
   나. 강당, 문화 및 집회시설, 운동시설, 종교시설: 해당 용도로 사용하는 바닥면적의 합계를 4.6㎡로 나누어 얻은 수(관람석이 있는 경우 고정식 의자를 설치한 부분은 그 부분의 의자 수로 하고, 긴 의자의 경우에는 의자의 정면너비를 0.45m로 나누어 얻은 수로 한다)
   다. 그 밖의 특정소방대상물: 해당 용도로 사용하는 바닥면적의 합계를 3㎡로 나누어 얻은 수

비고
1. 위 표에서 바닥면적을 산정할 때에는 복도(「건축법 시행령」 제2조제11호에 따른 준불연재료 이상의 것을 사용하여 바닥에서 천장까지 벽으로 구획한 것을 말한다), 계단 및 화장실의 바닥면적을 포함하지 않는다.
2. 계산 결과 소수점 이하의 수는 반올림한다.

法 제15조(건설현장의 임시소방시설 설치 및 관리) ①「건설산업기본법」 제2조제4호에 따른 건설공사를 하는 자(이하 "공사시공자"라 한다)는 특정소방대상물의 신축·증축·개축·재축·이전·용도변경·대수선 또는 설비 설치 등을 위한 공사 현장에서 인화성(引火性) 물품을 취급하는 작업 등 대통령령으로 정하는 작업(이하 "화재위험작업"이라 한다)을 하기 전에 설치 및 철거가 쉬운 화재대비시설(이하 "임시소방시설"이라 한다)을 설치하고 관리하여야 한다.

② 제1항에도 불구하고 소방시설공사업자가 화재위험작업 현장에 소방시설 중 임시소방시설과 기능 및 성능이 유사한 것으로서 대통령령으로 정하는 소방시설을 화재안전기준에 맞게 설치 및 관리하고 있는 경우에는 공사시공자가 임시소방시설을 설치하고 관리한 것으로 본다.

③ 소방본부장 또는 소방서장은 제1항이나 제2항에 따라 임시소방시설 또는 소방시설이 설치 및 관리되지 아니할 때에는 해당 공사시공자에게 필요한 조치를 명할 수 있다.

④ 제1항에 따라 임시소방시설을 설치하여야 하는 공사의 종류와 규모, 임시소방시설의 종류 등에 필요한 사항은 대통령령으로 정하고, 임시소방시설의 설치 및 관리 기준은 소방청장이 정하여 고시한다.

令 제18조(화재위험작업 및 임시소방시설 등) ① 법 제15조제1항에서 "인화성(引火性) 물품을 취급하는 작업 등 대통령령으로 정하는 작업"이란 다음 각 호의 어느 하나에 해당하는 작업을 말한다.

1. 인화성·가연성·폭발성 물질을 취급하거나 가연성 가스를 발생시키는 작업
2. 용접·용단(금속·유리·플라스틱 따위를 녹여서 절단하는 일을 말한다) 등 불꽃을 발생시키거나 화기(火氣)를 취급하는 작업
3. 전열기구, 가열전선 등 열을 발생시키는 기구를 취급하는 작업
4. 알루미늄, 마그네슘 등을 취급하여 폭발성 부유분진(공기 중에 떠다니는 미세한 입자를 말한다)을 발생시킬 수 있는 작업
5. 그 밖에 제1호부터 제4호까지와 비슷한 작업으로 소방청장이 정하여 고시하는 작업

② 법 제15조제1항에 따른 임시소방시설(이하 "임시소방시설"이라 한다)의 종류와 임시소방시설을 설치해야 하는 공사의 종류 및 규모는 별표 8 제1호 및 제2호와 같다.

③ 법 제15조제2항에 따른 임시소방시설과 기능 및 성능이 유사한 소방시설은 별표 8 제3호와 같다.

해설 소방시설 설치 및 관리에 관한 법률 시행령 제 18조 ②·③, 별표8

공사현장의 화재안전을 강화하기 위하여 화재안전작업을 하기 전에 설치해야 하는 임시 소방시설에 가스누설경보기, 비상조명등 및 방화포 등을 추가하고, 바닥면적이 150㎡ 이상인 지하층 등의 화재 위험 작업 현장에 가스누설경보기 및 비상조명등을 설치·관리하도록 한 것이다.

[별표 8]

임시 소방시설의 종류와 설치 기준 등(제18조 제2항 및 제3항 관련)

1. 임시 소방시설의 종류
   가. 소화기
   나. 간이 소화 장치: 물을 방사(放射)하여 화재를 진화할 수 있는 장치로서 소방청장이 정하는 성능을 갖추고 있을 것
   다. 비상 경보 장치: 화재가 발생한 경우 주변에 있는 작업자에게 화재사실을 알릴 수 있는 장치로서 소방청장이 정하는 성능을 갖추고 있을 것
   라. 가스 누설 경보기: 가연성 가스가 누설되거나 발생된 경우 이를 탐지하여 경보하는 장치로서 법 제37조에 따른 형식승인 및 제품 검사를 받은 것
   마. 간이 피난 유도선: 화재가 발생한 경우 피난구 방향을 안내할 수 있는 장치로서 소방청장이 정하는 성능을 갖추고 있을 것
   바. 비상 조명등: 화재가 발생한 경우 안전하고 원활한 피난활동을 할 수 있도록 자동 점등하는 조명장치로서 소방청장이 정하는 성능을 갖추고 있을 것
   사. 방화포: 용접·용단 등의 작업 시 발생하는 불티로부터 가연물이 점화되는 것을 방지해주는 천 또는 불연성 물품으로서 소방청장이 정하는 성능을 갖추고 있을 것
2. **임시 소방 시설을 설치해야 하는 공사의 종류와 규모**
   가. 소화기: 법 제6조제1항에 따라 소방본부장 또는 소방서장의 동의를 받아야 하는 특정소방대상물의 신축·증축·개축·재축·이전·용도변경 또는 대수선 등을 위한 공사 중 법 제15조제1항에 따른 화재 위험 작업의 현장(이하 이 표에서 "화재위험작업현장"이라 한다)에 설치한다.
   나. 간이 소화 장치: 다음의 어느 하나에 해당하는 공사의 화재위험작업현장에 설치한다.
      1) 연면적 3천m^2 이상
      2) 지하층, 무창층 또는 4층 이상의 층. 이 경우 해당 층의 바닥면적이 600m^2 이상인 경우만 해당한다.
   다. 비상 경보 장치: 다음의 어느 하나에 해당하는 공사의 화재위험작업현장에 설치한다.
      1) 연면적 400m^2 이상
      2) 지하층 또는 무창층. 이 경우 해당 층의 바닥면적이 150m^2 이상인 경우만 해당한다.
   라. 가스 누설 경보기: 바닥면적이 150m^2 이상인 지하층 또는 무창층의 화재위험작업현장에 설치한다.
   마. 간이 피난 유도선: 바닥면적이 150m^2 이상인 지하층 또는 무창층의 화재위험작업현장에 설치한다.
   바. 비상 조명등: 바닥면적이 150m^2 이상인 지하층 또는 무창층의 화재위험작업현장에 설치한다.

사. 방화포: 용접·용단 작업이 진행되는 화재위험작업현장에 설치한다.

3. 임시 소방 시설과 기능 및 성능이 유사한 소방시설로서 임시소방시설을 설치한 것으로 보는 소방시설
   가. 간이 소화 장치를 설치한 것으로 보는 소방시설: 소방청장이 정하여 고시하는 기준에 맞는 소화기(연결송수관설비의 방수구 인근에 설치한 경우로 한정한다) 또는 옥내소화전설비
   나. 비상 경보 장치를 설치한 것으로 보는 소방시설: 비상방송설비 또는 자동화재탐지설비
   다. 간이 피난 유도선을 설치한 것으로 보는 소방시설: 피난 유도선, 피난구 유도등, 통로유도등 또는 비상 조명등

法 제16조(피난시설, 방화구획 및 방화시설의 관리) ① 특정소방대상물의 관계인은 「건축법」 제49조에 따른 피난시설, 방화구획 및 방화시설에 대하여 정당한 사유가 없는 한 다음 각 호의 행위를 하여서는 아니 된다.

1. 피난시설, 방화구획 및 방화시설을 폐쇄하거나 훼손하는 등의 행위
2. 피난시설, 방화구획 및 방화시설의 주위에 물건을 쌓아두거나 장애물을 설치하는 행위
3. 피난시설, 방화구획 및 방화시설의 용도에 장애를 주거나 「소방기본법」 제16조에 따른 소방 활동에 지장을 주는 행위
4. 그 밖에 피난시설, 방화구획 및 방화시설을 변경하는 행위

② 소방본부장이나 소방서장은 특정소방대상물의 관계인이 제1항 각 호의 어느 하나에 해당하는 행위를 한 경우에는 피난시설, 방화구획 및 방화시설의 관리를 위하여 필요한 조치를 명할 수 있다.

法 제17조(소방용품의 내용연수 등) ① 특정소방대상물의 관계인은 내용연수가 경과한 소방용품을 교체하여야 한다. 이 경우 내용연수를 설정하여야 하는 소방용품의 종류 및 그 내용연수 연한에 필요한 사항은 대통령령으로 정한다.

② 제1항에도 불구하고 행정안전부령으로 정하는 절차 및 방법 등에 따라 소방용품의 성능을 확인받은 경우에는 그 사용기한을 연장할 수 있다.

令 제19조(내용연수 설정대상 소방용품) ① 법 제17조제1항 후단에 따라 내용연수를 설정해야 하는 소방용품은 분말형태의 소화 약제를 사용하는 소화기로 한다.

② 제1항에 따른 소방용품의 내용연수는 10년으로 한다.

法 제18조(소방기술심의위원회) ① 다음 각 호의 사항을 심의하기 위하여 소방청에 중앙소방기술심의위원회(이하 "중앙위원회"라 한다)를 둔다.
1. 화재안전기준에 관한 사항
2. 소방시설의 구조 및 원리 등에서 공법이 특수한 설계 및 시공에 관한 사항
3. 소방시설의 설계 및 공사감리의 방법에 관한 사항
4. 소방시설공사의 하자를 판단하는 기준에 관한 사항
5. 제8조제5항 단서에 따라 신기술ㆍ신공법 등 검토ㆍ평가에 고도의 기술이 필요한 경우로서 중앙위원회에 심의를 요청한 사항
6. 그 밖에 소방기술 등에 관하여 대통령령으로 정하는 사항

② 다음 각 호의 사항을 심의하기 위하여 시ㆍ도에 지방 소방 기술 심의 위원회(이하 "지방위원회"라 한다)를 둔다.
1. 소방시설에 하자가 있는지의 판단에 관한 사항
2. 그 밖에 소방기술 등에 관하여 대통령령으로 정하는 사항

③ 중앙위원회 및 지방위원회의 구성ㆍ운영 등에 필요한 사항은 대통령령으로 정한다.

令 **제20조(소방기술심의위원회의 심의사항)** ① 법 제18조 제1항 제6호에서 "대통령령으로 정하는 사항"이란 다음 각 호의 사항을 말한다.

1. **연면적 10만제곱미터 이상**의 특정소방대상물에 설치된 소방시설의 설계·시공·감리의 하자 유무에 관한 사항
2. 새로운 소방시설과 소방용품 등의 도입 여부에 관한 사항
3. 그 밖에 소방기술과 관련하여 소방청장이 소방기술심의위원회의 심의에 부치는 사항

② 법 제18조 제2항 제2호에서 "대통령령으로 정하는 사항"이란 다음 각 호의 사항을 말한다.

1. **연면적 10만제곱미터 미만**의 특정소방대상물에 설치된 소방시설의 설계·시공·감리의 하자 유무에 관한 사항
2. 소방본부장 또는 소방서장이 「위험물안전관리법」 제2조 제1항 제6호에 따른 제조소 등(이하 "제조소 등"이라 한다)의 시설기준 또는 화재안전기준의 적용에 관하여 기술검토를 요청하는 사항
3. 그 밖에 소방기술과 관련하여 특별시장·광역시장·특별자치시장·도지사 또는 특별자치도지사(이하 "시·도지사"라 한다)가 소방기술심의위원회의 심의에 부치는 사항

令 **제21조(소방기술심의위원회의 구성 등)** ① 법 제18조 제1항에 따른 중앙소방기술심의위원회(이하 "중앙위원회"라 한다)는 위원장을 포함하여 60명 이내의 위원으로 성별을 고려하여 구성한다.

② 법 제18조 제2항에 따른 지방소방기술심의위원회(이하 "지방위원회"라 한다)는 위원장을 포함하여 5명 이상 9명 이하의 위원으로 구성한다.

③ 중앙위원회의 회의는 위원장과 위원장이 회의마다 지정하는 6명 이상 12명 이하의 위원으로 구성한다.

④ 중앙위원회는 분야별 소위원회를 구성·운영할 수 있다.

해설 소방시설 설치 및 관리에 관한 법률 시행령(소방기술심의위원회 관련)

제22조(위원의 임명·위촉) ① 중앙위원회의 위원은 과장급 직위 이상의 소방공무원과 다음 각 호의 어느 하나에 해당하는 사람 중에서 소방청장이 임명하거나 성별을 고려하여 위촉한다.

1. 소방기술사
2. 석사 이상의 소방 관련 학위를 소지한 사람
3. 소방시설관리사
4. 소방 관련 법인·단체에서 소방 관련 업무에 5년 이상 종사한 사람
5. 소방공무원 교육기관, 대학교 또는 연구소에서 소방과 관련된 교육이나 연구에 5년 이상 종사한 사람

② 지방위원회의 위원은 해당 시·도 소속 소방공무원과 제1항 각 호의 어느 하나에 해당하는 사람 중에서 시·도지사가 임명하거나 성별을 고려하여 위촉한다.
③ 중앙위원회의 위원장은 소방청장이 해당 위원 중에서 위촉하고, 지방위원회의 위원장은 시·도지사가 해당 위원 중에서 위촉한다.
④ 중앙위원회 및 지방위원회의 위원 중 위촉위원의 임기는 2년으로 하되, 한 차례만 연임할 수 있다.

제23조(위원장 및 위원의 직무) ① 중앙위원회 및 지방위원회(이하 "위원회"라 한다)의 각 위원장(이하 "위원장"이라 한다)은 각각 위원회의 회의를 소집하고 그 의장이 된다.
② 위원장이 부득이한 사유로 직무를 수행할 수 없을 때에는 위원장이 지정한 위원이 그 직무를 대리한다.

제24조(위원의 제척·기피·회피) ① 위원회의 위원(이하 "위원"이라 한다)이 다음 각 호의 어느 하나에 해당하는 경우에는 위원회의 심의·의결에서 제척(除斥)된다.
1. 위원 또는 그 배우자나 배우자였던 사람이 해당 안건의 당사자(당사자가 법인·단체 등인 경우에는 그 임원을 포함한다. 이하 이 호 및 제2호에서 같다)가 되거나 그 안건의 당사자와 공동권리자 또는 공동의무자인 경우
2. 위원이 해당 안건의 당사자와 친족인 경우
3. 위원이 해당 안건에 관하여 증언, 진술, 자문, 연구, 용역 또는 감정을 한 경우
4. 위원이나 위원이 속한 법인·단체 등이 해당 안건의 당사자의 대리인이거나 대리인이었던 경우

② 당사자는 제1항에 따른 제척사유가 있거나 위원에게 공정한 심의·의결을 기대하기 어려운 사정이 있는 경우에는 위원회에 기피신청을 할 수 있고, 위원회는 의결로 기피 여부를 결정한다. 이 경우 기피신청의 대상인 위원은 그 의결에 참여하지 못한다.
③ 위원이 제1항 또는 제2항의 사유에 해당하는 경우에는 스스로 해당 안건의 심의·의결에서 회피(回避)해야 한다.

제25조(위원의 해임·해촉) 소방청장 또는 시·도지사는 위원이 다음 각 호의 어느 하나에 해당하는 경우에는 해당 위원을 해임하거나 해촉(解囑)할 수 있다.
1. 심신장애로 직무를 수행할 수 없게 된 경우
2. 직무와 관련된 비위사실이 있는 경우
3. 직무태만, 품위손상이나 그 밖의 사유로 위원으로 적합하지 않다고 인정되는 경우
4. 제24조제1항 각 호의 어느 하나에 해당하는 데도 불구하고 회피하지 않은 경우
5. 위원 스스로 직무를 수행하기 어렵다는 의사를 밝히는 경우

제26조(시설 등의 확인 및 의견청취) 소방청장 또는 시·도지사는 위원회의 원활한 운영을 위하여 필요하다고 인정하는 경우 위원회 위원으로 하여금 관련 시설 등을 확인하게 하거나 해당 분야의 전문가 또는 이해관계자 등으로부터 의견을 청취하게 할 수 있다.

제27조(위원의 수당) 위원회의 위원에게는 예산의 범위에서 수당, 여비, 그 밖에 필요한 경비를 지급할 수 있다. 다만, 공무원이 그 소관 업무와 직접 관련하여 출석하는 경우에는 그

렇지 않다.

제28조(운영세칙) 이 영에서 정한 것 외에 위원회의 운영에 필요한 사항은 소방청장 또는 시 · 도지사가 정한다.

> **法 제19조(화재안전기준의 관리ㆍ운영)** 소방청장은 화재안전기준을 효율적으로 관리ㆍ운영하기 위하여 다음 각 호의 업무를 수행하여야 한다.
> 1. 화재안전기준의 제정ㆍ개정 및 운영
> 2. 화재안전기준의 연구ㆍ개발 및 보급
> 3. 화재안전기준의 검증 및 평가
> 4. 화재안전기준의 정보체계 구축
> 5. 화재안전기준에 대한 교육 및 홍보
> 6. 국외 화재안전기준의 제도ㆍ정책 동향 조사ㆍ분석
> 7. 화재안전기준 발전을 위한 국제협력
> 8. 그 밖에 화재안전기준 발전을 위하여 대통령령으로 정하는 사항

> **슈 제29조(화재안전기준의 관리ㆍ운영)** 법 제19조 제8호에서 "대통령령으로 정하는 사항"이란 다음 각 호의 사항을 말한다.
> 1. 화재안전기준에 대한 자문
> 2. 화재안전기준에 대한 해설서 제작 및 보급
> 3. 화재안전에 관한 국외 신기술ㆍ신제품의 조사ㆍ분석
> 4. 그 밖에 화재안전기준의 발전을 위하여 소방청장이 필요하다고 인정하는 사항

해설 소방시설 설치 및 관리에 관한 법률 제19조

소방청장은 화재안전기준을 효율적으로 관리 · 운영하기 위하여 화재안전기준의 제정 · 개정 및 운영, 화재안전기준의 연구 · 개발 및 보급, 화재안전기준의 검증 및 평가, 화재안전기준의 정보 체계 구축 등의 업무를 수행하도록 한 것이다.

제3절 방염

1. 방염(防炎) – 특정소방대상물의 방염

法 **제20조(특정소방대상물의 방염 등)** ① 대통령령으로 정하는 특정소방대상물에 실내장식 등의 목적으로 설치 또는 부착하는 물품으로서 대통령령으로 정하는 물품(이하 "방염대상물품"이라 한다)은 방염성능기준 이상의 것으로 설치하여야 한다.

② 소방본부장 또는 소방서장은 방염대상물품이 제1항에 따른 방염성능기준에 미치지 못하거나 제21조제1항에 따른 방염성능검사를 받지 아니한 것이면 특정소방대상물의 관계인에게 방염대상물품을 제거하도록 하거나 방염성능검사를 받도록 하는 등 필요한 조치를 명할 수 있다.

③ 제1항에 따른 방염성능기준은 대통령령으로 정한다.

令 **제30조(방염성능기준 이상의 실내장식물 등을 설치해야 하는 특정소방대상물)** 법 제20조 제1항에서 "대통령령으로 정하는 특정소방대상물"이란 다음 각 호의 것을 말한다.

1. 근린생활시설 중 의원, 조산원, 산후조리원, 체력단련장, 공연장 및 종교집회장
2. 건축물의 옥내에 있는 다음 각 목의 시설
   가. 문화 및 집회시설
   나. 종교시설
   다. 운동시설(수영장은 제외한다)
3. 의료시설
4. 교육연구시설 중 합숙소
5. 노유자 시설
6. 숙박이 가능한 수련시설
7. 숙박시설
8. 방송통신시설 중 방송국 및 촬영소
9. 「다중이용업소의 안전관리에 관한 특별법」 제2조 제1항 제1호에 따른 다중 이용업의 영업소(이하 "다중 이용업소"라 한다)
10. 제1호부터 제9호까지의 시설에 해당하지 않는 것으로서 층수가 11층 이상인 것(아파트 등은 제외한다)

令 **제31조(방염대상물품 및 방염성능기준)** ① 법 제20조제1항에서 "대통령령으로 정하는 물품"이란 다음 각 호의 것을 말한다.

1. 제조 또는 가공 공정에서 방염처리를 한 다음 각 목의 물품
   가. 창문에 설치하는 커튼류(블라인드를 포함한다)
   나. 카펫
   다. 벽지류(두께가 2밀리미터 미만인 종이벽지는 제외한다)
   라. 전시용 합판·목재 또는 섬유판, 무대용 합판·목재 또는 섬유판(합판·목재류의 경우 불가피하게 설치 현장에서 방염처리한 것을 포함한다)
   마. 암막·무대막(「영화 및 비디오물의 진흥에 관한 법률」 제2조제10호에 따른 영화상영

관에 설치하는 스크린과 「다중이용업소의 안전관리에 관한 특별법 시행령」 제2조제7호의4에 따른 가상체험 체육시설업에 설치하는 스크린을 포함한다)

바. 섬유류 또는 합성수지류 등을 원료로 하여 제작된 소파 · 의자(「다중이용업소의 안전관리에 관한 특별법 시행령」 제2조 제1호 나목 및 같은 조 제6호에 따른 단란주점영업, 유흥주점영업 및 노래연습장업의 영업장에 설치하는 것으로 한정한다)

2. 건축물 내부의 천장이나 벽에 부착하거나 설치하는 다음 각 목의 것. 다만, 가구류(옷장, 찬장, 식탁, 식탁용 의자, 사무용 책상, 사무용 의자, 계산대, 그 밖에 이와 비슷한 것을 말한다. 이하 이 조에서 같다)와 너비 10센티미터 이하인 반자돌림대 등과 「건축법」 제52조에 따른 내부 마감 재료는 제외한다.

가. 종이류(두께 2밀리미터 이상인 것을 말한다) · 합성수지류 또는 섬유류를 주원료로 한 물품

나. 합판이나 목재

다. 공간을 구획하기 위하여 설치하는 간이 칸막이(접이식 등 이동 가능한 벽체나 천장 또는 반자가 실내에 접하는 부분까지 구획하지 않는 벽체를 말한다)

라. 흡음(吸音)을 위하여 설치하는 흡음재(흡음용 커튼을 포함한다)

마. 방음(防音)을 위하여 설치하는 방음재(방음용 커튼을 포함한다)

② 법 제20조 제3항에 따른 **방염성능기준**은 다음 각 호의 기준에 따르되, 제1항에 따른 방염대상물품의 종류에 따른 구체적인 방염성능기준은 다음 각 호의 기준의 범위에서 소방청장이 정하여 고시하는 바에 따른다.

1. 버너의 불꽃을 제거한 때부터 불꽃을 올리며 연소하는 상태가 그칠 때까지 시간은 20초 이내일 것
2. 버너의 불꽃을 제거한 때부터 불꽃을 올리지 않고 연소하는 상태가 그칠 때까지 시간은 30초 이내일 것
3. 탄화(炭化)한 면적은 50제곱센티미터 이내, 탄화한 길이는 20센티미터 이내일 것
4. 불꽃에 의하여 완전히 녹을 때까지 불꽃의 접촉 횟수는 3회 이상일 것
5. 소방청장이 정하여 고시한 방법으로 발연량(發煙量)을 측정하는 경우 최대연기밀도는 400 이하일 것

③ 소방본부장 또는 소방서장은 제1항에 따른 방염대상물품 외에 다음 각 호의 물품은 방염처리된 물품을 사용하도록 권장할 수 있다.

1. 다중이용업소, 의료시설, 노유자 시설, 숙박시설 또는 장례식장에서 사용하는 침구류 · 소파 및 의자
2. 건축물 내부의 천장 또는 벽에 부착하거나 설치하는 가구류

해설 실내장식물 (다중이용업소의 안전관리에 관한 특별법 시행령 제3조, 2014.12.23)

법 제2조제3호에서 "대통령령으로 정하는 것"이란 건축물 내부의 천장이나 벽에 붙이

는(설치하는) 것으로서 다음 각 호의 어느 하나에 해당하는 것을 말한다. 다만, 가구류(옷장, 찬장, 식탁, 식탁용 의자, 사무용 책상, 사무용 의자 및 계산대, 그 밖에 이와 비슷한 것을 말한다)와 너비 10센티미터 이하인 반자돌림대 등과 「건축법」 제52조에 따른 내부마감재료는 제외한다. 〈개정 2008.10.29., 2014.12.23.〉

1. 종이류(두께 2밀리미터 이상인 것을 말한다)·합성수지류 또는 섬유류를 주원료로 한 물품
2. 합판이나 목재
3. 공간을 구획하기 위하여 설치하는 간이 칸막이(접이식 등 이동 가능한 벽체나 천장 또는 반자가 실내에 접하는 부분까지 구획하지 아니하는 벽체를 말한다)
4. 흡음(吸音)이나 방음(防音)을 위하여 설치하는 흡음재(흡음용 커튼을 포함한다) 또는 방음재(방음용 커튼을 포함한다)

法 제21조(방염성능의 검사) ① 제20조제1항에 따른 특정소방대상물에 사용하는 방염대상물품은 소방청장이 실시하는 방염성능검사를 받은 것이어야 한다. 다만, 대통령령으로 정하는 방염대상물품의 경우에는 특별시장、광역시장、특별자치시장、도지사 또는 특별자치도지사(이하 "시、도지사"라 한다)가 실시하는 방염성능검사를 받은 것이어야 한다.

② 「소방시설공사업법」 제4조에 따라 방염처리업의 등록을 한 자는 제1항에 따른 방염성능검사를 할 때에 거짓 시료(試料)를 제출하여서는 아니 된다.

③ 제1항에 따른 방염성능검사의 방법과 검사 결과에 따른 합격 표시 등에 필요한 사항은 행정안전부령으로 정한다.

令 제32조(시、도지사가 실시하는 방염성능검사) 법 제21조제1항 단서에서 "대통령령으로 정하는 방염대상물품"이란 다음 각 호의 것을 말한다.

1. 제31조 제1항 제1호 라목의 전시용 합판、목재 또는 무대용 합판、목재 중 설치 현장에서 방염처리를 하는 합판、목재류
2. 제31조 제1항 제2호에 따른 방염대상물품 중 설치 현장에서 방염처리를 하는 합판、목재류

▣ 건축허가 동의대상물(법률 제 6조, 영 제7조)

1. 차고·주차장으로 사용하는 층 중 바닥면적이 (   )㎡ 이상이면 건축허가 시 관할 소방본부장 또는 소방서장의 동의를 받아야 한다.

2. 허가 시 소방본부장 또는 소방서장의 동의를 받아야 하는 학교와 노유자시설의 연면적 기준은?
   가. 학교 100제곱미터, 노유자 시설 200제곱미터 이상
   나. 학교 200제곱미터, 노유자 시설 100제곱미터 이상
   다. 학교 100제곱미터, 노유자 시설 400제곱미터 이상
   라. 학교 400제곱미터, 노유자 시설 200제곱미터 이상

3. 건축물의 공사시공지 또는 소재지를 관할하는 소방본부장 또는 소방서장의 동의를 받지 않고는 허가 또는 사용승인을 할 수 없는 건축허가 등의 동의 대상물은?
   가. 지하가로서 연면적이 300㎡인 것
   나. 공장으로서 연면적이 200㎡인 것
   다. 정신의료기관으로서 바닥면적이 200㎡인 것
   라. 항공기 격납고

4. 승강기 등 기계장치에 의한 주차시설로서 몇 대 이상 주차할 수 있는 시설을 할 경우 소방본부장 또는 소방서장의 건축허가 등의 동의 대상이 되는가?
   가. 10대　　나. 20대
   다. 30대　　라. 40대

5. 건축허가 동의 대상의 기준으로 가장 적당한 것은?
   가. 공연장 : 연면적 400㎡ 이상　　나. 시장 : 연면적 300㎡ 이상
   다. 교회 : 연면적 1,000㎡ 이상　　라. 주차장 : 바닥면적 300㎡ 이상

6. 건축허가청이 소방서장에게 건축허가 등의 동의를 요청할 때 첨부하여야 할 서류가 아닌 것은?
   가. 소방시설 설치계획표　　나. 건축허가신청서 및 허가서 사본
   다. 준공예정증명서　　라. 소방시설설계업 등록증

해답 1-200㎡, 2-가, 3-라, 4-나, 5-가, 6-다

7. 특급 소방안전관리대상물이 아닌 건물의 건축허가 등의 동의요구를 받은 소방본부장 또는 소방서장은 원칙적으로 서류를 접수한 날부터 며칠 이내에 동의여부를 회신하여야 하는가?

가. 5일 나. 7일

다. 10일 라. 14일

8. 특급 소방안전관리대상물의 건축허가 등의 동의요구를 받은 소방본부장 또는 소방서장은 서류를 접수한 날부터 며칠 이내에 건축허가 등의 동의여부를 회신하여야 하는가?

가. 5일 나. 7일

다. 10일 라. 14일

▣ 설치 · 관리해야 하는 소방시설(영 11조, 별표 4) ▷ 1.소화설비

9. 모든 층에 주거용 주방 자동 소화 장치를 설치하여야 하는 특정소방대상물은?

가. 기숙사 **나. 아파트 등**

다. 일반 음식점 라. 휴게 음식점

10. 수동식소화기 또는 간이소화용구를 설치하여야 할 소방대상물의 기준은 연면적 몇 m^2 이상인가?

가. 27 나. 33

다. 68 라. 85

11. 지하가 중 터널의 경우에 길이가 최소 몇 미터 이상일 때 옥내소화전설비의 설치대상이 되는가?

가. 500m 나. 1,000m

다. 1,500m 라. 2,000m

해설 터널 길이별 설치해야 하는 소방시설

500m 이상 – 비상경보설비, 비상조명등, 비상콘센트설비, 무선통신보조설비, 제연설비

1,000m 이상 – 옥내소화전, 자동화재탐지설비, 연결송수관설비

3,000m 이상 – 물분무등소화설비

12. 스프링클러설비를 의무적으로 설치하여야 할 소방대상물은?

가. 시장으로 쓰이고 판매장의 바닥면적 합계가 9,000m^2이며, 층수가 4층인 건축물

나. 일부가 호텔로 쓰이는 5층짜리 건축물의 전층

다. 사업장으로 쓰이고 1개층의 바닥면적이 1,000m^2이며, 지하층이 없는 3층 건축물

라. 지하층이 음식점으로 쓰이고 그 바닥면적이 800m^2인 지상 3층 건축물

해답 7–가, 8–다, 9–나, 10–나, 11–나, 12–가

13. 스프링클러설비를 반드시 설치하여야 할 소방대상물은?

가. 아파트로서 층수가 11층 이상인 경우에는 전층
나. 2층의 옥내판매장으로서 연면적이 6,000m²인 장소
다. 5층의 호텔건물로서 5층 전체
라. 5층의 사무실로서 바닥면적이 800m²인 건물

14. 다음 중 스프링클러 설비를 설치해야 할 특정소방대상물기준으로 틀린 것은?

가. 층수가 6층 이상인 특정소방대상물 중 호텔의 경우에는 전 층
나. 판매시설로서 수용인원 500인 이상인 것
다. 지하가 중 터널로서 길이가 1,000m 이상인 것
라. 복합건축물로서 연면적이 5,000m² 이상인 경우에는 전 층

해설 스프링클러설비 설치대상에서 터널은 제외한다.

15. 스프링클러 설비를 설치하여야 할 소방대상물 중 판매시설인 경우의 수용인원 기준은?

가. 200인 이상 나. 400인 이상
다. 500인 이상 라. 1,000인 이상

16. 주차용 건축물로서 연면적 몇 (m²) 이상인 것에는 물분무 등 소화설비를 설치하여야 하는가?

가. 600 나. 800
다. 1,000 라. 1,500

17. 소화설비의 설치기준으로 옳지 않은 것은?

가. 아파트에는 자동식 소화기를 설치하여야 한다.
나. 지하가 중 터널의 경우 길이가 1,000m인 것은 옥내소화전설비를 설치하여야 한다.
다. 복합건축물로서 연면적 5,000m²인 것은 전 층에 스프링클러를 설치하여야 한다.
라. 주차용 건축물로서 연면적 600m²인 것은 물분무 등 소화설비를 설치하여야 한다.

해설 주차용 건축물로서 연면적 800m² 이상인 것은 물분무 등 소화설비를 설치하여야 한다.

18. 옥외소화전설비를 설치하여야 할 소방대상물의 기준은?

가. 지상 1층 및 2층의 바닥면적의 합계가 9,000m² 이상인 것
나. 1층의 바닥면적이 3,000m² 이상인 것
다. 건물의 연면적이 6,000m² 이상인 것
라. 지하층을 제외한 층수가 5층 이상으로 연면적 7,000m² 이상인 것

해답 13-가, 14-다, 15-다, 16-나, 17-라, 18-가

19. 특정소방대상물로서 옥외소화전설비를 설치하여야 할 소방대상물은 지상 1층 및 지상 2층의 바닥면적의 합계가 몇 (m^2) 이상인 건축물인가?

가. 3,000　　나. 5,000
다. 7,000　　라. 9,000

▣ 설치 · 관리해야 하는 소방시설(영 11조, 별표 4) ▷ 2.경보설비

20. 비상경보설비를 설치하여야 하는 소방대상물의 기준으로 옳지 않은 것은?

가. 소방대상물(지하가중 터널 제외) – 연면적 400m^2 이상
나. 지하층 – 바닥면적 150m^2(공연장인 경우 100m^2) 이상
다. 40인 이상의 근로자가 작업하는 옥내작업장
라. 지하가중 터널 – 길이 500m 이상

해설 비상경보설비 – 50인 이상의 근로자가 작업하는 옥내작업장

21. 일반적으로 비상경보설비를 설치하여야 할 소방대상물의 연면적 기준은?

가. 400m^2 이상　　나. 600m^2 이상
다. 1,500m^2 이상　　라. 3,500m^2 이상

22. 자동화재탐지설비를 설치하여야 할 소방대상물이 아닌 것은?

가. 연면적이 600m^2인 숙박시설　　나. 연면적이 1,000m^2인 판매시설
다. 연면적이 500m^2인 의료시설　　라. 연면적이 2,000m^2인 동식물관련시설

23. 근린생활시설(일반목욕장 제외), 위락시설, 숙박시설 등은 연면적 몇 (m^2) 이상인 경우에 자동화재탐지설비를 설치하여야 하는가?

가. 400　　나. 600
다. 800　　라. 1,000

24. 소방대상물이 일반목욕장인 경우 자동화재탐지설비를 설치하여야 할 연면적은 몇 (m^2) 이상이어야 하는가?

가. 500　　나. 1,000
다. 1,500　　라. 2,000

25. 자동화재속보설비 설치대상 건축물의 용도로 옳지 않은 것은?

가. 업무시설　　나. 공장 및 창고시설
다. 공동주택　　라. 노유자시설

해답 19–라, 20–다, 21–가, 22–다, 23–나, 24–나, 25–다

26. 소방시설을 설치하여야 할 소방대상물에 관한 설명 중 틀린 것은?

가. 연면적 3,500㎡ 이상인 건축물에는 비상방송설비를 설치하여야 한다.

나. 연면적 500㎡ 이상인 숙박시설에는 비상방송설비를 설치하여야 한다.

다. 연면적 800㎡ 이상인 숙박시설에는 자동화재탐지설비를 설치하여야 한다.

라. 연면적 1,500㎡ 이상인 업무시설에는 옥내소화전설비를 설치하여야 한다.

해설 숙박시설의 자동화재탐지설비 – 600㎡ 이상

▣ 설치 · 관리해야 하는 소방시설(영 11조, 별표 4) ▷ 3.피난구조설비

27. 피난기구는 소방대상물의 피난층·지상 1층·지상 2층 및 층수가 몇 층 이상인 층을 제외한 모든 층에 설치하여야 하는가?

가. 7 나. 9

다. 11 라. 13

28. 특정소방대상물로서 객석유도등을 반드시 설치하여야 할 소방대상물은 어느 것인가?

가. 종합병원 나. 호텔

다. 집회장 라. 노인복지시설

29. 피난구유도등을 설치하지 않아도 되는 곳은?

가. 공연장 나. 백화점

다. 지하구 라. 호텔

30. 유도등의 종류가 아닌 것은?

가. 거실 유도등 나. 피난구 유도등

다. 통로 유도등 라. 객석 유도등

31. 연면적이 3,000㎡ 이상인 건축물로서 지하층을 포함하는 층수가 몇 층 이상일 경우 비상조명등 설치대상이 되는가?

32. 인명구조기구를 설치하여야 할 소방대상물은?

가. 지하층을 포함하는 층수가 7층 이상인 관광호텔

나. 지하층을 포함하는 층수가 3층 이상인 병원

다. 지하층을 포함하는 층수가 5층 이상인 유흥음식점

라. 지하층을 포함하는 층수가 4층 이상인 방송실

해답 26-다, 27-다, 28-다, 29-다, 30-가, 31-5층 이상, 32-가

▣ **설치 · 관리해야 하는 소방시설(영 11조, 별표 4) ▷ 4.소화용수설비**

33. 연면적 5,000㎡인 건축물에 설치하여야 할 소화용수설비로 옳은 것은?

가. 소화수조　　　　나. 저수조

다. 비상급수시설　　　　라. 상수도 소화용수설비

▣ **설치 · 관리해야 하는 소방시설(영 11조, 별표 4) ▷ 5.소화활동설비**

34. 특정소방대상물에 설치되는 연결송수관설비의 설치기준은 층수가 5층 이상으로서 연면적 몇 (㎡) 이상인 것인가?

가. 2,000　　　　나. 4,000

다. 6,000　　　　라. 8,000

35. 지하가(터널은 제외)로서 연면적 몇 ㎡ 이상이면 제연설비를 설치하여야 하는가?

가. 1,000　　　　나. 2,000

다. 3,000　　　　라. 5,000

36. 다음 중 제연설비를 설치하지 않아도 되는 것은?

가. 문화집회 및 운동시설로서 무대부의 바닥면적 300㎡인 것

나. 문화집회 및 운동시설 중 영화상영관으로서 수용인원이 200인(人)인 것

다. 지하가중 터널로서 길이가 1,500m인 것

라. 25층 갓복도형 아파트에 부설된 특별피난계단

해설 갓복도형 아파트는 설치대상에서 제외

37. 문화집회 및 운동시설로서 무대부의 바닥면적이 몇 ㎡ 이상이면 제연설비를 설치하여야 하는가?

가. 120　　　　나. 150

다. 180　　　　라. 200

38. 지진이 발생할 경우에 대비해 내진설계기준에 맞게 설치해야 하는 소방시설이 아닌 것은?

가. 소화설비(소화기구 제외)　　　　나. 소화용수설비

다. 소화활동설비　　　　라. 피난설비

해답 33-라, 34-다, 35-가, 36-라, 37-라, 38-다

▣ 소방시설의 면제(영 제 14조, 별표5)

39. 스프링클러설비를 면제받을 수 있는 경우는?

가. 옥내소화전설비를 설치하였을 때

나. 포소화설비를 설치하였을 때

다. 물분무소화설비를 설치하였을 때

라. 할로겐 화합물소화설비를 설치하였을 때

40. 차고, 주차장에 설치하여야 할 물분무 등 소화설비는 어떤 소방시설을 설치하였을 때 면제할 수 있는가?

가. 옥내소화전설비　　나. 옥외소화전설비

다. 스프링클러설비　　라. 자동화재탐지설비

41. 다음의 스프링클러설비의 설치면제에 관한 설명 중 (　　) 안에 들어갈 시설로 알맞은 것은?

스프링클러설비를 설치하여야 하는 특정소방대상물에 (　　　　)를 화재안전기준에 적합하게 설치한 경우에는 그 설비의 유효범위안의 부분에서 설치가 면제된다.

가. 연결송수관설비　　나. 연소방지설비

다. 상수도소화용수설비　　라. 물분무등소화설비

▣ 방염 특정소방대상물(영 제 30조)

42. 방염처리를 하여야 할 특정소방대상물이 아닌 것은?

가. 건축물의 옥내에 있는 관람집회 및 운동시설

나. 여관

다. 헬스클럽장

라. 기숙사

43. 방염대상물품을 방염성능이 있는 것으로 하여야 하는 특정소방대상물이 아닌 것은?

가. 마을공회당　　나. 노유자시설

다. 숙박시설이 있는 청소년 시설　　라. 일반숙박시설

44. 방염처리를 하여야 할 특정소방대상물이 아닌 것은?

가. 합숙소　　나. 학교실험실

다. 종합병원　　라. 옥내 운동시설

해답 39-다, 40-다, 41-라, 42-라, 43-가, 44-나

45. 방염처리를 하여야 할 특정소방대상물이 아닌 것은?

가. 합숙소　　나. 방송국 및 촬영소

다. 공동주택　　라. 헬스클럽장

46. 커튼을 설치하고자 할 때 방염성능이 있는 것으로 설치해야 하는 건축물은?

가. 아파트　　나. 공장

다. 치과병원　　라. 집회장

47. 카펫을 설치하고자 할 때 방염성능이 있는 것만으로 설치해야 하는 건축물은?

가. 헬스클럽　　나. 학교

다. 입원실이 없는 의료원　　라. 보건소

48. 아파트를 제외한 건축물로서 층수가 몇 층 이상인 것은 특정소방대상물의 방염대상에 속하는가?

가. 9　　나. 11

다. 13　　라. 15

▣ 방염대상물품(영 제 31조①)

49. 특정소방대상물에서 사용하는 방염대상물품의 방염성능검사를 실시하는 자는?

가. 소방서장　　나. 행정안전부장관

다. 소방본부장　　라. 안전행정부장관

50. 특정소방대상물의 방염대상물품이 아닌 것은?

가. 커튼, 카펫　　나. 전시용 합판 또는 섬유판

다. 암막, 무대막　　라. 종이벽지

51. 방염성능이 있어야 할 물품이 아닌 것은?

가. 전시용 섬유판　　나. 비닐제품

다. 무대용 섬유판　　라. 두께 2mm 미만인 벽지

52. 특정소방대상물에서 사용하는 실내장식물은 방염성능이 있어야 한다. 다음 중 방염성능이 없어도 되는 것은?

가. 카펫　　나. 소파

다. 전시용 합판　　라. 커튼

해답 45-다, 46-라, 47-가, 48-나, 49-나, 50-라, 51-나, 52-나

53. 다음 중 반드시 방염성능이 있어야 할 물품이 아닌 것은?

가. 무대막　　　　　　　　나. 전시용 합판

다. 창문에 설치하는 블라인드　　　　라. 침구용 매트리스

54. 방염대상 특정소방대상물이 아닌 것은?

가. 영화관　　　　　　　　나. 종합병원

다. 방송국·촬영소　　　　　라. 소방파출소

▣ 방염성능기준(영 제 31조②)

55. 방염성능의 기준은 물품의 종류에 따라 버너의 불꽃을 제거한 때부터 불꽃을 올리며 연소하는 상태가 그칠 때까지의 시간에 대하여는 몇 초 이내로 정하여 고시하는가?

56. 방염성능에 적합한 탄화한 면적과 탄화한 길이의 기준은?

	〈탄화한 면적〉	〈탄화한 길이〉
가.	20제곱센티미터 이내,	20센티미터 이내
나.	20제곱센티미터 이내,	50센티미터 이내
다.	50제곱센티미터 이내,	20센티미터 이내
라.	50제곱센티미터 이내,	50센티미터 이내

57. 특정소방대상물에 사용하는 커튼, 실내장식물 등 방염성능이 있어야 할 물품의 방염성능 기준 "착염후 버너불꽃을 제거한 때부터 불꽃을 올리지 아니하고 연소하는 상태가 그칠 때까지의 시간"은 몇 초 이내에서 물품의 종류에 따라 정하는가?

가. 20　　　　나. 30

다. 40　　　　라. 50

58. 방염성능은 물품의 종류에 따라 정하도록 되어 있다. 탄화한 면적은 몇 cm^2 이내로 정하여야 하는가?

가. 30　　　　나. 50

다. 80　　　　라. 100

해답 53-라, 54-라, 55-20초, 56-다, 57-나, 58-나

제6장

소방용품의 품질관리

1. 소방용품의 형식승인 등

法 제37조(소방용품의 형식승인 등) ① 대통령령으로 정하는 소방용품을 제조하거나 수입하려는 자는 소방청장의 형식승인을 받아야 한다. 다만, 연구개발 목적으로 제조하거나 수입하는 소방용품은 그러하지 아니하다.

② 제1항에 따른 형식승인을 받으려는 자는 행정안전부령으로 정하는 기준에 따라 형식승인을 위한 시험시설을 갖추고 소방청장의 심사를 받아야 한다. 다만, 소방용품을 수입하는 자가 판매를 목적으로 하지 아니하고 자신의 건축물에 직접 설치하거나 사용하려는 경우 등 행정안전부령으로 정하는 경우에는 시험시설을 갖추지 아니할 수 있다.

③ 제1항과 제2항에 따라 형식승인을 받은 자는 그 소방용품에 대하여 소방청장이 실시하는 제품검사를 받아야 한다.

④ 제1항에 따른 형식승인의 방법·절차 등과 제3항에 따른 제품검사의 구분·방법·순서·합격표시 등에 필요한 사항은 행정안전부령으로 정한다.

⑤ 소방용품의 형상·구조·재질·성분·성능 등(이하 "형상 등"이라 한다)의 형식승인 및 제품검사의 기술기준 등에 필요한 사항은 소방청장이 정하여 고시한다.

⑥ 누구든지 다음 각 호의 어느 하나에 해당하는 소방용품을 판매하거나 판매 목적으로 진열하거나 소방시설공사에 사용할 수 없다.

1. 형식승인을 받지 아니한 것
2. 형상 등을 임의로 변경한 것
3. 제품검사를 받지 아니하거나 합격표시를 하지 아니한 것

⑦ 소방청장, 소방본부장 또는 소방서장은 제6항을 위반한 소방용품에 대하여는 그 제조자·수입자·판매자 또는 시공자에게 수거·폐기 또는 교체 등 행정안전부령으로 정하는 필요한 조치를 명할 수 있다.

⑧ 소방청장은 소방용품의 작동기능, 제조방법, 부품 등이 제5항에 따라 소방청장이 고시하는 형식승인 및 제품검사의 기술기준에서 정하고 있는 방법이 아닌 새로운 기술이 적용된 제품의 경우에는 관련 전문가의 평가를 거쳐 행정안전부령으로 정하는 바에 따라 제4항에 따른 방법

및 절차와 다른 방법 및 절차로 형식승인을 할 수 있으며, 외국의 공인기관으로부터 인정받은 신기술 제품은 형식승인을 위한 시험 중 일부를 생략하여 형식승인을 할 수 있다.

⑨ 다음 각 호의 어느 하나에 해당하는 소방용품의 형식승인 내용에 대하여 공인기관의 평가결과가 있는 경우 형식승인 및 제품검사 시험 중 일부만을 적용하여 형식승인 및 제품검사를 할 수 있다.

1. 「군수품관리법」 제2조에 따른 군수품
2. 주한외국공관 또는 주한외국군 부대에서 사용되는 소방용품
3. 외국의 차관이나 국가 간의 협약 등에 따라 건설되는 공사에 사용되는 소방용품으로서 사전에 합의된 것
4. 그 밖에 특수한 목적으로 사용되는 소방용품으로서 소방청장이 인정하는 것

⑩ 하나의 소방용품에 두 가지 이상의 형식승인 사항 또는 형식승인과 성능인증 사항이 결합된 경우에는 두 가지 이상의 형식승인 또는 형식승인과 성능인증 시험을 함께 실시하고 하나의 형식승인을 할 수 있다.

⑪ 제9항 및 제10항에 따른 형식승인의 방법 및 절차 등에 필요한 사항은 행정안전부령으로 정한다.

슈 제46조(형식승인 대상 소방용품) 법 제37조제1항 본문에서 "대통령령으로 정하는 소방용품"이란 별표 3의 소방용품(같은 표 제1호 나목의 자동소화장치 중 상업용 주방 자동소화장치는 제외한다)을 말한다.

[별표 3]

<u>소방용품</u>(제6조, 46조 관련)

1. 소화설비를 구성하는 제품 또는 기기
   가. 별표 1 제1호 가목의 소화기구(소화약제 외의 것을 이용한 간이소화용구는 제외한다)
   나. 별표 1 제1호 나목의 자동소화장치
   다. 소화설비를 구성하는 소화전, 관창(菅槍), 소방호스, 스프링클러헤드, 기동용 수압개폐장치, 유수제어밸브 및 가스관선택밸브
2. 경보설비를 구성하는 제품 또는 기기
   가. 누전경보기 및 가스누설경보기
   나. 경보설비를 구성하는 발신기, 수신기, 중계기, 감지기 및 음향장치(경종만 해당한다)
3. 피난구조설비를 구성하는 제품 또는 기기
   가. 피난사다리, 구조대, 완강기(지지대를 포함한다) 및 간이 완강기(지지대를 포함한다)
   나. 공기호흡기(충전기를 포함한다)
   다. 피난구유도등, 통로유도등, 객석유도등 및 예비 전원이 내장된 비상조명등

4. 소화용으로 사용하는 제품 또는 기기
  가. 소화약제[별표 1 제1호 나목2) 및 3)의 자동소화장치와 같은 호 마목3)부터 9)까지의 소화설비용만 해당한다]
  나. 방염제(방염액ㆍ방염도료 및 방염성 물질을 말한다)
5. 그 밖에 행정안전부령으로 정하는 소방 관련 제품 또는 기기

2. 소방용품의 성능인증 등

法 제38조(형식승인의 변경) ① 제37조제1항 및 제10항에 따른 형식승인을 받은 자가 해당 소방용품에 대하여 형상 등의 일부를 변경하려면 소방청장의 변경승인을 받아야 한다.
② 제1항에 따른 변경승인의 대상ㆍ구분ㆍ방법 및 절차 등에 필요한 사항은 행정안전부령으로 정한다.

法 제39조(형식승인의 취소 등) ① 소방청장은 소방용품의 형식승인을 받았거나 제품검사를 받은 자가 다음 각 호의 어느 하나에 해당할 때에는 행정안전부령으로 정하는 바에 따라 그 형식승인을 취소하거나 6개월 이내의 기간을 정하여 제품검사의 중지를 명할 수 있다. 다만, 제1호ㆍ제3호 또는 제5호의 경우에는 해당 소방용품의 형식승인을 취소하여야 한다.
1. 거짓이나 그 밖의 부정한 방법으로 제37조제1항 및 제10항에 따른 형식승인을 받은 경우
2. 제37조제2항에 따른 시험시설의 시설기준에 미달되는 경우
3. 거짓이나 그 밖의 부정한 방법으로 제37조제3항에 따른 제품검사를 받은 경우
4. 제품검사 시 제37조제5항에 따른 기술기준에 미달되는 경우
5. 제38조에 따른 변경승인을 받지 아니하거나 거짓이나 그 밖의 부정한 방법으로 변경승인을 받은 경우

② 제1항에 따라 소방용품의 형식승인이 취소된 자는 그 취소된 날부터 2년 이내에는 형식 승인이 취소된 소방용품과 동일한 품목에 대하여 형식승인을 받을 수 없다.

法 제40조(소방용품의 성능인증 등) ① 소방청장은 제조자 또는 수입자 등의 요청이 있는 경우 소방용품에 대하여 성능인증을 할 수 있다.
② 제1항에 따라 성능인증을 받은 자는 그 소방용품에 대하여 소방청장의 제품검사를 받아야 한다.
③ 제1항에 따른 성능인증의 대상ㆍ신청ㆍ방법 및 성능인증서 발급에 관한 사항과 제2항에 따른 제품검사의 구분ㆍ대상ㆍ절차ㆍ방법ㆍ합격표시 및 수수료 등에 필요한 사항은 행정안전부령으로 정한다.

④ 제1항에 따른 성능인증 및 제2항에 따른 제품검사의 기술기준 등에 필요한 사항은 소방청장이 정하여 고시한다.

⑤ 제2항에 따른 제품검사에 합격하지 아니한 소방용품에는 성능인증을 받았다는 표시를 하거나 제품검사에 합격하였다는 표시를 하여서는 아니 되며, 제품검사를 받지 아니하거나 합격표시를 하지 아니한 소방용품을 판매 또는 판매 목적으로 진열하거나 소방시설공사에 사용하여서는 아니 된다.

⑥ 하나의 소방용품에 성능인증 사항이 두 가지 이상 결합된 경우에는 해당 성능인증 시험을 모두 실시하고 하나의 성능인증을 할 수 있다.

⑦ 제6항에 따른 성능인증의 방법 및 절차 등에 필요한 사항은 행정안전부령으로 정한다.

法 제41조(성능인증의 변경) ① 제40조제1항 및 제6항에 따른 성능인증을 받은 자가 해당 소방용품에 대하여 형상 등의 일부를 변경하려면 소방청장의 변경인증을 받아야 한다.

② 제1항에 따른 변경인증의 대상ㆍ구분ㆍ방법 및 절차 등에 필요한 사항은 행정안전부령으로 정한다.

法 제42조(성능인증의 취소 등) ① 소방청장은 소방용품의 성능인증을 받았거나 제품검사를 받은 자가 다음 각 호의 어느 하나에 해당하는 때에는 행정안전부령으로 정하는 바에 따라 해당 소방용품의 성능인증을 취소하거나 6개월 이내의 기간을 정하여 해당 소방용품의 제품검사 중지를 명할 수 있다. 다만, 제1호ㆍ제2호 또는 제5호에 해당하는 경우에는 해당 소방용품의 성능인증을 취소하여야 한다.

1. 거짓이나 그 밖의 부정한 방법으로 제40조 제1항 및 제6항에 따른 성능인증을 받은 경우
2. 거짓이나 그 밖의 부정한 방법으로 제40조제2항에 따른 제품검사를 받은 경우
3. 제품검사 시 제40조제4항에 따른 기술기준에 미달되는 경우
4. 제40조제5항을 위반한 경우
5. 제41조에 따라 변경인증을 받지 아니하고 해당 소방용품에 대하여 형상등의 일부를 변경하거나 거짓이나 그 밖의 부정한 방법으로 변경인증을 받은 경우

② 제1항에 따라 소방용품의 성능인증이 취소된 자는 그 취소된 날부터 2년 이내에는 성능인증이 취소된 소방용품과 동일한 품목에 대하여는 성능인증을 받을 수 없다.

法 제43조(우수품질 제품에 대한 인증) ① 소방청장은 제37조에 따른 형식승인의 대상이 되는 소방용품 중 품질이 우수하다고 인정하는 소방용품에 대하여 인증(이하 "우수품질인증"이라 한다)을 할 수 있다.

② 우수품질인증을 받으려는 자는 행정안전부령으로 정하는 바에 따라 소방청장에게 신청하여야 한다.

③ 우수품질인증을 받은 소방용품에는 우수품질인증 표시를 할 수 있다.

④ 우수품질인증의 유효기간은 5년의 범위에서 행정안전부령으로 정한다.

⑤ 소방청장은 다음 각 호의 어느 하나에 해당하는 경우에는 우수품질인증을 취소할 수 있다. 다만, 제1호에 해당하는 경우에는 우수품질인증을 취소하여야 한다.

1. 거짓이나 그 밖의 부정한 방법으로 우수품질인증을 받은 경우
2. 우수품질인증을 받은 제품이 「발명진흥법」 제2조제4호에 따른 산업재산권 등 타인의 권리를 침해하였다고 판단되는 경우

⑥ 제1항부터 제5항까지에서 규정한 사항 외에 우수품질인증을 위한 기술기준, 제품의 품질관리 평가, 우수품질인증의 갱신, 수수료, 인증표시 등 우수품질인증에 필요한 사항은 행정안전부령으로 정한다.

法 제44조(우수품질인증 소방용품에 대한 지원 등) 다음 각 호의 어느 하나에 해당하는 기관 및 단체는 건축물의 신축·증축 및 개축 등으로 소방용품을 변경 또는 신규 비치하여야 하는 경우 우수품질인증 소방용품을 우선 구매·사용하도록 노력하여야 한다.

1. 중앙행정기관
2. 지방자치단체
3. 「공공기관의 운영에 관한 법률」 제4조에 따른 공공기관(이하 "공공기관"이라 한다)
4. 그 밖에 대통령령으로 정하는 기관

法 제45조(소방용품의 제품검사 후 수집검사 등) ① 소방청장은 소방용품의 품질관리를 위하여 필요하다고 인정할 때에는 유통 중인 소방용품을 수집하여 검사할 수 있다.

② 소방청장은 제1항에 따른 수집검사 결과 행정안전부령으로 정하는 중대한 결함이 있다고 인정되는 소방용품에 대하여는 그 제조자 및 수입자에게 행정안전부령으로 정하는 바에 따라 회수·교환·폐기 또는 판매중지를 명하고, 형식승인 또는 성능인증을 취소할 수 있다.

③ 제2항에 따라 소방용품의 회수·교환·폐기 또는 판매중지 명령을 받은 제조자 및 수입자는 해당 소방용품이 이미 판매되어 사용 중인 경우 행정안전부령으로 정하는 바에 따라 구매자에게 그 사실을 알리고 회수 또는 교환 등 필요한 조치를 하여야 한다.

④ 소방청장은 제2항에 따라 회수·교환·폐기 또는 판매중지를 명하거나 형식승인 또는 성능인증을 취소한 때에는 행정안전부령으로 정하는 바에 따라 그 사실을 소방청 홈페이지 등에 공표하여야 한다.

令 제47조(우수품질인증 소방용품 우선 구매·사용 기관) 법 제44조 제4호에서 "대통령령으로 정하는 기관"이란 다음 각 호의 기관을 말한다.

1. 「지방공기업법」 제49조에 따라 설립된 지방공사 및 같은 법 제76조에 따라 설립된 지방공단
2. 「지방자치단체 출자·출연 기관의 운영에 관한 법률」 제2조에 따른 출자·출연 기관

▣ 소방용품의 품질관리(영 제46조 · 47조)

1. 형식승인의 내용 또는 안전행정부령이 정하는 사항을 변경하고자 하는 경우에는 누구의 승인 얻어야 하는가?

   가. 행정안전부장관　　나. 소방본부장
   다. 소방서장　　라. 시·도지사

2. 소방용품에 해당되지 않는 것은?

   가. 방염제　　나. 옥내소화전함
   다. 소화기　　라. 공기호흡기

3. 소방용기계·기구 등을 제조하고자 하는 자는 어떻게 하여야 하는가?

   가. 형식 승인을 얻어야 하며 제품검사를 받아야 한다.
   나. 샘플검사를 의뢰하여 합격을 받아야 한다.
   다. 성능시험은 하되 그 성능을 명시하여 판매하면 안된다.
   라. 제조업등록 신고 후 제품을 생산·판매하면 된다.

해답 1-가, 2-나, 3-가

제4편 최근 5년 동안 출제된 문제

- 건축설비기사 (2019. 3. 3. 시행)
- 건축설비기사 (2019. 4. 27. 시행)
- 건축설비기사 (2019. 9. 21. 시행)

- 건축설비기사 (2020. 6. 6. 시행)
- 건축설비기사 (2020. 8. 22. 시행)
- 건축설비기사 (2020. 9. 26. 시행)

- 건축설비기사 (2021. 3. 7. 시행)
- 건축설비기사 (2021. 5. 15. 시행)
- 건축설비기사 (2021. 9. 12. 시행)

- 건축설비기사 (2022. 3. 5. 시행)
- 건축설비기사 (2022. 4. 24. 시행)
- 건축설비기사 (2022. Computer Based Test)

- 건축설비기사 (2023. Computer Based Test 제 1회)
- 건축설비기사 (2023. Computer Based Test 제 2회)
- 건축설비기사 (2023. Computer Based Test 제 4회)

※ 최근의 기출문제이지만 법령의 개정 시 현행법규를 참조하세요.

2019년 3월 3일 시행

1. 문화 및 집회시설 중 공연장의 개별관람석의 바닥면적이 1,000㎡일 경우 이 관람석에는 출구를 최소 몇 개소 이상 설치하여야 하는가? (단, 각 출구의 유효너비를 1.5m로 하는 경우)
가. 3개소
나. 4개소
다. 5개소
라. 6개소

2. 비상용 승강기 승강장의 구조에 관한 기준 내용으로 옳지 않은 것은?
가. 채광이 되는 창문이 있거나 예비전원에 의한 조명설비를 할 것
나. 벽 및 반자가 실내에 접하는 부분의 마감재료는 불연재료로 할 것
다. 노대 또는 외부를 향하여 열 수 있는 창문이나 배연설비를 설치할 것
라. 옥외에 승강장을 설치하는 경우, 승강장의 바닥면적은 비상용 승강기 1대에 대하여 6㎡ 이상으로 할 것

3. 건축법령상 아파트는 주택으로 쓰는 층수가 최소 얼마 이상인 주택을 말하는가?
가. 3개층
나. 5개층
다. 7개층
라. 10개층

4. 비상용 승강기 설치 대상 건축물로서 높이 31m를 넘는 각 층의 바닥면적 중 최대 바닥 면적이 6,000㎡일 때 설치하여야 하는 비상용 승강기의 최소 대수는?
가. 1대
나. 2대
다. 3대
라. 4대

5. 건축물의 용도변경과 관련된 시설군 중 영업시설군에 속하는 것은?
가. 의료시설
나. 운동시설
다. 업무시설
라. 문화 및 집회시설

6. 공동주택과 오피스텔의 난방설비를 개별난방방식으로 하는 경우에 관한 기준 내용으로 옳지 않은 것은?
가. 보일러의 연도는 내화구조로서 공동연도로 설치할 것
나. 오피스텔의 경우에는 난방구획을 방화구획으로 구획할 것

해답 1–나, 2–라, 3–나, 4–다, 5–나, 6–다

다. 전기보일러의 경우 보일러실이 윗부분에 지름 10㎝ 이상의 공기흡입구를 설치할 것
라. 보일러는 거실 외의 곳에 설치하되 보일러를 설치하는 곳과 거실 사이의 경계벽은 출입구를 제외하고는 내화구조의 벽으로 구획할 것

7. 업무시설로서 건축허가 등을 할 때 미리 소방본부장 또는 소방서장의 동의를 받아야 하는 대상건축물의 연면적 기준은?
가. 연면적이 200㎡ 이상인 건축물 나. 연면적이 400㎡ 이상인 건축물
다. 연면적이 600㎡ 이상인 건축물 라. 연면적이 800㎡ 이상인 건축물

8. 건축법령상 교육연구시설에 속하지 않는 것은?
가. 도서관 나. 유치원
다. 어린이집 라. 직업훈련소

9. 다음은 건축물의 에너지절약설계기준에 따른 기계부분의 의무사항 중 설계용 외기조건에 관한 기준 내용이다. ( ) 안에 알맞은 것은?

난방 및 냉방설비의 용량계산을 위한 외기조건은 냉방기 및 난방기를 분리한 온도 출현분포를 사용할 경우 각 지역별로 위험률 ( )로 한다.

가. 1% 나. 1.5%
다. 2% 라. 2.5%

10. 다음은 환기구의 안전에 관한 기준 내용이다. ( ) 안에 알맞은 것은?

환기구[건축물의 환기설비에 부속된 급기 및 배기를 위한 건축구조물의 개구부를 말한다]는 보행자 및 건축물 이용자의 안전이 확보되도록 바닥으로부터 ( ) 이상의 높이에 설치하여야 한다.

가. 1m 나. 2m
다. 3m 라. 4m

11. 문화 및 집회시설로서 모든 층에 스프링클러 설비를 설치하여야 하는 수용인원 기준은?(단, 동 · 식물원은 제외)
가. 50명 이상 나. 70명 이상
다. 100명 이상 라. 150명 이상

해답 7-나, 8-다, 9-라, 10-나, 11-다

12. 연면적 200㎡를 초과하는 건축물에 설치하는 계단에 관한 기준 내용으로 옳지 않은 것은?

가. 높이가 3m를 넘는 계단에는 높이 3m 이내마다 유효너비 120㎝ 이상의 계단참을 설치할 것

나. 높이가 1m를 넘는 계단 및 계단참의 양옆에는 난간(벽 또는 이에 대치되는 것을 포함한다)을 설치할 것

다. 문화 및 집회시설 중 공연장에 쓰이는 건축물의 계단의 경우 계단 및 계단참의 너비를 120㎝ 이상으로 할 것

라. 계단의 유효 높이(계단의 바닥 마감면부터 상부 구조체의 하부 마감면까지의 연직방향의 높이를 말한다)는 1.8m 이상으로 할 것

13. 건축물의 에너지절약설계기준상 다음과 같이 정의되는 용어는?

기기를 여러 대 설치하여 부하상태에 따라 최적 운전상태를 유지할 수 있도록 기기를 조합하여 운전하는 방식

가. 대수제어운전　　　나. 대수분할운전

다. 비례제어운전　　　라. 가변속제어운전

14. 다음은 건축설비 설치의 원칙에 관한 기준 내용이다. (　) 안에 알맞은 것은?

건축물에 설치하는 급수·배수 ·냉방·난방·환기·피뢰 등 건축설비의 설치에 관한 기술적 기준은 (㉠)으로 정하되, 에너지 이용합리화와 관련한 건축설비의 기술적 기준에 관하여는 (㉡)과 협의하여 정한다.

가. ㉠ 국토교통부령, ㉡ 산업통상자원부장관

나. ㉠ 산업통상자원부장관, ㉡ 국토교통부령

다. ㉠ 국토교통부령, ㉡ 과학기술정보통신부장관

라. ㉠ 과학기술정보통신부령, ㉡ 국토교통부장관

15. 소리를 차단하는데 장애가 되는 부분이 없도록 건축물의 피난·방화구조 등의 기준에 관한 규칙에서 정하는 구조로 하여야 하는 대상에 해당하지 않는 것은?

가. 숙박시설의 객실 간 경계벽　　　나. 의료시설의 병실 간 경계벽

다. 업무시설의 사무실 간 경계벽　　　라. 교육연구시설 중 학교의 교실 간 경계벽

16. 세대수가 10세대인 주거용 건축물에 설치하는 음용수용 급수관의 지름은 최소 얼마 이상이어야 하는가?

가. 30㎜　　　나. 40㎜

다. 50㎜　　　라. 60㎜

해답 12-라, 13-나, 14-가, 15-다, 16-나

17. 숙박시설이 있는 특정소방대상물의 수용인원 산정방법으로 옳은 것은? (단, 침대가 있는 숙박시설의 경우)

가. 숙박시설 바닥면적의 합계를 3㎡로 나누어 얻은 수

나. 해당 특정소방대상물의 침대 수(2인용 침대는 2개로 산정)

다. 해당 특정소방대상물의 종사자수에 침대 수(2인용 침대는 2개로 산정)를 합한 수

라. 해당 특정소방대상물의 종사자 수에 숙박시설 바닥면적의 합계를 3㎡로 나누어 얻은 수를 합한 수

18. 다음의 소방시설 중 소화활동설비에 속하지 않는 것은?

가. 옥내소화전설비　　나. 비상콘센트설비

다. 연결송수관설비　　라. 무선통신보조설비

19. 다음은 리모델링에 대비한 특례 등에 관한 기준 내용이다. (　) 안에 알맞은 것은?

리모델링이 쉬운 구조의 공동주택의 건축을 촉진하기 위하여 공동주택을 대통령령으로 정하는 구조로 하여 건축허가를 신청하면 제 56조(건축물의 용적률), 제 60조(건축물의 높이 제한) 및 제 61조(일조 등의 확보를 위한 건축물의 높이 제한)에 따른 기준을 (　)의 범위에서 대통령령으로 정하는 비율로 완화하여 적용할 수 있다.

가. 100분의 110　　나. 100분의 120

다. 100분의 140　　라. 100분의 150

20. 비상용 승강기의 승강장에 설치하는 배연설비의 구조에 관한 기준 내용으로 옳지 않은 것은?

가. 배연구 및 배연풍도는 불연재료로 할 것

나. 배연구가 외기에 접하지 아니하는 경우에는 배연기를 설치할 것

다. 배연구에 설치하는 수동개방장치 또는 자동개방장치는 손으로도 열고 닫을 수 있도록 할 것

라. 배연구는 평상시에 열린 상태를 유지하고, 배연에 의한 기류로 인하여 닫히지 아니하도록 할 것

해답 17-다, 18-가, 19-나, 20-라

2019년 4월 27일 시행

1. 다음의 소방시설 중 경보설비에 속하지 않는 것은?
   가. 비상방송설비　　나. 자동화재탐지설비
   다. 자동화재속보설비　　라. 무선통신보조설비

2. 공동주택 중 아파트로서 4층 이상인 층의 각 세대가 2개 이상의 직통 계단을 사용할 수 없는 경우에는 발코니에 대피공간을 설치하여야 하는데 다음 중 이러한 대피공간이 갖추어야 할 요건으로 옳지 않은 것은?
   가. 대피공간은 바깥의 공기와 접하지 않을 것
   나. 대피공간은 실내의 다른 부분과 방화구획으로 구획될 것
   다. 대피공간의 바닥면적은 각 세대별로 설치하는 경우에는 2㎡ 이상일 것
   라. 대피공간의 바닥면적은 인접세대와 공동으로 설치하는 경우에는 3㎡ 이상일 것

3. 교육연구시설 중 학교의 교실 간 경계벽의 차음을 위한 구조로서 적합하지 않은 것은?
   가. 벽돌조로서 두께가 15㎝인 것
   나. 철근콘크리트조로서 두께가 15㎝인 것
   다. 철골철근콘크리트조로서 두께가 15㎝인 것
   라. 무근콘크리트조로서 시멘트 모르타르의 바름 두께를 포함하여 두께가 15㎝인 것

4. 공동 소방안전관리자를 선임하여야 하는 특정소방대상물에 속하지 않는 것은?
   가. 판매시설 중 도매시장　　나. 복합건축물로서 층수가 5층인 것
   다. 복합건축물로서 연면적 5,000㎡인 것　　라. 지하층을 포함한 층수가 10층인 건축물

5. 층수가 9층이고 각 층의 거실면적이 3,000㎡인 판매시설을 건축하고자 할 때 설치하여야 하는 승용승강기의 최소 대수는? (단, 16인승 승용승강기를 설치하는 경우)
   가. 4대　　나. 5대
   다. 6대　　라. 7대

해답 1-라, 2-가, 3-가, 4-라, 5-가

6. 종교시설의 용도에 쓰이는 건축물의 집회실로서 그 바닥 면적이 300㎡인 경우 반자의 높이는 최소 얼마 이상이어야 하는가? (단, 기계환기장치를 설치하지 않은 경우)

가. 2m
나. 3m
다. 4m
라. 5m

7. 건축물의 용도변경과 관련된 시설군 중 영업시설군에 속하지 않는 것은?

가. 판매시설
나. 운동시설
다. 의료시설
라. 숙박시설

8. 판매시설로서 모든 층에 스프링클러설비를 설치하여야 하는 바닥면적 기준은?

가. 바닥면적의 합계가 1,000㎡ 이상인 경우
나. 바닥면적의 합계가 2,000㎡ 이상인 경우
다. 바닥면적의 합계가 5,000㎡ 이상인 경우
라. 바닥면적의 합계가 10,000㎡ 이상인 경우

9. 다음 중 다중이용건축물에 속하지 않는 것은? (단, 해당용도로 쓰는 바닥면적의 합계가 5,000㎡ 이며, 층수가 15층인 건축물의 경우)

가. 종교시설
나. 판매시설
다. 업무시설
라. 의료시설 중 종합병원

10. 다음은 건축법상 지하층의 정의이다. (　) 안에 알맞은 것은?

> "지하층"이란 건축물의 바닥이 지표면 아래에 있는 층으로서 바닥에서 지표면까지 평균높이가 해당 층 높이의 (　) 이상인 것을 말한다.

가. 2분의 1
나. 3분의 1
다. 2분의 2
라. 4분의 3

11. 건축법령상 제 1종 근린생활시설에 속하지 않는 것은?

가. 한의원
나. 마을회관
다. 산후조리원
라. 일반음식점

해답 6-다, 7-다, 8-다, 9-다, 10-가, 11-라

12. 다음은 건축물의 에너지절약설계기준에 따른 기계부문의 권장사항이다. (　　) 안에 알맞은 것은?

위생설비 급탕용 저탕조의 설계온도는 (　　) 이하로 하고 필요한 경우에는 부스터 히터 등으로 승온하여 사용한다.

가. 45℃　　나. 50℃
다. 55℃　　라. 60℃

해설 본 문제는 '건축물의 에너지절약설계기준'의 제9조[기계부문의 권장사항]6.(호) 위생설비 등에 관한 내용이었지만 2022.1.28. 개정 시 삭제되었다.

13. 건축물에 설치하는 비상용 승강기의 승강장 바닥면적은 비상용 승강기 1대에 대하여 최소 얼마 이상으로 하여야 하는가? (단, 옥내에 승강장을 설치하는 경우)

가. 3㎡　　나. 6㎡
다. 9㎡　　라. 12㎡

14. 방염성능기준 이상의 실내장식물 등을 설치하여야 하는 특정소방대상물에 속하는 것은?

가. 층수가 6층인 업무시설　　나. 층수가 6층인 판매시설
다. 층수가 6층인 숙박시설　　라. 건축물의 옥내에 있는 수영장

15. 피난안전구역의 구조 및 설비에 관한 기준 내용으로 옳지 않은 것은?

가. 피난안전구역의 높이는 1.8m 이상일 것
나. 피난안전구역의 내부마감재료는 불연재료로 설치할 것
다. 비상용 승강기는 피난안전구에서 승하차 할 수 있는 구조로 설치할 것
라. 건축물의 내부에서 피난안전구역으로 통하는 계단은 특별피난계단의 구조로 설치할 것

16. 건축물에 설치하는 배연설비에 관한 기준 내용으로 옳지 않은 것은? (단, 기계식 배연설비를 하지 않는 경우)

가. 배연구는 손으로도 열고 닫을 수 있도록 한다.
나. 배연구는 예비전원에 의해 열 수 있도록 한다.
다. 배연창의 유효면적은 최소 3㎡ 이상으로 하여야 한다.
라. 건축물이 방화구획으로 구획된 경우에는 그 구획마다 1개소 이상의 배연창을 설치하여야 한다.

해답 12-다, 13-나, 14-다, 15-가, 16-다

17. 외기에 직접 면하고 1층 또는 지상으로 연결된 출입문을 방풍구조로 하여야 하는 것은?

가. 아파트의 출입문

나. 너비가 1.8m인 출입문

다. 바닥면적이 300㎡인 개별 점포의 출입문

라. 사람의 통행을 주목적으로 하지 않는 출입문

18. 다음은 지하층과 피난층 사이의 개방공간의 설치에 관한 기준 내용이다. ( ) 안에 알맞은 것은?

바닥면적의 합계가 ( ) 이상인 공연장·집회장·관람장 또는 전시장을 지하층에 설치하는 경우에는 각 실에 있는 자가 지하층 각 층에서 건축물 밖으로 피난하여 옥외 계단 또는 경사로 등을 이용하여 피난층으로 대피할 수 있도록 천장이 개방된 외부 공간을 설치하여야 한다.

가. 1,000㎡　　나. 2,000㎡

다. 3,000㎡　　라. 5,000㎡

19. 건축물에 설치하는 방화벽에 관한 기준 내용으로 옳지 않은 것은?

가. 내화구조로서 홀로 설 수 있는 구조일 것

나. 방화벽에 설치하는 출입문에는 갑종방화문을 설치할 것

다. 방화벽에 설치하는 출입문의 너비 및 높이는 각각 3.0m 이하로 할 것

라. 방화벽이 양쪽 끝과 위쪽 끝을 건축물의 외벽면 및 지붕면으로부터 0.5m 이상 튀어 나오게 할 것

20. 다음 중 방송 공동수신설비를 설치하여야 하는 대상 건축물에 속하는 것은?

가. 종교시설　　나. 고등학교

다. 다세대주택　　라. 유스호스텔

해답 17-나, 18-다, 19-다, 20-다

2019년 9월 21일 시행

1. 건축물은 특별시나 광역시에 건축하려는 경우 특별시장이나 광역시장의 허가를 받아야 하는 건축물의 층수 기준은?

   가. 15층 이상　　나. 21층 이상
   다. 31층 이상　　라. 41층 이상

2. 다음의 소방시설 중 경보설비에 속하지 않는 것은?

   가. 유도등　　나. 비상방송설비
   다. 자동화재속보설비　　라. 자동화재탐지설비

3. 다음은 지하층과 피난층 사이의 개방공간 설치에 관한 기준 내용이다. (　) 안에 알맞은 것은?

바닥면적의 합계가 (　) 이상인 공연장·집회장·관람장 또는 전시장을 지하층에 설치하는 경우에는 각 실에 있는 자가 지하층 각 층에서 건축물 밖으로 피난하여 옥외 계단 또는 경사로 등을 이용하여 피난층으로 대피할 수 있도록 천장이 개방된 외부 공간을 설치하여야 한다.

   가. 1,000㎡　　나. 2,000㎡
   다. 3,000㎡　　라. 4,000㎡

4. 욕실 또는 조리장의 바닥과 그 바닥으로부터 높이 1m까지의 안벽의 마감을 내수재료로 하여야 하는 대상에 속하지 않는 것은?

   가. 숙박시설의 욕실　　나. 공동주택의 욕실
   다. 제 1종 근린생활시설 중 목욕장의 욕실
   라. 제 1종 근린생활시설 중 휴게음식점의 조리장

5. 건축물의 에너지절약설계기준에 따른 건축부문의 권장사항으로 옳지 않은 것은?

   가. 공동주택은 인동간격을 넓게 하여 저층부의 일사 수열량을 증대시킨다.
   나. 건물의 창 및 문은 가능한 작게 설계하고, 특히 열손실이 많은 북측 거실의 창 및 문의 면적은 최소화한다.

해답 1-나, 2-가, 3-다, 4-나, 5-다

다. 건축물의 체적에 대한 외피면적의 비 또는 연면적에 대한 외피면적의 비는 가능한 크게 한다.

라. 거실의 층고 및 반자 높이는 실의 용도와 기능에 지장을 주지 않는 범위 내에서 가능한 낮게 한다.

6. 건축법령상 다음과 같이 정의되는 주택의 종류는?

주택으로 쓰는 1개 동의 바닥면적(2개 이상의 동을 지하주차장으로 연결하는 경우에는 각각의 동으로 본다) 합계가 660제곱미터를 초과하고 층수가 4개 층 이하인 주택

가. 다중주택
나. 연립주택
다. 다세대주택
라. 다가주주택

7. 장례식장의 집회실로서 그 바닥면적이 200㎡ 이상인 경우 반자의 높이는 최소 얼마 이상이어야 하는가? (단, 기계환기장치를 설치하지 않은 경우)

가. 2.1m
나. 2.7m
다. 3.5m
라. 4m

8. 6층 이상의 거실면적의 합계가 3,000㎡인 경우, 승용승강기를 최소 2대 이상 설치하여야 하는 건축물은? (단, 8인승 승강기의 경우)

가. 숙박시설
나. 판매시설
다. 업무시설
라. 교육연구시설

9. 100세대 이상의 공동주택 신축시 시간당 최소 얼마 이상의 환기가 이루어질 수 있도록 자연환기설비 또는 기계환기설비를 설치하여야 하는가?

가. 0.5회
나. 1.2회
다. 1.5회
라. 1.8회

10. 다음 중 다중이용건축물에 속하지 않는 것은? (단, 층수가 15층이며 해당 용도로 쓰는 바닥면적의 합계가 5,000㎡인 건축물의 경우)

가. 종교시설
나. 판매시설
다. 업무시설
라. 숙박시설 및 관광숙박시설

해답 6-나, 7-라, 8-나, 9-가, 10-다

11. 건축법령상 방송 공동 수신설비를 설치하여야 하는 대상 건축물에 속하는 것은?

가. 수련시설　　나. 공동주택
다. 노유자시설　　라. 문화 및 집회시설

12. 다음은 특정소방대상물의 소방시설 설치의 면제기준 내용이다. (　) 안에 알맞은 것은?

물분무 등 소화설비를 설치하여야 하는 차고 · 주차장에 (　)를 화재안전기준에 적합하게 설치한 경우에는 그 설비의 유효범위에서 설치가 면제된다.

가. 연결살수설비　　나. 옥외소화전설비
다. 옥내소화전설비　　라. 스프링클러설비

13. 건축물의 관람실 또는 집회실로부터 바깥쪽으로의 출구로 쓰이는 문을 안여닫이로 해도 되는 건축물의 용도는?

가. 장례시설　　나. 위락시설
다. 종교시설　　라. 문화 및 집회시설 중 전시장

14. 옥외소화전설비를 설치하여야 하는 특정소방대상물의 바닥면적 기준은? (단, 아파트 등, 위험물 저장 및 처리시설 중 가스시설, 지하구 또는 지하가 중 터널은 제외)

가. 지상 1층 및 2층의 바닥면적의 합계가 1,000㎡ 이상인 것
나. 지상 1층 및 2층의 바닥면적의 합계가 3,000㎡ 이상인 것
다. 지상 1층 및 2층의 바닥면적의 합계가 6,000㎡ 이상인 것
라. 지상 1층 및 2층의 바닥면적의 합계가 9,000㎡ 이상인 것

15. 다음은 건축물의 에너지절약설계기준에 따른 설계용 실내온도 조건에 관한 기준 내용이다. (　) 안에 알맞은 것은?

난방 및 냉방설비의 용량계산을 위한 설계 기준 실내온도는 난방의 경우(㉠), 냉방의 경우(㉡)를 기준으로 하되 (목욕장 및 수영장은 제외) 각 건축물 용도 및 개별 실의 특성에 따라 별표 8에서 제시된 범위를 참고하여 설비의 용량이 과다해지지 않도록 한다.

가. ㉠ : 18℃, ㉡ : 25℃　　나. ㉠ : 18℃, ㉡ : 28℃
다. ㉠ : 20℃, ㉡ : 25℃　　라. ㉠ : 20℃, ㉡ : 28℃

해답 11-나, 12-라, 13-라, 14-라, 15-라

16. 문화 및 집회시설 중 공연장의 개별관람실의 바닥면적이 1,500㎡인 경우, 이 관람실에 설치하여야 하는 출구의 최소 개수는? (단, 각 출구의 유효너비는 3m이다.)

가. 2개소　　　　나. 3개소

다. 4개소　　　　라. 5개소

17. 가구수가 20가구인 주거용 건축물에서 음용수용 급수관의 최소 지름은?

판매시설로서 바닥면적의 합계가 (㉠) 이상이거나 수용인원이 (㉡)이상인 경우에는 모든 층

가. 25㎜　　　　나. 32㎜

다. 40㎜　　　　라. 50㎜

18. 건축물에 급수, 배수, 환기, 난방 등의 건축설비를 설치하는 경우 건축기계설비기술사 또는 공조냉동기계기술사의 협력을 받아야 하는 대상 건축물의 연면적 기준은? (단, 창고시설은 제외)

가. 연면적 5,000㎡ 이상인 건축물

나. 연면적 10,000㎡ 이상인 건축물

다. 연면적 20,000㎡ 이상인 건축물

라. 연면적 50,000㎡ 이상인 건축물

19. 다음 중 건축법령상 제 2종 근린생활시설에 속하지 않는 것은?

가. 한의원　　　　나. 독서실

다. 동물병원　　　　라. 일반음식점

20. 비상경보설비를 설치하여야 하는 특정소방대상물의 연면적 기준은? (단, 특정소방대상물이 판매시설인 경우)

가. 400㎡ 이상　　　　나. 600㎡ 이상

다. 1,500㎡ 이상　　　　라. 3,500㎡ 이상

해답 16-나, 17-라, 18-나, 19-가, 20-가

2020년 6월 6일 시행

1. 연면적 200㎡를 초과하는 공동주택에 설치하는 복도의 유효너비는 최소 얼마 이상으로 하여야 하는가?(단, 양옆에 거실이 있는 복도의 경우)

가. 1.2m　　나. 1.6m
다. 1.8m　　라. 2.4m

2. 같은 건축물 안에 공동주택과 위락시설을 함께 설치하고자 하는 경우, 공동주택의 출입구와 위락시설의 출입구는 서로 그 보행거리가 최소 얼마 이상이 되도록 설치하여야 하는가?

가. 10m　　나. 20m
다. 30m　　라. 50m

3. 건축물에 설치하는 지하층의 구조 및 설비에 관한 기준 내용으로 옳지 않은 것은?

가. 거실의 바닥면적의 합계가 1,000㎡ 이상인 층에는 환기설비를 설치할 것
나. 지하층의 바닥면적이 300㎡ 이상인 층에는 식수공급을 위한 급수전을 1개소 이상 설치할 것
다. 거실의 바닥면적이 30㎡ 이상인 층에는 직통계단 외에 피난층 또는 지상으로 통하는 비상탈출구 및 환기통을 설치할 것
라. 바닥면적이 1,000㎡ 이상인 층에는 피난층 또는 지상으로 통하는 직통계단을 방화구획으로 구획되는 각 부분마다 1개소 이상 설치할 것

4. 다음 중 다중이용건축물에 속하지 않는 것은? (단, 16층 미만인 건축물)

가. 종교시설로 쓰는 바닥면적의 합계가 5,000㎡ 이상인 건축물
나. 판매시설로 쓰는 바닥면적의 합계가 5,000㎡ 이상인 건축물
다. 업무시설로 쓰는 바닥면적의 합계가 5,000㎡ 이상인 건축물
라. 의료시설 중 종합병원으로 쓰는 바닥면적의 합계가 5,000㎡ 이상인 건축물

5. 상업지역 및 주거지역에서 건축물에 설치하는 냉방시설 및 환기시설의 배기구는 도로면으로부터 최소 얼마 이상의 높이에 설치하여야 하는가?

가. 1m　　나. 1.5m
다. 1.8m　　라. 2m

해답 1-다, 2-다, 3-다, 4-다, 5-라

6. 건축허가 시 미리 소방본부장 또는 소방서장의 동의를 받아야 하는 건축물의 연면적 기준은?(단, 건축물이 노유자시설인 경우)

가. 100m² 이상 나. 200m² 이상
다. 300m² 이상 라. 400m² 이상

7. 건축물의 에너지절약 설계기준에서는 수영장에 자연채광을 위한 개구부 설치를 권장하고 있다. 다음 중 권장 개구부 면적의 합계에 관한 기준 내용으로 옳은 것은?

가. 수영장 바닥면적의 5분의 1 이상
나. 수영장 바닥면적의 7분의 1 이상
다. 수영장 바닥면적의 10분의 1 이상
라. 수영장 바닥면적의 20분의 1 이상

해설 본 문제는 '건축물의 에너지절약설계기준'의 제7조[건축부문의 권장사항]5.(호)에 관한 내용이었지만 현재는 삭제되었다.

8. 다음은 건축물의 에너지절약설계기준에 따른 용어의 정의이다. ( ) 안에 알맞은 것은?

"투광부"라 함은 창, 문면적의 ( ) 이상이 투과체로 구성된 문, 유리블럭, 플라스틱 패널 등과 같이 투과재료로 구성되며, 외기에 접하여 채광이 가능한 부위를 말한다.

가. 50% 나. 60%
다. 70% 라. 80%

9. 건축물의 옥상에 헬리포트를 설치하거나 헬리콥터를 통하여 인명 등을 구조할 수 있는 공간을 확보하여야 하는 대상 건축물 기준으로 옳은 것은?(단, 층수가 11층 이상인 건축물로서 건축물의 지붕을 평지붕으로 하는 경우)

가. 11층 이상인 층의 바닥면적의 합계가 3,000m² 이상인 건축물
나. 11층 이상인 층의 바닥면적의 합계가 5,000m² 이상인 건축물
다. 11층 이상인 층의 바닥면적의 합계가 8,000m² 이상인 건축물
라. 11층 이상인 층의 바닥면적의 합계가 10,000m² 이상인 건축물

10. 건축물의 출입구에 설치하는 회전문은 계단이나 에스컬레이터로부터 최소 얼마 이상의 거리를 두어야 하는가?

가. 1m 나. 2m
다. 3m 라. 4m

해답 6-나, 7-가(삭제), 8-가, 9-라, 10-나

11. 건축법령상 리모델링이 쉬운 구조에 속하지 않는 것은?(단, 공동주택의 경우)

가. 구조체에서 건축설비, 내부 마감재료 및 외부마감재료를 분리할 수 있을 것
나. 개별세대 안에서 구획된 실의 크기, 개수 또는 위치 등을 변경할 수 있을 것
다. 각 층에 시공된 보, 기둥 등의 구조부재의 개수 또는 위치를 변경할 수 있을 것
라. 각 세대는 인접한 세대와 수직 또는 수평 방향으로 통합하거나 분할할 수 있을 것

12. 다음의 소방시설 중 경보설비에 속하지 않는 것은?

가. 누전경보기 나. 비상방송설비
다. 무선통신보조설비 라. 자동화재탐지설비

13. 화재안전기준에 따라 소화기구를 설치하여야 하는 특정소방대상물의 연면적 기준은?

가. 10㎡ 이상 나. 25㎡ 이상
다. 33㎡ 이상 라. 45㎡ 이상

14. 다음 중 건축물의 관람실 또는 집회시설로서 그 바닥면적이 200㎡ 이상인 것의 반자의 높이를 4m 이상으로 하여야 하는 건축물은? (단, 기계환기장치를 설치하지 않은 경우)

가. 종교시설의 용도에 쓰이는 건축물
나. 공동주택 중 아파트의 용도에 쓰이는 건축물
다. 문화 및 집회시설 중 전시장의 용도에 쓰이는 건축물
라. 문화 및 집회시설 중 동물원의 용도에 쓰이는 건축물

15. 특정소방대상물이 판매시설인 경우, 모든 층에 스프링클러설비를 설치하여야 하는 수용인원 기준은?

가. 100명 이상 나. 200명 이상
다. 500명 이상 라. 1000명 이상

16. 용도변경과 관련된 시설군 중 문화집회시설군에 속하는 건축물의 용도가 아닌 것은?

가. 종교시설 나. 수련시설
다. 위락시설 라. 관광휴게시설

17. 건축법령상 다음과 같이 정의되는 것은?

주택으로 쓰는 1개 동의 바닥면적 합계가 660㎡ 이하이고, 층수가 4개 층 이하인 주택

가. 아파트 나. 연립주택
다. 다세대주택 라. 다가구주택

해답 11-다, 12-다, 13-다, 14-가, 15-다, 16-나, 17-다

18. 건축물에 급수, 배수, 환기, 난방설비를 설치하는 경우, 건축기계설비기술사 또는 공조냉동기계기술사의 협력을 받아야 하는 대상 건축물에 속하지 않는 것은? (단, 연면적 10,000㎡ 미만인 건축물의 경우)

가. 아파트

나. 업무시설로서 해당 용도에 사용되는 바닥면적의 합계가 2,000㎡인 건축물

다. 의료시설로서 해당 용도에 사용되는 바닥면적의 합계가 2,000㎡인 건축물

라. 숙박시설로서 해당 용도에 사용되는 바닥면적의 합계가 2,000㎡인 건축물

19. 다음은 초고층 건축물에 설치하는 피난안전구역에 관한 기준 내용이다. ( ) 안에 알맞은 것은?

초고층 건축물에는 피난층 또는 지상으로 통하는 직통계단과 직접 연결되는 피난안전구역을 지상층으로부터 최대 ( )개 층마다 1개소 이상 설치하여야 한다.

가. 10 나. 20

다. 30 라. 40

20. 6층 이상의 거실면적의 합계가 11,000㎡인 교육연구시설에 설치하여야 하는 승용승강기의 최소 대수는? (단, 8인승 승용승강기인 경우)

가. 3대 나. 4대

다. 5대 라. 6대

4

해답 18-나, 19-다, 20나

2020년 8월 22일 시행

1. 배연설비의 설치에 관한 기준 내용으로 옳지 않은 것은?
   가. 배연창의 유효면적은 1㎡ 이상으로 할 것
   나. 배연구는 예비전원에 의하여 열 수 있도록 할 것
   다. 배연구는 연기감지기 또는 열감지기에 의해 자동으로 열 수 있는 구조로 할 것
   라. 관련 규정에 따라 건축물이 방화구획으로 구획된 경우 그 구획마다 2개소 이상의 배연창을 설치할 것

2. 자동화재탐지설비를 설치하여야 하는 특정소방대상물에 속하지 않는 것은?
   가. 위락시설로서 연면적 600㎡ 이상인 것
   나. 숙박시설로서 연면적 600㎡ 이상인 것
   다. 문화 및 집회시설로서 연면적 1,000㎡ 이상인 것
   라. 근린생활시설 중 목욕장으로서 연면적 800㎡ 이상인 것

3. 건축법령상 공동주택 중 아파트의 정의로 옳은 것은?
   가. 주택으로 쓰는 층수가 5개 층 이상인 주택
   나. 주택으로 쓰는 층수가 6개 층 이상인 주택
   다. 주택으로 쓰는 1개 동의 바닥면적 합계가 660㎡를 초과하고, 층수가 5개 층 이상인 주택
   라. 주택으로 쓰는 1개 동의 바닥면적 합계가 660㎡를 초과하고, 층수가 6개 층 이상인 주택

4. 문화 및 집회시설 중 공연장의 개별 관람실 출구의 설치기준 내용으로 옳지 않은 것은?(단, 개별 관람실의 바닥면적이 300㎡ 이상인 경우)
   가. 관람실별로 2개소 이상 설치할 것
   나. 각 출구의 유효너비는 1.2m 이상일 것
   다. 관람실로부터 바깥쪽으로의 출구로 쓰이는 문은 안여닫이로 하지 않을 것
   라. 개별 관람실 출구의 유효너비의 합계는 개별 관람실의 바닥면적 100㎡마다 0.6m의 비율로 산정한 너비 이상으로 할 것

해답 1-라, 2-라, 3-가, 4-나

5. 외기에 직접 면하고 1층 또는 지상으로 연결된 출입문을 방풍구조로 하지 않아도 되는 경우에 관한 기준 내용으로 옳지 않은 것은?
   가. 기숙사의 출입문
   나. 너비 1.2m 이하의 출입문
   다. 바닥면적 300㎡ 이하의 개별점포의 출입문
   라. 사람의 통행을 주목적으로 하지 않는 출입문

6. 방염성능 기준 이상의 실내장식물 등을 설치하여야 하는 특정소방대상물에 속하는 것은?(단, 층수가 10층인 경우)
   가. 기숙사
   나. 판매시설
   다. 숙박시설
   라. 실내수영장

7. 건축법령에 따른 건축물의 용도분류 중 숙박시설에 속하지 않는 것은?
   가. 호스텔
   나. 유스호스텔
   다. 의료관광호텔
   라. 휴양 콘도미니엄

8. 건축물의 출입구에 설치하는 회전문에 관한 기준 내용으로 옳지 않은 것은?
   가. 계단이나 에스컬레이터로부터 1.5m 이상의 거리를 둘 것
   나. 회전문의 회전속도는 분당 회전수가 8회를 넘지 아니하도록 할 것
   다. 출입에 지장이 없도록 일정한 방향으로 회전하는 구조로 할 것
   라. 회전문의 중심축에서 회전문과 문틀 사이의 간격을 포함한 회전문 날개 끝부분까지의 길이는 140㎝ 이상이 되도록 할 것

9. 세대수가 17세대인 다세대주택에 설치하는 음용수용 급수관의 지름은 최소 얼마 이상으로 하여야 하는가?
   가. 25㎜
   나. 32㎜
   다. 40㎜
   라. 50㎜

해답 5-가, 6-다, 7-나, 8-가, 9-라

10. 바닥으로부터 높이 1m까지의 안벽의 마감을 내수재료로 하여야 하는 대상건축물이 아닌 것은?

가. 단독주택의 욕실
나. 제1종 근린생활시설 중 휴게음식점의 조리장
다. 제2종 근린생활시설 중 휴게음식점의 조리장
라. 제1종 근린생활시설 중 일반음식점의 조리장

11. 건축물의 냉방설비에 대한 설치 및 설계기준에 정의된 축냉식 전기냉방설비의 구분에 속하지 않는 것은?

가. 지열식 냉방설비
나. 수축열식 냉방설비
다. 빙축열식 냉방설비
라. 잠열축열식 냉방설비

12. 신축하는 공동주택의 환기횟수를 확보하기 위하여 설치되는 기계환기설비의 설계·시공 및 성능평가방법 내용으로 옳지 않은 것은?

가. 세대의 환기량 조절을 위하여 환기설비의 정격풍량을 최소·최대의 2단계로 조절할 수 있는 체계를 갖추어야 한다.
나. 기계환기설비는 공동주택의 모든 세대가 규정에 의한 환기횟수를 만족시킬 수 있도록 24시간 가동할 수 있어야 한다.
다. 하나의 기계환기설비로 세대 내 2 이상의 실에 바깥공기를 공급할 경우의 필요환기량은 각 실에 필요한 환기량의 합계 이상이 되도록 하여야 한다.
라. 기계환기설비의 환기기준은 시간당 실내공기교환횟수(환기설비에 의한 최종 공기 흡입구에서 세대의 실내로 공급되는 시간당 총체적 풍량을 실내 총체적으로 나눈 환기횟수를 말한다)로 표시하여야 한다.

13. 공사감리자가 공사시공자로 하여금 상세시공도면을 작성하도록 요청할 수 있는 건축공사의 연면적 기준으로 옳은 것은?

가. 1,500m² 이상　　나. 3,000m² 이상
다. 5,000m² 이상　　라. 10,000m² 이상

14. 다음의 소방시설 중 피난구조설비에 속하지 않는 것은?

가. 완강기　　나. 인공소생기
다. 객석유도등　　라. 시각경보기

해답 10-가, 11-가, 12-가, 13-다, 14-라

15. 지능형 건축물의 인증에 관한 설명으로 옳지 않은 것은?

가. 지능형 건축물 인증기준에는 인증표시 홍보기준, 유효기간 등의 사항이 포함된다.

나. 산업통상자원부장관은 지능형 건축물의 인증을 위하여 인증기관을 지정할 수 있다.

다. 국토교통부장관은 지능형 건축물의 건축을 활성화하기 위하여 지능형 건축물 인증제도를 실시한다.

라. 허가권자는 지능형 건축물로 인증받은 건축물에 대하여 조경설치면적을 100분의 85까지 완화하여 적용할 수 있다.

16. 다음 중 내화구조에 속하지 않는 것은?

가. 철근콘크리트조로서 두께가 10㎝인 것

나. 철골철근콘크리트조로서 두께가 10㎝인 것

다. 철재의 양면을 두께 5㎝의 철망모르타르로 덮은 것

라. 무근콘크리트조 · 벽돌조 또는 석조로서 그 두께가 7㎝인 것

17. 제연설비를 설치하여야 하는 특정소방대상물에 속하지 않는 것은?

가. 지하가(터널은 제외)로서 연면적 1,000㎡인 것

나. 문화 및 집회시설로서 무대부의 바닥면적이 150㎡인 것

다. 문화 및 집회시설 중 영화상영관으로서 수용인원이 100명 이상인 것

라. 지하층에 설치된 숙박시설로서 해당용도로 사용되는 바닥면적의 합계가 1,000㎡인 층

18. 비상용승강기의 승강장 및 승강로의 구조에 관한 기준 내용으로 옳지 않은 것은?

가. 승강로는 당해 건축물의 다른 부분과 방화구조로 구획할 것

나. 각 층으로부터 피난층까지 이르는 승강로를 단일구조로 연결하여 설치할 것

다. 승강장에는 노대 또는 외부를 향하여 열 수 있는 창문이나 배연설비를 설치할 것

라. 옥내에 있는 승강장의 바닥면적은 비상용승강기 1대에 6㎡ 이상으로 설치할 것

19. 다음은 건축법상 건축허가에 관한 기준 내용이다. (　　) 안에 알맞은 것은?

> 건축물을 건축하거나 대수선하려는 자는 특별자치시장 · 특별자치도지사 또는 시장 · 군수 · 구청장의 허가를 받아야 한다. 다만, (　　) 이상의 건축물 등 대통령령으로 정하는 용도 및 규모의 건축물을 특별시나 광역시에 건축하려면 특별시장이나 광역시장의 허가를 받아야 한다.

가. 6층　　　　나. 11층

다. 16층　　　　라. 21층

해답 15-나, 16-라, 17-나, 18-가, 19-라

20. 건축물의 바깥쪽에 설치하는 피난계단의 구조에 관한 기준 내용으로 옳지 않은 것은?

가. 계단의 유효너비는 0.9m 이상으로 할 것

나. 계단은 내화구조로 하고 지상까지 직접 연결되도록 할 것

다. 건축물의 내부에서 계단으로 통하는 출입구에는 갑종방화문을 설치할 것

라. 계단은 그 계단으로 통하는 출입구 외의 창문 등으로부터 1m 이상의 거리를 두고 설치할 것

해답 20-라

2020년 9월 26일 시행

1. 방송 공동수신설비를 설치하여야 하는 대상 건축물에 속하지 않는 것은?
   가. 아파트　　나. 연립주택
   다. 다가구주택　　라. 다세대주택

2. 건축법령상 다중이용 건축물에 속하지 않는 것은?(단, 15층 이하이며, 해당 용도로 쓰는 바닥면적의 합계가 5,000m^2 이상인 건축물)
   가. 종교시설　　나. 판매시설
   다. 위락시설　　라. 의료시설 중 종합병원

3. 건축물 관련 건축기준의 허용오차 범위로 옳지 않은 것은?
   가. 출구 너비 : 2% 이내　　나. 반자 높이 : 2% 이내
   다. 벽체 두께 : 2% 이내　　라. 바닥판 두께 : 3% 이내

4. 다음은 환기구의 안전 기준 내용이다. (　) 안에 알맞은 것은?

영 제 87조 제 2항에 따라 환기구[건축물의 환기설비에 부속된 급기(給氣) 및 배기(排氣)를 위한 건축구조물의 개구부(開口部)를 말한다.]는 보행자 및 건축물 이용자의 안전이 확보되도록 바닥으로부터 (　) 이상의 높이에 설치하여야 한다.

   가. 1m　　나. 2m
   다. 3m　　라. 4m

5. 다음 중 신고 대상에 속하는 용도변경은?
   가. 전기통신시설군에서 자동차 관련 시설군으로의 용도변경
   나. 근린생활시설군에서 주거업무시설군으로의 용도변경
   다. 영업시설군에서 문화 및 집회시설군으로의 용도변경
   라. 교육 및 복지시설군에서 산업 등의 시설군으로의 용도변경

6. 건축법령상 제 1종 근린생활시설에 속하지 않는 것은?
   가. 이용원　　나. 치과의원
   다. 마을회관　　라. 일반음식점

해답 1-다, 2-다, 3-다, 4-나, 5-나, 6-라

7. 다음은 옥내소화전설비를 설치하여야 하는 특정소방대상물에 대한 기준 내용이다. (　　) 안에 알맞은 것은?

연면적 3,000㎡ 이상(지하가 중 터널은 제외한다.)이거나 지하층·무창층(축사는 제외한다) 또는 층수가 4층 이상인 것 중 바닥면적이 (　　) 이상인 층이 있는 것은 모든 층

가. 300㎡　　나. 600㎡
다. 1,000㎡　　라. 1,200㎡

8. 다음의 소방시설 중 소화활동설비에 속하지 않는 것은?

가. 제연설비　　나. 비상방송설비
다. 연소방지설비　　라. 무선통신보조설비

9. 건축물의 에너지절약설계기준에 따른 건축 부문의 권장사항으로 옳지 않은 것은?

가. 공동주택은 인동간격을 넓게 하여 저층부의 일사 수열량을 증대시킨다.
나. 건축물의 체적에 대한 외피면적의 비 또는 연면적에 대한 외피면적의 비는 가능한 크게 한다.
다. 거실의 층고 및 반자 높이는 실의 용도와 기능에 지장을 주지 않는 범위 내에서 가능한 낮게 한다.
라. 건축물의 창 및 문은 가능한 작게 설계하고, 특히 열손실이 많은 북측 거실의 창 및 문의 면적은 최소화한다.

10. 건축물의 설비기준 등에 관한 규칙에 따라 피뢰설비를 설치하여야 하는 대상 건축물의 높이 기준은?

가. 10m 이상　　나. 15m 이상
다. 20m 이상　　라. 30m 이상

11. 교육연구시설 중 학교의 교실 간 소음 방지를 위해 설치하는 경계벽의 구조로 옳지 않은 것은?

가. 석조로서 두께가 15㎝인 것
나. 철근콘크리트조로서 두께가 12㎝인 것
다. 무근콘크리트조로서 두께가 15㎝인 것
라. 콘크리트블록조로서 두께가 15㎝인 것

해답 7-나, 8-나, 9-나, 10-다, 11-라

12. 욕실 또는 조리장의 바닥과 그 바닥으로부터 높이 1m까지의 안벽의 마감을 내수재료로 하여야 하는 대상에 속하지 않는 것은?

가. 아파트의 욕실

나. 숙박시설의 욕실

다. 제 1종 근린생활시설 중 목욕장의 욕실

라. 제 1종 근린생활시설 중 휴게음식점의 조리장

13. 배연설비의 설치에 관한 기준 내용으로 옳지 않은 것은?

가. 배연창의 유효면적은 $2m^2$ 이상으로 할 것

나. 배연구는 예비전원에 의하여 열 수 있도록 할 것

다. 배연구는 연기감지기 또는 열감지기에 의하여 자동으로 열 수 있는 구조로 할 것

라. 건축물이 방화구획으로 구획된 경우에는 그 구획마다 1개소 이상의 배연창을 설치할 것

14. 계단의 설치에 관한 기준 내용으로 옳지 않은 것은?

가. 계단의 유효높이는 1.8m 이상으로 할 것

나. 중학교의 계단인 경우 단 높이는 18cm 이하, 단 너비는 26cm 이상으로 할 것

다. 너비 3m를 넘는 계단에는 계단의 중간에 너비 3m 이내마다 난간을 설치할 것

라. 높이 3m를 넘는 계단에는 높이 3m 이내마다 유효너비 1.2m 이상의 계단참을 설치할 것

15. 다음 중 6층 이상의 거실면적의 합계가 $6,000m^2$인 경우, 설치하여야 하는 승용승강기의 최소 대수가 가장 많은 것은?(단, 8인승 승용승강기의 경우)

가. 업무시설 나. 숙박시설

다. 문화 및 집회시설 중 전시장 라. 문화 및 집회시설 중 공연장

16. 판매시설의 경우, 모든 층에 스프링클러설비를 설치하여야 하는 특정소방대상물 기준으로 옳은 것은?

가. 바닥면적 합계가 $3,000m^2$ 이상인 것

나. 바닥면적 합계가 $5,000m^2$ 이상인 것

다. 바닥면적 합계가 $7,000m^2$ 이상인 것

라. 바닥면적 합계가 $10,000m^2$ 이상인 것

해답 12-가, 13-가, 14-가, 15-라, 16-나

17. 건축물의 에너지 절약 설계기준에 따른 야간 단열장치의 총열관류저항은 최소 얼마 이상이 되어야 하는가?

가. 0.1m^2 · K/W 이상　　나. 0.2m^2 · K/W 이상
다. 0.3m^2 · K/W 이상　　라. 0.4m^2 · K/W 이상

해설 본 문제는 '건축물의 에너지절약설계기준'의 제5조[용어의 정의]10.(호)에 관한 내용이었지만 현재는 삭제되었다.

18. 건축허가 등을 할 때 미리 소방본부장 또는 소방서장의 동의를 받아야 하는 대상 건축물의 층수 기준은?

가. 3층 이상　　나. 6층 이상
다. 10층 이상　　라. 12층 이상

19. 주요구조부를 내화구조로 하여야 하는 대상 건축물 기준으로 옳지 않은 것은?

가. 종교시설의 용도로 쓰는 건축물로서 집회실의 바닥면적의 합계가 200m^2 이상인 건축물
나. 장례시설의 용도로 쓰는 건축물로서 집회실의 바닥면적의 합계가 200m^2 이상인 건축물
다. 판매시설의 용도로 쓰는 건축물로서 그 용도로 쓰는 바닥면적의 합계가 500m^2 이상인 건축물
라. 공장의 용도로 쓰는 건축물로서 그 용도로 쓰는 바닥면적의 합계가 1,000m^2 이상인 건축물

20. 건축물의 바깥쪽에 설치하는 피난계단의 구조에 관한 기준 내용으로 옳지 않은 것은?

가. 계단의 유효너비는 0.9m 이상으로 할 것
나. 계단은 내화구조로 하고 지상까지 직접 연결되도록 할 것
다. 건축물의 내부에서 계단으로 통하는 출입구에는 갑종방화문을 설치할 것
라. 계단은 그 계단으로 통하는 출입구 외의 창문 등으로부터 1m 이상의 거리를 두고 설치할 것

해답 17-라(삭제), 18-나, 19-라, 20-라

2021년 3월 7일 시행

1. 문화 및 집회 시설 중 공연장의 개별 관람실의 출구를 관람실별로 2개소 이상 설치해야 하는 개별 관람실의 바닥 면적 기준은?

   가. 150㎡ 이상　　나. 300㎡ 이상

   다. 450㎡ 이상　　라. 600㎡ 이상

2. 건축물의 에너지절약설계기준에 따른 기계 부분의 권장 사항 내용으로 옳지 않은 것은?

   가. 열원설비는 부분 부하 및 전부하 운전 효율이 좋은 것을 선정한다.

   나. 위생설비 급탕용 저탕조의 설계 온도는 55℃ 이하로 하고 필요한 경우에는 부스터 히터 등으로 승온하여 사용한다.

   다. 난방 기기, 냉방 기기, 냉동기, 송풍기, 펌프 등은 부하 조건에 따라 최고의 성능을 유지할 수 있도록 대수 분할 또는 비례 제어 운전이 되도록 한다.

   라. 청정실 등 특수 용도의 공간 외에는 실내 공기의 오염도가 허용치의 1.5배를 초과하지 않는 범위 내에서 최대한의 외기 도입이 가능하도록 계획한다.

   해설 본 문제의 일부(나 등)는 '건축물의 에너지절약설계기준'의 제9조[기계부문의 권장사항]6.(호) 위생설비 등에 관한 내용이었지만 현재는 삭제되었다.

3. 공동 주택과 오피스텔의 난방설비를 개별 난방 방식으로 하는 경우에 관한 기준 내용으로 옳지 않은 것은?

   가. 보일러의 연도는 내화 구조로서 공동 연도로 설치할 것

   나. 오피스텔의 경우에는 난방 구획을 방화 구획으로 구획할 것

   다. 보일러의 윗부분에는 그 면적이 0.5㎡ 이상인 환기창을 설치할 것

   라. 보일러의 윗부분과 아랫부분에는 공기 흡입구 및 배기구를 항상 닫혀 있도록 설치할 것

4. 건축물을 건축하거나 대수선하는 경우 해당 건축물의 설계자가 국토교통부령으로 정하는 구조 기준 등에 따라 그 구조의 안전을 확인한 건축물 중 건축물의 건축주가 해당 건축물의 설계자로부터 구조 안전의 확인 서류를 받아 착공 신고 시 허가권자에게 제출하여야 하는 대상 건축물 기준으로 옳지 않은 것은?(단, 표준설계도서에 따라 건축하는 건축물을 제외)

   가. 단독주택　　나. 높이가 13m 이상인 건축물

   다. 처마높이가 8m 이상인 건축물　　라. 기둥과 기둥 사이의 거리가 10m 이상인 건축물

해답 1-나, 2-라, 3-라, 4-다

5. 다음의 창문 등의 차면 시설의 설치에 관한 기준 내용 중 ( ) 안에 알맞은 것은?

인접 대지 경계선으로부터 직선거리 (   ) 이내에 이웃 주택의 내부가 보이는 창문 등을 설치하는 경우에는 차면 시설을 설치하여야 한다.

가. 1m　　나. 2m
다. 3m　　라. 4m

6. 건축 법령 상 고층 건물의 정의로 옳은 것은?
가. 층수가 30층 이상이거나 높이가 90m 이상인 건축물
나. 층수가 30층 이상이거나 높이가 120m 이상인 건축물
다. 층수가 50층 이상이거나 높이가 150m 이상인 건축물
라. 층수가 50층 이상이거나 높이가 200m 이상인 건축물

7. 다음은 특정 소방대상물의 소방 시설 설치의 면제에 관한 기준 내용이다. ( ) 안에 알맞은 것은?

비상 경보 설비 또는 단독 경보형 감지기를 설치하여야 하는 특정 소방대상물에 (   )를 화재 안전 기준에 적합하게 설치한 경우에는 그 설비의 유효 범위에서 설치가 면제된다.

가. 비상방송설비　　나. 자동화재탐지설비
다. 자동화재속보설비　　라. 무선통신보조설비

8. 건축물의 출입구에 설치하는 회전문에 관한 기준 내용으로 옳지 않은 것은?
가. 계단이나 에스컬레이터로부터 2m 이상의 거리를 둘 것
나. 출입에 지장이 없도록 일정한 방향으로 회전하는 구조로 할 것
다. 회전문의 회전 속도는 분당 회전수가 10회를 넘지 아니하도록 할 것
라. 회전문의 중심축에는 회전문과 문틀 사이의 간격을 포함한 회전문 날개 끝부분까지의 길이는 140㎝ 이상이 되도록 할 것

9. 다음 중 건축 기준의 허용 오차로 옳지 않은 것은?
가. 건축선의 후퇴 거리 : 3% 이내
나. 건축물의 벽체 두께 : 3% 이내
다. 건축물의 출구 너비 : 5% 이내
라. 인접 건축물과의 거리 : 3% 이내

해답 5-나, 6-나, 7-나, 8-다, 9-다

10. 급수 · 배수 · 환기 · 난방설비를 설치하는 경우 건축기계설비기술사 또는 공조냉동기계기술사의 협력을 받아야 하는 건축물에 속하지 않는 것은?

가. 아파트

나. 의료 시설로서 해당 용도에 사용되는 바닥 면적의 합계가 2,000m²인 건축물

다. 업무 시설로서 해당 용도에 사용되는 바닥 면적의 합계가 2,000m²인 건축물

라. 숙박 시설로서 해당 용도에 사용되는 바닥 면적의 합계가 2,000m²인 건축물

11. 6층 이상의 건축물로서 판매 시설의 거실에 설치하는 배연 설비에 관한 기준 내용으로 옳지 않은 것은?(단, 피난층의 거실이 아닌 경우)

가. 배연창의 유효 면적은 최소 1.5m² 이상으로 할 것

나. 배연구는 예비 전원에 의하여 열 수 있도록 할 것

다. 배연창의 상변과 천장 또는 반자로부터 수직 거리가 0.9m 이내일 것

라. 배연구는 연기 감지기 또는 열 감지기에 의하여 자동으로 열 수 있는 구조로 할 것

12. 특정 소방대상물이 아파트인 경우 특급 소방 안전 대상물 기준으로 옳은 것은?(단, 층수는 지하층을 제외한 층수이다.)

가. 30층 이상이거나 지상으로부터 높이가 90m 이상인 아파트

나. 30층 이상이거나 지상으로부터 높이가 120m 이상인 아파트

다. 50층 이상이거나 지상으로부터 높이가 150m 이상인 아파트

라. 50층 이상이거나 지상으로부터 높이가 200m 이상인 아파트

13. 건축물에 설치하는 굴뚝의 옥상 돌출부는 지붕면으로부터의 수직 거리를 최소 얼마 이상으로 하여야 하는가?

가. 0.5m 이상 나. 0.7m 이상

다. 0.9m 이상 라. 1.0m 이상

14. 비상 콘센트 설비를 설치하여야 하는 특정 소방대상물 기준으로 옳지 않은 것은?(단, 위험물 저장 및 처리 시설 중 가스 시설 또는 지하구는 제외)

가. 지하가 중 터너로서 길이가 500m 이상인 것

나. 층수가 11층 이상인 특정 소방대상물의 경우에는 11층 이상의 층

다. 판매 시설로서 해당 용도로 사용되는 부분의 바닥 면적의 합계가 1,000m² 이상인 것

라. 지하층의 층수가 3층 이상이고 지하층의 바닥 면적의 합계가 1,000m² 이상인 것은 지하층의 모든 층

4

해답 10-다, 11-가, 12-라, 13-라, 14-다

15. 다음의 소방 시설 중 피난 구조 설비에 속하지 않는 것은?

가. 공기 호흡기
나. 비상 조명등
다. 피난 유도선
라. 비상 콘센트 설비

16. 바닥 면적이 100m²인 초등학교 교실에 채광을 위하여 설치하여야 하는 창문 등의 면적은 최소 얼마 이상이어야 하는가?(단, 거실의 용도에 따른 조도 기준 이상의 조명 장치를 설치하지 않은 경우)

가. 5m²
나. 10m²
다. 20m²
라. 50m²

17. 건축물의 냉방설비에 대한 설치 및 설계 기준 상 다음과 같이 정의되는 용어는?

심야 시간에 물을 냉각시켜 축열조에 저장하였다가 그 밖의 시간이 이를 냉방에 이용하는 냉방설비

가. 전체 축냉 방식
나. 빙 축열식 냉방설비
다. 수 축열식 냉방설비
라. 잠열 축열식 냉방설비

18. 특별시나 광역시에 건축하는 경우 특별시장이나 광역시장의 허가를 받아야 하는 대상 건축물의 층수 기준은?

가. 층수가 10층 이상인 건축물
나. 층수가 15층 이상인 건축물
다. 층수가 21층 이상인 건축물
라. 층수가 31층 이상인 건축물

19. 다음 건축물의 용도 중 6층 이상의 거실 면적의 합계가 3,000m²인 경우 설치하여야 하는 승용 승강기의 최소 대수가 가장 적은 것은?(단, 8인승 승강기의 경우)

가. 의료 시설
나. 판매 시설
다. 숙박 시설
라. 문화 및 집회 시설 중 공연장

20. 다음 중 건축 법령에 따른 용도별 건축물의 종류가 옳지 않은 것은?

가. 단독 주택 - 다중 주택
나. 묘지 관련 시설 - 장례식장
다. 문화 및 집회 시설 - 수족관
라. 자원 순환 관련 시설 - 고물상

해답 15-라, 16-나, 17-다 18-다, 19-다, 20-나

2021년 5월 15일 시행

1. 다음은 건축 법령 상 건축 신고와 관련된 기준 내용이다. (　) 안에 속하지 않는 것은?

허가 대상 건축물이라 하더라도 바닥 면적의 합계가 85㎡ 이내의 (　　)의 경우에는 미리 특별자치시장 · 특별자치도지사 또는 시장 · 군수 · 구청장에게 국토교통부령으로 정하는 바에 따라 신고를 하면 건축 허가를 받은 것으로 본다.

가. 신축　　나. 증축
다. 개축　　라. 재축

2. 건축 법령 상 공동 주택에 속하지 않는 것은?

가. 기숙사　　나. 연립 주택
다. 다가구 주택　　라. 다세대 주택

3. 다음 중 건축 법령 상 다중 이용 건축물에 속하지 않는 것은?(단, 층수가 16층 미만이며 해당 용도로 쓰는 바닥 면적의 합계가 5,000㎡ 이상인 건축물의 경우)

가. 종교 시설　　나. 판매 시설
다. 업무 시설　　라. 숙박 시설 중 관광 숙박 시설

4. 공동 주택에서 리모델링에 대비한 특례와 관련하여 리모델링이 쉬운 구조에 해당하지 않는 것은?

가. 구조체는 철골구조 또는 목구조로 구성되어 있을 것
나. 구조체에서 건축설비, 내부 마감 재료 및 외부 마감 재료를 분리할 수 있을 것
다. 개별 세대 안에서 구획된 실의 크기, 개수 또는 위치 등을 변경할 수 있을 것
라. 각 세대는 인접한 세대와 수직 또는 수평 방향으로 통합하거나 분할할 수 있을 것

5. 건축물의 에너지 절약 설계 기준 상 단열 계획에 대한 건축 부분의 권장 사항으로 옳지 않은 것은?

가. 외벽 부위는 내 단열로 시공한다.
나. 외피의 모서리 부분은 열교가 발생하지 않도록 단열재를 연속적으로 설치한다.
다. 건물의 창 및 문은 가능한 작게 설계하고, 특히 열 손실이 많은 북측 거실의 창 및 문의 면적은 최소화한다.

해답 1-가, 2-다, 3-다, 4-가, 5-가

라. 태양열 유입에 의한 냉·난방 부하를 저감할 수 있도록 일사 조절 장치, 태양열 투과율, 창 및 문의 면적비 등을 고려한 설계를 한다.

6. 신축 공동 주택 등의 기계 환기 설비의 설치에 관한 기준 내용으로 옳지 않은 것은?
   가. 세대의 환기량 조절을 위하여 환기 설비의 정격 풍량을 최소·적정·최대의 3단계 또는 그 이상으로 조절할 수 있는 체계를 갖춘다.
   나. 기계 환기 설비는 주방 가스대 위의 공기 배출 장치, 화장실의 공기 배출 송풍기 등 급속 환기 설비와 함께 설치하여서는 안 된다.
   다. 기계 환기 설비의 환기 기준은 시간 당 실내 공기 교환 횟수로 표시한다.
   라. 하나의 기계 환기 설비로 세대 내 2 이상의 실에 바깥 공기를 공급할 경우의 필요 환기량은 각 실에 필요한 환기량의 합계 이상이 되도록 한다.

7. 다음의 소방 시설 중 경보 설비에 속하지 않는 것은?
   가. 통합 감시 시설　　나. 비상 콘센트 설비
   다. 자동 화재 탐지 설비　　라. 자동 화재 속보 설비

8. 방염 성능 기준 이상의 실내 장식물 등을 설치하여야 하는 특정 소방대상물에 속하지 않는 것은?
   가. 수영장　　나. 숙박 시설
   다. 의료 시설 중 종합 병원　　라. 방송 통신 시설 중 방송국

9. 각 층의 거실 면적의 합계가 1,000㎡로 동일한 15층의 문화 및 집회 시설 중 공연장에 설치하여야 하는 승용 승강기의 최소 대수는?(단, 15인승 승강기의 경우)
   가. 4대　　나. 5대
   다. 6대　　라. 7대

10. 건축 허가 등을 할 때 미리 소방본부장 또는 소방서장의 동의를 받아야 하는 대상 건축물의 층수 기준은?(단, 층수는 건축 법령에 따라 산정된 층수를 말한다.)
   가. 3층 이상인 건축물　　나. 6층 이상인 건축물
   다. 10층 이상인 건축물　　라. 12층 이상인 건축물

11. 주거에 쓰이는 바닥 면적의 합계가 450㎡인 주거용 건축물에 배관하는 음용수용 급수관의 최소 지름은?
   가. 20㎜　　나. 25㎜
   다. 32㎜　　라. 40㎜

해답 6-나, 7-나, 8-가, 9-다, 10-나, 11-라

12. 건축물에 설치하는 굴뚝에 관한 기준 내용으로 옳지 않은 것은?

가. 금속제 굴뚝은 목재 기타 가연재료로부터 10cm 이상 떨어져서 설치할 것

나. 굴뚝의 옥상 돌출부는 지붕면으로부터의 수직 거리를 1m 이상으로 할 것

다. 금속제 굴뚝으로서 건축물의 지붕 속·반자 위 및 가장 아랫바닥 밑에 있는 굴뚝의 부분은 금속 외의 블연 재료로 덮을 것

라. 굴뚝의 상단으로부터 수평 거리 1m 이내에 다른 건축물이 있는 경우에는 그 건축물의 처마보다 1m 이상 높게 할 것

13. 문화 및 집회 시설 중 공연장의 개별 관람실 출구의 설치 기준 내용으로 옳지 않은 것은? (단, 개별 관람실의 바닥 면적이 300m² 이상인 경우)

가. 관람실별로 2개소 이상 설치할 것

나. 각 출구의 유효 너비는 1.5m 이상일 것

다. 관람실로부터 바깥쪽으로의 출구로 쓰이는 문은 안여닫이로 할 것

라. 개별 관람실 출구의 유효너비의 합계는 개별 관람실의 바닥면적 100m²마다 0.6m의 비율로 산정한 너비 이상으로 할 것

14. 건축물의 옥상에 헬리포트를 설치하거나 헬리콥터를 통하여 인명 등을 구조할 수 있는 공간을 확보하여야 하는 대상 건축물 기준으로 옳은 것은?(단, 건축물의 지붕을 평지붕으로 하는 경우)

가. 11층 이상인 층의 바닥 면적의 합계가 3,000m² 이상인 건축물

나. 11층 이상인 층의 바닥 면적의 합계가 5,000m² 이상인 건축물

다. 11층 이상인 층의 바닥 면적의 합계가 10,000m² 이상인 건축물

라. 11층 이상인 층의 바닥 면적의 합계가 12,000m² 이상인 건축물

15. 건축물에 급수·배수·환기·난방설비를 설치하는 경우, 건축기계설비기술사 또는 공조냉동기계기술사의 협력을 받아야 하는 대상 건축물의 연면적 기준은?(단, 창고 시설은 제외)

가. 3,000m² 이상 나. 5,000m² 이상

다. 10,000m² 이상 라. 15,000m² 이상

16. 계단의 설치에 관한 기준 내용으로 옳지 않은 것은?

가. 중학교의 계단인 경우, 단 너비는 26cm 이상으로 한다.

나. 초등학교의 계단인 경우, 단 너비는 26cm 이상으로 한다.

다. 판매시설 중 상점인 경우, 계단 및 계단참의 유효 너비는 90cm 이상으로 한다.

라. 문화 및 집회 시설 중 공연장의 경우 계단 및 계단참의 유효 너비는 120cm 이상으로 한다.

해답 12-가, 13-다, 14-다, 15-다, 16-다

17. 판매시설로서 옥내 소화전 설비를 모든 층에 설치하여야 하는 특정 소방대상물의 연면적 기준은?

가. 500㎡ 이상 나. 1,000㎡ 이상
다. 1,500㎡ 이상 라. 2,000㎡ 이상

18. 다음은 비상용 승강기의 승강장 구조에 관한 기준 내용이다. ( ) 안에 알맞은 것은?

승강장의 바닥 면적은 비상용 승강기 1대에 대하여 ( ) 이상으로 할 것. 다만, 옥외에 승강장을 설치하는 경우에는 그러하지 아니하다.

가. 2㎡ 나. 4㎡
다. 5㎡ 라. 6㎡

19. 축냉식 전기 냉방 설비의 설계 기준 내용으로 옳지 않은 것은?

가. 열교환기는 시간당 최소 냉방 열량을 처리할 수 있는 용량 이상으로 설치하여야 한다.
나. 자동 제어 설비는 축냉 운전, 방냉 운전 또는 냉동기와 축열조를 동시에 이용하여 냉방 운전이 가능한 기능을 갖추어야 한다.
다. 축열조는 보온을 철저히 하여 열손실과 결로를 방지해야 하며, 맨홀 등 점검을 위한 부분은 해체와 조립이 용이하도록 사용하여야 한다.
라. 부분 축냉 방식의 경우에는 냉동기가 축냉 운전과 방냉 운전 또는 냉동기와 축열조의 동시 운전이 반복적으로 수행하는데 아무런 지장이 없어야 한다.

20. 건축물의 출입구에 설치하는 회전문에 관한 기준 내용으로 옳지 않은 것은?

가. 회전문과 바닥 사이의 간격은 5㎝ 이하로 한다.
나. 회전문과 문틀 사이의 간격은 5㎝ 이상으로 한다.
다. 계단이나 에스컬레이터로부터 2m 이상 거리를 두어야 한다.
라. 회전문의 회전 속도는 분당 회전수가 8회를 넘지 않도록 한다.

해답 17-다 18-라, 19-가, 20-가

2021년 9월 12일 시행

1. 문화 및 집회 시설 중 공연장의 개별 관람실의 출구에 관한 기준 내용으로 옳지 않은 것은? (단, 개별 관람실의 바닥 면적이 300㎡ 이상인 경우)
   가. 관람실별로 2개소 이상 설치하여야 한다.
   나. 각 출구의 유효 너비는 1.2m 이상으로 한다.
   다. 관람실로부터 바깥쪽으로의 출구로 쓰이는 문은 안여닫이로 하여서는 안 된다.
   라. 개별 관람실 출구의 유효 너비의 합계는 개별 관람실의 바닥 면적 100㎡마다 0.6m의 비율로 산정한 너비 이상으로 한다.

2. 건축물에 급수·배수·환기·난방 등의 건축설비를 설치하는 경우 건축기계설비기술사 또는 공조냉동기계기술사의 협력을 받아야 하는 대상 건축물에 속하지 않는 것은?
   가. 아파트
   나. 연립 주택
   다. 숙박 시설로서 해당 용도에 사용되는 바닥 면적의 합계가 2,000㎡인 건축물
   라. 판매 시설로서 해당 용도에 사용되는 바닥 면적의 합계가 2,000㎡인 건축물

3. 위험물 저장 및 처리 시설에 설치하는 피뢰 설비는 한국 산업 표준이 정하는 피뢰 시스템 레벨이 최소 얼마 이상이어야 하는가?
   가. Ⅰ
   나. Ⅱ
   다. Ⅲ
   라. Ⅳ

4. 특별 피난 계단의 구조에 관한 기준 내용으로 옳지 않은 것은?
   가. 계단실에는 예비 전원에 의한 조명 설비를 할 것
   나. 계단은 내화 구조로 하되, 피난층 또는 지상까지 직접 연결되도록 할 것
   다. 출입구의 유효 너비는 0.9m 이상으로 하고 피난의 방향으로 열 수 있을 것
   라. 계단실 및 부속실의 실내에 접하는 부분의 마감은 불연 재료 또는 준불연 재료로 할 것

5. 주요 구조부를 내화 구조로 하여야 하는 대상 건축물에 속하지 않는 것은?
   가. 종교 시설의 용도로 쓰는 건축물로서 집회실의 바닥 면적의 합계가 200㎡인 건축물
   나. 판매 시설의 용도로 쓰는 건축물로서 그 용도로 쓰는 바닥 면적의 합계가 500㎡인 건축물

해답 1-나, 2-라, 3-나, 4-라, 5-라

다. 운수 시설의 용도로 쓰는 건축물로서 그 용도로 쓰는 바닥 면적의 합계가 500㎡인 건축물

라. 문화 및 집회 시설 중 전시장의 용도로 쓰는 건축물로서 그 용도로 쓰는 바닥 면적의 합계가 200㎡인 건축물

6. 다음 중 외기에 면하고 1층 또는 지상으로 연결된 출입문을 방풍 구조로 하지 않아도 되는 것은?(단, 사람의 통행을 주목적으로 하며, 너비가 1.2m를 초과하는 출입문인 경우)

가. 호텔의 주출입문

나. 아파트의 출입문

다. 공기 조화를 하는 업무 시설의 출입문

라. 바닥 면적의 합계가 500㎡인 상점의 주출입문

7. 각종 주택에 관한 설명으로 옳은 것은?

가. 다중 주택은 공동 주택에 속한다.

나. 기숙사는 공동 주택에 속하지 않는다.

다. 다중 주택은 독립된 주거의 형태이어야 한다.

라. 다가구 주택은 1개 동의 주택으로 쓰이는 바닥 면적의 합계가 660㎡ 이하이다.

8. 건축물의 에너지 절약 설계 기준 상 다음과 같이 정의되는 용어는?

기기를 여러 대 설치하여 부하 상태에 따라 최적 운전 상태를 유지할 수 있도록 기기를 조합하여 운전하는 방식

가. 인버터 운전

나. 간헐 제어 운전

다. 비례 제어 운전

라. 대수 분할 운전

9. 다음은 초고층 건축물에 설치하는 피난 안전 구역에 관한 기준 내용이다. (　　) 안에 알맞은 것은?

초고층 건축물에는 피난층 또는 지상으로 통하는 직통 계단과 직접 연결되는 피난 안전 구역(건축물의 피난·안전을 위하여 건축물 중간층에 설치하는 대피 공간을 말한다.)을 지상으로부터 최대 (　　) 층마다 1개소 이상 설치하여야 한다.

가. 10개

나. 20개

다. 30개

라. 40개

10. 다음 중 대수선에 속하지 않는 것은?

가. 내력벽을 증설 또는 해체하는 것

나. 기둥 2개를 수선 또는 변경하는 것

해답 6-나, 7-라, 8-라, 9-다, 10-나

다. 다세대 주택의 세대 간 경계벽을 증설 또는 해체하는 것
라. 주계단 · 피난 계단 또는 특별 피난 계단을 수선 또는 변경하는 것

11. 높이 기준이 60m인 건축물에서 허용되는 높이의 최대 오차는?
가. 0.6m
나. 0.9m
다. 1.0m
라. 1.2m

12. 다음의 무창층과 관련된 기준 내용 중 밑줄 친 요건으로 옳지 않은 것은?

"무창층"이란 지상층 중 다음 <u>각 목의 요건</u>을 모두 갖춘 개구부의 면적의 합계가 해당층의 바닥 면적의 30분의 1 이하가 되는 층을 말한다.

가. 도로 또는 차량이 진입할 수 있는 빈터를 향할 것
나. 내부 또는 외부에서 쉽게 개방 또는 파괴할 수 없을 것
다. 크기는 지름 50㎝ 이상의 원이 내접할 수 있는 크기일 것
라. 해당 층의 바닥 면으로부터 개구부 밑 부분까지의 높이가 1.2m 이내일 것

13. 특별 피난 계단에 설치하는 배연 설비의 구조에 관한 기준 내용으로 옳지 않은 것은?
가. 배연구 및 배연 풍도는 불연 재료로 할 것
나. 배연구는 평상시에는 닫힌 상태를 유지할 것
다. 배연구는 평상시에 사용하는 굴뚝에 연결할 것
라. 배연기는 배연구의 열림에 따라 자동적으로 작동할 것

14. 건축 법령 상 용도별 건축물의 종류가 옳지 않은 것은?
가. 숙박 시설 - 휴양 콘도미니엄
나. 제 1종 근린 생활 시설 - 치과 의원
다. 동물 및 식물 관련 시설 - 동물원
라. 제 2종 근린 생활 시설 - 노래 연습장

15. 특정 소방 대상물에 설치하여야 하는 소방 시설에 관한 설명으로 옳지 않은 것은?
가. 노유자 생활 시설에는 자동 화재 속보 설비를 설치하여야 한다.
나. 연면적 33㎡인 음식점에는 소화 기구를 설치하여야 한다.
다. 연면적 600㎡인 종교 시설에는 자동 화재 탐지 설비를 설치하여야 한다.
라. 바닥 면적의 합계가 5,000㎡인 판매 시설의 모든 층에는 스프링클러 설비를 설치하여야 한다.

해답 11-다, 12-나, 13-다, 14-다, 15-다

16. 다음 중 방화 구조에 속하지 않는 것은?

가. 심벽에 흙으로 맞벽치기한 것

나. 철망모르타르로서 그 바름 두께가 2㎝인 것

다. 석고판 위에 회반죽을 바른 것으로서 그 두께의 합계가 2㎝인 것

라. 시멘트 모르타르 위에 타일을 붙인 것으로서 그 두께의 합계가 2.5㎝인 것

17. 연면적 200㎡를 초과하는 중 · 고등학교에 설치하는 복도의 유효 너비는 최소 얼마 이상으로 하여야 하는가?(단, 양옆에 거실이 있는 복도의 경우)

가. 1.5m 이상　　나. 1.8m 이상

다. 2.1m 이상　　라. 2.4m 이상

18. 모든 층에 주거용 주방 자동 소화 장치를 설치하여야 하는 특정 소방대상물은?

가. 기숙사　　나. 아파트 등

다. 견본 주택　　라. 학생 복지 주택

19. 연결 송수관 설비를 설치하여야 하는 특정 소방대상물 기준으로 옳은 것은?(단, 위험물 저장 및 처리 시설 중 가스 시설 또는 지하구는 제외)

가. 층수가 3층 이상으로서 연면적 5,000㎡ 이상인 것

나. 층수가 3층 이상으로서 연면적 6,000㎡ 이상인 것

다. 층수가 5층 이상으로서 연면적 5,000㎡ 이상인 것

라. 층수가 5층 이상으로서 연면적 6,000㎡ 이상인 것

20. 공동 주택과 오피스텔의 난방 설비를 개별 난방 방식으로 하는 경우에 대한 기준 내용으로 옳은 것은?

가. 보일러실의 연도는 방화 구조로서 개별 연도로 설치할 것

나. 보일러실의 윗부분과 아랫부분에는 지름 5㎝ 이상의 공기 흡입구 및 배기구를 설치할 것

다. 보일러를 설치하는 곳과 거실 사이의 경계 벽은 출입구를 제외하고는 내화 구조의 벽으로 구획할 것

라. 전기 보일러를 사용하는 경우, 보일러실의 위부분에는 그 면적이 1㎡ 이상인 환기창을 설치할 것

해답 16-다 ,17-라, 18-나, 19-라, 20-다

1. 건축물의 에너지절약설계기준에 따른 기계부문의 권장 사항으로 옳지 않은 것은?
   가. 열원 설비는 부분 부하 및 전부하 운전 효율이 좋은 것을 선정한다.
   나. 냉방설비의 용량 계산을 위한 설계 기준 실내 온도는 28℃를 기준으로 한다.
   다. 난방설비의 용량 계산을 위한 설계 기준 실내 온도는 22℃를 기준으로 한다.
   라. 위생설비 급탕용 저탕조의 설계온도는 55℃ 이하로 하고 필요한 경우에는 부스터 히터 등으로 승온하여 사용한다.

2. 다음은 소방시설의 내진설계에 관한 기준 내용이다. 밑줄 친 대통령령으로 정하는 소방시설에 속하지 않는 것은?

「지진화산재해대책법」 제14조 제1항 각 호의 시설 중 대통령령으로 정하는 특정소방대상물에 <u>대통령령으로 정하는 소방시설</u>을 설치하려는 자는 지진이 발생할 경우 소방시설이 정상적으로 작동될 수 있도록 소방청장이 정하는 내진설계 기준에 맞게 소방시설을 설치하여야 한다.

   가. 옥내소화전설비　　나. 스프링클러설비
   다. 자동화재탐지설비　　라. 물분무등소화설비

3. 다음은 숙박시설이 있는 특정소방대상물의 경우 갖추어야 하는 소방시설 등의 종류를 결정할 때 고려하여야 하는 수용 인원의 산정 방법에 관한 기준 내용이다. (　　)안에 알맞은 것은? (단, 침대가 없는 숙박시설의 경우)

해당 특정 소방대상물의 종사자 수에 숙박 시설 바닥 면적의 합계를 (　　)로 나누어 얻은 수를 합한 수

   가. $3m^2$　　나. $4m^2$
   다. $5m^2$　　라. $6m^2$

4. 문화 및 집회 시설 중 공연장의 개별 관람실로부터의 출구의 설치에 관한 기준 내용으로 옳지 않은 것은?(단, 개별 관람실의 바닥 면적은 $300m^2$이다.)
   가. 개별 관람실의 출구는 관람실별로 2개소 이상 설치하여야 한다.
   나. 개별 관람실의 각 출구의 유효 너비는 1.5m 이상으로 하여야 한다.
   다. 관람실로부터 바깥쪽으로의 출구로 쓰이는 문은 안여닫이로 해서는 안 된다.
   라. 개별 관람실 출구의 유효 너비의 합계는 최소 3.6m 이상으로 하여야 한다.

해답 1-다, 2-다, 3-가, 4-라

5. 다음 중 철근콘크리트조로서 두께와 상관없이 내화구조로 인정되는 것에 속하지 않는 것은?

가. 보　　나. 계단

다. 바닥　　라. 지붕

6. 건축물의 냉방설비에 대한 설치 및 설계 기준상 다음과 같이 정의하는 것은?

포접화합물(Clathrate)이나 공융염(Eutectic Slat) 등의 상변화 물질을 심야 시간에 냉각시켜 동결한 후 그 밖의 시간에 이를 녹여 냉방에 이용하는 냉방설비

가. 빙축열식 냉방설비　　나. 수축열식 냉방설비

다. 잠열축열식 냉방설비　　라. 현열축열식 냉방설비

7. 각 층의 거실 면적이 3,000㎡이며 층수가 12층인 호텔 건축물에 설치하여야 하는 승용 승강기의 최소 대수는?(단, 24인승 승강기를 설치하는 경우)

가. 3대　　나. 4대

다. 5대　　라. 6대

8. 소리를 차단하는데 장애가 되는 부분이 없도록 건축물의 피난·방화구조 등의 기준에 관한 규칙에서 정하는 구조로 하여야 하는 대상에 속하지 않은 것은?

가. 숙박시설의 객실 간 경계벽　　나. 의료시설의 병실 간 경계벽

다. 업무시설의 사무실 간 경계벽　　라. 교육연구시설 중 학교의 교실 간 경계벽

9. 다음의 용도 변경 중 허가 대상에 속하는 것은?

가. 문화 및 집회시설에서 업무시설로서의 용도 변경

나. 판매시설에서 문화 및 집회시설로의 용도 변경

다. 방송통신시설에서 교육연구시설로의 용도 변경

라. 자동차관련시설에서 문화 및 집회시설로의 용도 변경

10. 장례식장의 용도로 쓰이는 건축물의 집회실로서 그 바닥 면적이 200㎡인 경우, 반자의 높이는 최소 얼마 이상이어야 하는가?(단, 기계환기장치를 설치하지 않은 경우)

가. 2.1m

나. 2.4m

다. 2.7m

라. 4.0m

해답 5-다, 6-다, 7-다, 8-다, 9-나, 10-라

11. 건축허가신청에 필요한 설계 도서에 속하지 않는 것은?

가. 배치도

나. 동선도

다. 단면도

라. 건축계획서

12. 특별피난계단에 설치하는 배연설비의 구조에 관한 기준 내용으로 옳지 않은 것은?

가. 배연구 및 배연풍도는 불연재료로 할 것

나. 배연구가 외기에 접하지 아니하는 경우에는 배연기를 설치할 것

다. 배연구에 설치하는 수동개방장치 또는 자동개방장치는 손으로도 열고 닫을 수 있도록 할 것

라. 배연구는 평상시에는 닫힌 상태를 유지하고 연 경우에는 배연에 의한 기류로 인하여 닫히도록 할 것

13. 특정소방대상물이 문화 및 집회시설 중 공연장인 경우 모든 층에 스프링클러를 설치하여야 하는 수용 인원 기준은?

가. 수용 인원이 50명 이상인 것

나. 수용인원이 100명 이상인 것

다. 수용인원이 150명 이상인 것

라. 수용인원이 200명 이상인 것

14. 세대수가 5세대인 주거용 건축물에 설치하는 음용수 급수관의 지름은 최소 얼마 이상으로 하여야 하는가?

가. 20㎜

나. 25㎜

다. 32㎜

라. 40㎜

15. 건축물 지하층에 설치하는 비상탈출구에 관한 기준 내용으로 옳지 않은 것은?(단, 주택이 아닌 경우)

가. 비상탈출구는 출입구로부터 2m 이상 떨어진 곳에 설치할 것

나. 비상탈출구의 유효 너비는 0.75m 이상으로 하고, 유효 높이는 1.5m 이상으로 할 것

다. 비상탈출구의 문은 피난 방향으로 열리도록 하고, 실내에서 항상 열 수 있는 구조로 할 것

라. 비상탈출구는 피난층 또는 지상으로 통하는 복도나 직통계단에 직접 접하거나 통로 등으로 연결될 수 있도록 설치할 것

16. 건축법령상 다음과 같이 정의하는 주택의 종류는?

주택으로 쓰는 1개 동의 바닥 면적 합계가 660㎡ 이하이고, 층수가 4개 층 이하인 주택

가. 연립주택

나. 단독주택

다. 다가구주택

라. 다세대주택

해답 11-나, 12-라, 13-나, 14-나, 15-가, 16-라

17. 건축물에 건축설비를 설치하는 경우 관계 전문 기술자의 협력을 받아야 하는 대상 건축물의 연면적 기준은?(단, 창고 시설 제외)

가. 1,000㎡ 이상
나. 2,000㎡ 이상
다. 5,000㎡ 이상
라. 10,000㎡ 이상

18. 다음의 소방시설 중 경보설비에 속하지 않는 것은?

가. 비상방송설비
나. 자동화재탐지설비
다. 자동화재속보설비
라. 무선통신보조설비

19. 건축물의 설비기준 등에 관한 규칙에 따라 피뢰 설비를 설치하여야 하는 대상 건축물의 높이 기준은?

가. 10m 이상
나. 15m 이상
다. 20m 이상
라. 30m 이상

20. 다음은 건축법상 지하층의 정의이다. (   )안에 알맞은 것은?

'지하층'이란 건축물의 바닥이 지표면 아래에 있는 층으로서 바닥에서 지표면까지 평균 높이가 해당 층 높이의 (   ) 이상인 것을 말한다.

가. 2분의 1
나. 3분의 1
다. 4분의 1
라. 3분의 2

해답 17-라, 18-라, 19-다, 20-가

1. 같은 건축물 안에 공동주택과 위락시설을 함께 설치하고자 하는 경우, 공동주택의 출입구와 위락시설의 출입구는 서로 그 보행 거리가 최소 얼마 이상이 되도록 설치하여야 하는가?

가. 10m　　나. 20m
다. 30m　　라. 50m

2. 다음은 건축물의 에너지절약설계기준에 따른 용어의 정의 내용이다. (　)안에 알맞은 것은?

'방습층'이라 함은 습한 공기가 구조체에 침투하여 결로 발생의 위험이 높아지는 것을 방지하기 위해 설치하는 투습도가 24시간당 (　) 이하 또는 투습계수 0.28g/m²·h·mmHg 이하의 투습 저항을 가진 층을 말한다.

가. 10g/m²　　나. 20g/m²
다. 30g/m²　　라. 50g/m²

3. 다음은 건축설비 설치의 원칙에 관한 기준 내용이다. (　)안에 알맞은 것은?

건축물에 설치하는 급수·배수·냉방·난방·환기·피뢰 등 건축설비의 설치에 관한 기술적 기준은 (㉠)으로 정하되, 에너지 이용 합리화와 관련한 건축설비의 기술적 기준에 관하여는 (㉡)과 협의하여 정한다.

가. ㉠ 국토교통부령 ㉡ 산업통상자원부장관
나. ㉠ 산업통상자원부령 ㉡ 국토교통부장관
다. ㉠ 국토교통부령 ㉡ 과학기술정보통신부장관
라. ㉠ 과학기술정보통신부령 ㉡ 국토교통부장관

4. 다음 소방시설 중 피난구조설비에 속하는 것은?

가. 제연설비　　나. 비상조명등
다. 비상방송설비　　라. 비상콘센트설비

5. 다음 중 소리를 차단하는데 장애가 되는 부분이 없도록 그 구조를 갖추어야 하는 대상 경계벽에 속하지 않는 것은?

가. 숙박시설의 객실 간 경계벽

해답 1-다, 2-다, 3-가, 4-나, 5-다

나. 의료시설의 병실 간 경계벽
다. 업무시설의 사무실 간 경계벽
라. 교육연구시설 중 학교의 교실 간 경계벽

6. 세대수가 4세대인 주거용 건축물의 먹는 물용 급수관 지름의 최소 기준은?(단, 가압 설비 등을 설치하지 않은 경우)

가. 20㎜　　나. 25㎜
다. 32㎜　　라. 40㎜

7. 비상용 승강기의 승강장의 바닥 면적은 비상용 승강기 1대에 대하여 최소 얼마 이상으로 하여야 하는가?(단, 옥내에 승강장을 설치하는 경우)

가. 5㎡　　나. 6㎡
다. 7㎡　　라. 8㎡

8. 특정소방대상물이 문화 및 집회시설 중 공연장인 경우, 모든 층에 스프링클러설비를 설치하여야 하는 수용인원의 기준은?

가. 50명 이상　　나. 100명 이상
다. 200명 이상　　라. 500명 이상

9. 방염성능기준 이상의 실내 장식물 등을 설치하여야 하는 특정소방대상물에 속하지 않는 것은?(단, 층수가 11층 미만인 경우)

가. 의료시설　　나. 교육연구시설 중 합숙소
다. 숙박이 가능한 수련시설　　라. 업무시설 중 주민자치센터

10. 건축법령상 다음과 같이 정의하는 용어는?

건축물의 노후화를 억제하거나 기능 향상 등을 위하여 대수선하거나 건축물의 일부를 증축 또는 개축하는 행위를 말한다.

가. 재축　　나. 리빌딩
다. 리모델링　　라. 리노베이션

11. 각 층의 거실 면적이 각각 2,000㎡이며 층수가 8층인 백화점에 설치하여야 하는 승용승강기의 최소 대수는?(단, 15인승 승강기의 경우)

가. 2대　　나. 3대
다. 4대　　라. 5대

해답 6-나, 7-나, 8-나, 9-라, 10-다, 11-다

12. 건축물에 설치하는 복도의 유효 너비 기준이 옳지 않은 것은?(단, 연면적 200m²를 초과하는 건축물이며, 양옆에 거실이 있는 복도의 경우)

가. 초등학교 - 1.8m 이상
나. 오피스텔 - 1.8m 이상
다. 공동주택 - 1.8m 이상
라. 고등학교 - 1.8m 이상

13. 건축법령상 다중 이용 건축물에 속하지 않는 것은?(단, 층수가 16층 미만인 경우)

가. 종교시설의 용도로 쓰는 바닥 면적의 합계가 5,000m²인 건축물
나. 판매시설의 용도로 쓰는 바닥 면적의 합계가 5,000m²인 건축물
다. 업무시설의 용도로 쓰는 바닥 면적의 합계가 5,000m²인 건축물
라. 문화 및 집회시설 중 전시장의 용도로 쓰는 바닥 면적의 합계가 5,000m²인 건축물

14. 문화 및 집회시설 중 공연장의 개별 관람실의 바닥 면적이 1,000m²일 경우, 이 관람실에 설치하여야 하는 출구의 최소 개소는?(단, 각 출구의 유효 너비를 1.5m로 하는 경우)

가. 3개소
나. 4개소
다. 5개소
라. 6개소

15. 다음 중 허가 대상에 속하는 건축물의 용도 변경은?

가. 장례시설에서 발전시설로의 용도 변경
나. 위락시설에서 숙박시설로의 용도 변경
다. 종교시설에서 운동시설로의 용도 변경
라. 업무시설에서 교육연구시설로의 용도 변경

16. 건축물의 경사 지붕 아래에 설치하는 대피 공간에 관한 기준 내용으로 옳지 않은 것은?

가. 특별피난계단 또는 피난계단과 연결되도록 할 것
나. 출입구의 유효너비는 최소 1.2m 이상으로 할 것
다. 관리사무소 등과 긴급 연락이 가능한 통신 시설을 설치할 것
라. 대피 공간의 면적은 지붕 수평 투영 면적의 1/10 이상일 것

17. 다음 공동주택의 환기설비기준에 관한 내용 중 (   )안에 알맞은 것은?

신축 또는 리모델링하는 30세대 이상의 공동주택은 시간당 (   ) 이상의 환기가 이루어질 수 있도록 자연환기설비 또는 기계환기설비를 설치하여야 한다.

가. 0.5회
나. 1.0회
다. 1.2회
라. 1.5회

해답 12-가, 13-다, 14-나, 15-라, 16-나, 17-가

18. 건축물의 에너지절약설계기준에 따른 건축부문의 권장 사항 내용으로 옳지 않은 것은?

가. 건축물의 체적에 대한 외피 면적의 비 또는 연면적에 대한 외피 면적의 비는 가능한 작게 한다.

나. 문화 및 집회시설 등의 대공간의 최상부에는 자연 배기 또는 강제 배기가 가능한 구조 또는 장치를 채택한다.

다. 수영장에는 자연 채광을 위한 개구부를 설치하되, 그 면적의 합계는 수영장 바닥 면적의 10분의 1 이상으로 한다.

라. 학교의 교실, 문화 및 집회 시설의 공용 부분(복도, 화장실, 휴게실, 로비 등)은 1면 이상 자연 채광이 가능하도록 한다.

19. 공사 감리자가 공사 시공자에게 상세시공도면의 작성을 요청할 수 있는 건축공사의 기준으로 옳은 것은?

가. 연면적의 합계가 1,000㎡ 이상인 건축 공사

나. 연면적의 합계가 2,000㎡ 이상인 건축 공사

다. 연면적의 합계가 3,000㎡ 이상인 건축 공사

라. 연면적의 합계가 5,000㎡ 이상인 건축 공사

20. 옥외소화전설비를 설치하여야 하는 특정소방대상물에 속하지 않는 것은?(단, 지상 1층 및 2층의 바닥면적의 합계가 9,000㎡인 경우)

가. 아파트 등　　나. 종교시설

다. 판매시설　　라. 교육연구시설

해답 18-다, 19-라, 20-가

1. 건축물에 설치하여야 하는 비상용 승강기의 승강장 및 승강로의 구조에 관한 내용으로 가장 거리가 먼 것은?
   가. 승강장은 각 층의 내부와 연결될 수 있도록 할 것
   나. 승강로는 당해 건축물의 다른 부분과 방화구조로 구획할 것
   다. 벽 및 반자가 실내에 접하는 부분의 마감 재료는 불연 재료로 할 것
   라. 각 층으로부터 피난층까지 이르는 승강로를 단일 구조로 연결하여 설치할 것

2. 헬리포트의 설치에 관한 기준 내용으로 옳은 것은?
   가. 헬리포트의 길이와 너비는 각각 9m 이상으로 한다.
   나. 헬리포트의 중앙 부분에는 지름 6m의 "Ⓗ"표지를 황색으로 한다.
   다. 헬리포트의 주위 한계선은 백색으로 하되, 그 선의 너비는 38㎝로 한다.
   라. 헬리포트의 중심으로부터 반경 15m 이내에는 이·착륙에 장애가 되는 건축물 등을 설치하지 아니한다.

3. 다음 중 건축법령상 다중 이용 건축물에 속하지 않는 것은?
   가. 업무시설로서 해당 용도에 쓰는 바닥 면적의 합계가 5,000㎡인 건축물
   나. 판매시설로서 해당 용도에 쓰는 바닥 면적의 합계가 5,000㎡인 건축물
   다. 의료시설 중 종합병원으로서 해당 용도에 쓰는 바닥 면적의 합계가 5,000㎡인 건축물
   라. 숙박시설 중 관광숙박시설로서 해당 용도에 쓰는 바닥 면적의 합계가 5,000㎡인 건축물

4. 다음의 증축에 관한 기준 내용 중 ( )안에 해당하지 않는 것은?

'증축'이란 기존 건축물이 있는 대지에서 건축물의 ( )를 늘리는 것을 말한다.

   가. 층수　　나. 높이
   다. 개구부　　라. 건축면적

5. 다음 건축법령에 따른 용도별 건축물의 종류 중에서 가장 거리가 먼 것은?
   가. 단독주택 : 다중주택　　나. 묘지관련시설 : 장례식장
   다. 문화 및 집회시설 : 수족관　　라. 자원순환관련시설 : 고물상

해답 1-나, 2-다, 3-가, 4-다, 5-나

4

6. 건축물의 에너지절약설계기준에 따른 건축 부문의 권장 사항으로 가장 거리가 먼 것은?

가. 공동주택은 인동간격을 넓게 하여 저층부의 일사 수열량을 증대시킨다.

나. 건축물의 체적에 대한 외피 면적의 비 또는 연면적에 대한 외피 면적의 비는 가능한 작게 한다.

다. 거실의 층고 및 반자 높이는 실의 용도와 기능에 지장을 주지 않는 범위 내에서 가능한 높게 한다.

라. 건물의 창 및 문은 가능한 작게 설계하고, 특히 열손실이 많은 북측 거실의 창 및 문의 면적은 최소화한다.

7. 급수, 배수, 환기, 난방 설비를 건축물에 설치하는 경우 건축기계설비기술사 또는 공조냉동기계기술사의 협력을 받아야 하는 대상 건축물에 속하는 것은?

가. 연립주택

나. 다세대주택

다. 기숙사로서 해당 용도에 사용되는 바닥 면적의 합계가 1,000㎡인 건축물

라. 숙박시설로서 해당 용도에 사용되는 바닥 면적의 합계가 1,000㎡인 건축물

8. 각 층의 바닥 면적이 1,500㎡인 도매시장의 피난층에 설치하는 건축물의 바깥쪽으로의 출구의 유효 너비 합계는 최소 얼마 이상이어야 하는가?

가. 6.0m　　나. 7.5m

다. 9.0m　　라. 10.5m

9. 다음의 소방시설 중 소화활동설비에 해당하지 않는 것은?

가. 제연설비　　나. 연결살수설비

다. 연소방지설비　　라. 비상방송설비

10. 자동화재탐지설비를 설치하여야 하는 특정소방대상물에 속하지 않는 것은?

가. 위락시설로서 연면적 600㎡ 이상인 것

나. 숙박시설로서 연면적 600㎡ 이상인 것

다. 문화 및 집회시설로서 연면적 1,000㎡ 이상인 것

라. 근린생활시설 중 목욕장으로서 연면적 800㎡ 이상인 것

11. 화재안전기준에 따라 소화기구를 설치하여야 하는 특정소방대상물의 연면적 기준은?

가. 10㎡ 이상　　나. 25㎡ 이상

다. 33㎡ 이상　　라. 45㎡ 이상

해답 6-다, 7-가, 8-다, 9-라, 10-라, 11-다

12. 다음 소방시설 중 소화설비에 속하지 않는 것은?

가. 소화기　　　　　　　　　　나. 연결살수설비

다. 옥외소화전설비　　　　　　라. 자동확산소화장치

13. 다음의 무창층과 관련된 기준 내용 중 밑줄 친 요건으로 가장 거리가 먼 것은?

'무창층'이란 지상층 중 다음 <u>각 목의 요건</u>을 모두 갖춘 개구부의 면적의 합계가 해당층의 바닥면적의 30분의 1 이하가 되는 층을 말한다.

가. 내부 또는 외부에서 개방 파괴가 불가능할 것

나. 개구부의 크기가 지름 50cm 이상의 원이 내접할 수 있을 것

다. 개구부는 도로 또는 차량이 진입할 수 있는 빈터를 향할 것

라. 해당 층의 바닥면으로부터 개구부 밑 부분까지의 높이가 1.2m 이내일 것

14. 다음 중 배연 설비에 대한 설명으로 옳은 것은?

가. 비상용 승강장의 배연구는 준불연재료로 하거나 굴뚝에 연결된다.

나. 배연구의 유효 면적은 바닥 면적의 1/100 이상이면 된다.

다. 배연구는 손으로 열고 닫을 수 없도록 한다.

라. 배연 설비를 설치해야 하는 건축물은 층수가 6층 이상이어야 한다.

15. 다음 중 특별피난계단의 구조 기준 중 적합하지 않은 것은?

가. 계단은 내화 구조로 하되, 피난층 또는 지상까지 직접 연결되도록 할 것

나. 계단실에는 예비 전원에 의한 조명 설비를 할 것

다. 노대 및 부속실에는 계단실 외의 건축물의 내부와 접하는 창문 등(출입구 제외)을 설치할 것

라. 계단실 및 부속실의 실내에 접하는 부분의 마감은 불연 재료로 할 것

16. 건축물의 에너지절약설계기준상 외기에 직접 면하고 1층 또는 지상으로 연결된 출입문을 방풍 구조로 하지 않을 수 있는 경우에 속하지 않는 것은?

가. 기숙사의 출입문

나. 너비가 1.2m인 출입문

다. 바닥 면적이 200m²인 개별 점포의 출입문

라. 사람의 통행을 주목적으로 하지 않는 출입문

17. 승강기를 설치하여야 하는 대상 건축물의 층수 및 연면적 기준으로 옳은 것은?

가. 5층 이상으로서 연면적이 1,000m² 이상인 건축물

나. 5층 이상으로서 연면적이 2,000m² 이상인 건축물

해답 12-나, 13-가, 14-라, 15-다, 16-가, 17-라

다. 6층 이상으로서 연면적이 1,000㎡ 이상인 건축물

라. 6층 이상으로서 연면적이 2,000㎡ 이상인 건축물

18. 방송공동수신설비를 설치하여야 하는 대상 건축물에 속하지 않는 것은?

가. 아파트　　나. 연립주택

다. 다가구주택　　라. 다세대주택

19. 층수가 21층 사무소 건축물의 건축허가 사전 승인 신청 시 제출하여야 하는 기본 설계 도서가 아닌 것은?

가. 투시도　　나. 내외 마감표

다. 건축 설계도　　라. 구조 계획서

20. 방화 구획의 기준에 관한 설명 중 틀린 것은?

가. 5층 이상의 층은 층마다 구획한다.

나. 지하층은 층마다 구획한다.

다. 10층 이하의 층은 바닥 면적 1,000㎡ 이내마다 구획한다.

라. 11층 이상의 층은 바닥 면적 200㎡ 이내마다 구획한다.

해답 18-다, 19-라, 20-가

1. 건축물의 설치기준 등에 관한 규칙에 따라 피뢰설비를 설치하여야 하는 건축물의 높이 기준은?

가. 10m 이상 나. 15m 이상
다. 20m 이상 라. 31m 이상

2. 건축물의 에너지절약설계기준상 외기에 직접 면하고 1층 또는 지상으로 연결된 출입문을 방풍구조로 하지 않을 수 있는 경우에 속하지 않는 것은?

가. 기숙사의 출입문
나. 너비가 1.2m인 출입문
다. 바닥면적이 200㎡인 개별 점포의 출입문
라. 사람의 통행을 주목적으로 하지 않는 출입문

3. 건축물의 출입구에 설치하는 회전문은 계단이나 에스컬레이터로부터 최소 얼마 이상의 거리를 두어야 하는가?

가. 1.0m 나. 1.5m
다. 2.0m 라. 2.5m

4. 건축허가 시 미리 소방본부장 또는 소방서장의 동의를 받아야 하는 대상에 속하지 않는 것은?

가. 항공기 격납고
나. 연면적이 100㎡인 노유자시설
다. 지하층이 있는 건축물로서 바닥면적이 150㎡인 건축물
라. 차고·주차장으로 사용되는 시설로서 차고 ·주차장으로 사용되는 층 중 바닥면적 500㎡인 층이 있는 시설

5. 건축물에 가스 급수 배수 환기 등의 건축설비를 설치하는 경우 건축기계설비기술사 또는 공조냉동기계기술사의 협력을 받아야 하는 대상건축물의 연면적 기준은?(단, 창고시설은 제외)

가. 3,000㎡ 나. 5,000㎡
다. 10,000㎡ 라. 15,000㎡

해답 1-다, 2-가, 3-다, 4-나, 5-다

6. 다음의 소방시설 중 경보설비에 속하지 않는 것은?

가. 비상방송설비　　나. 자동화재탐지설비
다. 자동화재속보설비　　라. 무선통신보조설비

7. 녹색건축 인증 등급의 구분에 속하지 않는 것은?

가. 우수(그린 2등급)　　나. 우량(그린 3등급)
다. 일반(그린 4등급)　　라. 보통(그린 5등급)

8. 다음은 건축설비 설치의 원칙에 관한 기준 내용이다. ( ) 안에 알맞은 것은?

건축물에 설치하는 급수 · 배수 · 냉방 · 난방 · 환기 · 피뢰 등 건축설비의 설치에 관한 기술적 기준은 ( )으로 정하되, 에너지이용합리화와 관련한 건축설비의 기술적 기준에 관하여는 ( )과 협의하여 정한다.

가. ㉠국토교통부령, ㉡산업통상자원부장관
나. ㉠국토교통부령, ㉡미래창조과학부장관
다. ㉠산업통상자원부장관, ㉡국토교통부령
라. ㉠산업통상자원부장관, ㉡미래창조과학부장관

9. 헬리포트의 설치 기준에 관한 기준 내용으로 옳지 않은 것은?

가. 헬리포트의 길이와 너비는 각각 25m 이상으로 할 것
나. 헬리포트의 중앙 부분에는 지름 8m의 "Ⓗ"표지를 백색으로 할 것
다. 헬리포트의 주위 한계선은 백색으로 하되, 그 선의 너비는 38㎝로 할 것
라. 헬리포트의 중심으로부터 반경 12m 이내에는 헬리콥터의 이착륙에 장애가 되는 건축물, 공작물, 조경시설 또는 난간 등을 설치하지 아니할 것

10. 상업지역 및 주거지역에서 건축물에 설치하는 냉방시설 및 환기시설의 배기구는 도로면으로부터 최소 얼마 이상의 높이에 설치하여야 하는가?

가. 1m　　나. 1.5m
다. 1.8m　　라. 2m

11. 다음은 소방시설의 내진설계에 관한 기준 내용이다. 밑줄 친 대통령령으로 정하는 소방시설에 속하지 않는 것은?

「지진 · 화산재해대책법」 제 14조 제 1항 각 호의 시설 중 대통령령으로 정하는 특정소방대상물에 <u>대통령령으로 정하는</u> 소방시설을 설치하려는 자는 지진이 발생할 경우 소방시설이 정상적으로 작동될 수 있도록 소방청장이 정하는 내진설계기준에 맞게 소방시설을 설치하여야 한다.

해답 6-라, 7-라, 8-가, 9-가, 10-라, 11-다

가. 옥내소화전설비　　　　　　　　　　나. 스프링클러설비
다. 자동화재탐지설비　　　　　　　　　라. 물분무 등 소화설비

12. 다음은 건축법령상 다세대주택의 정의이다. (　) 안에 알맞은 것은?

주택으로 쓰는 1개 동의 바닥면적 합계가 (　) 제곱미터 이하이고, 층수가 (　) 개층 이하인 주택

가. ㉠330, ㉡4　　　　　　　　　　나. ㉠330, ㉡6
다. ㉠660, ㉡4　　　　　　　　　　라. ㉠660, ㉡6

13. 건축물의 내부에 설치하는 피난계단의 구조에 관한 기준 내용으로 옳지 않은 것은?
가. 계단실의 실내에 접하는 부분의 마감은 불연재료로 할 것
나. 계단은 내화구조로 하고 피난층 또는 지상까지 직접 연결되도록 할 것
다. 건축물의 내부와 접하는 계단실의 창문 등의 면적은 3㎡ 이하로 할 것
라. 건축물의 내부에서 계단실로 통하는 출입구의 유효너비는 1.9m 이상으로 할 것

14. 교육연구시설 중 학교의 교실 간 경계벽의 차음을 위한 구조로서 적합하지 않은 것은?
가. 벽돌조로서 두께가 15㎝인 것
나. 철근콘크리트조로서 두께가 15㎝인 것
다. 철골철근콘크리트조로서 두께가 15㎝인 것
라. 무근콘크리트조로서 시멘트모르타르의 바름 두께를 포함하여 15㎝인 것

15. 다음은 건축법상 지하층의 정의이다. (　) 안에 알맞은 것은?

"지하층"이란 건축물의 바닥이 지표면 아래에 있는 층으로서 바닥에서 지표면까지의 평균 높이가 해당 층 높이의 (　) 이상인 것을 말한다.

가. 2분의 1　　　　　　　　　　나. 3분의 1
다. 4분의 1　　　　　　　　　　라. 3분의 2

16. 다음은 소방시설 설치 및 관리에 관한 법령에 따른 무창층의 정의이다. 밑줄 친 "각 목의 요건"의 내용으로 옳지 않은 것은?

"무창층"이란 지상층 중 다음 <u>각 목의 요건</u>을 모두 갖춘 개구부의 면적의 합계가 해당층의 바닥면적의 30분의 1 이하가 되는 층을 말한다.

가. 외부에서 쉽게 부수거나 열 수 없을 것
나. 도로 또는 차량이 진입할 수 있는 빈터를 향할 것
다. 크기는 지름 50㎝ 이상의 원이 내접할 수 있는 크기일 것
라. 해당 층의 바닥면으로부터 개구부 밑 부분까지의 높이가 1.2m 이내일 것

해답 12-다, 13-다, 14-가, 15-가, 16-가

17. 제연설비를 설치하여야 하는 특정소방대상물에 속하지 않는 것은?

가. 지하가(터널은 제외)로서 연면적 1,000㎡인 것

나. 문화 및 집회시설로서 무대부 바닥면적이 150㎡인 것

다. 문화 및 집회시설 중 영화상영관으로서 수용인원이 100명인 것

라. 지하층에 설치된 숙박시설로서 해당 용도로 사용되는 바닥면적의 합계가 1,000㎡인 것

18. **건축물의 지하층에 설치하는 비상탈출구에 관한 기준 내용으로 옳지 않은** 것은?

가. 비상탈출구의 유효 높이는 1.5m 이상으로 할 것

나. 비상탈출구의 유효 너비는 0.75m 이상으로 할 것

다. 비상탈출구는 출입구로부터 2m 이상 떨어진 곳에 설치 할 것

라. 비상탈출구의 문은 피난방향으로 열리도록 하고, 실내에서 항상 열 수 있는 구조로 할 것

19. 다음과 같은 조건에 있는 문화 및 집회시설 중 관람장에 설치하여야 하는 승용 승강기의 최소 대수는?

> [조건]
> · 층수 : 10층
> · 각 층의 바닥면적 : 1,200㎡
> · 각 층의 거실면적 : 1,000㎡
> · 8인승 승용승강기 설치

가. 2대　　　나. 3대

다. 4대　　　라. 5대

해설 건축법 제64조(승강기)①, 건축물의 설비기준 등에 관한 규칙 제5조(승용승강기의 설치기준)

건축물의 용도	6층 이상의 거실 면적의 합계(Am^2)	
문화 및 집회시설 중 관람장	3,000㎡ 이하	3,000㎡ 초과
	2대	2대 + $\frac{A-3,000m^2}{2,000m^2}$ 대

① 각 층의 거실 면적 1,000㎡ × 5개층(6층, 7층, 8층, 9층, 10층)이므로

② 6층 이상의 거실 면적의 합계(Am²)는 5,000㎡이다.

③ 그러므로 2대 + $\frac{5,000m^2-3,000m^2}{2,000m^2}$ 대 = 3대이다.

20. 건축 시 특별시장 또는 광역시장의 허가를 받아야 하는 건축물의 층수 및 연면적 기준은?

가. 층수가 21층 이상이거나 연면적의 합계가 5만 제곱미터 이상인 건축물

나. 층수가 21층 이상이거나 연면적의 합계가 10만 제곱미터 이상인 건축물

다. 층수가 31층 이상이거나 연면적의 합계가 5만 제곱미터 이상인 건축물

라. 층수가 31층 이상이거나 연면적의 합계가 10만 제곱미터 이상인 건축물

해답 17-나, 18-다, 19-나, 20-나

1. 특정소방대상물이 문화 및 집회시설 중 공연장인 경우 모든 층에 스프링클러설비를 설치하여야 하는 수용인원 기준은?
   가. 100명 이상
   나. 200명 이상
   다. 500명 이상
   라. 1,000명 이상

2. 공동주택의 거실에 설치하는 반자의 높이는 최소 얼마 이상이어야 하는가?
   가. 1.8m
   나. 2.1m
   다. 2.7m
   라. 4m

3. 건축법령에 따른 건축물의 용도분류 중 숙박시설에 속하지 않는 것은?
   가. 호스텔
   나. 유스호스텔
   다. 의료관광호텔
   라. 휴양콘도미니엄

4. 건축물의 출입구에 설치하는 회전문에 관한 기준 내용으로 옳지 않은 것은?
   가. 계단이나 에스컬레이터로부터 1.5m 이상의 거리를 둘 것
   나. 회전문의 회전속도는 분당 회전수가 8회를 넘지 아니하도록 할 것
   다. 출입에 지장이 없도록 일정한 방향으로 회전하는 구조로 할 것
   라. 회전문의 중심축에서 회전문과 문틀 사이의 간격을 포함한 회전문 날개 끝부분까지의 길이는 140㎝ 이상이 되도록 할 것

5. 세대수가 17세대인 다세대주택에 설치하는 음용수용 급수관의 지름은 최소 얼마 이상으로 하여야 하는가?
   가. 25㎜
   나. 32㎜
   다. 40㎜
   라. 50㎜

6. 바닥으로부터 높이 1m까지의 안벽의 마감을 내수재료로 하여야 하는 대상건축물이 아닌 것은?
   가. 단독주택의 욕실
   나. 제1종 근린생활시설 중 휴게음식점의 조리장

해답 1-가, 2-나, 3-나, 4-가, 5-라, 6-가

다. 제2종 근린생활시설 중 휴게음식점의 조리장
라. 제2종 근린생활시설 중 일반음식점의 조리장

7. 건축물의 냉방설비에 대한 설치 및 설계 기준에 정의된 축냉식 전기냉방설비의 구분에 속하지 않는 것은?

가. 지열식 냉방설비 나. 수축열식 냉방설비
다. 빙축열식 냉방설비 라. 잠열축열식 냉방설비

8. 방염성능기준 이상의 실내장식물 등을 설치하여야 하는 특정소방대상물에 속하는 **것은?(단, 층수가 10층인 경우)**

가. 아파트 나. 기숙사
다. 숙박시설 라. 실내수영장

9. 건축법령상 다음과 같이 정의되는 주택의 종류는?

주택으로 쓰는 1개 동의 바닥면적 합계가 660㎡ 이하이고, 층수가 4개층 이하인 주택

가. 다중주택 나. 연립주택
다. 다세대주택 라. 다가구주택

10. 건축물에 급수 · 배수 · 환기 · 난방설비를 설치하는 경우 건축기계설비기술사 또는 공조냉동기계기술사의 협력을 받아야 하는 대상 건축물에 속하지 않는 것은?(단, 연면적 10,000㎡ 미만인 건축물의 경우)

가. 연립주택
나. 판매시설로서 해당 용도에 사용되는 바닥면적의 합계가 2,000㎡인 건축물
다. 의료시설로서 해당 용도에 사용되는 바닥면적의 합계가 2,000㎡인 건축물
라. 숙박시설로서 해당 용도에 사용되는 바닥면적의 합계가 2,000㎡인 건축물

11. 비상용 승강기의 승강장 및 승강로의 구조에 관한 기준 내용으로 옳지 않은 것은?

가. 승강장의 바닥면적은 비상용 승강기 1대에 대하여 5㎡ 이상으로 할 것
나. 각 층으로부터 피난층까지 이르는 승강로를 단일구조로 연결하여 설치할 것
다. 승강장은 각 층의 내부와 연결될 수 있도록 하되, 그 출입구에는 60분+ 방화문 또는 60분 방화문을 설치할 것
라. 승강장에는 노대 또는 외부를 향하여 열 수 있는 창문이나 배연설비를 설치할 것

12. 지하층의 비상탈출구는 출입구로부터 최소 얼마 이상 떨어진 곳에 설치하여야 하는가?(단,

해답 7-가, 8-다, 9-다, 10-나, 11-가, 12-다

주택이 아닌 경우)

가. 1m　　　　나. 2m

다. 3m　　　　라. 5m

13. 건축물을 특별시나 광역시에 건축하는 경우 특별시장 또는 광역시장의 허가를 받아야 하는 대상 건축물의 층수 기준은?

가. 6층 이상　　　　나. 15층 이상

다. 21층 이상　　　　라. 31층 이상

14. 옥외소화전설비를 설치해야 하는 특정소방대상물의 지상 1층 및 2층의 바닥면적 합계 기준은?(단, 아파트 등, 위험물 저장 및 처리시설 중 가스시설, 지하구 및 지하가 중 터널은 제외)

가. 2,000㎡ 이상

나. 5,000㎡ 이상

다. 9,000㎡ 이상

라. 12,000㎡ 이상

15. 6층 이상의 거실면적의 합계가 15,000㎡인 종합병원에 설치하여야 하는 승용승강기의 최소 대수는?(단, 8인승 승용승강기의 경우)

가. 5대　　　　나. 6대

다. 7대　　　　라. 8대

해설 건축법 제64조(승강기)①, 건축물의 설비기준 등에 관한 규칙 제5조(승용승강기의 설치기준)

건축물의 용도	6층 이상의 거실 면적의 합계(Am^2)	
의료시설	3,000㎡ 이하	3,000㎡ 초과
	2대	$2대 + \frac{A - 3,000㎡}{2,000㎡}대$

① 6층 이상의 거실 면적의 합계(A㎡)는 15,000㎡이다.

② 그러므로 $2대 + \frac{15,000㎡ - 3,000㎡}{2,000㎡}대 = 8대$이다.

16. 용도변경과 관련된 시설군 중 문화집회시설군에 속하는 건축물의 용도가 아닌 것은?

가. 종교시설

나. 수련시설

다. 위락시설

라. 관광휴게시설

해답 13-다, 14-다, 15-라, 16-나

17. 건축물의 출입구에 설치하는 회전문에 관한 기준 내용으로 옳은 것은?

가. 계단이나 에스컬레이터로부터 1m 이상의 거리를 둘 것

나. 출입에 지장이 없도록 일정한 방향으로 회전하는 구조로 할 것

다. 회전문의 회전속도는 분당 회전수가 10회를 넘지 아니하도록 할 것

라. 회전문의 중심축에서 회전문과 문틀 사이의 간격을 포함한 회전문 날개 끝부분까지의 길이는 120㎝ 이상이 되도록 할 것

18. 건축물에 급수 · 배수 · 환기 · 난방설비를 설치하여야 하는 경우, 건축기계설비기술사 또는 공조냉동기계기술사의 협력을 받아야 하는 대상 건축물에 속하지 않는 것은?(단, 연면적 10,000㎡ 미만인 건축물의 경우)

가. 아파트

나. 업무시설로서 해당 용도에 사용되는 바닥면적의 합계가 2,000㎡인 건축물

다. 의료시설로서 해당 용도에 사용되는 바닥면적의 합계가 2,000㎡인 건축물

라. 숙박시설로서 해당 용도에 사용되는 바닥면적의 합계가 2,000㎡인 건축물

19. 다음은 초고층 건축물에 설치하는 피난 안전구역에 관한 기준 내용이다. ( ) 안에 알맞은 것은?

초고층 건축물에는 피난층 또는 지상으로 통하는 직통계단과 직접 연결되는 피난안전구역을 지상층으로부터 최대 ( )개 층마다 1개소 이상 설치하여야 한다.

가. 10 나. 20

다. 30 라. 40

20. 6층 이상의 거실면적의 합계가 11,000㎡인 교육연구시설에 설치하여야 하는 승용승강기의 최소 대수는?(단, 8인승 승용승강기인 경우)

가. 3대 나. 4대

다. 5대 라. 6대

해설 건축법 제64조(승강기)①, 건축물의 설비기준 등에 관한 규칙 제5조(승용승강기의 설치기준)

건축물의 용도	6층 이상의 거실 면적의 합계(Am^2)	
교육연구시설	3,000㎡ 이하	3,000㎡ 초과
	1대	1대 + $\frac{A-3,000\text{m}^2}{3,000\text{m}^2}$대

① 6층 이상의 거실 면적의 합계(Am²)는 11,000㎡이다.

② 그러므로 1대 + $\frac{11,000\text{m}^2 - 3,000\text{m}^2}{3,000\text{m}^2}$대 = 4대이다.

해답 17-나, 18-나, 19-다, 20-나

1. 건축물의 냉방설비에 대한 설치 및 설계기준상 다음과 같이 정의되는 용어는?

심야시간에 물을 냉각시켜 축열조에 저장하였다가 그 밖의 시간에 이를 냉방에 이용하는 냉방설비

가. 전체축냉방식
나. 빙축열식 냉방설비
다. 수축열식 냉방설비
라. 잠열축열식 냉방설비

2. 다음의 소방시설 중 소화활동설비에 해당하지 않는 것은?
가. 제연설비
나. 연결살수설비
다. 연소방지설비
라. 비상방송설비

3. 다음 중 주요구조부를 내화구조로 하여야 하는 대상 건축물에 속하지 않는 것은?
가. 종교시설의 용도로 쓰는 건축물로서 집회실의 바닥면적의 합계가 200㎡인 건축물
나. 장례식장의 용도로 쓰는 건축물로서 집회실의 바닥면적의 합계가 200㎡인 건축물
다. 위락시설 중 주점영업의 용도로 쓰는 건축물로서 집회실의 바닥면적의 합계가 200㎡인 건축물
라. 문화 및 집회시설 중 전시장의 용도로 쓰는 건축물로서 그 용도로 쓰는 바닥면적의 합계가 400㎡인 건축물

4. 특별시나 광역시에 건축물을 건축할 경우, 특별시장이나 광역시장의 허가를 받아야 하는 대상 건축물의 연면적 기준은?
가. 연면적의 합계가 1만 제곱미터 이상인 건축물
나. 연면적의 합계가 2만 제곱미터 이상인 건축물
다. 연면적의 합계가 10만 제곱미터 이상인 건축물
라. 연면적의 합계가 20만 제곱미터 이상인 건축물

5. 건축법상 용어의 정의에 관한 설명으로 옳은 것은?
가. 기초는 주요구조부에 해당한다.
나. 대수선은 건축에 속하지 않는다.
다. 이전이란 건축물의 주요구조부를 해체하여 다른 대지로 옮기는 것을 말한다.

해답 1-다, 2-라, 3-라, 4-다, 5-나

라. 개축이란 기존건축물을 철거하고 그 대지 안에 종전보다 큰 규모로 건축물을 다시 축조하는 것을 말한다.

6. 6층 이상의 거실 면적의 합계가 3,000㎡인 경우 설치하여야 하는 승용승강기의 최소 대수가 가장 많은 것은?(단, 8인승 승강기의 경우)

가. 업무시설　　나. 숙박시설
다. 위락시설　　라. 판매시설

7. 건축관계법령에 따라 공사감리자가 수행하여야 하는 감리업무와 거리가 먼 것은?

가. 공사시공자가 설계도서에 따라 적합하게 시공하는지 여부의 확인
나. 공사시공자가 사용하는 건축자재가 관계법령에 따른 기준에 적합한 건축자재인지 여부의 확인
다. 공사에 필요한 시공상세도의 작성
라. 그 밖에 공사감리에 관한 사항으로서 국토교통부령으로 정하는 사항

9. 연면적이 몇 제곱미터 이상인 건축물 또는 에너지를 대량으로 소비하는 건축물로서 국토교통부령이 정하는 건축물에 급수 · 배수 · 난방 및 환기의 건축설비를 설치하는 경우에는 국토교통부령이 정하는 바에 의하여 건축기계설비기술사 또는 공조냉동기계기술사의 협력을 받아야 하는가?

가. 1만 제곱미터 이상　　나. 2만 제곱미터 이상
다. 3만 제곱미터 이상　　라. 5만 제곱미터 이상

10. 건축법령상 초고층 건축물의 정의로 옳은 것은?

가. 층수가 50층 이상이거나 높이가 150m 이상인 건축물
나. 층수가 50층 이상이거나 높이가 200m 이상인 건축물
다. 층수가 60층 이상이거나 높이가 180m 이상인 건축물
라. 층수가 60층 이상이거나 높이가 240m 이상인 건축물

11. 공동주택 및 다중이용시설의 환기설비기준에 따른 각 시설의 환기량으로 적합하지 않은 것은?

가. 문화 및 집회시설 : 29(㎥/인 · h) 이상
나. 판매시설 : 29(㎥/인 · h) 이상
다. 운수시설 : 29(㎥/인 · h) 이상
라. 의료시설 : 29(㎥/인 · h) 이상

해답 6-라, 7-다, 9-가, 10-나, 11-라

12. 다음 중 건축법령상 운수시설에 해당하지 않는 것은?

가. 여객자동차터미널　　나. 철도시설

다. 공항시설　　라. 정비공장

13. 문화 및 집회시설 중 공연장의 개별관람실의 바닥면적이 1,000㎡일 경우, 이 관람실에 설치하여야 하는 출구의 최소 개소는?(단, 각 출구의 유효너비를 1.5m로 하는 경우)

가. 3개소　　나. 4개소

다. 5개소　　라. 6개소

해설 건축물의 피난 · 방화구조 등의 기준에 관한 규칙 제10조

출구의 유효너비 합계 : $\frac{1000\,m^2}{100\,m^2} \times 0.6\,m = 6\,m$

출구 개소 : $\frac{6m}{1.5m}$ = 4개소

14. 건축물의 에너지절약 설계기준에 따른 건축부문의 권장사항으로 옳지 않은 것은?

가. 공동주택은 인동간격을 넓게 하여 저층부의 일사 수열량을 증대시킨다.

나. 건물의 창과 문은 가능한 작게 설계하고 특히 열손실이 많은 북측의 창면적은 최소화한다.

다. 건축물의 체적에 대한 외피면적의 비 또는 연면적에 대한 외피면적의 비는 가능한 크게 한다.

라. 거실의 층고 및 반자 높이는 실의 용도와 기능에 지장을 주지 않는 범위 내에서 가능한 낮게 한다.

15. 공동주택의 거실에 설치하는 반자는 그 높이를 최소 얼마 이상으로 하여야 하는가?

가. 2.1m　　나. 2.4m

다. 2.7m　　라. 4m

16. 공동주택의 난방설비를 개별난방방식으로 하는 경우에 관한 기준 내용으로 옳지 않은 것은?

가. 보일러의 연도는 방화구조로서 개별연도로 설치할 것

나. 보일러실의 윗부분에는 면적이 0.5㎡ 이상인 환기창을 설치할 것

다. 기름보일러를 설치하는 경우에는 기름저장소를 보일러실 외의 다른 곳에 설치할 것

라. 보일러를 설치하는 곳과 거실 사이의 경계벽은 출입구를 제외하고는 내화구조의 벽으로 구획할 것

17. 제연설비를 설치하여야 하는 특정소방대상물에 속하지 않는 것은?

해답 12-라, 13-나, 14-다, 15-가, 16-가, 17-나

4

가. 지하가(터널은 제외)로서 연면적 1,000㎡인 것
나. 문화 및 집회시설로서 무대부의 바닥면적이 150㎡인 것
다. 문화 및 집회시설 중 영화상영관으로서 수용인원이 100명인 것
라. 지하층에 설치된 숙박시설로서 해당용도로 사용되는 바닥면적의 합계가 1,000㎡인 층

18. 6층 이상의 거실 면적의 합계가 11,000㎡인 교육연구시설에 설치하여야 하는 승용승강기의 최소 대수는?(단, 8인승 승용승강기인 경우)

가. 3대　　나. 4대
다. 5대　　라. 6대

해설 건축법 제64조(승강기)①, 건축물의 설비기준 등에 관한 규칙 제5조(승용승강기의 설치기준)

건축물의 용도	6층 이상의 거실 면적의 합계(Am^2)	
교육연구시설	3,000㎡ 이하	3,000㎡ 초과
	1대	1대 + $\frac{A-3,000㎡}{3,000㎡}$ 대

① 6층 이상의 거실 면적의 합계(A㎡)는 11,000㎡이다.

② 그러므로 1대 + $\frac{11,000㎡ - 3,000㎡}{3,000㎡}$ 대 = 4대이다.

19. 건축물에 설치하는 지하층의 구조 및 설비에 관한 기준 내용으로 옳지 않은 것은?

가. 거실의 바닥면적의 합계가 1,000㎡ 이상인 층에는 환기설비를 설치할 것
나. 지하층의 바닥면적이 300㎡ 이상인 층에는 식수공급을 위한 급수전을 1개소 이상 설치할 것
다. 거실의 바닥면적이 30㎡ 이상인 층에는 직통계단 외에 피난층 또는 지상으로 통하는 비상탈출구 및 환기통을 설치할 것
라. 바닥면적이 1,000㎡ 이상인 층에는 피난층 또는 지상으로 통하는 직통계단을 방화구획으로 구획되는 각 부분마다 1개소 이상 설치할 것

20. 다음은 특정소방대상물의 소방시설 설치의 면제 기준 내용이다. (　) 안에 알맞은 것은?

물분무 등 소화설비를 설치하여야 하는 차고 · 주차장에 (　)를 화재안전기준에 적합하게 설치한 경우에는 그 설비의 유효범위에서 설치가 면제된다.

가. 연결살수설비　　나. 옥외소화전설비
다. 옥내소화전설비　　라. 스프링클러설비

해답 18–나, 19–다, 20–라

부록 법의 개요

- 법의 체계
- 법의 제정 및 개정
- 법령공포 절차
- 법의 형식 및 효력발생
- 건축설비기사 출제기준

법의 체계

(1) 헌법

모든 법의 기초로서 국가의 조직·구성 및 작용에 관한 기본법이며 다른 법률·명령으로써 변경할 수 없는 한 국가의 최고 법규이다. 따라서 모든 법령은 이 헌법에 의거하여 제정되며 효력이 주어진다.

일반적으로 국민의 기본권(자유권, 생존권, 참정권 등)에 관한 사항, 국가의 통치구조(국회, 법원, 정부 등)에 관한 사항 등을 규정하는 법이다.

헌법 개정은 국회 재적의원 과반수 또는 대통령의 발의로 제안되며 국회의원 2/3 이상의 찬성을 통한 국회의결을 거쳐 국민투표에 붙여 과반수 투표와 투표자 과반수의 찬성을 얻어야 한다.

(2) 법률(예 : 건축법)

사회생활을 유지하기 위한 지배적인 규범으로 헌법이 정하는 절차에 따라 국회의 의결을 거쳐 제정하고 대통령이 이를 공포한다. 일반적으로 국민의 권리 의무를 규정하여 활동을 제한한다.

(3) 명령

국회의 의결을 거치지 않고 행정기관이 발하는 성문법규로서 법률의 하위 개념이다. 명령은 그것을 발하는 주체에 따라 대통령령, 국무총리령, 부령으로 구분된다. 시행령은 대통령령으로 시행규칙은 국무총리령이나 부령으로 일반적으로 공포된다.

① **대통령령(예 : 건축법 시행령)** : 법률을 시행하기 위하여 필요한 사항에 관하여 제정하는 명령으로 국무회의에서 의결하고 대통령이 공포하며 구체적으로 시행령이라 한다.

"이 영은 ~법에서 위임된 사항과 그 시행에 관하여 필요한 사항을 정함을 목적으로 한다."라는 형태를 갖는다.

② **총리령 부령(예 : 건축법 시행규칙)** : 국무총리 또는 행정 각부의 장관이 그의 소관 사무에 관하여 법률이나 대통령의 위임 또는 직권으로 제정하는 명령으로 구체적으로 시행규칙이라 한다.

"이 규칙은 ~법 및 동법시행령에서 위임된 사항과 그 시행에 관하여 필요한 사항을 규정함을 목적으로 한다."라는 형태를 갖는다.

(4) 지방자치법규

지방자치단체(광역자치단체－특별시·광역시·도 등, 기초자치단체－시·군·구 등)가 법령의 범위안에서 제정하는 자치에 관한 법규를 말하는데, 이에는 조례와 규칙이 있다.

① **조례(예 : 서울특별시 건축조례)** : 지방자치단체가 지방의회의 의결에 의하여 법령이 위임한 범위 내에서 자기 사무에 관하여 제정하는 법이다.

② **규칙** : 지방자치단체의 장이 법령 또는 조례가 위임한 범위 내에서 또 그 권한에 속하는 사무에 관하여 제정하는 명령이다. 시행 세칙이라고도 한다.

(5) 기타

① **훈령** : 대외적 구속력이 없는 행정기관내의 규약정도. 일례로 기업체의 사규 같은 것
② **예규** : 일종의 업무지침

건축법을 중심으로 법의 체계를 정리하면 다음과 같다.

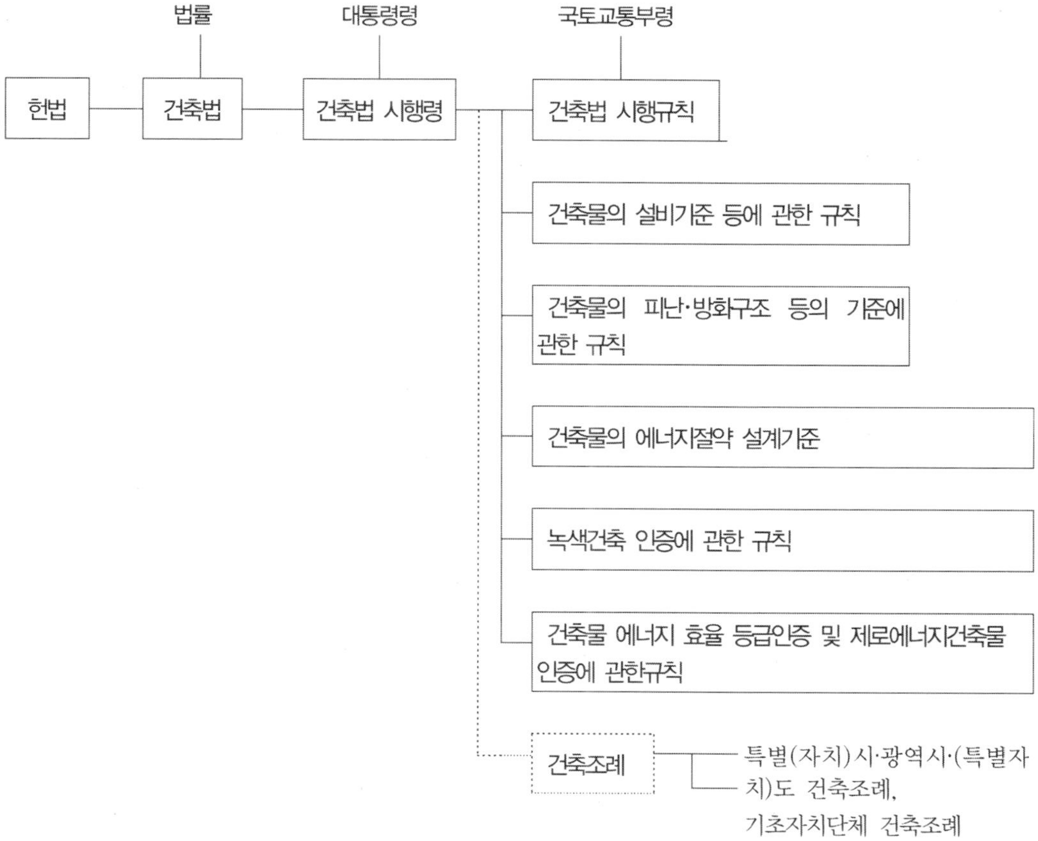

법의 제정 및 개정

법이 제정 또는 개정되기 위해서는 누군가가 제정이나 개정을 요구해야 하는데 국민들은 그러한 일을 대행해줄 사람으로 국회의원을 뽑는다. 국민은 자신들의 대표자를 직접 뽑아 국회에서 국민의 이익을 대변해 주기를 바라며 또한 자기 지역의 이익을 대변해 주고 조정해 주고 사회적 합의를 이끌어 내어 법이란 이름으로 모두에게 공평하게 적용되기를 바란다. 따라서 법을 만드는 주체는 사실상 국민이며 생업에 종사할 국민이 일일이 신경 쓸 수 없기에 지역의 대표자를 선출하여 그런 일을 대행하게 하는 것이며 그런 일을 하는 사람이 국회의원이다.

국회의원과 정부가 법을 제정하고자 할 때에는 원칙적으로는 민의를 수렴한 법률안을 제출한다. 국회는 심의를 열어 재적의원 과반수의 출석과 출석위원 과반수의 찬성으로 법률안을 통과시킨다. 통과된 법률은 정부에 전해지고 정부는 전달 받은 지 15일 이내에 공포한다. 공포된 법률에 따라 하위법령인 시행령, 시행규칙 등이 각 부처별로 만들어지고 이러한 법령이 다시 공포되는 것이며 국민은 이러한 법에 따라야 하는 의무가 생기는 것이다.

지방자치단체의 조례나 규칙도 공포된 법령의 범위 안에서 하위 개념으로 만들어지게 되는 것이다. 따라서 조례나 규칙에 어떤 불이익이 있을 경우 그러한 조례나 규칙이 상위법에 저촉이 되는지 검토해 볼 필요도 있으며 법률 자체가 광범위한 범위를 포괄할 경우가 많으므로 법의 적용에 있어 그 해석이 매우 중요하게 될 때도 있다. 이로 인해 같은 사안에 대한 판결이 법의 해석에 따라 달라질 수도 있는 것이다.

법령공포 절차

법령의 공포절차에는 여러 방법이 있으나 요약하면 다음과 같다.

1. 법률의 공포절차

소관부처 입안 → 법제처 심사 → 차관회의 의결 → 국무회의 의결 → 관계 국무위원 부서·국무총리 부서·대통령 재가(정부제안 법률안 대통령 재가) → 법률안 국회제출 → 국회 본회의 의결 → 정부(법제처)로 이송(의원제안·정부제안 동일)〈이송된 날부터 15일 이내 공포〉→ 법률공포안 국무회의 의결 → 국무위원 부서·국무총리 부서·대통령 재가〈법률공포안 대통령 재가과정〉→ 관보게재 의뢰 → 공포(법률공포안 재가종료후 3일후 관보에 게재하여 공포)

2. 대통령령(시행령)의 공포절차

소관부처 입안 → 법제처 심사 → 차관회의 의결 → 국무회의 의결 → 관계 국무위원 부서·국무총리 부서·대통령 재가〈대통령령공포안 재가과정〉〈법제처장이 행정자치부장관에게〉→ 관보게재 의뢰 → 공포(대통령령공포안 재가종료후 3일후 관보에 게재되어 공포)

3. 총리령·부령(시행규칙)의 공포절차

소관부처 입안 → 법제처 심사 → 법제처에서 소관부처에 심사필증교부 → 소관부처에서 기관장(총리령은 국무총리까지)의 결재를 받은 후 행정자치부에 관보게재의뢰 → 공포(총리령·부령 공포안 관보게재의뢰 3일후 관보에 게재되어 공포)

법의 형식 및 효력발생

법령은 일반적으로 제명(題名)·본칙(本則)·부칙(附則)의 3부분으로 구성된다.(건축법 예시)

구분	예시	설명
제 명 법령번호	**건축법(제정 1962.1.20. 법률 제984호)** 개정 1963. 6. 8. 법률 제1356호 ⋮ 전문개정 1991. 5. 31. 법률 제4381호 ⋮ 개정 2016. 1. 19. 법률 제13785호	법령 번호에는 공포한 날과 법령번호를 표시한다.
본 칙	**제1장 총 칙** 제1조(목적) 이 법은 건축물의 대지… 목적으로 한다. 제2조(정의) ① 이 법에서 사용하는 용어의 뜻은… 생략 제3조(적용제외) ① 다음 각 호의 어느 하나에 해당하는 건축물에는 이법을 적용하지 아니한다.	법령의 내용은 기본적으로 **조(條)**로 구분하여 규정된다. 각조에는 표제가 ( )속에 표시된다.
	1. 「문화재보호법」에 따른 지정문화재나 가지정 문화재 2. 철도나 궤도의 선로 부지에 있는 다음 각목의 시설 가. 운전보안시설 나. 철도 선로의 위나 아래를 가로지르는 보행시설 다. 플랫폼 라. 해당 철도 또는 궤도사업용 급수·급탄 및 급유시설 3. 고속도로 통행료 징수시설 4.. 컨테이너를 이용한 간이창고(… 생략) ② 「국토의 계획 및 이용에 관한 법률」에 따른 도시지역 및… 적용하지 아니한다. ③ 「국토의 계획 및 이용에 관한 법률」 제47조제7항에 따른… 적용하지 아니한다.	조의 내용이 복잡할 때에는 이를 **항(項)**으로 구분하되 항수가 2 이상이면 ①, ②, ③ …의 항번호를 붙인다. 조 또는 항에서 어떤 사항의 명칭 등을 열기할 때에는 **호(號)**로 구분하되, 1, 2, 3 …의 번호를 붙이며, 호를 다시 구분할 때에는 **목(目)**으로 나누어 가, 나, 다 …로 표시된다.
부 칙	**부 칙** 제 1조 (시행일) 이 법은 공포 후 6개월이 경과한 날부터 시행한다. 다만, 제 48조의 3 및 …이하 생략 제 2조 (내진능력 공개에 관한 적용례) 제 48조의 3의 개정규정은 같은 개정규정 시행 후 … 이하 생략	부칙에는 시행일과 경과조치 등이 표시된다.

법령은 관보에 게재하여 공포되며 그 효력의 발생이 시작되는 시행일은 그 법령의 부칙에 반드시 규정되어 있다. 법령은 국민이 충분한 계몽과 인식을 할 수 있어야 하므로 1년 또는 6개월이 경과한 후부터 시행하거나 또는 공포 즉시 시행하는 경우도 있지만 시행령의 경우는 대개 공포 즉시 시행한다.

건축설비기사 출제기준

직무 분야	건설 중 건축	자격 종목	건축설비기사	적용 기간	2023. 1. 1. ~ 2025. 12. 31.

과목명	주요항목	세부항목	세세항목
건축설비 관계법규	1. 건축법, 시행령, 시행규칙	1. 건축법	1. 총칙 2. 건축물의 건축 3. 건축물의 구조 및 재료 등 4. 건축설비
		2. 건축법 시행령	1. 총칙 2. 건축물의 건축 3. 건축물의 구조 및 재료 등 4. 건축설비
		3. 건축법 시행규칙	1. 건축법령의 "총칙"과 관련된 사항 2. 건축법령의 "건축물의 건축"과 관련된 사항 3. 건축법령의 "건축물의 구조 및 재료 등"과 관련된 사항 4. 건축법령의 "건축설비"와 관련된 사항
	2. 건축설비 관련 기타 규칙 및 기준	1. 건축설비 관련 기타 규칙	1. 건축물의 설비기준 등에 관한 규칙 2. 건축물의 피난 및 방화구조 등의 기준에 관한 규칙
		2. 건축설비 관련 기타 기준	1. 건축물의 에너지절약설계기준 2. 건축물의 냉방설비에 대한 설치 및 설계기준
		3. 녹색건축 인증에 관한 규칙 및 기준	1. 녹색건축 인증에 관한 규칙 2. 녹색건축 인증기준
		4. 건축물 에너지 효율등급 인증 및 제로에너지건축물 인증에 관한 규칙	1. 건축물 에너지효율등급 인증 및 제로에너지건축물 인증에 관한 규칙

필기 과목명	주요항목	세부항목	세세항목
	3. 소방시설 설치 및 관리에 관한 법률, 시행령, 시행규칙	1. 소방시설 설치 및 관리에 관한 법률	1. 총칙 2. 소방시설 등의 설치·관리 및 방염 3. 소방용품의 품질관리
		2. 소방시설 설치 및 관리에 관한 법률 시행령	1. 총칙 2. 소방시설 등의 설치·관리 및 방염 3. 소방용품의 품질관리
		3. 소방시설 설치 및 관리에 관한 법률 시행규칙	1. 소방시설 설치 및 관리에 관한 법률 및 시행령의 "총칙"과 관련된 사항 2. 소방시설 설치 및 관리에 관한 법률 및 시행령의 "소방시설 등의 설치 · 관리 및 방염"과 관련된 사항 3. 소방시설 설치 및 관리에 관한 법률 및 시행령의 "소방용품의 품질관리"와 관련된 사항

참고문헌

1. 법제처 국가법령정보센터 : www.law.go.kr/
2. 대한민국전자관보 : gwanbo.mois.go.kr/
2. 건축제법규해설, 장동찬 편저, 기문당, 2018
3. 건축설비, 대한건축학회편, 기문당, 2010
4. 건축방재, 이영재 저, 기문당, 2002

■ 저자소개

이영재

- 국립한밭대학교 설비공학과 교수
- 건축설비관계법규 강의
- 저서 / 「건축설비개론」 외 다수

2024
건축설비관계법규 해설

초판인쇄 | 2023년 3월 4일
초판발행 | 2023년 3월 4일

저　　자 | 이영재
발 행 인 | 이성범
발 행 처 | 문운당
주　　소 | 서울시 종로구 혜화로5길 16 (명륜1가 45-3)
전　　화 | (02)762-6010
팩　　스 | 영업 (02)745-0265 / 편집 (02)762-8758
홈페이지 | http://munundang.co.kr
이 메 일 | 영업 munun2@chol.com
편집 munundang@naver.com

ISBN 979-11-5692-690-0 93540

정가 32,000원